"十二五"普通高等教育本科国家级规划教材

全国优秀教材
一等奖

MICROBIOLOGY 8th ed

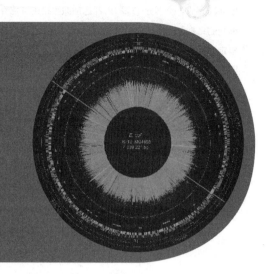

微生物学

（第8版）

主编　沈　萍　陈向东

参编单位　武汉大学　北京大学　复旦大学　南开大学　山东大学

编者（按姓氏笔画排序）

王忆平	王延轶	王静怡	方呈祥	孔　健
田哲贤	李明春	杨文博	杨复华	沈　萍
张长铠	张甲耀	陈向东	周德庆	钟　江
高向东	唐　兵	唐晓峰	黄仪秀	彭　方
彭珍荣				

U0351574

高等教育出版社·北京

WEISHENGWUXUE

内容简介

　　本书是"十二五"普通高等教育本科国家级规划教材和 iCourse·教材。由武汉大学、北京大学、复旦大学、南开大学和山东大学的多位微生物学专家共同完成。全书分 15 章,内容包括微生物的纯培养和显微技术,微生物细胞的结构和功能,微生物的营养、代谢、生长繁殖及其控制,病毒的分离、鉴定、特性、感染及其控制,微生物的基因组、遗传规律与特性,微生物的基因表达、调控及基因工程,微生物的生态、进化、系统发育、分类鉴定及物种的多样性,微生物的感染与免疫以及微生物生物技术与产品等。本版是2009 年出版的《微生物学》(彩版)的全面校正、修订和更新。

　　本书适合理、工、农、林、医各类高等院校和师范院校生命科学领域本科生、研究生学习使用,也可供其他生物科技人员参考。

图书在版编目(CIP)数据

　　微生物学 / 沈萍,陈向东主编 . --8 版 . -- 北京：
高等教育出版社,2016.1(2025.1 重印)
　　ISBN 978-7-04-044495-7

　　Ⅰ. ①微… Ⅱ. ①沈…②陈… Ⅲ. ①微生物学 – 高
等学校 – 教材　Ⅳ. ① Q93

　　中国版本图书馆 CIP 数据核字(2015)第 318419 号

策划编辑　赵晓媛	责任编辑　赵晓媛	封面设计　姜　磊	责任印制　刘思涵

出版发行	高等教育出版社	网　　址　http://www.hep.edu.cn
社　　址	北京市西城区德外大街4号	http://www.hep.com.cn
邮政编码	100120	网上订购　http://www.hepmall.com.cn
印　　刷	高教社(天津)印务有限公司	http://www.hepmall.com
开　　本	889mm×1194mm　1/16	http://www.hepmall.cn
印　　张	30	版　　次　1961 年 5 月第 1 版
字　　数	800 千字	2016 年 1 月第 8 版
购书热线	010-58581118	印　　次　2025 年 1 月第16次印刷
咨询电话	400-810-0598	定　　价　56.00元

本书如有缺页、倒页、脱页等质量问题,请到所购图书销售部门联系调换
版权所有　侵权必究
物　料　号　44495-A0

数字课程（基础版）

微生物学

（第8版）

主编 沈 萍 陈向东

iCourse·教材

"十二五"普通高等教育本科国家级规划教材

微生物学（第8版） 主编 沈萍 陈向东

| 用户名 | | 密码 | | 验证码 | 2747 | 进入课程 |

内容介绍　　纸质教材　　版权信息　　联系方式

　　微生物学（第8版）数字课程与纸质教材一体化设计，紧密配合。数字课程包括各章要点提示、Chapter Outline、复习题、思考题、现实案例简要答案、网上学习阅读材料，以及索引等丰富的教学资源。要点提示和Chapter Outline分别以中、英文对各章进行概要性介绍，帮助师学厘清知识脉络和学习要点；网上学习是各章精选的具有启迪、兴趣、探索的短文，是对经典内容的拓展和补充；建议学生在学习各章内容后，对复习题、思考题和和现实案例中提出的问题进行思考，现实案例简要答案给出了关键的提示。

　　本数字课程极大地丰富了纸质教材的内容，在提升课程教学效果同时，为学生自主学习提供思维与探索的空间。

高等教育出版社

http://abook.hep.com.cn/44495

网上学习目录

1-1 致病菌与治疗癌症

2-1 微生物的生物安全

2-2 病原微生物实验室安全管理条例

2-3 二元培养物

2-4 微生物分离培养新技术

2-5 突破光学显微镜的极限

2-6 最小和最大的细菌

3-1 细菌的运输系统

3-2 芽孢形成过程的群体调控

3-3 细菌糖被与生物被膜

3-4 产生巨大压力的真菌附着胞

3-5 原核生物中也有细胞骨架吗？

3-6 真核细胞细胞器的内共生起源学说

4-1 关于细菌 GFAJ-1 利用砷元素替代磷元素的争论

4-2 琼脂——从餐桌到实验台

5-1 肠内酵母菌感染导致醉酒

5-2 聚乳酸

5-3 丙酮丁醇发酵

5-4 "鬼火"的生物学解释

5-5 分子马达

5-6 生物质能

5-7 青霉素的杀菌原理

6-1 细菌也会慢慢变老

6-2 惊人的数字

6-3 逆境下"不服老"的裂殖酵母

6-4 有关的术语

7-1 病毒的起源

7-2 丙型肝炎病毒的发现

7-3 病毒的临床诊断

7-4 超巨型病毒

8-1 历史上的争论

8-2 最小基因组与必需基因

8-3 微生物向邻居"借"或"盗用"基因

8-4 性菌毛的功能只是将配对细胞拉近吗？

9-1 微生物产生的抗生素为什么不能杀死自己？

9-2 生命体的"暗物质"——非编码 RNA

10-1 细菌的限制修饰系统

10-2 微生物基因工程与合成生物学

11-1 水华藻类的杀手——溶藻菌

11-2 微生物的互惠、"违约"和"制裁"

11-3 肠道微生物与肥胖

11-4 走出化学农药污染的"围城"

12-1 从"以身试菌"到"吹口气查胃病"

13-1 生活各异的古菌

13-2 进化发育中独特的纳米古菌

13-3 附生在火焰球菌表面的最小古菌

13-4 地球上最大、最古老的生物是什么？

13-5 创新思维与伟大的发现

13-6 奇特的孢子印

13-7 未培养微生物与生物多样性

14-1 微生物与生物恐怖

14-2 CD 分子与免疫细胞分类

14-3 抗体酶

15-1 "押送"病原菌赴"刑场"

15-2 微生物推进经济和社会的可持续发展

15-3 微生物电池自驱动纳米传感器

15-4 微生物编制密码

第 8 版前言

本书是武汉大学、北京大学、复旦大学、南开大学和山东大学五校合编的《微生物学》（1961 年版）的最新修订版本，经过数十年的传承和发展，得到众多高校欢迎，成为国内"微生物学"课程的主要教材和教学参考书。本版被列为"十二五"普通高等教育本科国家级规划教材。"十二五"期间，教育部启动了国家精品开放课程建设项目，武汉大学、南开大学的"微生物学"原国家精品课程成功转型升级，成为国家级精品资源共享课，并在爱课程网（www.icourses.cn）上线。在此背景下，作为国家精品开放课程建设组织实施单位的高等教育出版社启动了"iCourse·教材"建设项目，本教材列入其中。本版采用"纸质教材 + 数字课程"的出版形式，将传统教材与数字化的课程建设成果有机融合。

本版是 2009 年出版的《微生物学》（彩版）的全面校正、修订和更新。本版教材继续保持了上一版的编写宗旨、编写风格和特色，以及基本的内容框架和知识结构。在内容上强调基础性、系统性、科学性、先进性和启发性；在编排形式上，强调以学生为中心，以多种形式激发学生学习微生物学的兴趣和主动性，包括每章中精选的具有启迪、兴趣、探索的短文，以"网上学习"的形式出现，读者可扫描二维码或登录本书数字课程阅读；每章正文前配有中文的"学习提示"和英文的"Chapter Outline"；每章节后有帮助学生理解、消化、思考的复习题和思考题；还提供了参考书目、微生物名称索引和微生物学名词索引。本版教材还在每章正文前撰写了一段"现实案例"，并附有简要答案，使学生在进入本章学习前看到微生物学与当今社会发展中的相关重大事件和学科发展前沿的紧密关系。

本版修订内容
的详细说明

此外，本次修订正式将本版定为"第 8 版"，其缘由如下所述。本书的首版诞生于 1961 年，截至 2009 年，共出版 7 版。自首版发行至今的半个世纪中，除主编人选和作者队伍的正常更迭和扩充外，本书在定位、编写宗旨、编写风格，以及参编学校、出版单位等方面，始终保持了高度的一致性和稳定性。但由于种种原因，其中有 5 版未能按照连续的版次更迭。为理顺本书的历史，使本书得以更好地传承下去，作者团队与出版社经过协商，一致同意将本版定为"第 8 版"。特此说明。

本书诞生和发
展的故事

在本书的编写和出版过程中，得到了多方面的关心和支持。第一，我们要感谢广大的读者，特别是广大的学生、教师和同行，他们对本书的热忱、兴趣和对新版的期望、建议是我们编写该书的动力和源泉；第二，我们要感谢为本书提供珍贵照片的单位和个人，他们是：美国宾夕法尼亚大学医学院的毕尔飞教授，英国 CABI 生物科学 –UK 中心的 David Smith 教授，中国科学院北京微生物研究所刘双江研究员，云南大学李文均教授，中国典型培养物保藏中心方呈祥教授，武汉大学生命科学学院胡远扬教授，中国科学院沈阳应用生态研究所戴玉成研究员，吉林农业大学菌物研究所的图力古尔教授，中国科学院地质与地球物理研究所潘永信研究员，军事医学科学院杨瑞馥研究员等；第三，我们还要感谢武汉大学微生物学专业的高向东教授（曾任职于美国宾夕法尼亚大学）为本书各章撰写了"Chapter Outline"；第四，我们也非常感谢为本书绘制精美插图的郭骊骊、马晓霏、何斌、汪彪、张静犁、朱际、王昕湃等；最后，我们对武汉大学各级领导对本书在编写和出版过程中给予的支持、关心和指导，高等教育出版社吴雪梅主任、赵晓媛等同志为本书出版付出的辛勤劳动，在本书出版之际也向他们表示诚挚的谢意！

由于编者水平和能力有限，本书仍然会有不当或错漏之处，敬请广大师生、同行和读者多批评指正。

谢谢！

编　者

2015 年 11 月

目　　录

第1章　绪论 …………………………… 001
　　一、微生物和你 …………………… 002
　　二、微生物学 ……………………… 003
　　三、微生物的发现和微生物学的发展 … 004
　　四、20世纪的微生物学 …………… 008
　　五、21世纪微生物学发展的特点和趋势 … 011

第2章　微生物的纯培养和显微技术 …… 013
　第一节　微生物的分离和纯培养 …… 014
　　一、无菌技术 ……………………… 014
　　二、用固体培养基获得纯培养 …… 015
　　三、用液体培养基获得纯培养 …… 018
　　四、单细胞（孢子）分离 ………… 018
　　五、选择培养分离 ………………… 018
　　六、微生物的保藏技术 …………… 020
　第二节　显微镜和显微技术 ……… 021
　　一、显微镜的种类及原理 ………… 022
　　二、显微观察样品的制备 ………… 026
　第三节　显微镜下的微生物 ……… 029
　　一、细菌和古菌 …………………… 029
　　二、真菌 …………………………… 032
　　三、藻类 …………………………… 035
　　四、原生动物 ……………………… 035

第3章　微生物细胞的结构与功能 …… 037
　第一节　原核微生物 ……………… 038
　　一、细胞壁 ………………………… 038
　　二、细胞壁以内的构造 …………… 048
　　三、细胞壁以外的构造 …………… 058
　第二节　真核微生物 ……………… 063
　　一、细胞壁 ………………………… 064
　　二、鞭毛与纤毛 …………………… 066

　　三、细胞质膜 ……………………… 067
　　四、细胞核 ………………………… 068
　　五、细胞质和细胞器 ……………… 069

第4章　微生物的营养 ………………… 075
　第一节　微生物的营养要求 ……… 076
　　一、微生物细胞的化学组成 ……… 076
　　二、营养物质及其生理功能 ……… 077
　　三、微生物的营养类型 …………… 081
　第二节　培养基 …………………… 082
　　一、配制培养基的原则 …………… 082
　　二、培养基的类型及应用 ………… 085
　第三节　营养物质进入细胞 ……… 089
　　一、扩散 …………………………… 090
　　二、促进扩散 ……………………… 091
　　三、主动运输 ……………………… 091
　　四、膜泡运输 ……………………… 095

第5章　微生物的代谢 ………………… 096
　第一节　微生物产能代谢 ………… 097
　　一、异养微生物的生物氧化 ……… 097
　　二、自养微生物的生物氧化 ……… 104
　　三、能量转换 ……………………… 105
　第二节　耗能代谢 ………………… 110
　　一、细胞物质的合成 ……………… 110
　　二、其他耗能反应：运动、运输和生物发光 … 116
　第三节　微生物代谢的调节 ……… 119
　　一、酶活性调节 …………………… 119
　　二、分支合成途径调节 …………… 120
　第四节　微生物的次级代谢与次级代谢产物 … 121
　　一、次级代谢与次级代谢产物 …… 121
　　二、次级代谢的调节 ……………… 122

第 6 章　微生物的生长繁殖及其控制………… 124

第一节　细菌的个体生长 ………………… 125

　　一、染色体DNA的复制和分离 ………… 125

　　二、细胞壁扩增 ………………………… 125

　　三、细菌的分裂与调节 ………………… 126

第二节　微生物生长的测定 ……………… 126

　　一、计数法 ……………………………… 127

　　二、重量法 ……………………………… 128

　　三、生理指标法 ………………………… 129

✓ 第三节　细菌的群体生长繁殖 …………… 129

　　一、生长的规律 ………………………… 129

　　二、生长的数学模型 …………………… 131

　　三、连续培养 …………………………… 131

第四节　真菌的生长繁殖 ………………… 132

　　一、丝状真菌的生长繁殖 ……………… 132

　　二、酵母菌的生长繁殖 ………………… 135

第五节　环境对微生物生长的影响 ……… 138

　　一、营养物质 …………………………… 139

　　二、水活度 ……………………………… 139

　　三、温度 ………………………………… 139

　　四、pH …………………………………… 140

　　五、氧 …………………………………… 141

第六节　微生物生长繁殖的控制 ………… 142

　　一、控制微生物的化学物质 …………… 143

　　二、控制微生物的物理因素 …………… 146

第 7 章　病毒 ………………………………… 150

第一节　概述 ……………………………… 151

　　一、病毒的特点和定义 ………………… 151

　　二、病毒的宿主范围 …………………… 152

　　三、病毒的分类与命名 ………………… 153

第二节　病毒学研究的基本方法 ………… 154

　　一、病毒的分离与纯化 ………………… 155

　　二、病毒的测定 ………………………… 156

　　三、病毒的鉴定 ………………………… 157

第三节　毒粒的性质 ……………………… 158

　　一、毒粒的形态结构 …………………… 158

　　二、毒粒的化学组成 …………………… 162

第四节　病毒的复制 ……………………… 164

　　一、病毒的复制周期 …………………… 165

　　二、病毒感染的起始 …………………… 166

　　三、病毒大分子的合成 ………………… 168

　　四、病毒的装配与释放 ………………… 172

第五节　病毒的非增殖性感染 …………… 174

　　一、非增殖性感染的类型 ……………… 174

　　二、缺损病毒 …………………………… 175

第六节　病毒与宿主的相互作用 ………… 177

　　一、噬菌体感染对原核细胞的影响 …… 177

　　二、病毒感染对真核细胞的影响 ……… 178

　　三、机体的病毒感染 …………………… 180

第七节　亚病毒因子 ……………………… 181

　　一、类病毒 ……………………………… 182

　　二、卫星病毒 …………………………… 182

　　三、卫星核酸 …………………………… 183

　　四、朊病毒 ……………………………… 184

第八节　病毒举例 ………………………… 185

　　一、人免疫缺陷病毒 …………………… 185

　　二、SARS冠状病毒 …………………… 186

　　三、禽流感病毒 ………………………… 187

　　四、肝炎病毒 …………………………… 188

第 8 章　微生物遗传 ………………………… 191

第一节　遗传的物质基础 ………………… 192

　　一、DNA作为遗传物质 ………………… 192

　　二、RNA作为遗传物质 ………………… 193

　　三、朊病毒的发现和思考 ……………… 193

第二节　微生物的基因组结构 …………… 194

　　一、大肠杆菌的基因组 ………………… 195

　　二、酿酒酵母的基因组 ………………… 196

　　三、詹氏甲烷球菌的基因组 …………… 197

　　四、泛基因组 …………………………… 198

　　五、宏基因组及宏基因组学 …………… 199

第三节　质粒和转座因子 ………………… 199

　　一、质粒的分子结构 …………………… 200

　　二、质粒的主要类型 …………………… 200

　　三、质粒的不亲和性 …………………… 202

　　四、转座因子的类型和分子结构 ……… 203

　　五、转座的遗传学效应 ………………… 204

第四节　基因突变及修复 ………………… 205

　　一、基因突变的类型及其分离 ………… 205

二、基因突变的分子基础 ……… 207
三、DNA损伤的修复 ……… 210
第五节 细菌基因转移和重组 ……… 212
一、细菌的接合作用 ……… 212
二、细菌的转导 ……… 215
三、细菌的遗传转化 ……… 217
四、基因组测序 ……… 219
第六节 真核微生物的遗传学特性 ……… 221
一、酵母菌的接合型遗传 ……… 221
二、酵母菌的质粒 ……… 221
三、酵母菌的线粒体 ……… 223
四、丝状真菌的准性生殖 ……… 223
第七节 微生物育种 ……… 224
一、诱变育种 ……… 224
二、代谢工程育种 ……… 226
三、体内基因重组育种 ……… 227
四、DNA Shuffling技术 ……… 229

第9章 微生物基因表达的调控 ……… 231
第一节 转录水平的调控 ……… 232
一、操纵子的转录调控 ……… 232
二、分解代谢物阻遏调控 ……… 235
三、细菌的应急反应 ……… 236
四、通过σ因子更换的调控 ……… 236
五、信号转导和二组分调节系统 ……… 237
六、λ噬菌体溶原化和裂解途径的转录调控 ……… 239
第二节 转录后调控 ……… 240
一、翻译起始的调控 ……… 240
二、mRNA的稳定性 ……… 241
三、稀有密码子和重叠基因调控 ……… 241
四、反义RNA调控 ……… 242
五、翻译的阻遏调控 ……… 243
六、ppGpp对核糖体蛋白质合成的影响 ……… 243
七、细菌蛋白质的分泌调控 ……… 243
第三节 古菌的转录及其调控 ……… 244
一、古菌的基本转录装置 ……… 244
二、古菌的转录调控 ……… 245
第四节 细菌的群体感应调节 ……… 246

第10章 微生物与基因工程 ……… 248
第一节 基因工程概述 ……… 249
一、历史回顾 ……… 249
二、基因工程的基本操作 ……… 250
三、微生物与基因工程的关系 ……… 251
第二节 基因的分离、合成与诱变 ……… 252
一、从基因文库或cDNA文库分离基因 ……… 252
二、基因的化学合成 ……… 253
三、PCR扩增基因及定位诱变 ……… 254
第三节 微生物与克隆载体 ……… 256
一、原核生物克隆载体 ……… 257
二、真核生物克隆载体 ……… 259
三、人工染色体 ……… 261
第四节 基因克隆操作 ……… 264
一、微生物与基因工程工具酶 ……… 264
二、外源基因与载体的体外连接 ……… 265
三、克隆载体的宿主 ……… 266
第五节 外源基因导入及目的基因筛选鉴定 ……… 267
一、外源基因导入宿主细胞 ……… 267
二、目的基因克隆的筛选与鉴定 ……… 268
第六节 克隆基因在细菌中的表达 ……… 270
一、克隆基因的转录调节 ……… 271
二、克隆基因的翻译调节 ……… 272
三、克隆基因的表达产物 ……… 272
第七节 基因工程的应用及展望 ……… 274
一、基因工程药物 ……… 274
二、基因治疗 ……… 275
三、转基因植物 ……… 275
四、转基因动物 ……… 276
五、基因工程研究展望 ……… 276

第11章 微生物的生态 ……… 278
第一节 生态环境中的微生物 ……… 279
一、微生物生命系统的层次 ……… 279
二、生境中微生物的基本特点 ……… 281
三、陆生生境的微生物 ……… 282
四、水生生境的微生物 ……… 282
五、大气生境的微生物 ……… 283
六、污染环境下的微生物 ……… 283
七、极端环境下的微生物 ……… 283

八、动物体中的微生物 ··············· 285
九、植物体中的微生物 ··············· 286
十、工农业产品上的微生物及生物性霉腐的
　　控制 ··························· 288
十一、基础研究方法 ················· 288
第二节　微生物在生态系统中的地位与作用··· 289
一、生态系统中微生物的角色 ········· 290
二、微生物与生物地球化学循环 ······· 290
三、微生物的生物修复 ··············· 294
第三节　人体微生物及病原微生物的传播····· 294
一、人体微生物 ····················· 294
二、病原微生物通过水体的传播 ······· 296
三、病原微生物通过食物的传播 ······· 296
四、病原微生物通过土壤的传播 ······· 297
五、病原微生物通过空气的传播 ······· 297
第四节　微生物分子生态学 ············· 297
一、新的研究平台 ··················· 297
二、新的研究技术 ··················· 298
三、新的理论框架 ··················· 300
四、新的研究成果及应用 ············· 300
第五节　微生物与环境保护 ············· 301
一、微生物对污染物的降解与转化 ····· 301
二、重金属的转化 ··················· 303
三、污染介质的微生物处理 ··········· 303
四、污染环境的生物修复 ············· 307
五、环境污染的微生物监测 ··········· 307
六、退化生态系统的生物修复 ········· 308

第12章　微生物的进化、系统发育与
　　　　分类鉴定 ················· 310
第一节　生物进化计时器 ··············· 311
一、进化计时器的选择 ··············· 311
二、rRNA基因作为生物进化的计时器 ··· 312
三、rRNA基因序列与生物进化 ······· 312
四、系统发育树 ····················· 314
五、三域生物的主要特征 ············· 316
第二节　原核生物的分类 ··············· 318
一、分类单元及其等级 ··············· 318
二、原核生物种的概念 ··············· 320
三、分类单元的命名 ················· 321

四、细菌分类和伯杰氏手册 ··········· 323
第三节　真菌的分类 ··················· 328
第四节　微生物系统学的研究内容与方法···· 331
一、多相分类学 ····················· 331
二、表型特征 ······················· 331
三、化学组分分析 ··················· 334
四、DNA/RNA分子 ················· 338
五、遗传重组 ······················· 342
第五节　微生物的快速鉴定与分析技术······· 343
一、生理生化鉴定系统 ··············· 343
二、快速、自动化的微生物检测仪器与设备 ··· 345
三、现代分子生物学和免疫学技术的应用 ··· 348
四、生物信息学在微生物系统学中的应用 ··· 348

第13章　微生物物种的多样性 ········· 351
第一节　细菌的多样性 ················· 352
一、细菌系统发育总观 ··············· 352
二、革兰氏阴性菌 ··················· 355
三、革兰氏阳性菌[厚壁菌门] ········· 360
四、放线菌（Actinobacterium）[放线菌门] ··· 361
五、光合细菌 ······················· 363
六、化能无机营养细菌 ··············· 364
七、有附属物、无附属物芽殖和非芽殖的细菌··· 365
八、鞘细菌、滑行细菌和黏细菌 ······· 367
九、趋磁细菌 ······················· 367
第二节　古菌的多样性 ················· 368
一、古菌系统发育总观 ··············· 368
二、极端嗜盐古菌 ··················· 369
三、产甲烷古菌 ····················· 370
四、无细胞壁的古菌 ················· 371
五、还原硫酸盐古菌 ················· 371
六、超嗜热古菌 ····················· 372
七、微生物生存的温度极限 ··········· 372
八、古菌是地球早期的生命形式吗？ ··· 372
第三节　真核微生物的多样性 ··········· 373
一、真核微生物系统发育总观 ········· 373
二、单细胞藻类 ····················· 374
三、真菌 ··························· 375
四、黏菌 ··························· 380
五、原生生物 ······················· 381

第四节　微生物资源的开发利用和保护·········382
　一、生物多样性的国际公约 ·····382
　二、微生物资源的特点 ·····382
　三、微生物资源的开发利用和保护 ·········384

第 14 章　感染与免疫·········386
第一节　感染的一般概念·········387
　一、感染的途径与方式 ·····387
　二、微生物的致病性 ·····388
第二节　宿主的非特异性免疫·········390
　一、生理屏障 ·····391
　二、体液因素 ·····392
　三、细胞因素 ·····393
　四、炎症 ·····394
第三节　宿主的特异性免疫·········395
　一、特异性免疫的一般概念 ·····395
　二、抗原和抗体 ·····398
　三、B 细胞介导的体液免疫 ·····401
　四、T 细胞介导的细胞免疫 ·····403
　五、克隆选择和免疫耐受性 ·····404
第四节　抗感染免疫·········405
　一、病毒感染与免疫 ·····405
　二、细菌感染与免疫 ·····407
　三、联合抗感染免疫 ·····408
第五节　免疫病理·········409
　一、超敏反应 ·····409
　二、自身免疫病 ·····409
　三、移植免疫 ·····410
　四、免疫缺陷 ·····412
　五、肿瘤免疫 ·····412
第六节　免疫学的实际应用·········414
　一、抗体的制备及应用 ·····414
　二、免疫学技术 ·····417
　三、免疫预防 ·····419

第 15 章　微生物生物技术 ·········423
第一节　微生物产业的菌种和发酵特征·········424
　一、生产菌种的要求和来源 ·····425
　二、大规模发酵的特征 ·····427
第二节　微生物产业的发酵方式·········432
　一、连续发酵 ·····433
　二、固定化酶和固定化细胞发酵 ·····433
　三、固态发酵 ·····435
　四、混合培养物发酵 ·····436
第三节　微生物产业的主要产品·········437
　一、微生物生产的食品和饮料 ·····438
　二、微生物生产的医药产品 ·····441
　三、微生物制造的生物基化工、轻纺产品 ·····445
　四、微生物生产的环保产品 ·····447
　五、微生物生产的农业、林业产品 ·····448
第四节　微生物生物技术的广泛应用·········453
　一、微生物能源 ·····453
　二、微生物冶金 ·····456
　三、石油工业中的微生物生物技术 ·····457
　四、微生物传感器和 DNA 芯片 ·····458
　五、微生物塑料、功能材料和生物计算机 ·····460
　六、海洋和宇航中微生物生物技术的应用 ·····461
第五节　微生物生物技术的安全性风险评价和
　　　　管理·········462

主要参考书目 ·········465

常见微生物名称索引

常见微生物学名词索引

第1章
绪论

学习提示

Chapter Outline

现实案例：人类微生物组计划

人类基因组计划的完成引发了人们对人体微生物的研究兴趣。科学家惊奇地发现，在我们人体的表面和体内均生活着10倍于人体细胞的微生物，人类并不是孤立的个体，而是由微生物细胞和人体细胞共同组成的"超级有机体"，是一个"行进中的生态系统"。2007年底，美国国立卫生研究院（NIH）宣布正式启动"人类微生物组计划"（human microbiome project，HMP），该计划的目标是通过绘制人体不同器官中微生物宏基因组图谱，解析微生物菌群结构变化对人类健康和疾病的关系。2012年公布的首批研究成果，第一次全面公布了人类正常微生物构成，创建了一个庞大的参考数据库，揭示了微生物在人类健康和疾病中显示的不可替代的重要功能，有些研究成果已在应用中获得突破性进展，例如，粪菌移植（fecal microbiota transplant）已被有效用于多种疾病的治疗。

请对下列问题给予回答和分析：

1. 何谓人体微生物组计划？该计划的实施对微生物学的发展有何意义？

2. 请查阅相关文献后回答目前的研究结果揭示了人体微生物的哪些重要功能？为什么说微生物与人的关系最为密切？

参考文献：

[1] Turnbaugh P J，et al. The human microbiome project [J]. Nature，2007，449（7164）：804–810.

[2] Human Microbiome Project Consortium. Structure，function and diversity of the healthy human microbiome [J]. Nature，2012，486：207–221.

[3] Kelly C R，et al. Fecal microbiota transplant for treatment of Clostridium difficile infection in immunocompromised patients [J]. Am J Gastroenterol，2014，109（7）：1065–1071.

从安东·范·列文虎克（Antony van Leeuwenhoek）用自制的显微镜首次观察到微生物以来，人们对微生物的认识只不过有 300 多年的历史；作为一门独立的学科——微生物学，也比动物学、植物学晚得多，只有 100 多年的历史。这门学科的诞生和发展经历了艰难曲折的历程，其间许多科学家为此做出了卓越的贡献，使得微生物这种最小的生命体在人类居住的地球上，特别是对人类自身的生存和健康发挥着巨大的、不可替代的作用。微生物学作为一门最具生命力的学科也一直是推动整个生命科学发展的强大动力。

本章将首先从微生物与人类的密切关系开始，然后对微生物学的研究对象及分类地位、发展简史（着重介绍微生物学创立和发展的奠基者及他们的开创性工作）以及微生物学在生命科学发展中做出的巨大贡献进行详细的介绍。最后，对 21 世纪微生物学的发展，特别是微生物基因组学给微生物学发展赋予的生机和使命予以介绍和展望。

一、微生物和你

当你清晨起床后，深深吸一口清新的空气，喝一杯可口的酸奶，品尝着美味的面包或馒头的时候，你就已经开始享受到了微生物给你带来的恩惠；当你因患某些疾病而躺在医院的病床上，经受病痛的折磨时，那很可能是有害的微生物侵入了你的身体；但当医生给你服用（或注射）抗生素类药物，使你很快恢复了健康时，你得感谢微生物给你带来的福音，因为抗生素是微生物的"奉献"。然而，如果高剂量的某种抗生素注入你的体内后，效果甚微甚至毫无效果，你可曾想到这也是微生物的恶作剧——病原微生物对药物产生了抗性。这时医生只好尝试用其他药物，更多新药物又有待于微生物学家和其他科学家去研究、开发……

可以说，微生物与人类的亲密关系及其重要性，你怎么强调都不过分，微生物是一把十分锋利的"双刃剑"，它们在给人类带来巨大利益的同时也带来"残忍"的破坏。它给人类带来的利益不仅是享受，实际上还涉及人类的生存。在这本书中你将读到微生物在许多重要产品中所起的不可替代的作用，例如，面包、奶酪、啤酒、抗生素、疫苗、维生素和酶等的生产（见第 15 章），同时也是人类生存环境中必不可少的成员，有了它们才使得地球上的物质进行循环（见第 11 章），否则地球上的所有生命将无法繁衍下去。此外，你在第 10 章还将会看到以基因工程为代表的现代生物技术的发展及其美妙的前景，这也是微生物对人类作出的又一重大贡献。

然而，这把"双刃剑"的另一面——微生物的"残忍"性给人类带来的灾难有时甚至是毁灭性的。1347 年的一场由鼠疫杆菌（*Yersinia pestis*）引起的瘟疫几乎摧毁了整个欧洲，有 1/3 的人（约 2 500 万人）死于这场灾难，在此后的 80 年间，这种疾病一再肆虐，实际上夺去了大约 75% 的欧洲人的生命，一些历史学家认为这场灾难甚至改变了欧洲文明。我国在新中国成立前也曾多次流行鼠疫，死亡率极高。今天，一种新的瘟疫——艾滋病（AIDS）正在全球蔓延，癌症也正威胁着人类的健康和生命，许多已被征服的传染病（如结核病、疟疾、霍乱等）也有"卷土重来"之势。据世界卫生组织的统计，结核病现在已跃升为人类头号杀手，全球有近 1/3 的人口感染了结核菌，每年有 800 万～1 000 万人罹患结核病，其中死亡 180 万人。

随着环境的污染日趋严重，一些以前从未见过的新的疾病［如埃博拉病毒病、霍乱 O139 新菌型、大肠杆菌 O157 以及牛海绵状脑病（疯牛病）等］又给人类带来了新的威胁。人们对 2003 年全球爆发的非典型肺炎（严重急性呼吸综合征，severe acute respiratory syndrome，SARS），以及随后在全球流行的禽流感（avian influenza）所带来的危害和恐慌仍记忆犹新。2011 年，在德国又爆发了引起全球关注的肠出血性大肠杆菌传染病，2014 年非洲西部又爆发了埃博拉病毒（Ebola virus）传染病，这些疾病都是由微生物引起的。因此，你——未来的微生物学家或其他科学家任重道远。正确地了解和使用微生物这把"双刃剑"，造福于人类是我们学习和应用微生物学的目的，也是每一位微生物学工作者义不容辞的责任。

为什么说微生物是一把十分锋利的双刃剑？谈谈你的看法。

网上学习 1–1
致病菌与治疗癌症

二、微生物学

1. 研究对象及分类地位

微生物研究作为一门科学——微生物学，比动物学、植物学要晚得多，至今不过 100 多年的历史。因为微生物太小，需借助显微镜才能看清它们，因此，微生物学（microbiology）一般定义为研究肉眼难以看见的称之为微生物的生命活动的科学。这些微小生物包括：无细胞结构不能独立生活的病毒、亚病毒因子（卫星病毒、卫星 RNA 和朊病毒）；具原核细胞结构的细菌、古菌，以及具真核细胞结构的真菌（酵母、霉菌、蕈菌等）、单细胞藻类、原生动物等。但其中也有少数成员是肉眼可见的，例如，20 世纪 90 年代发现有的细菌是肉眼可见的：1993 年正式确定为细菌的费氏刺骨鱼菌（*Epulopiscium fishelsoni*）和 1998 年报道的纳米比亚硫黄珍珠菌（*Thiomargarita namibiensis*）（见第 2 章），均为肉眼可见的细菌。所以上述微生物学的定义是指一般的概念，是历史的沿革，也仍为今天所用。

微生物丰富的多样性以及独特的生物学特性（个体小、繁殖快、分布广等）使其在整个生命科学中占据着举足轻重的地位。无论是 1969 年 Whittaker 提出的生物分成五界系统，还是 1977 年 Woese 提出的三域（domain）系统（见第 12 章），微生物在生物界中都占据了绝大多数的"席位"，分别占 3/5 和 2/3 以上。这就是微生物在整个生物界的分类地位。在本章的后部分，我们还将讨论微生物及微生物学对整个生命科学作出的巨大贡献及其生物学地位。

> **?**
> • 什么是微生物？什么是微生物学？该学科具体的研究内容是什么？
> • 你认为微生物在整个生物界的分类地位如何？
> • 微生物学可分为哪些主要的分支学科？还有可能发展出更多的分支学科吗？请说出你的理由。

2. 研究内容及分科

那么微生物学具体的研究内容是什么呢？总的来说，微生物学是研究微生物在一定条件下的形态结构、生理生化、遗传变异以及微生物的进化、分类、生态等规律及其应用的一门学科。随着微生物学的不断发展，已形成了基础微生物学和应用微生物学，其又可分为许多不同的分支学科，并且还在不断地形成新的学科和研究领域。其主要的分支学科见图 1-1。

在分子水平上研究微生物生命活动规律的"分子微生物学"，重点研究微生物与宿主细胞相互关系的新型学科领域——"细胞微生物学"（cellular microbiology），利用微生物及其产物的生物技术——"微生物生物技术"，以及伴随人类基因组计划兴起的"微生物基因组学"和"人体微生物组学"等分支学科和新型领域的兴起，标志着微生物学的发展又迈上了一个新的台阶，进入 21 世纪的微生物学已开始展现出新的辉煌。

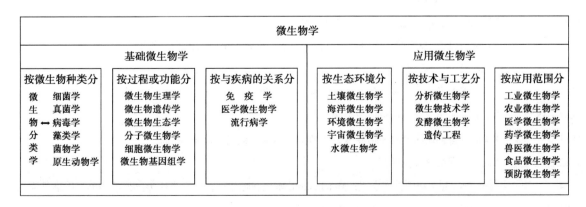

图 1-1　微生物学的主要分支学科

三、微生物的发现和微生物学的发展

1. 微生物的发现

在人们真正看到微生物之前，实际上已经猜想或感觉到它们的存在，甚至人们已经在不知不觉中应用它们了。我国劳动人民很早就已认识到微生物的存在和作用，我国也是最早应用微生物的少数国家之一。据考古学推测，我国在 8 000 年以前已经出现了曲蘖酿酒，4 000 多年前我国酿酒已十分普遍，而且当时的埃及人也已学会烘制面包和酿制果酒，2 500 年前我国人民已发明酿酱、醋，知道用曲治消化道疾病。公元 6 世纪（北魏时期），我国贾思勰的巨著《齐民要术》详细地记载了制曲、酿酒、制酱和酿醋等工艺。公元 9 世纪到 10 世纪我国已发明用鼻苗法种痘，用细菌浸出法开采铜。到了16 世纪，古罗马医生 G. Fracastoro 才明确提出疾病是由肉眼看不见的生物（living creatures）引起的。我国明末（1641 年）医生吴又可也提出"戾气"学说，认为传染病的病因是一种看不见的"戾气"，其传播途径以口、鼻为主。

图 1-2　列文虎克（1632—1723）

真正看见并描述微生物的第一个人是荷兰商人安东·范·列文虎克（Antony van Leeuwenhoek，1632—1723）（图 1-2），他的最大贡献不是在商界，而是他利用自制的显微镜发现了微生物世界（当时被称为微小动物），他的显微镜放大倍数为 50 ~ 300 倍，构造很简单，仅有一个透镜安装在两片金属薄片的中间，在透镜前面有一根金属短棒，在棒的尖端搁上需要观察的样品，通过调焦螺旋调节焦距。利用这种显微镜，列文虎克清楚地看见了细菌和原生动物，首次揭示了一个崭新的生物世界——微生物界。由于他的划时代贡献，1680 年他被选为英国皇家学会会员。

2. 微生物学发展过程中的重大事件

由列文虎克揭示的多姿多彩的微生物世界吸引着各国学者去研究、探索，推动着微生物学的建立和发展，表 1-1 列出了发展过程中的重大事件。

表 1-1　微生物学发展中的重大事件

时间	重大事件
1684	Leeuwenhoek 利用显微镜发现了微生物世界
1798	Jenner 发明天花接种
1857	Pasteur 证明乳酸发酵是由微生物引起的
1861	Pasteur 用曲颈瓶实验证明微生物非自然发生，推翻了争论已久的"自生说"
1864	Pasteur 建立巴氏消毒法
1867	Lister 创立了消毒外科，并首次成功地进行了苯酚（又称石炭酸）消毒实验
1867—1877	Koch[*] 证明炭疽病由炭疽杆菌引起
1881	Koch[*] 等首创用明胶固体培养基分离细菌，Pasteur 制备了炭疽菌苗
1882	Koch[*] 发现结核分枝杆菌
1884	科赫（Koch[*]）法则首次发表；Metchnikoff[*] 阐述吞噬作用；建立高压蒸汽灭菌和革兰氏染色法
1885	Pasteur 研究狂犬疫苗成功，开创了免疫学

续表

时间	重大事件
1887	Richard Petri 发明了双层培养皿
1888	Beijerinck 首次分离根瘤菌
1890	von Behring* 制备抗毒素治疗白喉和破伤风
1891	Sternberg 与 Pasteur 同时发现了肺炎链球菌
1892	Ivanowsky 提供烟草花叶病是由病毒引起的证据；Winogradsky 发现硫循环
1897	Büchner 用无细胞存在的酵母菌抽提液对葡萄糖进行乙醇发酵成功
1899	Ross* 证实疟疾病原菌由蚊子传播
1909—1910	Ricketts 发现立克次体；Ehrlich* 首次合成了治疗梅毒的化学治疗剂
1928	Griffith 发现细菌转化
1929	Fleming* 发现青霉素
1935	Stanley* 首次提纯了烟草花叶病毒，并获得了它的"蛋白质结晶"
1943	Luria* 和 Delbrück* 用波动实验证明细菌噬菌体的抗性是基因自发突变所致，Chain* 和 Florey* 完成青霉素工业化生产的工艺
1944	Avery 等证实转化过程中 DNA 是遗传信息的载体；Waksman 发现链霉素
1946—1947	Lederberg* 和 Tatum* 发现细菌的接合现象、基因连锁现象
1949	Enders*、Robbins 和 Weller 在非神经的组织培养中，培养脊髓灰质炎病毒成功
1952	Hershey* 和 Chase 发现噬菌体将 DNA 注入宿主细胞，Lederberg* 发明了影印培养法，Zinder 和 Lederberg* 发现普遍性转导
1953	Watson* 和 Crick* 提出 DNA 双螺旋结构
1956	Umbarger 发现反馈阻遏现象
1961	Jacob* 和 Monod* 提出基因调节的操纵子模型
1961—1966	Holley*、Nirenberg*、Khorana* 等阐明遗传密码
1969	Edelman* 测定了抗体蛋白分子的一级结构
1970—1972	Arber*、Smith* 和 Nathans* 发现并提纯了限制性内切酶，Temin 和 Baltimore 发现反转录酶
1973	Ames 建立细菌测定法检测致癌物，Cohen 等首次将重组质粒转入大肠杆菌成功
1975	Kohler 和 Milstein* 建立生产单克隆抗体技术
1977	Woese 提出古菌是不同于细菌和真核生物的特殊类群，Sanger* 首次对 Ø×174 噬菌体 DNA 进行了全序列分析
1982—1983	Cech* 和 Altman* 发现具催化活性的 RNA（ribozyme），McClintock* 发现的转座因子获得公认，Prusiner* 发现朊病毒（prion）
1983—1984	Gallo 和 Montagnier 分离和鉴定人类免疫缺陷病毒，Mullis* 建立 PCR 技术
1988	Deisenhofer 等发现并研究细菌的光合色素
1989	Bishop* 和 Varmus* 发现癌基因
1994	微生物基因组研究计划（MGP）启动
1995	第一个独立生活的细菌（流感嗜血杆菌）全基因组序列测定完成
1996	第一个自养生活的古菌（詹氏甲烷球菌）基因组测序完成，David Ho（何大一）发明了鸡尾酒法（cocktail）治疗艾滋病（AIDS）

续表

时间	重大事件
1997	第一个真核生物（酿酒酵母）基因组测序完成
1998	Schulz 等发现最大的细菌（纳米比亚硫黄珍珠菌）
2001	邮寄的炭疽孢子引起大范围的生物恐怖事件
2002	Bernard La Scola 等发现最大的病毒（mimivirus），Kashefi 等分离到生长温度可高达 121℃的古菌，并称之为 121 菌株（strain 121）
2003	全球爆发严重急性呼吸综合征（severe acute respiratory syndrome，简称 SARS）
2005	Barry J. Marshall[*] 和 Robin J. Warren[*] 证明胃炎、胃溃疡是由幽门螺杆菌感染所致的理论获得公认，并获诺贝尔奖
2004—2006	禽流感（avian influenza）在全球流行，引起人们的关注
2007	人体微生物组计划（human microbiome project，HMP）正式启动
2010	首次成功获得一个仅由合成染色体控制的新的蕈状支原体细胞 JCVI-syn1.0；在印度、巴基斯坦和英国发现了一些几乎对所有抗生素均具有抗性的革兰氏阴性细菌，并将其称为超级细菌（superbugs）
2011	在德国爆发了肠出血性大肠杆菌（Enterohemorrhagic *Escherichia coli* O104：H4，EHEC）传染病
2014	在非洲西部许多国家爆发了埃博拉病毒（Ebola virus）传染病

[*] 为诺贝尔奖获得者。

在表 1-1 列出的重大事件中，其发现或发明人就有 30 余位获得诺贝尔奖，有关统计表明，20 世纪诺贝尔医学或生理学奖获得者中，从事微生物问题研究的就占了 1/3，这从另一个侧面反映出微生物学举足轻重的地位。也可见微生物学的发展对整个科学技术和社会经济的重大作用和贡献。

3. 微生物学发展的奠基者

列文虎克发现微生物世界以后的 200 年间，微生物学的研究基本上停留在形态描述和分门别类的阶段。直到 19 世纪中期，以法国的路易斯·巴斯德（Louis Pasteur，1822—1895）（图 1-3）和德国的罗伯特·柯赫（Robert Koch，1843—1910）为代表的科学家才将微生物的研究从形态描述推进到生理学研究阶段，揭示了微生物是造成腐败发酵和人畜疾病的原因，并建立了分离、培养、接种和灭菌等一系列独特的微生物技术，从而奠定了微生物学的基础，开辟了医学和工业微生物学等分支学科。巴斯德和柯赫是微生物学的奠基人。

图 1-3 巴斯德（1822—1895）

（1）巴斯德

巴斯德原是化学家，曾在化学领域做出重要的贡献，后来转向微生物学研究领域，为微生物学的建立和发展做出了卓越的贡献。其贡献集中表现在下列 4 方面。

1）彻底否定了"自生说"

"自生说"是一个古老的学说，认为一切生物是自然发生的。到了 17 世纪，由于植物和动物的生长发育和生活史的研究，使"自生说"逐渐削弱，但是由于技术问题，如何证实微生物不是自然发生的仍然是一个难题，这不仅是"自生说"的一个坚固阵地，同时也是人们正确认识微生物生命活动的一大屏障。巴斯德在前人工作的基础上，进行了许多实验，其中著名的曲颈瓶实验无可辩驳地证实，空气内确实含有微生物，它们引起有机质的腐败。巴斯德自制了一个具有细长而弯曲颈的玻瓶，其中盛有有机物水浸液（图1-4），经加热灭菌后，瓶内可一直保持无菌状态，有机物不发生腐败，因为弯曲的瓶颈阻挡了外面空气中微生物直达有机物浸液内。但将瓶颈打断，瓶内浸液中就有了微生物，有机质发生腐败。巴斯德的实验彻底否定了"自生说"，并从此建立了病原学说，推动了微生物学的发展。

2）免疫学——预防接种

Jenner虽然早在1798年发明了种痘法可预防天花，但却不了解这个免疫过程的基本机制，因此，这个发现没能获得继续发展。1877年，巴斯德研究了鸡霍乱，发现将病原菌减毒后注入鸡体内可诱发免疫性，以预防鸡霍乱病。其后，他又研究了牛、羊炭疽病和狂犬病，并首次制成狂犬疫苗，证实其免疫学说，为人类防病、治病做出了重大贡献。

3）证实发酵是由微生物引起的

乙醇发酵是一个由微生物引起的生物过程还是一个纯粹的化学反应过程，曾是化学家和微生物学家激烈争论的问题。巴斯德在否定"自生说"的基础上，认为一切发酵作用都可能

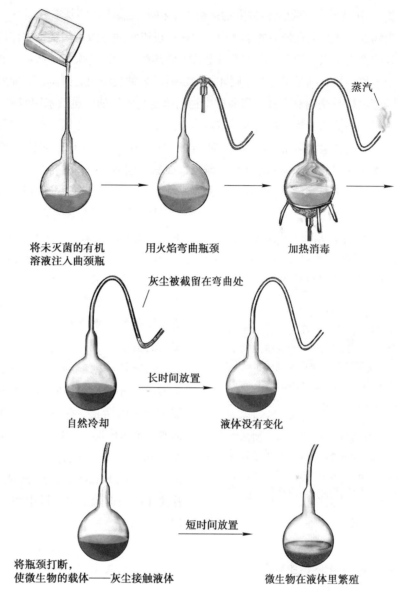

将未灭菌的有机　　用火焰弯曲瓶颈　　加热消毒
溶液注入曲颈瓶

灰尘被截留在弯曲处

长时间放置

自然冷却　　　　　　　　液体没有变化

短时间放置

将瓶颈打断，
使微生物的载体——灰尘接触液体　　微生物在液体里繁殖

图1-4　曲颈瓶实验

和微生物的生长繁殖有关。经过不断的努力，巴斯德终于分离到了许多引起发酵的微生物，并证实乙醇发酵是由酵母菌引起的。此外，巴斯德还发现乳酸发酵、醋酸发酵和丁酸发酵都是由不同细菌所引起的，为进一步研究微生物的生理生化奠定了基础。

4）其他贡献

一直沿用至今天的巴斯德消毒法（在60～65℃温度下作短时间加热处理，杀死有害微生物的一种消毒法）和家蚕软化病问题的解决也是巴斯德的重要贡献，他不仅在实践上解决了当时法国酒变质和家蚕软化病的实际问题，而且也推动了微生物病原学说的发展，并深刻影响医学的发展。

（2）柯赫

柯赫（图1-5）是著名的细菌学家，他曾经是一名医生，对病原细菌的研究做出了突出的贡献：① 证实了炭疽病菌是炭疽病的病原菌。② 发现了肺结核的病原菌，肺结核是当时死亡率极高的传染性疾病，因此柯赫获得了诺贝尔

图1-5　柯赫（1843—1910）

奖。③ 提出了证明某种微生物是否为某种疾病病原体的基本原则——柯赫法则，即：病原微生物只出现于患病的个体，而在健康的个体中不存在；可以将病原微生物从寄主体内分离出来，并得到纯培养；将分离得到的微生物回接到健康的寄主身上，可使其产生相同的疾病；从这个患病的寄主身上可以重新分离出相同的微生物。只有满足了这些原则才能确定引起某种疾病的病原体，该原则的关键是病原体必须是可培养的。实践证明柯赫法则对大多数病原微生物的确定是实用的。虽然基因组时代的生物技术提供了更加快捷、灵敏、简便、廉价的方法直接进行微生物病原的鉴定，使柯赫法则面临着修订，但柯赫法则的基本原则是不能违背的。有些微生物学家（如 Fredericks DN，Relman DA 等）根据柯赫法则的基本原则提出了修订意见[*]，但还需要逐步完善。由于柯赫在病原菌研究方面的开创性工作，使得自 19 世纪 70 年代至 20 世纪 20 年代成为发现病原菌的黄金时代，所发现的各种病原微生物不下百余种，其中还包括植物病原细菌。

柯赫除了在病原菌研究方面的伟大成就外，在微生物基本操作技术方面的贡献更是为微生物学的发展奠定了技术基础，这些技术包括：① 用固体培养基分离纯化微生物的技术。这是微生物学研究的最基本技术，这项技术一直沿用至今。② 配制培养基（见第 4 章）。这也是当今微生物学研究的基本技术之一。这两项技术不仅是具有微生物学研究特色的重要技术，而且也为当今动、植物细胞的培养做出了十分重要的贡献。

巴斯德和柯赫的杰出工作，使微生物学作为一门独立的学科开始形成，并出现以他们为代表的生物学家建立的各分支学科，例如，细菌学（巴斯德、柯赫等）、消毒外科技术（J. Lister）、免疫学（巴斯德、Metchnikoff，Behring，Ehrlich 等）、土壤微生物学（Beijernck，Winogradsky 等）、病毒学（Ivanowsky，Beijerinck 等）、植物病理学和真菌学（Bary，Berkeley 等）、酿造学（Hensen，Jorgensen 等）以及化学治疗法（Ehrlish 等）等。微生物学的研究内容日趋丰富，使微生物学发展更加迅速。

> - 是谁第一个看见并描述了微生物？为什么说他的贡献是划时代的？
> - 在"微生物学发展中的重大事件"中，你发现有多少位科学家是获得过诺贝尔奖的？他们因什么而获奖？
> - 什么是"自生说"？巴斯德用什么实验彻底否定了"自生说"？他在微生物学的建立和发展中还有哪些重要的贡献？
> - 为什么说柯赫对病原细菌的研究做出了突出的贡献？他在微生物学基本操作技术方面的贡献是什么？从现在观点看，柯赫法则有何局限性，如何在新形势下发扬和遵行柯赫法则？谈谈你的看法。提示：未培养微生物；纯培养物；有很长的潜伏期；新的鉴定方法等。

四、20 世纪的微生物学

19 世纪中期到 20 世纪初，微生物研究作为一门独立的学科已经形成，并进行着自身的发展。但在 20 世纪早期还未与生物学的主流相汇合。当时大多数生物学家的研究兴趣是有关高等动、植物细胞的结构和功能、生态学、繁殖和发育、遗传以及进化等；而微生物学家更关心的是感染疾病的因子、免疫、寻找新的化学治疗药物以及微生物代谢研究等。到了 20 世纪 40 年代，随着生物学的发展，许多生物学难以解决的理论和技术问题十分突出，特别是遗传学上的争论问题，使得微生物这样一种简单而又具完整生命活动的小生物成了生物学研究的"明星"，微生物学很快与生物学主流汇合，并被推到了整个生命科学发展的前沿，获得了迅速的发展，为生命科学的发展做出了巨大的贡献。

1. 多学科交叉促进微生物学全面发展

微生物学走出了独自发展，以应用为主的狭窄研究范围，与生物学发展的主流汇合、交叉，获得全面、

---

* Fredericks D N, Relman D A. Sequence-based identification of microbial pathogens:a reconsideration of Koch's postulates [J]. Clin Microbiol Rev, 1996, 9（1）: 18-33.

深入的发展。而首先与之汇合的是遗传学、生物化学。1941年Beadle和Tatum用粗糙脉孢菌（*Neurospora crassa*）分离出一系列生化突变株，将遗传学和生物化学紧密结合起来，不仅促进微生物学本身向纵深发展，形成了新的基础研究学科——微生物遗传学和微生物生理学，而且也促进了分子遗传学的形成。与此同时，微生物学的其他分支学科也得到迅速发展，如细菌学、真菌学、病毒学、微生物分类学、工业微生物学、土壤微生物学、植物病理学、医学微生物学及免疫学等。还有20世纪60年代发展起来的微生物生态学、环境微生物学等。这些都是原来独立的学科相互交叉、渗透而形成的。微生物的一系列生命活动规律，包括遗传变异、细胞结构和功能、微生物的酶及生理生化等的研究逐渐发展起来。到了20世纪50年代，微生物学全面进入分子研究水平，并进一步与迅速发展起来的分子生物学理论和技术以及其他学科汇合，使微生物学成为生命科学领域内一门发展最快、影响最大、体现生命科学发展主流的前沿学科。

微生物学应用性广泛，进入20世纪，特别是40年代后，微生物的应用也获得重大进展。抗生素的生产已成为大产业；微生物酶制剂已广泛用于农、工、医各方面；有机酸、氨基酸、维生素、核苷酸等，都利用微生物进行大量生产。微生物的利用已形成一项新兴的发酵工业，并逐步朝着人为有效控制的方向发展。20世纪80年代初，在基因工程的带动下，传统的微生物发酵工业已从多方面发生了质的变化，成为现代生物技术的重要组成部分。

2. 微生物学推动生命科学的发展

（1）促进许多重大理论问题的突破

生命科学由整体或细胞研究水平进入分子水平，取决于许多重大理论问题的突破，其中微生物学起了重要甚至关键的作用，特别是对分子遗传学和分子生物学的影响最大。我们知道"突变"是遗传学研究的重要手段，但是只有在1941年Beadle和Tatum用粗糙脉孢菌进行的突变实验，才使基因和酶的关系得以阐明，提出了"一个基因一个酶"的假说。有关突变的性质和来源（自发突变）也是由于S. Luria和M. Delbruck（1943）利用细菌进行的突变实验所证实。长期争论而不能得到解决的"遗传物质的基础是什么？"的重大理论问题，直至以微生物为材料进行研究后才得到解决，因研究所获得的结果无可辩驳地证实：核酸是遗传信息的携带者，是遗传物质的基础（见第8章）。这一重大突破也为1953年Watson-Crick DNA双螺旋结构的提出起了战略性的决定作用，从而奠定了分子遗传学的基础。此外，基因的概念——遗传学发展的核心，也与微生物学的研究息息相关，例如，著名的"割裂基因"的发现来源于对病毒的研究（第7章）；所谓"跳跃基因"（可转座因子）的发现虽然首先来源于McClintock对玉米的研究，但最终得到证实和公认是由于对大肠杆菌的研究。基因结构的精细分析、重叠基因的发现、最先完成的基因组测序等都与微生物学发展密不可分。

微生物学也为分子生物学的发展奠定了基础。20世纪60年代Nirenberg等人通过研究大肠杆菌无细胞蛋白质合成体系及多聚尿苷酶，发现了苯丙氨酸的遗传密码，继而完成了全部密码的破译，为人类从分子水平上研究生命现象开辟了新的途径。Jacob等人通过研究大肠杆菌诱导酶的形成机制而提出的操纵子学说，阐明了基因表达调控的机制，为分子生物学的形成奠定了基础。此外，DNA、RNA、蛋白质的合成机制以及遗传信息传递的"中心法则"的提出等都得益于微生物学家所做出的卓越贡献。

（2）对生命科学研究技术的贡献

微生物学的建立虽然比高等动、植物学晚，但发展却十分迅速。动、植物由于结构的复杂性及技术方法的限制而相对发展缓慢，特别是人类遗传学受到的限制更大。20世纪中后期，由于微生物学的消毒灭菌、分离培养等技术的渗透和应用的拓宽及发展，动、植物细胞也可以像微生物一样在平板或三角瓶中培养，可以在显微镜下进行分离，甚至可以像微生物的工业发酵一样，在发酵罐中进行生产。今天的转基因动物、转基因植物的转化技术也源于微生物转化的理论和技术。

20 世纪 70 年代，由于微生物学的许多重大发现，包括质粒载体、限制性内切酶、连接酶、反转录酶等，才导致了 DNA 重组技术和遗传工程的出现（见第 10 章），使整个生命科学翻开了新的一页，也将使人类定向改变生物、根治疾病、美化环境的梦想成为现实。

（3）微生物与"人类基因组计划"

"人类基因组计划"的全称为"人类基因组作图和测序计划"。这是一项耗资巨大（30 亿美元），其深远意义堪与阿波罗登月计划媲美的巨大的科学工程。要完成如此浩大的工程，除了需要多学科（数学、物理、化学、信息、计算机等）的交叉合作外，模式生物的先行至关重要，因为模式生物一般背景清楚，基因组小，便于测定和分析，可从中获取经验改进技术方法。而这些模式生物除极少数（如果蝇、线虫、拟南芥等）为非微生物外，绝大部分为细菌和酵母。在完成 200 多种独立生活的模式微生物基因组的序列测定过程中，由于微生物基因组作图和测序方法的不断改进，大大加快了人类基因组计划进展，使"人类基因组计划"提前 2 年完成（2003 年完成）。

• 为什么多学科的交叉促进了微生物学的全面发展？
• 20 世纪的微生物学对整个生命科学发展的主要贡献是什么？

总之，20 世纪的微生物学一方面在与其他学科的交叉和相互促进中，获得了令人瞩目的发展；另一方面也为整个生命科学的发展做出了巨大的贡献，并在生命科学的发展中占有重要的地位。

3. 我国微生物学的发展

我国是具有 5 000 年文明史的古国，是最早认识和利用微生物的几个国家之一。特别是在酿制酒、酱油、醋等微生物产品以及用种痘、麦曲等进行防病治疗等方面具有巨大的贡献。但微生物作为一门科学进行研究，我国起步较晚，中国学者从事微生物学研究始于 20 世纪初，那时一批到西方留学的中国科学家开始较系统地介绍微生物学知识，从事微生物学研究。1910—1921 年间伍连德用近代微生物学知识对鼠疫和霍乱病原进行探索和防治，在中国最早建立起卫生防疫机构，培养了第一支预防鼠疫的专业队伍，在当时这项工作居于国际先进地位。20 世纪 20—30 年代，我国学者开始对医学微生物学有了较多的实验研究，其中汤飞凡等在医学细菌学、病毒学和免疫学等方面的某些领域取得过较高水平的成绩，例如，沙眼病原体的分离和确证就是具有国际领先水平的开创性工作。30 年代开始在高等学校设立酿造科目和农产品制造系，以酿造为主要课程，创建了一批与应用微生物学有关的研究机构。魏岩寿等在工业微生物方面开展了开拓性工作；戴芳澜和俞大绂等是我国真菌学和植物病理学的奠基人；张宪武和陈华癸等对根瘤菌固氮作用的研究开创了我国农业微生物学；高尚荫创建了我国病毒学的基础理论研究和第一个微生物学专业。但总的说来，在新中国成立之前，我国微生物学专业的力量较弱且分散，未形成我国自己的队伍和研究体系，也没有我国自己的现代微生物工业。

新中国成立以后，微生物学在我国有了划时代的发展，一批主要进行微生物学研究的单位建立起来了，一些重点大学创设了微生物学专业。现代化的酿造工业、抗生素工业、生物农药和菌肥生产已经形成一定规模，特别是改革开放以来，我国微生物学无论在应用和基础理论研究方面都取得了重要的成果，例如，我国抗生素的总产量已跃居世界首位，我国的两步法生产维生素 C 的技术居世界先进水平。其间也培养了一大批微生物学人才。进入 21 世纪，我国学者瞄准世界微生物学科发展前沿，进行微生物基因组学的研究，并在 2002 年完成了我国第一个微生物（从我国云南省腾冲地区热海沸泉中分离得到的腾冲嗜热厌氧菌）全基因组测序。我国微生物学进入了一个全面发展的新时期。微生物基因组学和人体微生物组学的研究取得了长足进展，并以此为基础，带动和促进了微生物学其他各领域的迅速发展，使之与国际水平接轨。但我们仍存在相当大的差距，最主要的差距是的研究成果不够。因此，如何发挥我国传统应用微生物技术的优势和创新精神，紧跟国际发展前沿，赶超世界先进水平，还需付出艰苦的努力。

五、21 世纪微生物学发展的特点和趋势

20 世纪的微生物学走过了辉煌的历程，21 世纪将是一幅更加绚丽多彩的立体画卷，在这幅画卷上可能会出现我们目前预想不到的闪光点。我们在这里只能勾勒一下 21 世纪微生物学发展的特点趋势。

1. 微生物基因组学研究将全面深入展开

（1）微生物基因组研究由模式微生物进一步扩大到其他微生物，特别是与工、农、医及与环境、资源有关的重要微生物。研究种类包括古菌、细菌、真菌、原生生物、藻类和病毒。

（2）泛基因组（pan-genome，见第 8 章）和宏基因组（metagenomic，见第 8 章）的概念和技术得到更广泛的研究和应用。

（3）2007 年启动的人体微生物组计划引人注目，并将逐步深入，其研究成果将得到广泛应用。

微生物基因组学的研究为从本质上认识微生物自身，以及利用和改造微生物产生了质的飞跃；开始或正在改变许多传统的概念和观点，也带动了分子微生物学等基础研究学科的发展。

2. 微生物生态、环境微生物的研究将进入最好时期

由于高通量的全基因组测序和分析、宏基因组学以及其他相关技术的发展和应用，微生物学家有条件和技术去探讨那些 99% 以上的、目前被认为是未培养的微生物，以及浩瀚海洋（包括海底黑烟囱和沉积物）及其他极端环境中的微生物（包括古菌），并开始从传统的实验室纯培养物的研究走向自然环境，研究自然环境下微生物的生理、遗传及其群体间的相互作用。此外，由于全球气候的变化，以微生物为核心的生物地球化学循环的相关研究将越来越受到特别关注。在应用方面，利用现代生物学技术，分离新功能菌株或利用新的基因或基因簇降解环境中的污染物、获得可再生能源、回收贵重金属等也将越来越受到重视。

3. 对重大传染病的病理病因及抗药性问题的研究将备受重视

近 10 多年来在全球不断暴发的重大传染病和抗生素抗药性问题已成为全球公害，当今人类正面临着多重耐药基因"超级细菌"的威胁和挑战，在这场新的人类与细菌的博弈之中，研究和运用新的策略和武器（包括基因组分析在内的分子生物学理论和技术，并结合其他理化手段）战胜之，已成为必然的发展趋势。

4. 嗜极细菌和古菌成为新的研究亮点

嗜极细菌（包括海洋微生物）主要生活在极端环境中（高温、高盐、高酸等），具有独特的生命特征，广泛吸引着人们的注意。这些极端微生物为重新界定生物圈的边界、提供探索生命极限的途径、揭示生命的起源、全面了解和利用生物的多样性提供了重要信息。更有意义的发现是，古菌遗传信息传递（包括转录、翻译、复制）与真核生物的极其相似，因而古菌很可能成为了解真核生物，甚至我们人类的遗传信息传递系统的有效模型。

5. 与其他学科实现更广泛的交叉，获得新的发展

21 世纪的微生物学已进入"组学"时代，基因组学和其他"组学"是数学、物理、化学、信息、计算机等多种学科交叉的结果；以微生物为研究模式的合成生物学更是一门新兴的交叉学科，它是工程学思想与生物学研究的充分融合，也是基因组测序技术、计算机建模及模拟技术、生物工程技术、化学合成技术等现代技术的综合和交叉。随着各学科的迅速发展和人类社会的实际需要，各学科之间的交叉和渗透将是必然的发展趋势。21 世纪的微生物学还将进一步向地质、海洋、大气、太空渗透，使更多的边缘学科得到发展。

微生物学与能源、信息、材料、计算机的结合也将开辟新的研究和应用领域。此外，微生物学的研究技术和方法也将会在吸收其他学科的先进技术的基础上，向自动化、定向化和定量化发展。

6. 微生物产业将呈现全新的局面

21世纪，微生物产业除了更广泛地利用和挖掘不同生境（包括极端环境）的自然资源微生物外，基因工程菌将造就一批强大的工业生产菌，生产外源基因表达的产物，特别是药物的生产将出现前所未有的新局面，人类将有可能彻底征服癌症、艾滋病以及其他疾病。

简述21世纪微生物学发展的主要趋势。

此外，微生物工业将生产各种各样的新产品，例如，降解性塑料、DNA芯片、生物能源等，在21世纪将出现一批崭新的微生物工业，为全世界的经济和社会发展作出更大贡献。

7. 合成生物学将促进微生物学的发展

合成生物学（synthetic biology）是一门建立在系统生物学、生物信息学等学科基础之上，并以基因组技术为核心的现代生物科学。合成生物学的最终目标是重塑生命（见第10章）。能实现这一目标的先驱者必然是微生物，因为它的基因组最小。通过对微生物遗传物质的合成、设计和精简，遗传元件的标准化和遗传线路的模块化等合成生物学的理念和技术，也必将使我们进一步从分子水平上认识和利用微生物、塑造具有特殊功能（如：为解决能源、环境、医药等紧迫问题）的新菌种开辟了一条新的途径，整个微生物学将在一个新的水平上获得发展。

8. 不断挖掘和发现微生物的新特性，继续推动生命科学的发展

随着科学技术的进步，我们将更深入地揭示新的微生物特性，例如，近年发现的噬菌体CRISPR系统（见第9章）已成为目前进行基因组编辑最有效的技术；在细菌和古菌中新发现的"再编码"现象（见第8章）被认为有可能打破DNA编码法则；对嗜极微生物嗜极原理研究的深入，也必将对整个生命科学的发展注入新的内容和理念。

小结

1. 微生物是由荷兰商人列文虎克首先发现的，至今有300多年的历史。微生物的主要特征是：个体小，结构简单，繁殖快，易培养，易变异，分布广。它一方面具有其他生物不具备的生物学特性，另一方面也具有其他生物共有的基本生命特征。

2. 微生物学是研究微生物在一定条件下的形态结构、生理生化、遗传变异以及微生物的进化、分类、生态等生命活动规律及其应用的一门学科。它诞生于19世纪中期，其奠基人是法国的巴斯德和德国的柯赫。20世纪获得全面发展，形成了许多分支学科。特别是20世纪40年代以后，微生物学促进了整个生命科学的发展，跃居中心地位。

3. 我国是最早利用微生物的少数国家之一。但微生物学作为一门学科在我国发展始于20世纪初，我国学者曾在某些病原菌的研究和防治，以及微生物在工、农业上的应用和研究等方面，取得具国际先进水平的成绩。近年来，微生物基因组的研究工作已与国际发展前沿接轨，在微生物应用方面也取得可喜成绩。

4. 21世纪的微生物学和人体微生物组学将更加绚丽多彩。多学科的交叉、基因组研究的深入和扩展将使微生物学的基础研究及其应用出现前所未有的局面。

网上更多……

👤📃 复习题　　👥👥 思考题　　📝 现实案例简要答案

（沈　萍）

第2章
微生物的纯培养和显微技术

学习提示

Chapter Outline

现实案例：原生或污染？——2.5 亿年"高龄"细菌的身世之争

据 2000 年 10 月 19 日出版的自然杂志（Nature）报道，美国宾州西彻斯特大学的科学家在美国新墨西哥州地下近 600 m 处挖出的盐岩样品中分离发现了一种仍具有繁殖能力的细菌芽孢（关于芽孢的概念见第 3 章）。由于该处的盐岩形成于 2.5 亿年前，因此推断这些细菌已经在地下以休眠芽孢的形式存活了 2.5 亿年。作者将该菌命名为 *Virgibacillus* sp. Permian strain 2-9-3，即枝芽孢杆菌二叠纪菌株 2-3-9（关于菌株的概念见第 12 章）。在此之前，地球上生命存活的纪录保持者是在琥珀内蜜蜂肠道中以芽孢形式休眠了 2 500 万 ~4 000 万年的一种 *Bacillus sphaericus*（球型芽孢杆菌）菌株，因此这个发现几乎将地球上生命存活的记录延长了 10 倍。这项研究结果对于揭示生命进化历程和微生物的多样性无疑具有重要意义。但很快就有人指出，2-3-9 菌株的生物学特性与 1999 年发现和命名的一种生活于现代环境中的中度嗜盐菌 *Salibacillus marismortui*（死海需盐芽孢杆菌）差别不大，使其身世遭到质疑。

请对下列问题给予回答和分析：

1. 为什么人们会特别关注菌株 2-3-9 是原生还是污染的问题？从各类环境中分离微生物时都会遇到这个问题吗？

2. 从盐岩等样品中分离潜在的远古微生物时应注意哪些方面的实验操作？

3. 除了微生物污染之外，还有哪些因素会影响人们对菌株 2-3-9 存活时间的判断？

参考文献：

[1] Vreeland R H, Rosenzweig W D, Powers D W, Isolation of a 250 million-year old halotolerant bacterium from a primary salt crystal[J]. Nature, 2000,407: 897 - 900.

[2] Cano R J, Borucki M. Revival and identification of bacterial spores in 25 to 40 million year old Dominican amber[J]. Science, 1995,268: 1060–1064.

[3] Graur D, Pupko T. The Permian bacterium that isn't [J]. Mol Biol Evol, 2001,

18(6):1143 - 1146.

[4] Arahal D R, Rquez M C, Volcani E, et al. *Bacillus marismortui* sp. nov., a new moderately halophilic species from the Dead Sea[J]. Int J Syst Bacteriol, 1999,49:521 - 530.

[5] Arahal D R, M á rquez M C, Volcani B E, et al. Reclassification of *Bacillus marismortui* as *Salibacillus marismortui* comb. nov [J]. Int J Syst Evol Microbiol. 2000,50:1501 - 1503.

在微生物学中，在人为规定的条件下培养、繁殖得到的微生物群体称为培养物（culture），而只有一种微生物的培养物称为纯培养物（pure culture）。由于在通常情况下纯培养物能较好地被研究、利用和保证结果的可重复性，因此，把特定的微生物从自然界混杂存在的状态中分离、纯化出来的纯培养技术是进行微生物学研究的基础。相应地，微生物个体微小的特点也决定了显微技术是进行微生物学研究的另一项重要技术，因为绝大多数微生物的个体形态及其内部结构只能通过显微镜才能进行观察和研究。显微技术包括显微标本的制作、观察、测定、分析及记录等方面的内容。实际上，正是由于显微技术及微生物纯培养技术的建立才使我们得以认识丰富多彩的微生物世界，并真正使对微生物的研究发展成为一门科学。

第一节　微生物的分离和纯培养

一、无菌技术

网上学习 2-1
微生物的生物安全

微生物通常是肉眼看不到的微小生物，而且无处不在。因此，在微生物的研究及应用中，不仅需要通过分离纯化技术从混杂的天然微生物群中分离出特定的微生物，而且还必须随时注意保持微生物纯培养物的"纯洁"，防止其他微生物的混入，所操作的微生物培养物也不应对环境造成污染。在分离、转接及培养纯培养物时要防止被其他微生物污染，其自身也不污染操作环境的技术被称为无菌技术（aseptic technique），它是保证微生物学研究正常进行的关键。

1. 微生物培养的常用器具及其灭菌

试管、玻璃烧瓶、培养皿（culture dish, Petri dish）等是最为常用的培养微生物的器具，在使用前必须先行灭菌，使容器中不含任何生物。培养微生物的营养物质称为培养基（culture medium），可以加到器皿中一起灭菌，也可在单独灭菌后加到无菌的器具中。最常用的灭菌方法是高压蒸汽灭菌，它可以杀灭所有的微生物，包括最耐热的某些微生物的休眠体，同时可以基本保持培养基的营养成分不被破坏。有些玻璃器皿也可采用高温干热灭菌。为了防止杂菌，特别是空气中的杂菌污染，试管及玻璃烧瓶都需采用适宜的塞子塞口，通常采用棉花塞，也可采用各种金属、塑料及硅胶帽，它们只可让空气通过，而空气中的其他微生物不能通过。培养皿是由正反两平面板互扣而成，这种器具是专为防止空气中微生物的污染而设计的。

网上学习 2-2
病原微生物实验室安全管理条例

2. 接种操作

用接种环或接种针分离微生物，或在无菌条件下把微生物由一个培养器皿转接到另一个培养器皿中进行培养，是微生物学研究中最常用的基本操作。由于打开器皿就可能引起器皿内部被环境中的其他微生物污染，因此微生物学实验的所有操作均应在无菌条件下进行，其要点是在煤气灯（或酒精灯）火焰附近进行熟练的无菌操作（图2-1），或在无菌操作箱（如生物安全超净柜）或操作室内进行操作（图2-2）。操作箱或操作室内的空气可在使用前一段时间内用紫外线灯或化学药剂灭菌。有的无菌操作箱可通无菌空气维持无菌状态。

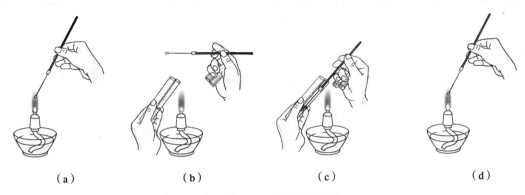

（a）　　　　　　　（b）　　　　　　　（c）　　　　　　　（d）

图2-1　无菌操作转接培养物

（a）接种环在火焰上灼烧灭菌；（b）烧红的接种环在空气中冷却，同时打开装有培养物的试管；（c）用接种环蘸取一环培养物转移到一装有无菌培养基的试管中，并将试管重新盖好；（d）接种环在火焰上灼烧，杀灭残留的培养物

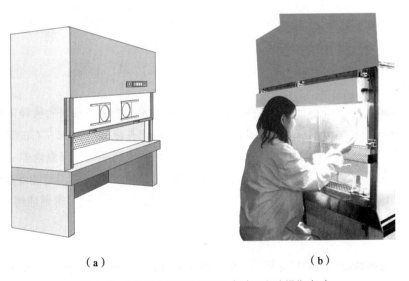

（a）　　　　　　　　　　　　　（b）

图2-2　生物安全超净柜示意图（a）及柜内操作（b）

　　用以挑取和转接微生物材料的接种环及接种针，一般采用易于迅速加热和冷却的镍铬合金等金属制备，使用时用火焰灼烧灭菌。移取液体培养物可采用无菌吸管或移液枪。

二、用固体培养基获得纯培养

　　固体培养基是用琼脂或其他凝胶物质固化的培养基。分散的微生物在适宜的固体培养基表面或内部生长、繁殖到一定程度可以形成肉眼可见的、有一定形态结构的子细胞生长群体，称为菌落（colony）。当固体培养基表面众多菌落连成一片时，便成为菌苔（lawn）。不同微生物在特定培养基上生长形成的菌落或菌苔一般都具有稳定的特征，可以成为对该微生物进行分类、鉴定的重要依据（图2-3）。大多数细菌、酵母菌，以及许多真菌和单细胞藻类能在固体培养基上形成孤立的菌落，采用适宜的平板分离法很容易得到纯培养。所谓平板，即培养平板（culture plate）的简称，是指固体培养基倒入无菌平皿，冷却凝固后，盛固体培养基的平皿。这方法包括将单个微生物分离和固定在固体培养基表面或里面。固体培养基是用琼脂或其他凝胶物质固化的培养基，每个孤立的活微生物体可在其表面或内部生长、繁殖形成菌落，形成的菌落便于移植。最常用的分离、培养微生物的固体培养基是琼脂固体培养基平板。这种由Kock建立的、采用平板分离微生物纯培养的技术简便易行，100多年来一直是各种菌种分离的最常用手段。

图2-3　各种微生物形成的菌落特征

1. 稀释倒平板法

稀释倒平板法（pour plate method）是先将待分离的材料用无菌水作一系列的稀释（如1:10、1:100、1:1 000、1:10 000…），然后分别取不同稀释液少许，与已熔化并冷却至50℃左右的琼脂培养基混合。摇匀后，倾入灭过菌的培养皿中，待琼脂凝固后，制成可能含菌的琼脂平板，保温培养一定时间即可出现菌落。如果稀释得当，在平板表面或琼脂培养基中就可出现分散的单个菌落，后者可能就是由一个微生物细胞繁殖形成的［图2-4（a）］。随后挑取该单个菌落，或重复以上操作数次，便可得到纯培养。

2. 涂布平板法

由于将含菌材料先加到还较烫的培养基中再倒平板易造成某些热敏感菌的死亡，而且采用稀释倒平板法也会使一些严格好氧菌因被固定在琼脂中间缺乏氧气而影响其生长，因此在微生物学研究中更常用的纯种分离方法就是涂布平板法（spread plate method）。其做法是先将已熔化的培养基倒入无菌培养皿，制成无菌平板，冷却凝固后，将一定量的某一稀释度的样品悬液滴加在平板表面，再用无菌涂布棒将菌液均匀分散至整个平板表面，经培养后挑取单个菌落［图2-4（b）］。

3. 平板划线法

平板划线法（streak plate method）即用接种环以无菌操作蘸取少许待分离的材料，在无菌平板表面进行平行划线、扇形划线或其他形式的连续划线（图2-5），微生物细胞数量将随着划线次数的增加而减少，并逐步分散开来。如果划线适宜的话，微生物能一一分散，经培养后，可在平板表面得到单菌落。

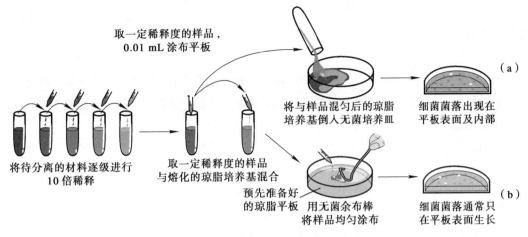

取一定稀释度的样品，
0.01 mL 涂布平板

将待分离的材料逐级进行
10 倍稀释

取一定稀释度的样品
与熔化的琼脂培养基混合

预先准备好
的琼脂平板

将与样品混匀后的琼脂
培养基倒入无菌培养皿

细菌菌落出现在
平板表面及内部

（a）

用无菌余布棒
将样品均匀涂布

细菌菌落通常只
在平板表面生长

（b）

图 2-4　稀释后用平板分离细菌单菌落
（a）稀释倒平板法；（b）涂布平板法

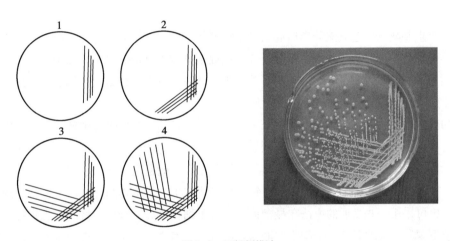

图 2-5　平板划线法

4. 稀释摇管法

用固体培养基分离严格厌氧菌有它特殊的地方。对于那些暴露于空气中不立即死亡的厌氧微生物，可以采用通常的方法制备平板，然后放置在封闭的容器中培养。容器中的氧气可采用化学、物理或生物的方法清除。对于那些对氧气更为敏感的厌氧性微生物，纯培养的分离则可采用稀释摇管法（shake tube method）进行，它是稀释倒平板法的一种变通形式*。先将一系列盛无菌琼脂培养基的试管加热，使琼脂熔化后冷却并保持在 50℃左右，将待分离的材料用这些试管进行梯度稀释。试管迅速摇动均匀、冷凝后，再在琼脂柱表面倾倒一层灭菌液体石蜡和固体石蜡的混合物，将培养基和空气隔开。培养后，菌落形成在琼脂柱的中间。进行单菌落的挑取和移植时，需先用一只无菌针将液体石蜡－石蜡盖取出，再用一支毛细管插入琼脂和管壁之间，吹入无菌无氧气体，将琼脂柱吸出，置放在培养皿中，用无菌刀将琼脂柱切成薄片进行观察和菌落的移植。

---

　　* 也可采用其他方法来进行严格厌氧菌的分离、纯化，如 Hungate 技术和厌氧手套箱技术，但对操作技术和实验设备都有较高的要求。

三、用液体培养基获得纯培养

对于大多数细菌和真菌，用平板法分离纯培养的效果通常是满意的，因为它们的大多数种类在固体培养基上长得很好。然而并不是所有的微生物都能在固体培养基上生长，例如，一些个体大的细菌、许多原生动物和藻类等，这些微生物仍需要用液体培养基分离来获得纯培养。

通常采用的液体培养基分离纯化法是稀释法。接种物在液体培养基中进行顺序稀释，以得到高度稀释的效果，使一支试管中分配不到一个微生物。如果经稀释后的大多数平行试管中没有微生物生长，那么有微生物生长的试管中得到的培养物可能就是纯培养物。如果经稀释后的试管中有微生物生长的比例提高了，得到纯培养物的概率就会急剧下降。因此，采用液体培养基稀释法，获得纯培养时必须是在同一稀释度的许多平行试管中，大多数试管（一般应超过95%）表现为没有微生物生长。

四、单细胞（孢子）分离

稀释法有一个重要缺点，它只能分离出混杂微生物群体中数量占优势的种类。而在自然界，很多微生物在混杂群体中都是少数。这时，可以采取显微分离法从混杂群体中直接分离单个细胞或单个个体进行培养以获得纯培养，称为单细胞（或单孢子）分离法。单细胞分离法的难度与细胞或个体的大小成反比，较大的微生物如藻类、原生动物较容易，个体很小的细菌则较难。

对于较大的微生物，可采用毛细管提取单个个体，并在大量的灭菌培养基中转移清洗几次，除去较小微生物的污染。这项操作可在低倍显微镜，如解剖显微镜下进行。对于个体相对较小的微生物，需采用显微操作仪，在显微镜下进行。目前，市售的显微操作仪种类很多，一般是通过机械、空气或油压传动装置来减小手的动作幅度，在显微镜下用毛细管或显微针、钩、环等挑取单个微生物细胞或孢子以获得纯培养。在没有显微操作仪时，也可采用一些变通的方法在显微镜下进行单细胞分离。例如，将经适当稀释后的样品制备成小液滴在显微镜下观察，选取只含一个细胞的液滴来进行纯培养物的分离。单细胞分离法对操作技术有比较高的要求，多限于高度专业化的科学研究中采用。

五、选择培养分离

没有一种培养基或一种培养条件能够满足自然界中一切生物生长的要求，在一定程度上所有的培养基都是选择性的。在一种培养基上接种多种微生物，只有满足生长需要的才生长，其他被抑制。如果某种微生物的生长需要是已知的，也可以设计一套特别适合该种微生物生长的特定环境，使得即使在混杂的微生物群体中这种微生物只占少数，也能把它选择培养出来。这种通过选择培养进行微生物纯培养分离的技术称为选择培养分离。这种技术对于从自然界中分离、寻找有用的微生物是十分重要的。在自然界中，除了极特殊的情况外，在大多数场合下微生物群落是由多种微生物组成的。因此，要从中分离出所需的特定微生物是十分困难的，尤其当某一种微生物所存在的数量与其他微生物相比非常少时，单采用一般的平板稀释方法几乎不可能分离到该种微生物。例如，若某处土壤中的微生物数量在 10^8 个 /g 时，必须稀释到 10^{-6} 才有可能在平板上分离到单菌落，而如果目标微生物的数量仅为 $10^2 \sim 10^3$ 个 /g，显然不可能在一般通用的平板上得到该微生物的单菌落。因此，要分离这种微生物，必须根据该微生物的特点，包括营养、生理、生长条件等，采用选择培养分离的方法。或抑制其他大多数微生物生长，或造成有利于该菌生长的环境。经过一定时间培养后使该菌在群落中的数量上升，再通过平板稀释等方法对它进行纯培养分离。

1. 选择平板培养

根据待分离微生物的特点选择不同的培养条件，有多种方法可以采用。例如，在从土壤中筛选蛋白酶产生菌时，可以在培养基中添加牛奶或酪素制备培养基平板，微生物生长时若产生蛋白酶则会水解牛奶或酪素，在平板上形成透明的蛋白质水解圈。通过菌株培养时产生的蛋白质水解圈对产酶菌株进行筛选，可以减少工作量，将那些大量的非产蛋白酶菌株淘汰。再如，要分离高温菌，可在高温条件进行培养；要分离某种抗生素抗性菌株，可在加有抗生素的平板上进行分离；有些微生物如螺旋体、黏细菌、蓝细菌等能在琼脂平板表面或里面滑行，可以利用它们的滑行特点进行分离纯化，因为滑行能使它们自己和其他不能移动的微生物分开。可将微生物群落点种到平板上，让微生物滑行，从滑行前沿挑取培养物接种，如此反复操作，得到纯培养物。

2. 富集培养

富集培养主要是指利用不同微生物间生命活动特点的不同，制定特定的环境条件，使仅适应于该条件的微生物旺盛生长，从而使其在群落中的数量大大增加，使人们能够更容易地从自然界中分离到特定的微生物。富集条件可根据所需分离的微生物的特点从物理、化学、生物及综合多个方面进行选择，如温度、pH、紫外线、高压、光照、氧气和营养等方面。图 2-6 描述了采用富集方法从土壤中分离能降解酚类化合物对羟基苯甲酸（*p*-hydroxybenzyl acid）的微生物的实验过程。首先配制以对羟基苯甲酸为唯一碳源的液体培养基并分装于烧瓶中，灭菌后将少量的土壤样品接种于该液体培养基中，培养一定时间，原来透明的培养液会变得浑浊，说明已有大量微生物生长。取少量上述培养液转移至新鲜培养液中重新培养，该过程经数次重复后能利用对羟基苯甲酸的微生物的比例在培养物中将大大提高。将培养液涂布于以对羟基苯甲酸为唯一碳源的琼脂平板，得到的微生物菌落中的大部分都是能降解对羟基苯甲酸的微生物。挑取一部分单菌落分别接种到

含有及缺乏对羟基苯甲酸的液体培养基中进行培养，其中大部分在含有对羟基苯甲酸的培养基中生长，而在没有对羟基苯甲酸的培养基中表现为不生长，说明通过该富集程序的确得到了欲分离的目标微生物。通过富集培养使原本在自然环境中占少数的微生物的数量大大提高后，可以再通过稀释倒平板或平板划线等操作得到纯培养物。

富集培养是微生物学最强有力的技术手段之一，营养和生理条件的几乎无穷尽的组合形式可满足从自然界选择出各种特定微生物的需要。富集培养方法提供了按照意愿从自然界分离出特定已知微生物种类的有力

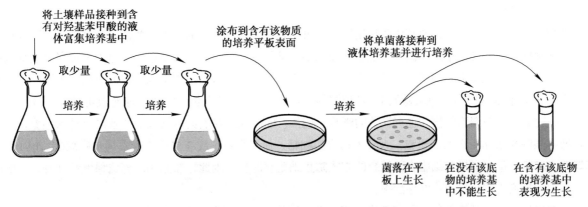

图 2-6　利用富集培养技术从土壤中分离能降解对羟基苯甲酸的微生物

手段，只要掌握这种微生物的特殊要求就行。富集培养法也可用来分离培养出由科学家设计的特定环境中能生长的微生物，尽管我们并不知道什么微生物能在这种特定的环境中生长。

六、微生物的保藏技术

通过分离纯化得到的微生物纯培养物，还必须通过各种保藏技术使其在一定时间内不死亡，不会被其他微生物污染，不会因发生变异而丢失重要的生物学性状，否则就无法真正保证微生物研究和应用工作的顺利进行。因此，菌种或培养物保藏是一项极为重要的微生物学基础工作。微生物菌种是珍贵的自然资源，具有重要意义，许多国家都设有相应的菌种保藏机构（见第15章），国际微生物学联合会（International Union of Microbiological Societies, IUMS）还专门设立了世界培养物保藏联盟（World Federation of Culture Collection, WFCC），用计算机储存世界上各保藏机构提供的菌种数据资料，可以通过国际互联网查询和索取，进行微生物菌种的交流、研究和使用。

生物的生长一般都需要一定的水分、适宜的温度和合适的营养，微生物也不例外。菌种保藏就是根据菌种特性及保藏目的的不同，给微生物菌株以特定的条件，使其存活而得以延续。例如，利用培养基或宿主对微生物菌株进行连续移种，或改变其所处的环境条件，如干燥、低温、缺氧、避光及缺乏营养等，令菌株的代谢水平降低，乃至完全停止，达到半休眠或完全休眠的状态，从而在一定时间内得到保存，有的可保藏几十年或更长时间。在需要时再通过提供适宜的生长条件使保藏物恢复活力。

1. 传代培养保藏

传代培养与培养物的直接使用密切相关，是进行微生物保藏的基本方法。常用的有琼脂斜面、半固体琼脂柱及液体培养等。采用传代法保藏微生物应注意针对不同的菌种来选择适宜的培养基，并在规定的时间内进行移种，以免由于菌株接种后不生长或超过时间不能接活，丧失微生物菌种。在琼脂斜面上保藏微生物的时间因菌种的不同有较大差异，有些可保存数年，而有些仅数周。一般来说，通过降低被保藏微生物的代谢水平或防止培养基干燥，可延长传代保藏的保存时间。例如，在菌株生长良好后，改用橡皮塞封口或在培养基表面覆盖液体石蜡，并放置低温保存；将一些菌的菌苔直接刮入蒸馏水或其他缓冲液后，密封置4℃保存，也可以大大提高某些菌的保藏时间及保藏效果，这种方法有时也被称为悬液保藏法。

由于菌种进行长期传代十分繁琐，容易污染，特别是会由于菌株的自发突变而导致菌种衰退，使菌株的形态、生理特性、代谢物的产量等发生变化。因此在一般情况下，在实验室里除了采用传代法外，还必须根据条件采用其他方法进行菌种保藏，特别是对那些需要长期保藏的菌种更是如此。

2. 冷冻保藏

将微生物处于冷冻状态，使其代谢作用停止，可达到长期保藏的目的。大多数微生物都能通过冷冻进行保存，细胞体积大的要比小的对低温更敏感，而无细胞壁的则比有细胞壁的敏感。其原因是低温会使细胞内的水分形成冰晶，从而引起细胞，尤其是细胞膜的损伤。进行冷冻时，适当采取速冻的方法，可因产生的冰晶小而减少对细胞的损伤。当从低温下移出并开始升温时，冰晶又会长大，故快速升温可减少对细胞的损伤。冷冻时的介质对细胞的损伤也有显著的影响。例如，0.5 mol/L左右的甘油或二甲亚砜可透入细胞，并通过降低强烈的脱水作用而保护细胞；大分子物质如糊精、血清蛋白、脱脂牛奶或聚乙烯吡咯烷酮（PVP）虽不能透入细胞，但可通过与细胞表面结合的方式防止细胞膜冻伤。因此，在采用冷冻法保藏菌种时，一般应加入各种保护剂以提高培养物的存活率。

一般来说，保藏温度越低，保藏效果越好。在常用的冷冻保藏方法中，液氮保藏可达到–196℃。因此，从适用的微生物范围、存活期限、性状的稳定性等方面来看，该方法在迄今使用的各种微生物保藏方法中是较理想的一种。但液氮保藏需使用专用器具，一般仅适合一些专业保藏机构采用。与此相应，冰箱保藏使用更为普遍。例如，在各种基因工程手册中，一般都推荐在 –70℃低温冰箱中保存菌株或细胞的某些特殊生理状态（添加甘油做保护剂），例如，经诱导建立了感受态的细菌细胞。在没有低温冰箱的条件下，也可利用 –30～–20℃的普通冰箱保存菌种。但应注意加有保护剂的细胞混合物的共熔点就处在这个温度范围内，常会由于冰箱可能产生的微小温度变化引起培养物的反复熔化和再结晶，而对菌体造成强烈的损伤。因此采用普通冰箱冷冻保存菌种的效果往往远低于低温冰箱，应注意经常检查保藏物的存活情况，随时转种。

3. 干燥保藏

水分对各种生化反应和一切生命活动至关重要，因此，干燥，尤其是深度干燥是微生物保藏技术中另一项经常采用的手段。

沙土管保存和冷冻真空干燥是最常用的两项微生物干燥保藏技术。前者主要适用于产孢子的微生物，如芽孢杆菌、放线菌等。一般将菌种接种斜面，培养至长出大量的孢子后，洗下孢子制备孢子悬液，加入无菌的沙土管中，减压干燥，直至将水分抽干。最后用石蜡、胶塞等封闭管口，置于冰箱保存。此法简便易行，并可以将微生物保藏较长时间，适合一般实验室及以放线菌等为菌种的发酵工厂采用。

冷冻真空干燥是将加有保护剂的细胞样品预先冷冻，使其冻结，然后在真空下通过冰的升华作用除去水分。达到干燥的样品可在真空或惰性气体的密闭环境中置低温保存，从而使微生物处于干燥、缺氧及低温的状态，生命活动处于休眠，可以达到长期保藏的目的。用冰升华的方式除去水分，手段比较温和，细胞受损伤的程度相对较小，存活率及保藏效果均不错，而且经抽真空封闭的菌种安瓿管的保存、邮寄、使用均很方便。因此，冷冻真空干燥是目前使用最普遍、最重要的微生物保藏方法，大多数专业的菌种保藏机构均采用此法作为主要的微生物保存手段。

除上述方法外，各种微生物菌种保藏的方法还有很多，如纸片保藏、薄膜保藏、宿主保藏等。由于微生物的多样性，不同的微生物往往对不同的保藏方法有不同的适应性，迄今为止尚没有一种方法能被证明对所有的微生物都适宜。因此，在具体选择保藏方法时必须对被保藏菌株的特性、保藏物的使用特点及现有条件等进行综合考虑。对于一些比较重要的微生物菌株，则要尽可能多地采用各种不同的手段进行保藏，以免因某种方法的失败而导致菌种的丧失。

> **?**
> - 何为无菌技术，它包括哪些基本内容？
> - 为什么微生物学研究通常需要使用纯培养物？
> - 为什么固体培养基常被用来分离获得微生物的纯培养？试比较各种方法的特点。
> - 微生物菌种保藏的基本原理是什么，有哪些常用方法？

第二节　显微镜和显微技术

绝大多数微生物的大小都远远低于肉眼的观察极限，因此，一般必须借助显微镜放大系统的作用才能看到它们的个体形态和内部构造。除了放大倍数外，决定显微观察效果的还有两个重要的因素，即分辨率和反差。分辨率是指能将非常靠近的两个点（物像）清楚辨析的能力，而反差是指样品区别于背景的程度。它们与显微镜的自身特点有关，但也取决于进行显微观察时对显微镜的正确使用及良好的标本制作和观察技术，这就是显微技术。而现代的显微技术，不仅仅是观察物体的形态、结构，而且发展到对物体的组成成分定性和定量，特别是与计算机科学技术的结合出现的图像分析、模拟仿真等技术，为探索微生物的奥秘增添了强大武器。

一、显微镜的种类及原理

1. 普通光学显微镜

现代普通光学显微镜利用目镜和物镜两组透镜系统来放大成像，故又常被称为复式显微镜。它们由机械装置和光学系统两大部分组成。机械装置包括镜座、支架、载物台、调焦螺旋等部件，是显微镜的基本组成单位，主要是保证光学系统的准确配置和灵活调控，在一般情况下是固定不变的。而光学系统由物镜、目镜、聚光器等组成，直接影响着显微镜的性能，是显微镜的核心。一般的显微镜都可配置多种可互换的光学组件，通过这些组件的变换可改变显微镜的功能，如明视野、暗视野、相差等。

对任何显微镜来说，分辨率都是决定其观察效果的最重要指标。这是因为分辨率越高，最小可分辨距离就越小，放大后的图像才越清晰。相反，如果分辨率不够，图像即使被放大也是模糊的。从物理学角度看，光学显微镜的最小可分辨距离或分辨率受光的干涉现象及所用物镜性能的限制，可表示为：

$$最小可分辨距离（分辨率）= \frac{0.5\lambda}{n\sin\theta}$$

式中 λ 为所用光源的波长，波长越短所能提供的最小可分辨距离越小（分辨率越高）。这是因为用于形成物像的光波须穿过被检物体，波长越小的光能穿越的间隙也越小，形成的物像也越清晰。相反，二个物像点的间距如果小于波长将无法被光波穿过，成像后只能形成一个模糊的点，即无法被辨析（图2-7）。θ 为物镜镜口角的半数，它取决于物镜的直径和工作距离（图2-8）；n 为玻片与物镜间介质的折射率，显微观察时可根据物镜的特性而选用不同的介质，例如，空气（n=1.0）、水（n=1.33）、香柏油（n=1.52）等。$n\sin\theta$ 也被表示为数值孔径值（numerical aperture，NA），它是决定物镜性能的最重要指标。光学显微镜在使用最短波长的可见光（λ=450 nm）作为光源时在油镜下可以达到其最大分辨率 0.18 μm（表2-1）。由于肉眼的正常分辨能力一般为 0.25 mm 左右，因此光学显微镜有效的最高放大倍数只能达到 1 000～1 500 倍，在此基础上进一步提高显微镜的放大能力对观察效果的改善并无帮助。

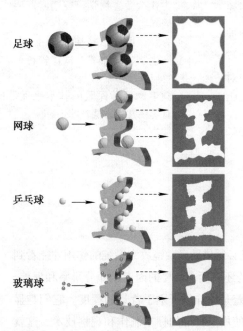

图2-7 波长与分辨率之间关系的示意图
不同大小的球象征不同波长的光线。球的直径越小就越容易穿过"王"字之间的间隙，形成清晰的"物像"

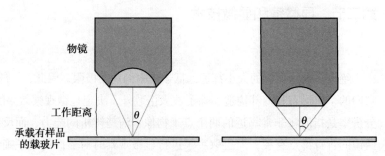

图2-8 显微镜的数值孔径值与镜口角及工作距离间的关系

表 2-1　不同显微镜物镜的特性比较

特性	物镜			
	搜索物镜	低倍镜	高倍镜	油镜
放大倍数	4×	10×	40～45×	90～100×
数值孔径值	0.10	0.25	0.55～0.65	1.25～1.4
焦深 /mm	40	16	4	1.8～2.0
工作距离 /mm	17～20	4～8	0.5～0.7	0.1
蓝光（450 nm）时可以达到的分辨率 /μm	2.3	0.9	0.35	0.18

2. 暗视野显微镜

明视野显微镜的照明光线直接进入视野，属透射照明。活的细菌在明视野显微镜下观察是透明的，不易看清。而暗视野显微镜则利用特殊的聚光器实现斜射照明，给样品照明的光不直接穿过物镜，而是由样品反射或折射后再进入物镜（图 2-9）。因此，整个视野是暗的，而样品是明亮的。正如我们在白天看不到的星辰却可在黑暗的夜空中清楚地显现一样，在暗视野显微镜中由于样品与背景之间的反差增大，可以清晰地观察到在明视野显微镜中不易看清的活菌体等透明的微小颗粒。而且，即使所观察微粒的尺寸小于显微镜的分辨率，依然可以通过它们散射的光而发现其存在。因此，暗视野法主要用于观察生活细菌的运动性。

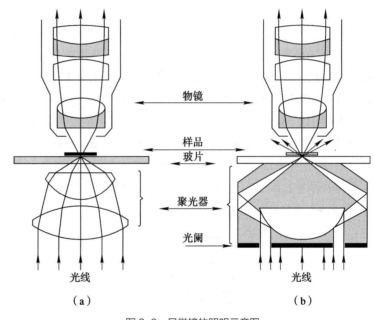

图 2-9　显微镜的照明示意图
（a）明视野；（b）暗视野

3. 相差显微镜

光线通过比较透明的标本时，光的波长（颜色）和振幅（亮度）都没有明显的变化。因此，用普通光学显微镜观察未经染色的标本（如活的细胞）时，其形态和内部结构往往难以分辨。然而，由于细胞各部分的折射率和厚度的不同，光线通过这种标本时，直射光和衍射光的光程就会有差别。随着光程的增加或减少，加快或落后的光波的相位会发生改变，产生相位差。人肉眼感觉不到光的相位差，但相差显微镜配备有特殊的光学装置——环状光阑和相差板，利用光的干涉现象，能将光的相位差转变为人眼可以察觉的振幅差（明暗差），从而使原来透明的物体表现出明显的明暗差异，对比度增强。正由于样品的这种反差是以不同部位的密度差别为基础形成的，因此，相差显微镜使人们能在不染色的情况下，比较清楚地观察到在普通光学显微镜和暗视野显微镜下都看不到或看不清的活细胞及细胞内的某些细微结构。这是显微技术的一大突破，为此，其发明人 F. Zernike 获得了 1953 年的诺贝尔奖。

4. 荧光显微镜

有些化合物（荧光素）可以吸收紫外线并放出一部分光波较长的可见光，这种现象称为荧光。因此，在紫外线的照射下，发荧光的物体会在黑暗的背景下表现为光亮的有色物体，这就是荧光显微技术的原理。由于不同荧光素的激发波长范围不同，因此同一样品可以同时用两种以上的荧光素标记，它们在荧光显微镜下经过一定波长的光激发发射出不同颜色的光。荧光显微技术在免疫学、环境微生物学、分子生物学中应用十分普遍。

5. 透射电子显微镜

人们从 20 世纪初就开始尝试用波长更短的电磁波取代可见光来放大成像，以制造分辨本领更高的显微镜。1933 年，德国人 E. Ruska 制成了世界上第一台以电子作为"光源"的显微镜——电子显微镜。其理论依据是：电子束通过电磁场时会产生复杂的螺旋式运动，但最终的结果是正如光线通过玻璃透镜时一样，产生偏转、汇聚或发散，并同样可以聚集成像。而一束电子具有波长很短的电磁波的性质，其波长与运动速度成反比，速度越快，波长越短。理论上，电子波的波长最短可达到 0.005 nm，所以电子显微镜的分辨能力要远高于光学显微镜（图 2-10）。几十年来，电子显微技术发展很快，应用也日益广泛，对包括微生物学在内的许多学科的进步都起了巨大的推动作用。为了表彰 E. Ruska 及后来发明扫描隧道显微镜的 G. Binning 和 H. Rohrer 在显微技术方面所做的开拓性工作，1986 年他们 3 人共同获得了当年的诺贝尔物理学奖。

最早由 E. Ruska 等发明的电镜就是透射电子显微镜（transmission electron microscope，TEM），其工作原理和光学显微镜十分相似（图 2-11）。但由于光源的不同，又决定了它与光学显微镜的一系列差异，主要表现在：① 在电子的运行中如遇到游离的气体分子会因碰撞而发生偏转，导致物像散乱不清，因此电镜镜筒中要求高真空；② 电子是带电荷的粒子，因此电镜是用电磁圈来使"光线"汇聚、聚焦；③ 电子像人肉眼看不到，需用荧光屏来显示或感光胶片作记录。

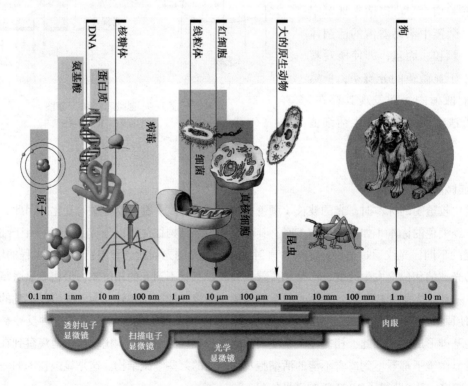

图 2-10　各种显微镜和肉眼的分辨率范围

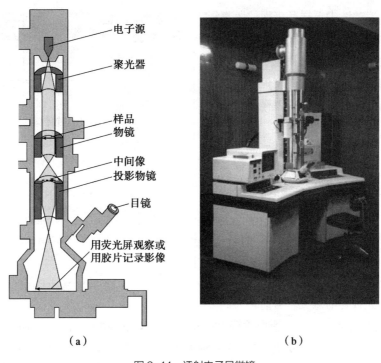

图 2-11 透射电子显微镜
（a）工作示意图；（b）照片

6. 扫描电子显微镜

扫描电子显微镜（scanning electron microscope，SEM）与光学显微镜和透射电子显微镜不同，它的工作原理类似于电视或电传真照片。电子枪发出的电子束被磁透镜汇聚成极细的电子"探针"，在样品表面进行"扫描"，电子束扫到的地方就可激发样品表面放出二次电子（同时也有一些其他信号）。二次电子产生的多少与电子束入射角度有关，也即是与样品表面的立体形貌有关。与此同时，在观察用的荧光屏上另一个电子束也做同步的扫描。二次电子由探测器收集，并在那里被闪烁器变成发光信号，再经光电倍增管和放大器又变成电压信号来控制荧光屏上电子束的强度。这样，样品上产生二次电子多的地方，在荧光屏上相应的部位就越亮，我们就能得到一幅放大的样品立体图像。

扫描电镜主要被用于观察样品的表面结构。由于电子束孔径角极小，扫描电镜的景深很大，成像具有很强的立体感。与扫描电镜相比，透射电镜景深较小，一般只能观察切成薄片后的二维图像。此外，在扫描电镜中，电子束的轰击使样品表面除放出二次电子外，还可产生许多有用的物理信号，如特征性 X 线谱线、阴极荧光、背散射电子、俄歇电子及样品电流等。对这些信号分别进行收集、分析，还能得到有关样品的其他信息。例如，收集 X 线信号，可以对样品各个微区的元素组成进行分析。

7. 扫描隧道显微镜

在光学显微镜和电子显微镜的结构和性能得到不断完善的同时，基于其他各种原理的显微镜也不断问世，使人们认识微观世界的能力和手段得到不断提高。其中 20 世纪 80 年代才出现的扫描隧道显微镜（scanning tunneling microscope，STM）是显微镜领域的新成员，主要原理是利用了量子力学中的隧道效应。

STM 有一个半径极细的金属探针，其针尖通常小到只有一个原子，可利用压电陶瓷将其推进到待测样品表面很近的距离（0.5 ~ 2 nm）进行扫描。在这样近的距离内，针尖顶部可以接触到样品表面的电子云，但又不致损坏样品。此时在探针和样品之间加零点几伏的电压，即有纳安级的电流产生，这电流就是隧道效应电流。该电流对针尖至样品表面的距离非常敏感。当距离发生一个原子大小的变化时（0.3 nm），电流将改变1 000倍。利用电子学反馈控制系统保持探针扫描时的电流或高度恒定，就可以通过记录电压或电流的变化而了解样品的表面形貌（图2-12）。

STM的横向分辨率可以达到0.1～0.2 nm，纵向分辨率可以达到0.001 nm，是目前分辨率最高的显微镜，足以对单个的原子进行观察。此外，由于STM在扫描时不接触样品，又没有高能电子束轰击，原则上讲可以避免样品的变形。而且，它不仅可以在真空，而且可以在保持样品生理条件的大气及液体环境下工作。因此，STM对生命科学研究领域具有十分重要的意义。目前，人们

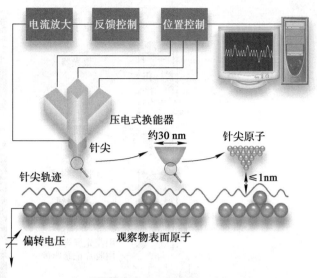

图2-12 扫描隧道显微镜工作原理示意图

已利用STM直接观察到DNA、RNA和蛋白质等生物大分子，以及生物膜、古菌的细胞壁、病毒等结构。

近年来，在STM的基础上又发展出了另一种扫描探针式显微镜——原子力显微镜（atomic force microscope，AFM）。AFM也是利用细小的探针对样品表面进行恒定高度的扫描来对样品进行"观察"，但它不是通过隧道电流，而是通过一个激光装置来监测探针随样品表面的升降变化来获取样品表面形貌的信息，因此，与STM不同，AFM可以用于对不具导电性或导电能力较差的样品进行观察。

二、显微观察样品的制备

样品制备是显微技术的一个重要环节，直接影响着显微观察效果的好坏。一般来说，在利用显微镜观察、研究生物样品时，除要根据所用显微镜的使用特点采用合适的制样方法外，还应考虑生物样品的特点，尽可能地使被观察样品的生理结构保持稳定，并通过各种手段提高其反差。

1. 光学显微镜的制样

光学显微镜是微生物学研究的最常用工具，有活体观察和染色观察两种基本使用方法。

（1）活体观察

活体观察可采用压滴法、悬滴法及菌丝埋片法等在明视野、暗视野或相差显微镜下对微生物活体进行直接观察。其特点是可以避免一般染色制样时的固定作用对微生物细胞结构的破坏，并可用于专门研究微生物的运动能力、摄食特性及生长过程中的形态变化，如细胞分裂、芽孢萌发等动态过程。

① 压滴法：将菌液滴于载玻片上，加盖盖玻片后立即进行显微镜观察。② 悬滴法：在盖玻片中央加一小滴菌悬液后反转置于特制的凹载玻片上后进行显微镜观察。为防止液滴蒸发变干，一般还应在盖玻片四周加封凡士林。③ 菌丝埋片法：将无菌小块玻璃纸铺于平板表面，涂布放线菌或霉菌孢子悬液，经培养，取下玻璃纸置于载玻片上，用显微镜对菌丝的形态进行观察。

（2）染色观察

一般微生物菌体小且无色透明，在光学显微镜下，细胞体液及结构的折光率与其背景相差很小，因此用压滴法或悬滴法进行观察时，只能看到其大体形态和运动情况。若要在光学显微镜下观察其细致形态和主要结构，一般都需要对它们进行染色，借助颜色的反衬作用提高所观察样品不同部位的反差。

染色前必须先对涂在载玻片上的样品进行固定，其目的有二：一是杀死细菌并使菌体黏附于玻片上，二

是增加其对染料的亲和力。常用酒精灯火焰加热和化学固定两种方法。固定时应注意尽量保持细胞原有形态，防止细胞膨胀和收缩。根据方法和染料等的不同可将染色分为很多种类，如细菌的染色，可简单概括如下：

2. 电子显微镜的制样

生物样品在进行电镜观察前必须进行固定和干燥，否则镜筒中的高真空会导致其严重脱水，失去样品原有的空间构型。此外，由于构成生物样品的主要元素对电子的散射与吸收的能力均较弱，在制样时一般都需要采用重金属盐染色或喷镀，以提高其在电镜下的反差，形成明暗清晰的电子图像。

（1）透射电镜的样品制备

电子的穿透能力有限，因此透射电镜采用覆盖有支持膜的载网来承载被观察的样品。最常用的载网是铜网，也有用不锈钢、金、银、镍等其他金属材料制备的载网。而支持膜可用塑料膜（如火棉胶膜、聚乙烯甲醛膜等），也可以用碳膜或者金属膜（如铍膜等）。

1）负染技术

负染技术与将样品本身染色来提高反差的方法相反，是用电子密度高，本身不显示结构且与样品几乎不反应的物质（如磷钨酸钠或磷钨酸钾）来对样品进行"染色"。这些重金属盐不被样品成分所吸附而是沉积到样品四周。如果样品具有表面结构，这种物质还能进入表面上凹陷的部分，从而可以通过散射电子能力的差异把样品的外形与表面结构清楚地衬托出来（图2-13）。负染技术简便易行，病毒、细菌（特别是细菌鞭毛）、离体细胞器及蛋白质和核酸等生物大分子等的形态大小和表面结构都可以采用这种制样方法进行观察。实际操作时，既可把样品和重金属染料混匀后滴加在支持膜上，也可将样品用贴印或喷雾的方法加到载网上后再用染料进行染色。而对于核酸分子，为避免其结构在进行制样时遭到破坏，通常采用蛋白质单分子膜技术。其原理是将核酸与少量球状蛋白（如细胞色素c）混合后，通过干净的玻璃斜面滑入装在烧杯或培养皿中的缓冲液中，使其在溶液表面形成不溶的变性薄膜，控制适当的条件这一薄膜可以成为单分子层。当核酸分子与该蛋白质单分子膜作用时，会由于蛋白质的氨基酸碱性侧链基团的作用，使得核酸也被拉成细丝状，

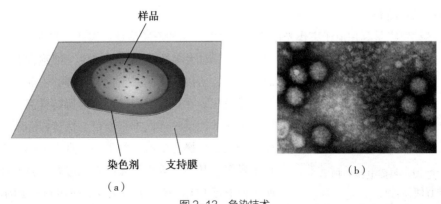

样品

染色剂　支持膜
（a）

（b）

图2-13 负染技术
（a）原理示意图；（b）照片
照片来源：武汉大学生命科学学院病毒系胡远扬教授

并从形态到结构均能保持一定程度的完整性。然后再将吸附有核酸分子的蛋白质单分子膜转移到载网上进行负染色后观察。

2）投影技术

在真空蒸发设备中将铂或铬等对电子散射能力较强的金属原子，由样品的斜上方进行喷镀，提高样品的反差。如图2-14所示，样品上喷镀上金属的一面散射电子的能力强，表现为亮区，而没有喷镀上金属的部分散射电子能力弱，表现为暗区，其效果就如同太阳光斜射形成的影子，使我们能了解样品的高度和立体形状。投影法也可用于观察病毒、细菌鞭毛、生物大分子等微小颗粒。

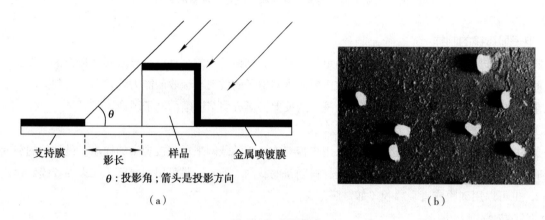

（a）

（b）

图2-14 投影技术
（a）原理示意图；（b）照片
照片来源：武汉大学生命科学学院病毒系胡远扬教授

3）超薄切片技术

尽管微生物的个体通常都极其微小，但除病毒外，微弱的电子束仍无法透过一般微生物（如细菌的整体）标本，需要制作成100 nm以下厚度的超薄切片，方能看清其内部的细微结构。此外，从细菌、立克次体、螺旋体、病毒等病原体与宿主细胞的关系，到其对宿主细胞引起的超微形态的改变，以及病毒等对宿主细胞的吸附、进入、繁殖等机制的研究，也都需要将宿主的组织或培养细胞制作超薄切片后才能用透射电镜观察。可以说，超薄切片技术是生物学中研究细胞及组织超微结构的最常用、重要的电镜样品制备技术，其基本操作步骤如下：

取样→固定→脱水→浸透与包埋→切片→捞片→染色→观察

（2）扫描电镜的样品制备

扫描电镜的结构特点是利用电子束作光栅状扫描以取样品的形貌信息。因此，其样品制备方法比透射电镜要简单，它主要要求样品干燥，并且表面能够导电。对大多数生物材料来说，细胞含有大量的水分，表面不导电，所以观察前必须进行处理，去除水分，对表面喷镀金属导电层。在这过程中必须始终保持样品不变形，这样，最后的观察才能反映样品本来面目。保持样品形状的主要关键是样品干燥。干燥方法有自然干燥、真空干燥、冷冻干燥和临界点干燥等。其中临界点干燥的效果最好，其原理是利用许多物质，如液态CO_2，在一个密闭容器中达到一定的温度和压力后，气液相面消失（即所谓的临界点状态）的性质，使样品在没有表面张力的条件下得到干燥，很好地保持样品的形态。干燥、

• 何为显微镜的分辨率、反差和放大倍数？
• 为什么使用油镜时光学显微镜的分辨率最高？
• 明视野、暗视野、相差、荧光显微镜的成像原理有何异同？
• 普通光学显微镜、透射电镜、扫描电镜和扫描隧道显微镜的成像原理有何异同？
• 普通光学显微镜和电子显微镜在样品制备上有何不同的要求？

?

喷镀金属层后的样品便可用于观察。

第三节　显微镜下的微生物

微生物类群庞杂，种类繁多，包括细胞型和非细胞型两类。凡具有细胞形态的微生物称为细胞型微生物，按系统发育和细胞结构它们分属于细菌（Bacteria）、古菌（Archaea）和真核生物（Eukarya）。而不具细胞结构的病毒、类病毒行寄生生活，它们的许多生活特性类同于寄主生物。本节将主要介绍在显微镜下细胞型微生物的一般形态和细胞大小，使同学们对丰富多彩的微生物世界有一个初步的认识。

一、细菌和古菌

虽然从系统发育来看，细菌和古菌是两种完全不同的生物类群，但它们的细胞结构却基本一致，同属原核生物（Prokaryote），在显微镜下的形态也十分类似。

1. 细菌的形态和排列

在显微镜下不同细菌的形态可以说是千差万别，丰富多彩，但就单个有机体而言，其基本形态可分为球状、杆状与螺旋状 3 种（图 2-15）。尽管是单细胞生物，许多细菌也常以成对、成链、成簇的形式生长，例如，双球菌、链球菌、四联球菌、八叠球菌和葡萄球菌等。

除了球菌、杆菌、螺旋菌 3 种基本形态外，还有许多具其他形态的细菌。例如，柄杆菌（prosthecate bacteria）细胞上有柄（stalk）、菌丝（hyphae）、附器（appendages）等细胞质伸出物，细胞呈杆状或梭状，

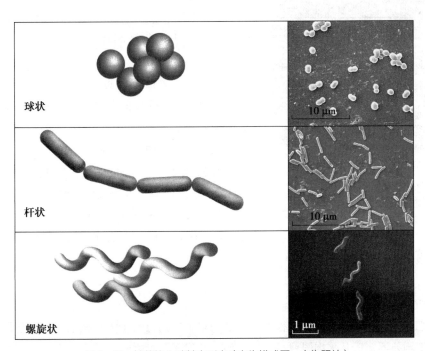

图 2-15　细菌的 3 种基本形态（左为模式图，右为照片）
照片来源：武汉大学生命科学学院中国典型培养物保藏中心方呈祥教授、南京师范大学王文教授

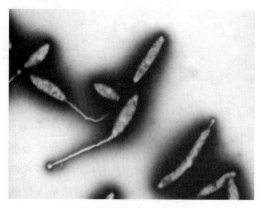

图 2-16　从湖北武汉东湖水中分离的柄杆菌的
透射电镜照片

照片来源：武汉大学生命科学学院中国典型培养物
保藏中心方呈祥教授

(a)

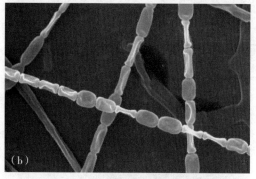

(b)

图 2-17　具有不同孢子丝形态的链霉菌照片
（ *Streptomyces* spp. ）
（a）螺旋状孢子链；（b）直孢子链
照片来源：云南大学生命科学学院李文均教授

并有特征性的细柄（图 2-16）；球衣菌（sphaerotilus）能形成衣鞘（sheath），杆状的细胞呈链状排列在衣鞘内而成为丝状；而支原体（mycoplasma）由于只有细胞膜，没有细胞壁，故细胞柔软，形态多变，具有高度多形性。即使在同一培养基中，细胞也常出现不同大小的球状、环状、长短不一的丝状、杆状及不规则的多边形态。

有些细菌具有特定的生活周期，在不同的生长阶段具有不同的形态，例如，放线菌、黏细菌等。放线菌是生产抗生素的重要微生物，大多由分支发达的菌丝组成。而根据菌丝的形态和功能又可分为营养菌丝、气生菌丝和孢子丝 3 种，其中孢子丝的形态特征是放线菌的重要鉴定指标（图 2-17，图 2-18）。

细菌的形态明显地受环境条件的影响，培养时间、培养温度、培养基的组成与浓度等的变化，均能引起细菌形态的改变。一般处于幼龄阶段和生长条件适宜时，细菌形态正常、整齐，表现出特定的形态。在较老的培养物中，或不正常的条件下，细胞常出现不正常形态，尤其是杆菌，有的细胞膨大，有的出现梨形，有的产生分支，有时菌体显著伸长以至呈丝状等。这些不规则的形态统称为异常形态，若将它们转移到新鲜培养基中或适宜的培养条件下又可恢复原来的形态。

2. 古菌

在显微镜下，很多古菌与细菌具有类似的个体形态，但它们多生活于一些极端环境中，如高盐、高温、高酸等。图 2-19 所列的是目前所知最耐热的微生物，从太平洋海底"黑烟囱"火山口附近分离的"121 株"，它能在 121 ℃的条件生长繁殖。而热原体（ *Thermoplasma volcanium* ）没有细胞壁，其形态也像细菌中的支原体一样呈多形性（图 2-20）。有些古菌则具有比较独特的个体形态，例如，能在饱和盐水中生长的有些极端嗜盐菌细胞呈方形（图 2-21），在云南腾冲地区 80~90 ℃热泉中生活的腾冲嗜酸两面菌（ *Acidianus tengchongensis* ）状如人耳（图 2-22）。而能在 105 ℃条件下生长的近亲隐蔽热网菌（ *Pyrodictium occultum* ）的细胞形如丝网（图 2-23）。

3. 原核生物的细胞大小

原核生物的细胞大小随种类不同差别很大。有的与最大的病毒粒子大小相近，在光学显微镜下仅勉强可见，有的与藻类细胞差不多，几乎肉眼就可辨认，但多数居于二者之间。

尽管细菌细胞微小，采用显微镜测微尺仍能较容易、较准确地测量出它们的大小；也可通过投影法或照

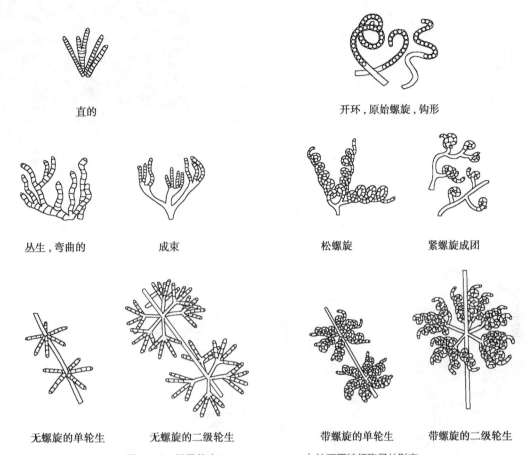

直的

开环，原始螺旋，钩形

丛生，弯曲的　　　　　成束

松螺旋　　　　紧螺旋成团

无螺旋的单轮生　　无螺旋的二级轮生　　带螺旋的单轮生　　带螺旋的二级轮生

图 2-18　链霉菌（*Streptomyccs* spp.）的不同特征孢子丝形态

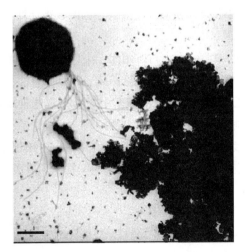

图 2-19　能在 121℃生长繁殖的 "121 株" 的细胞形态
照片来源：Kashefi K, Lovley D R. Extending the upper
temperature limit for life. Science, 2003, 301: 934

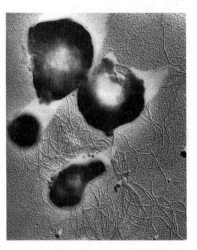

图 2-20　从热泉（hot spring）中分离的火山热
原体细胞电镜照片（投影技术）
照片来源：Brock's biology of micrporganisms. 10th
ed. 457: fig 13.9

（a）

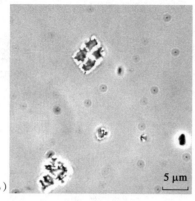
（b）

5 μm

图 2-21 细胞呈方形的极端嗜盐古菌的细胞形态，（a）为模式图，（b）为照片
照片来源：http://test.microbiol.unimelb.edu.au/staff/mds/salt_lakes/Salt_Lakes 2002/
SaltLakes2002MDS.html

图 2-22 分离自云南腾冲地区热泉中的
腾冲嗜酸两面菌 *
照片来源：中科院微生物所刘双江研究员

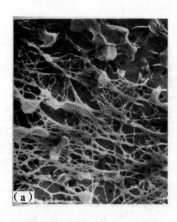
(a)

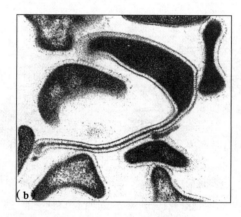
(b)

图 2-23 隐蔽热网菌
（a）扫描电镜下的形态；（b）电镜超
薄切片。该菌不同细胞的直径差异
范围可达 0.3 ~ 25 μm
照片来源：（a）Brocks's Biology of
Microorganisms. 8th ed. p767: fig 17.27；
（b）Brock's Biology of Microorganisms.
10th ed. p466: fig 13.19

相制成图片，再按放大倍数测算。球菌大小以其直径表示，杆菌和螺旋菌以其长度和宽度表示。不过螺旋菌的长度是菌体两端点间的距离，而不是真正的长度，它的真正长度应按其螺旋的直径和圈数来计算。细菌大小的比较见图 2-24。

网上学习 2-6
最小和最大的细菌

值得指出的是，在显微镜下观察到的细菌的大小与所用固定染色的方法有关。经干燥固定的菌体比活菌体的长度一般要缩短 1/3 ~ 1/4；若用衬托菌体的负染色法，其菌体往往大于普通染色法，甚至比活菌体还大，具有荚膜的细菌中最易出现这种现象。此外，影响细菌形态变化的因素同样也影响细菌的大小。除少数例外，一般幼龄细菌比成熟的或老龄的细菌大得多。例如，枯草芽孢杆菌，培养 4 h 的比培养 24 h 的细胞长 5 ~ 7 倍，但宽度变化不明显。细菌大小随菌龄而变化，这可能与代谢废物积累有关。另外，培养基中渗透压增加也会导致细胞变小。

二、真菌

霉菌、酵母菌及大型真菌如蘑菇等皆为真菌，均属真核微生物。它们种类繁多，形态各异，大小悬殊，

* Chen Z W, et al. Key role of cysteine residues in catalysis and subcellular localization of sulfur oxygenase-reductase of *Acidianus tengchongensis*[J]. Appl Environ Microbiol, 2005, 71(2): 621–628.

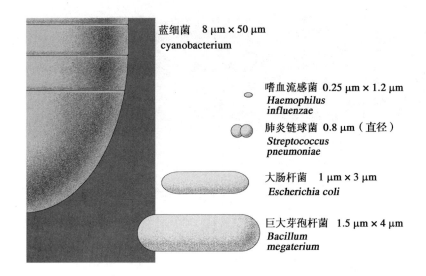

蓝细菌　8 μm × 50 μm
cyanobacterium

嗜血流感菌　0.25 μm × 1.2 μm
Haemophilus influenzae

肺炎链球菌　0.8 μm（直径）
Streptococcus pneumoniae

大肠杆菌　1 μm × 3 μm
Escherichia coli

巨大芽孢杆菌　1.5 μm × 4 μm
Bacillum megaterium

图 2-24　不同细菌大小的比较

细胞结构多样。由于霉菌和酵母菌在生物学特性、研究方法以及它们在自然界的分布和作用，对动物、植物和人类的有益、有害效应等方面均与细菌相似，故有关真菌方面的研究以霉菌和酵母菌较为详细。

1. 霉菌

　　霉菌（mold）是一些"丝状真菌"的统称，不是分类学上的名词。霉菌菌体均由分支或不分支的菌丝（hypha）构成。许多菌丝交织在一起，称为菌丝体（mycelium）。菌丝在光学显微镜下呈管状，直径为 2~10 μm，比一般细菌和放线菌菌丝大几到几十倍。霉菌菌丝有两类（图 2-25）：一类是无隔膜菌丝，整个菌丝为长管状单细胞，细胞质内含有多个核。其生长过程只表现为菌丝的延长和细胞核的裂殖增多以及细胞质的增加，如根霉、毛霉、犁头霉等。另一类是有隔膜菌丝，菌丝由横隔膜分隔成成串多细胞，每个细胞内含有一个或多个细胞核。有些菌丝，从外观看虽然像多细胞，但横隔膜上有小孔，使细胞质和细胞核可以自由流通，而且每个细胞的功能也都相同。青霉、曲霉、白地霉等绝大多数霉菌菌丝均属此类。

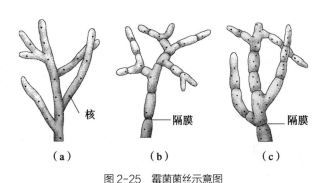

图 2-25　霉菌菌丝示意图
（a）无隔多核菌丝；（b）有隔单核菌丝；（c）有隔多核菌丝

　　在固体培养基上，部分菌丝伸入培养基内吸收养料，称为营养菌丝；另一部分则向空中生长，称为气生菌丝。有的气生菌丝发育到一定阶段，分化成繁殖菌丝。不同霉菌的菌丝形态各异，是进行霉菌分类的重要依据（图 2-26）。

　　霉菌在自然界分布极广，土壤、水域、空气、动植物体内外均有它们的踪迹。它们同人类的生产、生活关系密切，是人类实践活动中最早认识和利用的一类微生物。现在，霉菌在发酵工业上广泛用来生产乙醇、抗生素（青霉素、灰黄霉素等）、有机酸（柠檬酸、葡萄糖酸、延胡索酸等）、酶制剂（淀粉酶、果胶酶、纤维素酶等）、维生素和甾体激素等。在农业上用于饲料发酵、植物生长刺激素（赤霉素）和杀虫农药（白僵菌剂）等。腐生型霉菌在自然界物质转化中也有十分重要的作用。另外，霉菌也是造成许多食品霉变变质的主要原因。例如，据统计全世界平均每年由于霉变而不能食（饲）用的谷物约占 2%，这是一笔相当惊人的经济损失。

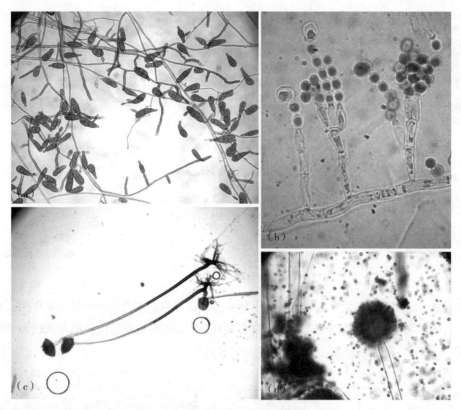

图2-26　显微镜下的霉菌形态

（a）链格孢（*Alternaria* sp.）；（b）橘青霉（*Penicillium citrinum*）；（c）葡枝根霉（*Rhizopus stolonifer*）；（d）黑曲霉（*Aspergillus niger*）

照片来源：南开大学生命科学学院邢来君教授、李明春教授

2. 酵母菌

酵母菌（yeast）是一群单细胞的真核微生物。这个术语也是无分类学意义的普通名称，通常用于以芽殖或裂殖来进行无性繁殖的单细胞真菌（图2-27），以与霉菌区分开。极少数种可产生子囊孢子进行有性繁殖。

大多数酵母菌为单细胞，一般呈卵圆形、圆形、圆柱形或柠檬形。大小为（1～5）μm×（5～30）μm，最大可达100 μm。各种酵母菌有其一定的大小和形态，但也随菌龄和环境条件而异。即使在纯培养中，各

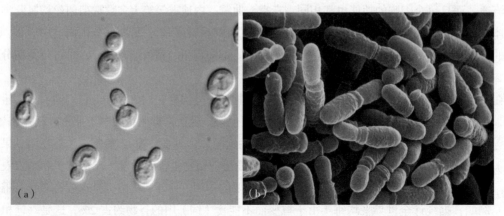

图2-27　酵母菌的形态

（a）进行芽殖繁殖的酿酒酵母（*Saccharomyces cerevisae*）；（b）进行裂殖繁殖的裂殖酵母（*Schizosaccharomyces*）

照片来源：（a）美国宾夕法尼亚大学医学院毕尔飞教授；（b）英国CABI生物科学–UK中心David Smith教授

个细胞的形状、大小亦有差别。有些酵母菌细胞与其子代细胞连在一起成为链状，称为假丝酵母。

酵母菌与人类生活关系也十分密切，在酿造、食品、医药工业等方面占有重要地位。另外，酵母菌细胞蛋白质含量高达细胞干重的 50% 以上，并含有人体必需的氨基酸，所以酵母菌可以成为食品和饲料的重要补充。当然，酵母菌也常给人类带来危害。腐生型酵母菌能使食品、纺织品和其他原料腐败变质，少数嗜高渗压酵母菌如鲁氏酵母（*Saccharomyces rouxii*）、蜂蜜酵母（*S. mellis*）可使蜂蜜、果酱败坏；有的酵母菌还可引起人和植物的病害。例如，白假丝酵母（*Candida albicans*，又称白色念珠菌）可引起皮肤、黏膜、呼吸道、消化管以及泌尿系统等的多种疾病，而新型隐球酵母（*Cryptococcus neoformans*）还能引起慢性脑膜炎、肺炎等疾病。

三、藻类

藻类（algae）是指除苔藓植物和维管束植物以外，基本上有叶绿素，可进行光合作用，并伴随放出氧气的一大类真核生物，它们大多属于只有通过显微镜才能观察到个体形态的微生物。但也有一些藻类个体很大，如大的海藻可长达若干米。

藻类的大小、形态有很大差别（图 2-28），许多是单细胞的，也有些藻类是单细胞的群体。有些群体可以是由分裂后单个的、相似的细胞互相粘连而成的简单聚集，也可能是由具有特殊功能的、分化了的不同细胞所组成。后者变得很复杂，而且表面结构类似于高等植物。

藻类在自然界，特别是各种水体中广泛存在，常常是影响水质的重要原因。例如，有些自来水的怪味就是在供水系统中生长的藻类引起的。而藻类在近海的大量繁殖，也会由于水中氧气的大量消耗而引起鱼类和其他海洋生物的窒息、死亡，形成对渔业生产影响极大的赤潮。

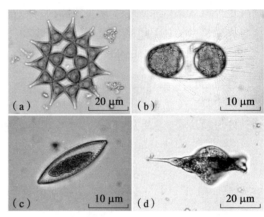

图 2-28 在光学显微镜下的藻类的细胞形态
（a）单角盘星藻（*Pediastrum simplex*）；（b）棘冠藻（*Corethron criophilum*）；（c）线形双菱藻（*Surirella linearis*）；（d）旋形扁裸藻（*Phacus helicoids*）
照片来源：上海师范大学曹建国博士

四、原生动物

原生动物（protozoan）是一类缺少真正细胞壁，细胞通常无色，具有运动能力，并进行吞噬营养的单细胞真核生物。它们个体微小，大多数都需要显微镜才能看见（图 2-29）。

图 2-29 光学显微镜下的原生动物
（a）尾草履虫（*Paramecium caudatum*）；（b）沟钟虫（*Vorticella convallaria*）；（c）浮萍锤吸管虫（*Tokophrya lemnarum*）；（d）弯凸表壳虫（*Arcella gibbosa mitriformis*）；（e）三棱眼虫（裸藻）（*Euglena tripteris*）
照片来源：中国科学院水生生物研究所冯伟松高工

- 细胞型微生物可分成哪几个大的类群，在显微镜下各有何基本特征？
- 细菌有哪些基本形态，各种细菌个体的大小一般是如何进行测量和描述的？

原生动物在自然界，特别是海水、淡水中大量存在，它们也与各种动、植物在不同组织水平上形成共生体，有些对宿主无害，有些对宿主有利，有些对宿主有害。也有一些原生动物能引起人类疾病。

小结

1. 从混合在一起的微生物群体中得到特定的某一种微生物的纯培养，是研究和利用微生物的最重要的环节之一。无菌操作技术是微生物学的重要技术，而且广泛地被其他学科和生产实际所利用。

2. 通过稀释或划线等手段，在琼脂平板上得到微生物的单菌落是最常用的纯种分离手段。

3. 传代培养、干燥保藏、冷冻保藏是通常使用的微生物菌种保藏技术。

4. 微生物个体微小，通常必须通过显微镜才能观察到其个体形态。而进行显微观察时，分辨率和反差是决定显微观察效果的两个最重要的因素。它们与显微镜的特性有关，也取决于样品的制备与观察技术。无论是光学显微镜还是电子显微镜，其设备和技术发展迅速，应用面越来越广泛和深入。

5. 在显微镜下微生物的大小与形态千差万别，丰富多彩，是区分不同微生物的重要依据之一。

网上更多……

复习题　　思考题　　现实案例简要答案

（陈向东）

第3章
微生物细胞的结构与功能

学习提示

Chapter Outline

现实案例：欧洲肠出血性大肠杆菌 O104：H4

2011 年 5 月，德国出现了一波由毒黄瓜引起的肠出血性大肠杆菌感染的疫情，造成了数千人感染，50 多人死亡，一度在欧洲引起恐慌。患者感染后出现腹泻和肠道出血，并常并发溶血性尿毒症综合征。经病原追踪，最终确认德国下萨克森州一处农场生产的豆芽菜是病原菌的源头，而罪魁祸首是一株罕见的携带多种毒素基因和耐药基因的大肠杆菌。鉴定该大肠杆菌的表面成分的血清型，确认它的血清型是 O104：H4。在这之前，只有一例人感染大肠杆菌 O104：H4 的报道。

请对下列问题给予回答和分析：

1. O104 和 H4 的含义各是什么？
2. 细菌的表面结构与致病性的关系是怎样的？
3. 细菌的表面结构在病原检测和溯源中有何价值？

参考文献：

[1] Buchholz U, et al. German outbreak of *Escherichia coli* 0104: H4 associated with sprouts[J]. N Engl J Med, 2011,365(19):1763–1770.

[2] Scheutz F, Strockbine N A. Genus I. *Escherichia* Castellani and Chalmers 1919, 941[TAL]. In: Garrity G, Brenner D J, Krieg N R, et al.Bergey's manual of systematic bacteriology, the proteobacteria, Part B: the gammaproteobacteria. New York: Springer, 2005.

在具有细胞构造的微生物中，按其细胞，尤其是细胞核的构造和进化水平的差别，可以分成原核微生物和真核微生物两个大类。前者包括细菌（Bacteria，旧称"真细菌"Eubacteria）和古菌（Archaea，旧称"古细菌"Archaebacteria），后者则包括真菌、原生动物和显微藻类等。

第一节　原核微生物

原核微生物是指一大类细胞微小，遗传物质 DNA 外没有膜结构包围的原始单细胞生物。原核生物分为细菌和古菌两个域，细菌域的种类很多，包括细菌（狭义）、放线菌、蓝细菌、支原体、立克次氏体和衣原体等，它们的共同点是细胞壁中含有独特的肽聚糖（无细胞壁的支原体例外），细胞膜含有由酯键连接的脂质，DNA 序列中一般没有内含子。古菌域发现得较晚，虽然它们在某些细胞成分和重要生化反应上与真核生物关系较为密切，但其细胞构造属于原核类型。

原核微生物细胞的模式构造见图 3-1。图中"一般结构"指一般原核微生物都具有的构造，而"特殊构造"指部分种类才有的或一般种类在特定环境下才形成的构造。

一、细胞壁

细胞壁（cell wall）是位于细胞最外的一层厚实、坚韧的外被，有固定细胞外形和保护细胞等多种生理功能。通过染色、质壁分离（plasmolysis）或制成原生质体后再在显微镜下观察，可证实细胞壁的存在；用电子显微镜观察细菌超薄切片等方法，更可确证细胞壁的存在。细胞壁的主要功能有：① 固定细胞外形和提高机械强度，使其免受渗透压等外力的损伤。例如，有报道说大肠杆菌（*Escherichia coli*）的膨压（turgor pressure）可达 2.03×10^5 Pa（2 个大气压，相当于汽车内胎的压力）。② 为细胞生长、分裂和鞭毛运动所必需，失去了细胞壁的原生质体，也就丧失了这些重要功能。③ 阻拦酶和某些抗生素等大分子物质进入细胞，保护细胞免受有害物质的损伤。④ 赋予细菌特定的抗原性、致病性以及对抗生素和噬菌体的敏感性。

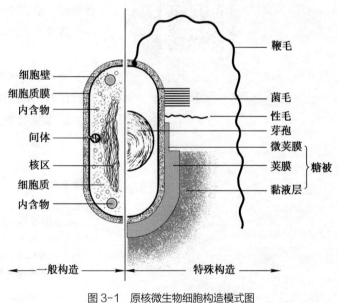

图 3-1　原核微生物细胞构造模式图

原核生物的细胞壁除了具有一定的共性以外，在革兰氏阳性菌、革兰氏阴性菌和抗酸细菌，以及古菌中均具有各自的特点，而支原体则是一类无细胞壁的原核生物。以下分别讨论这几类原核微生物的细胞壁的特点。

1. 革兰氏阳性菌的细胞壁

丹麦学者革兰（C. Gram）于 1884 年发明的革兰氏染色法是一种极其重要的鉴别染色法，该法用结晶紫初染和碘液媒染，形成不溶于水的紫色复合物，然后用乙醇脱色，沙黄等红色染料复染。染色结果若呈紫色，即为革兰氏阳性菌；若被脱色、经复染后呈红色，则为革兰氏阴性菌。这种简易的方法可以很好地反映微生物细胞壁的基本结构特征。

革兰氏阳性菌细胞壁的特点是厚度大（20～80 nm），化学组分简单。它一般只含有 90% 肽聚糖和 10% 磷壁酸，与层次多、厚度低、成分复杂的革兰氏阴性菌的细胞壁形成明显的差别（图 3-2）。

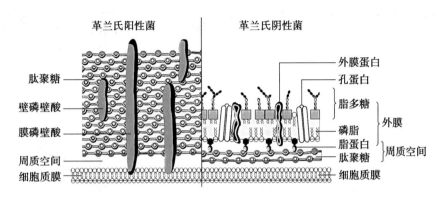

图 3-2 革兰氏阳性菌与阴性菌细胞壁的比较

（1）肽聚糖

肽聚糖（peptidoglycan）又称胞壁质（murein），是细菌细胞壁中的特有成分。革兰氏阳性菌——金黄色葡萄球菌（*Staphylococcus aureus*）具有典型的肽聚糖层，其厚度为 20～80 nm，由 25~40 层的网格状分子交织成的"网套"覆盖在整个细胞上。肽聚糖分子由肽与聚糖两部分组成，其中的肽有四肽尾和肽桥两种，聚糖则由 N-乙酰葡糖胺和 N-乙酰胞壁酸相互间隔连接而成，呈长链骨架状（图 3-3）。

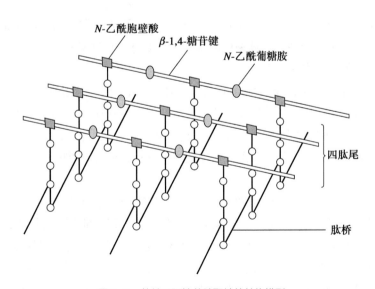

图 3-3 革兰氏阳性菌肽聚糖的结构模型

肽聚糖由肽聚糖单体聚合而成，每一肽聚糖单体由 3 部分组成（图 3-4）：

① 双糖单位：由一个 N-乙酰胞壁酸分子和一个 N-乙酰葡糖胺分子通过 β-1，4-糖苷键相连构成。其中 N-乙酰胞壁酸为原核生物特有的己糖。双糖单位中的 β-1，4-糖苷键很容易被一种广泛存在于卵清、人的泪液和鼻涕以及部分细菌和噬菌体中的溶菌酶（lysozyme）水解，从而导致细菌细胞壁的"散架"，细菌死亡。两个双糖单位之间同样通过 β-1，4-糖苷键相连，但溶菌酶并不能降解该 β-1，4-糖苷键。

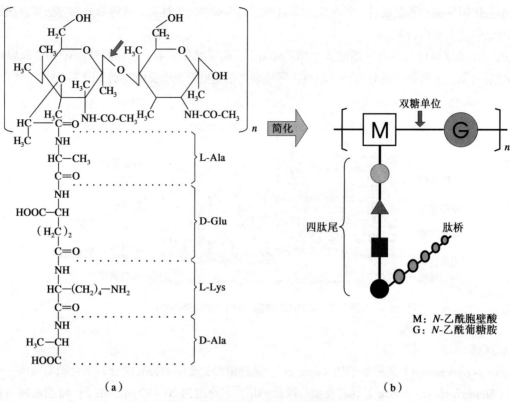

图 3-4 革兰氏阳性菌肽聚糖分子的单体构造

（a）单体的分子构造；（b）简化的单体分子（箭头处为溶菌酶的水解点）

② 四肽尾或四肽侧链（tetrapeptide side chain）：连在 N- 乙酰胞壁酸上的一段 4 个氨基酸组成的肽链，由 L 型与 D 型氨基酸交替。在金黄色葡萄球菌中的四肽尾为 L–Ala → D–Glu → L–Lys → D–Ala，其中两种 D 型氨基酸在细菌细胞壁之外很少出现。

③ 肽桥或肽间桥（peptide interbridge）：金黄色葡萄球菌肽聚糖中的肽桥为甘氨酸五肽，它起着连接前后两个四肽尾分子的"桥梁"作用。目前所知的肽聚糖已经超过 100 种，主要的变化发生在肽桥上。四肽尾成分中的任一氨基酸均可出现在肽桥中，此外，在肽桥上还可以出现甘氨酸、苏氨酸、丝氨酸和天冬氨酸等，但从未发现支链氨基酸、芳香氨基酸、含硫氨基酸或组氨酸、精氨酸和脯氨酸。

（2）磷壁酸

磷壁酸（teichoic acid）是革兰氏阳性菌细胞壁上的一种酸性多糖，主要成分为甘油磷酸或核糖醇磷酸。磷壁酸可以分两类，其一为壁磷壁酸，它与肽聚糖分子共价结合，其含量会随培养基成分而发生变化，一般占细胞壁质量的 10%，有时可接近 50%；其二为跨越肽聚糖层并与细胞膜相交联的膜磷壁酸（又称脂磷壁酸），它通过甘油磷酸链分子与细胞膜上的磷脂共价结合。其含量与培养条件关系不大。磷壁酸有 5 种类型，主要为甘油磷壁酸和核糖醇磷壁酸两类，前者在干酪乳杆菌（Lactobacillus casei）等细菌中存在，后者在金黄色葡萄球菌和芽孢杆菌属（Bacillus）等细菌中存在。图 3-5 表示甘油磷壁酸的构造及其与肽聚糖分子中的 N- 乙酰胞壁酸的连接方式。

磷壁酸的主要生理功能为：① 其磷酸分子带较多的负电荷，可提高细胞周围 Mg^{2+} 的浓度，并最终转运到细胞内，满足细胞的需要；② 贮藏磷元素；③ 在一些致病菌，如 A 族链球菌（Streptococcus）中，可以增强细菌对宿主细胞的粘连，避免被白细胞吞噬，也有抗补体的作用；④ 赋予革兰氏阳性菌以特异的表面抗原；⑤ 可以作为噬菌体的特异性吸附受体；⑥ 能调节细胞内自溶素（autolysin）的活力，防止细胞因自

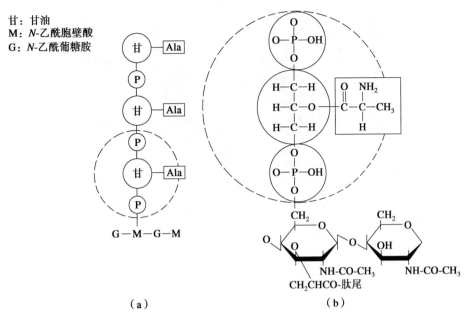

甘：甘油
M：N-乙酰胞壁酸
G：N-乙酰葡糖胺

（a）　　　　　　　　　　　　（b）

图 3-5　甘油磷壁酸的结构模式（a）及其单体（虚线范围内）的分子结构（b）

溶而死亡，因为在细胞正常分裂时，自溶素可使旧壁适度水解并促使新壁不断插入，而当其活力过强时，细菌则会因细胞壁迅速水解而死亡。

2. 革兰氏阴性菌的细胞壁

革兰氏阴性菌的细胞壁比阳性菌更复杂，除了肽聚糖层以外，近有外膜和周质空间。

（1）肽聚糖

革兰氏阴性菌的肽聚糖可以大肠杆菌为代表。它的肽聚糖埋藏在外膜层内，是仅由 1~2 层肽聚糖网格状分子组成的薄层（2~3 nm），含量占细胞壁总量的 5%~10%。其结构单体与革兰氏阳性菌基本相同，差别仅在于（图 3-6）：① 四肽尾的第 3 个氨基酸不是 L-Lys，而是一种只有在原核微生物细胞壁特有的内消旋二氨基庚二酸（meso-DAP）；② 没有特殊的肽桥，其前后两个单体间的连接仅通过甲四肽尾的第 4 个氨基酸（D-Ala）的羧基与乙四肽尾的第 3 个氨基酸（meso-DAP）的氨基直接相连。革兰氏阴性菌细胞壁的肽聚糖含量和连接方式决定了其肽聚糖层较为稀疏，机械强度也较革兰氏阳性菌细胞壁差。

（2）外膜

外膜（outer membrane）位于革兰氏阴性菌细胞壁外层，由脂多糖、磷脂和脂蛋白等蛋白质组成，有时也称为外壁。虽然其基本结构与细胞质膜相似，均为双层脂膜，但因其外层嵌入了大量的脂多糖，而内层嵌入了脂蛋白，因此与细胞质膜有很大的差别（图 3-6）。外膜是革兰氏阴性菌的一层保护屏障，可阻止或减缓胆汁酸等有害物质的进入，也可防止周质酶和细胞成分的外流。

脂多糖（lipopolysaccharide，LPS）位于革兰氏阴性菌细胞壁最外层，厚度 8~10 nm，由类脂 A、核心多糖（core polysaccharide）和 O- 特异侧链（O-specific side chain，或称 O- 多糖或 O- 抗原）3 部分组成。其中类脂 A 嵌入外膜，O- 抗原暴露于细菌的表面。脂多糖的主要功能为：① 类脂 A 是革兰氏阴性菌致病物质——内毒素（endotoxin）的物质基础；② 带较多的负电荷，故与磷壁酸相似，也通过静电吸附提高 Mg^{2+}、Ca^{2+} 等阳离子在细胞表面浓度的作用；③ 结构多变，决定了革兰氏阴性菌细胞表面抗原决定簇的多样性，例如，根据 LPS 的抗原性，国际上已报道的沙门氏菌属（*Salmonella*）的抗原型多达 2 107 种（1983 年）；④ 是许多噬菌体在细胞表面的吸附受体；⑤ 具有控制某些物质进出细胞的部分选择性屏障功能。例如，它

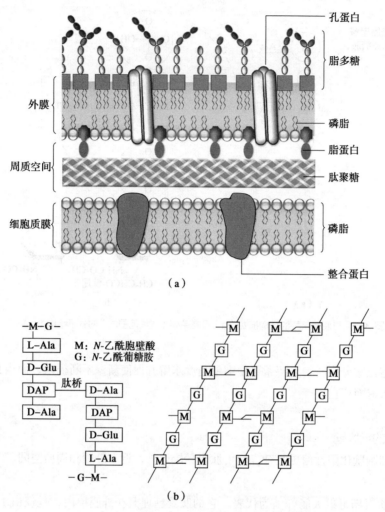

图3-6 革兰氏阴性菌——大肠杆菌的肽聚糖结构模式图

（a）细胞壁的剖面；（b）肽聚糖网的一部分及肽桥的连接方式

可透过水、气体和若干种较小的分子（嘌呤、嘧啶、双糖、肽类和氨基酸等），但能阻挡溶菌酶、抗生素（青霉素等）、去污剂和某些染料等较大分子进入细胞膜。革兰氏阴性菌因含有LPS外膜，比革兰氏阳性菌更能抵抗某些毒物的影响。例如，革兰氏阳性和阴性菌的RNA聚合酶均可被利福平抑制，但因前者的细胞壁上无LPS，故对利福平的敏感性比后者高1 000倍。要维持LPS结构的稳定性，必须有足够的Ca^{2+}存在。如果用EDTA等螯合剂去除Ca^{2+}，降低离子键强度，就会使LPS解体。这时，其内壁层的肽聚糖分子就会暴露出来，从而容易被溶菌酶水解。

LPS与磷脂相似，有一亲水头和一疏水尾，其分子结构较为复杂，表解如下：

LPS
├─ 类脂A：2个N-乙酰葡糖胺和5个不同的长链饱和脂肪酸
├─ 核心多糖
│   ├─ 内核心区
│   │   ├─ 3个2-酮-3-脱氧辛糖酸（KDO）
│   │   └─ 3个L-甘油-D-甘露庚糖（Hep）
│   └─ 外核心区：5个己糖（Hex），包括葡糖胺、半乳糖、葡萄糖
└─ O-特异侧链：多个4 Hex单位，内含葡萄糖、半乳糖、鼠李糖、甘露糖以及阿比可糖（abequose, Abe, 也称3-脱氧-D-岩藻糖）、大肠杆菌糖（colitose）、副伤寒菌糖（paratose）或泰威糖（tyvelose）等

在 LPS 中，类脂 A 的种类较少（7~8 种），它是革兰氏阴性菌内毒素的物质基础，其结构见图 3-7。

核心多糖区和 O- 特异侧链区中有几种独特的糖，例如，2- 酮 -3- 脱氧辛糖酸（KDO）、L- 甘油 -D-甘露庚糖和阿比可糖（Abq，即 3，6- 二脱氧 -D- 半乳糖），它们的结构见图 3-8。在一些致病菌中，LPS 中的 O- 特异侧链种类多，抗原性差异明显，故易于用血清学方法加以鉴定，这在传染病的诊断和病原体的溯源定位中有重要的意义，有些特定的 O 抗原型可反映菌株的致病性，如高传播性和高致病性的霍乱弧菌（*Vibrio cholerae*）菌株 O139，从 1992 年最早发现以来，已经在世界各地流行多年[*]。

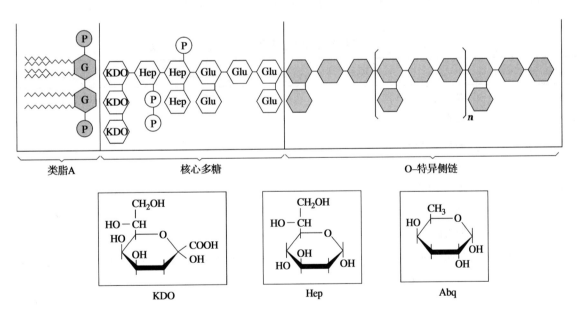

图 3-7　沙门氏菌 LPS 中类脂 A（内毒素）的分子结构

图 3-8　LPS 的分子模型（上）及其中 3 种独特糖的结构（下）
G：*N*-乙酰葡糖胺；KDO：脱氧辛糖酸；Hep：甘露庚糖；Abe：3-脱氧 -D-岩藻糖；Glu：葡萄糖；P：磷酸

（3）外膜蛋白

外膜蛋白（outer membrane protein）指嵌合在 LPS 和磷脂层外膜上的蛋白，种类很多，但许多蛋白的功能还不清楚。其中脂蛋白（lipoprotein）一端嵌入外膜的内层，另一端通过共价键连接到肽聚糖，使外膜层牢固地连接到细胞壁。另有一类蛋白研究得较为清楚，称为孔蛋白（porin）。每个孔蛋白分子由 3 个相同的蛋白亚基组成三聚体跨膜蛋白，每个蛋白亚基有 1 个孔道，同时，三个亚基中间另外形成 1 个直径约 1 nm 的孔道，通过这些孔的开、闭，可控制某些物质进出外膜。孔蛋白可以分成非特异性和特异性，非特异性孔蛋白可通过相对分子质量较小的任何亲水性分子，如双糖、氨基酸、二肽和三肽；特异性孔蛋白上有专一性结合位点，只允许一种或少数几种相关物质通过，其中最大的孔蛋白可通过相对分子质量较大的物质，如维生素 B_{12} 和核苷酸等。除此以外，外膜上还有许多蛋白与细菌的物质转运、黏附和致病有关。有些外膜蛋白也被作为噬菌体吸附位点或与细菌素的作用有关。

（4）周质空间

周质空间（periplasmic space）又称周质（periplasm）或壁膜间隙，指革兰氏阴性菌中外膜与细胞膜之间的狭窄空间，宽 12 ~ 15 nm。周质呈胶状，肽聚糖薄层夹在其中，周质空间中，还有多种周质蛋白（periplasmic protein），包括：① 水解酶类，如蛋白酶、核酸酶等；② 合成酶类，如肽聚糖合成酶；③ 结合蛋白（具有运送营养物质的作用）；④ 受体蛋白（与细胞的趋化性相关）。周质蛋白可通过渗透休克法（osmotic shock）或称"冷休克"的方法释放。此法的原理是突然改变渗透压使细胞发生物理性裂解。其主要步骤是：将细菌放入用 Tris 缓冲液配制、含 EDTA 的 20% 蔗糖溶液中保温，使其发生质壁分离，接着快速地用 4℃ 的 0.005 mol/L $MgCl_2$ 溶液稀释并降温，使细胞外膜突然破裂并释放周质蛋白，经离心即可从上清液中提取周质蛋白。一般认为革兰氏阳性菌是无周质空间的，故许多水解酶会直接释放到外环境中。

以上介绍了革兰氏阳性菌与革兰氏阴性菌在细胞壁构造和成分上的差异。重要的是，这些差异还反映出它们在细胞形态、构造、化学组分、染色反应、生理功能和致病性等一系列生物学特性上的差别，因此革兰氏染色反应对微生物学理论研究和实际应用工作都有重要的意义（表 3-1）。

表 3-1　革兰氏阳性菌和革兰氏阴性菌主要特性的比较

项目		革兰氏阳性菌	革兰氏阴性菌
细胞壁	厚度	厚（20 ~ 80 nm）	薄（8 ~ 11 nm）
	层次	1	2
	肽聚糖层厚度	厚	薄
	磷壁酸	有	无
	外膜（LPS）	无	有
	孔蛋白	无	有
	脂蛋白	无	有
	周质空间	无或窄	有
	溶质通透性	强	弱
肽聚糖	四肽尾中 Lys	有	无
	四肽尾中 meso-DAP	无	有
	Gly 五肽等肽桥	有	无
细胞	细胞硬度	硬实	柔软
	产芽孢	有些产	不产
	鞭毛基体	有 2 个环	有 4 个环

续表

项目		革兰氏阳性菌	革兰氏阴性菌
对理化因子抗性	机械力	抗性强	抗性弱
	青霉素、磺胺	敏感	较抗
	链霉素、氯霉素、四环素	抗性较强	敏感
	阴离子去污剂	敏感	抗性较强
	碱性染料	敏感	抗性较强
	溶菌酶处理后	形成原生质体	形成球状体
其他	产毒素	以外毒素为主	以内毒素为主

3. 抗酸细菌的细胞壁

抗酸细菌（acid-fast bacteria）是若干难以用普通革兰氏染色法鉴别的细菌之一，虽革兰氏染色反应呈阳性，但其细胞壁结构与革兰氏阳性菌和阴性菌都有不同。抗酸细菌的细胞壁中含有大量分枝菌酸（mycolic acid）等蜡质，被酸性复红染上色后，就不能再被盐酸乙醇脱色，故称抗酸细菌。分枝杆菌属尤其是其中的结核分枝杆菌（*Mycobacterium tuberculosis*）和麻风分枝杆菌（*M. leprae*）是两种最常见的抗酸细菌。

以往认为抗酸细菌细胞壁上的这一厚实、无定形的蜡质层会是营养物、染料和抗菌药物透入细胞的严重障碍，因而导致这类细菌生长

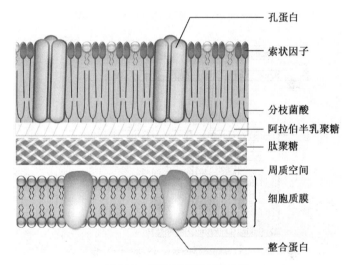

图3-9 抗酸细菌细胞壁的构造

极其缓慢（培养数天至数星期才能形成微小菌落），并对药物和染料有极强的抗性。进一步研究发现分枝菌酸分子在细胞壁上整齐地排成两层，亲水头在外表，疏水尾在内侧，形成一种高度有序的膜，同时也嵌埋着许多有透水孔的蛋白质，以适应物质运送。

在抗酸细菌的细胞壁中含有约60%的类脂（包括分枝菌酸和索状因子等），肽聚糖含量则很少，从其类脂外壁层（相当于革兰氏阴性菌的LPS外膜）和肽聚糖内壁层的结构来看，与革兰氏阴性菌的细胞壁更为相似（图3-9）。

分枝菌酸是一类含60～90个碳原子的分支长链 β- 羟基脂肪酸，它连接在由阿拉伯糖（Ara）和半乳糖（Gal）交替连接形成的杂多糖链上，并通过磷酯键与肽聚糖链相连接（图3-10）。

分枝菌酸的化学结构在不同的菌种中有一定的差别，例如结核分枝杆菌（*Mycobacterium tuberculosis*）的分枝菌酸结构为：

$$CH_3-(CH_2)_{17}-CH-\overset{O}{\overset{\|}{C}}-(CH_2)_{17}-CH-CH-(CH_2)_{19}-\overset{OH}{CH}-CH-COOH$$

（图下方支链）CH₃ ... CH₂ ... (CH₂)₂₃—CH₃

而耻垢分枝杆菌（*M. smegmatis*）的分枝菌酸结构为：

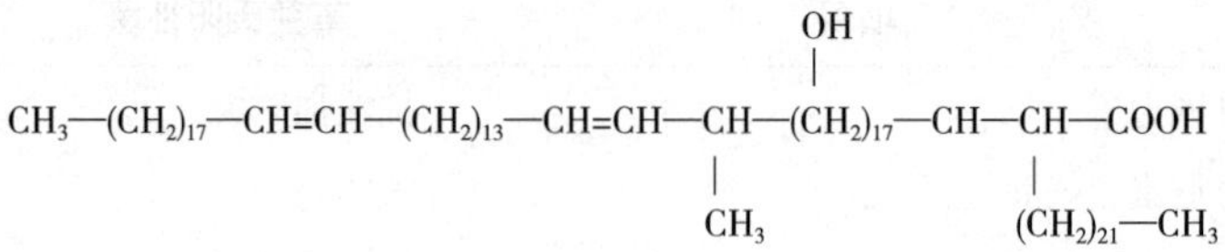

OH
CH₃—(CH₂)₁₇—CH=CH—(CH₂)₁₃—CH=CH—CH—(CH₂)₁₇—CH—CH—COOH
CH₃
(CH₂)₂₁—CH₃

索状因子（cord factor）是分枝杆菌细胞表层的一种糖脂，即6，6–二分枝菌酸海藻糖（6，6-dimycolyltrehalose）。结核分枝杆菌在液体培养基中培养时，菌体可因索状因子而“肩并肩”地聚集，细菌呈长链状缠绕，致使菌体沿器壁发生索状生长，直达培养基表面而形成菌膜。索状因子与结核分枝杆菌的致病性密切相关，其分子结构见图3–11。

分枝菌酸
分枝菌酸
Ara — Gal — Ara — Gal — Ara — Gar
O
O=P—OH
G—M—G—M—G—M—G
Ala
Glu
DAP
D—Ala

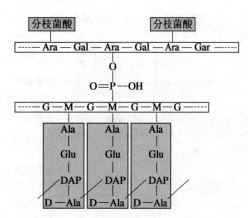

图3–10 分枝菌酸的结构及其与肽聚糖的连接

Ara：阿拉伯糖；Gal：半乳糖；G：*N*–乙酰葡糖胺；

M：*N*–乙酰胞壁酸；DAP：m–二氨基庚二酸

OH
CH—(CH₂)₆₀OH
CH—(CH₂)₂₃—CH₃
CO
CH₂O
CH₂O
CO
CH—(CH₂)₂₃—CH₃
CH—(CH₂)₆₀OH
OH

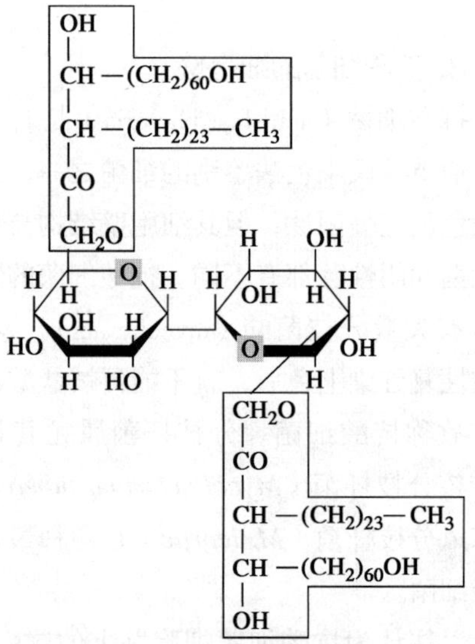

图3–11 分枝杆菌外壁层索状因子的结构

4. 古菌的细胞壁

在古菌中，除了热原体属（*Thermoplasma*）没有细胞壁外，其余都具有与细菌类似功能的细胞壁。然而，两者细胞壁的化学成分差别甚大，古菌的细胞壁非常多样，其中没有真正的肽聚糖，而是由多糖（假肽聚糖）、糖蛋白或蛋白质构成的。

（1）假肽聚糖细胞壁

甲烷杆菌属（*Methanobacterium*）等革兰氏阳性古菌的细胞壁是由假肽聚糖（pseudopeptidoglycan）组成的（图3–12）。它的多糖骨架是由*N*–乙酰葡糖胺和*N*–乙酰塔罗糖胺糖醛酸（*N*-acetyltalosaminouronic acid）以β–1，3糖苷键（不被溶菌酶水解！）交替连接而成，连在后一氨基糖上的肽尾由L–Glu、L–Ala和L–Lys 3个L型氨基酸组成，肽桥则由L–Glu一个氨基酸组成。

(β1→3)
L–Glu
L–Ala
L–Lys – L–Glu
L–Lys
L–Ala
L–Glu
N′–乙酰塔罗糖胺糖醛酸
N–乙酰葡糖胺

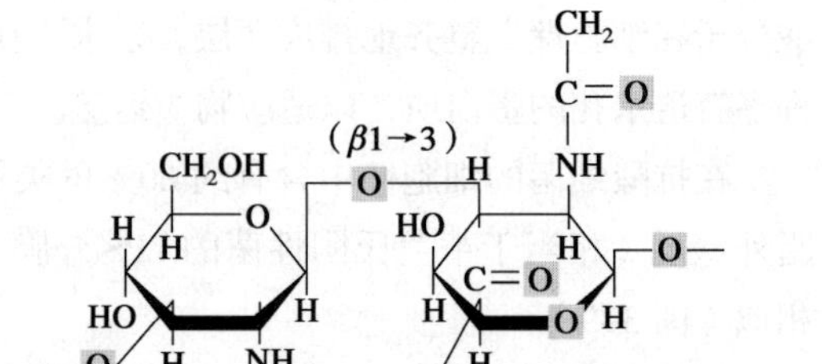

图3–12 甲烷杆菌细胞壁中假肽聚糖的结构（单体）

（2）独特多糖细胞壁

甲烷八叠球菌（*Methanosarcina*）的细胞壁含有独特的多糖，并可使细胞染成革兰氏阳性。这种多糖含半乳糖胺、葡萄糖醛酸、葡萄糖和乙酸，不含磷酸和硫酸。

（3）硫酸化多糖细胞壁

革兰氏阳性极端嗜盐古菌——盐球菌属（*Halococcus*）的细胞壁是由硫酸化多糖组成的。其中含葡萄糖、甘露糖、半乳糖和相应的氨基糖，以及糖醛酸和乙酸。

（4）糖蛋白细胞壁

极端嗜盐的另一属古菌——盐杆菌属（*Halobacterium*）的细胞壁是由糖蛋白（glycoprotein）组成的，其中包括葡萄糖、葡糖胺、甘露糖、核糖和阿拉伯糖，而它的蛋白部分则由大量酸性氨基酸尤其是天冬氨酸组成。这种带强负电荷的细胞壁可以平衡环境中高浓度的 Na^+，从而使其能很好地生活在 20%～25% 高盐溶液中。

（5）蛋白质细胞壁

少数产甲烷菌的细胞壁是由蛋白质组成的，它们呈革兰氏染色的阴性反应。但有的是由几种不同蛋白质组成，如甲烷球菌属（*Methanococcus*）和甲烷微菌属（*Methanomicrobium*），而另一些则由同种蛋白的许多亚基组成，如甲烷螺菌属（*Methanospirillum*）。

近年来的研究发现，几乎所有古菌的表面都有蛋白质排列形成的类结晶表面层（S 层），为由一种蛋白质或糖蛋白组成的对称结构，少数情况下也可由两种蛋白质组成。这些蛋白质通常排列成正六边形对称，也有正方形或正三角形对称排列。S 层位于古菌的最外层，起到保护细胞的作用，同时可具有选择性通透等功能[*]。

5. 缺壁细菌

细胞壁是原核生物最基本结构，但在自然界的长期进化和在实验室菌种传代中的自发突变都会导致出现缺少细胞壁的种类。此外，还可以用人为的方法抑制新生细胞壁的合成，或对已有的细胞壁进行酶解而获得缺壁细菌。

$$缺壁细菌\begin{cases}实验室或宿主体内形成\begin{cases}缺壁突变——L 型细菌\\人工去壁\begin{cases}基本去尽——原生质体（G^+）\\部分去掉——球状体（G^-）\end{cases}\end{cases}\\在自然界长期进化中形成——支原体\end{cases}$$

（1）L 型细菌

1935 年，英国李斯特预防医学研究所发现一种由自发突变形成的细胞壁缺损细菌——念珠状链杆菌（*Streptobacillus moniliformis*），它的细胞膨大，对渗透敏感，在固体培养基上形成"油煎蛋"似的小菌落。由于李斯特（Lister）研究所名称的第一个字母是"L"，故称 L 型细菌（L-form bacteria）。后来发现，许多革兰氏阳性或阴性细菌在实验室或宿主体内都可形成 L 型。严格地说，L 型细菌专指那些在实验室或宿主体内通过自发突变形成的遗传性稳定的细胞壁缺陷菌株。这类细菌可用于认识细胞分裂机制及其起源。同时，也有人认为这类细菌具有特殊的致病性。

（2）原生质体与球状体

原生质体（protoplast）是指在人为条件下，用溶菌酶除净原有的细胞壁或用青霉素抑制新生细胞细胞壁

＊　Albers S V，Meyer B H. The archaeal cell envelope [J]. Nat Rev Microbiol，2011，9（6）：414–426.

合成后，所得到的仅有一层细胞膜包裹着的圆球状体。原生质体一般由革兰氏阳性菌形成。

球状体（sphaeroplast）又称原生质球，指还残留部分细胞壁成分的细胞，一般由革兰氏阴性菌形成。

原生质体和球状体的共同特点是：无完整的细胞壁，细胞呈球状，对渗透压极其敏感，革兰氏染色阴性，即使有鞭毛也不能运动，对相应的噬菌体不敏感，细胞不能正常分裂，等等。当然，在形成原生质体或球状体以前已有噬菌体侵入，则它仍能正常复制、增殖和裂解；同样，如在形成原生质体前正在形成芽孢，则该芽孢也仍能正常形成。原生质体或球状体与 L 型细菌的一个重要区别是前二者不能繁殖，或虽能繁殖，但子代将恢复细胞壁结构，而后者则有正常的繁殖能力，子代仍然为缺少细胞壁。原生质体或球状体比正常有细胞壁的细菌更易导入外源遗传物质，故是研究遗传规律和进行原生质体融合育种的良好实验材料。

（3）支原体

支原体（mycoplasma）是一类在长期进化过程中形成的、适应自然生活条件的无细胞壁的原核生物。因它的细胞膜中含有一般原核生物所没有的甾醇，所以即使缺乏细胞壁，其细胞膜仍有较高的机械强度。

6. 革兰氏染色的机制

20 世纪 60 年代初，萨顿（Salton）曾提出细胞壁在革兰氏染色中的关键作用。至 1983 年，贝弗里奇（T.Beveridge）等用铂代替革兰氏染色中媒染剂碘的作用，再用电子显微镜观察到结晶紫与铂复合物可被细胞壁阻留，这就进一步证明了革兰氏阳性菌和革兰氏阴性菌主要由于其细胞壁化学成分的差异而引起了物理特性的不同，导致染色反应结果的不同。其中的细节为：通过结晶紫初染和碘液媒染后，在细胞内形成了不溶于水的结晶紫与碘的复合物（crystal violet-iodine complex，CVI complex）。革兰氏阳性菌由于其细胞壁较厚、肽聚糖网层次多、交联致密，故遇乙醇或丙酮作脱色处理时，因失水反而使网孔缩小，再加上它不含类脂，故乙醇处理不会溶出缝隙，因此结晶紫与碘复合物会牢牢留在壁内，使其仍呈紫色。反之，革兰氏阴性菌因其细胞壁薄、外膜类脂含量高、肽聚糖层薄和交联度差，在遇脱色剂时，以类脂为主的外膜迅速溶解，薄而松散的肽聚糖网不能阻挡结晶紫与碘复合物的溶出，因此，脱色后细胞褪成无色。这时，再经沙黄等红色染料进行复染，就使革兰氏阴性菌呈现红色，而革兰氏阳性菌则仍保留紫色（实为紫加红色）了。

二、细胞壁以内的构造

原核细胞细胞壁以内主要由细胞质膜、细胞质和拟核（核区）3 部分组成。

1. 细胞质膜

细胞质膜（cytoplasmic membrane）又称质膜（plasma membrane），是紧贴在细胞壁内侧、包围着细胞质的一层柔软、脆弱、富有弹性的半透性薄膜，厚 7～8 nm，由磷脂（占 20%～30%）和蛋白质（占 50%～70%）组成。原核生物与真核生物细胞膜的主要差别是前者的蛋白质含量特别高，一般无甾醇（仅支原体例外），而后者则蛋白质含量低并普遍含有甾醇。

（1）细菌的细胞质膜

细菌的细胞质膜可通过质壁分离、鉴别性染色或原生质体破裂等方法在光学显微镜下观察到。用电子显微镜观察细菌的超薄切片，则可更清楚地观察到它的存在。电镜观察到的细胞质膜，是在上下两暗色层之间夹着一浅色中间层的双层膜结构。这是因为，细胞膜的主要成分为磷脂，由两层磷脂分子按一定规律整齐地排列而成，每一个磷脂分子由一个带正电荷、能溶于水的极性头（磷酸端）和一个不带电荷、不溶于水的非极性尾（烃端）构成。极性头分别朝向内外两表面，呈亲水性，而非极性尾则埋入膜的内层，从而形成了一个磷脂双分子层。在极性头的甘油 C3 位，不同种微生物具有不同的 R 基，形成磷脂酸、磷脂酰甘油、磷脂

酰乙醇胺、磷脂酰胆碱、磷脂酰丝氨酸或磷脂酰
肌醇等（图3-13）。原核生物的细胞质膜多数含磷
脂酰甘油，在革兰氏阴性菌中，多数还含有磷脂
酰乙醇胺，在分枝杆菌中则含磷脂酰肌醇，等等。
而非极性尾则由长链脂肪酸通过酯键连接在甘油
C1和C2位上组成，其链长和饱和度因细菌种类和
生长温度而异，通常生长温度要求越高的种，其
饱和度也越高，反之则低。

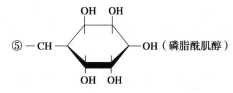

R有多种形式：① —H（磷脂酸）

② $-CH_2-CH_2-NH_3^+$（磷脂酰乙醇胺）

③ $-CH_2-CH_2-N(CH_3)_3$（磷脂酰胆碱）

④ $-CH_2-CHOH-CH_2OH$（磷脂酰甘油）

⑤ （磷脂酰肌醇）

图3-13 磷脂的分子结构

　　在常温下，磷脂双分子层呈液态，其中嵌埋
着多种具运输功能的整合蛋白（integral protein，
又称跨膜蛋白 transmembrane protein或内嵌蛋白
intrinsic protein），在磷脂双分子层的外表面则"漂
浮着"许多具有酶促作用的周边蛋白（peripheral
protein，又称膜外蛋白 extrinsic protein）。它们都可
在磷脂的表层或内层作侧向移动，以执行其生理
功能。

　　关于细胞质膜结构及其功能的解释，以1972
年由辛格（J. S. Singer）和尼科尔森（G. L. Nicolson）所提出细胞质膜的液态嵌合模型（fluid mosaic model）
较有代表性，其要点为：① 膜的主体是脂质双分子层；② 脂质双分子层具有流动性；③ 占膜蛋白总量
70% ~ 80%的整合蛋白因其表面呈疏水性，故可"溶"入脂质分子层的疏水性内层中，且不易把它们抽提出
来；④ 占膜蛋白含量20% ~ 30%、与膜结合得较松散的周边蛋白，因其表面的亲水基团而通过静电引力与
脂质双分子层表面的极性头相连；⑤ 脂质分子间或脂质分子与蛋白质分子间无共价结合；⑥ 脂质双分子层
犹如一"海洋"，周边蛋白可以在其上作"漂浮"运动，而整合蛋白则似"冰山"状沉浸在其中作横向移动。
细胞质膜的模式构造见图3-14。

　　细胞膜的生理功能为：① 选择性地控制细胞内、外的营养物质和代谢产物的运送；② 维持细胞内正常
渗透压；③ 是合成细胞壁和糖被的各种组分（肽聚糖、磷壁酸、LPS、荚膜多糖等）的重要基地；④ 膜上

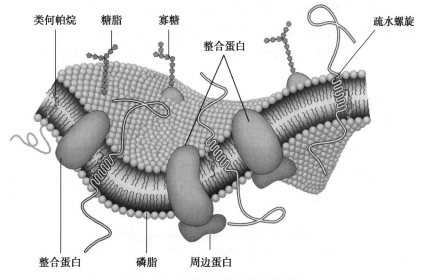

图3-14 细菌细胞质膜构造的模式图

含有氧化磷酸化或光合磷酸化等能量代谢的酶系，是细胞的产能场所；⑤ 是鞭毛基体的着生部位和鞭毛旋转的供能部位；⑥ 膜上某些蛋白受体与趋化性有关。

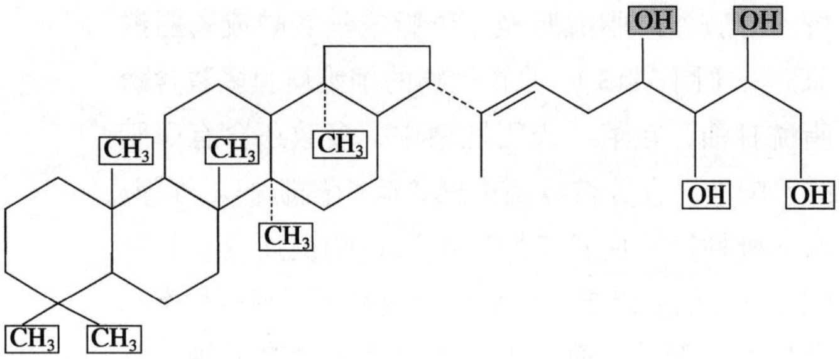

原核微生物的细胞质膜上一般不含胆固醇等甾醇，这一点与真核生物明显不同。但缺乏细胞壁的原核生物——支原体则属例外。其细胞膜因含有甾醇而增强了坚韧性，在一定程度上弥补了因缺少细胞壁而带来的不足。菲律宾霉素、制霉菌素和杀假丝酵母菌素等多烯类抗生素因可破坏含甾醇的细胞质膜，故可抑制支原体和真核生物，但对其他的原核生物则无抑制作用。虽然原核生物的细胞质膜上一般不含甾醇，但在许多细菌的质膜中发现类似甾醇的五环固醇样分子，称为类何帕烷（图 3-14，图 3-15），具有维持膜稳定的作用。此外，原核生物的质膜上还含有与呼吸作用和光合作用有关的蛋白，而真核细胞则没有。

图 3-15　类何帕烷的分子结构

（2）古菌的细胞质膜

研究发现，古菌的细胞质膜虽然在本质上也由磷脂组成，但与细菌和真核生物的细胞膜相比，具有明显的差异（表 3-2）：① 亲水头（甘油）与疏水尾（烃链）间是通过醚键而不是酯键连接的；② 组成疏水尾

$$\underset{酯键}{\text{甘油}-O-\overset{O}{\underset{\parallel}{C}}-CH-脂肪酸}$$

$$\underset{醚键}{\text{甘油}-O-\text{分支链类脂}}$$

的长链烃是异戊二烯的重复单位（如四聚体植烷、六聚体鲨烯等），它与甘油通过醚键连接成甘油二醚（glycerol diether）或二甘油四醚（diglycerol tetraether）等，而在细菌或真核生物中的疏水尾则是脂肪酸；③ 古菌的细胞质膜中存在着独特的单分子层质膜或单、双分子层混合膜，而细菌或真核生物的细胞质膜都是双分子层；具体地说，当磷脂为二甘油四醚时，连接两端两个甘油分子间的两个植烷（phytanyl）侧链间会发生共价结合，形成二植烷（diphytanyl），这时就形成了独特的单分子层膜（图 3-16）；单分子层膜多存在于嗜高温的古菌中，其原因可能是这种膜的机械强度要比双分子层质膜更高；④ 甘油的 C3 位上可连接多种与细菌和真核生物细胞质膜不同的基团，如磷酸酯基、硫酸酯基以及多种糖基等；⑤ 细胞质膜上含有多种独特的脂质，仅嗜盐菌类就已发现有菌红素（bacterioruberin）、α- 胡萝卜素、β- 胡萝卜素、番茄红素、视黄醛［retinal，可与蛋白质结合成细菌视紫红质（bacteriorhodopsin）］和萘醌等。

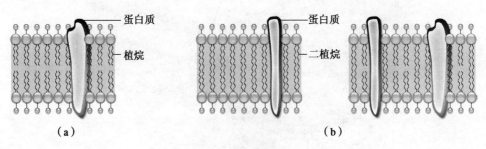

图 3-16　细菌和古菌的细胞膜结构示意图
（a）细菌；（b）古菌

表 3-2　细菌、古菌和真核生物细胞质膜的比较

项目	细菌	古菌	真核生物
蛋白质含量	高	高	低
类脂结构	直链	分支	直链
类脂成分	磷脂	硫脂，糖脂，非极性类异戊二烯酯，磷脂	磷脂
类脂连接	酯键	醚键（二醚和四醚）	酯键
甾醇	无（支原体例外）	无	有

2. 细胞质和内含物

细胞质（cytoplasm）或称细胞质基质（cytoplasmic matrix），是细胞质膜包围的除拟核以外一切物质的总称。细胞质呈胶状，含水量 70%～80%。细胞质的主要成分为核糖体（70 S，大小约 14 nm × 20 nm，相对分子质量约 2.7×10^6，数量很多）、贮藏物、质粒、酶类、中间代谢物和吸入的营养物等，有些细菌还有类囊体、羧酶体、气泡、伴孢晶体或磁小体等。形状较大的颗粒状或泡囊状构造，称为内含体（inclusion body）。

网上学习 3-1
细菌的运输系统

（1）贮藏物

原核生物的细胞质内存在一些由不同化学成分累积而成的不溶性沉淀颗粒，主要功能是贮存营养物，称为贮藏物（reserve materials）。其种类很多，表解如下：

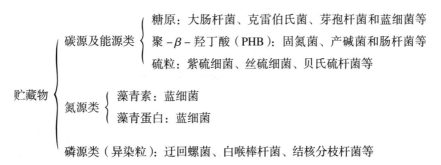

① 聚 -β- 羟丁酸（poly-β-hydroxybutyrate，PHB）：直径为 0.2～0.7 μm 的小颗粒，是存在于许多细菌细胞质内属于类脂的碳源类贮藏物。不溶于水，可溶于氯仿，可用尼罗蓝或苏丹黑染色。具有贮藏能量、碳源和降低细胞内渗透压的作用。真核细胞中未发现有 PHB。当巨大芽孢杆菌（*Bacillus megaterium*）在含乙酸或丁酸的培养基中生长时，细胞内贮藏的 PHB 可达其干重的 60%。在棕色固氮菌（*Azotobacter vinelandii*）的胞囊中也含有 PHB。PHB 的结构（式中的 n 一般大于 10^6）是：

$$H\left[O-\underset{\underset{CH_3}{|}}{\overset{\overset{H}{|}}{C}}-\underset{\underset{H}{|}}{\overset{\overset{H}{|}}{C}}-\overset{\overset{O}{\|}}{C}-O-H\right]_n$$

PHB 于 1929 年被发现，目前已知 60 属以上的细菌能合成并贮藏。由于它无毒、可塑、易降解，是生产医用塑料、生物降解塑料的良好原料。若干产碱菌（*Alcaligenes* spp.）、固氮菌（*Azotobacter* spp.）和假单胞菌（*Pseudomonas* spp.）是主要的生产菌种。近年来，又发现在一些革兰氏阳性和阴性好氧菌、光合厌氧细菌中，都存在 PHB 类化合物，它们与 PHB 仅是 R 基不同（R=CH_3 时即为 PHB）。这类化合物可通称为聚羟链

烷酸（polyhydroxyalkanoate，PHA），其结构是：

$$HO-CH-CH_2-\overset{\overset{O}{\|}}{C}\Big[-O-CH-CH_2-\overset{\overset{O}{\|}}{C}\Big]_n-O-CH-CH_2-COOH$$
$$\quad\ \ R\qquad\qquad\qquad R\qquad\qquad\qquad R$$

② 多糖类贮藏物：包括糖原和淀粉类。在细菌中以糖原为多。糖原可用碘液染成褐红色，在光学显微镜下可见。颗粒直径为 20~100 nm，均匀分布在细胞质中。

③ 异染粒（metachromatic granules）：又称迂回体或捩转菌素（volutin granules），这是因为它最早是在迂回螺菌（*Spirillum volutans*）中被发现并可被亚甲蓝（美蓝）或甲苯胺蓝染成紫红色的缘故。颗粒大小为 0.5~1.0 μm，是无机偏磷酸的聚合物，分子呈线状，n 值在 $2 \sim 10^6$ 间。它一般在含磷丰富的环境下形成，功能是贮藏磷元素和能量，并可降低细胞的渗透压。在白喉棒杆菌（*Corynebacterium diphtheriae*）和结核分枝杆菌（*Mycobacterium tuberculosis*）中极易见到，因此可用于有关细菌的鉴定。异染粒的化学结构为：

$$H\Big[-O-\overset{\overset{OH}{|}}{\underset{\underset{O}{|}}{P}}-O-H\Big]_n$$

④ 藻青素（cyanophycin）：通常存在于蓝细菌中，是一种内源性氮源贮藏物，同时还兼有贮存能源的作用。一般呈颗粒状，由含精氨酸和天冬氨酸残基（1∶1）的多分支多肽所构成，相对分子质量在 25 000 ~ 125 000 范围内。例如，柱胞鱼腥蓝细菌（*Anabaena cylindrica*）藻青素的结构为：

$$\begin{array}{ccc} Arg & Arg & Arg \\ | & | & | \\ NH & NH & NH \\ | & | & | \\ CO & CO & CO \\ | & | & | \\ H_3N^+-Asp- & \Big[Asp\Big]_n & Asp-CO_2^- \end{array}$$

（2）磁小体

1975 年，由布莱克莫尔（R. P. Blakemore）在一种称为折叠螺旋体（*Spirochaeta plicatilis*）的趋磁细菌中首先发现。目前所知的趋磁细菌主要存在于磁螺菌属（*Magnetospirillum*，旧称水生螺菌属 *Aquaspirillum*）和嗜胆球菌属（*Bilophococcus*）中，常见种如向磁磁螺菌（*M. magnetotacticum*）。这些细菌细胞中含有大小均匀、数目不等的磁小体（magnetosome），其成分为 Fe_3O_4 或 Fe_3S_4，外有一层磷脂、蛋白或糖蛋白膜包裹，是单磁畴晶体；无毒，大小均匀（20~100 nm），每个细胞内有 2~20 颗，呈链状排列，颗粒的形状为截角八面体、平行六面体或平行六棱柱体等。其具有导向作用，借鞭毛游向对该菌最有利的泥、水界面微氧环境处生活。趋磁菌在生产磁性定向药物或抗体，以及制造生物传感器等方面有一定的应用前景。

（3）羧酶体

羧酶体（carboxysome）又称羧化体，是存在于一些自养细菌细胞内的多面体内含物。其大小与噬菌体相仿，直径约 100 nm，内含 1,5- 二磷酸核酮糖羧化酶，在自养细菌的 CO_2 固定中起着关键作用。在排硫硫杆菌（*Thiobacillus thioparus*）、那不勒斯硫杆菌（*T. neapolitanus*）、贝日阿托氏菌属（*Beggiatoa*）、硝化细菌和一些蓝细菌中均可找到羧酶体。

（4）气泡

气泡（gas vocuole）是存在于许多光合营养型、无鞭毛运动的水生细菌中的一种充满气体的泡囊状内含物，大小为（0.2~1.0）μm × 75 nm，内由数排柱形小空泡组成，外有 2 nm 厚的蛋白质膜包裹，功能是调节细胞密度以使细胞漂浮在最适的水层中获取光能、O_2 和营养物质。每个细胞含几个至几百个气泡。如鱼腥藻细菌属（*Anabaena*）、顶孢蓝细菌属（*Gloeotrichia*）、盐杆菌属（*Halobacterium*）、暗网菌属（*Pelodictyon*）和红假单胞菌属（*Rhodopseudomonas*）的一些种中都有气泡。

3. 拟核

拟核（nucleoid），又称核区（nuclear region，nuclear area）、核质体（nuclear body）。指原核生物所特有的无核膜结构、无固定形态的原始细胞核。用富尔根（Feulgen）染色法染色后，可见到紫色的形态不定的拟核。大多数原核微生物的染色体是一个大型环状双链 DNA 分子，有的则由两个或多个大型环状或线形双链 DNA 分子构成。此外，一些原核微生物还有一个到数个较小的环状 DNA 分子，称为质粒（plasmid）。DNA 与少量蛋白结合，聚集成拟核。每个细胞所含的拟核数一般仅为一个，但霍乱弧菌（*Vibrio cholerae*）中存在一大一小两个染色体。此外，拟核数还和细菌的生长速度有关，一般有 1～4 个相同的染色体复制体。在快速生长的细菌中，拟核可占细胞总体积的 20%。细菌拟核除在染色体复制的短时间内呈双倍体外，一般均为单倍体。拟核是细菌负载遗传信息的主要物质基础，有关内容，将在第 8 章中详细介绍。

4. 特殊的休眠构造——芽孢

1876 年，科赫在研究炭疽芽孢杆菌（*Bacillus anthracis*）时首先发现了细菌的芽孢。1877 年，英国学者丁达尔（J. Tyndall）证明枯草芽孢杆菌（*B. subtilis*）有两种存在状态，一种是经过几分钟煮沸就可杀死的状态，另一种是煮沸几小时都不能使其死亡的状态。同年，德国学者科恩（F. Cohn）又在形态学上证明芽孢杆菌属（*Bacillus*）和梭菌属（*Clostridium*）的耐热构造是其芽孢。

某些细菌在其生长发育后期，在细胞内形成一个圆形或椭圆形、厚壁、含水量极低、抗逆性极强的休眠体，称为芽孢（endospore 或 spore，偶译“内生孢子”）。由于每一营养细胞内仅生成一个芽孢，故芽孢无繁殖功能。芽孢是整个生物界中抗逆性最强的生命体之一，在抗热、抗化学药物、抗辐射和抗静水压等方面，更是首屈一指。一般细菌的营养细胞不能经受 70℃以上的高温，可是，它们的芽孢却有惊人的耐高温能力。例如，肉毒梭菌（*Clostridium botulinum*）的芽孢在 100℃沸水中要经过 5.0～9.5 h 才能被杀死，至 121℃时，平均也要 10 min 才被杀死；热解糖梭菌（*C. thermosaccharolyticum*）的营养细胞在 50℃下经数分钟即可杀死，但其芽孢经 132℃、4.4 min 处理才能杀死 90%。芽孢的抗紫外线能力一般是其营养细胞的 2 倍。巨大芽孢杆菌芽孢的抗辐射能力要比大肠杆菌的营养细胞强 36 倍。芽孢的休眠能力更是突出。在其休眠期间，不能检查出任何代谢活力，因此称为隐生态（cryptobiosis）。一般的芽孢在普通条件下可以保持几年至几十年的生活力。但文献中还有许多更突出的记载，如环状芽孢杆菌（*B. circulans*）的芽孢在植物标本上（英国）已保存 200～300 年；一种高温放线菌（*Thermoactinomyces* sp.）的芽孢在建筑材料中（美国）已保存 2 000 年；普通高温放线菌（*T. vulgaris*）的芽孢在湖底冻土中（美国）已保存 7 500 年；一种芽孢杆菌（*Bacillus* sp.）在包埋在琥珀内的蜜蜂肠道中（美国）已保存了 2 500 万～4 000 万年。

（1）产芽孢细菌的种类

能产芽孢的细菌属不多，最主要的是属于革兰氏阳性菌的两个属——好氧性的芽孢杆菌属（*Bacillus*）和厌氧性的梭菌属（*Clostridium*），球菌中只有芽孢八叠球菌属（*Sporosarcina*）产生芽孢，螺菌中的孢螺菌属（*Sporospirillum*）也产芽孢。此外，还发现少数其他杆菌可以产生芽孢，如芽孢乳杆菌属（*Sporolactobacillus*）、脱硫肠状菌属（*Desulfotomaculum*）、考克斯体属（*Coxiella*）、鼠孢菌属（*Sporomusa*）和高温放线菌属（*Thermoactinomyces*）等。芽孢的有无、形态、大小和着生位置是细菌分类和鉴定中的重要指标。

（2）芽孢的构造

从图 3-17 和以下的表解中可以了解芽孢的细致构造和主要功能。

产芽孢细胞 {
  芽孢囊：是产芽孢菌的营养细胞外壳
  胞外壁：主要含脂蛋白，透性差（有的芽孢无此层）
  芽孢衣：主要含疏水性角蛋白，抗酶解、抗药物，多价
          阳离子难通过
  芽孢 {
    皮层：主要含芽孢肽聚糖及 DPA-Ca，体积大，渗透压高
    核心 {
      芽孢壁：含肽聚糖，可发展成新细胞的壁
      芽孢质膜：含磷脂、蛋白质，可发展成新细胞的膜
      芽孢质：含 DPA-Ca、核糖体、RNA 和酶类
      核区：含 DNA

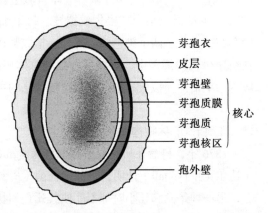

图 3-17 细菌芽孢构造模式图

皮层（cortex）在芽孢中占有很大体积（36%~60%），内含大量特有的芽孢肽聚糖，其特点是呈纤维状，交联度小，负电荷强，可被溶菌酶水解。此外，此层中还含有占芽孢干重 7%~15% 的吡啶二羧酸钙盐（calcium dipicolinate，DPA-Ca），但不含磷壁酸。皮层的渗透压可高达 2.03×10^6 Pa（20 个大气压）左右，含水量约 70%，略低于营养细胞（约 80%），但比芽孢整体的平均含水量（40% 左右）高出许多。芽孢的核心（core）又称芽孢原生质体，由芽孢壁、芽孢质膜、芽孢质和核区 4 部分组成，它的含水量很低（10%~25%），因而特别有利于抗热、抗化学物质（如 H_2O_2），并可避免其中酶的失活。除芽孢壁中不含磷壁酸以及芽孢质中含 DPA-Ca 外，核心中其他成分与一般细胞相似。图 3-18 示芽孢特有的芽孢肽聚糖和 DPA-Ca 的分子构造。

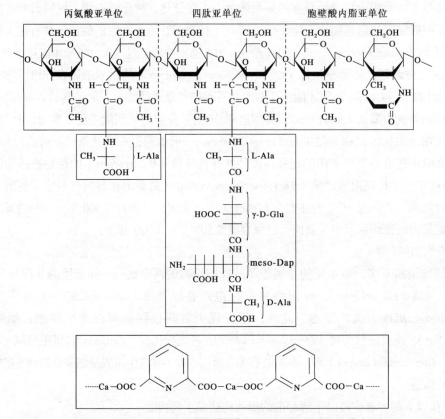

图 3-18 芽孢特有的芽孢肽聚糖（上）和 DPA-Ca 的分子构造（下）

（3）芽孢形成

产芽孢的细菌当其细胞停止生长及环境中缺乏营养或有害代谢产物积累过多时，就开始形成芽孢。从形态上来看，芽孢形成（sporulation，sporogenesis）可分 7 个阶段（图 3-19）：① DNA 浓缩，束状染色质形成；② 细胞膜内陷，细胞发生不对称分裂，其中小体积部分即为前芽孢（forespore）；③ 前芽孢的双层隔膜形成，这时芽孢的抗辐射性提高；④ 上述两层隔膜间充填芽孢肽聚糖后，合成 DPA，积累钙离子，开始形成皮层，再经脱水，使折光率增高；⑤ 芽孢衣合成结束；⑥ 皮层合成完成，芽孢成熟，抗热性出现；⑦ 芽孢囊裂解，芽孢游离外出。在枯草芽孢杆菌中，芽孢形成过程约需 8 h，其中参与的基因约有 200 个。在芽孢形成过程中，伴随着形态变化的还有一系列化学成分和生理功能的变化（图 3-20）。

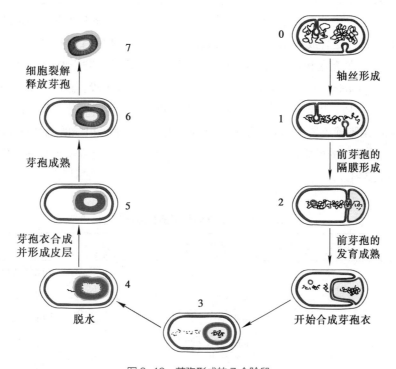

图 3-19　芽孢形成的 7 个阶段

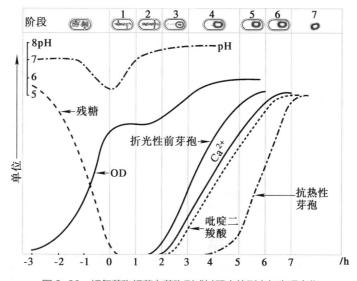

图 3-20　好氧芽孢杆菌在芽孢形成过程中的形态与生理变化

（4）芽孢萌发

由休眠状态的芽孢变成营养状态细菌的过程，称为芽孢萌发（germination），它包括活化（activation）、出芽（germination）和生长（outgrowth）3个阶段。在人为条件下，活化作用可由短期热处理或用低pH、强氧化剂的处理而引起。例如，枯草芽孢杆菌的芽孢经7 d休眠后，用60℃处理5 min即可促进其发芽。当然也有要用100℃加热10 min才能促使活化的芽孢。由于活化作用是可逆的，故处理后必须及时将芽孢接种到合适的培养基中去。有些化学物质可显著促进芽孢的萌发，称作萌发剂（germinants），如L-丙氨酸、Mn^{2+}、表面活性剂（n-十二烷胺等）和葡萄糖等。相反，D-丙氨酸和碳酸氢钠等则会抑制某些细菌芽孢的发芽。发芽的速度很快，一般仅需几分钟。这时，芽孢衣中富含半胱氨酸的蛋白质的三维空间结构发生可逆性变化，使芽孢的透性增加，随之促进与发芽有关的蛋白酶活动。接着，芽孢衣上的蛋白质逐步降解，外界阳离子不断进入皮层，于是皮层发生膨胀、溶解和消失。最后外界的水分不断进入芽孢的核心部位，使核心膨胀，各种酶类活化，并开始合成细胞壁。在发芽过程中，为芽孢所特有的耐热性、光密度和折射率等特性都逐步下降，DPA-Ca、氨基酸和多肽逐步释放，核心中含量较高的可防止DNA损伤的小酸溶性芽孢蛋白（small acid-soluble spore protein, SASP）迅速减少，接着就开始其生长阶段。这时，芽孢核心部分开始迅速合成新的DNA、RNA和蛋白质，出现了发芽并很快转变成新的营养细胞。当芽孢发芽时，芽管可以从极向或侧向伸出，这时，它的细胞壁还是很薄甚至是不完整的，因此，出现了很强的感受态（competence）——接受外来DNA而发生遗传转化的可能性增强了，这一特性有利于某些研究或遗传育种工作。有关芽孢和营养细胞特点的比较可见表3-3。

表3-3 营养细胞和芽孢特点比较

特 点	营养细胞	芽 孢
外形	一般为杆状	球状或椭圆状
外包被层次	少	多
折光率	差	强
含水量	高（80%～90%）	低（核心为10%～25%）
染色性能	良好	极差
含Ca量	低	高
含DPA	无	有
含SASP	无	有
含mRNA量	高	低或无
细胞质pH	约7	5.5～6.0（核心）
酶活性	高	低
代谢活力	强	接近0
大分子合成	强	无
抗热性	弱	极强
抗辐射性	弱	强
抗酸或化学药剂	弱	强
对溶菌酶	敏感	抗性
保藏期	短	长或极长

（5）芽孢的耐热机制

关于芽孢耐热的本质至今尚无公认的解释。G. W. Gould 和 G. J. Dring 于 1975 年提出的渗透调节皮层膨胀学说（osmoregulatory expanded cortex theory）有一定的说服力。该学说认为，芽孢的耐热性在于芽孢衣对于多价阳离子和水分的透性差和皮层的离子强度很高，使皮层产生极高的渗透压去夺取芽孢核心中的水分，造成皮层充分膨胀，而核心部分的细胞质却变得高度失水，最终导致核心具有极强的耐热性。从皮层成分看，它含有大量交联度低（约 6%）、负电荷强的芽孢肽聚糖，它与低价阳离子一起赋予皮层的高渗透压特性，从而使皮层的含水量增高，随之体积增大（图 3-21）。由此可知，芽孢整体的含水量少，并不说明其各层次的含水量都很少，其中皮层与核心间的差别是极其明显的。芽孢有生命部位——核心部位含水量稀少（10% ~ 25%），才是其耐热机制的关键所在。

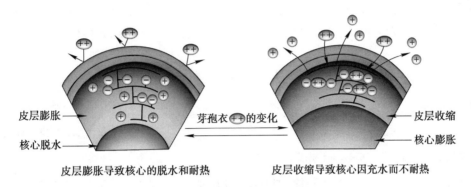

皮层膨胀　　　　　　　　　　　　　　　　　　　　　　　皮层收缩
核心脱水　　　　　　芽孢衣 ++ 的变化　　　　　　　　　　核心膨胀

皮层膨胀导致核心的脱水和耐热　　　　　皮层收缩导致核心因充水而不耐热

图 3-21　芽孢皮层的膨胀与收缩的图示

除渗透调节皮层膨胀学说外，还有一些别的学说试图解释芽孢的高度耐热机制。例如，针对在芽孢形成过程中会合成大量的为营养细胞所没有的 DPA-Ca，不少学者提出，Ca^{2+} 与 DPA 的螯合作用会使芽孢中的生物大分子形成一种稳定而耐热性强的凝胶；还有学者认为，芽孢中独特的小分子酸溶性芽孢蛋白因可与 DNA 紧密结合，也可保护它免受射线和化学物质的危害。总之，芽孢耐热机制涉及多方面因素，是一个重要的有待进一步深入研究的基础理论问题。

（6）研究芽孢的意义

芽孢是细菌分类、鉴定中的重要形态学指标。由于芽孢具有高度耐热性，所以用高温处理含菌试样，可轻而易举地提高芽孢产生菌的筛选效率。芽孢的休眠期特别长，为产芽孢菌的长期保藏带来了极大的方便。由于芽孢具有高度耐热性和其他抗逆性，因此，是否能消灭一些代表菌的芽孢是衡量各种消毒灭菌手段的最重要指标。例如，肉类易污染产芽孢的肉毒梭菌（*Clostridium botulinum*），该菌繁殖后会产生极毒的肉毒毒素，危害人体健康。为此，食品加工厂在对肉类罐头进行灭菌时，应在 121℃下维持 20 min 以上确保完全消灭芽孢。在外科器材灭菌中，常以有代表性的产芽孢菌——破伤风梭菌（*C. tetani*）和产气荚膜梭菌（*C. perfringens*）这两种严重致病菌的芽孢耐热性作为灭菌程度的依据，即要在 121℃灭菌 10 min 或 115℃下灭菌 30 min 才可。在发酵工业中，经常会遇到耐热性强的嗜热脂肪芽孢杆菌（*Bacillus stearothemophilus*）的污染，造成严重的损失。已知其芽孢至少要在 121℃下维持 12 min 才能被杀死，由此就规定了工业培养基和发酵设备的灭菌至少要在 121℃下保证维持 15 min 以上。若用热空气进行干热灭菌，则芽孢的耐受性更高，因此，就规定干热灭菌的温度必须在 150 ~ 160℃，并维持 1 ~ 2 h。

（7）伴孢晶体

少数芽孢杆菌，例如苏云金芽孢杆菌（*Bacillus thuringiensis*）在形成芽孢的同时，会在芽孢旁形成一颗菱形或双锥形的碱溶性蛋白晶体——δ 内毒素，称为伴孢晶体（parasporal crystal）。它的干重可达芽孢囊重的 30% 左右，由 18 种氨基酸组成。由于伴孢晶体对 200 多种昆虫尤其是鳞翅目的幼虫有毒杀作用，因此这类产伴孢晶体的细菌可以用作有利于环境保护的生物农药——细菌杀虫剂，而δ内毒素基因还广泛用来构建各种抗虫转基因植物，有助于减少化学农药的使用。有的苏云金芽孢杆菌除产生上述毒素外，还会产生3种外毒素（α、β、γ）和其他杀虫毒素。

（8）细菌的其他休眠构造

细菌的休眠构造除上述的芽孢外，还有胞囊（cyst，由固氮菌产生）、黏液孢子（myxospore，由黏球菌产生）、蛭胞囊（bdellocyst，由蛭弧菌产生）和外生孢子（exospore，由嗜甲基细菌和红微菌产生）等等。胞囊是固氮菌（*Azotobacter*）尤其是棕色固氮菌（*A. vinelandii*）等少数细菌在营养缺乏的条件下，由营养细胞的外壁加厚、细胞失水而形成的一种抗干旱但不抗热的圆形休眠体，一个营养细胞仅形成一个胞囊，因此与芽孢一样，也没有繁殖功能。胞囊在适宜的外界条件下，可发芽和重新进行营养生长。有关胞囊的特性及其与芽孢的比较可见表3-4。

网上学习 3-2
芽孢形成过程的群体调控

表3-4　芽孢与胞囊的比较

特　点	芽　孢	胞　囊
形成方式	在细胞内浓缩后再外包	整个细胞变圆，外层加厚
外壁层次	4 层以上	3 层左右
外壁成分	蛋白质、肽聚糖（近 G⁺ 菌）	磷脂、脂多糖（近 G⁻ 菌）
抗性	强，抗热、辐射及药物等	抗干旱，稍抗热及紫外线
贮藏物	无特殊贮藏物	有 PHB 贮藏
代表菌	芽孢杆菌属，梭菌属	固氮菌属，黏细菌等

三、细胞壁以外的构造

在某些原核生物的细胞壁外，会着生一些特殊的附属物，包括糖被、S层、鞭毛、菌毛和性毛等。

1. 糖被

包被于某些细菌壁外的一层厚度不定的胶状物质，称为糖被（glycocalyx）。糖被的有无、厚薄除与菌种的遗传背景相关外，还与环境（尤其是营养）条件密切相关。糖被主要可以分为荚膜（capsule）和黏液层（slime layer）两类。荚膜是常见的一种糖被，其与细胞壁结合紧密，含水量很高，经脱水和特殊染色后可在光学显微镜下看到。在一般实验室中，可利用荚膜能排斥细微碳粒的特点而方便地用碳素墨水对产荚膜菌进行负染色（又称背景染色），以便在光学显微镜下清楚地观察到它的存在。黏液层结构疏松，且不能排斥碳粒，故不能用这种负染色法染色。糖被的主要成分是多糖、多肽或蛋白质，尤以多糖居多。少数细菌如黄色杆菌属（*Xanthobacter*）的菌种既具有 α- 聚谷氨酰胺荚膜，又有含大量多糖的黏液层。这种黏液层无法通过离心沉淀，有时甚至将培养容器倒置时，呈凝胶状的培养基仍不会流出。糖被的主要成分及其代表菌表解如下：

糖被成分
- 多糖
  - 纯多糖
    - 葡聚糖：肠膜明串珠菌（*Leuconostoc mesenteroides*）
    - 果聚糖：变异链球菌（*Streptococcus mutans*）
    - 纤维素：木醋杆菌（*Acetobacter xylinum*）
    - 大肠杆菌荚膜多糖酸（colominic acid）
  - 杂多糖
    - 海藻酸：棕色固氮菌（*Azotobacter vinelandii*）
    - 荚膜异多糖酸（colamic acid）
    - 透明质酸：若干链球菌（*Streptococcus* spp.）
- 多肽
  - 聚-D-谷氨酸：炭疽芽孢杆菌（*Bacillus anthracis*）
  - 聚谷氨酰胺：黄色杆菌属某些菌（*Xanthobacter* spp.）
- 多肽和多糖：巨大芽孢杆菌（*Bacillus megaterium*）
- 蛋白质：鼠疫耶尔森氏菌（*Yersinia pestis*）

　　糖被的功能有：① 保护作用，其上大量极性基团可保护菌体免受干旱损伤；可防止噬菌体的吸附和感染；一些动物致病菌的荚膜还可以保护它们免受宿主白细胞的吞噬。例如，有荚膜的肺炎链球菌（*Streptococcus pneumoniae*）就更易引起人的肺炎。又如，肺炎克雷伯氏菌（*Kelbsiella pneumoniae*）的荚膜既可使其黏附于人体呼吸道并定殖，又可防止白细胞的吞噬。② 贮藏养料，以备营养缺乏时重新利用，如黄色杆菌的荚膜等。③ 作为透性屏障或（和）离子交换系统，可保护细菌免受重金属离子的毒害。④ 表面附着作用促进生物被膜的形成，例如唾液链球菌（*Streptococcus salivarius*）和变异链球菌（*S. mutans*）分泌一种己糖转移酶，使蔗糖转变成果聚糖，它可使细菌牢牢黏附于牙齿表面，这些细菌发酵糖类产生的乳酸，可腐蚀牙表珐琅质层，引起龋齿；某些水生丝状细菌的鞘衣状荚膜也有附着作用。⑤ 细菌间的信息识别作用，如根瘤菌属（*Rhizobium*）。⑥ 堆积代谢废物。

　　细菌糖被在科学研究和生产实践中也有重要的应用。糖被的有无及其性质的不同可用于菌种的鉴定，例如某些具有难以观察到的微荚膜的致病菌，只要用极为灵敏的血清学反应即可鉴定。在制药工业和试剂工业中，人们从肠膜明串珠菌的糖被中提取葡聚糖以制备"代血浆"或葡聚糖生化试剂（如"Sephadex"）；利用野油菜黄单胞菌（*Xanthomonas campestris*）的黏液层可提取十分有用的胞外多糖——黄原胶（xanthan或Xc，又称黄杆胶，图3-22），它可用于石油开采中的钻井液添加剂，也可用于印染、食品等工业中。产生糖被的细菌在污水的微生物处理中具有分解、吸附和沉降有害物质的作用。当然，有些细菌的糖被也可对人类带来不利的影响。

网上学习 3-3
细菌糖被与生物被膜

2. S层

　　S层（S layer）是一层包围在原核生物细胞壁外、由大量蛋白质或糖蛋白亚基以方块形或六角形方式排列的连续层，类似于建筑物中的地砖。有的学者认为S层是糖被的一种。在革兰氏阳性菌、革兰氏阴性菌和古菌中都可找到S层结构。例如，常见的细菌有芽孢杆菌属（*Bacillus*）、梭菌属（*Clostridium*）、乳酸杆菌属（*Lactobacillus*）、棒杆菌属

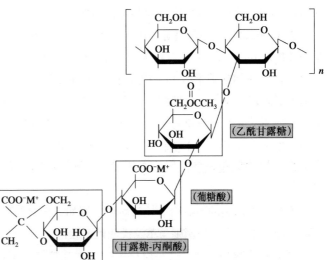

图 3-22　黄原胶的分子构造（M⁺ 为 Na⁺、K⁺ 或 1/2Ca²⁺）

（*Corynebacterium*）、弯曲菌属（*Campyrobacter*）、异常球菌属（*Deinococcus*）、气单胞菌属（*Aeromonas*）、假单胞菌属（*Pseudomonas*）、水螺菌属（*Aquaspirillum*）、密螺旋体属（*Treponema*）以及一些蓝细菌等。

S层与细胞壁表面的结合方式在不同的菌中有所不同。在革兰氏阳性菌中，S层一般结合在肽聚糖层表面。在革兰氏阴性菌中，S层一般都直接黏合在细胞壁的外膜上。而在有些古菌中，S层可直接紧贴在细胞质膜外，由它取代了细胞壁。

3. 鞭毛

生长在某些细菌体表的长丝状、波曲形的蛋白质附属物，称为鞭毛（flagellum，复flagella），其数目为一至数十根，具有运动功能。至今所知道的细菌中，约一半种类有运动能力，而鞭毛是最重要的运动结构。

（1）原核生物的典型鞭毛

原核生物鞭毛的长度一般为15~20 μm，直径为0.01~0.02 μm。观察鞭毛最直接的方法是用电子显微镜。用特殊的鞭毛染色法使染料沉积在鞭毛上，加粗后的鞭毛也可用光学显微镜观察。在暗视野中，对水浸片或悬滴标本中运动着的细菌，也可根据其运动方式判断它们是否具有鞭毛。在下述两种情况下，单凭肉眼观察可初步推断某细菌是否存在着鞭毛：① 在半固体（0.3%~0.4%琼脂）直立柱中用穿刺法接种某一细菌，经培养后，若在穿刺线周围有呈混浊的扩散区，说明该菌具有运动能力，并可推测其长有鞭毛，反之，则无鞭毛；② 根据平板培养基上的菌落外形也可推断它有无鞭毛，一般地说，如果该菌长出的菌落形状大，薄且不规则，边缘极不圆整，说明该菌运动能力很强，反之，若菌落外形圆整，边缘光滑，厚度较大，则说明它是无鞭毛的细菌。

原核生物（包括古菌）的鞭毛由基体、钩形鞘和鞭毛丝3部分组成。革兰氏阳性菌和阴性菌在基体的构造上稍有区别。革兰氏阴性菌的鞭毛最为典型，现以大肠杆菌的鞭毛为例。① 基体（basal body），由4个盘状物即环（ring）组成，最外层的L环连在细胞壁最外层的外膜上，接着是连在肽聚糖内壁层的P环，第三个是靠近周质空间的S环，它与第四个环即M环连在一起称MS环或内环，共同嵌埋在细胞质膜和周质空间上。MS环十分类似于马达的转子，它被十多个绕成一圈的相当于马达定子的Mot蛋白包围，由Mot蛋白中的跨膜质子通道引导膜外的质子流入膜内，从而驱动MS环快速旋转。在MS环基部是Fli蛋白，它是鞭毛马达的键钮，可依据细胞提供的信号，指令鞭毛的正向或逆向旋转。与之相连的是位于细胞质中的C环。C环由FliM和FliN蛋白构成这一精致、超微型的鞭毛马达，其能量来自细胞膜内外的质子梯度或质子动势（proton motive potential, proton motive force）。据计算，鞭毛旋转一周约需消耗1 000个质子动势。② 钩形鞘（hook，即鞭毛钩），连接鞭毛丝和基体的构造，弯形，可作360°旋转，使鞭毛加大运动幅度。钩形鞘的直径约为17 nm，比鞭毛丝略宽，由120个蛋白亚基组成。③ 鞭毛丝（filament），由许多直径为4.5 nm的鞭毛蛋白（flagellin）亚基沿着直径为20 nm的中央孔道螺旋状排列而成，每周为8~10个亚基。鞭毛丝末端有一冠蛋白（或称封盖蛋白）。鞭毛蛋白是一种球状或卵圆状蛋白，相对分子质量为30 000~60 000。它在细胞质内靠近鞭毛基体的核糖体上合成，由鞭毛基部通过中央孔道输送到鞭毛的游离端进行自装配。因此，鞭毛的形成方式是在其顶部延伸而非基部延伸。据研究，鞭毛的合成和行使运动功能需要40余个基因的协调控制，重要的如*fla*、*fli*和*flg*等。少数细菌，如霍乱弧菌（*Vibrio cholerae*）和蛭弧菌（*Bdellovibrio* sp.）的鞭毛被一层膜或鞘包裹，如蛭弧菌鞭毛就被一层脂多糖鞘包裹着。图3-23为革兰氏阴性菌鞭毛构造的模式图。

革兰氏阳性菌的鞭毛构造较为简单，例如，枯草芽孢杆菌（*Bacillus subtilis*）的鞭毛基体仅有S和M两个环，而鞭毛丝和钩形鞘则与革兰氏阴性菌相同。

鞭毛的功能是运动，这是原核生物实现其趋性（taxis）即趋向性的最有效方式。有关鞭毛运动的机制曾有过"旋转论"（rotation theory）和"挥鞭论"（bending theory）的争议。1974年，美国学者西佛曼（M.

Silverman）和西蒙（M. Simon）曾设计了一个"拴菌"实验（tethered-cell experiment），设法把单毛菌鞭毛的游离端用相应抗体牢牢"拴"在载玻片上，然后在光学显微镜下观察细胞的行为。结果发现，该菌是在载玻片上不断打转（而非伸缩挥动），从而肯定了"旋转论"是正确的。鞭毛菌的运动速度极快，例如，螺菌鞭毛转速可达 40 周 /s，超过一般电动机的转速。端生鞭毛菌的运动速度明显高于周生鞭毛菌。一般速度在 20 ~ 80 μm/s，最高可达 100 μm/s，即每分钟移动距离达体长的 3 000 倍，超过了陆上跑得最快的动物——猎豹（每分钟 1 500 倍体长，或 110 km/h）。

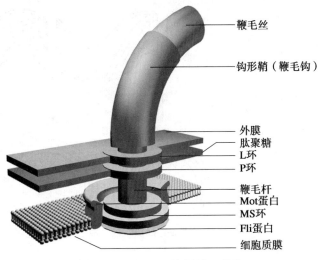

图 3-23　革兰氏阴性菌的鞭毛构造

在各类细菌中，弧菌、螺菌类普遍都有鞭毛。杆状细菌中约有一半种类长有鞭毛，其中的假单胞菌类都长有端生鞭毛，其他的有的着生周生鞭毛，有的没有。球菌中，仅个别的属，例如动球菌属（*Planococcus*）的种才长鞭毛。鞭毛在细胞表面的着生方式多样，主要有单端鞭毛菌（monotricha）、端生丛毛菌（lophotricha）、两端鞭毛菌（amphitricha）和周毛菌（peritricha）等几种。列举如下：

鞭毛的有无和着生方式在细菌的分类和鉴定中是一项十分重要的形态学指标。特别对于致病性的革兰氏阴性菌来说，位于细胞表面的鞭毛，与 LPS 一起构成了细菌的两个最主要的抗原。鞭毛蛋白变化多，大肠杆菌共有 56 种不同的鞭毛血清型。临床上把鞭毛血清型（称为 H- 抗原）和 LPS 的 O- 抗原血清型（大肠杆菌中有 180 多种）共同作为确定菌株的指标，用于菌株的检测和跟踪，如，近年在世界范围内经常引起流行和死亡的大肠杆菌 O157：H7。

（2）螺旋体的周质鞭毛

与大多数细菌的游离型鞭毛不同，在螺旋体细胞的表面，长有独特的固定型鞭毛，称为周质鞭毛（periplasmic flagella）或称轴丝（axial filaments）。一般每个细胞长有两条，例如，齿密螺旋体（*Treponema denticola*）等，少数种也有长着近百条周质鞭毛的。这两条成对着生的鞭毛，其一端都着生在细胞的一端上，随后以螺旋方式缠绕在细胞上，一般仅达细胞全长的大半；细胞的另一端着生有另一对鞭毛，并沿着相对方向缠绕。两对鞭毛在细胞中部会合。这两对周质鞭毛都被细胞壁的外膜层覆盖着（图 3-24）。

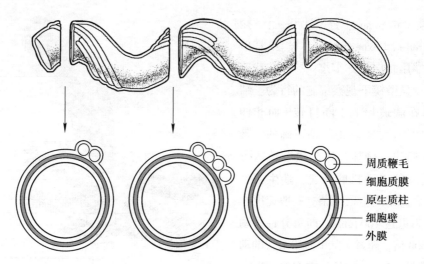

图 3-24　螺旋体的周质鞭毛及其 3 处横切面（模式图）

周质鞭毛的运动机制可能是：通过鞭毛的快速旋转，使细胞表面的螺旋凸纹不断伸缩移动，由此推动细胞作拔塞钻状快速前进。这一独特的运动方式，对生活在污泥或动物黏膜表面等半固态环境中的螺旋体，提供了良好的适应性。

4. 菌毛

菌毛（fimbria，复数 fimbriae）曾有多种译名（纤毛，伞毛，线毛或须毛等），是一种长在细菌表面的纤细、中空、短直、数量较多的蛋白质类附属物，具有使菌体附着于物体表面的功能。它的结构较鞭毛简单，无基体等复杂构造。它着生于细胞膜上，穿过细胞壁后伸展于细菌表面（全部或仅两端），直径 3 ~ 10 nm，长度可达数微米。由许多菌毛蛋白（pilin）亚基围绕中心作螺旋状排列，呈中空管状。每个细菌有 250 ~ 300 条菌毛。有菌毛的细菌一般以革兰氏阴性致病菌居多，借助菌毛可把它们牢固地黏附于宿主的呼吸道、消化管、泌尿生殖道等的黏膜上，进一步定殖致病，有的种类还可使同种细胞相互粘连而形成浮在液体表面上的菌醭等群体结构。淋病的病原菌——淋病奈瑟氏菌（*Neisseria gonorrhoeae*）长有大量的菌毛，它们可把菌体牢牢黏附在患者的泌尿生殖道的上皮细胞上，尿液无法冲掉它们，待其定殖、生长后，就会引起严重的性病。

5. 性毛

性毛（pili，单数 pilus）又称性菌毛（sex-pili 或 F-pili）或接合性毛（conjugative pili），构造和成分与菌毛相同，但比菌毛长，较粗（直径为 9 ~ 10 nm），数量仅一至几根。性毛一般见于革兰氏阴性菌的雄性菌株（即供体菌）中，其功能是向雌性菌株（即受体菌）传递遗传物质。有的性毛还是 RNA 噬菌体的特异性吸附受体。

- 试图示革兰氏阳性菌和革兰氏阴性菌细胞壁的主要构造，并简要说明它们的异同。
- 试图示肽聚糖单体的模式构造，并比较革兰氏阳性菌和革兰氏阴性菌在此构造上的差别。
- 什么是抗酸细菌，其细胞壁的成分和构造有何独特之处？
- 古菌的细胞壁有什么特点？
- 试图示并简要说明细菌鞭毛的构造和各部分的功能。
- 研究细菌芽孢有何理论和实践意义？

第二节　真核微生物

凡是细胞核具有核膜，细胞能进行有丝分裂，细胞质中存在线粒体或同时存在叶绿体等细胞器的生物，称为真核生物（eukaryote）。微生物中的真菌、显微藻类、原生动物以及地衣均属于真核生物。真核细胞与原核细胞相比，其形态更大，结构更为复杂。真核生物的细胞质中有许多由膜包围着的细胞器（organelle），如内质网、高尔基体、溶酶体、微体、线粒体和叶绿体等，更为重要的是，它们有由核膜包裹着的完整的细胞核，其中存在着构造极其精巧的染色体，它的双链 DNA 长链与组蛋白和其他蛋白密切结合，以更完善地执行生物的遗传功能。真核生物与原核生物之间的差别列在表 3-5 中。

表 3-5　真核生物与原核生物的比较

比较项目		真核生物	原核生物
细胞大小		较大（通常直径 > 2 μm）	较小（通常直径 < 2 μm）
若有壁，其主要成分		纤维素，几丁质等	多数为肽聚糖
细胞膜中甾醇		有	无（仅支原体例外）
细胞膜含呼吸或光合组分		无	有
细胞器		有	无
鞭毛结构		如有，则粗而复杂（9+2 型）	如有，则细而简单
细胞质	线粒体	有	无
	溶酶体	有	无
	叶绿体	光合自养生物中有	无
	真液泡	有些有	无
	高尔基体	有	无
	微管系统	有	雏形
	流动性	有	无
	核糖体	80 S（指细胞质核糖体）	70 S
	间体	无	部分有
	贮藏物	淀粉、糖原等	PHB 等
细胞核	核膜	有	无
	DNA 含量	低（约 5%）	高（约 10%）
	组蛋白	有	少
	核仁	有	无
	染色体数	一般 > 1	一般为 1
	有丝分裂	有	无
	减数分裂	有	无
生理特性	氧化磷酸化部位	线粒体	细胞膜
	光合作用部位	叶绿体	细胞膜
	生物固氮能力	无	常见
	专性厌氧生活	罕见	常见
	化能合成作用	无	有些有
鞭毛运动方式		挥鞭式	旋转马达式
遗传重组方式		有性生殖、准性生殖等	转化、转导、接合等
繁殖方式		有性、无性等多种	一般为无性（二等分裂）

一、细胞壁

具有细胞壁的真核微生物主要是真菌（包括酵母菌、丝状真菌、蕈菌）和藻类。

1. 真菌的细胞壁

真菌细胞壁的主要成分是多糖，另有少量的蛋白质和脂质。多糖构成了细胞壁中有形的微纤维与无定形基质（matrix）的物质基础。微纤维部分似建筑物中的钢筋，都是单糖的 β（1→4）聚合物，可使细胞壁保持坚韧；基质似混凝土等充填物，包括甘露聚糖、β（1→6）和 β（1→3）葡聚糖以及少量蛋白质。许多研究发现，不同的真菌，其细胞壁所含多糖的种类也不同，低等真菌以纤维素为主，酵母菌中以葡聚糖为主，而发展至高等陆生真菌时，则以几丁质（chitin）为主（表3-6）。

表3-6 不同分类地位真菌的细胞壁多糖

真菌的分类地位	细胞壁多糖	代表菌
集孢黏菌目	纤维素，糖原	盘基网柄菌（Dictyostelium discoideum）
卵菌亚纲	纤维素，葡聚糖	德巴利腐霉（Pythium debaryanum）
丝壶菌纲	纤维素，几丁质	某种根前毛菌（Rhizidiomyces sp.）
接合菌亚纲	几丁质，壳多糖	鲁氏毛霉（Mucor rouxianus）
子囊菌纲	葡聚糖，甘露聚糖	酿酒酵母（Saccharomyces cerevisiae）
半知菌纲	葡聚糖，甘露聚糖	产朊假丝酵母（Candida utilis）
担子菌纲	几丁质，甘露聚糖	红掷孢酵母（Sporobolomyces roseus）
毛菌纲	半乳聚糖，聚半乳糖胺	寄生变形毛菌（Amoebidium parasiticum）
子囊菌纲	几丁质，葡聚糖	粗糙脉孢菌（Neurospora crassa）
担子菌纲	同上	群集裂褶菌（Schizophyllum commune）
半知菌纲	同上	黑曲霉（Aspergillus niger）
壶菌纲	同上	某种异水霉（Allomyces sp.）

即使是同一种真菌，在其不同的生长阶段，细胞壁的成分也会出现明显的变化，且与其功能和进化历史相关，例如，鲁氏毛霉（Mucor rouxianus）细胞壁的几丁质含量在孢囊孢子中仅2%，至酵母型阶段含8%，菌丝型阶段为9%，而在孢囊梗中则含有18%。真核微生物细胞壁的功能与原核微生物类似，具有固定外形、保护细胞免受各种外界因子（渗透压、病原微生物等）损伤等功能。

（1）酵母菌的细胞壁

酵母菌细胞壁的厚度为 25~70 nm，质量约占细胞干重的25%，主要成分为葡聚糖、甘露聚糖、蛋白质和几丁质（总共超过90%），另有少量脂质。它们在细胞壁上自外至内的分布次序是甘露聚糖、蛋白质、葡聚糖（图3-25）。葡聚糖（glucan）位于细胞壁的内层，是赋予酵母细胞机械强度的主要物质基础。它分为两类，一类占含量的85%，相对分子质量为240 000，为 β（1→3）葡聚糖，呈长扭曲的链状；另一类为含量较低、呈分支的网状分子，是以 β（1→6）方式连接的葡聚糖。甘露聚糖（mannan）是甘露糖分子以 β（1→6）相连的分支状聚合物，位于细胞壁外侧；若把它去除后，细胞仍维持正常形态。蛋白质夹在葡聚糖和甘露聚糖中间，呈三明治状，它常与甘露聚糖通过共价结合形成复合物。蛋白质含量一般仅为甘露聚糖的

1/10。它们除少数为结构蛋白外,多数是起催化作用的酶,如葡聚糖酶、甘露聚糖酶、蔗糖酶、碱性磷脂酶等。几丁质在酵母细胞壁中的含量很低,仅在其形成芽体时合成,然后分布于芽痕周围。与真菌细胞壁密切相关的 4 种糖的结构见图 3-26。

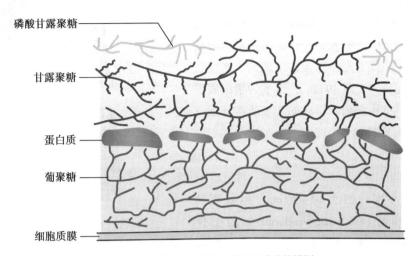

图 3-25 酵母细胞壁中几种主要成分的排列

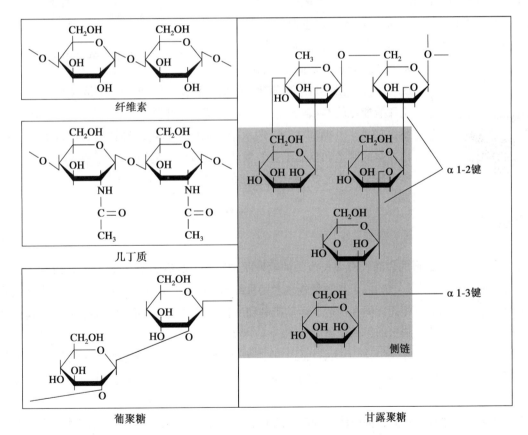

图 3-26 纤维素、几丁质、葡聚糖和甘露聚糖的结构

不同种、属酵母菌的细胞壁成分差异也很大,且并非所有酵母菌都含有甘露聚糖。例如,点滴酵母(*Saccharomyces guttulatus*)和荚膜内孢霉(*Endomyces capsulata*)的细胞壁成分以葡聚糖为主,只含少量甘

露聚糖；一些裂殖酵母（*Schizosaccharomyces* spp.）则仅含葡聚糖而不含甘露聚糖，取代甘露聚糖的是含量较多的几丁质。

（2）丝状真菌的细胞壁

以研究得较多的粗糙脉孢菌（*Neurospora crassa*）为例，其最外层由 β（1→3）和 β（1→6）无定形葡聚糖组成（厚度为 87 nm）；接着是由糖蛋白组成的、嵌埋在蛋白质基质层中的粗糙网（厚 49 nm）；再下为蛋白质层（厚 9 nm）；最内层的壁由放射状排列的几丁质微纤维丝组成（厚 18 nm）（图 3-27）。

2. 藻类的细胞壁

藻类细胞壁的厚度一般为 10～20 nm，也有更薄的，如蛋白核小球藻（*Chlorella pyrenoidis*）的壁仅为 3～5 nm。其结构骨架多由纤维素组成，占干重的 50%～80%，以微纤丝的方式成层状排列，其余为间质多糖。间质多糖在多细胞的大型藻类（不属于微生物）中特别发达，其主要成分是杂多糖，还含少量蛋白质和脂质。杂多糖的具体种类随种而异，例如：① 在褐藻中是褐藻酸（alginic acid），它由

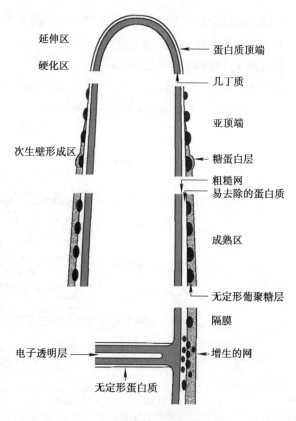

图 3-27 粗糙脉孢菌菌丝的细胞壁构造

D-甘露糖醛酸和 L-葡萄糖醛酸聚合而成；② 在岩藻中是岩藻素（fucoidin），它是硫酸酯化的 L-岩藻糖的聚合物；③ 在红藻——石花菜属（*Gelidium*）中是琼脂，它是半乳糖和 3,6-脱水半乳糖的聚合物，经提取后制成的产品在微生物培养基的制造和食品工业等领域中有着广泛的用途；④ 在小球藻中主要是半乳糖和鼠李糖通过 β-糖苷键连接的多聚体；等等。

网上学习 3-4
产生巨大压力的真菌附着胞

二、鞭毛与纤毛

在有些真核微生物细胞的表面长有或长或短的毛发状细胞器，具有运动功能，较长（150～200 μm）且数目较少者称鞭毛，较短（5～10 μm）且数量较多者则称纤毛（cilia，单数 cilium）。真核生物的鞭毛与原核生物的鞭毛在运动功能上虽相同，但在构造、运动机制和所耗能源形式等方面都有显著差别。真核生物细胞的鞭毛以挥鞭的方式推动细胞运动，挥动速度为 10～40 次/s。

具有鞭毛的真核微生物有鞭毛纲（Flagellata）的原生动物以及藻类和低等水生真菌的游动孢子或配子等。具有纤毛的真核微生物主要是属于纤毛纲（Cilata）的各种原生动物，如常见的草履虫（*Paramecium* spp.）等。

鞭毛与纤毛的构造基本相同，都由伸出细胞外的鞭毛杆（shaft）、嵌埋在细胞质膜上的基体（basal body）及把这二者相连的过渡区共 3 部分组成。鞭毛杆的横切面呈"9+2"型，即中心有一对包在中央鞘中相互平行的中央微管，其外围绕一圈（9 个）微管二联体（doublets），整个鞭毛杆由细胞质膜包裹。每条微管二联体由 A、B 两条中空的亚纤维组成，其中 A 亚纤维是一完全微管，即每圈由 13 个球形微管蛋白（tubulin）亚基环绕而成，而 B 亚纤维则是由 10 个亚基围成，所缺的 3 个亚基与 A 亚纤维共用。A 亚纤维上伸出内外

两条动力蛋白臂（dynein arms），这是一种能被 Ca^{2+} 和 Mg^{2+} 激活的 ATP 酶，可水解 ATP 以释放供鞭毛运动的能量。通过动力蛋白臂与相邻的微管二联体的作用，可使鞭毛作弯曲运动。在相邻的微管二联体间有微管连接蛋白（nexin）使之相连。此外，在每条微管二联体上还有伸向中央微管的放射辐条（radial spoke），其端部呈游离状态（图 3-28）。基体的结构与鞭毛杆接近，直径为 $120 \sim 170$ nm，长 $200 \sim 500$ nm。但在电镜下其横切面呈 "9+0" 型，即外围是 9 个三联体，中间没有微管和鞘。

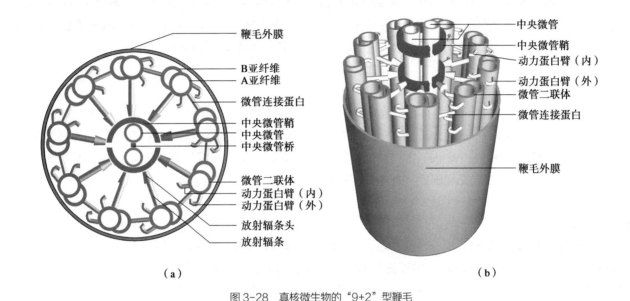

（a）　　　　　　　　　　　　　　　　　　　　（b）

图 3-28　真核微生物的 "9+2" 型鞭毛

（a）鞭毛杆横切面；（b）鞭毛杆的立体模型

三、细胞质膜

真核生物的细胞都有细胞质膜构造。对那些没有细胞壁的真核细胞来说，细胞质膜就是它的外部屏障。真核细胞与原核细胞在其质膜的构造和功能上十分相似，二者的主要差别见表 3-7。

表 3-7　真核生物与原核生物细胞质膜的差别

项目	原核生物	真核生物
甾醇	无（支原体例外）	有（胆固醇、麦角固醇等）
磷脂种类	磷脂酰甘油和磷脂酰乙醇胺等	磷脂酰胆碱和磷脂酰乙醇胺等
脂肪酸种类	直链或分支、饱和或不饱和脂肪酸；每一磷脂分子常含饱和与不饱和脂肪酸各一	高等真菌：含偶数碳原子的饱和或不饱和脂肪酸 低等真菌：含奇数碳原子的多不饱和脂肪酸
糖脂	无	有（具有细胞间识别受体功能）
电子传递链	有	无
基团转移运输	有	无
胞吞作用 *	无	有

* endocytosis，包括吞噬作用（phagocytosis）和胞饮作用（pinocytosis）。

四、细胞核

细胞核（nucleus）是细胞内遗传信息（DNA）的储存、复制和转录的主要场所，外形为球状或椭圆体状。真核生物都有形态完整、有核膜包裹的细胞核，它对细胞的生长、发育、繁殖和遗传、变异等起着决定性的作用。每个细胞通常只含一个核，有的含两至多个，如须霉属（*Phycomyces*）和青霉属（*Penicillium*）的真菌，有时每个细胞内竟含 20 ~ 30 个核，占了细胞总体积的 20% ~ 25%，而在真菌的菌丝顶端细胞中，常常找不到细胞核。真核生物的细胞核由核被膜、染色质、核仁和核基质等构成。

1. 核被膜

核被膜（nuclear envelope）是包在细胞核外、由核膜和核纤层（nuclear lamina）两部分所组成的外被，其上有许多核孔（nuclear pores）。其中的核膜由两层厚度为 7 ~ 8 nm 的膜组成，两膜间夹着宽 10 ~ 50 nm 的空间，称核周间隙（perinuclear space）。核纤层位于核膜内侧，成分为核纤层蛋白（lamin），厚度随细胞种类而异。核孔的数目很多，是细胞核与细胞质间进行物质交流的选择性通道。

2. 染色质

当细胞处于分裂间期时，细胞内由 DNA、组蛋白、其他蛋白和少量 RNA 组成的一种线形复合构造，其基本单位是核小体（nucleosome）。因可被苏木精等碱性染料染色，故名染色质（chromatin）。在光学显微镜下观察染色后的染色质，可发现一种由或粗或细的长丝交织成的网状物，称为常染色体（euchromatin），另外还可见到由常染色质紧缩而成的较粗大、染色较深、常附着在核被膜内侧的团块，称为异染色质（heterochromatin）。染色质中的蛋白质有组蛋白和非组蛋白两类。组蛋白富含碱性氨基酸，如赖氨酸和精氨酸，是碱性蛋白质，易与带负电荷（磷酸基团）的 DNA 相结合。在染色质中，组蛋白与 DNA 的含量大致相等。已知构成核小体核心结构的组蛋白八聚体是由 H2A、H2B、H3 和 H4 分子各一对所组成，在八聚体外有以左手方向盘绕 2 周（约 200 bp）的 DNA，另有一个组蛋白分子 H1 与连接 DNA（linker DNA）结合，锁住了核小体的进出口，以稳定它的结构。染色质中的非组蛋白部分包括一些与 DNA 的复制和转录有关的酶，如 DNA 聚合酶和 RNA 聚合酶等。有关核小体的构造及 DNA 在其上的盘绕方式见图 3-29。

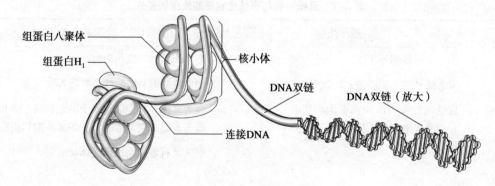

图 3-29　核小体构造的模式图

当细胞进行有丝分裂或减数分裂时，染色质丝经盘绕、折叠、浓缩后，变成在光学显微镜下可见的棒状结构即染色体（chromosome）。这一过程较为复杂，目前还不十分明了。主要是先折叠成外径约 30 nm、内径 10 nm、螺距 11 nm 的中空螺线管（solenoid），每周螺线由 6 个核小体组成；螺线管进一步折叠成许多超螺旋环，最终浓缩成染色体。这样，原先极长的染色质经过 4 ~ 5 级的折叠、压缩，终于变成长度仅约原来万分之一的染色体。真菌染色体较小，不易染色和鉴别。根据遗传分析法的测定，构巢曲霉（*Aspergillus nidulans*）的 $n=8$，粗糙脉孢菌（*Neurospora crassa*）为 7，酿酒酵母（*Saccharomyces cerevisiae*）为 17，双孢蘑菇（*Agaricus bisporus*）为 13，里氏木霉（*Trichoderma reesei*）为 6，等等。真菌细胞核 DNA 的相对分子质量（$6 \times 10^9 \sim 30 \times 10^9$）比植物或哺乳动物的要小得多。

3. 核仁

核仁（nucleolus）是指细胞核中一个没有膜包裹的圆形或椭圆形小体，是细胞核中染色最深的部分，它依附于染色体的一定位置上，在细胞有丝分裂前期消失，后期又重新出现。每个核内有一至数个。富含蛋白质和 RNA。其大小随细胞中蛋白质合成的强弱而相应变化，是真核细胞中合成 rRNA（核糖体 RNA）和装配核糖体的部位。

4. 核基质

核基质（nuclear matrix）是充满于细胞核空间由蛋白纤维组成的网状结构，具有支撑细胞核和提供染色质附着点的功能。

五、细胞质和细胞器

位于细胞质膜和细胞核间的透明、黏稠、不断流动并充满各种细胞器的溶胶，称为细胞质（cytoplasm）。组成真核生物细胞质的有细胞基质、细胞骨架和各种细胞器。

1. 细胞基质和细胞骨架

在真核细胞质中，除可分辨的细胞器以外的胶状溶液，称细胞基质（cytoplasmic matrix 或 cytometrix）或细胞溶胶（cytosol），它含有赋予其一定机械强度的细胞骨架（cytoskeleton）和丰富的酶等蛋白质（占细胞总蛋白的 25%～50%）、各种内含物以及中间代谢物等，是细胞代谢活动的重要基地。

网上学习 3-5
原核生物中也有细胞骨架吗？

细胞骨架是由微管、肌动蛋白和中间丝 3 种蛋白纤维构成的细胞支架。其主要功能是保证真核细胞的形态、细胞内物质和细胞器的分布和移动，在细胞运动和细胞分裂等方面也有关键的作用。微管（microtubules）是直径为 24 nm 的中空管状纤维，其成分是微管蛋白（tubulin）。它含有 α 和 β 两个亚基，这种双体分子按螺旋方式盘绕成只有一层分子的微管壁。微管可分散或成束存在于细胞基质中，具有支持功能和运输功能，还可构成细胞分裂时的纺锤体以及鞭毛和纤毛。肌动蛋白丝（actin filament）又称微丝，是一种直径 4～7 nm、由肌动蛋白（actin）组成的实心纤维。其单体呈哑铃状，许多单体连成长串，两条长串以右手螺旋方式缠绕成束后即为肌动蛋白丝，若对它提供 ATP 形式的能量，就能发生聚合和延伸，由此引起特征性的细胞质流动即细胞质环流（cytoplasmic streaming），以此达到营养物均匀分配等生理功能，也使变形虫和黏菌具有运动能力。中间丝即中间纤维（intermediate filament），是一种直径为 8～10 nm（介于微管与肌动蛋白丝之间）的蛋白纤维，由角蛋白等数种蛋白组成，具有支持和运动功能。

2. 内质网和核糖体

内质网（endoplasmic reticulum，ER）指细胞质中一个与细胞基质相隔离、但彼此相通的囊腔和细管系统，由脂质双分子层围成。其内侧与核被膜的外膜相通，核周间隙也是内质网腔的一部分。内质网分两类，它们间相互连通，其中之一在膜上附有核糖体颗粒，称糙面内质网（rough ER），具有合成和运送胞外分泌蛋白至高尔基体中去的功能；另一类为膜上不含核糖体的光面内质网（smooth ER），它与脂质代谢和钙代谢等密切相关，是合成磷脂的主要部位，主要存在于某些动物细胞中。

核糖体（ribosome）具有蛋白质合成功能，直径25 nm，主要成分是蛋白质（约40%）和RNA（约60%），二者共价结合在一起。蛋白质分子分布在核糖体表面，RNA位于内层。每个细胞含大量核糖体，例如，一个生长旺盛的真核细胞——HeLa细胞（体外培养的人宫颈癌细胞）中，就含有$10^6 \sim 10^7$个核糖体。连最简单的原核生物——支原体细胞中也含有数百个核糖体。真核细胞的核糖体较原核细胞的大，其沉降系数为80S，它由60S和40S的两个小亚基组成。不同的真核生物，其核糖体的大小有10%左右的变化。酿酒酵母（*Saccharomyces cerevisiae*）是一典型的真核微生物，其核糖体的60S大亚基由28S、5.8S和5S 3种rRNA和约40 ± 5种r蛋白质（核糖体蛋白质）组成，而其小亚基则由一个18S rRNA和约30 ± 5种r蛋白质组成。核糖体除分布在内质网和细胞基质中外，还分布于线粒体和叶绿体中，但它们都是与原核生物相同的70S核糖体。有关真核生物核糖体的细节及其与原核生物的比较，可见表3-8。

表3-8 真核生物与原核生物核糖体的比较

项目	真核生物			原核生物		
	沉降系数	相对分子质量	种数	沉降系数	相对分子质量	种数
完整核糖体	80 S	4.8×10^6		70 S	2.5×10^6	
完整大亚基	60 S	3.2×10^6		50 S	1.6×10^6	
大亚基RNA	28 S	1.6×10^6（4 700核苷酸）		23 S	1.2×10^6（2 900核苷酸）	
	5.8 S	0.05×10^6（160核苷酸）		5 S	0.03×10^6（120核苷酸）	
	5 S	0.03×10^6（120核苷酸）				
大亚基蛋白质			约49			L1~L34
完整小亚基	40 S	1.6×10^6		30 S	0.9×10^6	
小亚基RNA	18 S	0.9×10^6（1 900核苷酸）		16 S	0.6×10^6（1 540核苷酸）	
小亚基蛋白质			约33			S1~S21

3. 高尔基体

高尔基体（Golgi apparatus, Golgi body）又称高尔基复合体（Golgi complex），是一种由若干（一般4~8个）平行堆叠的扁平膜囊（saccules）和大小不等的囊泡所组成的膜聚合体，其上无核糖体颗粒附着。由糙面内质网合成的蛋白质输送到高尔基体中浓缩，并与其中合成的糖类或脂质结合，形成糖蛋白和脂蛋白的分泌泡，再通过外排作用分泌到细胞外。因此，高尔基体是合成、分泌糖蛋白和脂蛋白以及对某些蛋白质原（proprotein）如胰岛素原、胰高血糖素原和血清清蛋白原等进行酶切加工，以使它们具有生物活性的重要细胞器，也是为合成新细胞壁和质膜提供原材料的重要细胞器。总之，高尔基体是协调细胞生化功能和沟通细胞内外环境的一个重要细胞器，通过它的参与和对"膜流"的调控，把细胞核被膜、内质网、高尔基体和分泌泡囊的功能联合成一体。

4. 溶酶体

溶酶体（lysosome）是一种由单层膜包裹的、内含多种酸性水解酶的囊泡状细胞器，其主要功能是细胞内的消化作用。动物、真菌和一些植物细胞中都存在着溶酶体。其中常含40种以上的酸性水解酶，它们的最适 pH 在 5 左右，因此只在溶酶体内部发挥作用。它可以水解外来蛋白质、多糖、脂质以及 DNA 和 RNA 等大分子。不同生物或是同一生物细胞内溶酶体的数目、大小和所含酶类变化很大，在不同生理条件下也有不同。一般为球形，直径为 0.2～0.5 μm。溶酶体的功能是进行细胞内消化，它与吞噬泡或胞饮泡结合后，可消化其中的颗粒状或水溶性有机物，也可消化自身细胞产生的碎渣，因而具有维持细胞营养及防止外来微生物或异体物质侵袭的作用。溶酶体的种类很多，根据其所结合对象的性质可分吞噬溶酶体（与吞噬泡结合）、多泡体（与胞饮泡结合）或自噬溶酶体（与内源性结构结合）等；根据溶酶体与吞噬泡结合程度又可分为初级溶酶体、次级溶酶体和后溶酶体等。当细胞坏死时，溶酶体膜破裂，其中的酶会导致细胞自溶（autolysis）。

5. 微体

微体（microbody）是一种由单层膜包裹的，与溶酶体相似的球形细胞器。其中所含的酶与溶酶体不同。分两种，其一称过氧化物酶体（peroxisome），含有一种或几种氧化酶类，主要是依赖于黄素（FAD）的氧化酶和过氧化氢酶，它们共同作用可使细胞免受 H_2O_2 的毒害。在动、植物和真核微生物细胞中，普遍存在着过氧化物酶体。细胞中约有 20% 脂肪酸是在过氧化物酶体中被氧化分解的。与溶酶体相似，在不同生物、不同个体和不同的内外条件下，过氧化物酶体的数目、形态和功能有所不同。例如，在糖液中生长的酵母菌，其过氧化物酶体很小，在甲醇溶液中较大，而其生长在脂肪酸培养基中时，则它非常发达，并可迅速把脂肪酸分解成可供细胞很好利用的乙酰辅酶 A。另一种微体称为乙醛酸循环体（glyoxysome），主要存在于植物细胞中，其功能是使细胞中的脂质转化为糖类，因此在种子萌发形成幼苗时特别活跃。

6. 线粒体

线粒体（mitochondria）是一种进行氧化磷酸化反应的重要细胞器，其功能是把蕴藏在有机物中的化学潜能转化成生命活动所需能量（ATP），故是一切真核细胞的"动力车间"。在光学显微镜下，典型的线粒体外形和大小酷似一个杆菌，其直径一般为 0.5～1.0 μm，长度为 1.5～3.0 μm。不同细胞种类或在不同生理状态下，其形态和长度变化很大。每个细胞所含线粒体的数量一般为数百至数千个，变化也很大，例如，有的鞭毛虫只有一个线粒体，而巨大变形虫则有 50 万个线粒体。

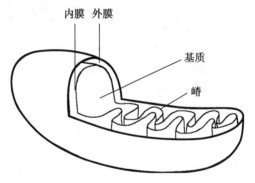

图 3-30　线粒体构造的模式图

线粒体的构造较为复杂，外形囊状，由内外两层膜包裹，囊内充满液态的基质（matrix）。外膜平整，内膜则向内伸展，从而形成了大量由双层内膜构成的嵴（cristae）（图 3-30）。在真菌中，嵴的形状有两种，其一是与高等植物和藻类的线粒体相似的管状嵴，为含纤维素细胞壁和无壁的卵菌、前毛壶菌和黏菌等所具有；另一类为板状嵴，为一些具有几丁质细胞壁的壶菌、接合菌、子囊菌和担子菌等较高等的真菌所具有。嵴的存在，极大地扩展了内膜进行生物化学反应的面积。

在内膜的表面上着生有许多基粒（elementary particle）或 F_1 颗粒，即 ATP 合成酶复合体，每个线粒体中有 10^4～10^5 个（见第 5 章）。此外，内膜上还有 4 种脂蛋白复合物，它们都是电子传递链（呼吸链）的组成部分。位于内、外膜间的空间称为膜间隙（intermembrane space），其中充满着含有各种可溶性酶、底物和辅助因子的液体。由两层内膜形成的狭窄空间即嵴内隙（intracristal space），它是膜间隙的延伸，二者相通。由内膜和嵴包围的空间即基质，内含三羧酸循环的酶系，并含有一套为线粒体所特有的 DNA 链和 70S 核糖体，用以合成一小部分（约 10%）专供线粒体自身需要的蛋白质。在真菌中，线粒体 DNA 呈闭环状，长

19~26 μm，小于植物线粒体 DNA（30 μm），而大于动物的线粒体 DNA（5～6 μm）。

线粒体的功能是将底物通过电子传递链和氧化磷酸化反应的偶联而实现呼吸产能。在酵母菌的实验中，过去曾因电镜制片技术的缺陷而认为它在无氧条件下进行发酵时是没有线粒体的，后来用冷冻蚀刻技术（freeze-etching）发现，在无氧条件下，酵母菌形成的是只有外膜而无内膜和嵴的极其简单的线粒体，当把它转移到有氧条件进行呼吸产能时，线粒体从无功能的简单结构，变成有正常结构和功能。

7. 叶绿体

叶绿体（chloroplast）是一种由双层膜包裹、能把光能转化为化学能的绿色颗粒状细胞器，只存在于绿色植物（包括藻类）的细胞中。具有进行光合作用即把 CO_2 和 H_2O 合成葡萄糖并放出 O_2 的重要功能，可以说，叶绿体是真核细胞内的"食品车间"。叶绿体的外形多为扁平的圆形或椭圆形，略呈凸透镜状，但在藻类中叶绿体的形态变化很大，有的呈螺旋带状，如水绵属（*Spirogyra*），有的呈杯状，如衣藻属（*Chlamydomonas*），也有呈板状或星状的。叶绿体的平均直径为 4~6 μm，厚度为 2~3 μm。在高等植物的每个叶肉细胞中含 50～200 个，而藻类中通常只有一个、两个或少数几个。叶绿体在细胞中的分布与光照有关，有光时，常分布在细胞的外围，黑暗时则流向内部。

叶绿体由叶绿体膜（chloroplast membrane，或称外被 outerenvelope）、类囊体（thylakoid）和基质（stroma）3 部分组成，其膜又分外膜、内膜和类囊体膜 3 种，并由此使叶绿体内的空间分隔为膜间隙（在外膜与内膜间）、基质和类囊体腔 3 种彼此独立的区域（图 3-31）。

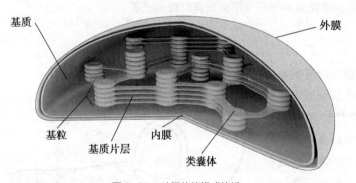

基质　外膜　基粒　内膜　基质片层　类囊体

图 3-31　叶绿体的模式构造

叶绿体膜是控制代谢物进出叶绿体的屏障。外膜的特点是通透性大，内膜是选择性强。基质是一种充满在叶绿体膜与类囊体之间的胶状物质，内含核糖体（70S）、双链环状 DNA 以及 RNA、淀粉粒和核酮糖二磷酸羧化酶等蛋白质。类囊体是位于叶绿体基质中由单位膜封闭而成的扁平小囊，数量很多，彼此连通各个作业小组。类囊体之间的连接方式有的简单，有的较复杂。例如，在藻类中，红藻的类囊体是由许多单独个体沿叶绿体的长轴平行排列的，刚毛藻则是两个类囊体叠成一组，而褐藻则是 3 层一组沿叶绿体长轴平行排列的。在高等植物细胞中，许多类囊体有规律地层层相叠，形成一个个基粒（grana），类似于一摞金属钱币。每一基粒中类囊体的数目可从几个至几十个。各基粒之间由许多大型的基质类囊体（stroma thylakoid）连接，把各基粒中的每个类囊体彼此串连成一个整体。在类囊体的膜上分布有大量的光合色素和电子传递载体。主要的光合色素是叶绿素 a，另有若干辅助色素，它们在不同植物中是不同的，如陆生植物和绿藻中为叶绿素 b，硅藻和褐藻中为叶绿素 c，红藻中为叶绿素 d 等；此外，所有光合生物中还含有另一类辅助色素，如胡萝卜素（主要是 β-胡萝卜素）和叶黄素等。

叶绿体的主要功能是进行光合作用。光合作用由光反应和暗反应组成，前者是在类囊体膜上进行的，由它完成吸收、传递和转换光能为化学能，即形成 ATP、NADPH 并释放 O_2，而后者则在叶绿体的基质中进行，不需要光照，作用是利用光反应中产生的 ATP 和 NADPH 的化学能来固定 CO_2，使 CO_2 还原成糖等有机物。

由上可知，叶绿体不论在形态、构造或是在进化上都与线粒体有许多

网上学习 3-6
真核细胞细胞器的内共生起源学说

惊人的相似处，尤其是在其基质中同样也有自身特有的环状 DNA 基因组和原核生物特有的 70S 核糖体，能为自身合成部分特需蛋白质，因此，也与线粒体一样，属于真核细胞中的半自主性复制的细胞器。这些现象为有关真核生物起源的内共生假说提供了重要的证据。

8. 其他细胞器

（1）液泡

液泡（vacuole）是存在于真菌、藻类和其他植物细胞中的一种由单位膜分隔的细胞器，其形态、大小因细胞年龄和生理状态不同而变化，一般细胞有大而明显的液泡。在真菌的液泡中，主要含有糖原、脂肪、多磷酸盐等贮藏物，精氨酸、鸟氨酸和谷氨酰胺等碱性氨基酸，以及蛋白酶、酸性和碱性磷酸酶、纤维素酶和核酸酶等各种酶类。液泡不仅有维持细胞渗透压、贮存营养物质等功能，而且还有溶酶体的功能，因为它可以把蛋白酶等水解酶与细胞质隔离，防止细胞损伤。

（2）膜边体

膜边体（lomasome）又称边缘体、须边体或质膜外泡，为许多真菌细胞所特有。是一种位于菌丝细胞四周的质膜与细胞壁间、由单层膜包裹的细胞器。形态呈管状、囊状、球状、卵圆状或多层折叠膜状，其内含有泡状物或颗粒状物。膜边体可由高尔基体或内质网的特定部位形成，各个膜边体能互相结合，也可与别的细胞器或膜相结合。功能不甚清楚，可能与分泌水解酶或合成细胞壁有关。

（3）几丁质酶体

几丁质酶体（chitosome）又称壳体，是一种活跃于各种真菌菌丝顶端细胞中的微小泡囊，直径 $40 \sim 70$ nm，内含几丁质合成酶。在离体条件下，几丁质酶体可把 UDP-N- 乙酰葡糖胺合成几丁质微纤维。其功能是通过不断形成和向菌丝尖端移动，把其中的几丁质合成酶源源不断地运送到细胞壁表面，通过该处几丁质微纤维的合成而使菌丝尖端不断向前延伸。

（4）氢化酶体

氢化酶体（hydrogenosome）是一种由单层膜包裹的球状细胞器，内含氢化酶、氧化还原酶、铁氧化还原酶、铁氧还蛋白和丙酮酸。通常存在于鞭毛基体附近，可为其运动提供能量。氢化酶体只存在于厌氧性的真菌和原生动物细胞中，有类似线粒体的作用。近年来，在牛、羊等反刍动物的瘤胃中除发现存在许多厌氧性的原生动物外，还发现了 20 余种厌氧性真菌，它们的分类地位接近壶菌属，多数产生游动孢子，如 *Neocallimastix huricyensis* 等，在这类厌氧性真核生物的细胞中都有氢化酶体。原生动物毛滴虫属（*Trichomonas*）的氢化酶体含有各种铁硫蛋白和黄素蛋白，用作使丙酮酸氧化为乙酸、CO_2 和 H_2 过程中的电子传递链组分（其最终电子受体为质子）。从阴道毛滴虫（*T. vaginalis*）中分离到的氢化酶体，可在厌氧条件下还原甲硝唑（灭滴灵），并产生对细胞有毒的衍生物。在活体内，这一还原产物可损伤氢化酶体或其他靶体，因此，甲硝唑可以治疗阴道滴虫病。

> ? • 真菌的细胞壁有哪些主要类型？
> • 细胞骨架是由什么组成的，它的生理功能如何？
> • 什么是溶酶体，它有何生理功能？

小结

1. 原核生物的细胞直径细小，共同特点是细胞核的结构原始，无核膜包裹，细胞壁含独特的肽聚糖（支原体和古菌除外），细胞内无细胞器的分化。通过革兰氏染色法不但可把所有的原核生物分成革兰氏阳性菌和革兰氏阴性菌两个大类，而且还可揭示它们之间在结构、功能、生理、遗传和生态特性等方面的显著差别。

2. 原核生物细胞的共同结构有细胞壁（支原体例外）、细胞质膜、细胞质、拟核和各种内含物等，部分种类的细胞壁外还具有糖被（荚膜或黏液层）、鞭毛、菌毛和性毛等特殊构造，少数细菌还可形成芽孢或胞囊等具有抵御不良环境条件功能的休眠构造，其中的芽孢高度耐热。

3. 真核微生物细胞的直径较粗大，其特点为细胞核有核膜包裹，染色质由 DNA 和组蛋白构成，细胞以有丝分裂或减数分裂方式繁殖，细胞内有多种功能专一的细胞器的分化。细胞质膜、细胞质、细胞核和细胞器为各种真核细胞所共有，而细胞壁则仅为真菌和藻类所有；此外，在许多种类的细胞（包括性细胞）外还长有与原核生物截然不同的"9+2 型"结构的运动细胞器——鞭毛或纤毛。

4. 由细胞骨架等物质组成的细胞间质支撑着真核生物的细胞质，其内包含着各种执行重要生理功能的细胞器，例如内质网、高尔基体、溶酶体、微体、线粒体和叶绿体（仅存于光合生物中）等，其中的线粒体和叶绿体在结构和功能（能量转化和产生）上有许多相似处，加之在它们的基质中都含有独特的环状 DNA 和部分蛋白质的合成机构，故属半自主性细胞器，这些均为真核生物起源于原核生物的内共生假说提供了有力的证据。

网上更多……

　复习题　　　思考题　　　现实案例简要答案

（周德庆　钟　江）

第4章
微生物的营养

学习提示

Chapter Outline

现实案例：生活在极限温度条件下的古菌"吃"什么？

2003 年，人们获得一株能够在 121℃ 生长 (代时为 24 h) 的厌氧古菌，并将其命名为菌株 121。研究表明，该菌仅以 Fe^{3+} 为电子受体，其他已知电子受体均不支持其生长。因此，培养基中是否含有适宜的电子受体是人们能否成功分离到该菌的关键。2008 年，一株能在 122℃ 生长的古菌 *Methanopyrus kandleri* strain 116 也被成功分离与培养。该菌利用气体 H_2 和 CO_2 为生长底物，科学家通过提供高压条件来增加气体溶解度，从而促进该菌生长并最终分离得到该菌。

请对下列问题给予回答和分析：

这两株在极端温度条件下生长的微生物的成功培养给了我们什么启示？

参考文献：

[1] Kashefi K, Lovley D R. Extending the upper temperature limit for life[J]. Science, 2003, 301（5635）: 934.

[2] Takai K, Nakamura K, Toki T, et al. Cell proliferation at 122 ℃ and isotopically heavy CH_4 production by a hyperthermophilic methanogen under high–pressure cultivation[J]. Proc Natl Acad Sci USA, 2008, 105(31): 10949–10954.

　　微生物的营养（nutrition）是微生物生理学的重要研究领域，主要研究内容是阐明营养物质在微生物生命活动过程中的生理功能，以及微生物细胞从外界环境摄取营养物质的具体机制。为了生存，微生物必须从环境吸收营养物质，通过新陈代谢将这些营养物质转化成自身新的细胞物质或代谢物，并从中获取生命活动必需的能量，同时将代谢活动产生的废物排出体外。那些能够满足微生物机体生长、繁殖和完成各种生理活动所需的物质称为营养物质（nutrient），而微生物获得和利用营养物质的过程称为营养。营养物质是微生物生存的物质基础，而营养是微生物维持和延续其生命形式的一种生理过程。

第一节　微生物的营养要求

一、微生物细胞的化学组成

1. 化学元素

　　构成微生物细胞的物质基础是各种化学元素（chemical element）。根据微生物生长时对各类化学元素需要量的大小，可将它们分为主要元素（macroelement）和微量元素（microelement 或 trace element）。主要元素包括碳、氢、氧、氮、磷、硫、钾、镁、钙和铁等，其中碳、氢、氧、氮、磷及硫这6种主要元素可占细菌细胞干重的97%（表4-1）。微量元素是指那些在微生物生长过程中起重要作用，而机体对这些元素的需要量微小的元素，通常需要量在 $10^{-8} \sim 10^{-6}$ mol/L（培养基中含量）。微量元素包括锌、锰、钼、硒、钴、铜、钨、镍和硼等。

表4-1　微生物细胞中几种主要元素的含量（干重%）

元素	细菌	酵母菌	霉菌
碳	~50	~50	~48
氢	~8	~7	~7
氧	~20	~31	~40
氮	~15	~12	~5
磷	~3	—	—
硫	~1	—	—

　　组成微生物细胞的各类化学元素的比例常因微生物种类的不同而不同。例如，细菌、酵母菌和霉菌的碳、氢、氧、氮、磷和硫6种元素的含量就有差别（表4-1），而硫细菌（sulfur bacteria）、铁细菌（iron bacteria）和海洋细菌（marine bacteria）相对于其他细菌则含有较多的硫、铁和钠、氯等元素，硅藻（diatom）则需要硅酸来构建富含（SiO$_2$）$_n$ 的细胞壁。微生物细胞的化学元素组成也常随菌龄及培养条件的不同而在一定范围内发生变化，幼龄的比老龄的含氮量高，在氮源丰富的培养基比在氮源相对贫乏的培养基上生长的细胞含氮量更高。

2. 化学成分及其分析

　　各种化学元素主要以有机物、无机物和水的形式存在于细胞中。有机物主要包括蛋白质、糖、脂、核酸、维生素以及它们的降解产物和一些代谢产物等物质。细胞有机物成分的分析通常采取两种方式：一是用化学方法直接抽提细胞内的各种有机成分，然后进行定性和定量分析；另一种是先将细胞破碎，然后获得不同的亚显微结构，再分析这些结构的化学成分。无机物是指与有机物相结合或单独存在于细胞中的无机盐等物质。分析细胞无机成分时一般将干细胞在高温炉（550℃）中焚烧成灰，所得到的灰是各种无机元素的氧化物，称为灰分（ash constituent）。采用常规无机化学分析法可定性定量分析灰分中各种无机元素的含量。

水是细胞维持正常生命活动所必不可少的，一般可占细胞质量的70%～90%。细胞湿重（wet weight）与干重（dry weight）之差为细胞含水量，常以百分率表示：（湿重 – 干重）/ 湿重 × 100%。将细胞外表面所吸附的水分除去后称量所得质量即为湿重，一般以单位培养液中所含细胞质量表示（g/L 或 mg/mL）。采用高温（105℃）烘干、低温真空干燥和红外线快速烘干等方法将细胞干燥至恒重即为干重。

二、营养物质及其生理功能

微生物需要从外界获得营养物质，而这些营养物质主要以有机和无机化合物的形式为微生物所利用，也有小部分以分子态的气体形式提供。根据营养物质在机体中生理功能的不同，可将它们分为碳源、氮源、无机盐、生长因子和水 5 大类。

1. 碳源

碳源（carbon source）是在微生物生长过程中为微生物提供碳素来源的物质。碳源物质在细胞内经过一系列复杂的化学变化后，成为微生物自身的细胞物质（如糖类、脂、蛋白质等）和代谢产物，碳可占细菌细胞干重的一半。同时，绝大部分碳源物质在细胞内生化反应过程中还能为机体提供维持生命活动所需的能源，因此碳源物质通常也是能源物质。但是有些以 CO_2 作为唯一或主要碳源的微生物生长所需的能源则并非来自碳源物质。

微生物利用碳源物质具有选择性。糖类是一般微生物的良好碳源和能源物质，但微生物对不同糖类物质的利用也有差别。例如，在以葡萄糖和半乳糖为碳源的培养基中，大肠杆菌首先利用葡萄糖，然后利用半乳糖，前者称为大肠杆菌的速效碳源，后者称为迟效碳源。目前在微生物工业发酵中所利用的碳源物质主要是单糖、饴糖、糖蜜（制糖工业副产品）、淀粉（玉米粉、山芋粉、野生植物淀粉）、麸皮和米糠等。为了节约粮食，人们进行代粮发酵的科学研究，以自然界中广泛存在的纤维素作为碳源和能源物质来培养微生物。

不同种类微生物利用碳源物质的能力也有差别。有的微生物能广泛利用各种类型的碳源物质，而有些微生物可利用的碳源物质则比较少。例如，假单胞菌属（*Pseudomonas*）的某些种可以利用多达 90 种以上的碳源物质，而一些甲基营养型（methylotrophs）微生物只能利用甲醇或甲烷等一碳化合物作为碳源物质。微生物利用的碳源物质主要有糖、有机酸、醇、脂、烃、CO_2 及碳酸盐等（表4–2）。

表4–2　微生物利用的碳源物质

种类	碳源物质	备注
糖	葡萄糖、果糖、麦芽糖、蔗糖、淀粉、半乳糖、乳糖、甘露糖、纤维二糖、纤维素、半纤维素、甲壳素和木质素等	单糖优于双糖，己糖优于戊糖，淀粉优于纤维素，纯多糖优于杂多糖
有机酸	糖酸、乳酸、柠檬酸、延胡索酸、低级脂肪酸、高级脂肪酸和氨基酸等	与糖类相比效果较差，有机酸较难进入细胞，进入细胞后会导致 pH 下降。当环境中缺乏碳源物质时，氨基酸可被微生物作为碳源利用

种类	碳源物质	备注
醇	乙醇	在低浓度条件下被某些酵母菌和醋酸菌利用
脂	脂肪、磷脂	主要利用脂肪，在特定条件下将磷脂分解为甘油和脂肪酸而加以利用
烃	天然气、石油、石油馏分、液体石蜡等	利用烃的微生物细胞表面有一种由糖脂组成的特殊吸收系统，可将难溶的烃充分乳化后吸收利用
CO_2	CO_2	为自养微生物所利用
碳酸盐	$NaHCO_3$、$CaCO_3$、白垩等	为自养微生物所利用
其他	芳香族化合物、氰化物、蛋白质、肽和核酸等	当环境中缺乏碳源物质时，可被微生物作为碳源而降解利用。利用这些物质的微生物在环境保护方面有重要作用

2. 氮源

氮源（nitrogen source）是为微生物提供氮素的物质，这类物质主要用来合成细胞中的含氮物质，一般不作为能源，只有少数自养微生物能利用铵盐、硝酸盐同时作为氮源与能源。在碳源物质缺乏的情况下，某些厌氧微生物在厌氧条件下可以利用某些氨基酸作为能源物质。能够被微生物利用的氮源物质包括蛋白质及其不同程度的降解产物（胨、肽、氨基酸等）、铵盐、硝酸盐、分子氮、嘌呤、嘧啶、脲、胺、酰胺和氰化物等（表 4-3）。

表 4-3 微生物利用的氮源物质

种类	氮源物质	备注
蛋白质类	蛋白质及其不同程度降解产物（胨、肽、氨基酸等）	大分子蛋白质难进入细胞，一些真菌和少数细菌能分泌胞外蛋白酶，将大分子蛋白质降解利用，而多数细菌只能利用相对分子质量较小的降解产物
氨及铵盐	NH_3、$(NH_4)_2SO_4$ 等	容易被微生物吸收利用
硝酸盐	KNO_3 等	容易被微生物吸收利用
分子氮	N_2	固氮微生物可利用，但当环境中有化合态氮源时，固氮微生物就失去固氮能力
其他	嘌呤、嘧啶、脲、胺、酰胺和氰化物	可不同程度地被微生物作为氮源加以利用。大肠杆菌不能以嘧啶作为唯一氮源，在氮限量的葡萄糖培养基上生长时，可通过诱导作用先合成分解嘧啶的酶，然后再分解并利用嘧啶

常用的蛋白质类氮源包括蛋白胨（peptone）、鱼粉、蚕蛹粉、黄豆饼粉、花生饼粉、玉米浆、牛肉膏（beef extract）和酵母浸膏（yeast extract）等。微生物对氮源的利用具有选择性，例如，土霉素产生菌利用玉米浆比利用黄豆饼粉和花生饼粉的速率快，这是因为玉米浆中的氮源物质主要以较易吸收的蛋白质降解产物形式存在，氨基酸等降解产物的氮可以通过转氨作用直接被机体利用，而黄豆饼粉和花生饼粉中的氮主要以大分子蛋白质形式存在，需进一步降解成小分子的肽和氨基酸后才能被微生物吸收利用。因此玉米浆为速效氮源，黄豆饼粉和花生饼粉为迟效氮源，前者有利于菌体生长，后者有利于代谢产物的形成。在发酵生产土霉素的过程中，往往将二者按一定比例制成混合氮源，以控制菌体的生长时期与代谢产物的形成时期，达到提高土霉素产量的目的。

微生物吸收利用铵盐和硝酸盐的能力较强，NH_4^+ 被细胞吸收后可直接被利用，因而（NH_4）$_2SO_4$ 等铵盐一般被称为速效氮源，而 NO_3^- 被吸收后需进一步还原成 NH_4^+ 后再被微生物利用。许多腐生型细菌、肠道菌、动植物致病菌等可利用铵盐或硝酸盐作为氮源。例如，大肠杆菌、产气肠杆菌（*Enterobacter aerogenes*）、枯草芽孢杆菌（*Bacillus subtilis*）、铜绿假单胞菌（*Pseudomonas aeruginosa*）等均可利用硫酸铵和硝酸铵作为氮源，放线菌可以利用硝酸钾作为氮源，霉菌可以利用硝酸钠作为氮源。以（NH_4）$_2SO_4$ 等铵盐为氮源培养微生物时，由于 NH_4^+ 被吸收，会导致培养基 pH 下降，因而将其称为生理酸性盐；以硝酸盐（如 KNO_3）为氮源培养微生物时，由于 NO_3^- 被吸收，会导致培养基 pH 升高，因而将其称为生理碱性盐。为避免培养基 pH 变化对微生物生长造成不利影响，需要在培养基中加入缓冲物质。

3. 无机盐

无机盐（inorganic salt）是微生物生长必不可少的一类营养物质，它们在机体中的生理功能主要是作为酶活性中心的组成部分，维持生物大分子和细胞结构的稳定性，调节并维持细胞的渗透压平衡，控制细胞的氧化还原电位和作为某些微生物生长的能源物质等（表4-4）。微生物生长所需的无机盐一般有磷酸盐、硫酸盐、氯化物以及含有钠、钾、钙、镁、铁等金属元素的化合物。

表 4-4　无机盐及其生理功能

元素	化合物形式（常用）	生理功能
磷	KH_2PO_4, K_2HPO_4	核酸、核蛋白、磷脂、辅酶及 ATP 等高能分子的成分，作为缓冲系统调节培养基 pH
硫	（NH_4）$_2SO_4$, $MgSO_4$	含硫氨基酸（半胱氨酸、甲硫氨酸等）、维生素的成分，谷胱甘肽可调节胞内氧化还原电位
镁	$MgSO_4$	己糖磷酸化酶、异柠檬酸脱氢酶、核酸聚合酶等活性中心组分，叶绿素和细菌叶绿素成分
钙	$CaCl_2$, Ca（NO_3）$_2$	某些酶的辅因子，维持酶（如蛋白酶）的稳定性，芽孢和某些孢子形成所需，建立细菌感受态所需
钠	NaCl	细胞运输系统组分，维持细胞渗透压，维持某些酶的稳定性
钾	KH_2PO_4, K_2HPO_4	某些酶的辅因子，维持细胞渗透压，某些嗜盐菌核糖体的稳定因子
铁	$FeSO_4$	细胞色素及某些酶的组分，某些铁细菌的能源物质，合成叶绿素、白喉毒素所需

在微生物的生长过程中还需要一些微量元素。微量元素一般参与酶的组成或使酶活化（表4-5）。

表 4-5　微量元素的生理作用

元素	生理作用
锌	存在于乙醇脱氢酶、乳酸脱氢酶、碱性磷酸酶、醛缩酶、RNA 聚合酶与 DNA 聚合酶中
锰	存在于过氧化物歧化酶、磷酸烯醇式脱羧酶、柠檬酸合成酶中
钼	存在于硝酸盐还原酶、固氮酶、甲酸脱氢酶中
硒	存在于甘氨酸还原酶、甲酸脱氢酶中
钴	存在于谷氨酸变位酶中
铜	存在于细胞色素氧化酶中
钨	存在于甲酸脱氢酶中
镍	存在于脲酶中，为氢细菌生长所必需

如果微生物在生长过程中缺乏微量元素，会导致细胞生理活性降低甚至停止生长。由于不同微生物对营养物质的需求不尽相同，微量元素这个概念也是相对的。微量元素通常混杂在天然有机营养物、无机化学试剂、自来水、蒸馏水和普通玻璃器皿中，如果没有特殊原因，在配制培养基时没有必要另外加入微量元素。值得注意的是，微量元素过量会对机体产生毒害作用，因此有必要将培养基中微量元素的量控制在正常范围内，并注意各种微量元素之间保持恰当比例。

4. 生长因子

生长因子（growth factor）通常指那些微生物生长所必需且需要量很少，但微生物自身不能合成或合成量不足以满足机体生长需要的有机化合物。各种微生物需要的生长因子的种类和数量是不同的（表4-6）。

表 4-6 某些微生物生长所需的生长因子

微生物	生长因子	需要量 /mL
弱氧化醋酸杆菌（*Acetobacter suboxydans*）	p- 氨基苯甲酸	0 ~ 10 ng
	烟碱酸	3 μg
丙酮丁醇梭菌（*Clostridium acetobutylicum*）	p- 氨基苯甲酸	0.15 ng
Ⅲ型肺炎链球菌（*Streptococcus pneumoniae*）	胆碱	6 μg
肠膜明串珠菌（*Leuconostoc mesenteroides*）	吡哆醛（B_6）	0.025 μg
金黄色葡萄球菌（*Staphylococcus aureus*）	硫胺素（B_1）	0.5 ng
白喉棒杆菌（*Corynebacterium diphtheriae*）	β- 丙氨酸	1.5 μg
破伤风梭菌（*Clostridium tetani*）	尿嘧啶	0 ~ 4 μg
阿拉伯糖乳杆菌（*Lactobacillus arabinosus*）	烟碱酸	0.1 μg
	泛酸	0.02 μg
	甲硫氨酸	10 μg
粪链球菌（*Streptococcus faecalis*）	叶酸	200 μg
	精氨酸	50 μg
德氏乳杆菌（*Lactobacillus delbrueckii*）	酪氨酸	8 μg
	胸腺核苷	0 ~ 2 μg
干酪乳杆菌（*Lactobacillus casei*）	生物素	1 ng
	核黄素（B_2）	0.02 μg

自养微生物和某些异养微生物（如大肠杆菌）甚至不需外源生长因子也能生长。同种微生物对生长因子的需求也会随着环境条件的变化而改变。例如，鲁氏毛霉（*Mucor rouxii*）在厌氧条件下生长时需要维生素 B_1 与生物素，而在好氧条件下生长时自身能合成这两种物质，不需外加这两种生长因子。有时对某些微生物生长所需生长因子还不了解，通常在培养基中加入酵母浸膏、牛肉膏及动植物组织液等天然物质以满足需要。

根据生长因子的化学结构和它们在机体中的生理功能的不同，可将生长因子分为维生素（vitamin）、氨基酸、嘌呤和嘧啶 3 大类。维生素主要是作为酶的辅基或辅酶参与新陈代谢。有些微生物自身缺乏合成某些氨基酸的能力，因此必须在培养基中补充这些氨基酸或含有这些氨基酸的小肽类物质，微生物才能正常生长。肠膜明串珠菌需要17种氨基酸才能生长，有些细菌需要 D- 丙氨酸用于合成细胞壁。嘌呤和嘧啶是酶的辅酶或辅基，或用来合成核苷、核苷酸和核酸。

5. 水

水是微生物生长所必不可少的。水在细胞中的生理功能主要有：① 起到溶剂与运输介质的作用，营养物质的吸收与代谢产物的分泌必须以水为介质才能完成；② 参与细胞内一系列化学反应；③ 维持蛋白质、核酸等生物大分子稳定的天然构象；④ 是良好的热导体，因为水的比热容高，能有效地吸收代谢过程中产生的热并及时地将热迅速散发出体外，从而有效地控制细胞内温度；⑤ 维持细胞正常形态；⑥ 通过水合作用与脱水作用控制由多亚基组成的细胞结构，如酶、微管、鞭毛及病毒颗粒的装配与解离。

微生物生长环境中水的有效性常以水活度（water activity，a_W）表示。水活度是指在一定的温度和压力条件下，溶液的蒸汽压力与同样条件下纯水蒸气压力之比，即：$a_W=P_S/P_W$，式中 P_S 代表溶液蒸汽压力，P_W 代表纯水蒸气压力。纯水 a_W 为 1.00，溶液中溶质越多，a_W 越小。微生物一般在 a_W 为 0.60 ~ 0.99 的条件下生长。微生物不同，其生长的最适 a_W 也不同（表 4-7）。

表 4-7 几类微生物生长最适 a_W

微生物	a_W
一般细菌	0.91
酵母菌	0.88
霉菌	0.80
嗜盐菌	0.76
嗜盐霉菌	0.65
嗜高渗酵母	0.60

三、微生物的营养类型

由于微生物种类繁多，其营养类型（nutritional type）比较复杂，人们常在不同层次和侧重点上对微生物营养类型进行划分（表 4-8）。根据碳源、能源及电子供体性质的不同，可将绝大部分微生物分为光能无机自养型（photolithoautotrophs）、光能有机异养型（photoorganoheterotrophs）、化能无机自养型（chemolithoautotrophs）及化能有机异养型（chemoorganoheterotrophs）4 种类型（表 4-9）。另外，有少数微生物为化能无机异养型（chemolithoheterotrophs），又称混养型（mixotrophs），它们以还原性无机物为能源和电子供体、以有机物为碳源生长。

表 4-8 微生物的营养类型

划分依据	营养类型	特点
碳源	自养型（autotrophs）	以 CO_2 为唯一或主要碳源
	异养型（heterotrophs）	以有机物为碳源
能源	光能营养型（phototrophs）	以光为能源
	化能营养型（chemotrophs）	以有机物、无机物氧化释放的化学能为能源
电子供体	无机营养型（lithotrophs）	以还原性无机物为电子供体
	有机营养型（organotrophs）	以有机物为电子供体

表4-9 微生物的主要营养类型

营养类型	电子供体	碳源	能源	举例
光能无机自养型	H_2、H_2S、S 或 H_2O	CO_2	光能	紫硫细菌、绿硫细菌、蓝细菌、硅藻
光能有机异养型	有机物	有机物	光能	紫色非硫细菌、绿色非硫细菌
化能无机自养型	H_2、H_2S、Fe^{2+}、NH_3 或 NO_2^-	CO_2	化学能（无机物氧化）	氢氧化细菌、硫氧化细菌、硝化细菌、产甲烷菌、铁氧化细菌
化能有机异养型	有机物	有机物	化学能（有机物氧化）	绝大多数非光合微生物，包括大多数病原菌、真菌、很多原生动物和古菌

光能无机自养型和光能有机异养型微生物可利用光能生长，在地球早期生态环境的演化过程中起重要作用；化能无机自养型微生物广泛分布于土壤及水环境中，参与地球物质循环；对化能有机异养型微生物而言，有机物通常既是碳源也是能源。目前已知的大多数细菌、真菌、很多原生动物和古菌都是化能有机异养型微生物。值得注意的是，已知的所有致病微生物都属于此种类型。

必须明确，无论哪种分类方式，不同营养类型之间的界限并非绝对的。有些微生物在不同生长条件下营养类型会发生改变，如有的贝氏硫菌（Beggiatoa）菌株在没有有机物时同化CO_2，为自养型微生物，而当有机物如乙酸存在时，它不仅可以同化CO_2，同时也利用乙酸进行生长。再如，紫色非硫细菌（purple nonsulfur bacteria）在光照和无氧条件下可利用光能，为光能异养型，而在黑暗与有氧条件下，则依靠有机物氧化产生的化学能，为化能异养型。微生物营养类型的可变性有利于提高微生物对环境条件的适应能力。

• 什么是营养物质？主要元素和微量元素在生物体内有何作用？
• 根据微生物对碳源、能源及电子供体需求的不同可将微生物划分为哪些营养类型？

某些菌株发生突变（自然突变或人工诱变）后，失去合成某种（或某些）对该菌株生长必不可少的物质（通常是生长因子如氨基酸、维生素）的能力，必须从外界环境获得该物质才能生长繁殖，这种突变型菌株称为营养缺陷型（auxotroph），相应的野生型菌株称为原养型（prototroph）。营养缺陷型菌株经常用来进行微生物遗传学方面的研究。

第二节 培养基

培养基（culture medium）是人工配制、适合微生物生长繁殖或产生代谢产物的营养基质。无论是以微生物为材料的研究，还是利用微生物生产生物制品，都必须进行培养基的配制，它是微生物学研究和微生物发酵工业的基础。

一、配制培养基的原则

1. 选择适宜的营养物质
总体而言，所有微生物生长繁殖均需要培养基含有碳源、氮源、无机盐、生长因子、水及能源，但由于微生物营养类型复杂，不同微生物对营养物质的需求是不一样的，因此，首先要根据不同微生物的营养需求配制针对性强的培养基。自养型微生物能从简单的无机物合成自身需要的糖、脂质、蛋白质、核酸及维生素等复杂的有机物，因此培养自养型微生物的培养基完全可以（或应该）由简单的无机物组成。例如，培养化能自养型的氧化硫硫杆菌（*Thiobacillus thiooxidans*）的培养基组成见表 4-10。在该培养基中并未专门加入其他碳源物质，而是依靠空气中和溶于水中的 CO_2 为氧化硫硫杆菌提供碳源。

培养其他化能自养型微生物与上述培养基成分基本类似，只是能源物质有所改变。对光能自养型微生物而言，除需要各类营养物质外，还需光照提供能源。培养异养型微生物需要在培养基中添加有机物，而且不同类型异养型微生物的营养要求差别很大，因此其培养基组成也相差很远。例如，培养大肠杆菌的合成培养基组成比较简单（表 4-10，葡萄糖盐肉汤），而培养肠膜明串珠菌的合成培养基则需要添加多达 33 种生长因子，因此通常采用天然有机物来为它提供生长所需的生长因子。

培养一般细菌、放线菌、酵母菌、霉菌、原生动物、藻类所需的培养基各不相同。在实验室中常用牛肉膏蛋白胨培养基（或简称普通肉汤培养基）培养一般细菌（表 4-10）。用高氏一号合成培养基培养放线菌（表 4-10）。培养酵母菌一般用麦芽汁培养基，麦芽粉组成复杂，能为酵母菌提供足够的营养物质。培养霉菌则一般用查氏合成培养基（表 4-10）。

表 4-10　几种类型培养基组成 *

成分	氧化硫硫杆菌培养基	葡萄糖盐肉汤	牛肉膏蛋白胨培养基	高氏一号合成培养基	查氏合成培养基	LB培养基	主要作用
牛肉膏			5				碳源（能源）、氮源、无机盐、生长因子
蛋白胨			10			10	氮源、碳源（能源）、生长因子
酵母浸膏						5	生长因子、氮源、碳源（能源）
葡萄糖		5					碳源（能源）
蔗糖					30		碳源（能源）
可溶性淀粉				20			碳源（能源）
CO_2	（来自空气）						碳源
$(NH_4)_2SO_4$	0.4						氮源、无机盐
$NH_4H_2PO_4$		1					氮源、无机盐
KNO_3				1			氮源、无机盐
$NaNO_3$					3		氮源、无机盐
$MgSO_4 \cdot 7H_2O$	0.5	0.2		0.5	0.5		无机盐
$FeSO_4$	0.01			0.01	0.01		无机盐
KH_2PO_4	4						无机盐
K_2HPO_4		1		0.5	1		无机盐
NaCl		5	5	0.5		10	无机盐
KCl					0.5		无机盐
$CaCl_2$	0.25						无机盐
S	10						能源
H_2O	1 000	1 000	1 000	1 000	1 000	1 000	溶剂
pH	7.0	7.0~7.2	7.0~7.2	7.2~7.4	自然	7.0	
灭菌条件	121℃ 20 min	112℃ 30 min	121℃ 20 min	121℃ 20 min	121℃ 20 min	121℃ 20 min	

* 表中培养基各组分含量均为每升培养基中该成分的克数。

原生动物也可用培养基培养，有的原生动物需要较多的营养物质。例如，梨型四膜虫（*Tetrahymena pyriformis*）的培养基含有 10 种氨基酸、7 种维生素、鸟嘌呤、尿嘧啶及一些无机盐等，而有些变形虫可在较简单的蛋白胨肉汤（peptone broth）中生长。大多数藻类可以利用光能，只需要 CO_2、水和一些无机盐就可生长，而某些藻类，如眼虫藻（*Euglena*）中的一些种可在黑暗条件下利用有机物生长。有些藻类需要在培养基中补加土壤浸液，培养海洋藻类时可直接利用海水，但如果在特殊情况下需要用合成培养基培养海洋藻类时，则必须在培养基中加入海水中含有的各种盐。

2. 营养物质浓度及配比

培养基中营养物质浓度合适时微生物才能良好生长，营养物质浓度过低不能满足微生物正常生长所需，浓度过高则可能对微生物生长起抑制作用。例如，高浓度糖类物质、无机盐、重金属离子等不仅不能维持和促进微生物的生长，反而起到抑制或杀菌作用。另外，培养基中各营养物质之间的浓度配比也直接影响微生物的生长繁殖和（或）代谢产物的形成和积累，其中碳氮比（C/N）的影响较大。碳氮比指培养基中碳元素与氮元素的物质的量比值，有时也指培养基中还原糖与粗蛋白之比。例如，在利用微生物发酵生产谷氨酸的过程中，培养基碳氮比为 4：1 时，菌体大量繁殖，谷氨酸积累少；当培养基碳氮比为 3：1 时，菌体繁殖受到抑制，谷氨酸产量则大量增加。再如，在抗生素发酵生产过程中，可以通过控制培养基中速效氮（或碳）源与迟效氮（或碳）源之间的比例来协调菌体生长与抗生素的合成。

3. 控制 pH

培养基的 pH 必须控制在一定的范围内，以满足不同类型微生物的生长繁殖或产生代谢产物。各类微生物生长繁殖或产生代谢产物的最适 pH 条件各不相同，一般细菌与放线菌适于在 pH 7～7.5 范围内生长，酵母菌和霉菌通常在 pH 4.5～6 范围内生长。值得注意的是，在微生物生长繁殖和代谢过程中，由于营养物质被分解利用和代谢产物的形成与积累，会导致培养基 pH 发生变化，若不对培养基 pH 进行控制，往往导致微生物生长速率或（和）代谢产物产量降低。因此，为了维持培养基 pH 的相对恒定，通常在培养基中加入 pH 缓冲剂，常用的缓冲剂是一氢和二氢磷酸盐（如 K_2HPO_4 和 KH_2PO_4）组成的混合物。K_2HPO_4 溶液呈碱性，KH_2PO_4 溶液呈酸性，两种物质的等物质的量混合溶液的 pH 为 6.8。当培养基中酸性物质积累导致 H^+ 浓度增加时，H^+ 与弱碱性盐结合形成弱酸性化合物，培养基 pH 不会过度降低；如果培养基中 OH^- 浓度增加，OH^- 则与弱酸性盐结合形成弱碱性化合物，培养基 pH 也不会过度升高。

$$K_2HPO_4 + H^+ \longrightarrow KH_2PO_4 + K^+$$

$$KH_2PO_4 + K^+ + OH^- \longrightarrow K_2HPO_4 + H_2O$$

但 K_2HPO_4/KH_2PO_4 缓冲系统只能在一定的 pH 范围（pH 6.4～7.2）内起调节作用。有些微生物如乳酸菌能大量产酸，上述缓冲系统就难以起到缓冲作用，此时可在培养基中添加难溶的碳酸盐（如 $CaCO_3$）来进行调节，$CaCO_3$ 难溶于水，不会使培养基 pH 过度升高，但它可以不断中和微生物产生的酸，同时释放出 CO_2，将培养基 pH 控制在一定范围内。

$$CO_3^{2-} \underset{-H^+}{\overset{+H^+}{\rightleftharpoons}} HCO_3^- \underset{-H^+}{\overset{+H^+}{\rightleftharpoons}} H_2CO_3 \rightleftharpoons CO_2 + H_2O$$

在培养基中还存在一些天然的缓冲系统，如氨基酸、肽、蛋白质都属于两性电解质，也可起到缓冲剂的作用。

$$\underset{R}{H_3N^+\!-\!CH\!-\!COOH} \underset{+H^+}{\overset{-H^+}{\rightleftharpoons}} \underset{R}{H_2N\!-\!CH\!-\!COOH} \underset{+H^+}{\overset{-H^+}{\rightleftharpoons}} \underset{R}{H_2N\!-\!CH\!-\!COO^-}$$

4. 控制氧化还原电位

不同类型微生物生长对氧化还原电位（redox potential，Φ）的要求不一样，一般好氧微生物在 Φ 值为 0.1 V 以上时可正常生长，一般以 0.3~0.4 V 为宜，厌氧微生物只能在 Φ 值低于 0.1 V 条件下生长，兼性厌氧微生物在 Φ 值为 0.1 V 以上时进行好氧呼吸，在 0.1 V 以下时进行发酵。Φ 值与氧分压和 pH 有关，也受某些微生物代谢产物的影响。在 pH 相对稳定的条件下，可通过增加通气量（如振荡培养、搅拌）提高培养基的氧分压，或加入氧化剂，从而增加 Φ 值；在培养基中加入抗坏血酸、硫化氢、半胱氨酸、谷胱甘肽、二硫苏糖醇等还原性物质可降低 Φ 值。

5. 原料来源的选择

在配制培养基时应尽量利用廉价且易于获得的原料作为培养基成分，特别是在发酵工业中，培养基用量很大，利用低成本的原料更体现出其经济价值。例如，在微生物单细胞蛋白的工业生产中，常常利用糖蜜（制糖工业中含有蔗糖的废液）、乳清（乳制品工业中含有乳糖的废液）、豆制品工业废液及黑废液（造纸工业中含有戊糖和己糖的亚硫酸纸浆）等作为培养基的原料。再如，工业上的甲烷发酵主要利用废水、废渣作原料，而在我国农村，已推广利用人畜粪便及禾草为原料生产甲烷作为燃料。另外，大量的农副产品或制品，如麸皮、米糠、玉米浆、酵母浸膏、酒糟及豆饼、花生饼、蛋白胨等都是常用的发酵工业原料。

6. 灭菌处理

要获得微生物纯培养，必须避免杂菌污染，因此要对所用器材及工作场所进行消毒与灭菌。对培养基一般采取高压蒸汽灭菌，一般用 0.1 MPa，121℃，15～30 min 可达到灭菌目的。在高压蒸汽灭菌过程中，长时间高温会使某些不耐热物质遭到破坏，如使糖类物质形成氨基糖、焦糖，因此含糖培养基常用 0.06 MPa，112℃，15～30 min 进行灭菌，或先将糖进行过滤除菌或间歇灭菌，再与其他已灭菌的成分混合；长时间高温还会引起磷酸盐、碳酸盐与某些阳离子（特别是钙、镁、铁离子）结合形成沉淀，因此，在配制一些合成培养基时，常需在培养基中加入少量螯合剂，避免培养基中产生沉淀而影响 OD 值的测定，常用的螯合剂为乙二胺四乙酸（EDTA）。还可以将含钙、镁、铁等离子的成分与磷酸盐、碳酸盐分别进行灭菌，然后再混合，避免形成沉淀；高压蒸汽灭菌后，培养基 pH 会发生改变（一般使 pH 降低），可根据所培养微生物的要求，在培养基灭菌前后加以调整。

在配制培养基过程中，泡沫的存在对灭菌处理极不利，因为泡沫中的空气形成隔热层，使泡沫中微生物难以被杀死。因而有时需要在培养基中加入消泡剂以减少泡沫的产生，或适当提高灭菌温度，延长灭菌时间。

二、培养基的类型及应用

培养基种类繁多，根据其成分、物理状态和用途可将培养基分成多种类型。

1. 按成分不同划分

（1）天然培养基

天然培养基也称复合培养基（complex medium）含有化学成分还不清楚或化学成分不恒定的天然有机物，所以也称为非化学限定培养基（chemically undefined medium）。牛肉膏蛋白胨培养基和麦芽汁培养基就属于此类。基因克隆技术中常用的 LB（Luria-Bertani）培养基也是一种天然培养基，其组成见表 4-10。

常用的天然有机营养物质包括牛肉膏、蛋白胨、酵母浸膏（表 4-11）、豆芽汁、玉米粉、土壤浸液、麸皮、牛奶、血清、稻草浸汁和羽毛浸汁、胡萝卜汁、椰子汁等。天然培养基成本较低，除在实验室经常使用外，也适于用来进行工业上大规模的微生物发酵生产。

表 4-11 牛肉膏、蛋白胨及酵母浸膏的来源及主要成分

营养物质	来源	主要成分
牛肉膏	瘦牛肉组织浸出汁浓缩而成的膏状物质	富含水溶性糖类、有机氮化合物、维生素、盐等
蛋白胨	将肉、酪素或明胶用酸或蛋白酶水解后干燥而成的粉末状物质	富含有机氮化合物，也含有一些维生素和糖类
酵母浸膏	酵母细胞的水溶性提取物浓缩而成的膏状物质	富含 B 类维生素，也含有有机氮化合物和糖类

（2）合成培养基

合成培养基（synthetic medium）是由化学成分完全了解的物质配制而成的培养基，也称化学限定培养基（chemically defined medium），高氏一号培养基和查氏培养基就属于此种类型。配制合成培养基重复性强，但与天然培养基相比其成本较高，微生物在其中生长速率较慢，一般适于在实验室用来进行有关微生物营养需求、代谢、分类鉴定、生物量测定、菌种选育及遗传分析等方面的研究工作。

2．根据物理状态划分

（1）固体培养基

在液体培养基中加入一定量凝固剂即为固体培养基（solid medium）。理想的凝固剂应具备以下条件：① 不被所培养的微生物分解利用；② 在微生物生长的温度范围内保持固体状态；在培养嗜热菌时，由于高温容易引起培养基液化，通常在培养基中适当增加凝固剂来解决这一问题；③ 凝固点温度不能太低，否则将不利于微生物的生长；④ 对所培养的微生物无毒害作用；⑤ 在灭菌过程中不会被破坏；⑥ 透明度好，黏着力强；⑦ 配制方便且价格低廉。常用的凝固剂有琼脂（agar）、明胶（gelatin）和硅胶（silica gel）。表 4-12 列出琼脂和明胶的一些主要特征。

表 4-12 琼脂与明胶主要特征比较

内容	琼脂	明胶
常用浓度 /%	1.5 ~ 2	5 ~ 12
熔点 /℃	96	25
凝固点 /℃	40	20
pH	微酸	酸性
灰分 /%	16	14 ~ 15
氧化钙 /%	1.15	0
氧化镁 /%	0.77	0
氮 /%	0.4	18.3
微生物利用能力	绝大多数微生物不能利用	许多微生物能利用

对绝大多数微生物而言，琼脂是最理想的凝固剂。固体培养基中琼脂量一般为 1.5% ~ 2%。琼脂是由藻类（海产石花菜）中提取的一种高度分支的复杂多糖；明胶是由胶原蛋白制备得到的产物，是最早用来作为

凝固剂的物质，但由于其凝固点太低，且很多微生物产生的胞外蛋白酶能液化明胶，所以目前已较少作为凝固剂；硅胶是由硅酸钠（Na_2SiO_3）及硅酸钾（K_2SiO_3）被盐酸及硫酸中和时凝聚而成的胶体，它不含有机物，适合配制自养型微生物的培养基。

除在液体培养基中加入凝固剂制备的固体培养基外，一些由天然固体基质制成的培养基也属于固体培养基。例如，由马铃薯块、胡萝卜条、小米、麸皮及米糠等制成固体状态的培养基就属于此类。生产酒的酒曲，生产食用菌的棉子壳培养基等，都是固体培养基。

在实验室中，固体培养基一般是加入培养皿或试管中，制成培养微生物的平板或斜面。固体培养基为微生物提供一个营养表面，单个微生物细胞在这个营养表面进行生长繁殖，可以形成单个菌落。固体培养基常用来进行微生物的分离、鉴定、活菌计数及菌种保藏等。

（2）半固体培养基

半固体培养基（semisolid medium）中凝固剂的含量比固体培养基少，琼脂量一般为 0.2%～0.7%。半固体培养基常用来观察微生物的运动特征、分类鉴定及噬菌体效价滴定等。

（3）液体培养基

液体培养基（liquid medium）中不加凝固剂。在用液体培养基培养微生物时，通过振荡或搅拌可以增加培养基的通气量，同时使营养物质分布均匀。液体培养基常用于大规模工业生产以及在实验室进行微生物的基础理论和应用方面的研究。

网上学习 4-2
琼脂——从餐桌到实验台

3. 按用途划分

（1）基础培养基

尽管不同微生物的营养需求各不相同，但大多数微生物所需的基本营养物质是相同的。基础培养基，或通用培养基（general purpose medium）、支持培养基（supportive medium），是指含有一般微生物生长繁殖所需的基本营养物质的培养基。牛肉膏蛋白胨培养基是最常用的基础培养基。基础培养基也可以作为一些特殊培养基的基础成分，再根据某种微生物的特殊营养需求，在基础培养基中加入所需营养物质。

（2）加富培养基

加富培养基（enriched medium）是在基础培养基中加入某些特殊营养物质制成的一类营养丰富的培养基，这些特殊营养物质包括血液、血清、酵母浸膏、动植物组织液等。加富培养基一般用来培养营养要求比较苛刻的异养型微生物，如培养百日咳博德氏菌（*Bordetella pertussis*）需要含有血液的加富培养基。

（3）鉴别培养基

鉴别培养基（differential medium）是用于鉴别不同类型微生物的培养基。在培养基中加入某种特殊化学物质，某种微生物在培养基中生长后能产生某种代谢产物，而这种代谢产物可以与培养基中的特殊化学物质发生特定的化学反应，产生明显的特征性变化，根据这种特征性变化，可将该种微生物与其他微生物区分开来。鉴别培养基主要用于微生物的快速分类鉴定，以及分离和筛选产生某种代谢产物的微生物菌种。常用的一些鉴别培养基参见表 4-13。

（4）选择培养基

选择培养基（selective medium）是用来将某种或某类微生物从混杂的微生物群体中分离出来的培养基。根据不同种类微生物的特殊营养需求或对某种化学物质的敏感性不同，在培养基中加入相应的特殊营养物质或化学物质，抑制不需要的微生物的生长，有利于所需微生物的生长。

表 4-13　一些鉴别培养基

培养基名称	加入化学物质	微生物代谢产物	培养基特征性变化	主要用途
酪素培养基	酪素	胞外蛋白酶	蛋白水解圈	鉴别产蛋白酶菌株
明胶培养基	明胶	胞外蛋白酶	明胶液化	鉴别产蛋白酶菌株
油脂培养基	食用油、吐温、中性红指示剂	胞外脂肪酶	由淡红色变成深红色	鉴别产脂肪酶菌株
淀粉培养基	可溶性淀粉	胞外淀粉酶	淀粉水解圈	鉴别产淀粉酶菌株
H_2S 试验培养基	醋酸铅	H_2S	产生黑色沉淀	鉴别产 H_2S 菌株
糖发酵培养基	溴甲酚紫	乳酸、醋酸、丙酸等	由紫色变成黄色	鉴别肠道细菌
远藤氏培养基	碱性复红、亚硫酸钠	酸、乙醛	带金属光泽深红色菌落	鉴别大肠菌群
伊红美蓝（亚甲蓝）培养基	伊红、美蓝（亚甲蓝）	酸	带金属光泽深紫色菌落	鉴别大肠菌群

　　有的选择培养基是依据某些微生物的特殊营养需求设计的。例如，利用以纤维素或液体石蜡作为唯一碳源的选择培养基，可以从混杂的微生物群体中分离出能分解纤维素或液体石蜡的微生物；利用以蛋白质作为唯一氮源的选择培养基，可以分离产胞外蛋白酶的微生物；缺乏氮源的选择培养基可用来分离固氮微生物。有的选择培养基是在培养基中加入某种化学物质，这种化学物质没有营养作用，对所需分离的微生物无害，但可以抑制或杀死其他微生物。例如，在培养基中加入数滴 10% 酚可以抑制一般细菌和霉菌的生长，从而由混杂的微生物群体中分离出放线菌；在培养基中加入亚硫酸铋，可以抑制革兰氏阳性菌和绝大多数革兰氏阴性菌的生长，而革兰氏阴性的伤寒沙门氏菌（*Salmonella typhi*）可以在这种培养基上生长；在培养基中加入染料亮绿（brilliant green）或结晶紫（crystal violet），可以抑制革兰氏阳性菌的生长，从而达到分离革兰氏阴性菌的目的；在培养基中加入青霉素、四环素或链霉素，可以抑制细菌生长，而将真菌分离出来。现代基因克隆技术中也常用选择培养基，在筛选含有重组质粒的基因工程菌株过程中，利用质粒上对某种（些）抗生素的抗性基因作为选择标记，在培养基中加入相应抗生素，就能比较方便地淘汰非重组菌株，以减少筛选目标菌株的工作量。

　　在实际应用中，有时需要配制既有选择作用又有鉴别作用的培养基。例如，当要分离金黄色葡萄球菌时，在培养基中加入 7.5% NaCl、甘露糖醇和酸碱指示剂，金黄色葡萄球菌可耐高浓度 NaCl，且能利用甘露糖醇产酸。因此，能在上述培养基生长，而且菌落周围培养基颜色发生变化的菌就有可能是金黄色葡萄球菌，可通过进一步鉴定加以确定。

　　（5）基本培养基和完全培养基

　　基本培养基（minimal medium）是能使野生型菌株生长的、仅含最基本的营养成分的培养基，一般为合成培养基。与之相对应，完全培养基（complete medium）是可满足所有营养缺陷型菌株营养需求的半天然或天然培养基。可在基本培养基中加入富含氨基酸、维生素和碱基之类的天然物质，或直接使用天然培养基作为完全培养基。完全培养基与基本培养基配合使用，可分离、筛选微生物的营养缺陷型突变株。例如，组氨酸营养缺陷型菌株在不含有组氨酸的基本培养基中不能生长，只能在完全培养基中生长；而野生型菌株因为能合成组氨酸所以能在基本培养基中生长，因此可以利用这两类培养基来筛选组氨酸营养缺陷型。

　　（6）其他类型培养基

　　除上述类型外，培养基按用途划分还有很多种，比如：富集培养基（enrichment culture）用来富集和分离某种微生物。富集培养基含有某种微生物所需的特殊营养物质，该种微生物在这种培养基中较其他微生物生长速率快，并逐渐富集而占优势，逐步淘汰其他微生物，从而容易达到分离该微生物的目的。从某种意义上讲，富集培养基类似选择培养基，两者区别在于，富集培养基是用来增加所要分离的微生物的数量，使其形成生长优势，从而分离到该种微生物；选择培养基则一般是抑制不需要的微生物的生长，使所需要的微生物增殖，从而达到分离所需微生物的目的。

分析培养基（assay medium）常用来分析某些化学物质（抗生素、维生素）的浓度，还可用来分析微生物的营养需求；还原性培养基（reduced medium）专门用来培养厌氧型微生物；组织培养物培养基（tissue-culture medium）含有动、植物细胞，用来培养病毒、衣原体（chlamydia）、立克次氏体（rickettsia）及某些螺旋体（spirochete）等专性活细胞寄生的微生物。尽管如此，有些病毒和立克次氏体目前还不能利用人工培养基来培养，需要接种在动植物体内、动植物组织中才能增殖。

尽管利用各种培养基分离、培养微生物已有 100 多年的历史，随着分子生物学技术在微生物生态和系统发育研究方面的应用，人们逐渐认识到目前在实验室所能培养的微生物还不到自然界存在的微生物的 1%，其根本原因是自然界中的大多数微生物不能在常规的培养基上生长，这些微生物曾被认为是"未培养微生物"（uncultivable microorganisms）。事实上，之所以"未培养"，是因为人们还没有找到适合这类微生物生长的培养基和培养条件。近年来，一些学者突破传统观念，在培养"未培养微生物"的技术上有了新的突破，这些技术包括：

第一，在培养基中加入非传统的生长底物促进新型微生物的生长，发现了一些新生理型（physiotypes）微生物。例如，以有毒的亚磷酸（H_3PO_3）作为电子供体，硫酸作为电子受体，从海底沉积物中分离一种化能无机自养细菌——*Desulfotignum phosphitoxidans*；以有毒的亚砷酸（H_3AsO_3）作为电子供体，从澳大利亚金矿中分离到化能无机自养细菌 NT-26。

第二，采用养分浓度仅为常规培养基 1% 的营养贫乏培养基（nutrient-poor media）培养。例如，以补充磷酸盐、铵盐和有机碳源的海水为培养基，发现北美西海岸海域的浮游细菌（SAR11）占该海域表层和亚透光层微生物群体的 50% 和 25%，并确定 SAR11 是属于 α- 变形杆菌的一个新的分支；采用 1% 浓度的 Difco 营养汤，从水稻田土样中分离到 9 株新的细菌。

第三，采用新的培养方法，模拟天然环境，以流动方式供应培养液，使不同微生物细胞间进行信息交流，实现细胞互喂（cross-feeding），促进菌落形成。如细胞微胶囊法：首先将浓缩后的海水（或土壤）样品适当稀释，与琼脂、海水（或土壤浸出汁）混合制成微滴胶囊（microdroplets），将含有单个细胞的微滴胶囊装入已灭菌层析柱，层析柱出入口用滤膜封闭，防止活细胞进入和柱内繁殖的游离细胞逃逸。以流动方式供应培养液（灭菌海水或稀释的土壤浸出汁）培养 5 周，然后将长有微菌落的微滴胶囊分别转接到加有营养丰富的有机培养基的 96 孔板各个微孔培养，1 周后多数微孔的菌浓度可达到 10^7 个 /mL。另一种方法是扩散小室法：将浓缩的海水样品适当稀释与琼脂混合后，注入用孔径为 0.03 μm 聚碳酸酯膜封闭的扩散小室（diffusion chamber）。然后将扩散小室置于潮汐海滩沉积物表层，注入海水培养 1 周后，在扩散小室中即有微菌落产生。这种方法的关键之处在于，研究人员将微生物与它们生长的环境一起移植到实验室进行"原位"（*in situ*）培养，正如该研究小组的 Epstein S 所言："这些细菌永远不知道它们已经被转移了"。

> ? ● 配制培养基需要注意哪些问题？
> ● 什么是蛋白胨、牛肉膏、酵母浸膏及琼脂？在配制培养基时有何用途？
> ● 什么是选择培养基？有何用途？

第三节　营养物质进入细胞

营养物质能否被微生物利用的一个决定性因素是这些营养物质能否进入微生物细胞。只有营养物质进入细胞后才能被微生物细胞内的新陈代谢系统分解利用，进而使微生物正常生长繁殖。影响营养物质进入细胞的因素主要有3个：

其一是营养物质本身的性质。相对分子质量、溶解性、电负性、极性等都影响营养物质进入细胞的难易程度。

其二是微生物所处的环境。温度通过影响营养物质的溶解度、细胞膜的流动性及运输系统的活性来影响微生物的吸收能力；pH和离子强度通过影响营养物质的电离程度来影响其进入细胞的能力。例如，当环境pH比胞内pH高时，弱碱性的甲胺进入大肠杆菌后以带正电荷的形式存在，而这种状态的甲胺不容易被分泌而导致细胞内甲胺浓度升高；当环境pH比胞内pH低时，甲胺以带正电荷的形式存在于环境中而难以进入细胞，导致细胞内甲胺浓度降低。当环境中存在诱导运输系统形成的物质时，有利于微生物吸收营养物质。而环境中存在代谢过程抑制剂、解偶联剂以及能与原生质膜上的蛋白质或脂质物质等成分发生作用的物质（如巯基试剂、重金属离子等）时，都可以在不同程度上影响物质的运输速率。另外，环境中被运输物质的结构类似物也影响微生物细胞吸收被运输物质的速率，例如，L-刀豆氨酸、L-赖氨酸或D-精氨酸都能降低酿酒酵母吸收L-精氨酸的能力。

其三是微生物细胞的透过屏障（permeability barrier）。所有微生物都具有一种保护机体完整性且能限制物质进出细胞的透过屏障，透过屏障主要是原生质膜、细胞壁、荚膜及黏液层等组成的结构。荚膜与黏液层的结构较为疏松，对细胞吸收营养物质影响较小。革兰氏阳性菌细胞壁主要由网状结构的肽聚糖组成，对营养物质的吸收有一定的影响，相对分子质量大于10 000的葡聚糖难以通过这类菌的细胞壁。革兰氏阴性菌细胞壁由外膜和很薄的肽聚糖组成，外膜上存在非特异性孔蛋白，3个非特异性孔蛋白形成一个通道，允许相对分子质量小于800～900的溶质（如单糖、双糖、氨基酸、二肽、三肽等）通过，而维生素B_{12}、核苷酸、铁-铁载体复合物需要通过特异性孔蛋白形成的通道进入周质空间。霉菌和酵母菌细胞壁只能允许相对分子质量较小的物质通过。与细胞壁相比，原生质膜在控制物质进入细胞的过程中起着更为重要的作用，它对跨膜运输的物质具有选择性，营养物质的跨膜运输是本节着重探讨的问题。根据物质运输过程的特点，可将物质的运输方式分为扩散、促进扩散、主动运输及膜泡运输。

一、扩散

扩散（diffusion）又称简单扩散（simple diffusion）或被动扩散（passive diffusion），指物质由高浓度环境向低浓度环境移动的过程。原生质膜是一种半透膜，某些物质能通过原生质膜上的小孔，由高浓度的胞外（内）环境向低浓度的胞内（外）进行扩散。扩散是非特异性的，但原生质膜上的小孔的大小和形状对营养物质分子有一定的选择性。物质在扩散过程中，自身分子结构也不发生变化。扩散是一种最简单的物质跨膜运输方式，为纯粹的物理学过程，在扩散过程中不消耗细胞的能量，物质扩散的动力来自参与扩散的物质在膜内外的浓度差，营养物质不能通过这种方式逆浓度运输。物质扩散的速率随原生质膜内外营养物质浓度差的降低而减小，直到膜内外营养物质浓度相同时才达到一个动态平衡。

由于原生质膜主要由磷脂双分子层和蛋白质组成，膜内外表面为极性表面，中间为疏水层，因而物质跨膜扩散的能力和速率与该物质的性质有关，相对分子质量小、脂溶性、极性小的物质易通过扩散进出细胞。另外，温度高时，原生质膜的流动性增加，有利于物质扩散进出细胞，pH与离子强度通过影响物质的电离程度而影响物质的扩散速率。

扩散并不是微生物细胞吸收营养物质的主要方式，O_2、CO_2和水可以通过扩散自由通过原生质膜，脂肪酸、乙醇、甘油、苯及某些氨基酸在一定程度上也可通过扩散进出细胞。

二、促进扩散

促进扩散（facilitated diffusion）与扩散一样，也是一种被动的物质跨膜运输方式，在这个过程中不消耗细胞的能量，参与运输的物质本身的分子结构不发生变化，不能进行逆浓度运输，运输速率与膜内外物质的浓度差成正比。

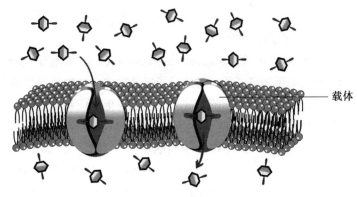

图 4-1 促进扩散示意图

促进扩散与扩散的主要区别在于通过促进扩散进行跨膜运输的物质需要借助于载体（carrier）的作用才能进入细胞（图 4-1），而且每种载体只运输相应的物质，具有较高的专一性。被运输物质与相应载体之间存在一种亲和力，而且这种亲和力在原生质膜内外的大小不同，通过被运输物质与相应载体之间亲和力的大小变化，该物质与载体发生可逆性的结合与分离，导致物质穿过原生质膜进入（输出）细胞。被运输物质与载体之间亲和力大小变化是通过载体分子的构象变化而实现的。参与促进扩散的载体主要是一些蛋白质，这些蛋白质能促进物质进行跨膜运输，自身化学性质在这个过程中不发生变化，而且在促进扩散中载体只影响物质的运输速率，并不改变该物质在膜内外形成的动态平衡状态，被运输物质在膜内外浓度差越大，促进扩散的速率越快，但是当被运输物质浓度过高而使载体蛋白饱和时，运输速率就不再增加，这些性质都类似于酶的作用特征，因此载体蛋白也称为透过酶（permease）。透过酶大都是诱导酶，只有在环境中存在机体生长所需的营养物质时，相应的透过酶才被合成。

通过促进扩散进入细胞的营养物质主要有氨基酸、单糖、维生素及无机盐等。一般微生物通过专一的载体蛋白运输相应的物质，但同时微生物对同一物质的运输由 1 种以上的载体蛋白来完成。例如，鼠伤寒沙门氏菌（*Salmonella typhimurium*）利用 4 种不同载体蛋白运输组氨酸，酿酒酵母（*Saccharomyces cerevisiae*）有 3 种不同的载体蛋白来进行葡萄糖的运输。另外，某些载体蛋白可同时进行几种物质的运输。例如，大肠杆菌可通过一种载体蛋白进行亮氨酸、异亮氨酸和缬氨酸的运输，但这种载体蛋白对这 3 种氨基酸的运输能力有差别。

除以蛋白质载体介导的促进扩散外，一些抗生素可以通过提高膜的离子通透性而促进离子进行跨膜运输。短杆菌肽 A 是由 15 个 L 型和 D 型氨基酸交替连接而成的短肽，两个短杆菌肽 A 分子可在膜上形成含水通道，离子可以穿过此通道进行跨膜运输；缬氨霉素是一种环状分子，K^+ 可结合在环状分子中心，而环状分子外周的碳氢链使得该复合物能穿过膜的疏水性中心，从而促进 K^+ 的跨膜运输，在这个过程中，缬氨霉素实际上起到载体的作用。

三、主动运输

主动运输（active transport）是广泛存在于微生物中的一种主要的物质运输方式。与扩散及促进扩散这两种被动运输（passive transport）方式相比，主动运输的一个重要特点是在物质运输过程中需要消耗细胞的能量，而且可以进行逆浓度差运输。在主动运输过程中，运输物质所需能量来源因微生物不同而各异，好氧型微生物与兼性厌氧型微生物直接利用呼吸能，厌氧型微生物利用化学能（ATP），光合微生物利用光能，嗜盐古菌通过紫膜（purple membrane）利用光能。主动运输与促进扩散类似之处是都需要载体蛋白，区别在于主动运输中的载体蛋白构象变化需要细胞提供能量。主动运输的具体方式有多种，主要有初级主动运输、次级主动运输、ATP 结合性盒式转运蛋白、Na^+, K^+-ATP 酶、基团转位及铁载体运输等。

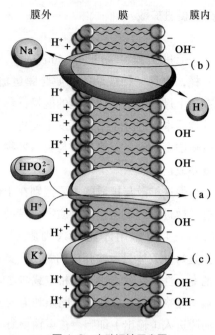

图 4-2　主动运输示意图

1. 初级主动运输

初级主动运输（primary active transport）指由电子传递系统、ATP 酶或细菌嗜紫红质引起的质子运输方式，从物质运输的角度考虑是一种质子的主动运输方式。呼吸能、化学能和光能的消耗，引起胞内质子（或其他离子）外排，导致原生质膜内外建立质子浓度差（或电势差），使膜处于充能状态（图 4-2），即形成能化膜（energized membrane）。不同微生物的初级主动运输方式不同，好氧型微生物和兼性厌氧型微生物在有氧条件下生长时，物质在胞内氧化释放的电子在位于原生质膜上的电子传递链上传递的过程中伴随质子外排；厌氧型微生物利用发酵过程产生 ATP，在位于原生质膜上的 ATP 酶的作用下，ATP 水解生成 ADP 和磷酸，同时伴随质子向胞外分泌；光合微生物吸收光能后，光能激发产生的电子在电子传递过程中也伴随质子外排；嗜盐古菌紫膜上的菌视紫红质吸收光能后，引起蛋白质分子中某些化学基团 pK 值发生变化，导致质子迅速转移，在膜内外建立质子浓度差。

2. 次级主动运输

通过初级主动运输建立的能化膜在质子浓度差（或电势差）消失的过程中，往往偶联其他物质的运输，即次级主动运输（secondary active transport），包括以下 3 种方式：同向运输（symport）是指某种物质与质子通过同一载体按同一方向运输 [图 4-2（a）]。除质子外，其他带电荷离子（如钠离子）建立起来的电势差也可引起同向运输。在大肠杆菌中，通过这种方式运输的物质主要有丙氨酸、丝氨酸、甘氨酸、谷氨酸、半乳糖、岩藻糖、蜜二糖、阿拉伯糖、乳酸、葡萄糖醛酸及某些阴离子（如 HPO_4^{2-}、HSO_4^-）等。逆向运输（antiport）是指某种物质（如 Na^+）与质子通过同一载体按相反方向进行运输 [图 4-2（b）]。单向运输（uniport）是指质子浓度差在消失过程中，可促使某些物质通过载体进出细胞 [图 4-2（c）]，运输结果通常导致胞内阳离子（如 K^+）积累或阴离子浓度降低。

3. ATP 结合性盒式转运蛋白

除利用质子浓度差进行主动运输外，细菌（如大肠杆菌）还可以利用 ATP 结合性盒式转运蛋白（ATP-binding cassette transporter，ABC 转运蛋白）转运糖类（阿拉伯糖、麦芽糖、半乳糖及核糖）、氨基酸（谷氨酸、组氨酸及亮氨酸）和维生素 B_{12} 等溶质。ABC 转运蛋白通常由两个疏水性跨膜域与位于质膜内表面的两个核苷酸结合结构域形成复合物，两个疏水性跨膜域在质膜上形成一个孔，两个核苷酸结合结构域可与 ATP 结合（图 4-3）。ABC 转运蛋白可以与专一性的溶质结合蛋白结合，革兰氏阴性、阳性菌的溶质结合蛋白分别位于周质空间和附着在质膜外表面。溶质结合蛋白携带被转运的溶质分子在质膜外表面与 ABC 转运蛋白跨膜域结合，ATP 则结合在 ABC 转运蛋白的核苷酸结合结构域，ATP 水解产生的能量使跨膜域构象发生改变，被转运的溶质分子进入胞内。

4. Na^+, K^+-ATP 酶

丹麦学者斯克（Skou J. C.）在 1957 年发现了存在于原生质膜上的一种重要的离子通道蛋白——Na^+,

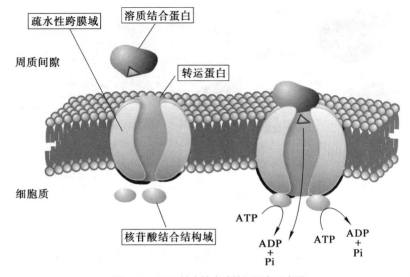

图 4-3　ATP 结合性盒式转运蛋白示意图

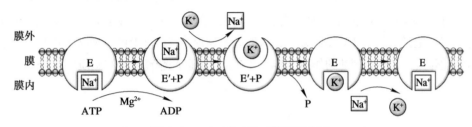

图 4-4　Na⁺, K⁺-ATP 酶系统示意图

K^+-ATP 酶，他与其他两位学者因该发现而分享了 1997 年诺贝尔化学奖。Na^+, K^+-ATP 酶（Na^+, K^+-ATPase）的功能是利用 ATP 的能量将 Na^+ 由细胞内"泵"出胞外，并将 K^+"泵"入胞内。该酶由大小两个亚基组成，大亚基可被磷酸化，其作用机制见图 4-4。

E 为非磷酸化酶，与 Na^+ 的结合位点朝向膜内，与 Na^+ 有较高的亲和力，而与 K^+ 的亲和力低。当 E 与 Na^+ 结合后，在 Mg^{2+} 存在的情况下，ATP 水解使 E 磷酸化，促使 E 构象发生变化而转变成 E′，并导致与 Na^+ 的结合位点朝向膜外，E′ 与 Na^+ 的亲和力降低，而与 K^+ 的亲和力高，此时胞外的 K^+ 将 Na^+ 置换下来；E′ 与 K^+ 结合后，K^+ 的结合位点朝向膜内，E′ 去磷酸化，该酶构象再次发生变化，转变成 E，Na^+ 将 K^+ 置换下来。Na^+, K^+-ATP 酶作用的结果是使细胞内 Na^+ 浓度降低而 K^+ 浓度升高，这种状况并不因环境中 Na^+、K^+ 浓度高低而改变。例如，大肠杆菌 K12 在培养基中 K^+ 浓度非常低（0.1 μmol/L）时，仍然可以从环境中吸收 K^+，导致胞内 K^+ 浓度达到 100 mmol/L。细胞内维持高浓度 K^+ 是保证许多酶的活性和蛋白质的合成所必需的。由于 Na^+, K^+-ATP 酶将 Na^+ 由细胞内"泵"出胞外，并将 K^+"泵"入胞内，因此常将该酶称为 Na^+, K^+- 泵。

5. 基团转位

基团转位（group translocation）与其他主动运输方式的不同之处在于它有一个复杂的运输系统来完成物质的运输，而物质在运输过程中发生化学变化。基团转位主要存在于厌氧型和兼性厌氧型细菌中，主要用于糖的运输，脂肪酸、核苷、碱基等也可通过这种方式运输。目前尚未在好氧型细菌及真核生物中发现这种运输方式，也未发现氨基酸通过这种方式进行运输。

在研究大肠杆菌对葡萄糖和金黄色葡萄球菌对乳糖的吸收过程中，发现这些糖进入细胞后以磷酸糖的形

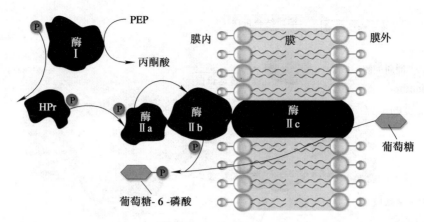

图 4-5 大肠杆菌 PTS

式存在于细胞质中，表明这些糖在运输过程中发生了磷酸化作用，其中的磷酸基团来源于胞内的磷酸烯醇丙酮酸（PEP），因此也将基团转位称为磷酸烯醇丙酮酸 – 糖磷酸转移酶运输系统（PTS），简称磷酸转移酶系统（图 4-5）。PTS 通常由 5 种蛋白质组成，包括酶Ⅰ、酶Ⅱ（包括 a、b 和 c 3 个亚基）和 1 种相对分子质量较低的热稳定蛋白质（HPr）。酶Ⅰ和 HPr 是非特异性的细胞质蛋白，酶Ⅱa 也是可溶性细胞质蛋白，亲水性酶Ⅱb 与位于细胞膜上的酶Ⅱc 相结合。在糖的运输过程中，PEP 上的磷酸基团逐步通过酶Ⅰ、HPr 的磷酸化与去磷酸化作用，最终在酶Ⅱ的作用下转移到糖，生成磷酸糖释放于细胞质中。

6. 铁载体运输

铁是细胞色素和许多酶的组分，几乎所有微生物都需要从环境中获得铁，但由于铁（Fe^{3+}）及其衍生物非常难溶，造成微生物对铁的吸收十分困难，一些微生物利用铁载体来加强对铁的吸收。铁载体（siderophore）是许多细菌和真菌分泌到胞外的一类能与 Fe^{3+} 形成复合物并将其运输进入胞内的小分子化合物，如真菌产生的氧肟酸盐和大肠杆菌产生的儿茶酚盐。3 个铁载体可围绕一个 Fe^{3+} 形成铁 – 铁载体复合物（图 4-6），该复合物到达细胞表面后与铁载体受体蛋白结合后将铁转运至胞内，或通过 ABC 转运蛋白将铁 – 铁载体复合物转运至胞内。

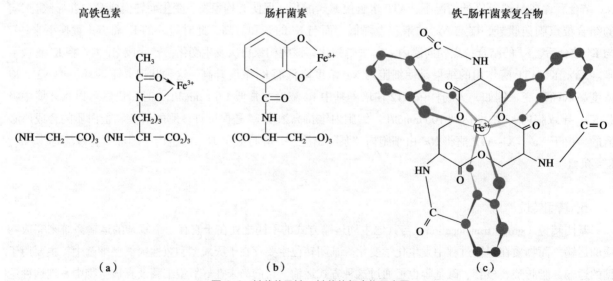

图 4-6　铁载体及铁 – 铁载体复合物示意图

（a）高铁色素是由许多真菌产生的环状氧肟酸盐 [—CO—N（O⁻）—] 分子组成的；（b）肠杆菌素是由大肠杆菌产生的环状儿茶酚盐衍生物组成的；（c）铁–肠杆菌素复合物是 1 个 Fe^{3+} 与 3 个肠杆菌素分子形成的 6 对称八面体复合物。

四、膜泡运输

膜泡运输（membrane vesicle transport）主要存在于原生动物中，特别是变形虫（amoeba）中，是这类微生物的一种营养物质的运输方式（图 4-7）。变形虫通过趋向性运动靠近营养物质，并将该物质吸附到膜表面，然后在该物质附近的细胞膜开始内陷，逐步将营养物质包围，最后形成一个含有该营养物质的膜泡，然后膜泡离开细胞膜而游离于细胞质中，营养物质通过这种运输方式由胞外进入胞内。如果膜泡中包含的是固体，则将这种运输方式称为胞吞作用（phagocytosis）；如果膜泡中包含的是液体，则称之为胞饮作用（pinocytosis）。通过胞吞作用（或胞饮作用）进行的膜泡运输一般分为 5 个时期（图 4-7），即：吸附期、膜伸展期、膜泡迅速形成期、附着膜泡形成期和膜泡释放期。

> ? • 有哪些因素影响营养物质进入微生物细胞？
> • 试述扩散、促进扩散、主动运输和膜泡运输的各自特点及机制。

膜外
膜
膜内

吸附期　　　膜伸展期　　　膜泡迅速形成期　　　附着膜泡形成期　　　膜泡释放期

图 4-7　膜泡运输示意图

小结

1. 营养物质包括碳源、氮源、无机盐、生长因子和水 5 大类。

2. 根据碳源、能源及电子供体的不同可将微生物划分为光能无机自养型、光能有机异养型、化能无机自养型和化能有机异养型 4 类主要营养类型。

3. 培养基是满足微生物营养需求的营养物质基质。配制时要选择适宜营养物质并调整其浓度及配比，控制氧化还原电位和 pH，利用廉价且容易获得的原料，并灭菌处理。

4. 培养基主要类型有：按成分不同分为天然和合成培养基；按物理状态不同分为固体、半固体和液体培养基；按用途不同分为基础、加富、鉴别、选择、基本、完全、富集、分析、还原性和组织培养物培养基等。

5. 营养物质进入细胞主要有扩散、促进扩散、主动运输和膜泡运输几种方式。

网上更多……

📋 复习题　　👥 思考题　　📝 现实案例简要答案

（唐　兵）

第5章
微生物的代谢

学习提示

Chapter Outline

现实案例：微生物燃料电池

微生物燃料电池（Microbial Fuel Cell，MFC）是由微生物催化反应、将有机物中的化学能转化为电能的一种装置。典型的MFC由阳极和阴极以及质子交换膜组成。微生物在阳极氧化分解有机物，同时产生质子和电子，电子可经外部电路到达阴极，而质子则通过质子交换膜到达阴极，在阴极（一般为氧化剂），氧化剂得到电子被还原，同时质子和氧结合生成水。

根据阳极势能的不同区分为不同的代谢途径：高氧化还原代谢，中氧化还原到低氧化还原的代谢以及发酵。因此，目前报道过的MFC中微生物包括好氧型、兼性厌氧型及严格厌氧型。

请对下列问题给予回答和分析：

1. 什么是微生物燃料电池，其工作原理是什么？

2. 目前用于燃料电池的微生物有哪些？其产电能力与哪些因素有关？

3. 微生物燃料电池具有什么应用前景？

参考文献：

[1] Christy A D. Electricity generation from cellulose by rumen microorganisms in microbial fuel cells[J]. Biotechnol Bioengin, 2007, 97（6）：1398–1407.

[2] Lovley D R. Bug juice: harvesting electricity with microorganisms[J]. Nature Reviews Microbiology, 2006, 4: 497–508.

[3] Du Z W, Li H R, Gu T Y. A state of the art review on microbial fuel cells: a promising technology for wastewater treatment and bioenergy[J]. Biotechnology Advances, 2007,（25）: 465–470.

代谢（metabolism）是生命存在的基本特征，是生物体内所进行的全部生化反应的总称。它主要由分解代谢（catabolism）和合成代谢（anabolism）两个过程组成。分解代谢是指细胞将大分子物质降解成小分子物质，并在这个过程中产生能量；合成代谢是指细胞利用简单的小分子物质合成复杂大分子，在这个过程中消耗能量。合成代谢所利用的小分子物质来源于分解代谢过程中产生的中间产物或环境中的小分子营养物质。微生物通过分解代谢产生化学能，光合微生物还可将光能转换成化学能，这些能量除用于合成代谢外，还可用于微生物的运动和营养物质的运输，另有部分能量以热或光的形式释放到环境中。

无论是分解代谢还是合成代谢，代谢途径都是由一系列连续的酶促反应构成，前一步反应的产物是后续反应的底物。细胞通过各种方式有效地调节相关的酶促反应，来保证整个代谢途径的协调性与完整性，从而使细胞的生命活动得以正常进行。

某些微生物在代谢过程中除了产生其生命活动所必需的初级代谢产物和能量外，还会产生一些次级代谢产物，这些次级代谢产物除了有利于这些微生物生存外，还与人类的生产与生活密切相关，也是微生物学的一个重要研究领域。

第一节　微生物产能代谢

微生物的产能代谢是指物质在生物体内经过一系列连续的氧化还原反应，逐步分解并释放能量的过程，是一个产能代谢过程，故又称为产能代谢或生物氧化。在生物氧化过程中释放的能量可被微生物直接利用，也可通过能量转换储存在高能键化合物（如 ATP）中，以便逐步被利用，还有部分能量以热或光的形式被释放到环境中。不同类型微生物进行生物氧化所利用的物质不同，异养微生物利用有机物，自养微生物则利用无机物，通过生物氧化来进行产能代谢。

一、异养微生物的生物氧化

异养微生物将有机物氧化，根据氧化还原反应中电子受体的不同，可将微生物细胞内发生的生物氧化反应分成发酵和呼吸两种类型，而呼吸又可分为有氧呼吸和无氧呼吸两种方式。

1. 发酵

发酵（fermentation）是指微生物细胞将有机物氧化释放的电子直接交给底物本身未完全氧化的某种中间产物，同时释放能量并产生各种不同的代谢产物。在发酵条件下，有机物只是部分地被氧化，因此，只释放出一小部分的能量。发酵过程的氧化与有机物的还原相偶联，被还原的有机物来自于初始发酵的分解代谢产物，即不需要外界提供电子受体。但在工业生产上，人们习惯性地将一切依靠微生物生命活动而实现的工业生产均笼统地称为"发酵"，即"工业发酵"，它是一个广义的概念。工业发酵要依靠微生物的生命活动，生命活动依靠生物氧化提供的代谢能来支撑，因此工业发酵应该覆盖微生物生理学中生物氧化的所有方式：有氧呼吸、无氧呼吸和发酵。

网上学习 5-1
肠内酵母菌感染导致醉酒

发酵的种类有很多，可发酵的底物有糖类、有机酸、氨基酸等，其中以微生物发酵葡萄糖最为重要。生物体内葡萄糖被降解成丙酮酸的过程称为糖酵解（glycolysis），主要分为 4 种途径：EMP 途径、HM 途径、ED 途径及磷酸解酮酶途径。

（1）EMP 途径

整个 EMP 途径（Embden-Meyerhof-Parnas pathway）大致可分为两个阶段（图 5-1）。第一阶段可认为是不涉及氧化还原反应及能量释放的准备阶段，只是生成两分子的主要中间代谢产物：甘油醛 -3- 磷酸。第二阶段发生氧化还原反应，合成 ATP 并形成两分子的丙酮酸。

在 EMP 途径的第一阶段，葡萄糖在消耗 ATP 的情况下被磷酸化，形成葡糖 -6- 磷酸。初始的磷酸化能增加分子的反应活性。葡糖 -6- 磷酸再转化为果糖 -6- 磷酸，然后再次被磷酸化，形成一个重要的中间产物，果糖 -1,6- 二磷酸。醛缩酶催化果糖 -1,6- 二磷酸裂解成两个三碳化合物：甘油醛 -3- 磷酸及磷酸二羟丙酮。至此，还未发生氧化还原反应，所有的反应均不涉及电子转移。

在第二阶段，甘油醛 -3- 磷酸转化为甘油酸 -1,3- 二磷酸的过程是氧化反应，辅酶 NAD^+ 接受氢原子，形成 NADH；同时，每个甘油醛 -3- 磷酸都接受无机磷酸根被磷酸化。与己糖磷酸的有机磷酸键不同，甘油酸 -1,3- 二磷酸中的两个磷酸键，属于高能磷酸键，在甘油酸 -1,3- 二磷酸转变成甘油酸 -3- 磷酸及后续的磷酸烯醇丙酮酸转变成丙酮酸的反应过程中，发生 ATP 的合成反应。在糖酵解过程中，有 2 分子的 ATP 用于糖的磷酸化，但合成出 4 分子的 ATP，因此，每氧化 1 分子的葡萄糖净得 2 分子 ATP。

在 2 分子的甘油酸 -1,3- 二磷酸的合成过程中，2 分子 NAD^+ 被还原为 NADH。然而，细胞中的 NAD^+ 供应是有限的，假如所有的 NAD^+ 都转变成 NADH，葡萄糖的氧化就得停止。因为甘油醛 -3- 磷酸的氧化反应只有在 NAD^+ 存在时才能进

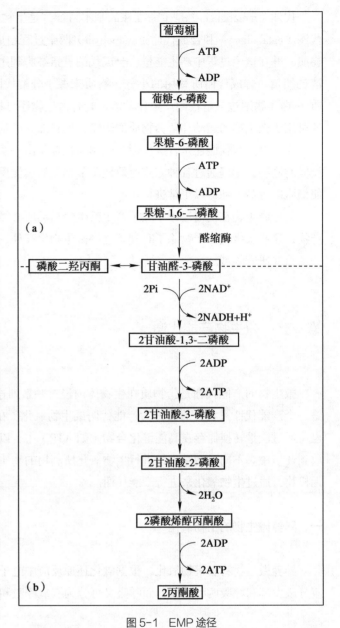

图 5-1 EMP 途径

（a）预备性反应：消耗 ATP，生成甘油醛 -3- 磷酸；（b）氧化还原反应：形成 ATP 和发酵产物，1 分子葡萄糖净产生 2 分子 ATP

行。这一路障可以通过将丙酮酸进一步还原，使 NADH 氧化重新成为 NAD^+ 而得以克服。例如，在酵母细胞中，丙酮酸被还原成为乙醇，并伴有 CO_2 的释放；而在乳酸菌细胞中，丙酮酸被还原成乳酸。对于原核生物细胞，丙酮酸的还原途径多种多样，但有一点是一致的：NADH 必须重新被氧化成 NAD^+，使得酵解过程中的产能反应得以进行。在任何产能过程中，氧化必须与还原相平衡。每除去 1 个电子都必须有 1 个电子受体。在此情况下，NAD^+ 在一个酶促反应中的还原与它在另一反应中的氧化相偶联，反应终产物也是处于氧化还原平衡中。

EMP 途径可为微生物的生理活动提供 ATP 和 NADH，其中间产物又可为微生物的合成代谢提供碳骨架，并在一定条件下可逆转合成多糖。

（2）HM途径

HM途径（hexose monophosphate pathway）（图5-2）从葡糖-6-磷酸开始，即在单磷酸己糖基础上开始降解，故称为单磷酸己糖途径。HM途径与EMP途径有着密切的关系，因为HM途径中的甘油醛-3-磷酸可以进入EMP途径，因此该途径又可称为磷酸戊糖支路。HM途径的一个循环的最终结果是1分子葡糖-6-磷酸转变成1分子甘油醛-3-磷酸、3分子 CO_2 和6分子NADPH。一般认为HM途径不是产能途径，而是为生物合成提供大量的还原力（NADPH）和中间代谢产物。如核酮糖-5-磷酸是合成核酸、某些辅酶及组氨酸的原料；NADPH是合成脂肪酸、类固醇和谷氨酸的供氢体。另外，HM途径中产生的核酮糖-5-磷酸，还可以转化为核酮糖-1,5-二磷酸，在羧化酶作用下固定 CO_2，对于光能自养菌和化能自养菌具有重要意

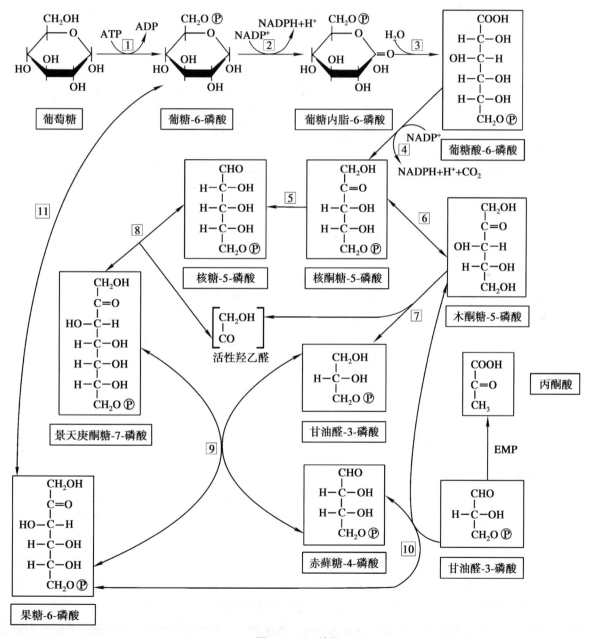

图5-2 HM途径

1. 己糖激酶；2. 磷酸葡糖脱氢酶；3. 内酯酶；4. 磷酸葡糖酸脱氢酶；5. 磷酸核糖差向异构酶；
6. 磷酸核酮糖差向异构酶；7，8，10. 转酮醇酶；9. 转醛醇酶；11. 磷酸葡糖异构酶

义。虽然这条途径中产生的 NADPH 可经呼吸链氧化产能，1 mol 葡萄糖经 HM 途径最终可得到 35 mol ATP，但这不是代谢中产能的主要方式。因此不能把 HM 途径看做是产生 ATP 的有效机制。大多数好氧和兼性厌氧微生物中都有 HM 途径，而且在同一微生物中往往同时存在 EMP 和 HM 途径，单独具有 EMP 或 HM 途径的微生物较少见。

（3）ED 途径

ED 途径（Entner-Doudoroff pathway）是在研究嗜糖假单胞菌（*Pseudomonas saccharophila*）时发现的。在 ED 途径中，葡糖 -6- 磷酸首先脱氢产生葡糖酸 -6- 磷酸，接着在脱水酶和醛缩酶的作用下，产生 1 分子甘油醛 -3- 磷酸和 1 分子丙酮酸。然后甘油醛 -3- 磷酸进入 EMP 途径转变成丙酮酸。1 分子葡萄糖经 ED 途径最后生成 2 分子丙酮酸、1 分子 ATP、1 分子 NADPH 和 NADH（图 5-3）。ED 途径在革兰氏阴性菌中分布较广，特别是假单胞菌和固氮菌的某些菌株存在较多。ED 途径可不依赖于 EMP 和 HM 途径而单独存在，但对于靠底物水平磷酸化获得 ATP 的厌氧菌而言，ED 途径不如 EMP 途径经济。

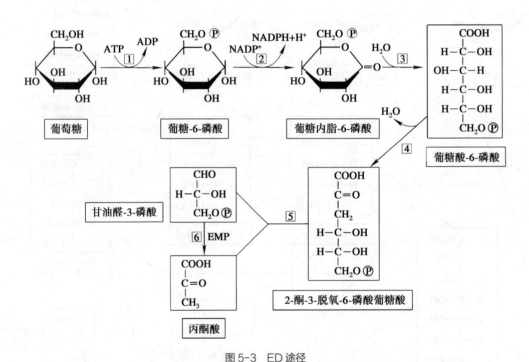

图 5-3　ED 途径

1. 己糖激酶；2. 磷酸葡糖脱氢酶；3. 内酯酶；4. 磷酸葡糖酸脱水酶；
5. 2-酮-3-脱氧-6-磷酸葡糖酸醛缩酶；6. EMP 途径中有关的酶

（4）磷酸解酮酶途径

磷酸解酮酶途径是明串珠菌在进行异型乳酸发酵过程中分解己糖和戊糖的途径。该途径的特征性酶是磷酸解酮酶，根据解酮酶的不同，把具有磷酸戊糖解酮酶的途径称为 PK 途径（图 5-4），把具有磷酸己糖解酮酶的途径称为 HK 途径（图 5-5）。

在糖酵解过程中生成的丙酮酸可被进一步代谢。在无氧条件下，不同的微生物分解丙酮酸后会积累不同的代谢产物。目前发现多种微生物可以发酵葡萄糖产生乙醇，这些微生物包括酵母菌、根霉、曲霉和某些细菌。根据在不同条件下代谢产物的不同，可将酵母菌利用葡萄糖进行的发酵分为 3 种类型：在酵母菌的乙醇发酵中，酵母菌可将葡萄糖经 EMP 途径降解为两分子丙酮酸，然后丙酮酸脱羧生成乙醛，乙醛作为氢受体使 NAD⁺ 再生，发酵终产物为乙醇，这种发酵类型称为酵母的一型发酵；但当环境中存在亚硫酸氢钠时，它可与乙醛反应生成难溶的磺化羟基乙醛。由于乙醛和亚硫酸盐结合而不能作为 NADH 的受氢体，所以不能

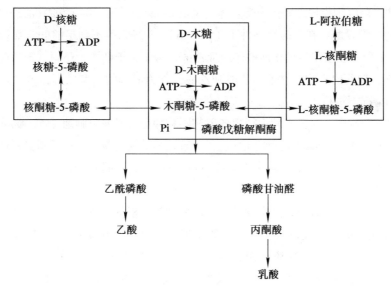

图 5-4 磷酸戊糖解酮酶（PK）途径

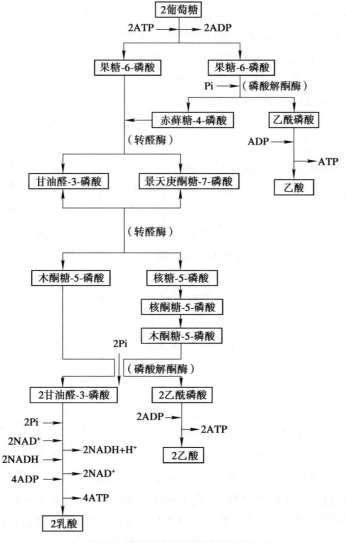

图 5-5 磷酸己糖解酮酶（HK）途径

形成乙醇，迫使磷酸二羟丙酮代替乙醛作为受氢体，生成 α- 磷酸甘油。α- 磷酸甘油进一步水解脱磷酸而生成甘油，称为酵母的二型发酵。在弱碱性条件下（pH 7.6），乙醛因得不到足够的氢而积累，两个乙醛分子间会发生歧化反应，1 分子乙醛作为氧化剂被还原成乙醇，另 1 分子则作为还原剂被氧化为乙酸，氢受体则由磷酸二羟丙酮担任，发酵终产物为甘油、乙醇和乙酸，称为酵母的三型发酵，这种发酵方式不能产生能量，只能在非生长的情况下进行。

不同的细菌进行乙醇发酵时，其发酵途径也各不相同。如运动发酵单胞菌（*Zymomonas mobilis*）和厌氧发酵单胞菌（*Zymomonas anaerobia*）是利用 ED 途径分解葡萄糖为丙酮酸，最后得到乙醇，对于某些生长在极端酸性条件下的严格厌氧菌，如胃八叠球菌（*Sarcina ventriculi*）和肠杆菌科（Enterobacteriaceae）则是利用 EMP 途径进行乙醇发酵。

许多细菌能利用葡萄糖产生乳酸，这类细菌称为乳酸细菌。根据产物的不同，乳酸发酵有 3 种类型：同型乳酸发酵、异型乳酸发酵和双歧发酵。同型乳酸发酵的过程是：葡萄糖经 EMP 途径降解为丙酮酸，丙酮酸在乳酸脱氢酶的作用下被 NADH 还原为乳酸。由于终产物只有乳酸一种，故称为同型乳酸发酵。在异型乳酸发酵中，葡萄糖首先经 PK 途径分解，发酵终产物除乳酸以外还有一部分乙醇或乙酸。在肠膜明串珠菌（*Leuconostoc mesenteroides*）中，利用 HK 途径分解葡萄糖，产生甘油醛 -3- 磷酸和乙酰磷酸，其中甘油醛 -3- 磷酸进一步转化为乳酸，乙酰磷酸经两次还原变为乙醇；当发酵戊糖时，则是利用 PK 途径，磷酸戊糖解酮酶催化木酮糖 -5- 磷酸裂解生成乙酰磷酸和甘油醛 -3- 磷酸。双歧发酵是两歧双歧杆菌（*Bifidobacterium bifidum*）发酵葡萄糖产生乳酸的一条途径。此反应中有两种磷酸解酮酶参加反应，即果糖 -6- 磷酸磷酸解酮酶和木酮糖 -5- 磷酸磷酸解酮酶分别催化果糖 -6- 磷酸和木酮糖 -5- 磷酸裂解产生乙酰磷酸和丁糖 -4- 磷酸及甘油醛 -3- 磷酸和乙酰磷酸。

许多厌氧菌可进行丙酸发酵。葡萄糖经 EMP 途径分解为两个丙酮酸后，再被转化为丙酸。少数丙酸细菌还能将乳酸（或利用葡萄糖分解而产生的乳酸）转变为丙酸。

网上学习 5-2
聚乳酸

某些专性厌氧菌，如梭菌属（*Clostridium*）、丁酸弧菌属（*Butyrivibrio*）、真杆菌属（*Eubacterium*）和梭杆菌属（*Fusobacterium*），能进行丁酸与丙酮 - 丁醇发酵。在发酵过程中，葡萄糖经 EMP 途径降解为丙酮酸，接着在丙酮酸 - 铁氧还蛋白酶的参与下，将丙酮酸转化为乙酰辅酶 A。乙酰辅酶 A 再经一系列反应生成丁酸或丁醇和丙酮。

网上学习 5-3
丙酮丁醇发酵

某些肠杆菌，如埃希菌属（*Escherichia*）、沙门氏菌属（*Salmonella*）和志贺氏菌属（*Shigella*）中的一些菌，能够利用葡萄糖进行混合酸发酵。先通过 EMP 途径将葡萄糖分解为丙酮酸，然后由不同的酶系将丙酮酸转化成不同的产物，如乳酸、乙酸、甲酸、乙醇、CO_2 和氢气，还有一部分烯醇式丙酮酸磷酸用于生成琥珀酸；而肠杆菌、欧文氏菌属（*Erwinia*）中的一些细菌，能将丙酮酸转变成乙酰乳酸，乙酰乳酸经一系列反应生成丁二醇。由于这类肠道菌还具有丙酮酸 - 甲酸裂解酶、乳酸脱氢酶等，所以其终产物还有甲酸、乳酸、乙醇等。

2. 呼吸作用

在上面讨论了葡萄糖分子在没有外源电子受体时的代谢过程。在这个过程中，底物中所具有的能量只有一小部分被释放出来，并合成少量 ATP。造成这种现象的原因有两个，一是底物的碳原子只被部分氧化，二是初始电子供体和最终电子受体的还原电势相差不大。然而，如果有氧或其他外源电子受体存在时，底物分子可被完全氧化为 CO_2，且在此过程中合成 ATP 的量大大多于发酵过程。微生物在降解底物的过程中，将释放出的电子交给 NAD（P）$^+$、FAD 或 FMN 等电子载体，再经电子传递系统传给外源电子受体，从而生成水或其他还原型产物并释放出能量的过程，称为呼吸作用。其中，以分子氧作为最终电子受体的称为有氧呼吸（aerobic respiration）；以氧化型化合物作为最终电子受体的称为无氧呼吸（anaerobic respiration）。呼吸作用与发酵作用的根本区别在于：电子载体不是将电子直接传递给底物降解的中间产物，而是交给电子传递系统，逐步释放出能量后再交给最终电子受体。

许多不能被发酵的有机化合物能够通过呼吸作用而被分解，这是因为在呼吸作用的电子传递系统中发生了 NADH 的再氧化和 ATP 的生成，因此只要生物体内有一种能将电子从该化合物转移给 NAD^+ 的酶存在，而且该化合物的氧化水平低于 CO_2 即可。能通过呼吸作用分解的有机物包括某些碳氢化合物、脂肪酸和许多醇类。但某些人造化合物对于微生物的呼吸作用具显著抗性，可在环境中积累，造成有害的生态影响。

（1）有氧呼吸

葡萄糖经过糖酵解作用形成丙酮酸，在发酵过程中，丙酮酸在厌氧条件下转变成不同的发酵产物；而在有氧呼吸过程中，丙酮酸进入三羧酸循环（tricarboxylic acid cycle，简称 TCA 循环），被彻底氧化生成 CO_2 和水，同时释放大量能量（图5-6）。

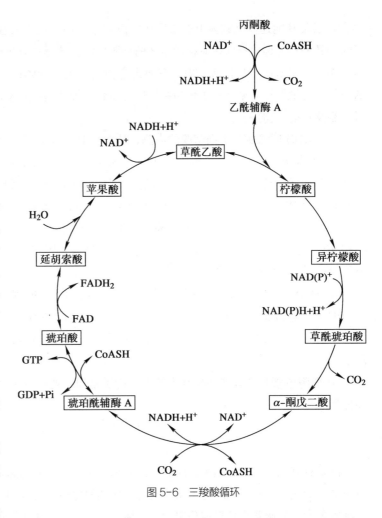

图 5-6 三羧酸循环

对于每个经三羧酸循环而被氧化的丙酮酸分子来讲，在整个氧化过程中共释放出 3 个分子的 CO_2。1 个是在乙酰辅酶 A 形成过程中，1 个是在异柠檬酸脱羧时产生的，另 1 个是在 α- 酮戊二酸脱羧过程中产生的。与发酵过程相一致，三羧酸循环中间产物氧化时所释放出的电子通常先传递给含辅酶 NAD^+ 的酶分子。而 NADH 的氧化方式在发酵及呼吸作用中不同。在呼吸过程中，NADH 中的电子不是传递给中间产物，如丙酮酸，而是通过电子传递系统传递给氧分子或其他最终电子受体，因此，在呼吸过程中，因有外源电子受体的存在，葡萄糖可以被完全氧化成 CO_2，从而可产生比发酵过程更多的能量。

在三羧酸循环过程中，丙酮酸完全氧化为 3 分子的 CO_2，同时生成 4 分子的 NADH 和 1 分子的 $FADH_2$。NADH 和 $FADH_2$ 可经电子传递系统重新被氧化，由此每氧化 1 分子 NADH 可生成 2.5 分子 ATP，每氧化 1 分子 $FADH_2$ 可生成 1.5 分子 ATP。另外，琥珀酰辅酶 A 在氧化成延胡索酸时，包含着底物水平磷酸化作用，由此产生 1 分子 GTP，随后 GTP 可转化成 ATP。因此，每一次三羧酸循环可生成 12.5 分子 ATP。此外，在糖酵解过程中产生的 2 分子 NADH 可经电子传递系统重新被氧化，产生 5 分子 ATP。在葡萄糖转变为 2 分子丙酮酸时还可借底物水平磷酸化生成 2 分子的 ATP。因此，需氧微生物在完全氧化葡萄糖的过程中总共可得到 32 分子的 ATP。假设 ATP 中的高能磷酸键有 31.8 kJ/mol 的能量，那么 1 mol 葡萄糖完全氧化成 CO_2 和 H_2O 时，就有 1 208 kJ 的能量转变为 ATP 中高能磷酸键的键能。因为完全氧化 1 mol 葡萄糖可得到的总能量大约是 2 822 kJ，因此呼吸作用的效率大约是 36%，其余的能量以热的形式散失。

在糖酵解和三羧酸循环过程中形成的 NADH 和 $FADH_2$ 通过电子传递系统被氧化，最终形成 ATP 为微生物的生命活动提供能量。电子传递系统是由一系列氢和电子传递体组成的多酶氧化还原体系。NADH、

FADH$_2$ 以及其他还原型载体上的氢原子，以质子和电子的形式在其上进行定向传递；其组成酶系是定向有序的，又是不对称地排列在原核微生物的细胞质膜上或是在真核微生物的线粒体内膜上。这些系统具两种基本功能：一是从电子供体接受电子并将电子传递给电子受体；二是通过合成ATP把在电子传递过程中释放的一部分能量保存起来。电子传递系统中的氧化还原酶包括：NADH 脱氢酶、黄素蛋白、铁硫蛋白、细胞色素、醌及其衍生物。

① NADH 脱氢酶位于细胞膜的内侧，从 NADH 接受电子，并传递两个氢原子给黄素蛋白。

② 黄素蛋白是一类由黄素单核苷酸（FMN）或黄素腺嘌呤二核苷酸（FAD）及相对分子质量不同的蛋白质结合而成。位于呼吸链起始位点的酶蛋白黄素的三环异咯嗪中，最多可接受两个电子，还原时黄素失去其特征而成为无色。自由状态的 FMN/FMNH$_2$ 和 FAD/FADH$_2$ 的 E_0' 值分别为 -205 mV 和 -219 mV。当黄素同酶蛋白结合时，E_0' 发生变化。通常 FAD 与酶蛋白的组氨酸残基共价键结合，在氧化还原电位较高时（≥ 0 mV）起作用，FMN 则通过本身带负电荷的磷酸基团与酶蛋白的正电荷以离子键方式结合，在氧化还原电位较低时（≤ 0 mV）起作用。

③ 铁硫蛋白的相对分子质量较小（通常等于或低于 30 000），以 Fe$_2$S$_2$ 和 Fe$_4$S$_4$ 复合体最为常见。铁硫蛋白的还原能力随硫、铁原子的数量及铁原子中心与蛋白结合方式的不同而有很大的变化。因此不同的铁硫蛋白可在电子传递过程中的不同位点发挥作用。与细胞色素一样，铁硫蛋白只能携带电子，不能携带氢原子。

④ 细胞色素是含有铁卟啉基团的电子传递蛋白，通过位于细胞色素中心的铁原子失去或获得一个电子而经受氧化和还原。

$$\text{细胞色素 }-Fe^{2+} \underset{+e}{\overset{-e}{\rightleftharpoons}} \text{细胞色素 }-Fe^{3+}$$
$$\text{（还原态）} \qquad\qquad \text{（氧化态）}$$

已知有好几种具有不同氧化还原电位的细胞色素。一种细胞色素能将电子转移给另一种比它的氧化还原电位更高的细胞色素，同时也可从比它的氧化还原电位低的细胞色素接受电子。在某些时候，几种细胞色素或细胞色素与铁硫蛋白可形成稳定的复合体。例如，由两种不同的细胞色素 b 和细胞色素 c 形成的细胞色素 bc$_1$ 复合体。这种复合体在能量代谢过程中起着关键性的作用。

⑤ 醌及其衍生物是一类相对分子质量较小的非蛋白质的脂溶性物质。与黄素蛋白一样，这类物质可作为氢的受体和电子供体。微生物体内一般有 3 种类型，即泛醌、甲基萘醌和脱甲基萘醌。

（2）无氧呼吸

网上学习 5-4
"鬼火"的生物学解释

某些厌氧和兼性厌氧微生物在无氧条件下进行无氧呼吸。无氧呼吸的最终电子受体不是氧，而是像 NO$_3^-$、NO$_2^-$、SO$_4^{2-}$、S$_2$O$_3^{2-}$ 及 CO$_2$ 等这类外源受体。无氧呼吸也需要细胞色素等电子传递体，并在能量分级释放过程中伴随有磷酸化作用，也能产生较多的能量用于生命活动。但由于部分能量随电子转移传给最终电子受体，所以生成的能量不如有氧呼吸产生的多。

二、自养微生物的生物氧化

一些微生物可以氧化无机物获得能量，同化合成细胞物质，这类细菌称为化能自养微生物。它们在无机能源氧化过程中通过氧化磷酸化产生 ATP。

1. 氨的氧化

氨（NH$_3$）同亚硝酸（NO$_2^-$）是可以用作能源的最普通的无机氮化合物，能被硝化细菌所氧化。硝化细菌可分为两个亚群：亚硝化细菌和硝化细菌。氨氧化为硝酸的过程可分为两个阶段，先由亚硝化细菌将氨氧化为亚硝酸，再由硝化细菌将亚硝酸氧化为硝酸。由氨氧化为硝酸是通过这两类细菌依次进行的。硝化细菌都是一些专性好氧的革兰氏阴性菌，以分子氧为最终电子受体，且大多数是专性无机营养型。它们的细胞都具有复杂的膜内褶结构，这有利于增强细胞的代谢能力。硝化细菌无芽孢，多数为二分裂殖，生长缓慢，平均代时在 10 h 以上，分布非常广泛。

2. 硫的氧化

硫杆菌能够利用一种或多种还原态或部分还原态的硫化合物（包括硫化物、元素硫、硫代硫酸盐、多硫酸盐和亚硫酸盐）作能源。H_2S 首先被氧化成元素硫，随之被硫氧化酶和细胞色素系统氧化成亚硫酸盐，放出的电子在传递过程中可以偶联产生 4 分子 ATP。亚硫酸盐的氧化可分为两条途径，一是直接氧化成 SO_4^{2-} 的途径，由亚硫酸盐 – 细胞色素 c 还原酶和末端细胞色素系统催化，产生 1 分子 ATP；二是经磷酸腺苷硫酸的氧化途径，每氧化 1 分子 SO_4^{2-} 产生 2.5 分子 ATP。

3. 铁的氧化

从亚铁到高铁状态的氧化，对于少数细菌来说也是一种产能反应，但在这种氧化中只有少量的能量可以被利用。亚铁的氧化仅在嗜酸性的氧化亚铁硫杆菌（*Thiobacillus ferrooxidans*）中进行了较为详细的研究。在低 pH 环境中这种菌能利用亚铁放出的能量生长。在该菌的呼吸链中发现了一种含铜蛋白质（rusticyanin），它与几种细胞色素 c 和一种细胞色素 a_1 氧化酶构成电子传递链。虽然电子传递过程中的放能部位和放出有效能的多少还有待研究，但已知在电子传递到氧的过程中细胞质内有质子消耗，从而驱动 ATP 的合成。

4. 氢的氧化

氢细菌都是一些呈革兰氏阴性的兼性化能自养菌。它们能利用分子氢氧化产生的能量同化 CO_2，也能利用其他有机物生长。氢细菌的细胞膜上有泛醌、维生素 K_2 及细胞色素等呼吸链组分。在该菌中，电子直接从氢传递给电子传递系统，电子在呼吸链传递过程中产生 ATP。在多数氢细菌中有两种与氢的氧化有关的酶。一种是位于壁膜间隙或结合在细胞质膜上的不需 NAD^+ 的颗粒状氧化酶，它能够催化以下反应：

$$H^2 \longrightarrow 2H^+ + 2e^-$$

该酶在氧化氢并通过电子传递系统传递电子的过程中，可驱动质子的跨膜运输，形成跨膜质子梯度，为 ATP 的合成提供动力；另一种是可溶性氢化酶，它能催化氢的氧化，而使 NAD^+ 还原的反应。所生成的 NADH 主要用于 CO_2 的还原。

三、能量转换

在产能代谢过程中，微生物可通过底物水平磷酸化和氧化磷酸化将某种物质氧化而释放的能量贮存于 ATP 等高能分子中。对光合微生物而言，则可通过光合磷酸化将光能转变为化学能贮存于 ATP 中。

1. 底物水平磷酸化

物质在生物氧化过程中，常生成一些含有高能键的化合物，而这些化合物可直接偶联 ATP 或 GTP 的合成，这种产生 ATP 等高能分子的方式称为底物水平磷酸化（substrate level phosphorylation）。底物水平磷酸化既存在于发酵过程中，也存在于呼吸作用过程中。例如，在 EMP 途径中（见图 5-1），甘油酸 –1,3– 二磷酸转变为甘油酸 –3– 磷酸以及磷酸烯醇丙酮酸转变为丙酮酸的过程中都分别偶联着 1 分子 ATP 的形成；在三羧酸循环过程中（见图 5-6），琥珀酰辅酶 A 转变为琥珀酸时偶联着 1 分子 GTP 的形成。

2. 氧化磷酸化

物质在生物氧化过程中形成的 NADH 和 $FADH_2$ 可通过位于线粒体内膜或细菌质膜上的电子传递系统，将电子传递给分子氧或其他氧化型化合物，在这个过程中偶联 ATP 的合成（图 5-7），这种产生 ATP 的方式称为氧化磷酸化（oxidative phosphorylation）。1 分子 NADH 和 $FADH_2$ 可分别产生 2.5 分子和 1.5 分子 ATP。

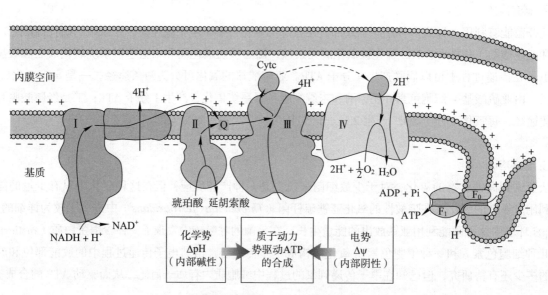

图 5-7　电子传递与 ATP 产生示意图

由于 ATP 在生命活动中所起的重要作用，阐明 ATP 合成的具体机制长期以来一直是人们的研究热点，并取得了丰硕成果。英国学者米切尔（P. Mitchell）1961 年提出化学渗透偶联假说（chemiosmotic-coupling hypothesis），该学说的中心思想是电子传递过程中导致建立膜内外质子浓度差，从而将能量蕴藏在质子势中，质子势推动质子由膜外进入胞内，在这个过程中通过存在于膜上的 F_1–F_0ATP 酶偶联 ATP 的形成（图 5-8）。

米切尔因提出化学渗透偶联假说荣获 1978 年诺贝尔化学奖，但是 F_1–F_0ATP 酶利用质子势推动质子跨膜运输而促进 ATP 形成的具体机制仍然困扰着人们。在化学渗透偶联假说提出后，美国科学家博耶（P.D.Boyer）提出构象变化偶联假说（conformational-coupling hypothesis）。其中心思想是质子势推动的质子跨膜运输启动并驱使 F_1–F_0ATP 酶构象发生变化，这种构象变化导致该酶催化部位对 ADP 和 Pi 的亲和力发生改变，并促进 ATP 的生成和释放（图 5-9）。

第一步是质子势推动质子由膜外进入膜内，导致 F_1–F_0ATP 酶催化部位构象发生变化，将 ADP 和 Pi 转变成与该酶紧密结合的 ATP［图 5-9（a）］；第二步是质子跨膜运输导致 F_1–F_0ATP 酶构象进一步发生变化，使 ATP 与之结合松散而从该酶上释放［图 5-9（b）］；第三步是质子跨膜运输使 F_1–F_0ATP 酶再发生变化，成为有利于与 ADP 和 Pi 结合的状态［图 5-9（c）］。博耶教授因提出构象变化偶联假说，与解析 F_1–F_0ATP 酶 F_1 结构域晶体结构的英国学者沃克（J. E. Walker），以及发现 Na^+，K^+–ATP 酶系统的丹麦学者斯克（J. C. Skou）共同荣获 1997 年诺贝尔化学奖。

网上学习 5–5
分子马达

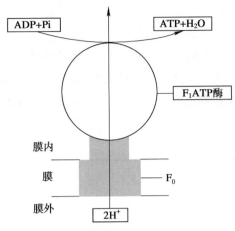

图 5-8　化学渗透偶联假说示意图

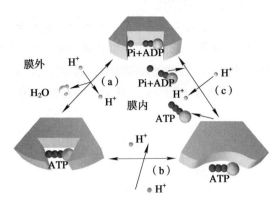

图 5-9　构象变化偶联假说示意图

3. 光合磷酸化

光合作用是自然界一个极其重要的生物学过程，其实质是通过光合磷酸化（photophosphorylation）将光能转变成化学能，以用于从 CO_2 合成细胞物质。营光合作用的生物体除绿色植物外，还包括光合微生物，如藻类、蓝细菌和光合细菌（包括紫色细菌、绿色细菌、嗜盐菌等）。它们利用光能维持生命，同时也为其他生物（如动物和异养微生物）提供了赖以生存的有机物。

（1）光合色素

光合色素是光合生物所特有的色素，是将光能转化为化学能的关键物质。光合色素共分 3 类：叶绿素（chl）或细菌叶绿素（Bchl）、类胡萝卜素和藻胆素。除光合细菌外，叶绿素 a 普遍存在于光合生物中，叶绿素 a、b 共同存在于高等植物、绿藻和蓝绿细菌中，叶绿素 c 存在于褐藻和硅藻中，叶绿素 d 存在于红藻中，叶绿素 e 存在于金黄藻中，褐藻和红藻也含有叶绿素 a。细菌叶绿素具有和高等植物中的叶绿素相类似的化学结构，二者的区别在于侧链基团的不同，以及由此而导致的光吸收特性的差异。此外，叶绿素和细菌叶绿素的吸收光谱在不同的细胞中也有差异。

所有光合生物都有类胡萝卜素。类胡萝卜素虽然不直接参加光合反应，但它们有捕获光能的作用，能把吸收的光能高效地传给细菌叶绿素（或叶绿素），而且这种光能同叶绿素（或细菌叶绿素）直接捕捉到的光能一样被用来进行光合磷酸化作用。此外，类胡萝卜素还有两个作用：一是可以作为叶绿素所催化的光氧化反应的淬灭剂，以保护光合机构不受光氧化损伤，二是可能在细胞能量代谢方面起辅助作用。

藻胆素因具有类似胆汁的颜色而得名，其化学结构与叶绿素相似，都含有 4 个吡咯环，但藻胆素没有长链植醇基，也没有镁原子，而且 4 个吡咯环是直链。

（2）光合单位

以往将在光合作用过程中还原 1 分子 CO_2 所需的叶绿素分子数称为光合单位（photosynthetic unit），后来通过分析紫色细菌载色体的结构，获得了对光合单位的进一步认识。光合色素分布于两个"系统"，分别称为"光合系统 I"和"光合系统 II"。每个系统即为 1 个光合单位。这两个系统中的光合色素成分和比例不同。1 个光合单位由 1 个光捕获复合体和 1 个反应中心复合体组成。光捕获复合体含有菌绿素和类胡萝卜素，它们吸收 1 个光子后，激活波长最长的菌绿素（P_{870}），从而传给反应中心，激发态的 P_{870} 可释放出 1 个高能电子。

（3）光合磷酸化

光合磷酸化是指光能转变为化学能的过程，当 1 个叶绿素分子吸收光量子时，叶绿素被激活，导致叶绿素（或细菌叶绿素）释放 1 个电子而被氧化，释放出的电子在电子传递系统的传递过程中逐步释放能量，这就是光合磷酸化的基本动力。光合磷酸化可分为环式和非环式两种。

1）环式光合磷酸化

这是存在于光合细菌中的一种原始产能机制，因在光能的驱动下通过电子的循环式传递而完成磷酸化产能反应而得名。在这类光合细菌中，光反应中心的叶绿素 P_{870} 被激发，放出的高能电子提供给细菌叶绿素（Bchl），然后电子依次通过辅酶 Q、细胞色素 b 和 c_1、铁硫蛋白和细胞色素 c_2 的传递，再返回到带正电荷的 P_{870}，同时驱动 ATP 的合成，详细过程见图 5-10。

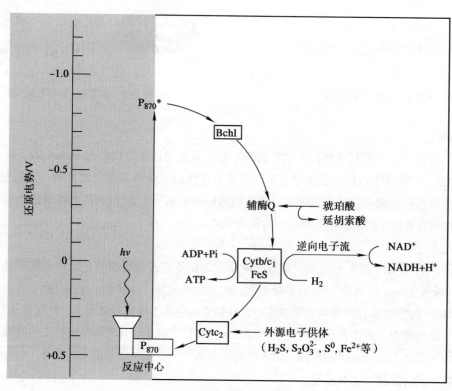

图 5-10　紫色非硫细菌的环式光合磷酸化系统

这类光合细菌产生 NADH 方式也因电子供体而不同，当环境中有氢气存在时，氢能直接用来产生 NADH；当环境中无氢存在时，像化能无机营养型细菌一样，可利用无机物 H_2S、S 或琥珀酸等提供电子或氢质子，借助 ATP 的能量，使电子在电子传递链中逆向流动，最后递交给 NAD^+ 生成 NADH。

环式光合磷酸化只存在于原核生物的光合细菌中，这类光合细菌主要包括着色菌属（*Chromatium*）、红假单胞菌属（*Rhodopseudomonas*）、红螺菌属（*Rpodospirillum*）、绿菌属（*Chlorobium*）和绿弯菌属（*Chloroflexus*）。它们都是厌氧菌，在进行光合磷酸化时不产生分子氧，即不能利用 H_2O 作为还原 CO_2 的氢供体，而是利用还原态的无机物（H_2S，H_2），故又称为非放氧型光合磷酸化。由于这类细菌细胞内所含有的菌绿素和类胡萝卜素的量和比例不同，使菌体呈现出红、橙、蓝、绿等不同颜色。

这类光合细菌广泛分布于深层淡水或海水中，能够分解污水中的 H_2S 和有机物，因此可用于水质的净化，所产生的菌体还可做饵料和饲料添加剂等。

2）非环式光合磷酸化

高等植物和蓝细菌与光合细菌不同，它们可以裂解水，以提供细胞合成的还原能力。它们含有两种类型的反应中心，连同天线色素、初级电子受体和供体一起构成了光合系统Ⅰ和光合系统Ⅱ，这两个系统偶联，进行非环式光合磷酸化（图 5-11）。在光合系统Ⅰ中，叶绿素分子 P_{700} 吸收光子后被激活，释放出 1 个高能电子。这个高能电子传递给铁氧还蛋白（Fd），并使之被还原。还原的铁氧还蛋白在 Fd：$NADP^+$ 还原酶的作用下，将 $NADP^+$ 还原为 NADPH。用以还原 P_{700} 的电子来源于光合系统 Ⅱ。在光合系统 Ⅱ 中，叶绿素分子 P_{680} 吸收光子后，释放出一个高能电子。后者先传递给辅酶 Q，再传给光合系统 Ⅰ，使 P_{700} 还原。失去单电子的 P_{680}，靠水的光解产生的电子来补充。高能电子从辅酶 Q 到光合系统 Ⅰ 的过程中，可推动 ATP 的合成。非环式光合磷酸化的反应式为：

$$2NADP^+ + 2ADP + 2Pi + 2H_2O \longrightarrow 2NADPH + 2H^+ + 2ATP + O_2$$

　　有的光合细菌虽然只有一个光合系统，但也以非环式光合磷酸化的方式合成 ATP，如绿硫细菌和绿色细菌（图 5-12）。从光反应中心释放出的高能电子经铁硫蛋白、铁氧还蛋白、黄素蛋白，最后用于还原 NAD^+ 生成 NADH。反应中心的还原依靠外源电子供体，如 S^{2-}、$S_2O_3^{2-}$ 等。外源电子供体在氧化过程中放出电子，经电子传递系统传给失去了电子的光合色素，使其还原，同时偶联 ATP 的生成。由于这个电子传递途径也没有形成环式回路，故也称为非环式光合磷酸化，反应式为：

$$NAD(P)^+ + H_2S + ADP + Pi \xrightarrow[hv]{chl} NAD(P)H + H^+ + ATP + S$$

网上学习 5-6
生物质能

- 微生物降解葡萄糖生成丙酮酸的主要途径有几种？各途径具有什么生理功能？
- 微生物利用哪些种类的电子受体？什么是发酵作用、呼吸作用、有氧呼吸和无氧呼吸？
- 微生物产生能量的 3 种方式是什么？说明电子传递链的结构和它在 ATP 合成中的作用，细菌和线粒体的电子传递链有什么区别？
- 什么是光合磷酸化？包括几种形式？
- 乙醇发酵、乳酸发酵、混合酸发酵以及丁二醇发酵的生化途径是什么？

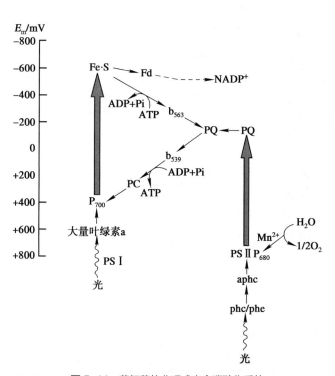

图 5-11　蓝细菌的非环式光合磷酸化系统
phc:藻蓝素；phe:藻红素；aphc:别藻蓝素；PQ:质体醌；PC:质体蓝素；
PS Ⅰ:光合系统 Ⅰ；PS Ⅱ:光合系统 Ⅱ

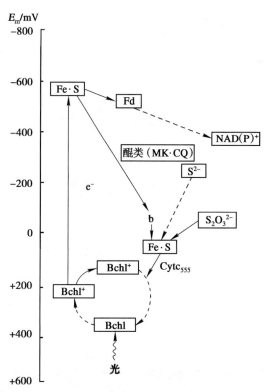

图 5-12　绿色细菌的非环式电子传递途径
Fd：铁氧还蛋白；Bchl：细菌叶绿素

第二节　耗能代谢

　　在上一节中，我们讨论了微生物如何将光能和化学能转变为生物能的过程。本节将阐明微生物利用这些能量合成细胞物质及其他耗能代谢的过程（如运输、运动、生物发光等生理过程）。

一、细胞物质的合成

　　微生物利用能量代谢所产生的能量、中间产物以及从外界吸收的小分子，合成复杂的细胞物质的过程称为合成代谢。合成代谢所需的能量由 ATP 和质子动力提供。糖类、氨基酸、脂肪酸、嘌呤、嘧啶等主要细胞成分合成反应的生化途径中，合成代谢和分解代谢虽有共同的中间代谢物参加，例如，由分解代谢而产生的丙酮酸、乙酰辅酶 A、草酰乙酸和甘油醛 –3– 磷酸等化合物可作为生物合成反应的起始物（图 5–13）。但在生物合成途径中，一种分子的生物合成途径与它的分解代谢途径通常是不同的。其中可能有相同的步骤，但导向一个分子的合成途径与从该分子开始的降解途径间至少有一个酶促反应步骤是不同的。另外，需能的生物合成途径与产能的 ATP 分解反应相偶联，因而生物合成方向是不可逆的。其次，调节生物合成的反应，与相应的分解代谢途径的调节机制无关，因为控制分解代谢途径速率的调节酶，并不参与生物合成途径。生物合成途径主要是被它们的末端产物的浓度所调节。

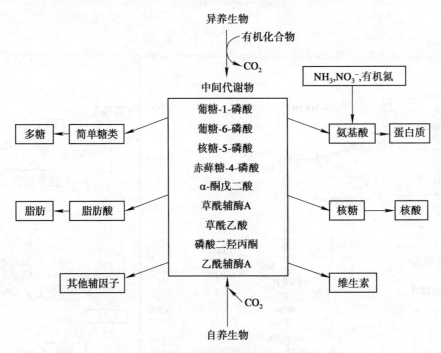

图 5–13　分解代谢和合成代谢过程中的重要中间产物

1. CO_2 的固定

　　CO_2 是自养微生物的唯一碳源，异养微生物也能利用 CO_2 作为辅助碳源。将空气中的 CO_2 同化成细胞物质的过程，称为 CO_2 的固定。微生物有两种同化 CO_2 的方式，一类是自养式，另一类为异养式。在自养式中，CO_2 加在一个特殊的受体上，经过循环反应，使之合成糖并重新生成该受体。在异养式中，CO_2 被固定在某种有机酸上。因此，异养微生物即使能同化 CO_2，最终却必须靠吸收有机碳化合物生存。

自养微生物同化 CO_2 所需要的能量来自光能或无机物氧化所得的化学能，固定 CO_2 的途径主要有以下 2 条：

（1）卡尔文循环

这个途径存在于所有化能自养微生物和大部分光合细菌中。经卡尔文循环同化 CO_2 的途径可划分为 3 个阶段（图 5-14）：CO_2 的固定；被固定 CO_2 的还原；CO_2 受体的再生。卡尔文循环每循环一次，可将 6 分子 CO_2 同化成 1 分子葡萄糖，其总反应式为：

$$6CO_2+6RuBP+18ATP+12NADPH+12H_2O \rightarrow C_6H_{12}O_6+18ADP+12NADP^++18Pi+12H^+$$

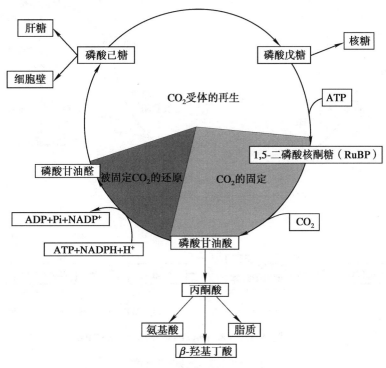

图 5-14　卡尔文循环的 3 个阶段

（2）还原性三羧酸循环固定 CO_2

还原性三羧酸循环，又称为逆向三羧酸循环（reverse TCA cycle），这个途径是在进行光合作用的绿硫细菌中发现的，如图 5-15。该途径中的多数酶与正向三羧酸循环时的相同，不同的只有依赖于 ATP 的柠檬酸裂解酶（citrate lyase），它可将柠檬酸裂解为草酰乙酸和乙酰辅酶 A。而在正向氧化性三羧酸循环中，草酰乙酸（4C）和乙酰辅酶 A 是在柠檬酸合酶（citrate synthase）的作用下合成柠檬酸。六碳化合物柠檬酸（6C）的裂解产物草酰乙酸（4C）可作为 CO_2 受体。每循环一周掺入 2 分子 CO_2，并还原成可供各种生物合成用的乙酰辅酶 A（2C），由它再固定 1 分子的 CO_2 后，就可以进一步形成丙酮酸、丙糖、己糖等一系列生物合成所需要的原料。途径中的 $Fd \cdot 2H$ 为还原态铁氧还蛋白。其功能是催化还原性 CO_2 固定以进入三羧酸循环。

2. 生物固氮

所有的生命都需要氮，氮的最初来源是无机氮。尽管空气中氮气的比例占了 79%，但所有的动植物以及大多数微生物都不能利用分子态氮作为氮源。目前仅发现一些特殊类群的原核生物能够将分子态氮还原为氨，然后再由氨转化为各种细胞物质。微生物将氮还原为氨的过程称为生物固氮（图5-16）。

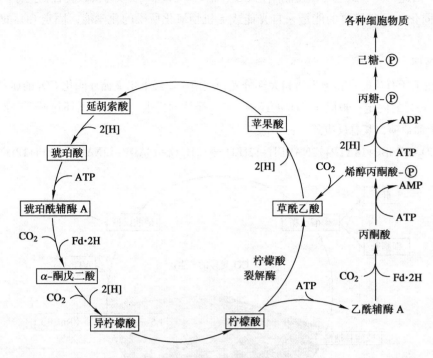

图5-15　还原性三羧酸循环固定CO_2

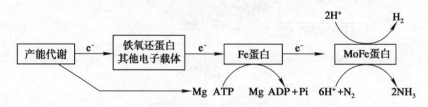

总反应式：$N_2 + 8H^+ + 8e^- + nATP \longrightarrow 2NH_3 + H_2 + nADP + nPi$

图5-16　生物固氮的生化途径

具有固氮作用的微生物近50个属，包括细菌、放线菌和蓝细菌。目前尚未发现真核微生物具有固氮作用。根据固氮微生物与高等植物以及与其他生物的关系，可以把它们分为3大类：自生固氮体系、共生固氮体系和联合固氮体系。好氧自生固氮菌以固氮菌属（*Azotobacter*）较为重要，固氮能力较强。厌氧自生固氮菌以巴氏固氮梭菌（*Clostridium pasteurianum*）较为重要，但固氮能力较弱。共生固氮菌中最为人们所熟知的是根瘤菌（*Rhizobium*），它与其所共生的豆科植物有严格的种属特异性。此外，弗兰克氏菌（*Frankia*）能与非豆科树木共生固氮。营联合固氮的固氮菌有雀稗固氮菌（*A. paspali*）、产脂固氮螺菌（*Azospirillum lipoferum*）等，它们在某些作物的根系黏质鞘内生长发育，并把所固定的氮供给植物，但并不形成类似根瘤的共生结构。

微生物之所以能够在常温常压条件下固氮，关键是靠固氮酶的催化作用。固氮酶的结构比较复杂，由铁蛋白和钼铁蛋白两个组分组成。固氮作用是一个耗能反应，固氮反应必须在有固氮酶和ATP的参与下才能进行。每固定1 mol氮大约需要21 mol ATP，这些能量来自于氧化磷酸化或光能磷酸化。在菌体内进行固氮时，还需要一些特殊的电子传递体，其中主要的是铁氧还蛋白和含有FMN作为辅基的黄素氧还蛋白。铁氧还蛋白和黄素氧还蛋白的电子供体来自NADPH，受体是固氮酶。

3. 二碳化合物的同化

三羧酸循环是产能反应和生物合成的重要代谢环节，其中的有机酸可被微生物利用，作为电子的供体和碳源。四碳、五碳、六碳均可在有氧环境下被微生物利用，通过氧化磷酸化产生能量。但三羧酸循环只有当受体分子草酰乙酸在每次循环后都能得到再生的情况下才能进行。若将三羧酸循环中的有机酸分子移去用于生物合成将会影响三羧酸循环的进行。微生物可利用回补途径（replenishment pathway）来解决这一矛盾。所谓回补途径就是指能补充兼用代谢途径（如三羧酸循环）中因合成代谢而消耗的中间代谢产物的反应。不同的微生物及在不同条件下具有不同的回补途径，主要有乙醛酸循环途径和甘油酸途径。

（1）乙醛酸循环

当乙酸作为底物时，草酰乙酸将会通过乙醛酸途径再生。这条途径由三羧酸循环中的反应和另外的两种酶组成：异柠檬酸裂解酶（催化异柠檬酸裂解成琥珀酸和乙醛酸）和苹果酸合成酶（将乙醛酸和乙酰辅酶 A 转化为苹果酸）。乙醛酸循环的生物合成途径如图 5-17 所示。异柠檬酸被裂解成琥珀酸和乙醛酸，使琥珀酸可以进入生物合成途径，因为乙醛酸可以和乙酰辅酶 A 结合生成苹果酸。苹果酸又可以被转化为草酰乙酸以维持三羧酸循环的进行。琥珀酸可以直接用于卟啉的合成，或者氧化为草酰乙酸后作为四碳氨基酸的碳骨架，或者用于合成葡萄糖（经由草酰乙酸和磷酸烯醇丙酮酸）。乙醛酸循环比较普遍地存在于好氧微生物中。细菌中的醋酸杆菌（*Acetobacter*）、固氮菌、大肠杆菌等，以及真菌中的酵母菌、黑曲霉和青霉菌等，都已证明有乙醛酸循环，它们可以利用乙酸作为唯一碳源和能源生长。

（2）甘油酸途径

当微生物以甘氨酸、乙醇酸和草酸作为底物时，则通过甘油酸途径补充三羧酸循环中的中间产物。二碳化合物，如甘氨酸、乙醇酸等，都要先转化为乙醛酸，然后 2 分子的乙醛酸与 CO_2 缩合成羟基丙酸半醛，随后在还原酶的作用下生成甘油酸。甘油酸经氧化后进入 EMP 途径，生成磷酸烯醇丙酮酸和丙酮酸。它们可接受 CO_2，生成四碳二羧酸，进入三羧酸循环。由乙醛酸生成甘油酸的途径，称为甘油酸途径（图 5-18）。许多微生物都有这条途径，可以利用乙醇酸、草酸和甘氨酸等二碳化合物作为唯一碳源生长。

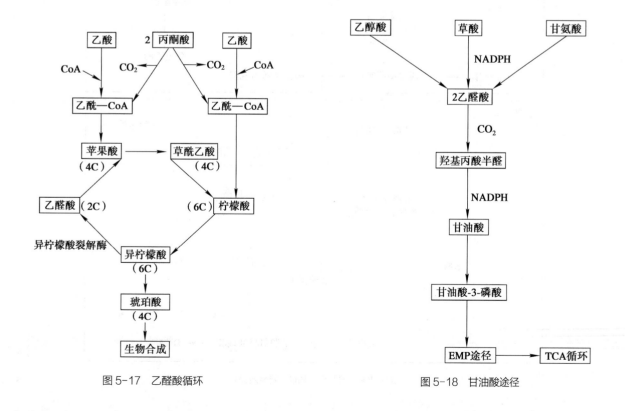

图 5-17　乙醛酸循环　　　　　　　　　　　　　　　　图 5-18　甘油酸途径

4. 糖类的合成

微生物在生长过程中，除了有分解糖类的能量代谢外，还能不断地从简单化合物合成糖类，以构成细胞生长所需要的单糖、多糖等。单糖在微生物中很少以游离形式存在，一般以多糖或多聚体的形式，或是以少量的糖磷酸脂和糖核苷酸形式存在。单糖和多糖的合成对自养和异养微生物的生命活动十分重要。

（1）单糖的合成

无论自养微生物还是异养微生物，其合成单糖的途径一般都是通过 EMP 途径逆行合成葡糖 –6– 磷酸，然后再转化为其他的糖。因此单糖合成的中心环节是葡萄糖的合成。但自养微生物和异养微生物合成葡萄糖的前体来源不同。

自养微生物通过卡尔文循环可产生甘油醛 –3– 磷酸，通过还原的羧酸环可得到草酰乙酸或乙酰辅酶 A。异养微生物可利用乙酸为碳源经乙醛酸循环产生草酰乙酸；利用乙醇酸、草酸、甘氨酸为碳源时通过甘油酸途径生成甘油醛 –3– 磷酸（图 5-18）；以乳酸为碳源时，可直接氧化成丙酮酸；将生糖氨基酸脱去氨基后也可作为合成葡萄糖的前体。

生物合成反应中所需的己糖可从外界环境获得或用非糖前体物来合成。主要的合成途径见图 5-19。己糖生物合成中的两个关键中间物是葡糖 –6– 磷酸和 UDP– 葡萄糖（UDPG）。葡糖 –6– 磷酸作为能量来源是葡萄糖氧化和糖酵解过程的重要中间产物，或者转化为 CO_2 或者转化为发酵产物，葡糖 –6– 磷酸也可逆向进入多糖合成途径。在这种情况下，它转化为 UDPG。UDPG 含有尿嘧啶核苷，故称为核苷糖。UDPG 是葡萄糖的活化形式，它既可作为其他核苷糖合成时的起始物质，也可作为细胞多糖的葡萄糖前体。如果说在葡萄糖分解代谢中葡糖 –6– 磷酸是一个关键中间代谢物的话，UDPG 则是葡萄糖合成代谢中的关键中间代谢物。当微生物含有可作为能源和碳源的己糖时，这些己糖同时也可作为生物合成代谢的前体。但也有许多微

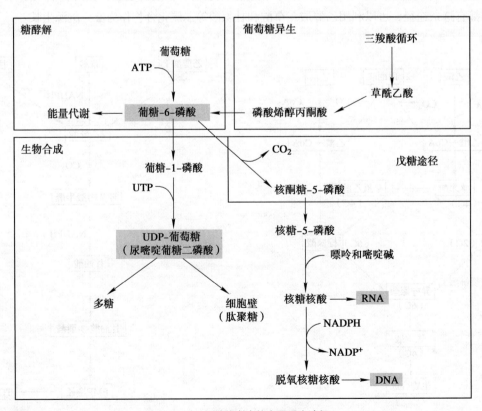

图 5-19 己糖代谢中的主要反应途径

生物可生长在无己糖的培养基上。在这种情况下，合成细胞壁及其他含己糖的多聚物所需的己糖必须由糖异生途径来合成。糖异生途径是由非碳化合物前体合成新的葡萄糖分子的过程。糖异生作用的起始物质是磷酸烯醇丙酮酸（PEP），它是糖酵解过程中一种重要的中间代谢物。PEP可在不同于糖酵解途径中的酶作用下，逆向合成葡糖-6-磷酸。糖异生过程中所需的PEP主要由草酰乙酸脱羧而得，而草酰乙酸是三羧酸循环中的一个重要中间产物。

在大多数情况下，戊糖是将己糖脱去一个碳原子而得到。这个反应可由多种途径实现，其中最普遍的是由葡糖-6-磷酸的氧化脱羧途径，产生CO_2和一个五碳中间物——核酮糖-5-磷酸。核酮糖-5-磷酸可转化为另外两种戊糖，其中一种是核糖-5-磷酸，可直接用于RNA合成。核糖-5-磷酸可经酶还原反应生成脱氧核糖用于DNA合成。

（2）多糖的合成

微生物细胞内所含的多糖是一种多聚物，包括同多糖和杂多糖。同多糖是由相同单糖分子聚合而成的糖类，如糖原、纤维素等。杂多糖是由不同单糖分子聚合而成的糖类，如肽聚糖、脂多糖和透明质酸等。多糖的合成不仅仅是分解反应的逆转，而是以一种核苷糖为起始物，接着糖单位逐个地添加在多糖链的末端。促进合成的能量是由核苷糖中高能糖-磷酸键水解中得到。多糖的合成是靠转移酶类的特异性来决定亚单位在多聚链上的次序，并且在合成的起始阶段需要一个引子作为添加单位的受体，另外还需要糖核苷酸作为糖基载体，将单糖分子转移到受体分子上，使多糖链逐步加长。

5. 氨基酸的合成

在蛋白质中通常存在着21种氨基酸。对于那些不能从环境中获得几种或全部现成氨基酸的生物，就必须从另外的来源去合成它们。在氨基酸合成中，主要包含着两个方面的问题：各氨基酸碳骨架的合成以及氨基的结合。合成氨基酸的碳骨架来自糖代谢产生的中间产物，而氨有以下几种来源，一是直接从外界环境获得；二是通过体内含氮化合物的分解得到；三是通过固氮作用合成；四是由硝酸还原作用合成。另外，在合成含硫氨基酸时，还需要硫的供给。大多数微生物可从环境中吸收硫酸盐作为硫的供体，但由于硫酸盐中的硫是高度氧化状态，而存在于氨基酸中的硫是还原状态，所以无机硫要经过一系列的还原反应才能用于含硫氨基酸的合成。

氨基酸的合成主要有3种方式：一是氨基化作用，二是转氨基作用，三是由糖代谢的中间产物为前体合成氨基酸。在由前体转化为氨基酸的过程中，有时也有转氨基的反应。① 氨基化作用指α-酮酸与氨反应形成相应的氨基酸。氨基化作用是微生物同化氨的主要途径。能直接吸收氨合成氨基酸的α-酮酸只有α-酮戊二酸和丙酮酸，如谷氨酸的合成就是α-酮戊二酸在谷氨酸脱氢酶的催化下，以NAD（P）$^+$为辅酶，通过氨基化反应合成。此外，延胡索酸和谷氨酸虽不是α-酮酸，但前者可通过双键打开而连接α-氨基，后者则通过酰胺键生成谷氨酰胺，这是一个需ATP的耗能反应。② 转氨基作用是指在转氨酶催化下，使一种氨基酸的氨基转移给酮酸，形成新的氨基酸过程。转氨作用普遍存在于各种微生物体内，是氨基酸合成代谢和分解代谢中极为重要的反应。通过转氨基作用，微生物可以消耗一些含量过剩的氨基酸，以得到某些含量较少的氨基酸。③ 前体转化指21种氨基酸除了可以通过上述途径合成以外，还可通过糖代谢的中间产物如甘油-3-磷酸、赤藓糖-4-磷酸、草酰乙酸、3-磷酸核糖焦磷酸等，经一系列的生化反应而合成。根据前体的不同，可将它们分成6组（图5-20）。

6. 核苷酸的合成

核苷酸是核酸的基本结构单位，它是由碱基、戊糖、磷酸所组成。根据碱基成分可把核苷酸分为嘌呤核苷酸和嘧啶核苷酸。

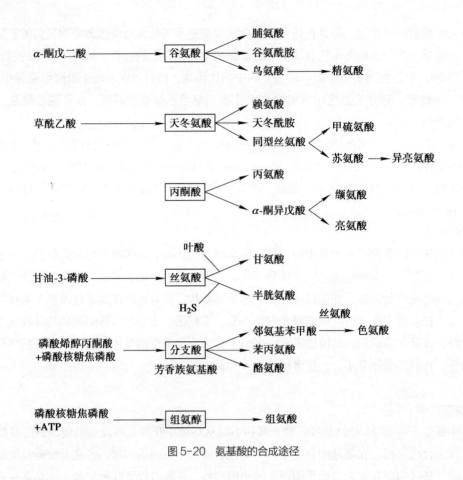

图 5-20 氨基酸的合成途径

（1）嘌呤核苷酸的生物合成

嘌呤环几乎是一个原子接着一个原子地合成。它的碳和氮来自氨基酸、CO_2 和甲酸。它们逐步地添加到核糖磷酸这一起始物质上。微生物合成嘌呤核苷酸有两种方式：一种方式是由各种小分子化合物，全新合成次黄嘌呤核苷酸（IMP），然后再转化为其他嘌呤核苷酸。次黄嘌呤核苷酸是在核酮糖 –5– 磷酸的基础上合成的（图 5-21）。第二种方式是由自由碱基或核苷组成相应的嘌呤核苷酸。有的微生物无全新合成嘌呤核苷酸的能力，就以这种方式合成嘌呤核苷酸，这是一种补救途径，以便更经济地利用已有成分。

（2）嘧啶核苷酸的合成

微生物合成嘧啶核苷酸也有两种方式，一种方式是由小分子化合物全新合成尿嘧啶核苷酸，然后再转化为其他嘧啶核苷酸；另一种方式是以完整的嘧啶或嘧啶核苷分子组成嘧啶核苷酸（图 5-22）。

（3）脱氧核苷酸的合成

脱氧核苷酸是由核苷酸糖基第 2 位碳上的—OH 还原为 H 而成，是一个耗能的过程。在不同微生物中，脱氧过程在不同的水平上进行。如在大肠杆菌中，这一过程在核糖核苷二磷酸水平上进行，而在赖氏乳酸菌中，这一过程在核糖核苷三磷酸水平上进行。DNA 中的胸腺嘧啶脱氧核苷酸是在尿嘧啶脱氧核糖核苷二磷酸形成后，脱去磷酸，再经甲基化生成。

网上学习 5–7
青霉素的杀菌原理

二、其他耗能反应：运动、运输和生物发光

由细菌细胞产能反应形成 ATP 和质子动力，被消耗在各种途径中。许多能量用于新的细胞组分的生物

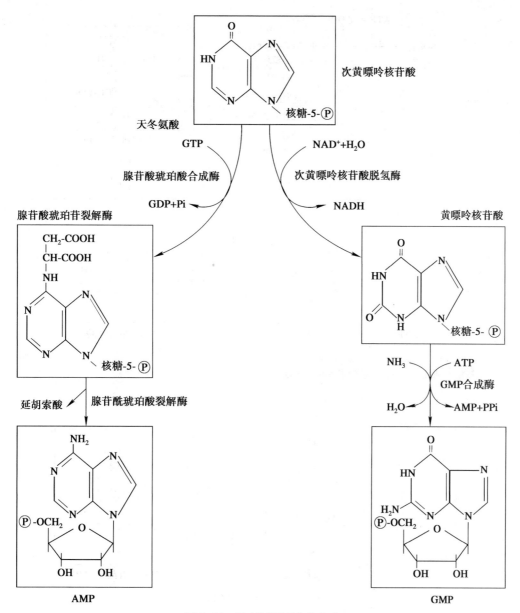

图 5-21　嘌呤核苷酸的生物合成

合成，另外细菌的运动、性细胞器的活动、跨膜运输及生物发光也是重要的生物耗能过程。

1. 运动

很多细菌是运动的，而且这种独立运动的能力一般是由于其具有特殊的运动细胞器，如鞭毛等控制。还有某些细菌可以滑动的方式在固体表面运动，某些水生细菌还可通过一种称为气囊的细胞结构调节其在水中的位置。然而，大多数可运动的原核生物是利用鞭毛。在真核微生物中，鞭毛和纤毛均具有 ATP 酶，水解 ATP 产生自由能，成为运动所需的动力。目前尚未在细菌鞭毛中发现有 ATP 酶。细菌鞭毛转动的能量可能来自于细胞内的质子动力，也有人认为细菌鞭毛转动的能量来自细胞内 ATP 的水解。鞭毛的基部起着能量转换器的作用，将能量从细胞质或细胞膜传送到鞭毛，推动鞭毛运动。

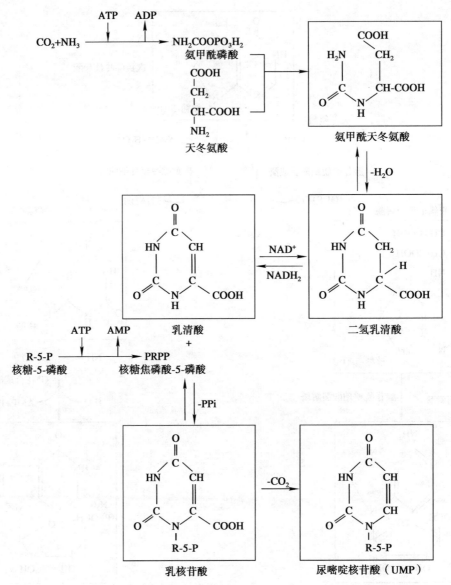

图 5-22 嘧啶核苷酸的合成

2. 运输

微生物细胞具有很大的表面积，可以快速、大量地从外界吸收营养物质，满足自身代谢的需要。目前认为营养物质跨膜运输有 4 种机制：扩散、促进扩散、主动运输和膜泡运输。其中主动运输和膜泡运输需要消耗能量。

3. 生物发光

许多活的生物体，包括某些细菌、真菌和藻类都能够发光。尽管它们的发光机制不同，但在所有例子中，发光都包含着能量的转移。先形成一种分子的激活态，当这种激活态返回到基态时即发出光来。

细菌发光涉及两种特殊成分：荧光色素酶和一种长链脂肪族醛。另外还有黄素单核苷酸和氧的参与。NADPH 是主要的电子供体（图

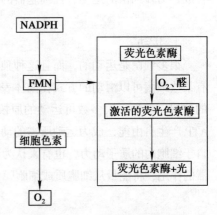

图 5-23 发光细菌的电子流途径

5–23）。虽然酶的还原不需要这种醛，但当活化的酶返回到基态时，若无醛存在，光量就低。由于生物发光与普通的电子传递争夺 NADPH 的电子，因此当电子体系被抑制剂阻断时，发光的强度就会增大。

第三节　微生物代谢的调节

生命活动的基础在于新陈代谢。微生物细胞内各种代谢反应错综复杂，各个反应过程之间相互制约，彼此协调，可随环境条件的变化而迅速改变代谢反应的速度。微生物细胞代谢的调节主要是通过控制酶的作用来实现，因为任何代谢途径都是一系列酶促反应构成。微生物细胞的代谢调节主要有两种类型，一类是酶活性调节，调节的是已有酶分子的活性，发生在酶化学水平上；另一类是酶合成的调节，调节的是酶分子的合成量，发生在遗传学水平上，在细胞内这两种方式协调进行。本节着重介绍酶活性的调节，有关酶合成的调节见第9章。

一、酶活性调节

酶活性调节是指一定数量的酶，通过其分子构象或分子结构的改变来调节其催化反应的速率。这种调节方式可以使微生物细胞对环境变化作出迅速的反应。酶活性调节受多种因素影响，如底物的性质和浓度、环境因子以及其他酶的存在都有可能激活或控制酶的活性。酶活性调节的方式主要有两种——变构调节和酶分子的修饰调节。

1. 变构调节

在某些重要的生化反应中，反应产物的积累往往会抑制催化这个反应的酶活性，这是由于反应产物与酶的结合抑制了底物与酶活性中心的结合。在一个由多步反应组成的代谢途径中，末端产物通常会反馈抑制该途径的第一个酶，这种酶通常被称为变构酶（allosteric enzyme）。例如，合成异亮氨酸的第一个酶是苏氨酸脱氨酶，这种酶被其末端产物异亮氨酸反馈抑制。变构酶通常是某一代谢途径的第一个酶或是催化某一关键反应的酶。细菌细胞内的糖酵解和三羧酸循环的调控也是通过反馈抑制进行的。

2. 修饰调节

修饰调节是通过共价调节酶来实现。共价调节酶通过修饰酶催化其多肽链上某些基团进行可逆的共价修饰，使之处于活性和非活性的互变状态，从而导致调节酶的活化或抑制以控制代谢的速度和方向。

修饰调节是体内重要的调节方式，有许多处于分支代谢途径，对代谢流量起调节作用的关键酶属于共价调节酶（表5–1）。

目前已知有多种类型的可逆共价调节蛋白：磷酸化/去磷酸化，乙酰化/去乙酰化，腺苷酰化/去腺苷酰化，尿苷酰化/去尿苷酰化，甲基化/去甲基化，S–S/SH相互转变，ADPR化/去ADPR化等。

酶促共价修饰与酶的变构调节不同，酶促共价修饰对酶活性调节是酶分子共价键发生了改变，即酶的一级结构发生了变化。而在别构调节中，酶分子只是单纯的构象变化。在酶分子发生磷酸化等修饰反应时，一般每个亚基消耗1分子ATP，比新合成1个酶分子所耗的能量要少得多。因此，这是一种体内较经济的代谢调节方式。另外，酶促共价修饰对调节信号具放大效应，其催化效率比别构酶调节要高。

表 5-1　共价修饰改变酶催化活性的例子

酶类	低活性状态	高活性状态	来源
糖原合成酶	（去磷酸化）酶	（磷酸化）酶	真核细胞
丙酮酸脱氢酶	（去磷酸化）酶	（磷酸化）酶	真核细胞
糖原磷酸化酶	（磷酸化）酶	（去磷酸化）酶	真核细胞
磷酸化酶 b 激酶	（磷酸化）酶	（去磷酸化）酶	哺乳动物
谷氨酰胺合成酶	（腺苷酰化）酶	（去腺苷酰化）酶	原核细胞

二、分支合成途径调节

不分支的生物合成途径中的第一个酶受末端产物的抑制，而在有两种或两种以上的末端产物的分支代谢途径中，调节方式较为复杂。其共同特点是每个分支途径的末端产物控制分支点后的第一个酶，同时每个末端产物又对整个途径的第一个酶有部分的抑制作用，分支代谢的反馈调节方式有多种。

1. 同工酶反馈抑制

同工酶是指能催化同一种化学反应，但其酶蛋白本身的分子结构组成有所不同的一组酶。同工酶对分支途径的反馈调节模式见图 5-24（a）。其特点是：在分支途径中的第一个酶有几种结构不同的一组同工酶，每一种代谢终产物只对一种同工酶具有反馈抑制作用，只有当几种终产物同时过量时，才能完全阻止反应的进行。这种调节方式的典型例子是大肠杆菌天冬氨酸族氨基酸的合成。有 3 个天冬氨酸激酶催化途径的第一个反应，分别受赖氨酸、苏氨酸及甲硫氨酸的调节。

2. 协同反馈抑制

在分支代谢途径中，几种末端产物同时都过量，才对途径中的第一个酶具有抑制作用。若某一末端产物单独过量则对途径中的第一个酶无抑制作用如图 5-24（b）。例如，在多黏芽孢杆菌（*Bacillus polymyxa*）合成赖氨酸、甲硫氨酸和苏氨酸的途径中，终产物苏氨酸和赖氨酸协同抑制天冬氨酸激酶。

3. 累积反馈抑制

在分支代谢途径中，任何一种末端产物过量时都能对共同途径中的第一个酶起抑制作用，而且各种末端产物的抑制作用互不干扰。当各种末端产物同时过量时，它们的抑制作用累加 [图 5-24（c）]。如果末端产物 Y 单独过量时，抑制 AB 酶活性的 40%，剩余酶活性为 60%，如果末端产物 Z 单独过量时抑制 AB 酶活性的 30%，当 YZ 同时过量时，其抑制活性为：40%+（1-40%）×30%=58%。累积反馈抑制最早是在大肠杆菌的谷氨酰胺合成酶的调节过程中发现的，该酶受 8 个最终产物的累积反馈抑制。8 个最终产物同时存在时，酶活力完全被抑制。

4. 顺序反馈抑制

分支代谢途径中的两个末端产物，不能直接抑制代谢途径中的第一个酶，而是分别抑制分支点后的反应步骤，造成分支点上中间产物的积累，这种高浓度的中间产物再反馈抑制第一个酶的活性。因此，只有当两个末端产物都过量时，才能对途径中的第一个酶起到抑制作用 [图 5-24（d）]。枯草芽孢杆菌合成

• 微生物代谢调节的主要类型有几种？
• 酶活性调节的类型有几种？
?

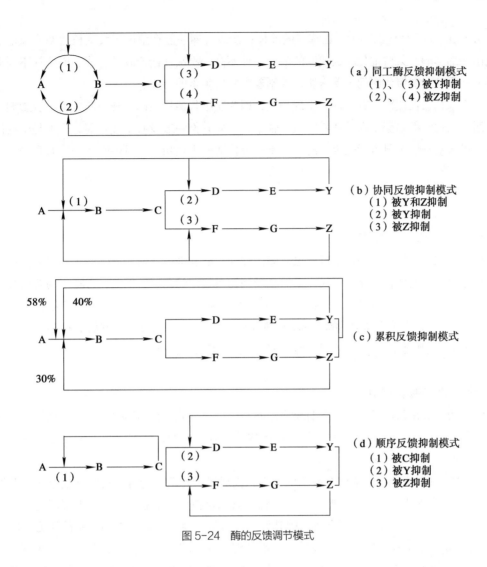

图 5-24　酶的反馈调节模式

芳香族氨基酸的代谢途径就采取这种方式进行调节。

第四节　微生物的次级代谢与次级代谢产物

一、次级代谢与次级代谢产物

一般将微生物从外界吸收的各种营养物质，通过分解代谢和合成代谢，生成维持生命活动的物质和能量的过程，称为初级代谢。次级代谢是相对于初级代谢而提出的一个概念。一般认为，次级代谢是指微生物在一定的生长时期，以初级代谢产物为前体，合成一些对微生物生命活动无明确功能的物质过程，这一过程的产物，即为次级代谢产物。有人把超出生理需求的过量初级代谢产物也看做是次级代谢产物。次级代谢产物大多是分子结构比较复杂的化合物，根据所起作用，可将其分为抗生素、激素、生物碱、毒素及维生素等类型。

次级代谢与初级代谢关系密切，初级代谢的关键性中间产物往往是次级代谢的前体，比如糖降解过程中的乙酰辅酶 A（CoA）是合成四环素、红霉素的前体；次级代谢一般在菌体指数生长后期或稳定期进行，但会受到环境条件的影响；某些催化次级代谢的酶专一性不高；次级代谢产物的合成，因菌株不同而异，但与分类地位无关；质粒与次级代谢的关系密切，控制着多种抗生素的合成。

次级代谢不像初级代谢那样有明确的生理功能，因为次级代谢途径即使被阻断，也不会影响菌体生长繁殖。次级代谢产物通常都是限定在某些特定微生物中，因此它们一般没有生理功能，也不是生物体生长繁殖的必需物质，尽管对它们本身可能是重要的。关于次级代谢的生理功能，目前尚无一致的看法。

二、次级代谢的调节

1. 初级代谢对次级代谢的调节

与初级代谢类似，次级代谢的调节过程也有酶活性的激活和抑制及酶合成的诱导和阻遏。由于次级代谢一般以初级代谢产物为前体，因此次级代谢必然会受到初级代谢的调节。例如，青霉素的合成会受到赖氨酸的强烈抑制，而赖氨酸合成的前体 α- 氨基己二酸可以缓解赖氨酸的抑制作用，并能刺激青霉素的合成。这是因为 α- 氨基己二酸是合成青霉素和赖氨酸的共同前体。如果赖氨酸过量，它就会抑制这个反应途径中的第一个酶，减少 α- 氨基己二酸的产量，从而进一步影响青霉素的合成。

2. 碳、氮代谢物的调节作用

次级代谢产物一般在菌体指数生长后期或稳定期合成，这是因为在菌体生长阶段，被快速利用碳源的分解物阻遏了次级代谢酶系的合成。因此，只有在指数后期或稳定期，这类碳源被消耗完之后，解除阻遏作用，次级代谢产物才能得以合成。

高浓度的 NH_4^+ 可以降低谷氨酰胺合成酶的活性，而后者的比活力与抗生素的合成呈正相关性，因此高浓度的 NH_4^+ 对抗生素的生产有不利影响。而另一种含氮化合物——硝酸盐却可以大幅度地促进利福霉素的合成，因其可以促进糖代谢和三羧酸循环酶系的活力，以及琥珀酰辅酶 A 转化为甲基丙二酰辅酶 A 的酶活力，从而为利福霉素的合成提供了更多的前体，同时它可以抑制脂肪合成，使部分用于合成脂肪的前体乙酰辅酶 A 转为合成利福霉素脂肪环的前体，另外，硝酸盐还可提高菌体中谷氨酰胺合成酶的比活力。

> • 什么是初级代谢？什么是次级代谢？二者有什么关系？
> • 说明次级代谢及其特点，如何利用次级代谢的调节作用提高抗生素的产量？

3. 诱导作用及产物的反馈抑制

在次级代谢中也存在着诱导作用，例如，巴比妥虽不是利福霉素的前体，也不参与利福霉素的合成，但能促进将利福霉素 SV 转化为利福霉素 B 的能力。同时，次级代谢产物的过量积累也能像初级代谢那样，反馈抑制其合成酶系（表 5-2）。

表 5-2　次级代谢产物的反馈调节

产物	调节作用
氯霉素	阻遏第一个酶：芳香胺合成酶
卡那霉素	阻遏乙酰基转移酶
霉酚酸	抑制合成途径最后一步转甲基酶
嘌呤霉素	抑制 O- 去甲基嘌呤霉素甲基转移酶
制菌霉素	抑制制菌霉素诱导因子的产生

此外，培养基中的磷酸盐、溶解氧、金属离子及细胞膜透性也会对次级代谢产生或多或少的影响。

小结

1. 微生物的代谢包括合成代谢和分解代谢，但二者是一个整体过程，以保证生命活动得以正常进行。

2. 微生物代谢类型多种多样。异养微生物在有氧或无氧的条件下，以有机物为生物氧化基质，氧和其他无机物为最终电子受体，通过呼吸和发酵作用产生能量和合成细胞的前体物质。有些异养微生物在无氧的条件下以有机物为生物氧化基质和最终氢受体，产生少量能量和乳酸、乙醇、乙酸、甲酸、丁酸等发酵产物。自养微生物通过光合作用和化能合成作用，获得能量并通过同化二氧化碳和其他无机盐合成细胞物质。

3. 微生物将化学能和光能转变为生物能，将这些能量用于合成细胞物质及其他耗能过程，如运动、营养物质运输及发光等。

4. 微生物的代谢受着严格的调节。微生物的代谢调节主要通过对酶的调节，包括酶合成的调节和酶活性的调节。

5. 微生物次级代谢途径多样，受多种因素影响。次级代谢物种类繁多，很多次级代谢物具重要经济意义。

网上更多……

📖 复习题　　👥 思考题　　📝 现实案例简要答案

（孔　健　张长铠）

第6章
微生物的生长繁殖及其控制

学习提示

Chapter Outline

现实案例：恼人的生物膜

生物膜（biofilm）是一些微生物细胞被自身产生的胞外多聚物包裹而形成的、附着于物体表面、具有复杂组织结构的群落。人类很多的细菌性疾病都与生物膜的形成相关，例如牙菌斑就是一种生物膜。甚至国际空间站也对生物膜感到头疼，Collin等通过航天飞机搭载实验发现，在太空中绿脓假单胞菌（*Pseudomonas aeruginosa*）的生物膜拥有更多活细胞和更大的生物量。Wong等发现，绿脓假单胞菌单个细胞在玻璃上蠕动时留下的多糖痕迹会影响其他细菌的行为，最终导致形成生物膜。若能阻止这些痕迹形成，或者干扰其作用，那么就有可能抑制生物膜的形成，从而有助于预防和治疗这种细菌所引起的疾病。

请对下列问题给予回答和分析：

在完成本章学习后，你知道采取什么办法可以防止生物膜的形成？

参考文献：

[1] Zhao K, Tseng B S, Beckerman B, et al. Ps1 trails guide exploration and microcolony formation in *Pseudomonas aeruginosa* biofilms[J]. Nature, 2013, 497（7449）：388–391.

[2] Kim W, Tengra F K, Young Z, et al. Spaceflight promotes biofilm formation by *Pseudomonas aeruginosa*[J]. PLoS ONE, 2013, 8（4）：e62437.

[3] Schaudinn C, Stoodley P, Kainović A, et al. Other structures seen as mainstream concepts. Get used to it: Bacterial microcolonies form regular shapes, such as nanowires or honeycomb-like structures[J]. Microbe，2007, 2（5），231–237.

微生物生长是细胞物质有规律地、不可逆地增加，导致细胞体积扩大的生物学过程，这是个体生长的定义。繁殖是微生物生长到一定阶段，由于细胞结构的复制与重建并通过特定方式产生新的生命个体，即生命个体数量增加的生物学过程。可以看出微生物的生长与繁殖是两个不同但又相互联系的概念。生长是一个逐步发生的量变过程，繁殖是一个产生新的生命个体的质变过程。在高等生物里这两个过程可以明显分开，但在低等特别是在单细胞的生物中，由于个体微小，这两个过程是紧密联系又很难划分的。因此在讨论微生物生长时，往往将这两个过程放在一起讨论，这样微生物生长又可以定义为在一定时间和条件下细胞数量的增加，这是微生物群体生长的定义。

第一节　细菌的个体生长

细菌的个体生长包括细胞结构的复制与再生、细胞的分裂，本节主要介绍细菌部分结构的复制和细菌分裂等有关内容。

一、染色体 DNA 的复制和分离

细菌的染色体为环形的双链 DNA 分子。在细菌个体细胞生长的过程中，染色体以双向的方式进行连续的复制，在细胞分裂之前不仅完成了染色体的复制，而且也开始了两个子细胞 DNA 分子的复制，在迅速生长的细菌里就存在这种情况。也就是说，当细胞的一个世代即将结束时，细胞不仅为即将形成的两个子细胞各备有一份完整的亲本的遗传信息，而且未来子细胞的基因组也已经开始复制（图 6-1）。DNA 的复制起点附着在细胞膜上，随着膜的生长和细胞的分裂，两个未来的子细胞基因组不断地分离开来，最后到达两个子细胞中。细菌在个体生长过程中通过染色体 DNA 的复制，使其遗传特性能保持高度的连续性和稳定性。

二、细胞壁扩增

细胞壁是细胞外的一种"硬"性结构。细胞在生长过程中，必须扩增细胞壁，才能使细胞体积扩大。在细胞壁扩增过程中，细胞壁在什么位点扩增，以及如何扩增是两个主要问题。研究结果表明：杆菌在生长过程中，新合成的肽聚糖在细胞壁中是新老细胞壁呈间隔分布，新合成的肽聚糖不是在一个位点而是在多个位点插入；而球菌在生长过程中，新合成的肽聚糖是固定在赤道板附近插入，导致新老细胞壁能明显地分开，原来的细胞壁被推向两端。

几乎所有细菌都产生一些肽聚糖水解酶，在外界胁迫的条件下，这些酶的活化会导致细胞自

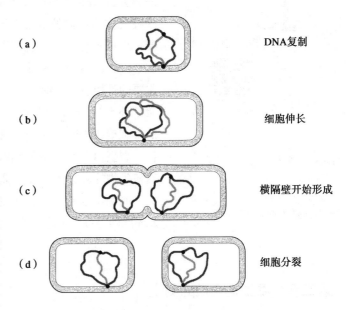

(a) 　　DNA复制

(b) 　　细胞伸长

(c) 　　横隔壁开始形成

(d) 　　细胞分裂

图 6-1　细菌个体生长过程中染色体 DNA 的分离
（a）刚产生的子代细胞已含有部分开始复制基因组；（b）环形染色体已复制成两份；（c）细胞分裂之前两份染色体又开始了复制；（d）产生已经开始染色体复制的两个子细胞（注：图中的环都是双链 DNA）

溶，因此这些酶被称为自溶素（autolysin）。如裂解性糖基转移酶可以打断 NAG–NAM 之间的糖苷键，*N*– 乙酰胞壁酸 –L– 丙氨酸酰胺酶打断 NAM 与肽尾之间酰胺键，LD– 羧肽酶、DD– 羧肽酶可打断四肽尾内的肽键，LD– 内肽酶、DD– 内肽酶打断肽桥间的肽键。这些水解酶在细胞的一系列活动如细胞生长过程中隔膜和壁的延伸、细胞分裂、壁组分的转换、芽孢形成、转化中细胞感受态的形成以及毒素和胞外酶的分泌等活动中均起到重要作用。

在细菌的生长和分裂过程中，组成细菌细胞壁的肽聚糖的合成非常重要。上述的肽聚糖水解酶打开原来的肽聚糖结构，以利于新合成的肽聚糖的插入。新合成的肽聚糖单体［十一异戊二烯基 –PP–NAM（带五肽尾）–NAG］由细胞质膜转移出来，在糖基转移酶作用下去掉十一异戊二烯基 –PP 后，NAG–NAM 与原有的 NAG–NAM 相连，肽聚糖链得以延伸。NAM 的五肽尾在转肽酶作用下，其第 3 个含 2 个氨基的氨基酸残基的游离氨基与另一肽尾上第 4 个氨基酸残基的羧基相连接，同时另一肽尾上的第 5 个氨基酸——D– 丙氨酸被去掉，变为四肽尾。原来的五肽尾的第 4 个氨基酸残基的羧基可以和其他肽尾的第 3 个氨基酸残基的游离氨基相连，同时去掉自己的第 5 个氨基酸残基——D– 丙氨酸，变为四肽尾，这样新合成的肽聚糖单体就和原有的肽聚糖形成一个完整的整体。在自溶素和转肽酶的有序配合下细菌细胞壁得以扩增，细胞得以生长和分裂。

三、细菌的分裂与调节

当细菌的各种结构复制完成之后就进入分裂时期。细胞伸长，DNA 复制后随膜的延长被分开，同时细胞膜在细菌长度的中间位置内陷，膜内陷伴随新合成的肽聚糖插入，导致横隔壁向中心生长，最后在中心会合，细胞质被横隔壁分为两部分，细胞完成一次分裂，一个细菌分裂成两个大小相等的子细菌。该过程即细菌的二分裂（binary fission）（图 6-1）。

细菌的分裂过程受到多种蛋白质的控制，Fts（filamentous temperature sensitive）蛋白是其中较为重要的一类蛋白。Fts 源自一类大肠杆菌（*Escherichia coli*）的温度敏感突变体，这些突变体的共同特点是，当外界环境的温度升高时，表现出分裂活动的停滞，形成不分裂的长丝状菌体；而在正常的生长温度下进行正常的细胞分裂。FtsZ 蛋白是一种具有 GTPase 活性的 GTP 结合蛋白，是原核细胞分裂时主要的骨架蛋白。细胞分裂时 FtsZ 蛋白最早在杆状细胞的中部聚合成环状骨架 Z 环（Z ring），其他相关蛋白再与之结合，Z 环收缩促进细胞的分裂。Z 环的形成晚于 DNA 的复制，它在两个拟核之间形成。FtsZ 是最保守的原核生物分裂蛋白，不仅存在于细菌和古菌中，也存在于线粒体和叶绿体中，它与真核生物的微管蛋白具有同源性。细胞分裂产生的位置与 FtsZ 蛋白的定位有关，而 FtsZ 蛋白的定位则受控于 Min 蛋白，在多种 Min 蛋白的精确调控下，Z 环准确定位于细胞中部，最终使细胞分裂时能形成两个大小相同的子细胞。

网上学习 6–1
细菌也会慢慢变老

• 图示细菌个体生长过程中染色体 DNA 的分离。
• 新合成的细胞壁成分肽聚糖是如何插入到原来的细胞壁上的？

第二节　微生物生长的测定

微生物生长情况可以通过测定单位时间里微生物数量或生物量（biomass）的变化来评价。通过微生物生长的测定可以客观地评价培养条件、营养物质等对微生物生长的影响，或评价不同的抗菌物质对微生物产生抑制（或杀死）作用的效果，或客观地反映微生物生长的规律。因此，微生物生长的测量在理论上和实践上有着重要的意义。微生物生长的测定方法有计数法、重量（质量）法和生理指标法等方法。

一、计数法

此法通常用来测定样品中所含细菌、孢子、酵母菌等单细胞微生物的数量。计数法又分为直接计数和间接计数两类。

1. 直接计数法

常用的直接计数法是利用特定的细菌计数板或血细胞计数板，在显微镜下计算一定容积里样品中微生物的数量。此法的缺点是不能区分死菌与活菌。计数板是一块特制的载玻片，上面有一个特定的面积为 1 mm² 和高度为 0.1 mm 的计数室，在 1 mm² 的面积里又刻划了 25 个（或 16 个）中格，每个中格进一步划分成 16 个（或 25 个）小格，计数室都是由 400 个小格组成（图 6-2）。

将稀释的样品滴在计数板上，盖上盖玻片，然后在显微镜下计算 4 ~ 5 个中格的细菌数，并求出每个小格所含细菌的平均数，再按下面公式求出每毫升样品所含的细菌数。

每毫升原液所含细菌数＝每小格平均细菌数 × 400 × 10 000 × 稀释倍数

另外，还可以采用膜过滤法进行直接计数法，即：将样品通过膜过滤器，然后将滤膜上的细菌进行荧光染色，在荧光显微镜下观察并计算膜上（或一定面积中）的细菌数。

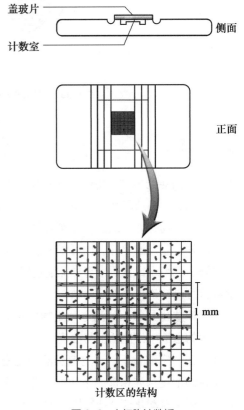

图 6-2 血细胞计数板

2. 间接计数法

此法又称活菌计数法，其原理是每个活细菌在适宜的培养基和良好的生长条件下可以生长形成一个菌落。菌落计数法是活菌计数法的一种，常用的菌落计数法是将待测样品经一系列 10 倍稀释，然后选择 3 个稀释度的菌液，分别取 0.2 mL 放入无菌培养皿，再倒入适量的已熔化并冷至 45℃ 左右的培养基，与菌液混匀，静置，待凝固后，放入适宜温度的培养箱或温室培养，长出菌落后计数，按下面公式计算出原菌液的含菌数：

每毫升原菌液活菌数＝同一稀释度 3 个以上重复培养皿菌落平均数 × 稀释倍数 ×5

以上方法为倒平板（菌落计数）法。

还可以在样品 10 倍稀释后，将稀释的菌液取 0.2 mL 加到已制备好的平板上，然后用无菌涂棒将菌液涂布整个平板表面，放入适宜温度下培养，计算菌落数，再按上述公式计算出每毫升原菌液所含的活菌总数，该方法称为平板涂布（菌落计数）法。图 6-3 是菌落计数法的一般过程。采用菌落计数法时，由于不能绝对保证一个菌落只是由一个活细胞形成，计算出的活细胞数称为菌落形成单位（colony forming unit，CFU）。CFU 并不完全等同于样品中的活菌数。

菌落计数法会因操作不熟练造成污染，或培养基温度过高损伤细胞等原因造成结果不稳定。尽管如此，

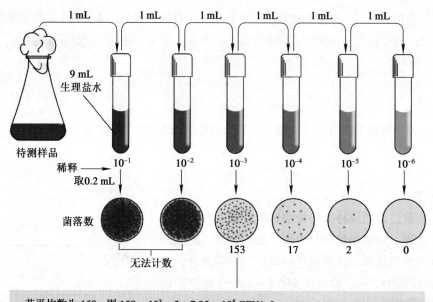

若平均数为159，则 $159 \times 10^3 \times 5 = 7.95 \times 10^5$ CFU/mL

图6-3　菌落计数的一般步骤

注：取样量是0.2 mL所以要乘以5

由于该方法能测出样品中微量的菌数，仍是教学、科研和生产上常用的一种测定细菌数的有效方法。土壤、水、牛奶、食品或其他材料中所含细菌、酵母、芽孢与孢子等的数量均可用此法测定。但不适于测定样品中丝状体微生物，如放线菌、丝状真菌或丝状蓝细菌等的营养细胞。

此外，膜过滤培养法也可以用于检测样品中的活菌数，当样品（如水样）中菌数很少时，可以将一定体积的湖水、海水或饮用水等样品通过膜过滤器。然后将滤膜置于培养基上培养，通过计算在滤膜上形成的菌落数就可以知道样品的活菌数。

比浊法也是常用的测定微生物生长的方法，但此法不能区别死细胞与活细胞，其原理是：在一定范围内，菌的悬液中细胞浓度与浊度成正比，即与光密度成正比，菌越多，光密度越大。因此可以借助于分光光度计，在一定波长下，测定菌悬液的光密度，以光密度（optical density，即OD）表示菌量。测量时一定要控制在菌浓度与光密度成正比的线性范围内，否则不准确。微生物计数法发展迅速，现有多种多样的快速、简易，运用自动化仪器和装置等的方法（见第12章）。

二、重量法

重量（质量）法是根据每个细胞有一定的质量而设计的。它可以用于单细胞、多细胞以及丝状微生物生长的测定。将一定体积的样品通过离心或过滤将菌体分离出来，经洗涤，再离心后直接称重，求出湿重。如果是丝状微生物，过滤后用滤纸吸去菌丝间的水分，再称重求出湿重。不论是细菌样品还是丝状菌样品，都可以将它们放在已知质量的培养皿或烧杯内，于105℃烘干至恒重，取出放入干燥器内冷却，再称量，求出微生物干重。

如果要测定固体培养基上生长的放线菌或丝状真菌，可先加热至50℃，使琼脂熔化，过滤获得菌丝体，再用50℃的生理盐水洗涤菌丝，然后按上述方法求出菌丝体的湿重或干重。

除了干重、湿重反映细胞物质质量外，还可以通过测定细胞中蛋白质或DNA的含量反映细胞物质的量。蛋白质是细胞的主要成分，含量也比较稳定，其中氮是蛋白质的重要组成元素。从一定体积的样品中分离出细胞，洗涤后，按凯氏定氮法测出总氮量。蛋白质含氮量为16%，细菌中蛋白质含量占细菌固形物的50%~80%，一般以65%为代表，有些细菌则只占13%~14%，这种变化是由菌龄和培养条件不同所产生的。总含氮量与蛋白质总量之间的关系可按下列公式计算：

$$蛋白质总量 = 含氮量 \times 6.25$$

$$细胞总量 = 蛋白质总量 \div 65\% \approx 蛋白质总量 \times 1.54$$

DNA是微生物的重要遗传物质，每个细菌的DNA含量相当恒定，平均为8.4×10^{-5} ng。因此将一定体积的细菌悬液离心，从细菌细胞中提取DNA，求得DNA含量，则可计算出一定体积中细菌悬液所含的细菌总数。

三、生理指标法

有时还可以用生理指标测定法测定微生物数量。生理指标包括微生物的呼吸强度、耗氧量、酶活性、生物热等。样品中微生物数量越多或生长越旺盛时，这些指标越明显，因此可以借助特定的仪器如瓦勃氏呼吸仪、微量量热计等设备来测定相应的指标，根据这些指标测定微生物数量。这类测定方法主要用于科学研究，分析微生物生理活性等。

> ? 微生物生长的测定有哪些方法？比较各测定方法的优缺点。

第三节　细菌的群体生长繁殖

除某些真菌外，我们肉眼看到或接触到的微生物已不是单个，而是成千上万个微生物组成的群体。微生物接种是群体接种，接种后的生长是微生物群体繁殖生长。本节扼要介绍细菌群体生长的特点与一般规律。

一、生长的规律

在封闭系统中对微生物进行的培养，即培养过程中既不补充营养物质也不移去培养物质，保持整个培养液体积不变的培养方式称为分批培养（batch culture）。细菌接种到液体培养基后，以二分裂方式繁殖，我们以时间为横坐标，以菌数的对数为纵坐标，根据不同培养时间里细菌数量的变化，可以作出一条反映细菌在整个培养期间菌数变化规律的曲线，该曲线称为生长曲线（growth curve）。一条典型的分批培养的生长曲线可以分为迟缓期、对数（或指数）期、稳定期和衰亡期4个生长时期（图6-4）。

1. 迟缓期

细菌接种到新鲜培养基后处于一个新的生长环境，在一段时间里并不马上分裂，细菌的数量维持恒定，或增加很少，这一时期即迟缓期（lag phase）。此时胞内的RNA、蛋白质等物质含量有所增加，细胞体积相对最大，说明细菌并不是处于完全静止的状态。产生迟缓期的原因，是由于微生物接种到一个新的环境，暂时缺乏足够的能量和必需的生长因子，"种子"老化（即处于非对数期）或未充分活化，接种时造成损伤等。在工业发酵和科研中迟缓期会增加生产周期而产生不利的影响，但是迟缓期无疑也是必需的，因为细胞分裂之前，细胞各成分的复制与装配等也需要时间，因此应该采取一定的措施来缩短迟缓期，如：① 通过遗传学方法改变菌种的遗传特性使迟缓期缩短。② 利用对数期的细胞作为"种子"。③ 尽量使接种前后所使用的培养基组成不要相差太大。④ 适当扩大接种量等。这4种方式可有效地缩短迟缓期，克服不良的影响。

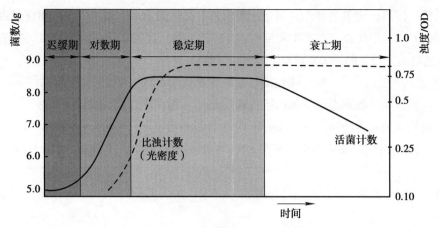

图 6-4　细菌生长曲线

2. 对数期

对数期（log phase）又称指数期（exponential phase）。细菌经过迟缓期进入对数期，并以最大的速率生长和分裂，由于细菌繁殖方式是二分裂，因此细菌数量呈 2 的指数增加，此时细菌生长呈平衡生长，即细胞内各成分按比例有规律地增加，所有细胞组分呈彼此相对稳定速率合成。对数期细菌的代谢活性及酶活性高而稳定，细胞大小比较一致，生活力强，因而在生产上常被用作"种子"，在科研上常作为理想的实验材料。

3. 稳定期

由于营养物质消耗，代谢产物积累和 pH 等环境变化，环境条件逐步不适宜于细菌生长，导致细菌生长速率降低直至零，即细菌分裂增加的数量等于细菌死亡数量，对数期结束，进入稳定期（stationary phase）。稳定期的活细菌数最高并维持稳定。如果及时采取措施，补充营养物质或取走代谢产物或改善培养条件，如对好氧菌进行通气、搅拌或振荡等可以延长稳定期，获得更多的菌体物质或代谢产物。

4. 衰亡期

营养物质耗尽和有毒代谢产物的大量积累，细菌死亡速率逐步增加和活细菌逐步减少，标志细菌的群体生长进入衰亡期（decline 或 death phase）。该时期细菌代谢活性降低，细菌衰老并出现自溶。

该时期死亡的细菌以指数方式增加，但在衰亡期的后期，由于部分细菌产生抗性也会使细菌死亡的速率降低。

此外，不同的微生物，甚至同一种微生物对不同物质的利用能力是不同的。有的物质可直接被利用（如葡萄糖或 NH_4^+ 等）；有的需要经过一定的适应期后才能获得利用能力（如乳糖或 NO_3^- 等）。前者通常称为速效碳源（或氮源），后者称为迟效碳源（或氮源）。微生物在同时含有速效碳源（或氮源）和迟效碳源（或氮源）的培养基中生长时，微生物会首先利用速效碳源（或氮源）生长直到该速效碳源（或氮源）耗尽，然后经过短暂的停滞，再利用迟效碳源（或氮源）重新开始生长，这种生长或应答称为二次生长（diauxic growth）（图 6-5）。

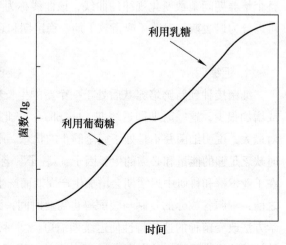

图 6-5　微生物的二次生长曲线

二、生长的数学模型

对数期中微生物生长速率变化规律的研究有助于推动微生物生理学与生态学基础研究和解决工业发酵等应用中的问题。对数期中微生物生长是平衡生长，即细胞各成分按比例增加，微生物细胞数量呈指数增加。因此对数期中微生物的生长可用数学模型表示。设

N_0：开始时培养液中细胞的数量；

N_t：经过时间 t 后培养液中细胞的数量；

n：经过时间 t 后增加的世代数。

由于细菌繁殖方式是二分裂，则

$$N_t = N_0 \times 2^n$$

$$\log N_t = \log N_0 + n \cdot \log 2$$

$$n = \frac{\log N_t - \log N_0}{\log 2} = \frac{\log N_t - \log N_0}{0.301}$$

在细菌个体生长中，每个细菌分裂繁殖一代所需的时间称为代时（generation time），在群体生长中细菌数量增加一倍所需的时间称为倍增时间（doubling time）。代时或倍增时间通常以 g 表示，则

$$g = \frac{t}{n} = \frac{0.301\,t}{\log N_t - \log N_0}$$

例如 t_0 时每毫升培养液中细胞数为 10^4，经过 4 h 后该培养液中细胞数量增加到 10^8/mL（N_t），则此条件该菌的代时为：

$$g = \frac{0.301 \times 4}{8-4} = 0.3\ (\text{h})$$

平均生长速率（mean growth rate）是细菌在单位时间内增加的世代数，用 μ 表示，则

$$\mu = \frac{n}{t} = \frac{\log N_t - \log N_0}{0.301\,t}$$

即

$$\mu = \frac{1}{g}$$

代时在不同的微生物差别很大，一般为 1 h 左右，但生长快的微生物在条件适宜时代时还不到 10 min。

三、连续培养

前面讨论了在封闭系统中对微生物进行分批培养。分批培养时，微生物的指数生长持续若干代后，由于营养物质的消耗和代谢产物的积累，微生物的生长就会达到稳定期。如果在微生物培养过程中采用开放系统，通过不断地补充营养物质和移出代谢废物，可以使微生物处于稳定的环境条件，实现持续生长，这样的培养方式称为连续培养（continuous culture）。利用连续培养可以使微生物一直处于指数生长，使微生物的生长速率恒定，或使微生物的生物量浓度长期保持恒定。

连续培养有两种类型，即恒化器（chemostat）连续培养（图6-6）和恒浊器（turbidostat）连续培养。恒

化器连续培养时新鲜培养液加入培养容器的速率与含微生物的培养液流出的速率相同，培养基中的某种必需的营养物质通常被作为细菌生长的限制因子，这类因子一般是氨基酸、氨和铵盐等氮源，或是葡萄糖、麦芽糖等碳源，或者是无机盐、生长因子等物质。营养物质的变化速率以稀释率表示，稀释率是流速（mL/h）与容器的体积（mL）之比。

恒化器连续培养时，微生物的生长速率（用代时表示）由稀释率决定，而细胞密度（数量）则由作为限制因子的营养物质浓度决定。恒化器连续培养可用于多种微生物学研究，例如，如果某种酶在稳定期活性极低而在对数期活性很高，就可以使用恒化器将微生物保持在对数期以进行研究。除微生物生理学研究外，由于可以模拟营养十分有限的自然环境，因此恒化器可用于微生物生态学研究。恒化器连续培养还可以用于富集和分离细菌，以及筛选不同的微生物变种等。

恒浊器连续培养是通过连续培养装置中的光电管监测来保持培养基中菌体浓度（即浊度）恒定、使细菌生长连续进行的一种培养方式。它通过自动调节稀释率来维持菌数恒定。恒

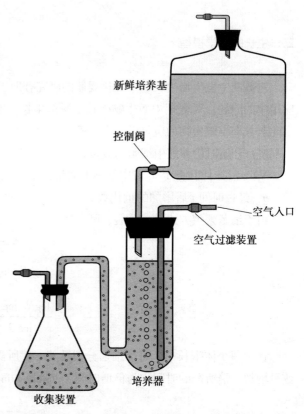

新鲜培养基

控制阀

空气入口

空气过滤装置

培养器

收集装置

图6-6　恒化器系统

浊器使用时稀释率是不断变化的，并且培养基中各种营养成分均是过量的，不存在限制因子。恒浊器连续培养一般用于菌体以及与菌体生长平行的代谢产物生产的发酵工业，以获得更好的经济效益。

- 请图示典型的分批培养的生长曲线，并描述各生长时期的特点。
- 什么是代时、倍增时间？代时与平均生长速率的关系如何？
- 恒化器和恒浊器连续培养分别是如何实现的？恒化器中微生物一定得是纯培养吗？

第四节　真菌的生长繁殖

真菌的生长繁殖，除与细菌有的方面相同外，还有其独特的一面。

一、丝状真菌的生长繁殖

丝状真菌的生长与繁殖的能力很强，而且方式多种多样，菌丝的断片也可以生长繁殖，形成新的菌丝体。在自然界，丝状真菌主要依靠形成各种无性和（或）有性孢子进行传播、繁殖或应对营养缺乏。

1. 菌丝生长

菌丝的生长表现为顶端生长，菌丝的整体有极性之分，位于前端的为幼龄菌丝，位于后面的为老龄菌丝。菌丝断片被接种到新鲜培养基培养过程中，在菌丝断片的幼龄端会重新形成新的生长点，通过顶端生长使菌丝延长。这条菌丝又可以产生分支菌丝。在生长过程中，菌丝分支的密度同营养状况密切相关，营养丰

富则分支点与菌丝生长顶端的距离短，即分支多而频繁，营养贫乏则分支点与菌丝生长顶端距离长，即分支少。如果菌丝断裂成断片，这些断片又可长成新的菌丝，菌丝在固体培养基或液体培养基中静止培养时形成菌落，在液体培养基中振荡培养时则形成菌丝球。一般菌丝生长到一定阶段先产生无性孢子，进行无性繁殖。到后期，在同一菌丝体上产生有性繁殖结构，形成有性孢子，进行有性繁殖。

2. 丝状真菌的无性繁殖

无性繁殖是指不经过两性细胞的接合，只是营养细胞的分裂或营养菌丝的片段化而形成同种新个体的过程。菌丝断片和无性孢子的生长繁殖，都属于无性繁殖。丝状真菌的无性孢子及其特征如表6-1和图6-7。

表 6-1　丝状真菌的无性孢子及其特征

孢子名称	染色体倍数	内生或外生	形成特征	孢子形态	举例
厚垣孢子	n	外生	部分菌丝细胞变圆，原生质浓缩，周围生出厚壁而成	圆形、柱形等	总状毛霉
节孢子	n	外生	由菌丝断裂而成	常成串短柱状	白地霉
分生孢子	n	外生	由分生孢子梗顶端细胞特化而成的单个或簇生的孢子	极多样	曲霉、青霉
孢囊孢子	n	内生	形成于菌丝的特化结构——孢子囊内	近圆形	根霉、毛霉
游动孢子	n	内生	有鞭毛能游动的孢囊孢子	圆形、梨形、肾形等	壶菌

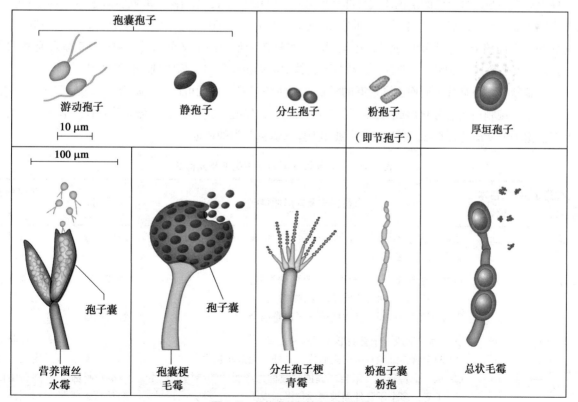

图6-7　丝状真菌无性孢子的类型

由孢子开始的生长包括孢子肿胀、萌发管形成和菌丝生长 3 个阶段。孢子肿胀是孢子在适宜条件下，通过吸水和代谢等过程使孢子体积扩大，但仍呈球形。根据在孢子肿胀过程中是否需要外源提供营养物质，可以将肿胀分为两个时期，即内源肿胀期与外源肿胀期，前者只吸收水，不需外源提供营养物质，而是利用孢子本身的营养物质合成细胞壁等物质插入到孢子壁上，导致孢子体积扩大；后者则是在内源肿胀期基础上进行的、需要外源提供营养物质才能完成的肿胀过程。在肿胀期新合成的细胞壁物质不是固定在一个部位，而是均匀地在孢子壁的多个部位插入，这是一个非极性的孢子生长的过程。孢子经过肿胀期进入萌发期，此阶段孢子继续吸收营养物质和合成新的细胞壁物质，并固定在孢子壁的一个位置，即由萌发孔插入，形成萌发管。很明显细胞壁物质插入孢子壁形成萌发管是一个极性生长过程。萌发管继续生长，最后发育成菌丝。菌丝生长是在菌丝顶端完成的，即菌丝的生长点在顶端，因此，菌丝的生长又称为顶端生长。

一般认为菌丝顶端生长的机制为菌丝中的液泡囊被发育成膜囊，膜囊内含有营养物质以及细胞壁水解和合成所需的酶类，构成了菌丝壁生长的基本单位。在一系列作用，如细胞质的流动、菌丝顶端与菌丝亚顶端之间电位差以及微管作用下，膜囊运动到菌丝顶端，在有关酶作用下，菌丝壁被水解，随后通过壁合成酶合成新的壁组分插入到壁水解部位，重新形成一个完整的壁，使菌丝壁扩增了一个生长单位。菌丝生长到一定阶段，新合成的壁物质除用于顶端生长外，还有一部分能在距离顶端的一定位置插入，导致产生分支的菌丝。原来的菌丝与分支菌丝通过顶端生长延长，它们在生长过程中各自以类似的方式又会产生新的分支，重复这个过程可以产生更多的分支。菌丝生长到一定阶段则产生孢子，又进行新一轮生长繁殖。

3. 丝状真菌的有性繁殖

经过两个性细胞结合而产生新个体的过程为有性繁殖。丝状真菌的有性繁殖复杂而多种多样，但一般都分为 3 个阶段：第一阶段是质配（plasmogamy），两个性细胞接触后发生细胞质融合，但两个核暂不融合，称为双核细胞，每个核的染色体数目都是单倍的，可用 $n+n$ 表示；第二阶段为核配（karyogamy），质配后两个核融合，产生二倍体接合子核，可用 $2n$ 表示。在低等真菌中，质配后立即核配，而在高等真菌中，质配后并不立即核配，常有双核阶段，在此期间，双核在细胞中甚至又可同时分裂；第三阶段是减数分裂（meiosis），大多数真菌核配后立即进行减数分裂，核中的染色体数目又恢复到单倍体数目。

有性繁殖方式因物种不同而不同。有的丝状真菌两条营养菌丝就可以直接接合，如毛霉目中的一些种。但多数丝状真菌则由菌丝分化形成特殊的性细胞（器官），如配子囊，它们经交配形成有性孢子。丝状真菌主要有性孢子的特征见表 6-2，这些特征常被作为丝状真菌分类的依据。

表 6-2　一些丝状真菌的有性孢子及其特征

有性孢子名称	染色体倍数	有性结构及其形成特征	举例	所属分类地位
卵孢子	$2n$	由两个大小不同的配子囊结合后发育而成，小配子囊称雄器，大配子囊称藏卵器	同丝水霉	卵菌纲：小霉目
接合孢子	$2n$	两个配子囊接合后发育而成，有两种类型： ① 异宗配合：两种不同质的菌才能结合 ② 同宗配合：同一菌体的菌丝可自身结合	葡枝根霉 大毛霉 性殖根霉	接合菌纲：毛霉目
子囊孢子	n	在子囊中形成。子囊的形成有两种方式： ① 两个营养细胞直接交配而成，其外面无菌丝包裹 ② 从一个特殊的、来自产囊体的被称为产囊丝的结构上产生子囊，多个子囊外面被菌丝包围形成子实体，称为子囊果	马氏单囊霉 麦类白粉菌 粗糙脉孢菌 牛粪盘菌	子囊菌纲： 内孢霉目 白粉菌目 球壳目 盘菌目

续表

有性孢子名称	染色体倍数	有性结构及其形成特征	举例	所属分类地位
担孢子	n	在担子中形成。担子菌以菌丝结合的方式产生双核菌丝，双核菌丝顶端细胞膨大为担子。担子内两性细胞核核配后经过减数分裂形成四个单倍体的核，担子顶端长出四个小梗并顶端膨大，四个核分别进入小梗的膨大部位，形成四个外生的单倍体担孢子。	蘑菇 多孔菌 木耳 银耳	层菌纲： 伞菌目 非褶菌目 木耳目 银耳目

4. 丝状真菌的生活史

丝状真菌从孢子开始，经过一段时间的生长繁殖，其中包括无性繁殖和有性繁殖两个阶段，最后又产生同一种孢子，这一循环称为丝状真菌的生活史。真菌的生活史多种多样，差异较大。较典型的是丝状真菌的菌丝体（营养细胞）在适宜条件下产生无性孢子，无性孢子萌发形成新的菌丝体，如此重复多次，这是其生活史中的无性繁殖阶段。当菌丝生长繁殖一定时间后，在一定条件下，开始有性繁殖，即从菌丝体上分化出特殊的性细胞（器官），或两条异性营养菌丝进行接合，经过质配、核配，形成双倍体细胞核，最后经过减数分裂形成单倍体孢子，这类孢子萌发再形成新的菌丝体。这就是一般丝状真菌生活史的一个循环周期。图6-8和图6-9为两种不同丝状真菌的生活史。

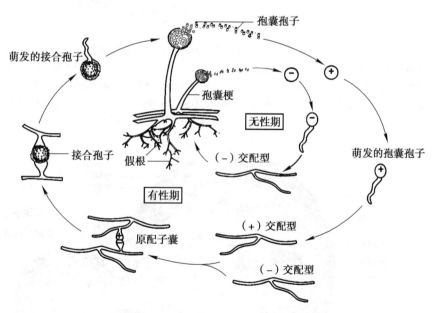

图6-8　葡枝根霉（*Rhizopus stolonifer*）的生活史

二、酵母菌的生长繁殖

大多数酵母菌为单细胞，呈卵圆形，其细胞直径常是细菌的10倍左右，长5~20 μm，宽3~5 μm。但各种酵母的形态、大小差别很大，同种酵母也因菌龄及环境的不同而有差异。有些酵母菌与其子代细胞连在一起成为链状，称为假丝酵母，如白色念珠菌（*Candida albicans*）。酵母菌的细胞结构、功能与其他真核生物基本相同（图6-10），在第3章中已叙述。本节介绍其生长繁殖。

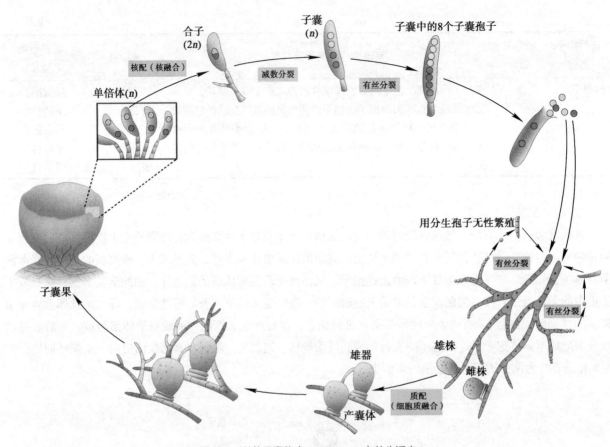

图6-9　丝状子囊菌（ascomycete）的生活史

在无性期中，菌丝形成分生孢子，分生孢子萌发形成新的菌丝。在有性期中，具有相反接合型的菌丝（分别表示为"+"和"−"）
能分别形成产生配子的不同结构，即雄器（雄性）和产囊体（雌性）。雄器和产囊体的细胞质融合后，菌丝发育交织形成
一个子囊果，子囊果中囊状的子囊生长，在每个子囊中，核融合形成合子，每个合子核分裂成8个核，由8个核形成
8个子囊孢子，子囊裂开弹射出子囊孢子

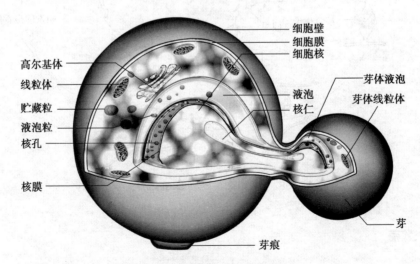

图6-10　酿酒酵母细胞结构示意图

1. 酵母菌的无性繁殖

　　大多数酵母菌通过出芽（budding）方式进行无性繁殖。在适宜条件下，酿酒酵母（*Saccharomyces cerevisiae*）细胞生长到一定大小时，细胞表面向外凸起，形成一个芽体，新合成的细胞壁组分被不断插入到

芽体表面，使细胞壁得以扩增，芽体不断长大。同时，复制后的细胞核和其他细胞器被运输到芽体内。当芽体生长到体积接近母细胞的 2/3 时，芽体与母细胞之间会形成隔膜，完成细胞质分裂。随后，芽体一侧的隔膜会发生部分降解，使得芽体与母细胞分离，产生一个新的酵母菌细胞。在扫描电镜下，可观察到芽体与母细胞脱离后，母细胞表面会留下一个环形突起，直径略大于 1 μm，该结构被称为芽痕（bud scar），相应地，在芽体表面也会留下一个环形突起，称为蒂痕（birth scar），芽痕与蒂痕的位置就是母细胞与芽体曾相连的地方。母细胞继续生长会再次向外凸起形成新的芽体，但新的芽体一般不会在旧芽痕上产生。芽痕内富含几丁质，其大小在随后的出芽过程中不会改变；蒂痕含几丁质较少，在随后的出芽过程中会逐渐变大，并慢慢消失。按照酵母菌细胞的平均表面积计算，每个细胞表面最多可容纳 100 个左右的芽痕，在电镜下，人们观察到母细胞表面可以有多达 23 个以上的芽痕。通过细胞表面芽痕的数量可以估计细胞的年龄。

根据酵母菌出芽的部位，一般可将芽殖分为双极出芽和单极出芽。双极出芽（bipolar budding）是指在蒂痕的远端（distal pole，即细胞上蒂痕的对侧方向）和近端（proximal pole，蒂痕附近）均能形成芽体。酿酒酵母的二倍体细胞为双极出芽，决定出芽位置是在远端还是近端的定位蛋白分别由特定基因编码，当这些基因发生突变时，出芽位置就会变成单极或随机。单极出芽（unipolar budding）是指只能在蒂痕的远端或只能在其近端形成芽体。例如，假丝酵母的假菌丝生长时，新形成的子细胞（芽体）长大后只在蒂痕的远端单极出芽，由于子细胞和母细胞不分离，这样一直会朝着一个方向延伸。一般来说，无论是双极出芽还是单极出芽，母细胞每出芽一次，都会换一个新的位置再出芽，因而芽痕不会出现重叠。然而，少数种类的酵母却可以在同一个位置多次出芽，如路德类酵母（Saccharomycodes ludwigii），这种酵母菌的出芽方式是双极出芽，但其芽体脱落后会在鼓起的芽痕处再次形成新的芽体，多个芽痕会套叠在一起。另外，酿酒酵母的单倍体细胞会在前一次细胞分裂位置的旁侧选择新的出芽位置，这种方式被称为轴向出芽（axial budding）。

裂殖酵母和内孢霉等是通过裂殖（fission）方式繁殖的，即在分裂开始前母细胞的一端和两端先后进行伸长，细胞核分裂，随后，在细胞中间部位形成一个隔膜，细胞被一分为二，产生两个大小相同的子细胞。还有少数酵母菌产生无性孢子进行繁殖，如掷孢酵母产生掷孢子，孢子被弹射出而得以繁殖。不论是芽殖、裂殖还是无性孢子繁殖，细胞核都没有经过减数分裂，都属于无性繁殖。

2. 酵母菌的有性繁殖

酵母菌能进行有性繁殖形成子囊孢子。两个形态相同而接合型不同的单倍体酵母细胞相互接触，经质配、核配，最后融合形成一个二倍体细胞，然后经过减数分裂形成子囊孢子，每个子囊中含有 4 个或 8 个单倍体的子囊孢子。

3. 酵母菌的生活史

单细胞的酵母菌和丝状真菌一样也具有无性繁殖和有性繁殖两个阶段的生活史。不同的酵母菌具有不同类型的生活史，如八孢裂殖酵母（Schizosaccharomyces octosporus）的营养细胞只能以单倍体存在，路德类酵母的营养细胞只能以二倍体存在，酿酒酵母的营养细胞既能以单倍体形式又能以二倍体存在。

在酿酒酵母的生活史（图 6-11）中，二倍体细胞在营养缺乏时可以通过减数分裂产生 4 个单倍体的子囊孢子，其接合型分别为 a 型和 α 型，子囊孢子通过萌发各自转变为 a 细胞和 α 细胞。两种单倍体的营养细胞可独自进行生长繁殖。a 细胞和 α 细胞分别可以产生和分泌 a 因子和 α 因子，这类因子是一类短肽，被称为外激素（pheromone）。相反接合型的细胞处于 G_1 期时对该因子敏感，即 α 细胞对 a 因子敏感，其细胞周期的进程能够被 a 因子阻断在 G_1 期。反之，a 细胞也能被 α 因子阻断在 G_1 期。在营养等条件适宜时，a 细胞与 α 细胞在相互识别后发

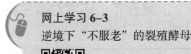

网上学习 6-3
逆境下"不服老"的裂殖酵母

- 丝状真菌有哪些繁殖方式？
- 什么是真菌的生活史？
- 酵母有哪些繁殖方式？

生趋化性生长，经细胞接触、质配和核配，最后融合成一个二倍体的营养细胞，二倍体营养细胞可以通过芽殖的方式继续生长繁殖。

酵母菌的繁殖方式多种多样，主要的方式总结如下：

无性繁殖 {
芽殖：酵母菌的主要繁殖方式，各属酵母菌

裂殖：少数酵母菌，如裂殖酵母属（*Schizosaccharomyes*）

产生无性孢子：掷孢子（掷孢酵母属，*Sporobolomyces*），节孢子（地霉属，*Geotricum*），厚垣孢子（假丝酵母属，*Candida*），芽生孢子（假丝酵母）
}

有性繁殖：形成子囊孢子（ascospore）

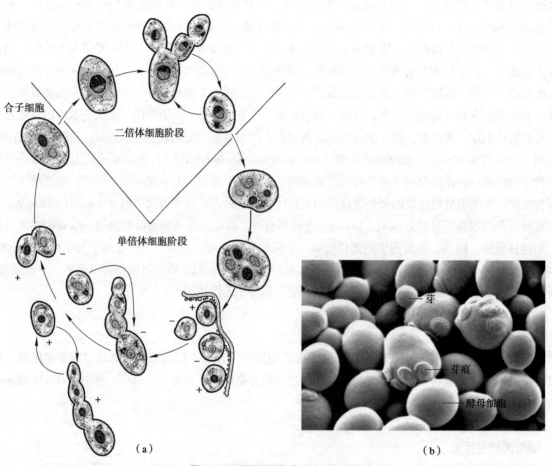

图6-11 酿酒酵母的生活史及电镜照片
酿酒酵母的生活史（a）和酵母细胞及芽痕的照片（b）
照片来源：美国宾夕法尼亚大学医学院毕尔飞教授

第五节 环境对微生物生长的影响

生长是微生物同环境相互作用的结果。培养过程中，环境的变化会对微生物生长产生很大的影响。影响微生物生长的主要因素有营养物质、水活度、温度、pH 和氧等。

一、营养物质

营养物质不足导致微生物生长所需要的能量、碳源、氮源、无机盐等成分不足，此时机体一方面降低或停止细胞物质合成，避免能量的消耗，或者通过诱导合成特定的运输系统，充分吸收环境中微量的营养物质以维持机体的生存；另一方面机体对胞内某些非必需成分或失效的成分进行降解以重新利用，这些非必需成分是指胞内贮存的物质、无意义的蛋白质与酶、mRNA等。例如，在氮、碳源缺乏时，机体内蛋白质降解速率比正常条件下的细胞提高了7倍，同时tRNA合成减少和DNA复制的速率降低，最终导致生长停止。

二、水活度

水是机体中的重要组成成分，它是一种起着溶剂和运输介质作用的物质，参与机体内水解、缩合、氧化与还原等反应在内的整个化学反应，并在维持蛋白质等大分子物质稳定的天然状态上起着重要作用。微生物在生长过程中，对培养基的水活度 a_w（见第4章）有一定的要求，每种微生物生长都有最适的 a_w，高于或低于所要求的 a_w 值，都会通过影响培养基的渗透压力而影响微生物的生长速率。微生物不同，生长所需要的最适 a_w 值也不同（见表4-7）。

从表4-7中可以看出一般细菌生长所需要的 a_w 值高，真菌生长所需 a_w 值较低。

三、温度

根据微生物生长的最适温度不同，可以将微生物分为嗜冷、兼性嗜冷、嗜温、嗜热和超嗜热5种不同的类型。它们都有各自的最低、最适和最高生长温度范围（表6-3）。

表6-3　微生物生长的温度范围

微生物类型	生长温度 /℃		
	最低	最适	最高
嗜冷微生物（psychrophile）	0以下	15	20
兼性嗜冷微生物（facultative psychrophile 或 psychrotroph）	0	20～30	35
嗜温微生物（mesophile）	15～20	20～45	45 左右
嗜热微生物（thermophile）	45	55～65	80
超嗜热或极端嗜热微生物（hyperthermophile）	65	80～90	100 以上

表6-4列出不同微生物生长温度的一些典型例子。温度的变化会对每种类型微生物的代谢过程产生影响，微生物的生长速率会发生改变，以适应温度的变化。

温度对微生物生长的影响具体表现在：① 影响酶活性。微生物生长过程中所发生的一系列化学反应绝大多数是在特定酶催化下完成的，每种酶都有最适的酶促反应温度。温度变化影响酶促反应速率，最终影响细胞物质合成。② 影响细胞质膜的流动性。温度高质膜流动性大，有利于物质的运输，温度低流动性降低，不利于物质运输，因此温度变化影响营养物质的吸收与代谢产物的分泌。③ 影响物质的溶解度。物质只有溶于水才能被机体吸收或分泌，除气体物质以外，物质的溶解度随温度上升而增加，随温度降低而降低，最终影响微生物的生长。

表 6-4　不同微生物生长的 3 种温度

微生物类型	生长温度 /℃		
	最低	最适	最高
细菌和古菌：			
嗜冷芽孢八叠球菌（*Sporosarcina psychrophila*）	−10	23 ~ 24	28 ~ 30
食尿酸嗜冷杆菌（*Psychrobacter urativorans*）	−4	10	24
粪肠球菌（*Enterococcus faecalis*）	0	37	44
大肠杆菌（*Escherichia coli*）	10	37	45
嗜酸热原体（*Thermoplasma acidophilum*）	45	59	62
水生栖热菌（*Thermus aquaticus*）	40	70 ~ 72	79
隐蔽热网菌（*Pyrodictium occultum*）	82	105	110
热液口火裂片菌（*Pyrolobus fumarii*）	90	106	113
真菌：			
Leucosporidum scottii	0	4 ~ 15	15
酿酒酵母（*Saccharomyces cerevisiae*）	1 ~ 3	28	40
微小根毛霉（*Rhizomucor pusillus*）	21 ~ 23	45 ~ 50	50 ~ 58
藻类：			
雪衣藻（*Chlamydomonas nivalis*）	−36	3	4
骨条藻（*Skeletonema costatum*）	6	16 ~ 26	>28
Cyanidium caldarium	30 ~ 34	45 ~ 50	56
原生动物：			
大变形虫（*Amoeba proteus*）	4 ~ 6	22	35
Cyclidium citrullus	18	43	47

四、pH

微生物生长过程中机体内发生的绝大多数的反应是酶促反应，而酶促反应都有最适 pH 范围，在此范围内只要条件适合，酶促反应速率最高，微生物生长速率最大，因此微生物生长也有最适生长的 pH 范围。此外，微生物生长还有最低与最高的 pH 范围，低于或高出这个范围，微生物的生长就被抑制。不同微生物生长的最适、最低与最高的 pH 范围也不同（表 6-5）。

表 6-5　一般微生物生长的 pH 范围

微生物	最低 pH	最适 pH	最高 pH
细菌	3 ~ 5	6.5 ~ 7.5	8 ~ 10
酵母菌	2 ~ 3	4.5 ~ 5.5	7 ~ 8
霉菌	1 ~ 3	4.5 ~ 5.5	7 ~ 8

pH 通过影响细胞质膜的透性、膜结构的稳定性和物质的溶解性或电离性来影响营养物质的吸收，从而影响微生物的生长速率。质子是唯一不带电子的阳离子，它在溶液里能迅速地与水结合成水合氢离子（H_3O^+ 等）。在偏碱性条件下，OH^- 占优势，水合氢离子和 OH^- 对营养物质的溶解度和解离状态、细胞表面电荷平衡和细胞的胶体性质等方面均会产生重大影响；在酸性条件下，H^+ 可以与营养物质结合，并能从可交换的结合物或细胞表面置换出某些阳离子，从而影响细胞结构的稳定性；同时由于 pH 较低，CO_2 溶解度降低，某些金属离子如 Mn^{2+}、Ca^{2+}、Mo^{2+} 等溶解度增加，导致它们在溶液中的浓度增加，从而对机体产生不利的作用。

五、氧

根据氧与微生物生长的关系可将微生物分为好氧、微好氧、耐氧厌氧、兼性厌氧和专性厌氧 5 种类型（表 6-6），它们在固体培养基试管中的生长特征见图 6-12。

表 6-6　微生物与氧的关系

微生物类型	最适生长的 O_2 的体积分数
好氧菌（aerobe）	≥ 20%
微好氧菌（microaerophile）	2% ~ 10%
耐氧厌氧菌（aerotolerant anaerobe）	2% 以下
兼性厌氧菌（facultative anaerobe）	有氧或无氧
专性厌氧菌（obligate anaerobe）	不需要氧，有氧时死亡

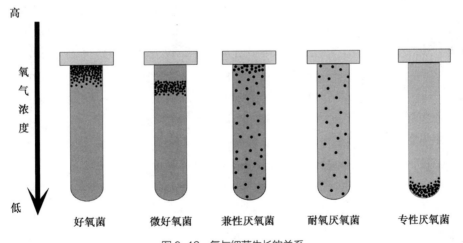

图 6-12　氧与细菌生长的关系

因此，在培养不同类型的微生物时，一定要采取相应的措施保证不同类型的微生物能正常生长。例如，培养好氧微生物可以通过振荡或通气等方式提供充足的氧气供它们生长；培养专性厌氧微生物则要排除环境中的氧，同时通过在培养基中添加还原剂的方式降低培养基的氧化还原电势；培养兼性厌氧或耐氧厌氧微生物时可以用深层静止培养的方式等。

好氧微生物虽然可以通过好氧呼吸产生更多的能量，满足机体的生长，但另一方面，在生物中氧都会产生有毒害作用的代谢产物，如超氧基化合物与 H_2O_2，这两种代谢产物互相作用还会产生毒性很强的自由基 $OH^.$：

$$O_2 + e^- \longrightarrow O_2^-$$

$$H_2O_2 + O_2^- \longrightarrow O_2 + OH^- + OH \cdot$$

- 根据微生物生长的最适温度不同，可以将微生物分为哪几种类型？
- 根据氧与微生物生长的关系，可将微生物分为哪几种类型？

自由基是一种强氧化剂，它与生物大分子互相作用，可导致产生生物分子自由基，从而对机体产生损伤或突变作用，甚至死亡。氧之所以对专性厌氧微生物以外的其他4种类型微生物不产生致死作用，是因为它们具有超氧化物歧化酶（superoxide dismutase，SOD），该酶可催化 O_2^- 分解成 H_2O_2，然后在过氧化氢酶（catalase）作用下生成水。

$$2O_2^- + 2H^+ \xrightarrow{\text{SOD}} H_2O_2 + O_2$$

$$2H_2O_2 \xrightarrow{\text{过氧化氢酶}} 2H_2O + O_2$$

H_2O_2 的毒性比 O_2^- 弱，它可使细胞内的其他代谢产物氧化而降低自身毒性，目前尚未发现耐氧厌氧菌和专性厌氧菌两类微生物中存在过氧化氢酶（表6-7）。

表6-7 超氧化物歧化酶与过氧化氢酶在微生物中的分布

微生物	超氧化物歧化酶/($U \cdot mg^{-1}$)	过氧化氢酶/($U \cdot mg^{-1}$)
好氧与兼性厌氧菌：		
大肠杆菌	1.8	6.1
鼠伤寒沙门氏菌	1.4	2.4
大豆根瘤菌	2.6	0.7
耐辐射微球菌	7.0	289.0
假单胞菌	2.0	22.5
耐氧厌氧菌：		
黏液真杆菌	1.6	0
粪链球菌	0.8	0
乳链球菌	1.4	0
乳清酸杆菌	0.6	0
专性厌氧菌：		
产碱韦荣氏球菌	0	0
巴氏梭菌	0	0
斯氏梭菌	0	0
巴氏芽孢梭菌	0	0
溶纤维丁酸弧菌	0	0

第六节 微生物生长繁殖的控制

在适宜条件下，对数期的微生物能以最大的比生长速率（每单位数量的细菌在单位时间内增加的量）进行生长繁殖，产生大量的新个体。例如，每个大肠杆菌细胞的质量虽然大约只有 10^{-12} g，但是，如果1个大肠杆菌细胞在肉汤培养基和在适宜条件下培养48 h，产生的新个体的总质量可超过地球质量的4 000倍！实际上，生长是微生物与环境相互作用的结果。在自然界中的电离辐射、太阳、温度、湿度、营养物质消耗和代谢产物积累等环境影响下，大肠杆菌不可能以最大比生长速率无限制地生长下去，再加上大肠杆菌噬菌体的作用，一些大肠杆菌细胞也会被裂解而死亡，这些都使细菌数量不会无限增加。另一方面，微生物中有不少是动物、植物和人类的病原菌，必须对这类病原菌进行控制。因此，如何控制微生物的生长速率或消灭不需要的微生物，在实际应用中具有重要的意义。

网上学习 6-4
有关的术语

理化因子对微生物生长是起抑菌作用还是杀菌作用并不是很严格区分的。因为理化因子的强度或浓度不同作用效果也不同。例如，有些化学物质低浓度有抑菌作用，高浓度时则起杀菌作用。即使是同一浓度，作用时间长短不同，效果也不一样；不同微生物对理化因子作用的敏感性也不同，处于不同生长时期的同一种微生物，对理化因子作用的敏感性也不同。

一、控制微生物的化学物质

抗微生物剂（antimicrobial agent）是能够杀死微生物或抑制微生物生长的化学物质。根据它们抗微生物的特性可分为抑菌剂（bacteriostatic agent）和杀菌剂（bactericide），抑菌剂能抑制微生物生长，但不能杀死它们，而杀菌剂能杀死微生物细胞。根据适用对象不同抗微生物剂可分为消毒剂和防腐剂。另外，用于治疗由微生物导致的疾病的抗微生物剂分为抗代谢物和抗生素。

1. 消毒剂和防腐剂

根据适用对象不同可将抗微生物剂分为消毒剂（disinfectant）和防腐剂（antiseptic），两者均具有杀死或抑制微生物生长的作用，消毒剂作用于非生物物质，而防腐剂由于对于人体或动物的组织无毒害作用，可作为人或动物的外用抗微生物药物。消毒剂广泛用于热敏感的物品或用具，如温度计、带有透镜的仪器设备、聚乙烯管或导管等的灭菌；在食品、发酵工业、自来水厂等部门常用消毒剂杀死墙壁、楼板与仪器设备等表面和自来水中的微生物；对于空气中的微生物则用甲醛、石炭酸(苯酚)、高锰酸钾等化学试剂进行熏、蒸、喷雾等方式杀死它们。表6-8列出了一些常用的防腐剂、消毒剂及其作用的机理。

表 6-8　常用的防腐剂和消毒剂

抗微生物剂	用途	作用机理
防腐剂：		
60% ~ 85% 乙醇或异丙醇溶液*	皮肤	脂溶剂和蛋白质变性剂
含酚化合物（如六氯酚、三氯生等）	肥皂、洗液、化妆品、身体除臭剂	破坏细胞质膜
阳离子去污剂，特别是季铵化合物	肥皂、洗液	破坏细胞质膜，使蛋白质变性
3% H_2O_2 溶液*	皮肤	氧化剂
碘伏复合物*	皮肤	碘化蛋白质的酪氨酸残基，氧化细胞组分
0.1% ~ 1% $AgNO_3$	新生儿眼睛，防止淋病奈瑟氏球菌感染致盲	沉淀蛋白质
消毒剂：		
60% ~ 85% 乙醇或异丙醇溶液*	医用仪器、实验室物品表面的消毒	脂溶剂和蛋白质变性剂
阳离子去污剂（季铵化合物）	医用仪器、食物和乳制品设备和衣物的消毒	破坏细胞质膜，使蛋白质变性

续表

抗微生物剂	用途	作用机理
氯气	供水池消毒	氧化剂
含氯化合物	乳制品与食品设备、供水池消毒	氧化剂
$CuSO_4$	游泳池、供水池消毒	蛋白质沉淀
环氧乙烷（气体）	不耐热的材料如塑料制品、镜头的灭菌	烷化剂
甲醛	3%~8% 溶液用于物品表面消毒，37% 溶液（福尔马林）或蒸汽用于灭菌	烷化剂
H_2O_2*	蒸汽可用于灭菌	氧化剂
碘伏复合物*	医用仪器、实验室物品表面消毒	碘化蛋白质的酪氨酸残基，氧化细胞组分
$HgCl_2$	物品表面消毒	与蛋白质的巯基结合
酚化合物	物品表面消毒	蛋白质变性
臭氧	饮用水消毒	强氧化剂

* 60%~85% 乙醇或异丙醇溶液、过氧化氢和碘伏复合物根据其浓度、暴露时间、使用方式的不同可以作为防腐剂和 / 或消毒剂。

2. 抗代谢物

抗代谢物（antimetabolite）是一些与酶的正常底物或中间产物结构类似的物质，能与酶的正常底物或中间产物竞争酶的活性部位使反应停止，从而阻断代谢途径。因此抗代谢物可以用于抑制微生物生长，在治疗由病原微生物引起的疾病中起着重要作用。

例如，很多细菌需要自己合成叶酸才能生长，叶酸合成所需的前体物质为对氨基苯甲酸，而磺胺是对氨基苯甲酸的结构类似物，因而磺胺可以与对氨基苯甲酸竞争性结合叶酸合成相关酶的活性位点，阻止叶酸的合成，导致代谢的紊乱，从而抑制细菌的生长。磺胺对人体细胞无毒性，是因为人和大多数动物都不能自己合成叶酸，而是直接从食物中获取叶酸进行生长，因此人体没有叶酸合成相关酶，所以人体细胞代谢不受磺胺的影响。磺胺常用于治疗由细菌和原生动物引起的疾病。又如，对氟苯丙氨酸、5- 氟尿嘧啶和 5- 溴胸腺嘧啶分别是苯丙氨酸、尿嘧啶和胸腺嘧啶的结构类似物，这些结构类似物会取代正常成分造成核酸合成的障碍。核酸相关的结构类似物常被用来治疗由病毒和真菌引起的疾病。

3. 抗生素

抗生素（antibiotic）是由某些生物合成或半合成的一类次级代谢产物或衍生物，它们能抑制微生物生长或杀死微生物。抗生素主要是通过① 抑制细菌细胞壁合成；② 破坏细胞质膜；③ 作用于呼吸链以干扰氧化磷酸化；④ 抑制蛋白质合成；⑤ 抑制核酸合成等方式来抑制微生物的生长或杀死微生物。图 6-13 简要说明了作用于细菌的某些抗生素及其它们作用的主要部位。

抗生素与抗代谢物是临床上广泛使用的化学治疗剂，但多次重复使用，使一些微生物变得对它们不敏感，作用效果也越来越差。对抗生素抗性菌株的研究表明，抗生素抗性菌株具有以下特点：① 菌株缺乏抗生素作用的对象，如支原体不含细菌细胞壁，因此对青霉素有天然的抗性；② 微生物对药物没有透性，药物不能进入微生物细胞，如大多数革兰氏阴性菌对青霉素 G 没有透性；有些菌的细胞质膜透性降低使磺胺不能进入细胞，从而产生磺胺抗性；分枝杆菌（mycobacteria）由于其细胞壁外的复杂脂层中含大量的分枝菌酸（mycolic acid），使水溶性的药物不能进入细胞；③ 微生物可以将抗生素变为无活性的形式。如很多链球菌含有 β- 内酰胺酶，该酶可以打开青霉素的 β- 内酰胺环，从而使青霉素失效；还有些细菌分别能产生

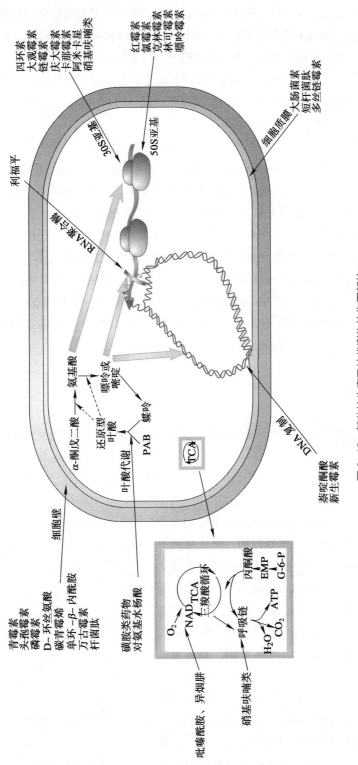

图6-13 某些抗生素及抗代谢物的作用部位

乙酰转移酶、磷酸转移酶或腺苷酸转移酶等，在这些酶的作用下，氯霉素被乙酰化，链霉素与卡那霉素被磷酸化或链霉素被腺苷酸化，这些被修饰的抗生素就失去了抗菌活性；④ 微生物改造了抗生素的作用靶点。例如，有些细菌能改变自己的 RNA 聚合酶，从而使利福平失去作用；有些细菌改变自己的核糖体，使红霉素、链霉素或氯霉素失去药效；有些对磺胺具有抗性的细菌，其生产叶酸时催化对氨基苯甲酸反应的酶与磺胺的亲和性极低，因此使磺胺丧失杀菌效果；⑤ 微生物产生了能抗药的生化途径。例如，一些磺胺抗性菌改变了代谢途径，自己不合成叶酸，而是从环境中摄取叶酸，因此使磺胺失去作用；⑥ 微生物能将进入到细胞的抗生素泵出细胞，该过程称为外排（efflux）。有些微生物仅具有一种抗药性机制，有些微生物具有多种抗药性机制。另外，不同的菌株可以采用不同的机制抵抗同一种药物。有的药物抗性基因存在于细菌染色体上，有一些抗性基因存在于细菌质粒上。

不恰当使用抗生素是引起抗药性致病菌增加的主要原因。例如，在不需要的情况下擅自使用抗生素；又如，需要服用抗生素的患者在感到病情好转就擅自停服药物，或使用时剂量不足等都是不正确的用药行为。另外，抗生素的非医疗应用也是引起抗药性菌株大量产生的原因。如在畜牧业中，抗生素不仅被作为治疗疾病药物，更多情况下是被当成生长促进剂和疾病预防药物而大量使用。在全世界，50% 的抗生素被用于畜牧业。抗生素甚至被用于水产养殖业和水果种植业。抗生素的滥用相当于筛选抗药性菌株，即抗生素敏感菌死亡，而抗性菌存活且大量繁殖，最终导致存活下来的致病菌绝大多数是抗性菌。

抗生素在临床上用来治疗由细菌引起的疾病时，为了避免出现细菌的耐药性，使用时一定要注意：① 只有在必要时才使用；② 第一次使用的药物剂量要足；③ 避免在一个时期或长期多次使用同种抗生素；④ 不同的抗生素 (或与其他药物) 混合使用；⑤ 对现有抗生素进行改造；⑥ 筛选新的更有效的抗生素。这样既可以提高治疗效果，又可以减少抗药性菌株的产生。

二、控制微生物的物理因素

控制微生物的物理因素主要有温度、辐射作用、过滤、渗透压、干燥和超声波等，它们对微生物生长能起抑制作用或杀灭作用。

1. 高温灭菌

当温度超过微生物生长的最高温度或低于生长的最低温度都会对微生物产生杀灭作用或抑制作用。高压蒸汽灭菌的温度越高，微生物死亡越快。衡量灭菌效果的指标之一是十倍减少时间（decimal reduction time，*D*），即在一定的温度条件下杀死某一样品中 90% 微生物或孢子及芽孢所需要的时间。温度越高，十倍减少时间越短（图 6-14）。另外，*D* 值大小还与微生物的种类、生长时期、培养基的性质等因素有关。测量某种微生物在某个温度下的十倍减少时间是一个很复杂的过程，因为这种方法要测定活菌的数量。另一种比较容易测定的指标是热致死时间（thermal death time），即在一定温度下杀死液体中所有微生物所需要的时间。这样只要在一定温度下将待测样品加热处理不同时间后，分别与培养基混匀，然后培养。当所有细菌被杀死时，被培养的样品中没有细菌生长。待测样品中的微生

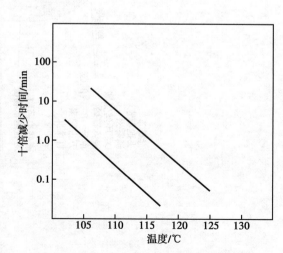

图 6-14　温度处理与微生物存活的关系
图中显示两种不同的微生物存活数量与灭菌温度的关系，上面的线段代表一种耐热性较强的微生物。十倍减少时间用对数坐标表示

物数量大（即浓度高），则杀死所有微生物所需的时间比杀死微生物浓度低的样品所需的时间长。因此当微生物的浓度一致时，可以通过比较热致死时间长短来衡量不同微生物的热敏感性。

来自同一种微生物的营养细胞与孢子对热的抗性不同，孢子的抗热性远远大于营养细胞的抗热性。例如，在高压蒸汽灭菌（121℃）时，芽孢的十倍减少时间需要 4 ~ 5 min，而营养细胞在 65℃的十倍减少时间只需 0.1 ~ 0.5 min。高压蒸汽灭菌条件一般为 121℃，15 ~ 20 min；含糖培养基则采用 113℃，15 min 的条件灭菌，以免糖被破坏。

培养基经高压蒸汽灭菌时，灭菌的效果同培养基的性质有关，酸性培养基灭菌时，培养基里的微生物死亡快，例如，酸性食品土豆、果汁、泡菜等比中性食品大米、豆制品等更容易灭菌。高浓度的糖、蛋白质和脂质能降低热穿透性，因而它们通常会增加微生物对热的抗性，而高盐浓度对微生物的抗热性的影响主要取决于微生物的状态。干细胞比湿细胞有更大的抗热性，它们的灭菌需要更高的温度或更长的时间。

高压蒸汽灭菌是在特定的设备——灭菌锅里完成的。图 6-15 是典型的高压蒸汽灭菌设备示意图，它由特定的钢材制成，是能承受一定压力的双层设备，蒸汽通过双层进入锅内，通过仪表与阀门控制一定的温度与压力，以对不同类型的微生物进行灭菌。

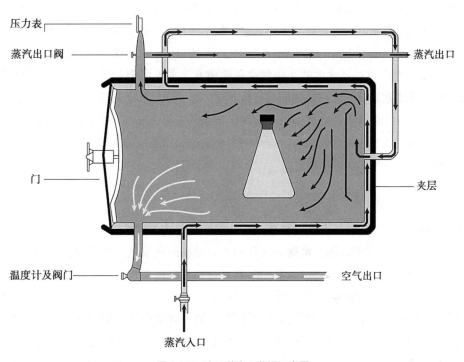

图 6-15　高压蒸汽灭菌锅示意图

另一种杀菌方法是煮沸消毒，即将待消毒物品如注射器、金属用具、解剖用具等在水中煮沸 15 min 或更长时间，以杀死细菌或其他微生物的营养细胞和少部分的芽孢或孢子。如果在水中添加 1% 碳酸钠或 2% ~ 5% 的苯酚则杀菌效果更好。

对于某些培养基，由于高压蒸汽灭菌会破坏某些营养成分，可用间歇灭菌法灭菌，即流通蒸汽（或蒸煮）反复灭菌几次。第一次蒸煮后杀死微生物营养细胞，冷却，培养过夜，孢子萌发，又第二次蒸煮，杀死营养细胞。这样反复 2 ~ 3 次就可以完全杀死营养细胞和芽孢，也可保持某些营养物质不被破坏。

对于一些玻璃器皿、金属用具等耐热物品还可以用干热灭菌法进行灭菌，但干热灭菌比湿热灭菌所需温度高，时间长。例如，171℃需要 1 h，160℃需 2 h，121℃需 16 h 等。

高压蒸汽灭菌适用于耐热材料的灭菌，但对于牛奶及其他热敏感物质不适宜，因为高热破坏了食品的营养与风味。现在，牛奶或其他液态食品一般都采用超高温灭菌，即135～150℃，灭菌2～6 s，既可杀菌和保质，又缩短了时间，提高了经济效益。

2. 辐射作用

辐射灭菌（radiation sterilization）是利用电磁辐射产生的电磁波杀死大多数物体上的微生物的一种有效方法。用于灭菌的电磁波有微波、紫外线（UV）、X线和 γ 射线等，它们都能通过特定的方式控制微生物生长或杀死它们。例如，微波可以通过产生热和高频电场杀死微生物；紫外线使 DNA 分子中相邻的胸腺嘧啶形成胸腺嘧啶二聚体，抑制 DNA 复制与转录等功能，杀死微生物；X线和 γ 射线能使其他物质氧化或产生自由基（OH^-、H^+）再作用于生物分子，或者直接作用于生物分子，以打断氢键、使双键氧化、破坏环状结构或使某些分子聚合等方式，破坏和改变生物大分子的结构，抑制或杀死微生物。辐射灭菌的效果受其他因子制约。例如，光可使胸腺嘧啶二聚体解体，降低紫外线作用效果，氧可提高 X线或 γ 射线作用的效果等。

3. 过滤除菌

高压蒸汽灭菌可以杀灭一般器皿和培养基中的微生物，但对于空气和不耐热的溶液灭菌是不适宜的，为此人们设计了过滤除菌的方法。过滤除菌有 3 种类型。最早使用的一种是在一个容器的两层滤板中间填充棉花、玻璃纤维或石棉，空气通过灭菌的滤器就可以达到除菌的目的。为了缩小这种滤器的体积，后来改为在滤板间放入多层滤纸，也可以达到除菌的作用，这种除菌方式主要用于发酵工业。第二种是膜滤器，它是由醋酸纤维素或硝酸纤维素制成的比较坚韧的具有微孔（0.22～0.45 μm）的膜，灭菌后使用。第三种是核孔（nucleopore）滤器，它是由用核辐射处理得很薄的聚碳酸胶片（厚 10 μm）再经化学蚀刻而制成。辐射使胶片局部破坏，化学蚀刻使被破坏的部位成孔，而孔的大小则由蚀刻溶液的强度和时间来控制。后两种滤器可将溶液中的微生物除去，主要用于科学研究。

4. 高渗作用

细胞质膜是一种半透膜，它将细胞内的原生质与环境中的溶液（培养基等）分开，如果环境中的溶液浓度低于细胞原生质中的溶液浓度，那么水就会从环境中通过细胞质膜进入原生质，使原生质和环境中溶液浓度达到平衡，这种现象为渗透作用，水或其他溶剂经过半透性膜而进行扩散的现象称为渗透（osmosis）。在渗透时溶剂通过半透膜时受到的阻力称为渗透压（osmotic pressure）。渗透压的大小与溶液浓度或水活度（a_w）相关。如纯水的 a_w 值为1，溶液中的溶质会降低 a_w 值，溶液中含的溶质越多，溶液中的 a_w 值越低，即溶液的渗透压力越高。细菌接种到培养基里以后，细胞通过渗透作用使细胞质与培养基的渗透压力达到平衡。如果培养基的渗透压力高（即 a_w 值低），原生质中的水向培养基扩散，这样会导致细胞发生质壁分离使生长受到抑制。因此，提高环境的渗透压力即降低 a_w 值，就可以达到控制微生物生长的目的。例如，用盐（浓度通常为 10%～15%）腌制的鱼、肉、食品就是通过加盐使新鲜鱼肉脱水，降低它们的水活度，使微生物不能在它们上面生长；通过加糖（浓度一般为 50%～70%）将新鲜水果制成果脯、蜜饯，降低水果的 a_w 值，抑制微生物生长与繁殖，起到防止腐败变质的效果。

微生物生长对环境的渗透压有一定的要求，当微生物接种在渗透压低的培养基里时，细胞吸水肿胀，细胞质膜受到一种向外的压力即肿胀力。正常条件下，G^+ 细菌的肿胀压力为 $1.52 \times 10^6 \sim 2.03 \times 10^6$ Pa（15～20个大气压），G^- 细菌的肿胀压力为 $8.11 \times 10^4 \sim 5.07 \times 10^5$ Pa（0.8～5个大气压），由于细胞壁的保护作用，这种肿胀压力不会影响细菌的正常生理活动。当培养基的渗透压高时，细胞质失水，发生质壁分离，导致生长停止。大多数微生物能通过胞内积累某些能调整胞内渗透压的相容溶质（compatible solute）来适应培养基的渗透压变化。相容溶质是一些适合细胞进行新陈代谢和生长的细胞内高浓度物质，它可以使细胞原生质渗透压高于周围环境的渗透压，从而使其质膜紧压在细胞壁上。相容溶质可以是某些阳离子如 K^+，也可以是氨基酸如谷氨酸、脯氨酸、氨基酸衍生物如甜菜碱（甘氨酸的衍生物），或糖如海藻糖等，这类物质被称为渗透保护剂或渗透调节剂或渗透稳定剂。

5. 干燥

水是微生物细胞的重要成分，占生活细胞的 90% 以上，它参与细胞内的各种生理活动，所以说没有水就没有生命。降低物质的含水量直至干燥，就可以抑制微生物生长，防止食品、衣物等物质的腐败与霉变。因此，干燥是保存各种物质的重要手段之一。

6. 超声波

超声波处理微生物悬液可以达到消灭微生物的目的。超声波处理微生物悬液时由于超声波探头的高频率振动，引起探头周围水溶液的高频率振动，当探头和水溶液二者的高频率振动不同步时能在溶液内产生空穴，空穴内处于真空状态，只要悬液中的细菌接近或进入空穴区，由于细胞内外压力差，细胞就会裂解，超声波的这种作用称为空穴作用（cavitation）；另一方面，由于超声波振动，机械能转变成热能，导致溶液温度升高，使细胞产生热变性从而抑制或杀死微生物。目前超声波处理技术广泛用于生物学研究中的细胞破碎和灭菌。

- 磺胺类药物、青霉素、四环素的作用机制分别是什么？
- 抗药性菌株具有什么特点？如何避免抗药性的产生？
- 什么是十倍减少时间、热致死时间？

小结

1. 微生物个体生长是细胞物质按比例不可逆地增加，使细胞体积增加的生物学过程；繁殖是生长到一定阶段后，通过特定方式产生新的生命个体，使机体数量增加的生物学过程。微生物特别是细菌的生长与繁殖两个过程很难截然分开，接种时往往是接种成千上万的群体，因此细菌的生长一般是指群体生长。群体生长是细胞数量或细胞物质量的增加。

2. 微生物生长可以用单细胞计数法、细胞物质重量（质量）测定和生理指标测定等 3 类方法进行。

3. 单细胞微生物在适宜的液体培养基中，在适宜的温度、通气等条件下分批培养，其生长可分为迟缓期、对数期、稳定期和衰亡期。

4. 通过及时补充营养物质和取出培养物减少代谢产物，可使对数期或稳定期相应延长达到连续培养的目的。

5. 微生物可以通过无性或有性的方式进行繁殖。细菌主要以二分裂方式繁殖（无性繁殖）。自然界中，丝状真菌以无性孢子进行无性繁殖，以有性孢子进行有性繁殖；酵母菌以出芽、裂殖或无性孢子进行无性繁殖，以有性孢子进行有性繁殖。真菌的生活史包括无性繁殖和有性繁殖阶段，不同真菌的生活史各不相同。

6. 每种微生物的生长都有各自的最适条件如营养物质的种类和浓度、温度、pH、氧、水活度（或渗透压）等，高于或低于最适要求都会对微生物生长产生影响。利用各种化学物质和物理因素可以对微生物生长、繁殖进行有效控制，能够使人们对微生物进行兴利除害。

网上更多⋯⋯

👤 复习题　👥 思考题　📝 现实案例简要答案

（唐晓峰　卫扬保）

第7章
病毒

学习提示

Chapter Outline

现实案例：禽流感病毒

1996 年，在中国广东的家鹅中首次明确发现禽流感病毒 H5N1。1997 年，H5N1 在香港农场的家禽中传播，并且首次从一死于流感的三岁患儿中分离出该病毒。这次 H5N1 的流行造成 18 人感染，6 人死亡，病死率达 30%。此后，H5N1 相继散发于世界多个国家和地区。

2013 年 3 月，在中国上海发现首例人感染禽流感病毒 H7N9。截至同年 9 月底，在上海、江苏、浙江、安徽、福建、江西、湖南、北京等 12 省市共发生 134 例人感染 H7N9 病例，其中死亡 45 例，病死率达到 33.6%。

为了有效地开展疾病防治，我国科学工作者从病毒溯源、病毒跨宿主传播、流行病学、免疫学和临床医学等方面对 H7N9 病毒进行了深入研究，为 H7N9 病毒再发研判和新型流感暴发的防控策略提供了重要的理论基础。由中科院生物物理研究所研究人员完成的一项研究表明，人感染 H7N9 禽流感病毒是从 H9N2 病毒进化而来的，进化过程中至少经历了两次连续的基因重配。第一次重配产生了一个原初的 H7N9 病毒，其中具有欧亚起源的禽流感病毒提供了 *HA* 和 *NA* 基因，中国野鸟携带的 H9N2 病毒也提供了部分基因。随后，这种原初的 H7N9 病毒从野鸟传给家禽，于 2012 年较早时候与原来在华东地区家禽中流行的 H9N2 病毒发生第二次重配。其结果是家禽中出现了能感染人的新型 H7N9 病毒。这一研究首次深入揭示 H7N9 病毒的起源和进化路径，有助于更准确地制定对其的防控措施。为了更精确地对 H7N9 病毒溯源，我国科学工作者还基于禽流感监控数据，对 H7N9 病毒的基因多样性进行细致分类，准确识别出了 H7N9 病毒的源头及中间病毒、重配宿主。2003 年 10 月，由浙江大学医学院联合中国医学科学院等多个单位协同攻关，完成了禽流感病毒 H7N9 疫苗株的研制，从而改变了我国流感病毒疫苗一直由国外提供的历史，并为预防这一流感病毒疫情提供了保证。

2013 年 6 月，在台湾发现首例人感染禽流感病毒 H6N1。

禽流感病毒 H5N1、H7N9 等新病毒的出现，引起许多值得我们思考和探究的问题。

请对下列问题给予回答和分析：

1. 新病毒到底从何而来？

2. 人类应该如何预防、控制这些给人类的健康和经济、社会生活造成极大的危害的新病毒引起的病毒性疾病等。

自 19 世纪末 Ivanowsky 和 Beijerinck 分别发现烟草花叶病毒（tobacco mosaic virus，TMV）以来，研究病毒（virus）的本质及其与宿主的相互作用的病毒学（virology）得到飞速发展，并成为微生物学的重要分支。病毒学研究极大地丰富了微生物学乃至现代生物学的理论与技术。同时，病毒学研究对于有效地控制和消灭人及有益生物的病毒病害，利用病毒对有害生物、特别是害虫进行生物防治，保护人类的健康和经济活动以及人类赖以生存的环境，发展以基因工程为中心的生物高新技术产业，具有特别重要的意义。

第一节　概述

病毒同所有其他生物一样，是一类具有基因、复制、进化，并占据着一定的生态学地位的生物实体，是一种结构极其简单、性质十分特殊的生命形式。

一、病毒的特点和定义

病毒在细胞外环境以毒粒（virion），即成熟的病毒颗粒形式存在。毒粒具有一定的大小、形态、化学组成和理化性质，甚至可以结晶纯化，如同化学大分子一般不表现任何生命特征，但是毒粒具有感染性，即具有在一定条件下进入宿主细胞的能力。一旦病毒进入细胞，毒粒便会解体，释放出的病毒基因组具有繁殖性，能利用宿主细胞的大分子合成装置进行复制表达，从而导致病毒的繁殖，并随之表现出遗传、变异等一系列生命特征。由此可见，病毒是一类既具有化学大分子属性，又具有生物体基本特征；既具有细胞外的感染性颗粒形式，又具有细胞内的繁殖性基因形式的独特生物类群。病毒以其结构简单、特殊的繁殖方式以及绝对的细胞内寄生，显著区别于其他生物。病毒与单细胞微生物性质比较见表 7-1。

表 7-1　病毒与单细胞微生物性质比较

性质	细菌	立克次氏体	支原体	衣原体	病毒
直径大于 300 nm	+	+	±	±	$-^a$
在无生命培养基生长	+	-	+	-	-
双分裂	+	+	+	+	-
含有 DNA 和 RNA	+	+	+	+	-
核酸感染性	-	-	-	-	$+^b$
核糖体	+	+	+	+	-

续表

性质	细菌	立克次氏体	支原体	衣原体	病毒
产能代谢	+	+	+	+	−
对抗生素的敏感性	+	+	+	+	−[c]

a. Mimi virus 大小达 800 nm；b. DNA 病毒和 RNA 病毒中的一部分；c. 利福平可抑制痘病毒复制。

病毒不具有细胞结构，一些简单的病毒仅由核酸和蛋白质外壳（coat）构成，故可把它们视为核蛋白分子。一种病毒的毒粒内通常只含有一种核酸，DNA 或者 RNA，而且病毒不具有完整的酶系统和能量合成系统，也不具有核糖体。病毒没有生长，也不能以分裂方式进行繁殖。病毒感染敏感宿主细胞后，病毒核酸进入细胞，通过其复制与表达产生子代病毒基因组和新的蛋白质，然后由这些新合成的病毒组分装配（assembly）成子代毒粒，并以一定方式释放到细胞外。病毒的这种特殊繁殖方式称作复制（replication）。病毒是严格的细胞内寄生物，在生活的细胞内，病毒核酸提供遗传信息，利用宿主细胞的酶、能量合成系统、核糖体以及大分子合成的前体来完成自身的生命活动，病毒的寄生是基因水平的寄生。

为概括病毒的本质，病毒学工作者一直试图给"病毒"一个科学而严谨的定义，但迄今仍无定论。经典意义的病毒可视为是占据一定生境，并具有独立于其宿主进化史的绝对细胞内寄生物，其基因组（DNA 或 RNA）被其自身编码的蛋白质外壳所包围。考虑到如类病毒（viroid）这样一些不具有蛋白质外壳的、裸露的侵染性 RNA 现在也已归于病毒之列。因此，病毒可以定义为：由一个或数个 RNA 或 DNA 分子构成的感染性因子，通常（但并非必须）覆盖有由一种或数种蛋白质构成的外壳，有的外壳外还有更为复杂的膜结构；这些因子能将其核酸从一个宿主细胞传递给另一个宿主细胞；它们能利用宿主的酶系统进行细胞内的复制；有些病毒还能将其基因组整合入宿主细胞 DNA，依靠这种机制，或导致持续性感染发生，或导致细胞转化，肿瘤形成。

在病毒学研究工作中发现的类病毒、卫星病毒（satellite virus）、卫星核酸（satellite nucleic acid）和朊病毒（prion）等性质有别于经典意义病毒的感染性因子现被归在亚病毒因子（subvirus agent）之列。

二、病毒的宿主范围

病毒的宿主范围，即病毒的宿主谱是病毒能够感染并在其中复制的宿主种类和组织细胞种类。病毒几乎可以感染所有的细胞生物，另一方面，病毒又具有宿主特异性，即就某一种病毒而言，它仅能感染一定种类的微生物、植物或动物。因此，根据病毒的宿主范围可将其分为噬菌体（phage）、植物病毒（plant virus）和动物病毒（animal virus）等。从原核生物中分离到的病毒统称噬菌体，它们包括感染细菌的噬菌体（bacteriophage），感染蓝绿藻的噬蓝（绿）藻体（cyanophage）以及感染柔膜细菌（支原体和螺旋体）的支原体噬菌体（mycoplasma phage）等。已经鉴定的植物病毒达 1 000 多种，其中以种子植物为宿主的植物病毒最为普遍。在藻类植物和真菌中都发现有病毒存在，它们分别称作噬藻体（phycophage）和真菌噬菌体（mycophage）或称真菌病毒（mygovirus）。广义的动物病毒包括原生动物病毒（protozoal virus）、无脊椎动物病毒（invertebrate virus）和脊椎动物病毒（vertebrate virus）。无脊椎动物病毒以昆虫病毒（insect virus）最为常见。在脊椎动物病毒中，能感染人并引起人类疾病的病毒被归为医学病毒（medicine virus）范畴，而与人类经济活动和健康利益有关的家养动物和野生动物的病毒则划归为兽医病毒（veterinary virus）。有些病毒有较宽的宿主谱，如虫媒病毒（arbovirus）能在吸血的蚊、蠓、白蛉等节肢动物中繁殖，并以它们为介体在哺乳类和禽类等脊椎动物中广泛传播。还有许多以昆虫为媒介传播的植物病毒，在其植物宿主和媒介昆虫中均能繁殖。

三、病毒的分类与命名

对已发现的病毒进行有序的分类并给以科学的名称，无论是在病毒的起源与进化研究方面，还是在病毒的鉴定与病毒性疾病防治方面都具有重要的意义。

1. 病毒的分类原则

病毒主要依据包括病毒形态、毒粒结构、基因组、化学组成和对脂溶剂的敏感性等的毒粒性质，病毒的抗原性质，以及包括病毒在细胞培养上的特性，对除脂溶剂外的理化因子的敏感性和流行病学特点等的生物学性质进行分类。

2. 病毒的命名规则

由于历史的原因，至今仍在沿用的病毒命名十分混乱，很多病毒是以地名、症状或疾病、毒粒形态、人名、缩拼字以及字母或数字命名，完全不能反映病毒的种属特征。为求统一，在已有的工作基础上，经国际病毒分类委员会（International Committee on Taxonomy of Viruses，ICTV）批准，由 Mayo 于 1998 年提出了 41 条新的病毒命名规则，主要内容如下：

病毒分类系统依次采用目（order）、科（family）、属（genus）、种（species）为分类阶元，在未设立病毒目的情况下，"科"则为最高的病毒分类阶元；"种"是病毒分类系统中的最小分类阶元，在每一个确定的种下面列出至少一个，多至几十个不等的病毒型或者病毒分离株。病毒"种"是构成一个复制谱系，占据特定的生态小境并具有多原则分类特征（包括基因组、毒粒结构、理化特性和血清学性质等）的病毒；病毒种的命名应由少而有实意的词组成，种名与病毒株名一起应有明确含义，不涉及属或科名，已经广泛使用的数字、字母及其组合可以作为种名的形容语，但新提出的数字、字母及其组合不再被接受；病毒"属"是一群具有某些共同特征的种，属名的词尾是"*-virus*"，承认一个新属必须同时承认一个代表种；病毒"科"是一群具有某些共同特征的属，科名的词尾是"*-viridae*"，承认一个新科必须同时承认一个代表属；科与属之间可设或不设亚科，亚科名的词尾是"*-virinae*"；病毒目是一群具有某些共同特征的科，目名的词尾是"*-virales*"。类病毒科名的词尾为"*-viroidae*"，属名词尾是"*-viroid*"。

在 2012 年发表的《ICTV 的病毒分类与命名第九次报告》中，将目前 ICTV 所承认的 2 284 种病毒和类病毒，分别归入 87 个病毒科、19 个病毒亚科、349 个病毒属，其中有一些病毒属为独立的病毒属，如 δ 病毒属（*Deltavirus*）。另有一些病毒科已分别划归于根据病毒基因组的分子进化关系设置的 6 个目中，即有尾噬菌体目（Candovirales）、单组分负意 RNA 病毒目（Mononegavirales）、成套病毒目（Nidovirales），小 RNA 病毒目（Picornavirales）、芜菁黄化叶病毒目（Tymovirales）和疱疹病毒目（Herpesvirales）。在亚病毒侵染因子中，除类病毒外，其他的亚病毒侵染因子不设科和属。表 7-2 概括了一些重要病毒科及其主要特征。

网上学习 7-1
病毒的起源

? • 为什么说病毒是既具有化学大分子属性，又具有生物体基本特征的特殊生命形式？
• 何谓病毒的宿主范围？根据病毒的宿主谱，可将其分为哪几类？

表 7-2　一些重要病毒科及其主要特征

核酸类型	病毒科	壳体对称 [a]	包膜	壳体大小 [b]/nm	壳粒数目	宿主范围 [c]
dsDNA	痘病毒科（Poxvirdae）	C	+	（200~260）×（250~290）（e）		A
	疱疹病毒科（Herpesviridae）	I	+	100，180~200（e）	162	A
	虹彩病毒科（Iridoviridae）	I	+	130~180		A
	杆状病毒科（Baculoviridae）	H	–	40×300（e）		A
	腺病毒科（Adenoviridae）	I	–	60~90	252	A
	乳头瘤病毒科（Papillomavaviridae）	I	–	95~55	72	A
	肌尾病毒科（Myoviridae）	Bi	–	80×110，110 [d]		B
	长尾病毒科（Siphoviridae）	Bi	–	60，150×8 [d]		B
ssDNA	丝杆病毒科（Inoviridae）	H	–	6×（900~1 900）		B
	细小病毒科（Parvoviridae）	I	–	20~25	12	A
	双粒病毒科（Geminiviridae）	I	–	18×30（成对颗粒）		P
	微病毒科（Microviridae）	I	–	25~35		B
反转录 DNA 和 RNA	嗜肝 DNA 病毒科（Hepadnaviridae）	C	+	28（core），42（e）	42	A
	花椰菜花叶病毒科（Caulimoviridae）	I	–	50		A
	反转录病毒科（Retroviridae）	I	+	100（e）		P
dsRNA	囊病毒科（Cystoviridae）	I	–	100（e）		A
	呼肠孤病毒科（Retroviridae）	I	+	70~80	92	A,P
+ssRNA	披膜病毒科（Togviridae）	I	+	45~75（e）	32	A
	黄病毒科（Flavivridae）	I	+	40~50（e）		A
	冠状病毒科（Coronaviridae）	I	+	14~16（h），80~160（e）		A
	小 RNA 病毒科（Picornaviridae）	I	–	20~30	32	
	光亮病毒科（Leviviridae）	I	–	26~27	32	B
	雀麦花叶病毒科（Bromoviridae）	I	–	25		P
–ssRNA	副黏病毒科（Paramyxoviridae）	H	–	18（h），125~150		A
	弹状病毒科（Rhabdovindae）	H	+	18（h），（70~80）×（130~240）		A,P
	正黏病毒科（Orthomyxoviridae）	H	+	9（h），80~120（e）		A
	布尼亚病毒科（Bunyaviridae）	H	+	2~2.5（h），80~100（e）		A
	沙粒病毒科（Arenaviridae）	H	+	100~130（e）		A

a. 对称类型：I. 二十面体，H. 螺旋，C. 复杂，Bi. 双对称；b. 螺旋壳体直径（h），有包膜毒粒直径（e）；c. 宿主范围：A. 动物，B. 细菌，P. 植物；d. 第一个数字是头部直径，第二个数字是尾部长度。

第二节　病毒学研究的基本方法

病毒学同微生物学其他学科分支一样，其进步完全得益于其研究方法和技术手段的发展和完善。

一、病毒的分离与纯化

通过病毒的分离与纯化获得有感染性的病毒制备物是病毒学研究和实践的基本技术。

1. 病毒的分离

病毒的分离是将疑有病毒而待分离的标本（如微生物发酵生产的倒罐液，可疑病毒感染患者的体液、血液、粪便等临床标本）经处理后，接种于敏感的实验宿主、鸡胚或细胞培养，经过一段时间孵育后，通过检查病毒特异性的感染表现或用其他方法来肯定病毒的存在。

（1）标本的采集与处理

用于分离病毒的标本应含有足够量的活病毒，因此必须根据病毒的生物学性质、病毒感染的特征、病毒的流行病学规律以及机体的免疫保护机制，来选择所需要采集标本的种类，确定最适采集时间和标本处理的方法。为了避免细菌污染，标本一般都应加入抗菌素除菌，亦可用离心和过滤方法处理。为了使细胞内的病毒充分释放出来，往往还须以研磨或超声波处理破碎细胞。由于大多数病毒对热不稳定，所以标本经处理后一般都应立即接种。若需运送或保存，数小时内可置 50% 中性甘油内 4℃ 保存，对需较长时间冻存的标本最好置 -20℃ 以下或用干冰保存。

（2）标本接种与感染表现

标本接种于何种实验宿主（动物、植物、细菌）、鸡胚或细胞培养，以及选择何种接种途径主要取决于病毒的宿主范围和组织嗜性，同时应考虑操作简单、易于培养、所产生的感染结果容易判定等要求。噬菌体标本可接种于生长在培养液或营养琼脂平板中的细菌培养物，噬菌体的存在表现为细菌培养液变清亮或细菌平板成为残迹平板。若是噬菌体标本经过适当稀释再接种细菌平板，经过一定时间培养，在细菌菌苔上可形成圆形局部透明的溶菌区域，即噬菌斑（plaque）。动物病毒标本可接种于实验动物、鸡胚和各种动物细胞培养。嗜神经病毒主要采取脑内接种，嗜呼吸道病毒可进行鼻腔接种、鸡的尿囊腔接种或羊膜腔接种，嗜皮肤病毒可接种动物皮下、皮内或鸡胚的绒毛尿囊膜。由于组织培养生长的细胞对病毒的敏感性较体内成熟细胞高，没有特异性抗体和一些非特异性的病毒抑制物存在，培养和接种方法简单，条件易于控制且成本低，所以现在多数动物病毒都利用细胞培养进行分离。大多数动物病毒感染敏感细胞培养都能引起其显微表现的改变，即产生致细胞病变效应（cytopathic effect，CPE），例如细胞聚集成团、肿大、圆缩、脱落，细胞融合形成多核细胞，细胞内出现包涵体（inclusion body），乃至细胞裂解等，故接种于细胞培养的标本主要以细胞病变作为病毒感染的指标。若标本经过适当稀释进行接种并辅以染色处理，病毒可在培养的细胞单层上形成肉眼可见的局部病损区域，即蚀斑（plaque）或称空斑。与之类似，植物病毒接种敏感植物叶片可产生坏死斑，或称枯斑。

若经第一次接种而未出现病毒感染症状时，往往需要重复接种，进行盲传（blind passage），即将取自经接种而未出现感染症状的宿主或细胞培养的材料，再接种于新的宿主或细胞培养，以提高病毒的毒力（virulence）或效价（title）。如果标本中有病毒存在，经重复传代，其效价或毒力提高，必定会在新的宿主或细胞培养中产生感染症状。相反，在盲传二代后若仍无感染症状出现，便可否定标本中有病毒存在。

2. 病毒纯化

由于病毒只能在活细胞内繁殖，所以用于病毒制备的起始材料只能是病毒感染的宿主机体、组织或细胞经破碎后的抽提物，或病毒感染的宿主的体液、血液和分泌物，或病毒感染的细胞培养物的培养液等。在这些材料中不可避免地混杂有大量的组织或细胞成分、培养基成分、可能污染的其他微生物与杂质。为了得到纯净的病毒材料，必须利用一切可能的方法将这些杂质成分除去，这就是病毒的纯化。

（1）病毒纯化的标准

病毒纯化有如下两个标准：第一，由于病毒是有感染性的生物体，所以纯化的病毒制备物应保持其感染性，纯化过程中的各种纯化方法对病毒感染性的影响及最终获得的纯化制备物是否符合标准，都可利用病毒的感染性测定进行定量分析；第二，由于病毒具有化学大分子的属性，病毒毒粒具有均一的理化性质，所以，纯化的病毒制备物的毒粒大小、形态、密度、化学组成及抗原性质应当具有均一性表现，并可利用超速离心、电泳、电镜或免疫学技术进行检查。

（2）病毒纯化的方法

用于病毒纯化的方法很多。不同的病毒有不同的纯化方法，即使同一种病毒，若在不同的宿主系统中其纯化方法也可能不同。但无论是哪种纯化方法，都是根据病毒的基本理化性质建立：第一，毒粒的主要化学组成是蛋白质，鉴于病毒的高蛋白含量，故可利用蛋白质提纯方法来纯化病毒，如盐析、等电点沉淀、有机溶剂沉淀、凝胶层析及离子交换层析等；第二，毒粒具有一定的大小、形状和密度，一般可在 10 000 ~ 100 000 g 的离心场中沉降 1 ~ 2 h，特别是因为毒粒是由许多大分子（蛋白质、核酸等）组成，离心时它们比细胞蛋白沉降更快，而且许多病毒都有较高的浮密度，所以超速离心技术广泛地用于病毒纯化。

二、病毒的测定

病毒的测定（assay of virus）是病毒的定量分析。病毒既能根据其理化性质或免疫学性质进行定量，亦能够根据它们与宿主或宿主细胞的相互作用进行测定。运用不同的方法所进行的测定具有迥然不同的意义。

1. 病毒的物理颗粒计数

病毒颗粒数目利用一定方法，可以在电镜下直接计算。在动物病毒中，一些裸露病毒的壳体蛋白，特别是许多有包膜（envelope）病毒的包膜糖蛋白均能够在一定条件下凝集特定种类的脊椎动物血细胞，并且所能凝集血细胞的量与病毒浓度成正比。根据这一原理所设计的血细胞凝集实验亦能用于病毒定量。此外，根据病毒的抗原性质，可以用免疫沉淀实验、酶联免疫吸附实验等方法对其进行定量，利用分光光度法也可对病毒定量，但这些方法的灵敏性相对较低，多在一些特殊情况使用。以上所有方法测定的是病毒物理颗粒的数目，即有活力的病毒与无活力病毒数量的总和。而且除电镜计数外，其他方法所测定的只是样品中病毒颗粒的相对数量。

2. 病毒的感染性测定

有感染性病毒颗粒数量的测定称作病毒的感染性测定（assay of infectivity），它测定的是因感染所引起的宿主或培养细胞某一特异性感染反应的病毒数量。由于病毒的繁殖所引起的宿主反应扩增，以至无论最初接种病毒量的多少，最终所产生的症状可能完全相似，所以任何感染性测定方法所测得的都不是感染性病毒颗粒的绝对数量，而是能够引起宿主或细胞一定特异性反应的病毒最小剂量，即感染单位（infectious unit, IU）。待测样品中所含病毒的数量，通常以单位体积（mL）病毒悬液所含的感染单位数目来表示（IU/mL），称作病毒的效价或滴度。例如，鼠经鼻孔滴注流感病毒悬液会患肺炎，如果使鼠患肺炎的病毒最小剂量是 0.1×10^{-6} mL 病毒悬液，那么这种流感病毒悬液的感染效价为 10^{7}，即每毫升病毒悬液中有 10^{7} 个感染单位的病毒。

（1）噬（蚀）斑测定

噬斑测定方法最先为噬菌体的感染性测定所建立，以后为动物病毒与植物病毒的感染性测定所借鉴。噬菌体的噬菌斑测定一般采用琼脂叠层法（agar layer method），即以一定量的经系列稀释的噬菌体悬液分别与高浓度的敏感细菌悬液以及半固体营养琼脂均匀混合后，涂布在已铺有较高浓度的营养琼脂的平板上，经过孵育后，在延伸成片的细菌菌苔上出现分散的单个噬菌斑。因噬菌斑数目与加入样品中的有感染性的噬菌体颗粒数量成正比，统计噬菌斑数目后可计算出噬菌体悬液效价，并以噬菌斑形成单位（plaque forming unit，PFU）/mL 表示。动物病毒的蚀斑测定方法与噬菌体的噬菌斑计数类似，不同的是以生长在固体支持物（培养容器）上的单层细胞代替了生长在营养琼脂平板上的细菌。由于动物病毒在单层细胞培养上所产生的蚀斑表现不同，故有空斑测定、合胞体计数、转化灶测定和吸附蚀斑测定等不同方法，通过这些方法测定的动物病毒效价以蚀斑形成单位（PFU）表示。植物病毒最为简单的感染性测定方法是坏死斑测定，亦称枯斑测定，即用如金刚砂之类能破坏植物表皮与细胞壁的粉末状物质与一定量的植物病毒混合摩擦植物叶片进行接种，以产生坏死斑的数目来测定病毒样品的效价。

（2）终点法

对于那些不能用蚀斑法或坏死斑法测定的动、植物病毒可用终点法（end point method）定量。其方法是取等体积的经 10 倍或 2 倍稀释的病毒系列稀释液分别接种同样的实验单元（如某种动物、植物、鸡胚或细胞培养），经过一段时间孵育后，以实验单元群体中的半数（50%）个体出现某一感染反应所需的病毒剂量来确定病毒样品的效价，称作半数效应剂量，并以使 50% 实验单元出现感染反应的病毒稀释液的稀释度的倒数的对数值表示。根据实验单元的性质及感染反应的性质，半数效应剂量也有不同的表示：如使半数实验宿主死亡的病毒剂量，称作半数致死剂量（50% lethal dose，LD50）；使半数实验宿主发生感染的病毒剂量，称作半数感染剂量（50% infective dose，ID50）；使半数组织培养物遭受感染发生细胞病变的病毒剂量，称作半数组织培养感染剂量（50% tissue culture infective dose，TCID50）等。

网上学习 7-2
丙型肝炎病毒的发现

目前，诸如竞争性聚合酶链反应（cPCR）或竞争性反转录聚合酶链反应（cRT-PCR）等分子生物学定量方法亦广泛用于病毒测定中，这些方法对于那些体外培养困难的病毒或者病毒含量极微的样品的定量分析具有特别的意义。

三、病毒的鉴定

以物理、化学、生物学乃至分子生物学方法鉴别病毒的性质，描述其特征是病毒分类的前提。同时，病毒鉴定也是病毒性疾病诊断的可靠办法。

1. 根据病毒感染的宿主范围及感染表现的鉴定

大多数病毒都有相当专一的宿主范围，因而病毒的宿主谱可以作为病毒初步鉴定的指标。病毒感染宿主机体所引起的疾病症状，在鸡胚绒毛尿囊膜上所形成的痘疱的形态，以及在单层细胞培养上所产生的致细胞病变效应表现都有一定特异性，根据病毒的这些特征性表现亦可对其进行初步的鉴定。

2. 病毒的理化性质鉴定

利用电镜技术、分析超速离心技术以及热、紫外线、化学药物和脂溶剂等理化因子对病毒感染性的作用可分别检查毒粒的大小、形态和结构特征，测定病毒及其组分的沉降系数、浮力密度和相对分子质量，鉴定病毒的核酸类型，确定病毒对不同理化因子的敏感性。

3. 血细胞凝集性质鉴定

许多病毒能吸附于一定种类的哺乳动物或禽类的血细胞表面产生凝集现象。不同的病毒所凝集的血细胞的种类以及发生凝集所要求的温度、pH 条件都可能不同，这些性质给病毒鉴定提供了重要依据。

4. 病毒的免疫学鉴定

建立在抗原与抗体特异性反应基础上的免疫学方法是一类非常重要的病毒鉴定方法，免疫沉淀反应、凝集反应、酶联免疫吸附测定、血凝抑制试验、中和实验、免疫荧光、免疫电镜、放射免疫以及单克隆抗体等技术都广泛用于病毒鉴定工作。在这些方法中，利用病毒的性质来检测抗原－抗体反应的方法有血凝抑制试验和中和试验。前者是根据特异性的病毒抗体与病毒表面有血凝活性的蛋白质结合，可抑制病毒血细胞凝集反应发生这一性质设计的；后者则是建立在病毒中和作用（neutralization）的基础上，即某些特异性病毒抗体与毒粒作用，能够使其失去感染性，抑制病毒繁殖，这类病毒抗体称作中和抗体（neutralizing Ab），一种病毒的感染性只能被特异性的中和抗体中和，而且中和一定量病毒的感染性必须有一定效价的病毒抗血清。免疫学方法所进行的病毒抗原分析可使病毒鉴定更为准确、精细。它们对于病毒的最终鉴定，乃至区分同型病毒的不同毒株，了解病毒的亲缘关系以及病毒性疾病的诊断都是至关重要的。

网上学习 7-3
病毒的临床诊断

• 什么是病毒的致细胞病变效应？
• 什么是盲传？为何要进行盲传？
• 病毒纯化的标准和纯化方法的依据有哪些？
• 为什么病毒的感染性测定方法所测得的不是感染性病毒颗粒的绝对数目？
• 病毒血细胞凝集试验为何既能用于病毒的定性，又能用于病毒的定量？

5. 病毒鉴定的分子生物学方法

运用变性或不变性的聚丙烯酰胺凝胶电泳、蛋白质的肽图与 N 末端氨基酸分析、核酸的酶切图谱和寡核苷酸图谱分析、分子杂交、序列测定及聚合酶链反应等生物化学与分子生物学方法鉴定病毒核酸、蛋白质等组分的性质，为在分子水平上阐明病毒的性质，对其进行准确的分类鉴定提供了更为直接可靠的证据，而且对于病毒性疾病的实验诊断也具有特殊的意义。例如，至今尚不能在细胞培养中增殖的人乳头瘤病毒（human papilloma virus, HPV）的检测主要是用各种类型的核酸杂交方法，其分型亦是根据基因组的序列同源性，分型界限是 50% 的同源性，超过 50% 的同源性则为亚型，若仅有几个酶切位点的区别则称作变异株。

第三节　毒粒的性质

毒粒是病毒的细胞外颗粒形式，也是病毒的感染性形式。Dulbacco 等（1985）指出：毒粒是一团能够自主复制的遗传物质（DNA 或 RNA），它们被其自身编码的蛋白质外壳所包围，有的还具有包膜，以保护其遗传物质免遭环境破坏，并作为将遗传物质从一个宿主细胞传递给另一个宿主细胞的载体。本节将着重介绍毒粒的形态结构、化学组成等性质。

一、毒粒的形态结构

毒粒具有一定的大小、形状和结构组成，这些特征为病毒的分离纯化、分类鉴定、病毒的进化和遗传功能研究提供了可靠的依据。

1. 毒粒的大小和形状

不同病毒的毒粒大小差别很大，最小者如植物的双粒病毒（geminivirus）直径仅 18～20 nm，大者如动物的痘病毒（poxvirus）的大小达（300～450）nm×（170～260）nm，最大者是最近在原生动物阿米巴（entamoeba）中发现的巨大病毒（mimivirus），其大小达 800 nm，与一些细菌相当，其基因组（1.2 Mb）比最小的细胞基因组大 3 倍，比功能细胞预测的最小基因组大 4 到 5 倍。但 Mimivirus 仍然是真实的病毒，因为它仍依赖宿主的蛋白质合成和能量供给，并具有典型的壳体结构。

尽管已发现的病毒达数千种，但毒粒的形状大致可分球形颗粒（或称拟球形颗粒）、杆状颗粒和复杂形状颗粒（如蝌蚪状，卵形）等几类。另外，有的病毒毒粒呈多形性（pleomorphic），如流感病毒（influenza virus）新分离的毒株常呈丝状，在细胞内稳定传代后则为直径约 100 nm 的拟球形颗粒。

2. 毒粒的壳体结构

病毒毒粒的基本结构是包围着病毒核酸的蛋白质外壳，即壳体（capsid）或称衣壳。壳体是由大量同一的壳体蛋白单体分子，即蛋白质亚基（protein subunit）以次级键结合形成的。基于物理学原因和相对简单的几何学原理，由蛋白质亚基构成的病毒壳体主要取螺旋对称和二十面体对称两种结构形式。

（1）螺旋对称壳体

在呈螺旋对称（helical symmetry）的病毒壳体中，蛋白质亚基有规律地沿着中心轴呈螺旋排列，进而形成高度有序、对称的稳定结构（图 7-1）。病毒的螺旋壳体的特征可以用以下参数描述：构成螺旋的蛋白质亚基总数、螺旋长度、螺旋直径、轴孔直径、螺距、螺转数及每一螺转上的蛋白质亚基数目等。螺旋壳体的直径是由蛋白质亚基的特征决定的，其长度则是由与壳体结合的病毒核酸分子的长度所决定。在螺旋对称壳体中，病毒核酸以多个弱键与蛋白质亚基结合，不仅可以控制螺旋排列的形成、壳体的长度，而且核酸与壳体的相互作用还增加了壳体结构的稳定性。

（2）二十面体对称壳体

构成对称结构壳体的第二种方式是蛋白质亚基围绕具立方对称的正多面体的角或边排列，进而形成一个封闭的蛋白质的鞘。几何学中的立方对称结构实体包括正四面体、正六面体、正八面体、正十二面体和正二十面体。在这些拓扑等价多面体中，若以一定数目的亚基排列成具有一定表面积的立方对称实体，以二十面体容积为最大，能包装更多的病毒核酸，所以病毒壳体多取二十面体对称（icosahedral

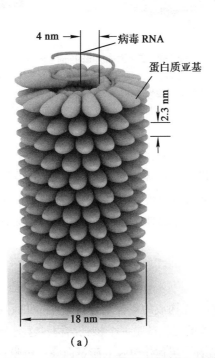

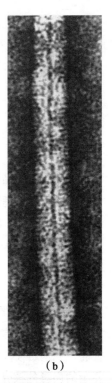

4 nm ← → 病毒 RNA

蛋白质亚基

2.3 nm

18 nm

（a）　　　　（b）

图 7-1　烟草花叶病毒螺旋壳体示意图（a）及电镜照片（b）

图中仅画出了相当于完整壳体长度 1/10 的 12 个螺旋部分

照片来源：武汉大学生命科学学院胡远杨教授

symmetry）结构。

在病毒的二十面体壳体结构中，一定数目的蛋白质亚基以特殊方式聚集形成在电镜下可见的结构，即壳粒（capsomer），壳粒也称形态学单位（morphological unit）。在二十面体壳体形成时，若干个壳粒组合构成壳体。壳粒通常都是由 5 个或 6 个蛋白质亚基聚集形成，因而它们又分别称作五聚体（pentamer）和六聚体（hexmer）。因为五聚体和六聚体各与 5 个和 6 个其他的壳粒相邻，所以它们又分别称做五邻体（penton）和六邻体（hexon）（图 7–2）。描述二十面体对称壳体特征的结构参数有：三角剖分数（T）、蛋白质亚基数（Su）、壳粒数（C）、五邻体数和六邻体数。其中，$Su=60T$，$C=10T+2$，五邻体数总为 12，六邻体数为 10（$T-1$）。二十面体壳体也存在其他的构成方式，如 SV40（simian virus 40）的二十面体壳体仅由 72 个中心凹陷的圆筒状的五聚体构成，12 个五聚体占据二十面体的顶并分别与 5 个相邻的五聚体结合，60 个非顶五聚体分别与 6 个相邻的五聚体结合。在二十面体壳体中，病毒核酸盘绕折叠在有限空间内。在病毒二十面体壳体制备物中，常发现不具有核酸的空壳体（empty capsid）存在，这表明核酸对于二十面体壳体的形成并非必需，然而空壳体较完整的病毒颗粒更容易降解，所以核酸的结合有助于增加二十面体壳体的稳定性。

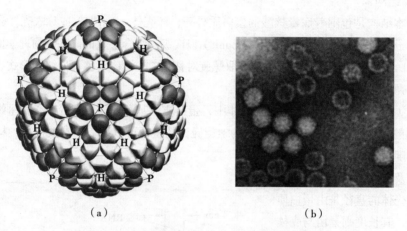

（a）　　　　　　　　　（b）

图 7–2　二十面体病毒的壳体结构（a）及电镜照片（b）
五邻体（P）定位在二十面体的 12 个顶处，六邻体（H）形成二十面体的边和面。
图示的壳体共有 42 个壳粒，且所有的蛋白质亚基都相同
照片来源：武汉大学生命科学学院胡远扬教授

（3）双对称结构

病毒壳体除螺旋对称和二十面体对称两种主要结构类型外，亦有少数病毒壳体为双对称（binary symmetry）结构。具有双对称结构的典型例子是有尾噬菌体（tailed phage），其壳体由头部和尾部组成。包装有病毒核酸的头部为变形的二十面体对称结构，尾部呈螺旋对称结构。图 7–3 所示的是 T4 噬菌体的壳体结构。

3. 病毒的包膜结构

病毒颗粒的壳体与核心一起构成的复合物为核壳（nucleocapsid）。一些简单的病毒，如烟草花叶病毒、脊髓灰质病毒（poliovirus）等的毒粒就是一个核壳结构，这类毒粒也称作裸露毒粒（naked virion）。而一些复杂的病毒的核壳外还覆盖着一层称作包膜的脂蛋白膜，包膜是病毒以芽出（budding）方式成熟时，由细胞膜衍生而来的（图 7–4）。病毒包膜的基本结构与生物膜相似，为脂双层膜，在包膜形成时，细胞膜蛋白被病毒编码的包膜糖蛋白取代。病毒包膜糖蛋白靠一跨膜固着肽附着于脂双层，其主要的结构域凸出在包膜

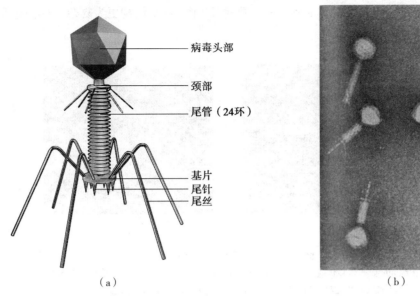

（a）　　　　　　　　　　（b）

病毒头部

颈部

尾管（24环）

基片
尾针
尾丝

图7-3　T4噬菌体的结构模型（a）及电镜照片（b）

外侧，形成在电镜下可识别的包膜突起（peplomer），另有一较小的结构域在包膜内侧。一些无包膜的病毒表面也有一些向外凸出的突起，如腺病毒（adenovirus）二十面体核壳的顶上的五邻体纤维，这些突起与病毒的包膜突起一起称作刺突（spike）。病毒包膜有维系毒粒结构，保护病毒核壳的作用。

4. 毒粒的结构类型

根据病毒毒粒有无包膜以及壳体的对称形式，可以将其分为4种主要结构类型：裸露的二十面体毒粒、裸露的螺旋毒粒、有包膜的二十面体毒粒和有包膜的螺旋毒粒（图7-5）。在同一结构类型中，不同病毒的毒粒结构复杂程度有很大的区别。另外有尾噬菌体、痘病毒，以及昆虫的多角体病毒，如NPV（核型多角体病毒）、

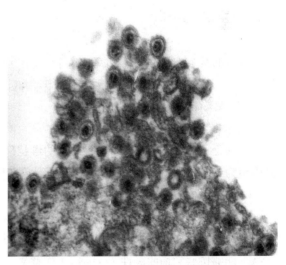

图7-4　正以芽出方式从细胞中向外分泌成熟的疱疹
病毒（herpesvirus）
照片来源：武汉大学生命科学学院胡远杨教授

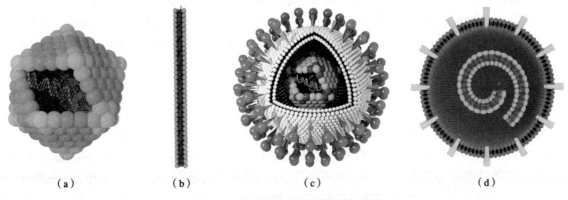

（a）　　　　　（b）　　　　　（c）　　　　　（d）

图7-5　毒粒的结构类型及其组成示意图
（a）裸露的二十面体毒粒；（b）裸露的螺旋毒粒；（c）有包膜的二十面体毒粒；（d）有包膜的螺旋毒粒

CPV（质型多角体病毒）和 GV（颗粒体病毒）等少数病毒（图 7-6）结构更为复杂，不能包括在上述 4 种结构类型之内。

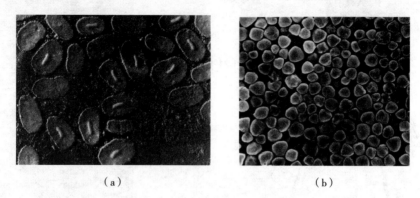

（a） （b）

图 7-6 多角体病毒的电镜照片

（a）稻纵卷叶野螟颗粒体病毒（*Cnaphalocrocis medinalis* granulosis virus）部分碱解图像；

（b）长须刺蛾核型多角体病毒（*Hyphorma minax* nuclear polyhodrosis virus）

照片来源：武汉大学生命科学学院胡远杨教授

二、毒粒的化学组成

毒粒的基本化学组成是核酸和蛋白质。有包膜的病毒和某些无包膜的病毒除核酸和蛋白质外，还含有脂质和糖类。有的病毒还含有聚胺类化合物、无机阳离子等组分。

1. 病毒的核酸

核酸是病毒的遗传物质。一种病毒的毒粒只含有一种核酸，DNA 或是 RNA。除反转录病毒（retrovirus）基因组为二倍体外，其他病毒的基因组都是单倍体。

（1）病毒核酸的类型

病毒核酸存在单链 DNA（ssDNA）、双链 DNA（dsDNA）、单链 RNA（ssRNA）和双链 RNA（dsRNA）4 种主要类型。除 dsRNA 外，其他各类核酸又有线状形式和环状形式之分（表 7-3）。单链病毒核酸（主要是 RNA）能够按照它们的极性（polarity）或意义（sense）进行分类：如果病毒 ssRNA 可以作为 mRNA 直接进行翻译，则规定它为正极性（+ 意义），称为正链 RNA（+RNA）；如果病毒 ssRNA 核苷酸序列与其 mRNA 序列互补，则规定它为负极性（– 意义），称为负链 RNA（–RNA）；也有个别病毒的 RNA 是双义（ambisense）的，即部分为正极性，部分为负极性。对于病毒的单链 DNA 而言，如果其核苷酸序列与其 mRNA 序列相同，即为正极性，称正链 DNA（+DNA）；如果其核苷酸序列与其 mRNA 互补，称为负极性，称负链 DNA（–DNA）。此外，根据病毒核酸转染（transfection）的结果，即将从病毒毒粒或病毒感染的细胞抽提分离的病毒核酸实验性地导入细胞，若能启动病毒复制循环，产生子代毒粒，则此种病毒核酸为感染性核酸（infectious nucleic acid），否则为非感染性核酸。

（2）核酸的结构特征

不同病毒的核酸均可能具有各自不同的结构特征，主要包括：黏性末端、循环排列和末端重复序列等。有些病毒的基因组为单一分子的核酸，而有些病毒的基因组为分段基因组（segemented genome），即病毒基因组是由数个不同的核酸分子构成，只有这些核酸分子同时存在时病毒才有感染性，其中每个核酸分子称之为节段。许多真核生物的正链 RNA 病毒的基因组同真核细胞 mRNA 一样，5′ 端有帽子结构，3′ 端有聚腺苷酸尾即 poly（A）结构，但植物的正链 RNA 病毒基因组的 3′ 端多有与细胞 tRNA 3′ 端类似的结构。

表 7-3 病毒的核酸类型

核酸类型		核酸结构	病毒举例
DNA	单链	线状单链	细小病毒
		环状单链	噬菌体 ΦXl74、M13、fd
	双链	线状双链	疱疹病毒、腺病毒、T 系大肠杆菌噬菌体和 λ 噬菌体
		有单链裂口的线状双链	T5 噬菌体
		有交联末端的线状双链	痘病毒
		闭合环状双链	乳头瘤病毒、PM2 噬菌体、花椰菜花叶病毒、杆状病毒
		不完全环状双链	嗜肝 DNA 病毒
RNA	线状单链	线状、单链、正链	小 RNA 病毒、披膜病毒、RNA 噬菌体、烟草花叶病毒和大多数植物病毒
		线状、单链、负链	弹状病毒、副黏病毒
		线状、单链、分段、正链	雀麦花叶病毒（多分体病毒*）
		线状、单链、二倍体、正链	反转录病毒
		线状、单链、分段、负链	正黏病毒、布尼亚病毒、沙粒病毒（布尼亚病毒和沙粒病毒有的 RNA 节段为双义）
	环状单链	环状、单链、负链	丁型肝炎病毒
	双链	线状、双链、分段	呼肠孤病毒、噬菌体 Φ6，许多真菌病毒

* 具分段基因组的病毒的各个核酸节段分别包装在不同的病毒颗粒中，只有当所有的颗粒存在病毒才能复制，单个的颗粒不能复制，主要见于植物 RNA 病毒中。

2. 病毒的蛋白质

病毒蛋白质根据其是否存在于毒粒中分为结构蛋白（structure protein）和非结构蛋白（non-structure protein）两类：前者系指构成一个形态成熟的有感染性病毒颗粒所必需的蛋白质，包括壳体蛋白、包膜蛋白和存在于毒粒中的酶；后者系指由病毒基因组编码的，在病毒复制过程中产生并具有一定功能，但不结合于毒粒中的蛋白质。在此主要介绍病毒的结构蛋白。

（1）壳体蛋白

壳体蛋白是构成病毒壳体结构的蛋白质，由一条或多条多肽链折叠形成的蛋白质亚基是构成壳体蛋白的最小单位。一些简单的病毒的壳体蛋白仅由一种或少数几种蛋白质亚基构成，而一些复杂病毒则可多达 20 余种。蛋白质亚基的组成和数目的不同是区别不同壳体蛋白的标志。壳体蛋白的功能是构成病毒的壳体，保护病毒的核酸；无包膜病毒的壳体蛋白参与病毒的吸附、进入，决定病毒的宿主嗜性；同时，它们还是病毒的表面抗原，并可能有其他的功能活性。

（2）包膜蛋白

构成病毒包膜结构的病毒蛋白质包括包膜糖蛋白和基质蛋白（matrix protein）两类。包膜糖蛋白是由多肽链骨架与寡糖侧链，通过 β-N- 糖苷键将糖链的 N- 乙酰葡糖胺与肽链的天冬酰胺残基连接形成。根据寡糖链中单糖残基组成的区别，包膜糖蛋白又分为简单型糖蛋白和复合型糖蛋白两类。除通常的 N- 糖苷键外，有的病毒包膜糖蛋白，如鼠冠状病毒（rat coronavirus）E1 糖蛋白是通过 O- 糖苷键，在丝氨酸或苏氨酸残基糖基化。包膜糖蛋白是病毒的主要表面抗原，包膜糖蛋白多为病毒吸附蛋白，它们与细胞受体相互作用启动病毒感染发生，有些病毒的包膜糖蛋白还介导病毒的进入，此外，它们还可能具有凝集脊椎动物红细胞、细胞融合以及酶等活性。有些有包膜病毒，如正黏病毒（orthomyxovirus）、副黏病毒（paramyxovirus）等的包膜结构中，还含有一种非糖基化的基质蛋白或称内膜蛋白。基质蛋白构成膜脂双层与核壳之间的亚膜结构，具有支撑包膜，维持病毒结构的作用，更重要的是它介导核壳与包膜糖蛋白之间的识别，在病毒以芽出方式释放过程中发挥重要作用。

（3）毒粒酶

参与病毒感染复制的酶有3个来源：一是宿主细胞酶或经病毒修饰改变了的宿主细胞酶；二是病毒的一些非结构蛋白，如正链RNA病毒在复制时产生的依赖于RNA的RNA聚合酶；三是存在于毒粒内的酶即毒粒酶。毒粒酶根据其功能大致可分为两类：一类是参与病毒进入、释放等过程的酶，如T4噬菌体的溶菌酶、流感病毒的神经氨酸酶等；另一类是参与病毒的大分子合成的酶，如反转录病毒、嗜肝DNA病毒（hepadnavirus）毒粒中存在的反转录酶（RT），所有dsRNA病毒和负链RNA病毒毒粒中存在的依赖RNA的RNA聚合酶（RdRp），以及一些dsDNA病毒毒粒中存在的依赖DNA的RNA聚合酶（DdRp）等。一些复杂的病毒，如在细胞质内复制的痘病毒还具有许多参与RNA转录物加工和DNA复制的酶。

除以上所述结构蛋白外，在某些病毒的毒粒中还有其他的病毒蛋白质，甚至有宿主的蛋白质。例如，腺病毒基因组dsDNA和脊髓灰质炎病毒基因组+RNA的5′端都结合有蛋白质。在乳头瘤病毒（papillomavaviruses）中有细胞组蛋白与病毒DNA结合形成染色体样复合物。

3. 病毒的脂质

有包膜病毒的包膜内含有来源于细胞的脂质化合物，其中50%～60%为磷脂，余下的多为胆固醇。由于病毒包膜的脂质来源于细胞，所以其种类与含量均具有宿主细胞特异性。脂质构成了病毒包膜的脂双层结构。此外，在少数无包膜病毒，如T系噬菌体、λ噬菌体以及虹彩病毒科（Iridoviridae）的某些成员的毒粒中也发现脂质的存在。

4. 病毒的糖类

有些病毒，其中绝大多数是有包膜病毒含有少量的糖类，它们主要是以寡糖侧链存在于病毒糖蛋白和糖脂中，或以黏多糖形式存在。除了有包膜病毒的糖蛋白突起外，某些复杂病毒的毒粒还含有内部糖蛋白或者糖基化的壳体蛋白。由于这些糖类通常是由细胞合成的，所以它们的组成与宿主细胞相关。

- 描述病毒螺旋对称壳体和二十面体对称壳体的特征的参数各有哪些？
- 参与病毒复制的酶有哪些来源？
- 何谓毒粒、壳体、蛋白质亚基、壳粒、刺突和包膜？
- 如何区分正链RNA和负链RNA，感染性核酸和非感染性核酸？
- 为什么在构建具二十面体壳体的重组病毒载体时，对于插入外源基因的大小必须考虑病毒包装容量的限制？

5. 其他组成

在一些动物病毒、植物病毒和噬菌体的毒粒内，存在一些如丁二胺、亚精胺、精胺等阳离子化合物，在某些植物病毒中还发现有金属阳离子存在。这些含量极微的有机阳离子或无机阳离子与病毒核酸呈无规则的结合，并对核酸的构型产生一定的影响。它们的结合量仅与环境中相关离子浓度有关，是病毒装配时从细胞内环境中获得的不恒定成分。

第四节　病毒的复制

病毒是严格细胞内寄生物，它只能在活细胞内繁殖。病毒进入细胞后，具有感染性的毒粒消失，存在于细胞内的是有繁殖性的病毒基因组。病毒的繁殖是病毒基因组复制与表达的结果，这是一种完全不同于其他生物的繁殖方式。

一、病毒的复制周期

1. 一步生长曲线

一步生长曲线（one-step growth curve）是研究病毒复制的一个经典实验，最初是为研究噬菌体的复制而建立，以后推广到动物病毒和植物病毒的复制研究中。基本方法是以适量的病毒接种处于标准培养的高浓度的敏感细胞，待病毒吸附（attachment）后，或高倍稀释病毒 – 细胞培养物，或以抗病毒抗血清处理病毒 – 细胞培养物以建立同步感染，然后继续培养，定时取样测定培养物中的病毒效价，并以感染时间为横坐标，病毒的感染效价为纵坐标，绘制出病毒特征性的繁殖曲线，即一步生长曲线（图 7-7）。从一步生长曲线中，可以获得病毒繁殖的两个特征性数据：潜伏期（latent period）和裂解量（burst size）。潜伏期是毒粒吸附于细胞到受染细胞释放出子代毒粒所需的最短时间。不同病毒的潜伏期长短不同，噬菌体以分钟计，动物病毒和植物病毒以小时或天计。裂解量是每个受染细胞所产生的子代病毒颗粒的平均数目，其值等于潜伏期受染细胞的数目除稳定期受染细胞所释放的全部子代病毒数目，即等于稳定期病毒效价与潜伏期病毒效价之比。通过一步生长曲线测定，噬菌体的裂解量一般为几十到上百个，植物病毒和动物病毒可达数百乃至上万个。

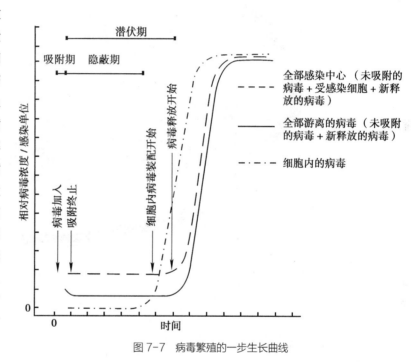

图 7-7　病毒繁殖的一步生长曲线

2. 隐蔽期

一步生长曲线反映了病毒在细胞培养物中复制的动力学性质。运用成熟前裂解方法，研究病毒在受染细胞内复制的动力学性质发现，在潜伏期前一阶段，受染细胞内检测不到感染性病毒，而在后一阶段，感染性病毒数量急剧增加。自病毒在受染细胞内消失到细胞内出现新的感染性病毒的时间为隐蔽期（eclipse period）。不同病毒的隐蔽期长短不同，例如，DNA 动物病毒的隐蔽期为 5 ~ 20 h，RNA 动物病毒的为 2 ~ 10 h。隐蔽期病毒在细胞内存在的动力学曲线呈线性函数，而非指数关系，从而证明子代病毒颗粒是由新合成的病毒基因组与蛋白质经装配成熟，而不是通过双分裂方式产生。

3. 病毒的复制周期

病毒的复制过程概括于图 7-8 中。病毒感染敏感的宿主细胞，首先是毒粒表面的吸附蛋白与细胞表面的病毒受体结合，病毒吸附于细胞并以一定方式进入细胞。经过脱壳（uncoating），释放出病毒基因组。然后病毒基因组在细胞核和 / 或细胞质中，进行病毒大分子的生物合成：一方面病毒基因组进行表达，产生：① 参与病毒基因组复制和表达的蛋白质。② 包装病毒基因组成为病毒颗粒的结构蛋白质。③ 改变受染细

胞结构和 / 或功能的蛋白质。另一方面，病毒基因组进行复制产生子代病毒基因组。新合成的病毒基因组与病毒壳体蛋白装配（assemby）成病毒核壳。若是无包膜病毒，装配成熟的核壳就是子代毒粒，并以一定方式释放到细胞外；若是有包膜病毒，核壳通过与细胞膜的相互作用芽出释放，并在此过程中自细胞膜衍生获得包膜。这样一个从病毒吸附于细胞开始，到子代病毒从受染细胞释放到细胞外的病毒复制过程称为病毒的复制周期或称复制循环（replicative circle）。病毒的复制周期依其所发生的事件顺序分为以下 5 个阶段：① 吸附；② 侵入（penetration）；③ 脱壳；④ 病毒大分子的合成，包括病毒基因组的表达与复制；⑤ 装配与释放。病毒的吸附、侵入和脱壳又称做病毒感染的起始。

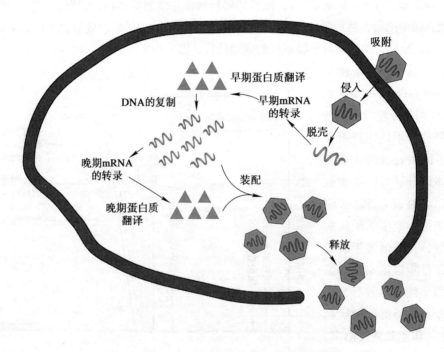

图 7-8　病毒的复制周期示意图（以 DNA 病毒为例）

二、病毒感染的起始

病毒感染细胞，毒粒必须吸附于细胞表面并进入细胞，经脱壳释放病毒基因组。

1. 吸附

吸附是病毒表面蛋白与细胞受体特异性的结合，导致病毒附着于细胞表面，这是启动病毒感染的第一阶段。

（1）病毒吸附蛋白

病毒吸附蛋白（viral attachment protein，VAP）是能够特异性地识别细胞受体并与之结合的病毒结构蛋白分子，亦称做反受体（antireceptor）。无包膜病毒毒粒表面的反受体往往是壳体蛋白的组成部分，有包膜病毒的反受体为包膜糖蛋白，如 T- 偶数噬菌体的尾丝蛋白、流感病毒包膜表面的血凝素糖蛋白等。一些复杂的病毒，如痘苗病毒（vaccinia virus）、单纯疱疹病毒（herpes simplex virus，HSV）有数种反受体分子，而且反受体可能有几个功能结构域，各与不同的受体作用。编码反受体的基因的突变、能够灭活或破坏反受体的蛋白水解酶、β- 糖苷酶及中和抗体等均可导致反受体与受体相互作用能力的丧失，进而影响病毒的感染性。

（2）细胞受体

病毒的细胞受体亦称病毒受体，系指能被病毒吸附蛋白特异性地识别并与之结合，介导病毒进入细胞，启动感染发生的一组细胞膜表面分子，其大多数为蛋白质，亦可能是糖蛋白或磷脂。现在已知病毒受体并非为病毒感染特异性单独表达的，它们多是细胞的特定受体，亦可能为细胞特定受体外的细胞蛋白，例如，单纯疱疹病毒的受体是硫酸乙酰肝素，狂犬病毒（rabies virus）的受体是乙酰胆碱受体。不同种系的细胞具有不同病毒的细胞受体，病毒受体的细胞种系特异性决定了病毒的宿主范围。病毒受体还具有组织特异性，从而决定了病毒的组织嗜性。不同种类的病毒有不同的病毒受体，同种不同型的病毒，甚至同型病毒的不同毒株亦可能有不同的病毒受体，但也有些不同的病毒具有相同的病毒受体，这即为筛选抗噬菌体的多价抗性菌株的依据。最近还发现有些病毒，如人免疫缺陷病毒（human immunodeficiency virus，HIV）等的感染需要辅助受体（co-receptor）的参与，这种在病毒与细胞初始结合后，能够结合毒粒及其变化了的形式并引发病毒进入细胞的细胞表面分子又称为第二受体。但至今仍未发现植物病毒的细胞受体存在。

（3）病毒的吸附过程

病毒毒粒与宿主细胞的初始结合往往涉及一个 VAP 分子与一个受体蛋白分子的结合，这种结合并不紧密，是一可逆过程。当毒粒上的多个位点与多个受体结合时，就可能发生不可逆的结合，即发生贴附增强作用，这种增强作用使得毒粒与细胞的结合更加稳定、牢固。病毒吸附蛋白与细胞受体间的结合力来源于空间结构的互补性，相互间的电荷、氢键、疏水性相互作用及范德华力。不同病毒的吸附速率常数有很大差别，而且影响细胞受体和病毒吸附蛋白的活性的因素，如细胞代谢抑制物、蛋白酶、糖苷酶、脂溶剂和抗体等，以及包括温度、离子浓度和 pH 在内的环境因素均可影响病毒的吸附反应。

2. 侵入

侵入又称病毒内化，这是一个病毒吸附后几乎立即发生，依赖于能量的感染步骤。不同的病毒－宿主系统的病毒侵入机制不同，有伸缩尾的 T-偶数噬菌体采取注射方式将噬菌体核酸注入细胞，其过程如图 7-9 所示。

动物病毒能以下列不同的机制进入细胞：① 完整病毒颗粒或亚病毒颗粒穿过细胞膜的移位（translocation）方式；② 利用细胞的胞吞（endocytosis）功能进入细胞，这种侵入方式又称病毒入胞（viropexis），以胞吞方式进入的病毒颗粒累积在细胞质小泡内，通过包膜与小泡膜的融合将病毒的内部组分释放入细胞质中；③ 毒粒包膜

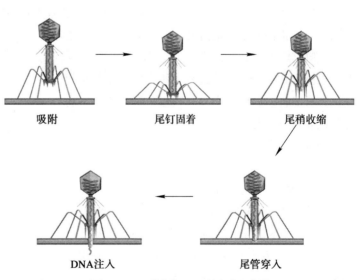

吸附　　　　尾钉固着　　　　尾稍收缩

DNA注入　　　　尾管穿入

图 7-9　T4 噬菌体 DNA 注入的示意图

与细胞质膜的融合，病毒的内部组分释放到细胞质中；④ 以抗体依赖的增强作用，即病毒与非中和抗体或亚中和浓度的中和抗体结合，形成的病毒－抗体复合物通过与细胞表面的免疫球蛋白受体的结合进入细胞。在以上②和③方式中，病毒包膜与细胞膜的融合皆通过病毒包膜中有融合活性的包膜蛋白与细胞膜中特定的蛋白组分的相互作用完成。

植物有角质化或蜡质化的表皮和坚硬的细胞壁，所以植物病毒只能通过人为或自然的机械损伤所形成的微伤口进入细胞；或者靠携带有病毒的媒介，主要是靠有吮吸式口器的昆虫取食将病毒带入细胞。

3. 脱壳

脱壳是病毒侵入后，病毒的包膜和 / 或壳体除去而释放出病毒基因组的过程，它是病毒基因组进行复制和功能表达所必需的感染事件。至今对于病毒脱壳的机制和细节仍缺乏了解，但病毒与细胞受体的相互作用所引起病毒壳体蛋白的重排对于病毒脱壳是至关重要的，且脱壳过程与蛋白酶、热裂解等因素有关。

T- 偶数噬菌体脱壳与侵入是一起发生的，仅有病毒核酸及结合蛋白进入细胞，壳体留在细胞外。

动物病毒存在不同的结构类型和不同的侵入方式，其脱壳过程也较复杂。许多病毒如正黏病毒、副黏病毒、小 RNA 病毒（picornavirus）的保护性包膜或壳体在病毒进入受染细胞时除去。疱疹病毒、乳头瘤病毒和腺病毒感染时，壳体沿着细胞骨架从进入位点移到核孔，很可能因细胞因子激活病毒功能，释放病毒 DNA 或 DNA- 蛋白质复合物进入核内，空壳最后降解。所有具有非感染性核酸的病毒，包括利用病毒毒粒所携带的转录酶进行转录的 DNA 病毒，利用病毒毒粒所携带的依赖 RNA 和 RNA 聚合酶进行转录的双链 RNA 病毒和负链 RNA 病毒，以及在复制过程中有反转录过程的反转录病毒均不完全脱壳，病毒以核蛋白体形式进入复制。痘病毒分两阶段脱壳：首先外壳由宿主细胞酶除去，然后在感染后合成的病毒脱壳酶的作用下，病毒 DNA 从核心中释放。

三、病毒大分子的合成

病毒大分子的合成是通过病毒基因组的表达与复制完成的，在这一过程中所发生的各种病毒复制事件存在着强烈的时序性。病毒复制的时序性主要表现为基因组转录的时间组织（temporal organization），即病毒基因组的转录是分期进行的。发生在病毒核酸复制以前的转录为早期转录，所转录的基因称作早期基因，早期基因编码的早期蛋白主要是参与病毒核酸复制、调节病毒基因组表达，以及改变或抑制宿主细胞大分子合成的蛋白质。在病毒核酸复制开始或复制后所进行的转录为晚期转录，所转录的基因称作晚期基因，晚期基因编码的晚期蛋白质主要是构成子代毒粒所需的结构蛋白。一些复杂的病毒基因组转录的时间组织分得更细，如 T4 噬菌体的转录分为立即早期、迟早期、中期和晚期。

根据病毒大分子合成过程中所发生事件的时间顺序，可以将此过程划分为 3 个连续的阶段：① 病毒早期基因的表达；② 病毒基因组的复制；③ 病毒晚期基因的表达。

1. 噬菌体的大分子合成

除光亮病毒科（Leviviridae）等少数例外，绝大多数噬菌体都是 DNA 噬菌体，且除微病毒科（Microviridae）和丝杆病毒科（Inoviridae）为 ssDNA 噬菌体外，其余的都是 dsDNA 噬菌体。

（1）dsDNA 噬菌体

研究得最为充分的 T4 噬菌体的大分子合成如图 7-10 所示。

T4 噬菌体早期转录由大肠杆菌 RNA 聚合酶完成，早期基因编码的蛋白质参与宿主控制，病毒 DNA 复制和晚期基因表达的调节，某些早期病毒特异性酶也能降解宿主 DNA，从而停止宿主基因表达

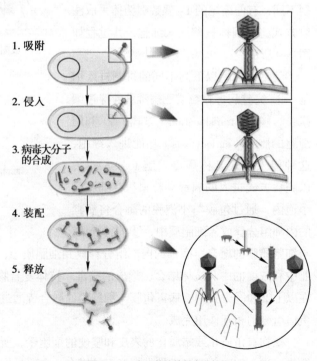

1. 吸附
2. 侵入
3. 病毒大分子的合成
4. 装配
5. 释放

图 7-10　T4 噬菌体的复制循环

并为病毒 DNA 合成提供前体。噬菌体编码的某些早期蛋白质还可取代 σ 因子与宿主转录酶结合，从而改变了宿主转录酶的启动子特异性，使之自噬菌体晚期启动子起始转录。同时，晚期转录也需要噬菌体 DNA 的复制，只有正在复制、结构发生改变的病毒 DNA 才能作为晚期转录的模板。早期基因与晚期基因定位于不同的 DNA 链上，它们的转录分别以不同方向进行。与 T4 噬菌体不同，T7 噬菌体的晚期转录由病毒早期基因编码的转录酶完成，且其所有的 mRNA 都是从右向链转录。图 7-11 表示 T7 噬菌体的基因组和其合成蛋白质的顺序。

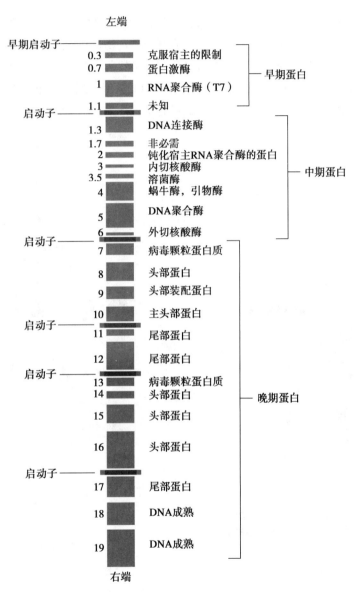

图 7-11 T7 噬菌体基因组及其合成蛋白质的顺序
数字为基因编号，图中也显示出基因的大小

T4 DNA 复制有两个特点：一是由于 T4 DNA 中胞嘧啶被羟甲基胞嘧啶取代，所以在其 DNA 复制开始前，必须由噬菌体编码的酶合成羟甲基胞嘧啶，并且在 T4 DNA 合成后，羟甲基胞嘧啶被葡萄糖基化，以保护 T4 DNA 免遭大肠杆菌核酸酶降解，类似的例子亦见于其他的噬菌体 DNA，如 λ 噬菌体 DNA 合成后腺嘌呤和胞嘧啶被甲基化；二是在 T4 DNA 复制过程中，由 6~8 个 DNA 拷贝结合形成非常长的 DNA 链，这些由数个单位长度 DNA 以相同方向连接形成的 DNA 复制分子称作多连体（concatemer）。T7 噬菌体 DNA 和 λ 噬菌体 DNA 复制时也有多连体形成。

（2）ssDNA 噬菌体

属于微病毒科的噬菌体 ΦX174 基因组为环状正链 DNA。ΦX174 DNA 进入细胞后，在宿主的 DNA 聚合酶作用下形成 dsDNA，这种病毒单链核酸复制产生的双链复制分子称作复制型（replicative form，RF），然后以复制型为模板进行复制和转录，产生更多的复制型、mRNA 和子代 +DNA 基因组（图 7-12）。

（3）RNA 噬菌体

大多数 RNA 噬菌体都是正链 RNA 噬菌体，属光亮病毒科，如噬菌体 Qβ、MS2、R17 等。其基因组 RNA 可作为 mRNA 指导噬菌体蛋白质的合成，其中一种蛋白质产物是病毒的依赖于 RNA 的 RNA 聚合酶。在此复制酶作用下，以基因组正链 RNA 为模板产生双链复制型，然后复制酶利用复制型的负链为模板，合成数千个正链 RNA 拷贝。这些正链 RNA 或是作为模板合成 RF，以进一步复制更多的正链 RNA；或是作为 mRNA 进行病毒蛋白质合成。最后新合成的正链 RNA 基因组结合于壳体中，产生成熟的病毒颗粒（图 7-13）。

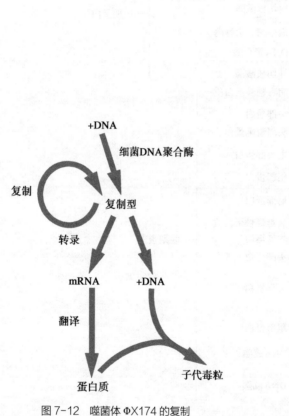

图 7-12　噬菌体 ΦX174 的复制

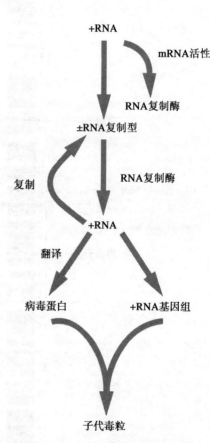

图 7-13　正链 RNA 噬菌体的繁殖

2. 动物病毒的大分子合成

动物病毒基因组的结构类型多种多样，每一种都有其独特的复制方式和表达策略（图 7-14）。

此外，不同的动物病毒的大分子合成位点亦有所不同。DNA 病毒的基因组复制与转录在细胞核中进行，但嗜肝 DNA 病毒的基因组复制以及痘病毒的基因组复制与转录是在细胞质中进行。RNA 病毒基因组的复制与转录都在细胞质中进行，而正黏病毒基因组的复制在细胞核内进行，反转录病毒基因组的复制在细胞质和细胞核中进行。

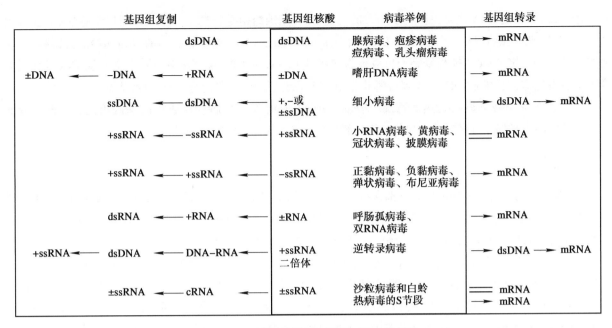

图 7-14 动物病毒基因组复制方式和表达策略

（1）DNA 动物病毒

DNA 动物病毒与真核细胞相同，其转录与翻译不互相偶联，因此，转录和转录后的加工、修饰以及转运是真核病毒 mRNA 合成的突出特征。动物病毒基因组 DNA 转录产生的初始转录物要经过包括：① 3′端聚腺苷化；② 5′端加上帽子结构；③ 甲基化；④ 剪接等加工修饰才能成熟为功能性 mRNA。大多数 DNA 动物病毒至少早期基因的转录是利用宿主转录酶进行的，但痘病毒早期 mRNA 由结合于毒粒核心的病毒转录酶合成。动物病毒 DNA 的复制也和噬菌体一样，依赖于病毒早期蛋白的功能。一些小型 DNA 病毒依靠宿主细胞 DNA 聚合酶进行 DNA 复制，如细小病毒 DNA 仅能在处于 S 期的细胞核内复制，而像疱疹病毒和痘病毒等大型 DNA 病毒的 DNA 复制都需要病毒编码的 DNA 聚合酶。乙型肝炎病毒（hepatitis B virus，HBV）DNA 在受染细胞的核内利用宿主 RNA 聚合酶进行转录并产生数种 mRNA，其中最大的 3.5 kb RNA 称作前基因组（progenome），然后 RNA 前基因组与 DNA 聚合酶和核心蛋白结合形成未成熟的核心壳粒，继而反转录酶利用蛋白质为引物，以前基因组 RNA 为模板转录产生负链 DNA，前基因组 RNA 几乎全部被 RNaseH 降解，余下的 RNA 片段再作为 DNA 聚合酶的引物拷贝负链 DNA，从而产生子代 dsDNA。

（2）RNA 动物病毒

RNA 动物病毒与 DNA 动物病毒相比较，它们之间的复制策略存在更大的差别。基于它的基因组复制和转录的模式，可将其分为 4 个主要类型：

① 正链 RNA 病毒：如小 RNA 病毒、冠状病毒之类的正链 RNA 病毒的基因组 RNA 具有 mRNA 活性，可全部或者部分直接翻译成聚蛋白（polyprotein）前体，再经宿主和病毒编码的蛋白酶切割产生不同的病毒蛋白质。病毒 RNA 复制是由新合成的病毒复制酶以基因组正链 RNA 为模板合成负链 RNA，再以负链 RNA 为模板合成新的正链 RNA 病毒基因组，在复制过程中，有双链形式的复制分子产生。

② 负链 RNA 病毒：由于负链 RNA 病毒基因组与其 mRNA 序列互补，所以它们必须利用结合于毒粒的病毒转录酶合成 mRNA。病毒 RNA 的复制与正链 RNA 病毒类似。

③ 双链 RNA 病毒：呼肠孤病毒的分段双链 DNA（dsRNA）的基因组的每个节段编码一种 mRNA，mRNA 的合成是在部分脱壳的颗粒中利用毒粒携带的转录酶转录基因组的负链完成，同时转录产生的正链 RNA 亦可作为复制的模板合成负链，产生子代双链 RNA 的基因组。

④ 二倍体正链 RNA 病毒：反转录病毒的正链 RNA 基因组由毒粒携带的反转录酶以细胞的 tRNA 为引物，反转录产生负链 DNA，形成 RNA–DNA 杂交体。然后正链 RNA 被反转录酶的 RNaseH 组分降解，反转录酶以余下的负链 DNA 为模板复制产生被称为前病毒（provirus）的 dsDNA 中间体。前病毒 DNA 环化后整合于宿主染色体，并在宿主的 RNA 聚合酶 II 作用下转录产生 mRNA 和新的正链 RNA 基因组。

另外，布尼亚病毒科白蛉热病毒属（*Phlebovirus*）成员和沙粒病毒科成员的基因组的 S 节段是双义 RNA，其中的正义部分可直接进行翻译，负义部分则须由毒粒携带的转录酶转录。

3. 植物病毒的大分子合成

以 TMV 为代表的大多数植物病毒都含有正链 RNA 的基因组，病毒基因组正链 RNA 的复制与其他的正链 RNA 病毒类似，包括利用亲代 RNA 为模板复制负链，然后再以负链为模板合成子代正链这两个步骤。大多数植物都含有依赖 RNA 的 RNA 聚合酶，并且这些正常的细胞酶可能参与病毒 RNA 复制。

然而已有证据表明芜菁黄化病毒（turnip yellow virus，TYV）、豇豆花叶病毒（cowpea mosaic virus，CMV）、烟草花叶病毒等可能都是依靠病毒特异性的 RNA 复制酶进行复制。正链 RNA 植物病毒亦与其他正链 RNA 病毒类似，其基因组 RNA 具有 mRNA 活性，可直接进行翻译。但是不同的植物正链 RNA 病毒发展了不同的基因组策略来促进和 / 或调节基因的表达，这些策略包括合成亚基因组（subqenome）mRNA，翻译的通读（read through）、读框移动（frame-shift）、产生聚蛋白以及病毒基因组为分段基因组等。例如，许多植物正链 RNA 病毒，无论是单分基因组还是分段基因组，定位在基因组 RNA 3′ 端的壳体蛋白基因往往不能直接表达，壳体蛋白多是通过与基因组 3′ 端序列相同的亚基因组 mRNA 翻译产生。

四、病毒的装配与释放

在病毒感染的细胞内，新合成的毒粒结构组分以一定的方式结合，装配成完整的病毒颗粒，这一过程称作病毒的装配，亦称成熟（maturation）或形态发生（morphogenesis）。

然后成熟的子代病毒颗粒依一定途径释放到细胞外，病毒的释放标志病毒复制周期结束。对于有些病毒，特别是有包膜病毒而言，这两个过程有着十分密切的联系。

1. 噬菌体的装配与释放

T4 噬菌体的装配过程已作详细研究，这是一个极为复杂的装配过程（图 7-15）。这一过程包括 4 个完全独立的亚装配途径：无尾丝的尾部装配；头部的装配；尾部与头部自发结合；单独装配的尾丝与前已装配好的颗粒相连。以上各个装配步骤通过一系列绝对有序的装配反应进行，其中每一种结构蛋白在装配时都发生了构型的改变，为后一种蛋白质的结合提供了可识别位点。而且前头部的装配还需脚手架蛋白（scaffolding protein）的参与，这些蛋白质在结构完成后被除去。包括 T4 噬菌体、单链 DNA 噬菌体中 ΦX174 等大多数噬菌体都是以裂解细胞方式释放。丝杆噬菌体不杀死细胞，子代毒粒以分泌方式不断从受染细胞中释放，这是一种病毒与宿主细菌的共生关系。

2. 动物病毒的装配与释放

不同的动物病毒的形态结构均不相同，它们的成熟和释放过程各有特点，其形态发生的部位也因病毒而异。与噬菌体一样，动物病毒晚期基因编码的壳体蛋白通过自我装配形成壳体。裸露的二十面体病毒首先装配成空的前壳体，然后与核酸结合成熟为完整的病毒颗粒。有包膜动物病毒（包括所有具螺旋对称壳体的动物病毒和某些具二十面体壳体的动物病毒）的装配首先是形成核壳，然后在细胞膜芽出成熟过程中获得包

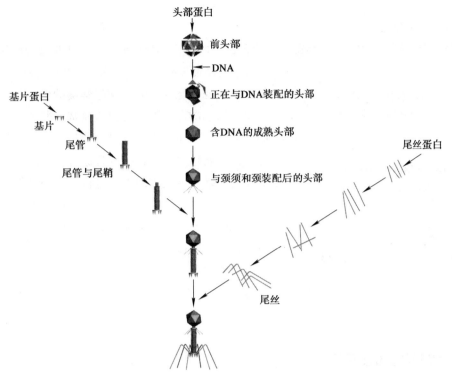

图 7-15　T4 噬菌体装配示意图

膜，而且这一过程往往与病毒释放同时发生。有些病毒是在宿主细胞内膜芽出的过程中从核膜、高尔基体膜、粗面内质网等膜上获得包膜，如疱疹病毒和布尼亚病毒（bunyavirus）等［图 7-16（a）］；有的则是在从宿主细胞质膜芽出的过程中裹上包膜，如流感病毒等［图 7-16（b）］。

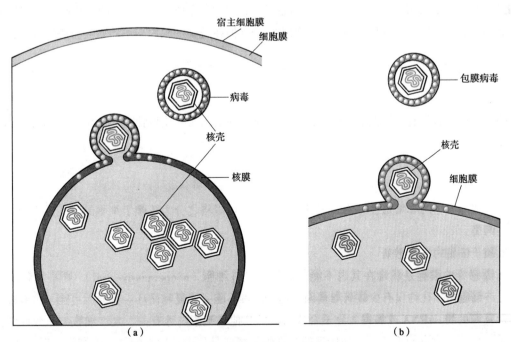

图 7-16　包膜病毒的装配示意图
（a）从宿主细胞核膜芽出时获得包膜；（b）从宿主细胞质膜芽出时获得包膜

3. 植物病毒的装配与释放

烟草花叶病毒的装配是病毒自我装配的经典范例。TMV 壳体蛋白质亚基首先形成 20S 的双层圆盘，然后圆盘与靠近 TMV RNA 的基因组 3′ 端的特异性装配起始序列结合而转变成螺旋，RNA 穿过螺旋的中心孔并在生长端形成一个可移动的环。随着蛋白质亚基不断加入，螺旋壳体首先向 RNA 5′ 端生长，5′ 端包装完成后，再向 3′ 端延伸至核壳成熟。植物病毒通过植物的维管进行长距离运动，它们在细胞之间的运动则通过胞间连丝进行，这一过程需要病毒编码的运动蛋白（movement protein）的参与。有些植物病毒的运动蛋白与胞间连丝结合可增大胞间连丝的孔径，以允许病毒颗粒或病毒核酸通过胞间连丝在细胞间扩散；有的植物病毒的运动蛋白可取代胞间连丝，形成利于病毒在细胞间扩散的管状结构。

- 试述病毒一步生长曲线的基本方法，从一步生长曲线可获得病毒繁殖的哪些特征性数据？它们各有何意义？
- 病毒受体具有哪些特异性？啮齿类动物细胞缺乏 HIV 的细胞受体，HIV 不能成功感染，倘用受体基因转移方法将 HIV 的受体 CD4 转移至啮齿类动物细胞，HIV 能感染成功吗？
- 动物病毒能以哪些机制进入细胞？
- 具非感染性核酸的病毒能否完全脱壳？为什么？
- 分别叙述 4 类 RNA 动物病毒的基因组复制和转录策略。

第五节　病毒的非增殖性感染

病毒对敏感细胞的感染并不一定都能导致病毒繁殖，产生有感染性的病毒子代。按最终的感染结果，将敏感细胞的感染分为两类：一类是增殖性感染（productive infection），这类感染发生在病毒能在其内完成复制循环的允许细胞（permissive cell）内，并以有感染性病毒子代产生为特征；另一类是非增殖性感染（non-productive infection），这类感染由于病毒或是细胞的原因，致使病毒的复制在病毒进入敏感细胞后的某一阶段受阻，结果导致病毒感染的不完全循环（incomplete circle）。在此过程中，由于病毒与细胞的相互作用，虽然亦可能导致细胞发生某些变化，甚至产生细胞病变，但在受染细胞内，不产生有感染性的病毒子代。

一、非增殖性感染的类型

病毒的非增殖性感染有 3 种类型：流产感染（abortive infection）、限制性感染（restrictive infection）和潜伏感染（latent infection）。

1. 流产感染

这是一类普遍发生的非增殖性感染，依其发生原因，可以将之分为依赖于细胞的流产感染和依赖于病毒的流产感染两类。

（1）依赖于细胞的流产感染

如果病毒感染的细胞是病毒在其内不能复制的非允许细胞（nonpermissive cell），则将导致流产感染发生。在非允许细胞内，往往仅有少数病毒基因表达，病毒不能完成复制循环。其原因可能与这些细胞缺少某些参与病毒复制的酶、tRNA 或病毒大分子合成所需的其他细胞蛋白等有关。允许细胞与非允许细胞的划分是相对于某一特定的病毒而言的，一种病毒的允许细胞可能是另一种病毒的非允许细胞，反之亦然。例如，猴肾细胞是 SV40 的允许细胞，但人腺病毒感染猴肾细胞则会导致流产感染发生。

（2）依赖于病毒的流产感染

这类流产感染系由基因组不完整的缺损病毒（defective virus）引起。这类病毒因一个或多个病毒复制必需基因有缺损，丧失了其功能，所以它们无论是感染允许细胞还是非允许细胞，都不能完成复制循环。

2. 限制性感染

这类感染系因细胞的瞬时允许性产生，其结果或是病毒持续存在于受染细胞内不能复制，直至细胞成为允许细胞，病毒才能繁殖；或是一个细胞群体中仅有少数细胞产生病毒子代。例如，人乳头瘤病毒可感染上皮细胞，并且其早期基因的转录可在受染的各分化期的上皮细胞中进行，但由于其晚期基因转录仅能在分化成熟的鳞状上皮细胞中进行，所以只有进入终末分化期的鳞状上皮细胞才有病毒增殖。

3. 潜伏感染

这类感染的显著特征是在受染细胞内有病毒基因组持续存在，但并无感染性病毒颗粒产生，而且受染细胞也不会被破坏。这种携带有病毒基因组但不产生有感染性病毒的细胞称作病毒基因性细胞（virogenic cell）。潜伏感染的另一种极端情况是由于病毒基因的功能表达导致宿主基因表达的改变，以致正常细胞转化为恶性细胞。

二、缺损病毒

从某种意义而言，所有的病毒都是缺损的，因为它们都只能寄生于活细胞内进行复制，然而缺损病毒的复制还需要其他病毒基因组或病毒基因的辅助活性，否则即使在活细胞内也不能复制。不同的缺损病毒的来源和基因组的缺损表现都不相同，而且病毒基因组往往可能因严重缺损而丧失全部生物学功能。有生物活性的缺损病毒包括4类：干扰缺损病毒或称干扰缺损颗粒（defective interfering particle，DI 颗粒）、卫星病毒（satellite virus）、条件缺损病毒（conditionally defective virus）和整合的病毒基因组。

1. 干扰缺损颗粒

DI 颗粒是病毒复制时产生的一类亚基因组的缺失突变体（subgenomic deletion mutant）。无论是动物病毒，还是植物病毒或噬菌体在自然感染或实验感染时，都可能产生各自相关的 DI 颗粒。特别是在感染复数（multiplicity of infection，m. o. i）高时，DI 颗粒能以较高频率产生。由于 DI 颗粒基因组有缺损，故不能完成复制循环，而必须依赖于其同源的完全病毒提供其复制必需而又缺失了的基因产物才能复制。同时，由于DI 基因组较其完全病毒小，复制更为迅速，在与其完全病毒共感染时更易占据优势，从而干扰其复制。DI 颗粒的核酸与其完全病毒有序列同源性，其形态结构、抗原性亦与完全病毒相同。在病毒感染时普遍产生的DI 颗粒能污染病毒制备物，并给病毒的生物学活性带来深刻且通常是有害的影响。DI 颗粒干扰标准病毒的复制可能是某些病毒分离、培养困难的原因之一，并且它们在机体的病毒持续性感染的形成中也可能起着重要作用。

2. 卫星病毒

卫星病毒是寄生于与之无关的辅助病毒（helper virus）的基因产物的病毒。与 DI 颗粒类似，卫星病毒的基因组是缺损的，它必须依赖于辅助病毒才能复制。与 DI 颗粒不同的是，它们不是由其辅助病毒的基因缺失产生的，而是存在于自然界中的一种绝对缺损病毒。卫星病毒的形态结构和抗原性都与辅助病毒不同，其基因组与辅助病毒的基因组也很少有同源性。细小病毒科中的腺联病毒（adeno-associated virus，AAV）是一种卫星病毒，这种小型的二十面体病毒含单链 DNA 基因组。AAV 只能在同时有腺病毒或疱疹病毒感染的细胞核内复制，并且它还可干扰腺病毒的复制以及腺病毒引起的细胞转化。若是 AAV 单独感染细胞，则会导致流产感染发生，且 AAV 的基因组整合入宿主细胞 DNA 中。大肠杆菌噬菌体 P4 是一种更为复杂的卫星病毒，属肌尾病毒科（Myoviridae）。若无辅助病毒大肠杆菌噬菌体 P2 的同时感染，它不能复制产生成熟的噬菌体颗粒。其原因是 P4 缺乏编码壳体蛋白的结构基因，它必须依赖 P2 合成的壳体蛋白供其装配成仅有 P2 壳体大小 1/3 的 P4 壳体，这样的壳体适于包装较小的 DNA。除腺联病毒和 P4 噬菌体外，如卫星烟草坏死病毒（satellite tobacco necrosis virus，STNV）这些未归属于相应的病毒科或属的卫星病毒现在划归在亚病毒因子的卫星病毒之中。

3. 条件缺损病毒

条件缺损病毒是一类基因组发生了突变的病毒条件致死突变体，如温度敏感突变体、宿主范围突变体、毒力突变体等。它们在允许条件下能够正常繁殖，在非允许条件或称限制条件下导致流产感染发生。某些条件缺损病毒也能干扰野生型病毒复制，它们的许多生物学行为与 DI 颗粒相似。

4. 整合的病毒基因组

许多温和噬菌体（temperate phage）和肿瘤病毒感染宿主细胞后，因病毒与细胞的性质，病毒基因组整合于宿主染色体，并随细胞分裂传递给子代细胞，这类感染称之为整合感染（integrated infection）。除慢性 RNA 肿瘤病毒和非缺损的急性 RNA 肿瘤病毒外，病毒整合感染的细胞没有感染性的病毒产生。只有在一定条件下，整合在宿主染色体的病毒基因组才能转入复制循环，产生有感染性的病毒颗粒。

（1）温和噬菌体的溶原性反应

大多数噬菌体感染宿主细胞，都能在细胞内正常复制并最终杀死细胞，这类噬菌体的裂解循环（lytic cycle）一般都是由烈性噬菌体（virulent phage）引起。而另一些噬菌体除能以裂解循环在宿主细胞内繁殖外，还能以溶原状态（lysogenic state）存在。以溶原状态存在的噬菌体不能完成复制循环，噬菌体基因组长期存在于宿主细胞内，没有成熟噬菌体产生，这一现象称作溶原性（lysogeny）现象。能够导致溶原性发生的噬菌体称作温和噬菌体或称溶原性噬菌体（lysogenic phage）。在大多数情况下，温和噬菌体的基因组都整合于宿主染色体中（如 λ 噬菌体），亦有少数是以质粒形式存在（如 Pl 噬菌体）。整合于细菌染色体或以质粒形式存在的温和噬菌体基因组称作原噬菌体（prophage）。在原噬菌体阶段，噬菌体的复制被抑制，宿主细胞正常地生长繁殖，而噬菌体基因组与宿主细菌染色体同步复制，并随细胞分裂传递给子代细胞。细胞中含有以原噬菌体状态存在的温和噬菌体基因组的细菌称作溶原性细菌（lysogenic bacteria）。处于溶原性细菌细胞中的噬菌体 DNA 在一定条件下亦可启动裂解循环，产生成熟的病毒颗粒。自然情况下的溶原性细菌的裂解称为自发裂解（spontaneous lysis），但裂解量较少。若经紫外线、氮芥、环氧化物等理化因子处理，可产生大量的裂解，此称为诱发裂解（inductive lysis）。溶原性反应是一种比裂解反应更有利于病毒持续和传播的病毒生存方式。处于这种最适应于它们所处环境中的噬菌体不会迅速杀死细胞，从而丧失传播的机会，所以，这也被认为是一种原始的分化方式。

（2）动物病毒的整合感染

在动物病毒中，许多 DNA 肿瘤病毒（如 SV40、乙型肝炎病毒等）和 RNA 肿瘤病毒都能引起整合感染。在这些病毒感染的细胞中，病毒的基因组 DNA 或前病毒 DNA 整合入宿主细胞染色体中，除慢性 RNA 肿瘤病毒和非缺损的急性 RNA 肿瘤病毒外，受染细胞内没有病毒繁殖。只有在一定条件下，整合在细胞染色体上的病毒基因组才能转入复制循环，产生子代病毒颗粒。

属于反转录病毒科的 RNA 肿瘤病毒的基因组通过反转录产生 DNA 中间体，然后整合入宿主染色体，这一过程是病毒复制的必经阶段。RNA 肿瘤病毒感染细胞后能否繁殖和引起细胞转化取决于病毒和受染细胞的性质。除少数急性 RNA 肿瘤病毒，如 Rous 肉瘤病毒（Rous sarcoma virus，RSV）外，绝大多数的急性 RNA 肿瘤病毒都是缺损病毒，由于其复制的必需基因缺损，所以都不能独立复制。另外还有一类内源性病毒（endogenious viruses），这类 RNA 肿瘤病毒的基因组普遍存在于许多动物的 DNA 中，但不转化细胞，也不产生病毒。内源性前病毒与原噬菌体类似，亦可自发地或经诱导转入复制循环，产生有感染性的病毒。

> ? • 缺损病毒包括哪几类，它们各自有何特点？
> • 在构建重组病毒载体时，有时需将外源基因插入病毒的复制必需基因，这样得到的重组病毒为复制缺陷型，试问如何才能使这样的重组病毒完成复制循环，得到重组病毒颗粒？

第六节　病毒与宿主的相互作用

病毒必须进入细胞并利用宿主细胞大分子合成机制和能量装置进行复制，同时，病毒的感染亦会给宿主细胞乃至宿主机体造成种种影响，因而在许多方面，病毒的感染研究就是病毒与其宿主相互作用的研究。这一研究不仅有助于阐明病毒感染和致病的生物学和分子生物学机制，而且对于病毒感染的诊断与控制具有重要的意义。

一、噬菌体感染对原核细胞的影响

不同的噬菌体感染对宿主细胞的生物学效应有很大差别。有些噬菌体，如单链 DNA 噬菌体 fd、fl 等的感染对受染细胞影响很小，子代病毒以非致死的分泌方式释放，这是一种非杀细胞（non-cytocidal）感染。这类噬菌体正因为具有这一特点，故在最近发展起来的噬菌体显示技术（phage display technique）中被用于构建噬菌体表达载体。然而，许多噬菌体的感染都可能给细胞造成巨大的影响，最终细胞被杀死和/或裂解，这类感染常称作杀细胞（cytocidal）感染或裂解感染。温和噬菌体感染机制已进化到能够控制自身的复制和对细胞破坏的地步，以致它们仍能够维持相对稳定，以原噬菌体这样一种变化了的生命形式长期与宿主细胞结合在一起，并在一定条件下转入复制循环，结果噬菌体增殖，细胞裂解。

1. 抑制宿主细胞大分子合成

许多噬菌体感染时都能产生关闭蛋白（turn-off protein），这些蛋白质能以不同的方式抑制宿主细胞的大分子合成，包括：

（1）抑制宿主基因的转录

T4 噬菌体的某些早期蛋白质结合于宿主转录酶或引起宿主转录酶的磷酸化和腺苷化，改变其启动子识别特异性，使之由细胞 mRNA 合成转向噬菌体 mRNA 合成。T7 噬菌体基因 2 编码的蛋白还能结合宿主转录酶并导致其失活，从而抑制宿主细胞 mRNA 合成。

（2）抑制宿主蛋白质合成

噬菌体除了因宿主转录的抑制间接影响其蛋白质合成外，有些噬菌体蛋白质能灭活细胞 tRNA，从而直接抑制宿主蛋白质合成，如 T4 噬菌体编码的蛋白能灭活宿主亮氨酸 tRNA，并以噬菌体 tRNA 取而代之。

（3）抑制宿主 DNA 合成

T- 偶数噬菌体编码的内切核酸酶和外切核酸酶逐步降解宿主染色体，使细胞 DNA 合成因缺乏模板而终止。另一方面，T-偶数噬菌体还通过抑制细胞胞苷酸合成而改变宿主 DNA 合成代谢。大多数较为简单的噬菌体通常都不破坏细胞 DNA。

2. 宿主限制系统的改变

为了抵御宿主限制性酶系统对侵入的病毒 DNA 所可能造成的损害，噬菌体编码的酶往往能破坏这些系统，使病毒 DNA 得到保护。例如，T3 噬菌体感染时产生的酶能水解 S-腺苷甲硫氨酸（SAM）而使某些宿主的依赖 SAM 的限制酶系统失效。T-偶数噬菌体的基因产物亦可直接抑制宿主抗 T-偶数噬菌体的限制性核酸酶的活性。

3. 噬菌体颗粒释放对细胞的影响

fd、M13 等丝杆噬菌体的增殖性感染不杀死细胞，细胞继续生长，病毒复制产生的外壳蛋白结合于细胞膜，噬菌体颗粒以分泌方式释放时，病毒单链 DNA 穿过细胞膜时被壳体蛋白包裹形成杆状颗粒。由于其壳体蛋白与细胞膜的结合，细胞表面出现病毒特异性抗原，从而改变了受染细胞的免疫学性质。大多数噬菌体都是以裂解方式释放，其结果导致受染细胞死亡。以裂解方式释放的噬菌体晚期基因的产物能自动使细胞膜失去稳定，然后细胞壁的肽聚糖网状结构以不同的方式被破坏。如 T4 噬菌体编码的溶菌酶能分解肽聚糖，λ噬菌体产生的内溶菌素可断裂肽键。许多复杂的噬菌体的基因产物还能通过调节裂解酶的活性而控制裂解过程。

4. 溶原性感染对细胞的影响

溶原性细菌中的温和噬菌体基因组通常不影响细胞的繁殖功能，但它们可能引起其他的细胞变化。这些变化不但对溶原菌，而且也可能对溶原菌的宿主机体产生深刻的生物学影响。

（1）免疫性

溶原性细菌对本身所携带的原噬菌体的同源噬菌体有特异性免疫力，这是所有的溶原性细菌都具有的一个重要性质。免疫性是由原噬菌体产生的阻遏蛋白的可扩散性质所决定的。

（2）溶原转变

溶原转变（lysogenic conversion）是原噬菌体引起的溶原性细菌除免疫性以外的其他的表型改变，包括溶原菌细胞表面性质的改变和致病性转变。原噬菌体诱发的致病性转变可能是细菌致病机制的一个重要方面，因而具有重要的医学意义。

二、病毒感染对真核细胞的影响

真核细胞对病毒的感染可呈现不同的反应：① 细胞无任何明显变化；② 由于病毒的致细胞病变效应，细胞损伤、死亡；③ 细胞增生（hyperplasia），继而或是细胞死亡，或是细胞继续失去生长控制，转化为癌细胞。相对于植物病毒而言，对于病毒感染动物细胞的过程了解更为详尽，所以主要以动物病毒为例介绍病毒感染对真核细胞的影响。

1. 病毒感染的致细胞病变效应

病毒感染引起的致细胞病变效应或细胞损伤是因病毒的基因产物的毒性作用所引起，或是病毒复制的必需步骤的次级效应，而且以后者更为普遍。例如，腺病毒的五邻体基底蛋白（penton base protein）可引起单层细胞脱落，以前认为这是一种机制未明的毒性作用，现在已明确这是病毒内化时，五邻体基底蛋白通过 RGD 序列与细胞表面的整联蛋白结合的结果。具有强致细胞病变效应的病毒最终都会导致细胞死亡。病毒感染引起细胞死亡的原因非常复杂，但至少有两种方式：一是由于病毒对宿主细胞的毒性作用导致细胞坏死，二是活化了细胞程序性死亡途径导致细胞凋亡。在有些情况下，二者可同时发生。

2. 病毒感染对宿主大分子合成的影响

许多真核生物病毒，特别是杀细胞病毒具有干扰宿主大分子合成的能力。这种影响或是直接由某些病毒功能所引起，或是由病毒对某些宿主功能的作用而间接引起。无致细胞病变效应的病毒，很少抑制宿主细胞大分子合成，还有一些病毒能刺激宿主细胞的大分子合成。

（1）宿主细胞转录的抑制

许多动物病毒的感染都能抑制宿主细胞基因的转录，对于不依赖宿主细胞 RNA 聚合酶进行复制的 RNA 病毒而言，这一活性可为病毒 RNA 合成提供更多的核糖核苷三磷酸。对于 DNA 病毒则可使宿主细胞 RNA 聚合酶 Ⅱ 转向病毒基因组的转录，以减少宿主对 RNA 合成的前体和转录因子的竞争。有些病毒也能抑制宿主细胞 RNA 的转运和加工，进而抑制细胞的 RNA 的成熟。流感病毒编码的内切核酸酶切割宿主细胞转录物的 $5'$ 端作为病毒 mRNA 合成的引物，从而阻止了宿主细胞 mRNA 的成熟。

（2）宿主细胞翻译的抑制

许多病毒感染细胞后都会抑制宿主细胞 mRNA 的翻译，其结果是为病毒蛋白质合成提供更多的核糖体亚单位、翻译起始因子、tRNA 和氨基酸前体。病毒感染抑制宿主翻译的方式包括：① 降解宿主的 mRNA；② 因大量的病毒 mRNA 竞争有限的核糖体或因病毒 mRNA 较细胞 mRNA 对核糖体有更高的亲和力，从而抑制细胞 mRNA 翻译；③ 改变宿主翻译装置的特异性。

（3）宿主细胞 DNA 复制的抑制

宿主细胞 DNA 复制的抑制主要是以下原因：① 为病毒 DNA 合成提供前体；② 为病毒 DNA 合成提供细胞结构和 / 或复制蛋白；③ 细胞蛋白质合成被抑制的次级效应。DNA 病毒和 RNA 病毒都可能抑制宿主细胞 DNA 合成，其可能的机制包括细胞 DNA 从其正常的复制位点被取代；细胞 DNA 复制蛋白转向病毒 DNA 合成；细胞 DNA 被降解；以及由于宿主 DNA 复制所必需的宿主蛋白质和 / 或 RNA 合成被抑制的间接影响等。但是，有些病毒，特别是依赖宿主细胞 DNA 复制的 DNA 肿瘤病毒，如乳头瘤病毒能够刺激细胞的 DNA 合成，诱导处于 G_0 期的宿主细胞进入 S 期。

3. 病毒对细胞结构的影响

无致细胞病变效应或致细胞病变效应弱的病毒感染对宿主细胞结构几乎无任何影响，而致细胞病变效应很强的病毒则可能对宿主细胞膜、细胞骨架等结构造成严重影响。

（1）病毒对宿主细胞膜的影响

一些具有融合活性的包膜糖蛋白的有包膜病毒能够启动细胞之间的融合，形成多核细胞。由病毒引起的细胞融合有两种类型：一种是从外部融合（fusion from without），这是病毒以高感染复数感染时，由毒粒表面具有融合活性的糖蛋白引起未受病毒感染细胞之间的融合；另一种融合是从内部融合（fusion from within），这是因受染细胞内表达的病毒糖蛋白结合于细胞表面而导致的受染细胞与相邻细胞的融合。有些病毒的感染还能增加宿主细胞质膜的离子通透性，例如，细胞内钠离子的流入增加，由于病毒 mRNA 的翻译较细胞 mRNA 对高钠离子浓度有更强的抵抗能力，所以膜通透性的增加可能有利于病毒 mRNA 的翻译。此外，病毒感染还可能引起受染细胞对抗生素和毒素通透性增加，细胞质膜通透性的改变据认为是由于病毒蛋白质的插入所引起。

（2）病毒对细胞骨架的影响

许多病毒的感染会导致细胞骨架纤维系统的瓦解，如水疱性口炎病毒（vesicular stomatitis virus，VSV）、痘苗病毒、SV40、犬瘟热病毒（canine distemper virus）、蛙病毒3型（frog virus 3）和 HSV 等感染细胞都会引起含肌动蛋白的微丝减少，其中 HSV、犬瘟热病毒和蛙病毒3型等还能引起微管解聚。由于细胞骨架在维持细胞形态中起一定作用，所以病毒引起细胞骨架的改变是受染细胞结构变化的原因之一。细胞骨架的变化是病毒感染的间接效应，如细胞大分子合成被抑制即可能导致细胞骨架的改变。在受染细胞的细胞质和/或细胞核内，常有称之为"病毒工厂（virus factory）"或称之为包涵体的病毒核酸合成和毒粒装配的新结构形成。有证据表明，特异性的细胞骨架组分结合入包涵体中，电镜研究显示包涵体含有微管和5~8 nm 的结状微丝，从而证明病毒的感染可以利用细胞结构成分构建病毒复制工厂。

（3）包涵体

病毒复制复合物、转录复合物、复制和装配中间体、核壳和毒粒经常累积在宿主细胞的特定区域而形成病毒工厂或包涵体结构，这些结构在细胞质和/或细胞核的定位反映了一种特定病毒的复制位点。不同病毒所形成的包涵体各具特异性的染色性质，即有的嗜酸性染料，有的嗜碱性染料，并且不同病毒的包涵体的大小、形态以及数量都有所区别，所以包涵体在病毒的实验诊断中具有一定意义。在包涵体中由于累积有结晶排列的病毒壳体或核壳，这些新结构的装配可以改变或取代宿主细胞组分，并成为细胞病变的一种形式。

（4）细胞凋亡

许多病毒能够诱发细胞凋亡，其机制较为复杂且各不相同。通常病毒感染细胞后通过关闭或干扰宿主细胞正常合成代谢诱发细胞凋亡，或者由病毒编码的蛋白质因子直接作用于细胞与凋亡有关的因子及蛋白水解酶而诱发细胞凋亡。越来越多的资料表明病毒感染与细胞凋亡有着密切的联系，许多病毒的致细胞病变效应往往是诱发细胞凋亡的结果。细胞凋亡可能是宿主在细胞水平抵御病毒感染的一种机制，通过局部受染细胞的凋亡可限制病毒的繁殖与传播，从而得以拯救整个器官和机体。另一方面，为了生长与繁衍，有些病毒进化获得凋亡抑制基因，它们在感染早期即开始表达，抑制宿主细胞凋亡，使病毒顺利完成复制周期。在这种情况下，病毒诱发的细胞凋亡和凋亡抑制同时存在于受染细胞，它们相互作用协调着病毒与细胞的关系，使病毒在细胞内能够顺利复制。

三、机体的病毒感染

对于动物、植物的机体而言，病毒感染的意义与细胞的病毒感染有很大的区别，这是一个更为复杂且不断变化着的过程，是病毒与机体相互作用所产生的各种现象的总和。

1. 机体病毒感染的类型

机体的病毒感染可按不同的形式进行分类：根据感染症状的明显程度，可分为显性感染和隐性感染（非显性感染）；根据感染过程、症状和病理变化发生的主要部位，可分为局部感染和系统感染；根据病毒在机体内存留时间的长短以及病毒与宿主相互作用的方式，可分为急性感染和持续性感染。其中持续性感染又分为潜伏性感染（latent infection）、慢性感染（chronic infection）和慢病毒感染（slow infection）。

2. 构成机体病毒感染的因素

机体内病毒感染的表现形式和结果由病毒、机体和环境条件三者的综合作用决定。

（1）病毒

病毒的特征，即病毒的致病性和毒力直接影响病毒感染的表现与结果。病毒的致病性是特定的病毒种引起宿主疾病的潜在能力，是病毒种的特征。但是同一种病毒的不同毒株的致病性可能存在很大差别，特定的毒株致病性的强弱就是病毒的毒力，毒力是病毒株的特征。引起病毒感染的另一个必要条件是病毒的数量；

它与病毒的毒力以及机体对病毒的敏感性有关。病毒的毒力越强，引起机体感染所需的病毒剂量越低；机体对病毒的抵抗力越强，引起感染所需的病毒剂量越高。

在一些复杂病毒如痘病毒、疱疹病毒中，发现病毒编码的细胞因子及其受体的模拟分子，包括病毒编码受体（viroceptor）和病毒因子（virokine），这些病毒基因组编码的产物能以不同方式影响病毒的感染过程。病毒因子是病毒编码的，与机体的免疫调节因子或效应因子结构相似的蛋白质，这些病毒蛋白可以模拟宿主细胞外信号传导分子和宿主保护性免疫反应中的调节因子和效应因子的功能。病毒编码受体是病毒编码、可与免疫效应因子或调节因子结合的细胞受体类似物，其主要作用是阻断和抑制细胞因子与其受体的结合，从而抑制宿主的免疫反应，使病毒自身得到保护。

（2）机体

病毒侵入机体后，病毒在细胞内的活性，病毒在体内的传播以及病毒感染的表现和结果，不仅取决于病毒的质和量，同时亦取决于机体的防御结构和防御功能状态。对病毒感染的免疫抵抗力是完整机体的一种生理功能，以保护机体免于感染或严重感染。此外，机体的年龄、激素分泌水平、生理状态、营养状况、中枢神经活动以及非免疫抵抗的遗传因素等一系列十分复杂的因素，都影响机体的病毒感染过程。

（3）环境条件

机体生存所处的生态环境、气候条件中所可能存在的各种生物或非生物因子，以及诸如人的生活方式、动物的饲养管理方式和植物的栽培方式等因素，均能作用于病毒和／或机体而间接影响病毒的感染过程。

> **?**
> - 真核细胞对病毒的感染可呈现哪些不同反应？
> - 真核生物病毒抑制宿主细胞翻译有哪些方式？
> - 真核生物病毒抑制宿主细胞 DNA 复制的原因和方式各是什么？
> - 何谓包涵体？
> - 机体的病毒感染包括哪些类型？

第七节　亚病毒因子

亚病毒侵染因子包括类病毒、卫星病毒、卫星核酸和朊病毒。在亚病毒侵染因子中，仅有类病毒和朊病毒能独立复制，但朊病毒颗粒不具有基因组核酸。卫星病毒与卫星核酸都具有核酸基因组，它们与 DI 颗粒类似，必须依赖辅助病毒进行复制，与 DI 颗粒不同的是，它们与其辅助病毒没有核酸序列同源性。卫星病毒、卫星核酸、类病毒和 DI 颗粒的性质比较见表 7–4。

表 7–4　DI 颗粒、卫星病毒、卫星核酸及类病毒性质的比较

性质	DI 颗粒	卫星病毒	卫星核酸	类病毒
依赖辅助病毒复制	是	是	是	否
特异性外壳壳体化	否	是	否	否
辅助病毒外壳壳体化	是 [a]	否	是	否
抑制辅助病毒复制	是	是	是	—
与辅助病毒序列同源性	是	否 [b]	否 [c]	—
在体内和体外 RNA 的稳定性	低	低	高	高

a. 因缺失部位而有所不同，脊髓灰质炎病毒 DI 颗粒 RNA 能复制但不被壳体化；b. STMV 的基因组 3' 端与辅助病毒有序列和结构的相似性；c. 某些嵌合的卫星核酸与其辅助病毒基因组有广泛的 3' 序列同源性。

一、类病毒

1971 年 Diener 首次报道，引起马铃薯纺锤形块茎病的病原体是一种小分子 RNA，它没有蛋白质外壳，在其感染的植物组织中也未发现病毒样颗粒。这种小分子 RNA 能在敏感细胞内自我复制，并不需要辅助病毒。由于其结构和性质都与已知的病毒不同，故 Diener 等把它称作类病毒。迄今已鉴定的类病毒达 20 多种，根据它们是否含有中央保守区和核酶结构分为两个科：马铃薯纺锤形块茎类病毒科（Pospiviroidae）含中央保守区，不含核酶保守序列；而鳄梨日斑类病毒科（Avsunviroidae）没有中央保守区，但有核酶保守序列，能够自我切割。

1. 类病毒的分子结构

类病毒为含 246~375 个核苷酸的单链环状 RNA 分子。所有的类病毒 RNA 均无 mRNA 活性，不能编码蛋白质。大多数类病毒 RNA 都呈高度碱基配对的双链区与单链环状区相间排列的杆状构型。各种类病毒之间序列有较大的同源性，有几种类病毒，如唇膏蔓蔷薇隐性类病毒（columnea latent viroid，CLVd）等可能是相关的类病毒之间重组产生的嵌合分子。

2. 类病毒的复制

由于类病毒 RNA 没有编码功能，其复制必然是完全利用宿主细胞酶，包括依赖 DNA 的 RNA 聚合酶 II 等。由于类病毒为环状单链 RNA 分子，对称或非对称的滚环复制机制均适合于类病毒（见图 7-17）。鳄梨白斑类病毒（avocado sunblotch viroid，ASBVd）可能是利用对称的滚环复制方式复制，而马铃薯纺锤形块茎类病毒（potato spindle tuber viroid，RSTVd）及其相关的类病毒则可能是以非对称的滚环复制方式复制，即由滚环复制产生的多聚体负链 RNA 直接拷贝出多聚体正链 RNA，然后经剪切环化，形成子代类病毒。

3. 类病毒的致病性

类病毒的致病性与其 RNA 内部的致病变结构域（P 区）的序列与构型有关，不同的 PSTVd 分离株其 P 区几个碱基的变化，可分别引起宿主植物温和症状、严重症状和死亡。类病毒变异最为频繁的可变区（V 区）亦与致病性有关。柑橘裂皮类病毒（citrus exocortis viroid，CEVd）A 株在番茄上引起严重的矮化及偏上生长，而其 DE26 株仅引起温和症状，二者仅有 27 个核苷酸存在差别，其中大部分在 P 区和 V 区。但是，有些类病毒，如 ASBVd 并不存在明显的致病区，它们的致病机制还有待阐明。

二、卫星病毒

除前已述及的 AAV、丁型肝炎病毒和 P4 噬菌体等外，另有一些卫星病毒被归在亚病毒之列，如卫星烟草坏死病毒、卫星烟草花叶病毒（satellite tobacco mosaic virus，STMV）等。

卫星病毒首先是在植物中发现，已知的植物卫星病毒包括 STNV、STMV、卫星稷子花叶病毒（satellite panicum mosaic virus，SPMV）和卫星玉米白线花叶病毒（satellite maize white line mosaic virus，SMWLMV）等。它们都依赖辅助病毒提供复制酶进行复制，并且都编码有壳体蛋白。植物卫星病毒对辅助病毒的依赖性相当专一。例如除烟草坏死病毒（tobacco neorosis virus，TNV）外，其他的植物病毒都不能辅助 STNV 的复制，而且 STNV 的不同毒株必须依赖一定的 TNV 毒株进行复制。

三、卫星核酸

卫星核酸是指一些必须依赖辅助病毒进行复制的小分子核酸片段，它们被包装在辅助病毒的壳体中，其本身对于辅助病毒的复制不是必需的，且它们与辅助病毒的基因组无明显的同源性。卫星核酸包括：① 感染植物的单链卫星 DNA，如番茄叶卷病毒卫星 DNA（tomato leaf curl virus satellite DNA）；② 感染真菌的双链卫星 RNA，如啤酒酵母 L-A 病毒卫星（M satellite of *Saccharomyces cerevisiae* virus L-A）；③ 感染植物的单链卫星 RNA。

单链卫星核酸大小可分为两类。大者如番茄黑环病毒（tomato black ring virus，TobRV）的卫星核酸长 1 372～1 376 个核苷酸，大小与卫星病毒基因组类似，但多数都在 300 个核苷酸左右，如烟草环斑病毒（tobacco ring spot virus，TobRSV）的卫星核酸、黄瓜花叶病毒（cucumber mosaic virus，CMV）的卫星 RNA。许多卫星核酸的 5′ 端有帽子结构，3′ 端无 poly（A），而是类似 tRNA 的结构，并且卫星核酸通过分子内部碱基配对形成复杂的二级结构。较大的卫星核酸具有长开放阅读框并能够表达，而较小的卫星核酸似不具有 mRNA 功能。许多卫星核酸都能以线状和环状两种形式存在于被感染的组织中，但是在辅助病毒颗粒中仅有线状形式存在。

除了大小和蛋白质编码能力的区别外，不同的卫星核酸的复制方式也不同。一些较小的卫星核酸，如绒毛烟斑驳病毒（velvet tobacco mottle virus，VTMoV）卫星核酸是以对称的滚环方式复制（图 7-17）。复制过程中产生的正链和负链的 RNA 多聚体都要经过自发的自我切割产生线状的单体分子，线状的负链 RNA 环化后作为合成子代正链的模板。正链和负链的切割都与其内部的核酶（ribozyme）活性结构有关。包括一些较小的和大的另一类卫星核酸复制时不能自我切割，复制方式与其辅助病毒一致。

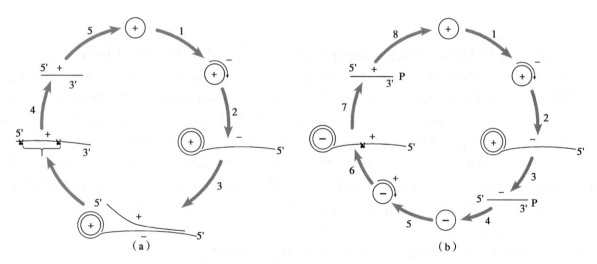

图 7-17 非对称的和对称的滚环复制

自图的顶端开始，感染性的正链 RNA（+）成为负链 RNA（−）合成的模板。非对称复制时（a）：产生的多聚体负链 RNA 复制产生多聚体正链 RNA 前体（步骤 3），然后切割（步骤 4），并环化（步骤 5）；对称复制时（b）：多聚体负链 RNA 首先切割成单位长度（步骤 3），并环化（步骤 4），所产生的环状负链 RNA 再作为滚环复制模板合成多聚体正链 RNA 前体

许多卫星核酸能显著影响其辅助病毒在宿主中所产生的症状，如拟南芥菜花叶病毒（arabis mosaic virus，ArMV）卫星核酸能加重 ArMV 所引起的花叶和褪绿症状，但 TobRSV 卫星核酸能明显减轻 TobRSV 在烟草上所引起的环斑症状。有的病毒的不同毒株的卫星核酸对辅助病毒在宿主引起的症状有不同的影响，而且同一种卫星核酸在不同宿主内对辅助病毒引起的症状的影响也不相同。卫星核酸对辅助病毒所引起的症状的修饰

作用，与卫星核酸的核苷酸序列、空间结构和复制特征有关。由于很多卫星核酸能减轻辅助病毒所引起的宿主症状，所以它们已被用来防治植物病毒病害，将卫星核酸的 cDNA 转入植物所构建的抗病毒的转基因植物亦早已获得成功。

四、朊病毒

朊病毒的概念起源于对引起哺乳动物的亚急性海绵样脑病的病原因子的研究。这些疾病包括人的库鲁病（Kuru）、克－雅病（Creutzfeldt-Jakob disease，CJD）、格－史综合征（Gerstmann-Straussler syndrome，GSS）和致死性家族失眠病（fatal familial insomnia，FFI），羊瘙痒症（scrapie）、貂的传染性脑病（transmissible mink encephalopathy，TME）、黑尾鹿与麋鹿的慢性消耗病（chronic wasting disease）以及牛的海绵状脑病（bovine spongiform encephalopathy）即疯牛病等。由于这类病原因子能引起人与动物的致死性中枢神经系统疾病，并且它们具有不同于病毒的生物学性质和理化性质，故一直引起人们的极大兴趣。人们以羊瘙痒病为模型进行了大量的研究。

1. 朊病毒的理化性质
羊瘙痒病因子无免疫原性，对紫外线、辐射、非离子型去污剂和蛋白酶等能使病毒灭活的理化因子有较强的抗性；高温、核酸酶，如羟胺、亚硝酸之类的核酸变性剂都不能破坏其感染性；SDS、尿素、苯酚之类的蛋白质变性剂都能使之失活。由于迄今未能证明它含有核酸，故多数人认为羊瘙痒病因子的化学本质是蛋白质。Prusiner（1982）提出它们是一种蛋白质侵染颗粒（proteinaceous infectious particle），并将之称作 Prion 或 Virino，即朊病毒。

2. 朊病毒的结构
从羊瘙痒病因子实验感染的仓鼠脑组织中分离到一种相对分子质量为 $2.7 \times 10^4 \sim 3.0 \times 10^4$ 的蛋白质。由于这种蛋白质可与瘙痒病因子共纯化，其浓度与瘙痒病因子的传染性正相关，这种蛋白纯化后具有传染性，并且其感染性可被中和抗体中和，故将这种蛋白称作朊病毒蛋白（prion protein，PrP）。由于该蛋白来源于羊瘙痒病，故以 PrP^{sc} 表示。根据 PrP^{sc} 的氨基末端的序列合成寡核苷酸探针进行检测的结果发现，在正常的人和动物的细胞 DNA 中有编码 PrP 的基因，人的 PrP 基因（Pm-P）位于第 2 号染色体，且无论感染瘙痒病因子与否，宿主细胞 PrP mRNA 水平无变化，说明 PrP 是细胞组成型基因表达的产物。这种细胞的 PrP 称作 PrP^c，为相对分子质量 $3.3 \times 10^4 \sim 3.5 \times 10^4$ 的膜糖蛋白。正常细胞表达的 PrP^c 与羊瘙痒病的 PrP^{sc} 为同分异构体。它们的一级结构相同，但 PrP^c 具有 43% 的 α 螺旋和 3% 的 β 折叠，PrP^{sc} 约有 34% 的 α 螺旋和 43% 的 β 折叠。多个 β 折叠使 PrP^{sc} 溶解度降低，对蛋白酶抗性增强。关于 PrP^{sc} 的来源，Prusiner 等认为，PrP^{sc} 来源于 PrP^c，并且 PrP^{sc} 的形成是翻译后的加工过程，而不是蛋白内共价键的修饰。

3. 朊病毒的产生与增殖
关于 PrP^c 如何转变为 PrP^{sc} 尚待阐明。有人提出受细胞内宿主环境影响，Pm-P 基因发生突变，导致 PrP^c 中的 α 螺旋的不稳定，至一定量时，产生自发性转化，片层增加，最终变为 PrP^{sc}。Prusiner 提出杂二聚物机制，认为 PrP^{sc} 单体分子为感染物进入细胞后与 PrP^c 结合，形成 PrP^{sc}-PrP^c 杂二聚物，导致 PrP^c 构型发生改变，转变为 PrP^{sc}-PrP^{sc}。在此过程中，有未知蛋白 protein X 可能起着调节 PrP^c 转化或维持 PrP^{sc} 形态的作用。这样产生的两个 PrP^{sc} 分子释放后，再分别与 PrP^c 分子结合，产生 4 个 PrP^{sc}。如此周而复始，导致 PrP^{sc} 数目呈指数增加。

朊病毒的研究已取得很大进展，大量证据都支持 Prusiner 等提出的朊病毒仅由蛋白质组成，且系由细胞蛋白 PrP^c 经翻译后修饰而转变为折叠异常的致病形态 PrP^{sc} 这一假说，并将其引起的疾病称之为"蛋白质构象病"。特别是在啤酒酵母菌中发现两个非孟德尔遗传因子 URE3 和 PS Ⅰ 分别是 Ure2 和 Sup35p 的朊病毒（感染性蛋白）形式，二者均可表现为可传染性淀粉样变性（transmissible amyloidoses），与哺乳动物的朊病毒疾病惊人地相似。在柄孢壳菌（*Podospora anserina*）中也发现具有正常功能的 Het-S 是朊病毒。朊病毒在啤酒酵母菌和柄孢壳淀菌中的发现证明它们并不是只仅仅存在于哺乳动物中。同时这些发现还表明有可能利用酵母菌来研究朊病毒的产生和传代机制，利用这些系统来设计治疗朊病毒引起的疾病的方案。

- 什么是卫星 RNA？其分子结构有何特点？
- 有什么证据表明朊病毒不含有核酸，其化学本质为蛋白质？
- 现在一般认为朊病毒是如何产生和复制的？

第八节　病毒举例

一、人免疫缺陷病毒

人免疫缺陷病毒（human immumodeficiency virus，HIV）是获得性免疫缺陷综合征（acquire immunodeficiency syndrome，AIDS，又称艾滋病）的病原体。AIDS 是一种慢病毒病，以全身免疫系统损伤为特征，由于免疫缺陷，抗感染能力下降，以致发生机会感染、恶性肿瘤及神经障碍等一系列临床综合征。由于尚缺乏有效的控制方法，AIDS 已成为严重威胁人类健康的最严重的病毒传染病之一。

HIV 属反转录病毒科（Retroviridae）慢病毒属。目前已发现 HIV 有两个型，即 HIV-1 和 HIV-2。HIV 毒粒呈球形，直径约为 110 nm，表面有包膜，内为截头圆锥状的致密核心（图 7-18）。其基因组由两条相同的正链 RNA 在 5′ 端通过氢键结合形成二聚体。基因组 RNA 长约 9 749 个核苷酸，有 3 个结构基因：*gag*（编码组特异性抗原即壳体蛋白）、*pol*（编码反转录酶、整合酶）、*env*（编码包膜糖蛋白），以及其他一些附

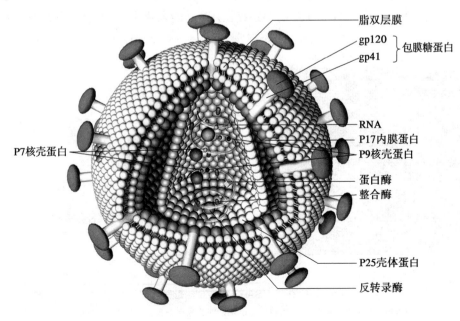

图 7-18　HIV 的结构模式图

加基因和调节基因。在基因组的 5′ 端和 3′ 端各有相同的一段核苷酸序列，称作长末端重复序列（LTR），其内含有病毒的启动子、增强子、TATA 序列等调节病毒基因转录的顺式作用元件。

HIV 通过包膜糖蛋白 gp120 与 T4 淋巴表面的 CD4 分子结合，此外还需要辅助受体 CCR3 及 CCR8 等参与，以膜融合方式进入细胞。进入细胞的病毒核心脱壳后，在毒粒携带的反转录酶作用下，由病毒基因组 RNA 反转录产生 cDNA，并进一步复制，产出双链 DNA 中间体，双链 DNA 进入细胞核并整合入细胞染色体成为前病毒并与细胞 DNA 同步复制，随细胞分裂垂直传递给子代细胞。整合的前病毒 DNA 在宿主细胞的依赖 DNA 的 RNA 聚合酶作用下转录产生正链 RNA，其中有的为病毒基因组 RNA，有的为 mRNA 并翻译产生结构蛋白。然后经装配，出芽成熟从受染细胞中释放出子代病毒。

由于病毒的依赖 RNA 的 RNA 聚合酶（RdRp）和反转录酶（RT）皆缺乏校正修复活性，所以在由这些酶催化的病毒基因组复制过程中有很高的碱基错配率，从而导致 RNA 病毒及在复制过程中有反转录阶段的 DNA 病毒和 RNA 病毒频于变异。HIV 与 HBV、SARS CoV、流感病毒及 HCV 等一样，变异非常频繁，从而给其诊断与控制带来许多困难。

HIV 的传染途径为性传播、血液传播和母婴传播。

二、SARS 冠状病毒

2002 年秋至 2003 年末，在世界 20 多个国家和地区爆发的严重急性呼吸综合征（severe acute respiratory syndrome，SARS）是进入 21 世纪以后发生的一种严重威胁人类健康的病毒传染病。SARS 是病毒性肺炎的一种，其症状主要表现为：发热、干咳、呼吸急促、头痛以及低氧血等，实验检查有白细胞下降和转氨酶水平升高等，严重时导致进行性呼吸衰竭，并致人死亡。2003 年 4 月，WHO 宣布 SARS 的病原因子是冠状病毒的一个新变种，并被命名为 SARS 冠状病毒（SARS CoV）。

冠状病毒是有包膜的病毒，毒粒形状不规则，直径 60～220 nm，包膜表面有长约 20 nm、末梢部分膨大的包膜糖蛋白的突起（图 7–19）。病毒基因组正链 RNA 大小 27～31 kb 不等，为感染性核酸，5′ 端有帽子结构，3′ 端有 poly（A），有 7～10 个基因。SARS CoV 基因组，长 29 736 个核苷酸，其基因组结构与其他的冠状病毒非常相似，为：5′ 帽子结构 –Pol（依赖 RNA 的 RNA 聚合酶）– 糖蛋白突起（S）– 包膜蛋白（HE）– 基质蛋白（M）– 核壳蛋白（N）–3′poly（A），另还存在几个功能未明的非结构蛋白的编码序列。通过 SARS

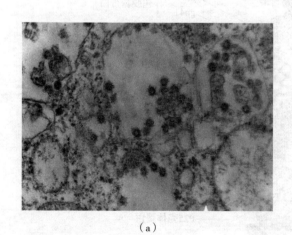
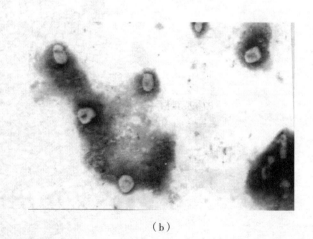

（a）　　　　　　　　　　　　　　　　　　　　（b）

图 7-19　SARS 病毒的电镜照片

（a）SARS 患者血清样品在 Vero 细胞中增殖后电镜观察到的病毒颗粒；（b）分离提纯的 SARS 病毒颗粒

照片来源：武汉大学生命科学学院胡远杨教授

CoV 的基因组序列与其他一些冠状病毒基因组序列比对表明，SARS CoV 不仅仅表现有其他冠状病毒的共有特征，还有其自身独具的特征。从其 S 蛋白、M 蛋白和 N 蛋白的进化树可以得知，SARS CoV 与其他的冠状病毒的相应蛋白进化关系密切，许多关系未超出科的界限，因此可以认定 SARS 病毒仍属冠状病毒科（Coronaviridae）。SARS CoV 不是其他冠状病毒的变异而来，而是一种与其他冠状病毒相似，可能早已独立存在，但此前未被人类认识的新病毒，且是目前已发现的唯一确定能引起人类严重呼吸系统疾病的冠状病毒。

SARS CoV 可能通过 S 蛋白或 HE 糖蛋白与细胞表面受体结合，然后以与细胞质膜融合或胞吞方式进入细胞。与其他冠状病毒一样，在病毒脱壳后，病毒基因组 RNA 5′ 端非结构蛋白区翻译产生一聚蛋白前体，继而此聚蛋白被蛋白酶水解为病毒依赖 RNA 的 RNA 聚合酶和其他的非结构蛋白。然后病毒依赖 RNA 的 RNA 聚合酶转录病毒基因组产生反基因组负链，再以负链为模板转录产生全长的基因组正链和一整套被称为同 3′ 端成套结构的亚基因组 mRNA，这些大小不同的亚基因组 mRNA 被分别翻译为病毒不同的结构蛋白，其中新合成的 N 蛋白包装病毒 RNA 的基因组形成核壳，M、S 和 HE 蛋白结合入粗面内质网和高尔基体之间的膜上，通过 N 蛋白与 M 蛋白的相互作用，核壳在粗面内质网或高尔基体等芽出获得包膜成熟，病毒毒粒以外排作用或裂解细胞方式释放出来。

2012 年 9 月，在沙特阿拉伯首次发现一种新型冠状病毒，后被 WHO 命名为中东呼吸综合征冠状病毒（MERS-CoV）。至 2003 年 5 月底，WHO 收到来自约旦、卡塔尔、沙特阿拉伯和阿拉伯联合酋长国等中东国家报告的实验室确诊病例，以及法国、德国、突尼斯等国家报告的从中东转诊，或从中东返回后随即患病的实验室确诊病例共 49 例，其中有 27 例死亡。

三、禽流感病毒

近年来 H5N1 型禽流感病毒在亚洲许多地区以及欧洲部分地区肆虐，造成大量的禽类死亡，甚至部分地区的人被感染致病乃至死亡。2013 年春天，在我国上海又首次发现一种新的禽流感病毒 H7N9 亚型，并逐渐扩散至其他地区。这些禽流感病毒的传播严重威胁到人类的健康和经济利益。

流感病毒属于正黏病毒科（Orthomyxoviridae）。根据病毒核蛋白（NP）和膜蛋白（MP）抗原及其基因特性的不同，正黏病毒科分为甲型（A）流感病毒属、乙型（B）流感病毒属、丙型（C）流感病毒属和托高土病毒属。

流感病毒是有包膜的多形性球型病毒，直径为 80 ~ 120 nm，表面有血凝素和神经氨酸酶突起，核壳为螺旋对称，基因组为分段的负链 RNA，甲、乙型流感病毒基因组有 8 个节段，丙型流感病毒和托高病毒属基因组有 7 个节段。

禽流感病毒属甲型流感病毒。甲型流感病毒根据其表面血凝素（H）和神经氨酸酶（N）的结构及其基因特性的不同又可分成许多亚型，血凝素有 15 个亚型（H1 ~ H15），神经氨酸酶有 9 个亚型（N1 ~ N9）。甲型流感病毒命名以型别 / 宿主（若宿主是人则无需注明）/ 分离地点 / 毒株序号（指采样时标本号）/ 分离年代（血凝素亚型或神经氨酸酶亚型）表示，例如：A/ 香港 /156/97（H5N1）。甲型流感病毒常以流行形式出现，引起世界性流感大流行，且在动物中广泛存在，也能引起动物大量死亡。

禽流感病毒是引起禽类一种急性高度接触性传染病——禽流感的病原。1878 年意大利首次报道了禽流感。1900 年从鸡分离到病毒，当时称为真性鸡瘟病毒（FPV）。此后，在欧洲、亚洲、非洲、北美以及南美等多个国家都有过该病的诊断。H5N1 禽流感病毒原是感染鸟类的流感病毒，但 1997 年在香港直接感染人类，造成 18 人感染，6 人死亡，病死率超过 30%。流行性感冒大都发生在冬季，但此型病毒感染却发生在流感的非流行期。禽流感在各地分离到的毒株存在不同亚型，毒力也有很大差异。根据欧洲联盟标准：以一日龄雏鸡脑内接种致病指数（ICPI）1.2 以上定为高致病性，小于 1.2 为低致病性，0.5 以下为无致病性。

一般认为 H7、H5 一些毒株为高致病性，我国已分离禽流感病毒株的亚型有 H9N3、H5N1、H9N2、H7N1、H4N5 等，其 ICPI 为 0.48~1.48，说明我国各地分离的病毒中，高致病性、低致病性、无致病性的毒株均存在。高致病性病毒传播快，可引起高死亡率。至今已发现的所有不同亚型流感病毒几乎均可在禽类中找到，因此，有人认为禽类是流感病毒的基因库，并与流感病毒大流行株出现密切相关。例如，甲 2（H2N2）和甲 3（H3N2）亚型毒株是人流感病毒与禽流感病毒通过基因重组而来，1918 年引起世界性大流行的猪型（H1N1）流感病毒来自禽流感病毒。

禽流感病毒以空气传播为主，随着病禽的流动，污染空气通过呼吸道感染，亦可通过接触污染环境感染。从受感染禽类的呼吸道和泄殖腔拭子分离出病毒，从而证明病毒可通过气溶胶和粪便传播。禽流感可感染多种禽类，其中水禽亦是其重要宿主。

四、肝炎病毒

病毒性肝炎是一类严重威胁人类健康的传染病。能够引起肝炎的病毒很多，包括甲型肝炎病毒（hepatitis A virus，HAV）、乙型肝炎病毒（hepatitis B virus，HBV）、丙型肝炎病毒（hepatitis C virus，HCV）、丁型肝炎病毒（hepatitis D virus，HDV）、戊型肝炎病毒（hepatitis E virus，HEV）、庚型肝炎病毒（hepatitis G virus，HGV）及输血后传播肝炎病毒（TTV）等。

1. 乙型肝炎病毒

乙型肝炎是一种世界性疾病。全世界 HBV 感染者超过 2.5 亿人，且乙型肝炎病毒感染易转变为慢性活动性肝炎、慢性迁延性肝炎或无症状携带者，其中部分会发展为肝硬化或原发性肝细胞癌（HGG）。

HBV 属嗜肝 DNA 病毒科（Hepadnaviridae），其毒粒即 Dane 颗粒为有包膜、直径 42~49 nm 的颗粒，包膜表面有乙型肝炎病毒表面抗原（HBsAg）糖蛋白突起，包膜内为直径 25~27 nm 的核壳，构成壳体的蛋白是 C 蛋白，即乙型肝炎病毒核心抗原（HBcAg）。另还有一种与壳体有关的可溶性抗原，称作乙型肝炎病毒 e 抗原（HBeAg）。

HBV 基因组为不完全环状双链 DNA，长链（L）为负链，大小为 3.2 kb，短链（S）为正链，长度不确定，两条链依靠 5′ 黏性末端维持其环状结构。长链为转录的模板链，有 4 个开放阅读框称作 S、C、P 和 X 区，分别编码 HBsAg、HBcAg/HBeAg、DNA 聚合酶 / 反转录酶和 RNaseH、X 抗原。

HBV 感染细胞由特异性受体介导，病毒穿入细胞膜后在细胞质中脱壳，其核酸成分在细胞内质网状膜性结构中移行，部分核酸成分最终进入细胞核，进入细胞核中的 HBV–DNA 还可以整合入肝细胞染色体 DNA，成为整合型 HBV–DNA，也有一部分 HBV–DNA 处于游离状态。不完全双链结构的 HBV–DNA 在 HBV–DNA 聚合酶的催化下形成完全双链环状结构，进而折叠成螺旋结构 DNA，此共价闭合环状 DNA（cccDNA）为 HBV–DNA 基因组复制的模板。

HBV cccDNA 在宿主的转录酶催化下，转录产生几种转录物，常见的有 3.5 kb、2.4 kb、2.1 kb 和 0.7 kb 4 种。其中 3.5 kb RNA 称作前基因组 RNA，它既是病毒基因组复制的反转录模板，又是翻译模板，可翻译产生 HBV–DNA 聚合酶、HBeAg 和 HBcAg 3 种病毒蛋白成分。

HBV 主要是通过血液传播、母婴传播、性传播和密切接触传播。

2. 丙型肝炎病毒

自 20 世纪 70 年代建立了甲型肝炎病毒和乙型肝炎病毒的血清学诊断方法以后，发现有相当一部分肝炎既不属于甲型肝炎，也不属于乙型肝炎，故称之为非甲非乙型肝炎（non-A，non-B hepatitis，NANBH）。根据流行病学资料、临床表现、预后等特点，确定 NANBH 也不是一种单一类型的病毒性肝炎，其大致可分为：肠道传播的 NANBH 和肠道外传播的 NANBH。现已明确，前者为戊型肝炎病毒引起的戊型肝炎，后者为丙型肝炎病毒引起的丙型肝炎。在其后的 10 余年中，各国科学家致力于这两种肝炎病毒的研究，但进展甚微。1989 年，美国的 Chiron 公司和美国疾病控制与预防中心（Centers for Disease Control and Prevention, CDC）通力合作，将分子克隆技术首先引入到肝炎病毒的研究中，Choo 等和 Kuo 等成功地从 HCV 感染的黑猩猩血液标本中克隆了 NANBH 病毒基因 5-1-1，并命名为丙型肝炎病毒（HCV），随后，HCV 全基因组克隆成功。丙型肝炎病毒是第一个在没有看到病毒颗粒条件下确认的人类病毒，这是现代分子生物学技术在病原体研究中的巨大成功。

据世界卫生组织估计，目前全球大约有 1.7 亿人感染 HCV，其中大约有 75% 的人会发展为慢性肝炎，多数感染者会发展为肝硬化和肝癌，在美国和世界其他的一些国家，HCV 感染是导致肝移植的主要原因。

HCV 属黄病毒科（Flaviviridae），病毒为直径约 50 nm、有包膜的球形颗粒，包膜内是密度很高的病毒核心。病毒基因组为长 9.4 kb 的正链 RNA，含一个几乎占据了 HCV 整个基因组的巨大的开放阅读框，编码由 3 010 或 3 011 个氨基酸组成的聚蛋白前体，此聚蛋白前体在细胞及病毒的蛋白酶作用下，水解产生包括病毒结构蛋白和非结构蛋白在内的 10 余种病毒蛋白质。

HCV 是通过血液传播、母婴传播和性传播。由于 HCV 与 HIV、HBV、HGV 等血液传播病毒有共同的传播途径，所以极易发生联合感染，导致病情的复杂化。

3. 丁型肝炎病毒

丁型肝炎病毒（HDV）是 δ 病毒属的代表成员，1977 年在意大利的乙型肝炎病毒携带者中发现。HDV 是一种缺损的卫星病毒，它必须利用乙型肝炎病毒的包膜蛋白才能完成自身的复制循环，而且土拨鼠肝炎病毒亦能辅助其复制。HDV 为直径约 36 nm 的球形颗粒，有包膜，包膜蛋白质来源于其辅助病毒 HBV 的 HBsAg，包膜内包裹的是 δ 型肝类病毒抗原 HDAg，即 δ 抗原及病毒基因组 RNA。HDV 是唯一已被证实具有环状 RNA 基因组的病毒，其单链环状 RNA 基因组与植物类病毒类似、呈杆状二级结构，但其大小与类病毒不同，而且它具有编码蛋白能力。HDV 的反基因组（antigenome）RNA 含有一个开放阅读框（ORF），依靠特异性的 RNA 编辑（RNA editing）功能可产生称之为 δ 抗原的两种 RNA 结合蛋白，它们分别参与基因组复制，产生的多聚体 RNA 链经过自我位点特异性的切割和连接（核酶活性）形成子代共价闭合环状分子。

> ❓ 分别叙述 HIV、SARS CoV、influenzarirus、HBV、HCV、HGV 和类病毒的性质。

小结

1. 病毒是一类结构极其简单，具有特殊的繁殖方式的绝对细胞内寄生物。病毒具有细胞外相和细胞内相两种生命形式，前者以感染性毒粒形态存在，后者以繁殖性基因形式存在。毒粒具有确定的形态结构、生物学特性和理化性质。毒粒的基本结构是核壳，壳体的基本对称形式是螺旋对称和二十面体对称，有的病毒核壳外还有包膜。毒粒的基本化学组成是核酸和蛋白质。核酸是病毒的遗传物质，病毒基因组核酸有 dsDNA、ssDNA、dsRNA 和 ssRNA 4 种基本类型，病毒 DNA 的基因组有线状形式和环状形式，ssRNA 基因组有正义、负义和双义之分。构成毒粒的病毒结构蛋白分为壳体蛋白、包膜蛋白和毒粒酶，它们各具不同的功能。

2. 病毒的繁殖以复制方式进行。病毒的复制循环包括吸附、侵入、脱壳、病毒大分子的合成和装配与释放等阶段。不同病毒的毒粒形态结构、基因组核酸类型和结构特征各不相同，因此它们各具不同的复制策略。

3. 病毒的非增殖性感染有流产感染、限制性感染和潜伏感染 3 种类型，病毒感染非允许细胞或者缺损病毒感染允许细胞和非允许细胞都可能导致非增殖性感染发生。

4. 病毒感染宿主细胞，通过病毒与宿主的相互作用，一方面病毒得以繁衍、进化，另一方面病毒给宿主细胞和机体带来种种不同的影响，这些影响不仅具有重要的生物学意义，而且可能具有重要的医学意义或经济意义。

5. 包括卫星病毒、卫星 RNA 和朊病毒在内的亚病毒因子是一些具有许多不同于病毒的特征的病原因子，亚病毒研究不仅扩展了病毒学研究范围，而且可能更新病毒的定义，深化人们对病毒的起源与进化乃至生命本质的认识。

网上更多……

📇 复习题　　👥 思考题　　📝 现实案例简要答案

（杨复华）

第8章
微生物遗传

学习提示

Chapter Outline

现实案例：超级细菌

2010 年 8 月 11 日，英国的 Lancet Infectious Diseases 报导，在印度、巴基斯坦和英国发现了一些几乎对所有抗生素（包括目前用于治疗其他抗药性细菌的碳青霉烯家族的抗生素）均具有抗性的革兰氏阴性细菌，并称其为超级细菌（superbug）。这些细菌都能产生一种新的 β- 内酰胺酶，称为新德里金属 -β- 内酰胺酶（NDM-1），其编码基因 *bla*NDM-1 大都位于质粒上。目前已在多个国家发现了这类菌株引起的、因无药可治而死亡的病例，并呈蔓延趋势，从而引起全球的密切关注。抗药性问题已成为当今人们最该知道却最难于回答的 20 个科学问题之一。

请对下列问题给予回答和分析：

1. 抗药性基因 *bla*NDM-1 的来源？

2. 为什么携带该抗药基因的超级菌株对几乎所有的抗生素均具有抗性？

3. 该抗药性基因如何能在细菌间进行转移？论述其后果的严重性。

4. 为什么说抗生素的滥用是导致超级细菌产生的元凶？人类如何做到与环境和皆相处？

参考文献：

Karthikeyan K K, et al. Emergence of a new antibiotic resistance mechanism in India, Pakistan, and the UK: a molecular, biological, and epidemiological study[J]. Lancet Infect Dis. 2010; 10（9）: 597 - 602.

微生物遗传学是研究和揭示微生物遗传变异规律的一门自然科学，是微生物学和遗传学的一个重要分支，发展十分迅速。特别是随着各种微生物基因组全序列测定的完成，使人们可在基因组水平全面深刻地认识微生物遗传规律及其多样性，从而更有目的、定向地利用丰富的微生物资源，并为进一步揭示整个生命的奥秘作出贡献。

本章将首先从微生物在揭示"遗传的物质基础"这一重大科学问题上所作出的巨大贡献开始，通过介绍微生物基因组和染色体外遗传因子的结构基础，阐述微生物的基因突变和修复、基因转移和重组以及各种微生物育种的方法和策略。其间还将介绍以酵母菌为代表的真核微生物的遗传学特性，使同学们对微生物遗传学的理论和应用有一个最基本的了解和掌握。

第一节　遗传的物质基础

网上学习 8-1
历史上的争论

遗传的物质基础是蛋白质还是核酸，曾是生物学中激烈争论的重大问题之一。1944 年 Avery 等人以微生物为研究对象进行的实验，无可辩驳地证实遗传的物质基础不是蛋白质而是核酸，并且随着对 DNA 特性（结构的多样性、自体复制特性等）的了解，"核酸是遗传物质的基础"这一生物学中的重大理论才真正得以突破。下面分别介绍以 DNA 和 RNA 为遗传物质基础的微生物学实验证据。

一、DNA 作为遗传物质

1. Griffith 的转化实验

1928 年英国的一位细菌学家 F.Griffith 将能使小鼠致死的肺炎球菌 S Ⅲ 型菌株加热杀死，并注入小鼠体内后，小鼠不死，而且也不能从小鼠体内重新分离到肺炎球菌。但是当他进一步将加热杀死、已无致病性的 S Ⅲ 菌和小量活的非致病的 R 型菌（由 S Ⅱ 型突变而来）一起注入小鼠体内后，意外地发现小鼠死了，而且从死的小鼠中分离到活的 S Ⅲ 型菌株（注意不是 S Ⅱ 型）。显然，小鼠致死的原因正是由于这些 S Ⅲ 型菌的毒性作用，那么这些 S Ⅲ 菌从何而来呢？实验不难证明注入小鼠体内的 S Ⅲ 菌已全部被杀死，因此不可能是 S Ⅲ 的残留者，同时，也不可能是 R 型回复突变所致，因为来自 S Ⅱ 型的 R 型的回复突变应为 S Ⅱ 型而不是 S Ⅲ 型。唯一合理的解释是：活的、非致病性的 R 型从已被杀死的 S Ⅲ 型中获得了遗传物质，使其产生荚膜成为致病性的 S Ⅲ 型。Griffith 将这种现象称为转化（transformation）。几年后，这一现象在离体条件下进一步得到证实，并将引起转化的遗传物质称为转化因子（transforming factor）。Griffith 是第一个发现转化现象的，虽然当时还不知道称之为转化因子的本质是什么，但是他的工作为后来 Avery 等人进一步揭示转化因子的实质，确立 DNA 为遗传物质奠定了重要基础。

2. DNA 作为遗传物质的第一个实验证据

O. T. Avery 和他的合作者 C. M. MacLeod 和 M. J. McCarty 为了弄清楚 Griffith 实验中的转化因子的实质，分别用降解 DNA、RNA 或蛋白质的酶作用于有毒的 S 型细胞抽提物，选择性地破坏这些细胞成分，然后分别与无毒的 R 型细胞混合，观察转化现象的发生。结果发现，只有 DNA 被酶解而遭到破坏的抽提物无转化作用，说明 DNA 是转化所必需的转化因子，并在 1944 年发表了他们的实验结果，为 Griffith 的转化因子是 DNA 而不是蛋白质提供了第一个证据。为了消除"蛋白质论"者的怀疑，Avery 等人将 DNA 抽提出来，进行不断的纯化，直到 1949 年，作为转化因子的 DNA 已纯化到所含蛋白质只有 0.02%，这时的转化效果非但不减少反而增加，并随 DNA 浓度的增加而增加。DNA 作为遗传信息的载体已充分获得证实。

3. T2 噬菌体的感染实验

1952 年，Alfred D. Hershey 和 Martha Chase 为了证实 T2 噬菌体（T2 phage）的 DNA 是遗传物质，他们用 ^{32}P 标记病毒的 DNA，用 ^{35}S 标记病毒的蛋白质外壳。然后将这两种不同标记的病毒分别与其宿主大肠杆菌混合。结果发现，用含有 ^{35}S 蛋白质的 T2 噬菌体感染大肠杆菌时，大多数放射活性留在宿主细胞的外边，而用含有 ^{32}P DNA 的 T2 噬菌体与宿主细菌混合时，则发现 ^{32}P DNA 注入宿主细胞，并产生噬菌体后代，这些 T2 噬菌体后代的蛋白质外壳的组成、形状大小等特性均与留在细胞外的蛋白质外壳一模一样，说明决定蛋白质外壳的遗传信息是在 DNA 上，DNA 携带有 T2 的全部遗传信息（图 8-1）。

二、RNA 作为遗传物质

有些生物只由 RNA 和蛋白质组成，例如，某些动物和植物病毒以及某些噬菌体（见第 7 章）。1956 年，H.Fraenkel Conrat 用含 RNA 的烟草花叶病毒（TMV）所进行的拆分与重建实验证明 RNA 也是遗传

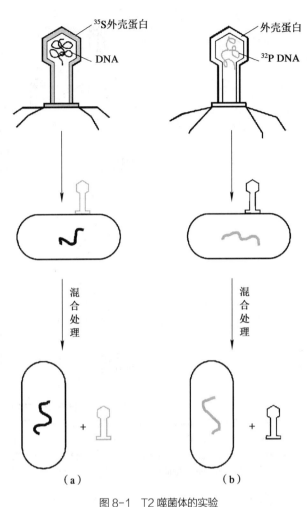

图 8-1　T2 噬菌体的实验
（a）用含有 ^{35}S 标记蛋白质外壳的 T2 噬菌体感染大肠杆菌；
（b）用含有 ^{32}P 标记 DNA 的 T2 噬菌体感染大肠杆菌

物质的基础。图 8-2 显示了其实验的过程。说明杂种病毒的感染特征和蛋白质的特性是由它的 RNA 所决定，而不是由蛋白质所决定，遗传物质是 RNA。

三、朊病毒的发现和思考

无论是 DNA 还是 RNA 作为遗传物质的基础已是无可辩驳的事实，但一种既不含 DNA 也不含 RNA 的蛋白质颗粒朊病毒（prion，也称朊粒）的致病性及其传染性的发现（见第 7 章），曾对"蛋白质不是遗传物质"的定论带来一些疑云。因为已知的传染性疾病的传播因子必须含有核酸（DNA 或 RNA）组成的遗传物质，才能感染宿主并在宿主体内自然繁殖。现在大量的事实已经证实，致病性的朊病毒蛋白（以 PrP^{sc} 表示）是由于正常的蛋白 PrP^{c} 改变其折叠状态所致；而 PrP^{c} 仍是基因编码产生的一种糖蛋白，PrP^{sc} 并不是遗传信息的携带者。值得注意的是，这种因蛋白质的折叠而导致致病性的事实已成为当今分子生物学研究的热点之一 ——由蛋白质的折叠与生物功能之间的关系的研究延伸至与疾病的致病因子之间的关系的研究，为治疗和根除 PrP^{sc} 引起的疾病（有人称为构象病）开辟新的途径。

? • Griffith 是如何发现转化现象的？Avery 等人是如何证实转化因子的实质是 DNA 的？
• 为什么用 T2 噬菌体的感染实验能够证实 T2 噬菌体的 DNA 携带有 T2 的全部遗传信息？

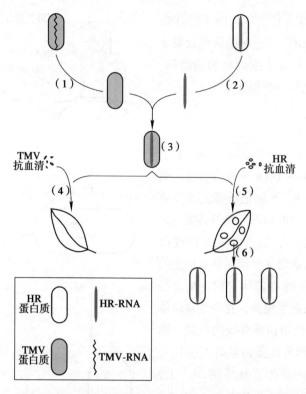

图 8-2 TMV 病毒拆分重建实验

（1）用表面活性剂处理标准 TMV，得到它的蛋白质；（2）从 TMV 的变种 HR（外壳蛋白的氨基酸组成与标准株存在 2~3 个氨基酸的差别）通过弱碱处理得到它的 RNA；（3）通过重建获得杂种病毒；（4）标准 TMV 抗血清使杂种病毒失活，HR 抗血清不使它失活，证实杂种病毒的蛋白质外壳是来自 TMV 标准株；（5）杂种病毒感染烟草产生 HR 所特有的病斑，说明杂种病毒的感染特性是由 HR 的 RNA 所决定，而不是二者的融合特征；（6）从病斑中一再分离得到的子病毒的蛋白质外壳是 HR 蛋白质，而不是标准株的蛋白质外壳

第二节　微生物的基因组结构

基因组（genome）是指存在于细胞或病毒中的所有基因。细菌在一般情况下是一套基因，即单倍体（hoploid）；真核微生物通常是有二套基因又称二倍体（diploid）。基因组通常是指全部一套基因。由于现在发现许多非编码序列具有重要的功能，因此目前基因组的含义实际上是指细胞中基因以及非基因的 DNA 序列组成的总称，包括编码蛋白质的结构基因、调控序列以及目前功能还尚不清楚的 DNA 序列。但无论是原核还是真核微生物，其基因组一般都比较小（表 8-1），其中最小的大肠杆菌噬菌体 MS2 只有 3 000 bp，含 3 个基因。一般来说这些依赖于宿主生活的病毒基因组都很小。近年来对微生物基因组序列的测定表明，能进行独立生活的最小基因组是一种生殖道支原体，只含 473 个基因，通过与流感嗜血菌序列比较研究，提出了 256 个基因可能是维持细胞生命活动所必需的最低数量的假说。

微生物基因组随不同类型（真细菌、古菌、真核微生物）表现出多样性。近年的研究还表明，即使是同一种细菌的基因组也显示出广泛的多样性，从而形成了泛基因组（pan-genome）的概念。而且，研究自然环境中可培养的和未可培养微生物遗传物质总和的宏基因组学发展迅速，为我们全面认识和利用微生物发挥了重大作用。下面分别描述具有代表性的大肠杆菌、詹氏甲烷球菌和啤酒酵母基因组的主要特征，并对泛基因组、宏基因组的基本概念和进展情况作一简介。

表 8-1　微生物与几种代表生物的基因组

生　物	基因数	基因组大小 /bp
MS2 噬菌体（MS2 phage）	3	3×10^3
λ 噬菌体（λ phage）	50	5×10^4
T4 噬菌体（T4 phage）	150	2×10^5
生殖道支原体（*Mycoplasma genitalium*）	473	0.58×10^6
沙眼衣原体（*Chlamydia trachomatis*）	894	1.04×10^6
普氏立克次体（*Rickettsia prowazekii*）	834	1.11×10^6
布氏疏螺旋体（*Borrelia burgdorferi*）	853	9.10×10^6
詹氏甲烷球菌（*Methanococcus jannaschii*）•	1 738	1.66×10^6
幽门螺杆菌（*Helicobacter pylori*）	1 590	1.66×10^6
嗜热碱甲烷杆菌（*Methanobacterium thermoautotrophicum*）•	1 855	1.75×10^6
流感嗜血杆菌（*Hacmophilus influenzae*）	1 760	1.83×10^6
闪烁古球菌（*Archaeoglobus fulgidus*）•	2 436	2.18×10^6
盐杆菌（*Halobacterium* sp. NRC1）•	2 682	2.57×10^6
腾冲嗜热厌氧菌（*Thermoanaerobacter tengcongensis*）	2 588	2.68×10^6
枯草芽孢杆菌（*Bacillus subtilis*）	4 100	4.2×10^6
大肠杆菌（*Escherichia coli*）	4 288	4.7×10^6
黄色黏球菌（*Myxococcus xanthus*）	8 000	9.4×10^6
天蓝色放线菌（*Streptomyces coelicolor*）	7 846	8.6×10^6
酿酒酵母（*Saccharomyces cerevisiae*）	5 800	13.5×10^6
脉孢菌属（*Neurospora*）	>5 000	6×10^7
果蝇（*Drosophila melanogaster*）	13 601	1.65×10^8
烟草（*Nicotiana tobacum*）	43 000	4.5×10^9
拟南芥菜（*Arabidopsis thaliana*）	19 936	1.08×10^8
人（human）	~30 000	3.0×10^9

• 表示古菌。

一、大肠杆菌的基因组

　　大肠杆菌基因组为双链环状的 DNA 分子 *，在细胞中以紧密缠绕成的较致密的不规则小体形式存在于细胞中，该小体称为拟核（nucliod），其上结合有类组蛋白蛋白质和少量 RNA 分子，使其压缩成一种脚手架形的（scaffold）致密结构（大肠杆菌 DNA 分子长度是其菌体长度的 1 000 倍，所以必须以一定的形式压缩进细胞中）。大肠杆菌及其他原核细胞就是以这种拟核形式在细胞中执行着诸如复制、重组、转录、翻译以及复杂的调节过程。基因组全序列测定于 1997 年由 Wisconsin 大学的 Blattner 等人完成，其基因组结构特点如下：

---

　　* 典型的原核生物染色体是环状 DNA 分子，但发现布氏疏螺旋体（*Borrelia burgdorferi*）的染色体是线状的。

1. 遗传信息的连续性

从表8-1可以看出，大肠杆菌和其他原核生物中基因数基本接近由它的基因组大小所估计的基因数（通常以1 000～1 500 bp为一个基因计），说明这些微生物基因组DNA绝大部分用来编码蛋白质、RNA；用作为复制起点、启动子、终止子和一些由调节蛋白识别和结合的位点等信号序列。除在个别细菌（鼠伤寒沙门氏菌和犬螺杆菌）和古菌的rRNA和tRNA中发现有内含子或间插序列外，其他绝大部分原核生物不含内含子，遗传信息是连续的而不是中断的。

2. 功能相关的结构基因组成操纵子结构

大肠杆菌总共有2 584个操纵子（operon），基因组测序推测出2 192个操纵子。其中73%只含1个基因，16.6%含有2个基因，4.6%含有3个基因，6%含有4个或4个以上的基因。大肠杆菌有如此多的操纵子结构，可能与原核基因表达多采用转录调控有关，因为组成操纵子有其方便的一面。

此外，有些功能相关的RNA基因也串联在一起，如构成核糖核蛋白体的3种RNA的基因转录在同一个转录产物中，它们依次是16S rRNA、23S rRNA、5S rRNA。这3种RNA除了组建核糖体外，别无他用，而在核糖体中的比例又是1∶1∶1，倘若它们不在同一个转录产物中，则或者造成这3种RNA比例失调，影响细胞功能；或者造成浪费；或者需要一个极其复杂、耗费巨大的调节机构来保持正常的1∶1∶1。

3. 结构基因的单拷贝及rRNA基因的多拷贝

在大多数情况下结构基因在基因组中是单拷贝的，但是编码rRNA的基因rrn往往是多拷贝的，大肠杆菌有7个rRNA操纵子，其特征都与基因组的复制方向有关，即按复制方向表达。7个rrn操纵子中就有6

网上学习8-2
最小基因组与必需基因

个分布在大肠杆菌DNA的双向复制起点oriC（83 min处）附近，而不是在复制终点（33 min）附近，可以设想，在一个细胞周期中，复制起点处的基因的表达量几乎相当于处于复制终点的同样基因的2倍，有利于核糖体的快速装配，便于在急需蛋白质合成时，细胞可以在短时间内有大量核糖体生成。大肠杆菌及其他原核生物rrn多拷贝（如枯草杆菌的rrn有10个拷贝）及结构基因的单拷贝，也反映了它们基因组经济而有效的结构。

4. 基因组的重复序列少而短

原核生物基因组存在一定数量的重复序列，但比真核生物少得多，而且重复的序列比较短，一般为4～40个碱基，重复的程度有的是10多次，有的可达上千次*。

二、酿酒酵母的基因组

酿酒酵母是单细胞真核生物，1996年，由欧洲、美国、加拿大和日本共96个实验室的633位科学家的艰苦努力完成了全基因组的测序工作，这是第一个完成测序的真核生物基因组。该基因组大小为13.5×10^6 bp，分布在16个不连续的染色体中（表8-2）。像所有其他的真核细胞一样，酵母菌的DNA也是与4种主要的组蛋白（H2A、H2B、H3和H4）结合构成染色质（chromatin）的14 bp核小体核心DNA；染色体DNA上有着丝粒（centromere）和端粒（telomere），没有明显的操纵子结构，有间隔区或内含子序列。

---

* 流感嗜血菌基因组上有1 465个"摄取位点"的重复，其重复序列为5′AAGTGCGGTCA 3′。

酵母菌基因组最显著的特点是高度重复，从表 8-2 可看出 tRNA 的基因在每个染色体上至少是 4 个，多则 30 多个，总共约有 250 个拷贝（大肠杆菌约 60 个拷贝）。rRNA 的基因只位于Ⅻ号染色体的近端粒处，每个长 9 137 bp，有 100～200 个拷贝。酵母基因组全序列测定完成后，在其基因组上还发现了许多较高同源性的 DNA 重复序列，并称之为遗传丰余（genetic rebundancy）。酵母基因组的高度重复或遗传丰余是一种浪费和多余呢，还是一种进化的策略呢？显然应该是后者，所有现存的生物在自然的不断选择下，总是以合适的结构特征来完成其生命过程。也许是在份数这么多的丰余基因中，如果有少数基因突变而失去功能的话，可不影响生命的生存；也许是为了适应复杂多变的环境，多余的基因可使生物体能够在不同的环境中分别使用多个功能相同或者相似的基因产物，做到有备无患。因此从这个意义上讲，酵母确实比细菌和病毒"进步"且"富有"，而细菌和病毒（许多病毒基因组上的基因是重叠的）似乎更"聪明"，知道如何尽量经济和有效地利用其有限的遗传资源。

表 8-2　酿酒酵母的染色体

染色体	长度 /kb	基因数	tRNA 的基因数
Ⅰ	230	106	4
Ⅱ	813	423	13
Ⅲ	315	172	10
Ⅳ	1 532	814	27
Ⅴ	577	292	13
Ⅵ	270	136	10
Ⅶ	1 091	573	33
Ⅷ	563	291	11
Ⅸ	439	231	10
Ⅹ	745	387	24
Ⅺ	666	334	16
Ⅻ	1 078	550	22
ⅩⅢ	924	487	21
ⅩⅣ	784	421	15
ⅩⅤ	1 092	571	20
ⅩⅥ	948	499	17

注：Ⅻ号染色体长度只包括了 2 个拷贝 rDNA，实际上有 100～200 个，长（1～2）×10^6 bp。

三、詹氏甲烷球菌的基因组

詹氏甲烷球菌（*Methanococcus jannaschii*）属于古菌，该菌发现于 1982 年。生活在 2 600 m 深、260 个标准大气压（2.6×10^7 Pa）、94℃的海底火山口附近。1996 年由美国基因组研究所（the Institute for Genomic Research，TIGR）和其他 5 个单位共 40 人联合完成了该菌的基因组全测序工作。这是完成的第一个古菌和自养型生物的基因组序列。根据对该菌全基因组序列分析结果完全证实了 1977 年由伍斯（C.R.Woese）等人提出的三界域学说。因此有人称之为"里程碑"的研究成果。

从目前已知的詹氏甲烷球菌和其他古菌的基因组全序列分析结果来看，几乎有一半的基因通过同源搜索在现有的基因数据库中找不到同源序列。例如，詹氏甲烷球菌只有 40% 左右的基因与其他二界生物有同源性，其中有的类似于真细菌，有的则类似于真核生物，有的就是二者融合。可以说古菌是真细菌和真核生物特征的一种奇异的结合体。一般而言，古菌的基因组在结构上类似于细菌。例如，詹氏甲烷球菌有 1 个大小为 1.66×10^6 bp 的环形染色体 DNA，具有 1 682 个编码蛋白质 ORF；功能相关的基因组成操纵子结构，共转录成 1 个多顺反子转录子；有 2 个 rRNA 操纵子；有 37 个 tRNA 基因，基本上无内含子；无核膜等。但是负责信息传递功能的基因（复制、转录和翻译）则类似于真核生物，特别是古菌的转录起始系统基本上与真核生物一样，而与细菌的截然不同。古菌的 RNA 聚合酶在亚基组成和亚基序列上类同于真核生物的 RNA 聚合酶 II 和 III，而不同于真细菌的 RNA 聚合酶。与之相应的是启动子结构也类同于真核生物，TATA 框序列都位于转录起始点上游 25 ~ 30 核苷酸处，这与细菌启动子的典型结构（–10 和 –35）相悖。古菌的翻译延伸因子 EF-Ia（细菌中是 EF-Tu）和 EF-2（细菌中是 EF-G）、氨酰 tRNA 合成酶基因、复制起始因子等均与真核生物相似。此外，古菌还有 5 个组蛋白基因，其产物组蛋白的存在可能暗示：虽然甲烷球菌基因图谱看上去酷似细菌，但基因组本身在细胞内可能实际上是按典型的真核生物样式组织成真正的染色体结构。

网上学习 8-3
微生物向邻居"借"或"盗用"基因

同时具有细菌和真核生物基因组结构特征的古菌对研究生命的起源和进化无疑是十分重要的，而许多古菌特有的基因（目前还未搜索到与其他二界生物同源的基因）也正吸引着越来越多的科学家去研究和探索，这些特有的基因也许为许多新奇的蛋白质编码，这将为开发新的药物、生物活性物质或在工业中实施新的技术开拓广阔的前景。

四、泛基因组

对微生物基因组进行测序的早期，研究人员通常用一种"类型"的基因组来描述物种，其测序对象主要是自然界或实验室容易获得的某一菌种的典型或模式菌株（如第一个完成全基因组测序的大肠杆菌是用的实验室菌株 K–12 MG1655），并将所得到的测序结果视为该物种的全部遗传信息。随着基因组测序技术的迅速发展，大量细菌和古菌的全基因组序列不断被报道，在此过程中，美国基因组研究所（The Institute for Genome Research，TIGR）的科学家们得到了一个令人吃惊的结果——基因组数量可能是无限的。在一些种中，甚至在几个菌株的基因组测序后，还会有新的基因被发现。数学模型预测，每一个种即使在测序几百个基因组后，还会有新的基因被发现，因此该研究所的 Tettelin 等提出了微生物泛基因组概念（pan-genome，pan 源自希腊语"π α ν"，全部的意思）。所谓泛基因组是指一个种的所有全部基因，这是在一个种的所有菌株中所有基因的总合。这一概念主要是应用于细菌和古菌，因为在它们的某一个种中，其不同菌株的基因含量内容有很大的变化，显示出广泛的多样性。研究表明，这主要是由于细菌和古菌存在着广泛的水平基因转移（见本章第五节）所致。对 60 多株已测序的大肠杆菌基因组比较发现，该菌种显示出极大的多样性：每一个基因组中只有约 20% 的序列是在每一个分离株中都有的，而每一个基因组中约 80% 的序列是彼此不同的，每一个单独株含有 4 000 和 5 500 个基因，但是在所有已测序的大肠杆菌菌株中，不同基因的总数超过 16 000 个。因此，泛基因组包括

- 基因组（genome）的含意是什么？目前已知的能进行独立生活的最小基因组是什么生物？含多少个基因？
- 大肠杆菌染色体 DNA 分子长度大约是其菌体长度的多少倍？它以什么形式存在于细胞中？
- 何谓操纵子？原核生物的基因组为何含有如此多的操纵子结构？有何方便之处？
- 酵母菌基因组最显著的特点是什么？由多少个染色体组成？
- 为什么说古菌的基因组是真细菌和真核生物的奇异结合体？
- 何谓泛基因组、核心基因组、非必要基因组、开放型泛基因组和闭合型泛基因组？
- 何谓宏基因组学？其研究的对象是什么？

核心基因组（core genome）和非必要基因组（dispensable genome），前者是指含有存在于所有菌株中的基因；后者是指含有只存在于两个或多个菌株中的基因，以及单个株菌特有的"独特基因（strains-specific gene）"。

根据菌种的泛基因组大小与菌株数目的关系，又将菌种的泛基因组分为开放型泛基因组和闭合型泛基因组。开放型的泛基因组是指随着测序的基因组数目的增加，菌种的泛基因组大小也不断增加；闭合型的泛基因组是指随着测序的基因组数目增加，物种的泛基因组大小增加到一定的程度后收敛于某一值。

泛基因组概念的提出，突破了对基因组传统认识的局限性，即不能只用一种"类型"的基因组来描述物种，细菌种可以用泛基因组来描述其遗传多样性和生态分布的广泛性，具开放型泛基因组的细菌种必然具有较高的遗传多样性和广泛的生态分布，也反映它们具有较强的获取外源基因的能力。泛基因组中的核心基因组在流行病学的疫苗或抗微生物制剂的研制方面具有重要意义，特别是对具有高度遗传变异株的致病菌种（如引起婴儿严重感染的 group B Streptococcus，简称 GBS）尤为重要，通过对 GBS 核心基因组的分析比较、选定靶标，制备的疫苗或抗微生物制剂对该菌种的所有临床分离株均有效。

五、宏基因组及宏基因组学

微生物因其微小，因而必需借助于显微镜和纯培养技术才能对它们进行研究。但是在现有技术条件下，自然界存在的微生物 95% 以上是不能被培养的，所以采用传统的分离培养技术所获得的微生物信息是极其有限的，也就是说，我们只认识或利用了不到 5% 的微生物。所谓宏基因组（metagenome），是指生境中全部微生物遗传物质的总和。它包含了可培养的和未可培养的微生物的基因。所以也称微生物环境基因组（microbial environmental genome）。而宏基因组学（metagenomics）是在微生物基因组学的基础上发展起来的一种研究微生物多样性、开发新的生理活性物质（或获得新基因）的新理念和新方法。其主要含义是：对特定环境中全部微生物的总 DNA（即宏基因组）进行克隆，并通过构建宏基因组文库和筛选等手段获得新的生理活性物质；或者根据 rDNA 数据库序列设计引物，通过 PCR 技术从提纯的宏基因组中扩增细菌 rDNA，从而获得特定环境中的各种细菌的 rDNA，测定序列后，通过系统学分析获得该环境中微生物的遗传多样性和分子生态学信息。因此，宏基因组学研究的对象是特定环境中的总 DNA，不是某特定的微生物或其细胞中的总 DNA，不需要对微生物进行分离培养和纯化，这对我们认识和利用 95% 以上的未培养微生物提供了一条新的途径，因此有学者称宏基因组学是通向"微生物宇宙的窗口（window to the microbial universe）"。已有研究表明，利用宏基因组学对人体口腔微生物区系进行研究，发现了 50 多种新的细菌，这些未培养细菌很可能与口腔疾病有关。此外，在土壤、海洋和一些极端环境中也发现了许多新的微生物种群和新的基因或基因簇，通过克隆和筛选，获得了新的生理活性物质，包括抗生素、酶及新的药物等。目前利用宏基因组学研究人体微生物已成为一个新的研究领域——人体微生物组学（见第 1 章和第 11 章）。

第三节　质粒和转座因子

质粒（plasmid）和转座因子（transposable element）都是细胞中除染色体以外的另外两类遗传因子。前者是一种独立于染色体外，能进行自主复制的细胞质遗传因子，主要存在于各种微生物细胞中；后者是位于染色体或质粒上的一段能改变自身位置的 DNA 序列，广泛分布于原核和真核细胞中。目前对细菌中的质粒和转座因子已研究得比较详细，本节将以细菌为例介绍这两种遗传因子。

一、质粒的分子结构

质粒通常以共价闭合环状（covalently closed circle，简称 CCC）的超螺旋双链 DNA 分子存在于细胞中（图 8-3），但从细胞中分离的质粒大多是 3 种构型，即 CCC 型、开环型（open circular form，简称 OC 型）和线型（linear form，简称 L 型）（图 8-4）。近年来在疏螺旋体、链霉菌和酵母菌中也发现了线型双链 DNA 质粒和 RNA 质粒。质粒分子的大小范围从 1 kb 左右到 1 000 kb。

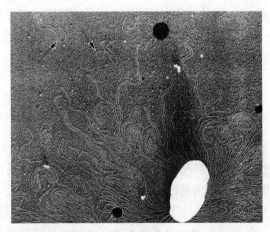

图 8-3　电子显微镜下观察到的完整的细菌染色体和质粒
（箭头所指处为质粒）（引自 Madigan M T，et al，2003）

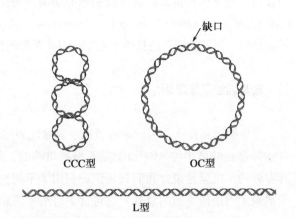

图 8-4　质粒的 3 种构型

根据质粒的分子大小和结构特征，通过超离心或琼脂糖凝胶电泳可将质粒与染色体 DNA 分开，从而分离得到质粒。这是因为虽然染色体 DNA 也是以超螺旋结构存在于细胞中，但其分子大小远远超过质粒（例如，大肠杆菌染色体是 4 100 kb，而 ColE1 质粒只有 9 kb），因此在分离过程中染色体 DNA 总是会断裂成线状，其两端可以自由转动而使分子内的紧张态完成松弛。而小分子的质粒绝大多数是 CCC 或 OC 结构，共价闭环的质粒 DNA 分子无自由末端，分子是紧密的缠结状态，因此在含溴化乙锭（ethidium bromide，简称 EB，可与 DNA 和 RNA 分子结合，使其在紫外光照射下显现荧光，便于观察或分离）的氯化铯梯度中，松弛的染色体 DNA 结合的 EB 分子比质粒多，其密度也比质粒小，经高速密度梯度离心后，就可将二者分开，从而可分离得到质粒 DNA。琼脂糖凝胶电泳则是根据相对分子质量大小和电泳呈现的带型将染色体 DNA 与质粒分开。前者也是因随机断裂成线状，且相对分子质量大，所以泳动速度慢，带型也不整齐；而后者相对分子质量小，大小均一，泳动速度快，带型整齐，很容易将二者区分并进而达到分离质粒 DNA。

二、质粒的主要类型

染色体 DNA 作为细胞中的主要遗传因子，携带有在所有生长条件下所必需的基因，这些基因有时称之为"持家基因"（housekeeping gene），而质粒所含的基因对宿主细胞一般是非必需的，只是在某些特殊条件下，质粒能赋予宿主细胞以特殊的机能，从而使宿主得到生长优势。例如，抗药性质粒和降解性质粒能使宿主细胞在具有相应药物或化学毒物的环境中生存，而且在细胞分裂时恒定地传递给子代细胞。

根据质粒所编码的功能和赋予宿主的表型效应，可将其分为各种不同的类型。

1. 致育因子

致育因子（fertility factor，F 因子）又称 F 质粒，其大小约 100 kb，这是最早发现的一种与大肠杆菌的有性生殖现象（接合作用）有关的质粒。携带 F 质粒的菌株称为 F⁺ 菌株（相当于雄性），无 F 质粒的菌株称为 F⁻ 菌株（相当于雌性）。F 质粒整合到宿主细胞染色体上的菌株称之为高频重组菌株（high frequence recombination，Hfr）。由于 F 因子能以游离状态（F⁺）和与染色体相结合的状态（Hfr）存在于细胞中，所以又称之为附加体（episome）。F 质粒在大肠杆菌的接合作用（conjugation）中起主要作用。当 Hfr 菌株上的 F 因子通过重组回复成自主状态时，有时可将其相邻的染色体基因一起切割下来，而成为携带某一染色体基因的 F 因子，例如 F-*lac*、F-*gal*、F-*pro* 等。因此，将这些携带不同染色体基因的 F 因子统称为 F′，带有这些 F′ 因子的菌株也常用 F′ 表示。

2. 抗性因子

抗性因子（resistance factor，R 因子）是另一类普遍而重要的质粒，主要包括抗药性和抗重金属两大类，简称 R 质粒。带有抗药性因子的细菌有时对于几种抗生素或其他药物呈现抗性。例如，R1 质粒（94 kb）可使宿主对下列 5 种药物具有抗性：氯霉素（chlorampenicol，Cm）、链霉素（streptomycin，Sm）、磺胺（sulfonamide，Su）、氨苄青霉素（ampicillin，Ap）和卡那霉素（kanamycin，Km），并且负责这些抗性的基因是成簇地存在于 R1 抗性质粒上。

许多 R 质粒能使宿主细胞对许多金属离子呈现抗性，包括碲（Te⁶⁺）、砷（As³⁺）、汞（Hg²⁺）、镍（Ni²⁺）、钴（Co²⁺）、银（Ag⁺）及镉（Cd²⁺）等。在肠道细菌中发现的 R 质粒，约有 25% 是抗汞离子的，而铜绿假单胞菌中约占 75%。

3. Col 质粒

Col 质粒（Col plasmid）因首先发现于大肠杆菌中而得名，该质粒含有编码大肠菌素的基因，大肠菌素是一种细菌蛋白，只杀死近缘且不含 Col 质粒的菌株，而宿主不受其产生的细菌素的影响。由 G⁺ 细菌产生的细菌素通常也是由质粒基因编码，有些甚至有商业价值，例如，一种乳酸细菌产生的细菌素 NisinA 能强烈抑制某些 G⁺ 细菌的生长，而被用于食品工业的保藏。

4. 毒性质粒

现在越来越多的证据表明，许多致病菌的致病性是由其所携带的质粒引起的，这些毒性质粒（virulence plasmid）具有编码毒素的基因，例如，产毒素大肠杆菌是引起人类和动物腹泻的主要病原菌之一，其中许多菌株含有为一种或多种肠毒素编码的质粒。有些使昆虫致病乃至死亡的细菌毒素也是由质粒编码的，苏云金杆菌产生的毒素是这种类型的典型例子。研究表明，苏云金杆菌含有编码 δ 内毒素（伴孢晶体中）的质粒，伴孢晶体的结构基因及调节基因位于质粒上。

此外，目前广泛应用于转基因植物载体的是一种经过人工改造后的 Ti 质粒（tumor-inducing-plasmid）（见第 10 章），Ti 质粒是引起双子叶植物冠瘿瘤的致病因子，其宿主是一种根癌土壤杆菌（*Agrobacterium tumefaciens*）。其机制是 Ti 质粒上的一段特殊 DNA 片段转移至植物细胞内并整合在其染色体上，导致细胞无控制地瘤状增生，合成正常植物所没有的冠瘿碱（opines）化合物，该 DNA 片段称为 T-DNA，其上含有 3 个致癌基因。发根土壤杆菌（*Agrobacterium rhizogenes*）引起许多双子叶植物患毛根瘤，而致病因子是该菌所含的 Ri 质粒。Ri 质粒在功能上与 Ti 质粒有广泛的同源性，也有一段特殊的 DNA 片段（T-DNA），在侵染过程中，能转移进植物基因组，也可用于转基因植物载体。

5. 代谢质粒

代谢质粒（metabolic plasmid）上携带有能降解某些基质的酶的基因，含有这类质粒的细菌，特别是假单胞菌，能将复杂的有机化合物降解成能被其作为碳源和能源利用的简单形式。尤其是对一些有毒化合物，如芳香族化合物（苯）、农药、辛烷和樟脑等的降解，在环境保护方面具有重要的意义（见第11章）。因此，这类质粒也常被称为降解质粒，每一种具体的质粒常以其降解的底物而命名。如樟脑质粒（camphor，CAM）、辛烷质粒（octadecane，OCT）、二甲苯质粒（xylene，XYL）等。

此外，代谢质粒中还包括一些能编码固氮功能的质粒。例如，根瘤菌中与结瘤（nod）和固氮有关的所有基因均位于共生质粒中。放线菌中也已发现许多大的线型质粒（500 kb 以上）含有抗生素合成的基因。

6. 隐秘质粒

以上所讨论的质粒类型均具有某种可检测的遗传表型，但隐秘质粒（cryptic plasmid）不显示任何表型效应，它们的存在只有通过物理的方法，例如，用凝胶电泳检测细胞抽提液等方法才能发现。它们存在的生物学意义，目前几乎不了解。酵母的 2 μm 质粒不授予宿主任何表型效应，也属于隐秘质粒。

除了根据质粒赋予宿主的遗传表型将质粒分成不同类型外，还可根据质粒的拷贝数、宿主范围等将质粒分成不同类型。例如，有些质粒在每个宿主细胞中可以有 10 ~ 100 个拷贝，称为高拷贝数（high copy number）质粒，又称松弛型质粒（relaxed plasmid）；另一些质粒在每个细胞中只有 1 ~ 4 个拷贝，为低拷贝数（low copy number）质粒，又称严紧型质粒（stringent plasmid）。

此外，还有一些质粒的复制起始点（origin of replication）较特异，只能在一种特定的宿主细胞中复制，称为窄宿主范围质粒（narrow host range plasmid）；复制起始点不太特异，可以在许多种细菌中复制，称为广宿主范围质粒（broad host range plasmid）。能整合进染色体而随染色体的复制而进行复制的质粒又称附加体（episome）。

三、质粒的不亲和性

细菌通常含有一种或多种稳定遗传的质粒，这些质粒可认为是彼此亲和的（compatible）。但是如果将一种类型的质粒通过接合或其他方式（如转化）导入某一合适的但已含一种质粒的宿主细胞，只经少数几代后，大多数子细胞只含有其中一种质粒，那么这两种质粒便是不亲和的（incompatible），它们不能共存于同一细胞中。质粒的这种特性称为不亲和性（incompatibility）。根据某些质粒在同一细菌中能否并存的情况，可将质粒分成许多不亲和群（incompatibility group），能在同一细菌中并存的质粒属于不同的不亲和群，而在同一细菌中不能并存的质粒属于同一不亲和群。这是因为质粒的不亲和性现象主要与复制和分配有关，所以不能在同一细胞共存的质粒是因为它们共享一个或多个共同的复制因子或相同的分配系统，因此它们便属于同一不亲和群。只有那些具有不同的复制因子或不同分配系统的质粒才能共存于同一细胞中，所以它们必然属于不同的不亲和群。因此到目前为止，可以说这是一种接近质粒本质的分类方法，目前已在大肠杆菌中发现了 30 多种不同的不亲和群。

当两种同一不亲和群的质粒共处同一细胞时，其中一种由于不能复制因而在细胞的不断分裂过程中被稀释掉（diluted out）或被消除（curing）。所谓消除是指细胞中由于质粒的复制受到抑制而染色体的复制并未明显受到影响，细胞可继续分裂的情况下发生的质粒丢失。质粒消除可自发产生，也可通过人工处理提高消除率，例如，用一定浓度的吖啶橙染料（acridine dye）或其他能干扰质粒复制而对染色体复制影响较小的理化因子处理细胞，可消除质粒。

四、转座因子的类型和分子结构

转座因子是细胞中能改变自身位置（如从染色体或质粒的一个位点转到另一个位点，或者在两个复制子之间转移）的一段 DNA 序列，广泛存在于原核和真核细胞中（表 8-3），由美国遗传学家 Barbara McClintock 首先在玉米中发现，并因此荣获 1983 年度诺贝尔奖。原核生物中的转座因子有 3 种类型：插入序列（insertion sequence，IS）、转座子（transposon，Tn）和某些特殊病毒（如 Mu、D108）。IS 和 Tn 有两个重要的共同特征：它们都携带有编码转座酶（transposase）的基因，该酶是转移位置，即转座（transposition）所必需的；另一共同特征是它们的两端都有反向末端重复序列（inverted terminal repeat，ITR），该序列的长度为 40 bp（主要是 IS）到 1 000 bp 以上（某些 Tn）。图 8-5 显示 IS2 和 Tn5 的遗传图谱。

表 8-3　原核和真核生物中的转座因子

原核生物	真核生物
插入序列：IS	酵母：*sigma*
转座子：Tn	酵母：TY
病毒：Mu	果蝇：copia，P；玉米：Ac；反转录病毒：劳氏肉瘤，人免疫缺陷病毒（HIV）

IS 是最简单的转座因子，分子大小范围在 250～1 600 bp，只含有编码转座所必需的转座酶的基因。它们分布在细菌的染色体、质粒以及某些噬菌体 DNA 上。

转座子（Tn）比 IS 分子大，与 IS 的主要差别是 Tn 携带有授予宿主某些遗传特性的基因，主要是抗生素和某些毒物（如汞离子）抗性基因，也有其他基因，如：Tn951 携带有负责乳糖发酵的基因。根据转座子两端结构的组成可将其分为两种类型。第一种类型是转座子两端为同向或反向重复的 IS，药物抗性基因位于中间，IS 提供转座功能，连同抗性基因一起转座，Tn5（图 8-5）是这一类型的代表，称为复合转座子（compound transposon）或类型 I 转座子。这一类型的转座子实际上是 IS 因子的延伸。第二种类型的转座子的两端为短的反向重复序列（IR），其长度一般为 30～50 bp，在两个 IR 之间是编码转座功能和药物抗性的基因（或其他基因），这类转座子称为类型 II 或称复杂转座子（complex transposon），Tn3（图 8-6）是这一类型的典型代表。

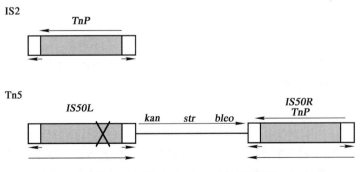

图 8-5　转座因子 IS2 和 Tn5 的遗传图谱

TnP：编码转座酶基因；IS50L 因其 *TnP* 中有一无义突变，所以不能独立转座。

kan、*str*、*bleo* 分别代表卡那霉素、链霉素和博莱霉素抗性基因

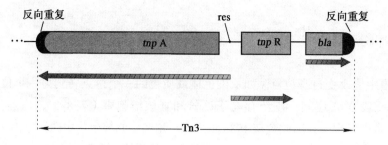

图 8-6 Tn3 的遗传结构

Mu 噬菌体是一种以大肠杆菌为宿主的温和噬菌体，以裂解生长和溶原生长两种方式交替繁衍自己。其基因组上除含有为噬菌体生长繁殖所必需的基因外，还有为转座所必需的基因，因此它也是最大的转座因子，全长约 39 kb，图 8-7 显示 Mu 噬菌体的遗传图谱。从图谱中可看出 Mu 的基因组实际长度只有 37.2 kb，因为该 DNA 分子的两端并不是像 IS 和 Tn 那样的反向重复序列，而是宿主 DNA 序列。左端的宿主 DNA 为 50～150 bp，右端是 1～2 kb，这也是 Mu 噬菌体不同于其他噬菌体的独特之处。两端的宿主 DNA 是由于进入裂解循环的 Mu DNA 进行外壳装配时，是从随机插入 Mu 的基因组 C 端及其相邻的 50～150 bp 的宿主 DNA 开始一直到与 S 端相邻接的 1～2 kb 的宿主 DNA 为止，也就是 C 端 50～150 bp 的宿主 DNA 加 37.2 kb Mu 的基因组和 1～2 kb 的 S 端宿主 DNA 被包装进外壳蛋白，而且由于 Mu 插入的位点不同，所以几乎每一个噬菌体颗粒结合着不同的宿主 DNA 序列。

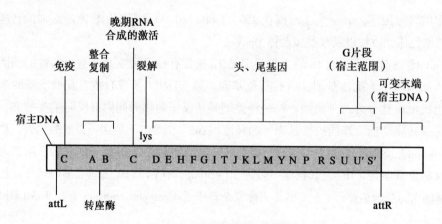

图 8-7 Mu 噬菌体的遗传图谱

五、转座的遗传学效应

转座因子的转座可引发多种遗传学效应。这些效应不仅在生物进化上有重要的意义，而且已成为遗传学研究中的一种重要的工具。这些遗传变化主要包括：

1. 插入突变

当各种 IS、Tn 等转座因子插入到某一基因中后，此基因的功能丧失，发生突变。如果插入位于某操纵子的前半部分，就可能造成极性突变，导致该操纵子后半部分结构基因表达失活。如果插入的是带有抗性（或其他）基因的转座子，则可获得带有新的基因标记的插入突变。

2. 产生染色体畸变

由于复制性转座是转座子一个拷贝的转座，处在同一染色体上不同位置的两个拷贝之间可能发生同源重组，这种重组过程可导致 DNA 的缺失或倒位，即染色体畸变。

3. 基因的移动和重排

由于转座作用可能使一些原来在染色体上相距甚远的基因组合到一起，构建成一个操纵子或表达单元，也可能产生一些具有新的生物学功能的基因和新的蛋白质分子，具有生物进化上的重要意义。

> ? • 何谓质粒和转座因子？有何异同？
> • 质粒分子有哪 3 种构型？它们在琼脂糖凝胶电泳中，其泳动速度是一样吗？为什么？
> • 何谓质粒的不亲和性？为什么同一不亲和群的质粒不能在同一细菌中并存？
> • 质粒的消除是因为其 DNA 的降解所致吗？
> • 原核生物中的转座因子有几种类型？它们的转座可引发哪些遗传学效应？

第四节　基因突变及修复

一个基因内部遗传结构或 DNA 序列的任何改变，包括一对或少数几对碱基的缺失、插入或置换，而导致的遗传变化称为基因突变（gene mutation），其发生变化的范围很小，所以又称点突变（point mutation）或狭义的突变。广义的突变又称染色体畸变（chromosomal aberration），包括大段染色体的缺失、重复、倒位。基因突变是重要的生物学现象，它是一切生物变化的根源，连同基因转移、重组一起提供了推动生物进化的遗传多变性，也是我们用来获得优良菌株的重要途径之一。DNA 损伤的修复和基因突变有着密切的关系，当 DNA 的某一位置的结构发生改变（称为前突）时，并不意味着一定会产生突变，因为细胞内存在一系列的修复系统，能清除或纠正不正常的 DNA 分子结构和损伤，从而阻止突变的发生，因此前突可以通过 DNA 复制而成为真正的突变，也可以重新变为原来的结构，这取决于修复作用和其他多种因素。本节将对基因突变、修复及二者的相关性进行讨论。

一、基因突变的类型及其分离

1. 碱基变化与遗传信息的改变

不同的碱基变化对遗传信息的改变是不同的，可分为 4 种类型（图 8-8）。

（1）同义突变

同义突变（same-sense mutation）是指某个碱基的变化没有改变产物氨基酸序列的密码子变化，显然，这是与密码子的简并性相关的。

（2）错义突变

错义突变（mis-sense mutation）是指碱基序列的改变引起了产物氨基酸的改变。有些错义突变严重影响到蛋白质活性甚至使之完全无活性，从而影响了表型。如果该基因是必需基因，则该突变为致死

```
（1）原序列
 5'-AUG CCU UCA AGA UGU GGG CAA-3'
    Met Pro Ser Arg Cys Gly Gln
（2）同义突变
 5'-AUG CCU UCA AGA UGU GGA CAA-3'
    Met Pro Ser Arg Cys Gly Gln
（3）错义突变
 5'-AUG CCU UCA GGA UGU GGG CAA-3'
    Met Pro Ser Gly Cys Gly Gln
（4）无义突变
 5'-AUG CCU UCA AGA UGA GGG CAA-3'
    Met Pro Ser Arg STOP
（5）移码突变
                      ↗A
 5'-AUG CCU UCA AGU GUG GGC AA-3'
    Met Pro Ser Ser Val Gly etc
```

图 8-8　遗传信息的改变与突变类型

突变（lethal mutation）。

（3）无义突变

无义突变（nonsense mutation）是指某个碱基的改变，使代表某种氨基酸的密码子变为蛋白质合成的终止密码子（UAA，UAG，UGA）。蛋白质的合成提前终止，产生截短的蛋白质。

（4）移码突变

移码突变（frameshift mutation）是由于 DNA 序列中发生 1~2 个核苷酸的缺失或插入，使翻译的可读框发生改变，从而导致从改变位置以后的氨基序列的完全变化。

2. 表型变化

表型（phenotype）和基因型（genotype）是遗传学中常用的两个概念，前者是指可观察或可检测到的个体性状或特征，是特定的基因型在一定环境条件下的表现；后者是指贮存在遗传物质中的信息，也就是它的 DNA 碱基顺序。上述 4 种类型的突变，除了同义突变外，其他 3 种类型都可能导致表型的变化。下面主要介绍几种常用的表型变化的突变型及其分离。

（1）营养缺陷型

营养缺陷型（auxotroph）是一种缺乏合成其生存所必需的营养物的突变型，只有从周围环境或培养基中获得这些营养或其前体物（precursor）才能生长。它的基因型常用所需营养物的前 3 个英文小写斜体字母表示，例如，*his*C、*lac*Z 分别代表组氨酸缺陷型和乳糖发酵缺陷型，其中的大写字母 C 和 Z 则表示同一表型中不同基因的突变。相应的表型则用 HisC 和 LacZ（第一个字母大写）表示。在容易引起误解的情况下，则用 *his*A⁻ 和 *his*A⁺，*lac*Z⁻ 和 *lac*Z⁺ 分别表示缺陷型和野生型（wild-type gene，没有发生突变的基因）。

营养缺陷型是微生物遗传学研究中重要的选择标记和育种的重要手段，由于这类突变型在选择培养基（或基本培养基）上不生长，所以是一种负选择标记，需采用影印平板（replica plating）的方法（图 8-9）进行分离，步骤如下：

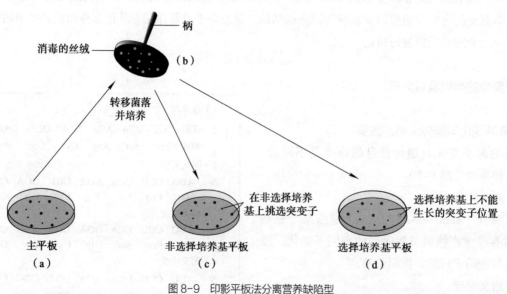

图 8-9　印影平板法分离营养缺陷型

① 将待分离突变株的原始菌株以合适的稀释度涂布到野生型菌株和突变株均能生长的主平板（含完全培养基）上，经培养后形成单菌落 ［图 8-9（a）］。

② 通过一消毒的"印章"［直径略小于培养皿底，表面包有丝绒布，使其尽量平整，图 8-9（b）］将

（a）平板的菌落分别原位转移（或印迹）到（c）平板［含有与（a）平板相同的营养成分］和（d）平板（不含缺陷型所需的营养因子，即基本培养基）。

③ 经培养后对照观察（c）和（d）平板上形成的单菌落，如果在（c）平板上长而在（d）平板上不长的，则为所需分离的突变型。

④ 在（c）平板上挑取（d）平板上不长的相应位置的单菌落，并进一步在完全培养基上划线分离纯化。

（2）抗药性突变型

抗药性突变型（resistant mutant）是由于基因突变使菌株对某种或某几种药物，特别是抗生素，产生抗性的一种突变型，普遍存在于各类细菌中，也是用来筛选重组子和进行其他遗传学研究的重要正选择标记（见第10章）。这类突变类型常用所抗药物的前3个小写斜体英文字母加上"r"表示，如：str^r 和 str^s 分别表示对链霉素的抗性和敏感性（sensitivity）。在加有相应抗生素的平板上，只有抗性突变能生长。所以很容易分离得到。

（3）条件致死突变型

条件致死突变型（conditional lethal mutant）是指在某一条件下具有致死效应，而在另一条件下没有致死效应的突变型。这类突变型常被用来分离生长繁殖必需的突变基因。因为这类基因一旦发生突变是致死的（如为DNA复制所必需的基因），因而也就不可能得到这些基因的突变。常用的条件致死突变是温度敏感突变，用 t^s（temperature sensitive）表示，这类突变在高温下（如42℃）是致死的，但可以在低温（如25～30℃）下得到这种突变。筛选 t^s 突变型的方法也是采用影印平板法，所不同的是图8-9中的3个平板上培养基相同，均可生长。只是将（c）和（d）平板分别置低温（30℃）和高温（42℃）下培养，然后在（c）平板上挑取相应于（d）平板上未生长的菌落。

（4）形态突变型

形态突变型（morphological mutant）是指造成形态改变的突变型，包括影响细胞和菌落形态、颜色以及影响噬菌体的噬菌斑形态的突变型，这是一类非选择性突变，因为在一定条件下，它既没有像抗性突变那样的生长优势，也没有像营养缺陷性和条件致死突变那样的生长劣势，形态突变和非突变型均同样生长在平板上，只能靠看得见的形态变化进行筛选。其中以颜色变化较易筛选，例如：用携带有β-半乳糖苷酶的Mu转座因子引起的插入突变，在含有X-gal（5-bromo-r-chloro-3-indolyl-β-D-galactoside）的平板上可显示蓝色菌落或噬菌斑，使易于鉴别和分离。DNA重组技术中常用的pUC载体系列和受体系统是通过β-半乳糖苷酶基因的插入失活，使重组子菌落为白色而与蓝色的非重组子分开。

二、基因突变的分子基础

1. 自发突变

（1）特性

自发突变（spontaneous mutation）是不经诱变剂处理而自然发生的突变。具有如下特性：

① 非对应性：突变的发生与环境因子无对应性。即抗药性突变并非由于接触了药物所引起，抗噬菌体的突变也不是由于接触了噬菌体所引起。突变在接触它们之前就已自发地随机地产生了，噬菌体或药物只是起着选择作用。不过，有人提出突变具有对应性，即定向或适应性突变的例子。

② 稀有性：自发突变的频率（突变率）很低，一般在 $10^{-10} \sim 10^{-6}$。所谓突变率是指每一个细胞在每一世代中发生某一特定突变的概率，也用每单位群体在繁殖一代过程中所形成突变体的数目表示。例如，10^{-9} 的突变率即意味着 10^9 个细胞在分裂成 2×10^9 个细胞的过程中，平均形成一个突变体。

③ 规律性：特定微生物的某一特定性状的突变率具有一定的规律性，例如，大肠杆菌总是以 3×10^{-8}

的频率产生抗噬菌体 T1 的突变，以 1×10^{-9} 的频率产生抗链霉素突变；而金黄色葡萄球菌总是以 1×10^{-7} 产生抗青霉素突变等。

④ 独立性：引起各种性状改变的基因突变彼此是独立的，即某种细菌均可以一定的突变率产生不同的突变，一般互不干扰。

⑤ 遗传和回复性：突变是遗传物质结构的改变，因此是可以稳定遗传的。但同样的原因也可以导致突变的回复，使表型回复到野生型状态。

⑥ 可诱变性：通过理化因子等诱变剂的诱变作用可提高自发突变的频率，但不改变突变的本质。

（2）分子基础

引起自发突变的原因很多，包括 DNA 复制过程中，由 DNA 聚合酶产生的错误、DNA 的物理损伤、重组和转座等。但是这些错误和损伤将会被细胞内大量的修复系统修复，使突变率降到最低限度。自发突变的一个最主要的原因是碱基能以称之为互变异构体（taumer）的不同形式存在，互变异构体能够形成不同的碱基配对，因此在 DNA 复制时，当腺嘌呤以正常的氨基形式出现时，便与胸腺嘌呤进行正确配对（A–T）；如果以亚氨基（imino）形式（互变异构）出现时，则与胞嘧啶配对，这意味着 C 代替 T 插入到 DNA 分子中，如果在下一轮复制之前未被修复，那么 DNA 分子中的 A–T 碱基对就变成了 G–C（图 8–10）。

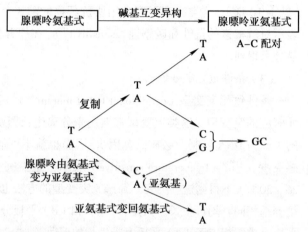

图 8-10 由腺嘌呤碱基互变异构导致的自发突变（AT → GC）

同样，胸腺嘧啶也可因为由酮式到烯醇式的异构作用而将碱基配对由原来的 A–T 变成 G–T，即鸟嘌呤取代了腺嘌呤，经复制后便导致 AT → GC 的转换。所谓转换（transition）是嘌呤到嘌呤（如图 8–10 中的 AT → GC）或嘧啶到嘧啶的碱基置换，如果是嘌呤到嘧啶（如 AT → CG）或嘧啶到嘌呤的变化则称之为颠换（transversion）。

此外，在 DNA 复制时，由于在短的重复核苷酸序列发生的 DNA 链的滑动（slippage）而导致一小段 DNA 的插入或缺失也是产生自发突变的原因。碱基偶尔会从核苷酸移出而留下一个称之为脱嘌呤（apurinic）或脱嘧啶（apyrimidinic）的缺口，该缺口在下一轮复制时不能进行正常的碱基配对，其原因被认为是胞嘧啶的自然脱氨基（deamination）而形成了尿嘧啶所致，因为尿嘧啶不是 DNA 的正常碱基而将被 DNA 修复系统识别而被除去，结果留下一个脱嘧啶位点。最后，自发突变还有一个很重要的原因就是由能够随机插入基因组的转座因子引起的。而且如果在基因组上存在 2 个或多个拷贝，则会发生同源重组，进而导致缺失、重复和倒位。

（3）RNA 基因组的突变

虽然所有细胞是 DNA 作为遗传物质，但是一些病毒是 RNA 的基因组，这类基因组也能发生突变，而且 RNA 的基因组突变率比 DNA 的基因组高 1 000 倍。其部分原因是由于 RNA 复制酶没有像 DNA 聚合酶那样的纠错活性，其次是没有类似的 RNA 修复机制。RNA 病毒中这种很高的突变率不仅是引起学术上的兴趣，而且引起疾病的病毒 RNA 的基因组能够很迅速地突变，表明病毒将不断地出现新的类群。因此对 RNA 病毒的研究十分重视。

2. 诱发突变

自发突变的频率是很低的，一般为 $10^{-10} \sim 10^{-6}$。许多化学、物理和生物因子能够提高其突变频率，将这些能使突变率提高到自发突变水平以上的物理、化学和生物因子称为诱变剂（mutagen）。所谓诱发突变（induced mutation）并非是用诱变剂产生新的突变，而是通过不同的方式提高突变率。常用的诱变剂有：

（1）碱基类似物

碱基类似物（base analog），如：5-溴尿嘧啶（胸腺嘧啶结构类似物）和2-氨基嘌呤（腺嘌呤结构类似物），在DNA复制过程中能够整合进DNA分子，但由于它们比正常碱基产生异构体的频率高，因此出现图8-10所示的碱基错配的概率也高，从而提高突变频率。

（2）插入染料

插入染料（intercalating dye）是一类扁平的具有3个苯环结构的化合物，在分子形态上类似于碱基对的扁平分子。所以它们是通过插入DNA分子的碱基对之间，使其分开，从而导致DNA在复制过程中的滑动，这种滑动增加了一小段DNA插入和缺失的概率，导致突变率的增加，常引起移码突变。溴化乙锭和吖啶橙是这类诱变剂的代表。

（3）直接与DNA碱基起化学反应的诱变剂

最常见的有亚硝酸、羟胺和烷化剂。亚硝酸能引起含NH_2基的碱基（A.G.C）产生氧化脱氨反应，使氨基变为酮基，从而改变配对性质造成碱基置换突变。羟胺（NH_2OH）几乎只和胞嘧啶发生反应，因此只引起GC → AT的转换。甲磺酸乙酯（ethyl methane sulfonate，EMS）和亚硝基胍（nitrosoguanidine，NTG）都属于烷基化试剂，其烷基化位点主要在鸟嘌呤的N-7位和腺嘌呤N-3位上。但这两个碱基的其他位置以及其他碱基的许多位置也能被烷化，烷化后的碱基也像碱基结构类似物一样能引起碱基配对的错误。亚硝基胍是一种诱变作用特别强的诱变剂，因而有超诱变剂之称，它可以使一个群体中任何一个基因的突变率高达1%，而且能引起多位点突变，主要集中在复制叉附近，随复制叉的移动其作用位置也移动。此外，硫酸二乙酯（diethyl sulfate，DES）、乙基磺酸乙酯（ethyl ethane sulfonate，EES）以及二乙基亚硝酸胺（diethyl nitrosamine，DEN）等也都是常用的诱变烷化剂。

（4）辐射和热

紫外线（ultraviolet，UV）是实验室中常用的非电离辐射诱变因子，其作用机制也了解得比较清楚，由UV引起的主要损伤是相邻碱基形成二聚体（dimer），阻碍碱基的正常配对而导致碱基置换突变。另一方面，当细胞用一种称之为SOS的错误倾向（error prone）的修复系统（见下文）来修复损伤时，还会导致高频率的突变。X线、γ线、快中子等属于电离辐射，作用机制尚不十分清楚，与UV不同的是电离辐射可通过玻璃和其他物质，穿透力强，能达到生殖细胞，因此常用于动物和植物的诱变育种。

短时间的热处理也可诱发突变，据认为热的作用是使胞嘧啶脱氨基而成为尿嘧啶，从而导致GC → AT的转换，另外，热也可以引起鸟嘌呤脱氧核糖键的移动，从而在DNA复制过程中出现包括2个鸟嘌呤的碱基配对，在再一次复制中这一对碱基错配就会造成GC → CG颠换。

（5）生物诱变因子

转座因子也是实验室中常用的一种诱变因子，它们在基因组的任何部位插入，一旦插入某基因的编码序列，就引起该基因的失活而导致中断突变，而且由于转座因子Tn、Mu带有可选择标记（抗生素抗性等），因此可容易地分离到所需的突变基因。

3. 诱变剂与致癌物质——Ames试验

现已发现许多化学诱变剂能够引起动物和人的癌症，因此利用细菌突变来检测环境中存在的致癌物质是一种简便、快速、灵敏的方法。该方法是由美国加利福尼亚大学的Ames教授首先发明，因此又称Ames试验，该试验是利用鼠伤寒沙门氏菌（*Salmonella typhimurium*）的组氨酸营养缺陷型菌株（his⁻）的回复突变性能来进行的。所谓回复突变（reverse mutation 或 back mutation）是指突变体失去的野生型性状，可以通过第二次突变得到恢复，这种第二次突变称为回复突变。his^-菌株在不含组氨酸的培养基中不能生长，或只有极少数的自发回复突变子生长，如果回复突变率因某种化学诱变剂（或待测物）的作用而增加，那么这种化学药物可判断为具有致癌性。但由于许多潜在的致癌剂在体外试验中可能不显示诱变作用，但进入人体后可转变成致癌活性，这种转变主要是由于肝内的混合功能氧化酶系的作用。因此，为了使体外试验更接近于人体内代谢条件，Ames 等采用了在体外加入哺乳动物（如大鼠）微粒体酶系统，使待测物活化，使 Ames 试验的准确率达 80%~90%。

三、DNA 损伤的修复

细胞在其 DNA 复制过程中会出现差错，会出现自发和诱发的前突变或损伤，其中许多是致死性的，细菌为了生存必须对其进行校正和修复。已知 DNA 聚合酶除了 5′-3′ 的 DNA 复制功能外，还有 3′-5′ 核酸外切酶活性的纠错功能，随时进行错配碱基的校正。除此之外，细胞中还有比较复杂的修复系统，研究得比较详细的是 UV 引起的嘧啶二聚体的修复，主要有下列几种类型：

1. 光复活作用

光复活（photoreactivation）由 phr 基因编码的光解酶 Phr（471 氨基酸，3.5×10^4）进行。Phr 在黑暗中专一地识别嘧啶二聚体，并与之结合，形成酶 DNA 复合物，当给予光照时，酶利用光能（Phr 本身无发色基团，与损伤的 DNA 结合后才能吸收光，起光解作用）将二聚体拆开，恢复原状，酶再释放出来。

2. 切除修复

切除修复（excision repair）又称暗修复，该修复系统除了碱基错误配对和单核苷插入不能修复外，几乎其他 DNA 损伤（包括嘧啶二聚在内）均可修复，是细胞内的主要修复系统，涉及 UvrA、UvrB、UvrC 和 UvrD 4 种蛋白质的联合作用。修复过程如图 8-11 所显示：UvrA 以二聚体形式结合 DNA，并且吸引 UvrB 结合成为 Uvr A_2B–DNA 复合体，Uvr A_2B 凭借其解旋酶活性和 ATP 提供的能量沿 DNA 巡视。在前进过程中遇到 DNA 损伤，解旋不能继续进行，而且 Uvr A_2B 结合损伤 DNA 的能力高于非损伤 DNA 的能力约 1 000 倍，就能把 UvrB 定位在损伤位点，释放出单体 UvrA。接着是 UvrC 和 UvrB 结合，由 UvrB 的内切核酸酶活性先在损伤位点 3′ 端 3~5 个核苷酸处切断，然后由 UvrC 的内切核酸酶活性在损伤位点 5′ 端 7~8 个核苷酸处切断。UvrD 则把长 11~13 个核苷酸、带有损伤位点的单链 DNA 片段和 UvrBC 释出。最后由 DNA 聚合酶 I 和连接酶修复单链缺口。

近来，英国牛津大学（University of Oxford）与加拿大麦吉尔大学（McGill University）的科研究人员使用一种称为光敏定位和追踪（photoactivation localization, and tracking）的超分辨率显微镜技术在活的大肠杆菌中直接观察到荧光标记的 DNA 聚合酶 I 和连接酶分子寻找 DNA 缺口和切口，并完成修复的全过程。他们发现 DNA 修复点遍布于整个细胞之中。并观察到，在单细胞水平上，聚合酶和连接酶的单个修复事件所需时间不同，前者至少是 2.1 s，后者至少是 2.5 s，而且这两种酶的活性在 DNA 遭到损伤的数分钟内增加到基础水平的 5 倍 [*]。

3. 重组修复

重组修复（recombination repair）是一种越过损伤而进行的修复。这种修复不将损伤碱基除去，而是通

---

[*] Stephan U, et al. Single-molecule DNA repair in live bacteria [J]. PNAS 2013, 110（20）：8063-8068

过复制后，经染色体交换，使子链上的空隙部位不再面对着嘧啶二聚体，而是面对着正常的单链，在这种情况下，DNA 聚合酶和连接酶便能起作用，把空隙部分进行修复（图 8-12）。留在亲链上的二聚体仍然要依靠再一次的切除修复加以除去，或经细胞分裂而稀释掉。

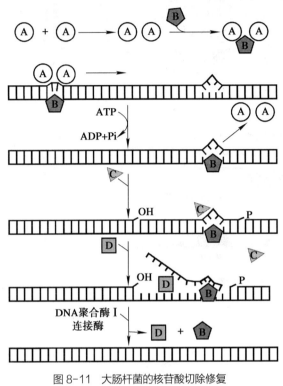

图 8-11　大肠杆菌的核苷酸切除修复
A、B、C、D 表示蛋白质 UvrA、B、C、D

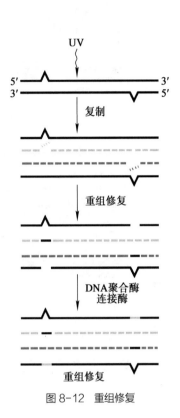

图 8-12　重组修复

4. SOS 修复

SOS 修复（SOS repair）是在 DNA 分子受到较大范围的重大损伤时诱导产生的一种应急反应，涉及一批修复基因：*recA*、*lexA* 以及 *uvrA*、*uvrB*、*uvrC*。图 8-13 中可以看出在未诱导的细胞中，这些修复基因几乎完全受 LexA 阻遏蛋白的抑制。LexA 阻遏蛋白与 *lexA*、*recA*、*uvrA*、*uvrB* 的操纵区相结合，使 mRNA 和蛋白质的合成保持未诱导细胞的低水平状态，合成少量的 Uvr 蛋白（修复蛋白），足以对那些自发突变产生的零星损伤进行切除修复。当细胞受到紫外线照射时，产生大量的二聚体，少量的修复酶处理不了这些二聚体，因而复制后留下空隙和单链，这时细胞中，在未诱导状态下产生的少量 RecA 蛋白立即与单链结合，一旦结合就被单链激活其修复活性，被激活的 RecA 蛋白切开 LexA 阻遏蛋白，从而解脱受抑制的 *recA* 和其他修复基因，对形成的二聚体进行切除修复。

据研究表明，经紫外线照射的大肠杆菌还可能诱导产生一种称之为错误倾向（errorprone）的 DNA 聚合酶催化空缺部位的 DNA 修复合成，但由于它们识别碱基的精确度低，所以容易造成复制的差错，这是一种以提高突变率来换取生命存活的修复，又称错误倾向的 SOS 修复。但在整个修复过程中，修复和纠正错误是普遍的，而错误倾向的修复是极少数的，因此修复复制产生的突变比未修复的要少得多。

> ? ● 解释下列名词：点突变，转换，颠换，前突，基因型，表型，营养缺陷型；同义突变，错义突变，无义突变，移码突变。
> ● 何谓条件致死突变？为什么这类突变常被用来分离生长繁殖必需的突变基因？
> ● 何谓自发突变？主要有哪些特性？
> ● 何谓诱变剂？常用的有哪些？
> ● DNA 损伤的修复主要有哪些类型？其修复机制是什么？

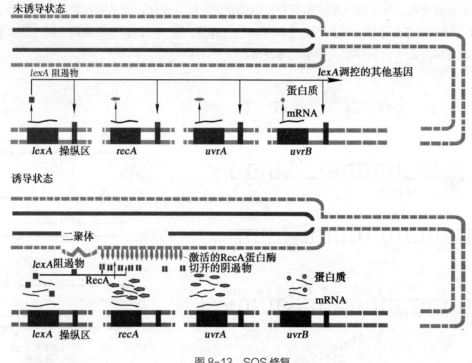

图 8-13　SOS 修复

第五节　细菌基因转移和重组

自然界的微生物可通过多种途径进行水平方向的基因转移，通常称为水平基因转移（horizontal gene transfer，HGT）或称侧向基因转移（lateral gene transfer，LGT）。并通过基因的重新组合以适应随时改变的环境以求生存，这种转移不仅发生在不同的微生物细胞之间，而且也发生在微生物与高等动、植物之间，例如，引起人体结核病的结核分枝杆菌基因组上有 8 个人的基因，获得这些基因可以使该菌抵抗人体的免疫防御系统，而得以生存。而在人的基因组上发现至少有 223 个基因是来自细菌的。最近的研究进一步证明，癌细胞基因组更易接纳细菌基因[*]。因此，基因的转移和交换是普遍存在的，是生物进化的重要动力之一。本节主要介绍细菌进行水平基因转移的三种方式（接合、转导和转化）及其重组。

一、细菌的接合作用

1. 实验证据

接合作用（conjugation）[**]是指通过细胞与细胞的直接接触而产生的遗传信息的转移和重组过程。该过程是在 1946 年由 Joshua Lederberg 和 Edward L.Taturm 通过使用细菌的多重营养缺陷型（避免回复突变的干扰），进行的杂交实验得到证实的。从图 8-14 可以看出，两株多重营养缺陷型菌株只有在混合培养后才能在

*　Julie C, Dunning H, et al. Bacteria-Human somatic Cell lateral gene transfer is enriched in cancer samples[J], PLoS Computational Biology, 2013, 6:（20）.

**　在全基因组测序成为高效廉价的常规技术以前，细菌的接合作用一直是对其进行遗传作图的重要手段。可参看本书的前几版。

基本培养基上长出原养型菌落，而未混合的两亲菌均不能在基本培养基上生长，说明长出的原养型菌落（由营养缺陷型恢复野生型表型的菌株形成的菌落）是两菌株之间发生了遗传交换和重组所致。

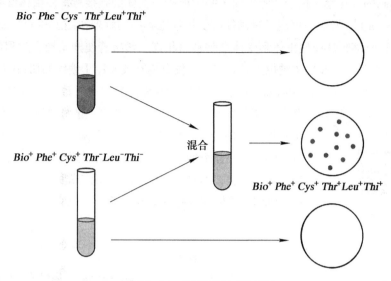

$Bio^- Phe^- Cys^- Thr^+ Leu^+ Thi^+$

混合

$Bio^+ Phe^+ Cys^+ Thr^- Leu^- Thi^-$

$Bio^+ Phe^+ Cys^+ Thr^+ Leu^+ Thi^+$

图 8-14 细菌重组的实验证据

Lederberg 等人的实验第一次证实了细菌之间可发生遗传交换和重组，但这一过程是否需要细胞间的直接接触则是由 Davis 的 U 型管实验证实的（图 8-15）。U 型管中间隔有滤板，只允许培养基通过而细菌不能通过。其两臂盛有完全培养基，当将两株营养缺陷型分别接种到 U 型管两臂进行"混合"培养后，没有发现基因交换和重组（基本培养基上无原养型菌落生长），从而证明了 Lederberg 等观察到的重组现象是需要细胞的直接接触的。

2. F⁺×F⁻ 杂交

细菌的接合作用是由 F 因子介导的，图 8-16 显示大肠杆菌 F 因子的遗传图谱，其突出的特征是与转移有关的基因（*tra*）占了整个图谱的 1/3，包括编码性菌毛、稳定接合配对、转移的起始（*oriT*）和调节等 20 多个基因。

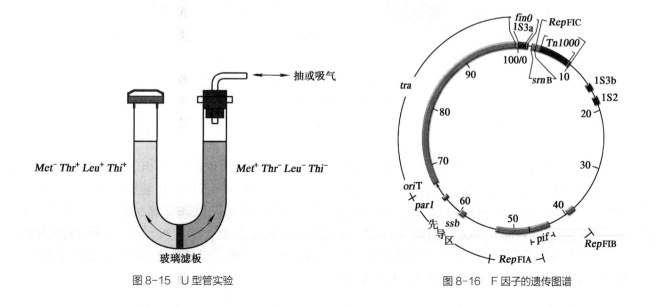

抽或吸气

$Met^- Thr^+ Leu^+ Thi^+$ $Met^+ Thr^- Leu^- Thi^-$

玻璃滤板

图 8-15 U 型管实验

图 8-16 F 因子的遗传图谱

在 F$^+$×F$^-$ 的接合作用中，是 F 因子向 F$^-$ 细胞转移，含 F 因子的宿主细胞的染色体 DNA 一般不被转移。杂交的结果是供体细胞和受体细胞均成为 F$^+$ 细胞。接合过程分两步进行，即接合配对的形成和 DNA 的转移：当由 F 因子编码的性菌毛（位于细胞表面）的游离端与受体细胞接触，使供体细胞和受体细胞连接到一块以后 [图 8-17（a）]，性菌毛可能通过供体或受体细胞膜中的解聚作用（disaggregation）和再溶解作用（redissolution）进行收缩，从而使供体和受体细胞紧密相连。紧接着便开始接合过程的第二步——DNA转移 [图 8-17（b）]。启动这一步的关键位点是 *oriT*，该位点具有被 *tray* I 编码的切口酶—螺旋酶（nickase helicase）识别的序列，该酶将其中一条链 [图 8-17（b）] 切断，并结合于被切断的 5′ 端，通过由并列在一起的供体和受体细胞之间形成的小孔进行单向转移，此转移链到达受体细菌后，在宿主细胞编码的酶（包括 DNA 聚合酶Ⅲ）的作用下开始复制，留在供体细胞内的单链 [图 8-17（b）] 也在 DNA 聚合酶Ⅲ的作用下进行复制，因此接合过程结束后，供体、受体各含有一个 F 因子。

网上学习 8-4
性菌毛的功能只是将配对细胞拉近吗？

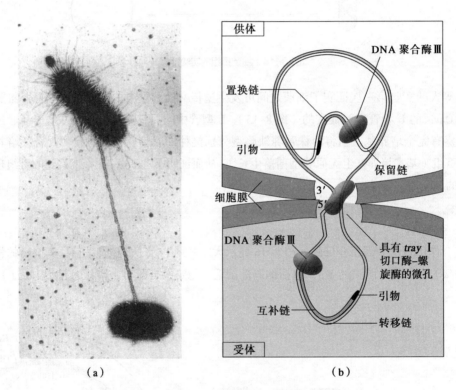

（a）   （b）

图 8-17　FDNA 接合转移模型
（a）供体细胞和受体细胞相连接；（b）DNA 转移

3. Hfr×F$^-$ 杂交

Hfr 是由 F 因子插入到染色体 DNA 后形成的高频重组菌株，因为这类菌株在 F 因子转移过程中可以把部分甚至全部细菌染色体传递给 F$^-$ 细胞并发生重组而得名。Hfr 菌株仍然保持着 F$^+$ 细胞的特征，具有 F 性菌毛，并像 F$^+$ 一样与 F$^-$ 细胞进行接合。所不同的是，当 *oriT* 序列被 *tray* I 编码的酶识别而产生缺口后，F 因子的先导区（leading region，见图 8-16）结合着染色体 DNA 向受体细胞转移（图 8-18），F 因子除先导区以外，其余绝大部分是处于转移染色体的末端，由于转移过程常被中断，因此 F 因子不易转入受体细胞中，故 Hfr×F$^-$ 杂交后的受体细胞（或接合子）仍然是 F$^-$。

4. F′转导

F′是携带有宿主染色体基因的 F 因子，F′×F⁻ 的杂交与 F⁺×F⁻ 不同的是供体的部分染色体基因随 F′ 一起转入受体细胞，并且不需要整合就可以表达，实际上是形成一种部分二倍体，此时的受体细胞也就变成了 F′。细胞基因的这种转移过程又常称为性导（sexduction）。

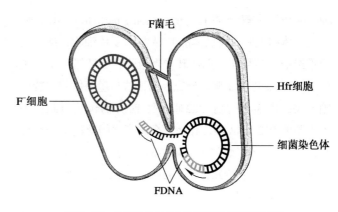

图 8-18　细菌染色体从 Hfr 细胞向 F⁻ 细胞转移

二、细菌的转导

转导（transduction）是由病毒介导的细胞间进行遗传交换的一种方式。其具体含义是指一个细胞的 DNA 或 RNA 通过病毒载体的感染转移到另一个细胞中。能将一个细菌宿主的部分染色体和质粒 DNA 带到另一个细菌的噬菌体称为转导噬菌体。转导可分为普遍性转导和局限性转导两种类型。在普遍性转导中，噬菌体可以转导给体染色体的任何部分到受体细胞中；而在局限性转导中，噬菌体总是携带同样的片段到受体细胞中。

1. 普遍性转导

（1）意外的发现

1951 年，Joshua Lederberg 和 Norton Zinder 为了证实大肠杆菌以外的其他菌种是否也存在接合作用，用两株具不同的多重营养缺陷型的鼠伤寒沙门氏菌进行类似的实验，他们发现两株营养缺陷型混合培养后确实产生了约 10^{-5} 的重组子，又一次成功地证实了该菌中存在的重组现象。但当他们沿着发现接合作用的思路继续用 U 型管进行同样的实验时，惊奇地发现：在供体和受体细胞不接触的情况下，同样出现原养型细菌。幸运的是他们的混合实验中，所用的沙门氏菌 LT22A 是携带 P22 噬菌体的溶原性细菌，另一株是非溶原性细菌，因此结果的解释必然集中到可透过 U 型管滤板的 P22 噬菌体，推测是它们进行着基因的传递。经过后来进一步的对可过滤因子的研究和比较获得证实，从而发现了普遍性转导（generalized transduction）这一重要的基因转移途径。这是一个表面看起来的常规研究却导致一个惊奇和十分重要发现的重要例证之一。

（2）转导模型

图 8-19 显示 P22 介导的普遍性转导的基本过程。从图中可以看到，由供体细胞可产生两种类型的子代病毒，其中一种（右边，约 $10^{-8} \sim 10^{-6}$）病毒颗粒内包含的不是病毒 DNA 而是供体细胞的染色体 DNA，这

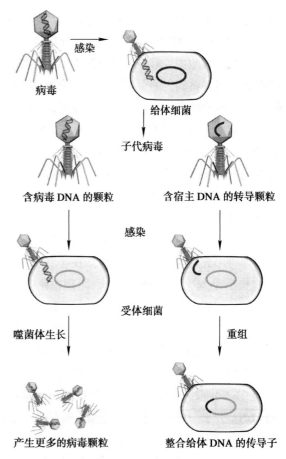

图 8-19　普遍性转导

种"病毒"称转导颗粒（transducing particle），由它们感染受体细胞后，将供体的 DNA 导入受体细胞，通过同源重组形成转导子。那么转导颗粒为什么"错"将宿主的 DNA 包裹进去了呢？研究表明，这与噬菌体的包装机制有关，图 8-20 表示 P22 噬菌体 DNA 的包装机制：进入细胞的 P22 DNA 经环化（冗余末端之间重组）和滚环复制形成一个多联体（concatemer）分子。DNA 的包装从基因组的一个特殊位点（pac，package）开始，用噬菌体编码的酶按顺序进行切割，并以"headful"的长度进行包装，与此同时，该酶也能识别染色体 DNA 上类似 pac 的位点并进行切割，以"headful"的包装机制包装进 P22 噬菌体外壳，形成只含宿主 DNA 的转导颗粒。但这种"错装"概率很小（$10^{-8} \sim 10^{-6}$），因为染色体上的 pac 与 P22 DNA 的 pac 序列不完全相同，利用效率较低。形成转导颗粒的主要要求是具有能偶尔识别宿主 DNA 的包装机制并在宿主基因组完全降解以前进行包装。

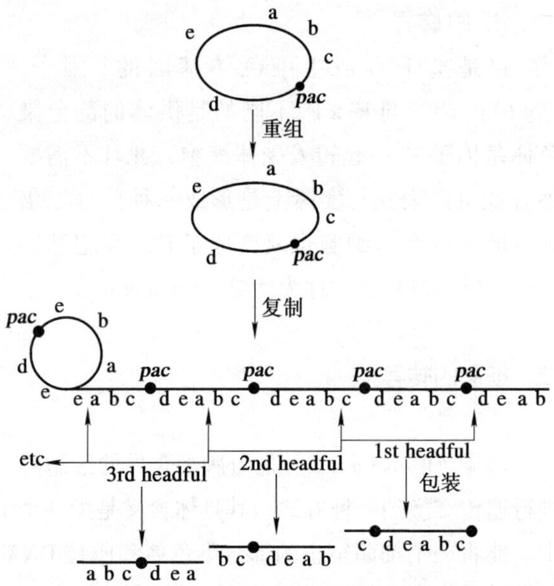

图 8-20　P22 噬菌体 DNA 的包装机制

2. 局限性转导

局限性转导（specialized transduction）与普遍性转导的主要区别在于：第一，被转导的基因共价地与噬菌体 DNA 连接，与噬菌体 DNA 一起进行复制、包装以及被导入受体细胞中。第二，局限性转导颗粒携带特殊的染色体片段并将固定的个别基因导入受体，故称为局限性转导。温和噬菌体 λ 是局限性转导的典型代表，该噬菌体含有一个线状的双链 DNA 分子，其两端为互补的 12 个核苷酸单链（即黏性末端 cos 位点），当 λ 感染细胞时通过其黏性末端形成环状分子，然后通过两种调节蛋白 C I 和 Cro 的调控（见第 9 章）进入两种生命循环的选择。

当整合的 λ 原噬菌体从细菌染色体上不准确地切除时，便可形成局限性转导噬菌体。在这个过程中的断裂和连接不是发生在 attP/attB 处，而是在原噬菌体邻近的其他位点以低频率（约 10^{-6}）发生"异常"重组的结果。位于原噬菌体左、右两边的细菌染色体基因均可被转导。"异常"重组形成的环形 DNA 分子携带了一段细菌染色体的片段，同时也失去了原噬菌体另一端相应长度的 DNA 片段。这样形成的杂合 DNA 分子能够像正常的 λDNA 分子一样进行复制、包装，提供所需要的裂解功能，形成转导噬菌体。感染受体细胞后，通过 DNA 整合进宿主染色体而形成稳定的转导子（图 8-21）。

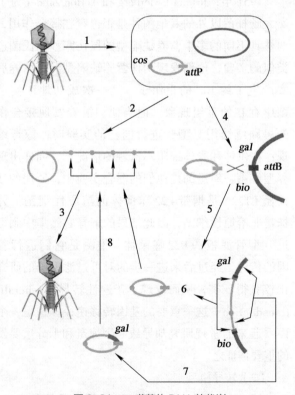

图 8-21　λ 噬菌体 DNA 的代谢

1. 噬菌体 DNA 进入细胞并环化；2，8. 形成多联体；3. λDNA 的包装及新噬菌体颗粒的形成；4. λDNA 整合；5，6. 诱导溶原性细菌，形成正常的环型噬菌体 DNA；7. 异常切割形成携带有 gal 基因的环状 DNA

三、细菌的遗传转化

遗传转化（genetic transformation）是指同源或异源的游离 DNA 分子（质粒和染色体 DNA）被自然或人工感受态细胞摄取，并得到表达的水平方向的基因转移过程。根据感受态建立方式，可以分为自然遗传转化（natural genetic transformation）和人工转化（artificial transformation），前者感受态的出现是细胞一定生长阶段的生理特性；后者则是通过人为诱导的方法，使细胞具有摄取 DNA 的能力，或人为地将 DNA 导入细胞内。

1. 自然遗传转化

（1）转化模型

自然遗传转化（nature genetic transformation，简称自然转化）的第一步是受体细胞要处于感受态（competence），即能从周围环境中吸取 DNA 的一种生理状态，然后是 DNA 在细胞表面的结合和进入，进入细胞内的 DNA 分子一般以单链形式整合进染色体 DNA，并获得遗传特性的表达。这一系列过程涉及细菌染色体上 10 多个基因编码的功能。图 8-22 显示细菌对线型染色体 DNA 进行转化的模型。图中（a）表示感受态的出现过程：细菌生长到一定的阶段分泌一种小分子的蛋白质，称为感受态因子，其相对分子质量为 5 000～10 000。这种感受态因子又与细胞表面受体相互作用，诱导一些感受态特异蛋白质（competence specific protein）表达，其中一种是自溶素（autolysin），它的表达使细胞表面的 DNA 结合蛋白及核酸酶裸露出来，使其具有与 DNA 结合的活性。图中（b）表示线型 DNA 分子的结合和进入细胞：DNA 以双链形式在细胞表面的几个位点上结合并遭到酶的切割，核酸内切酶首先切断 DNA 双链中的一条链，被切断的链遭到核酸酶降解，成为寡核苷酸释放到培养基中，另一条链与感受态特异蛋白质结合，以这种形式进入细胞，并通过同源重组以置换的方式整合进受体染色体 DNA，经复制和细胞分裂后形成重组体（图 8-23）。

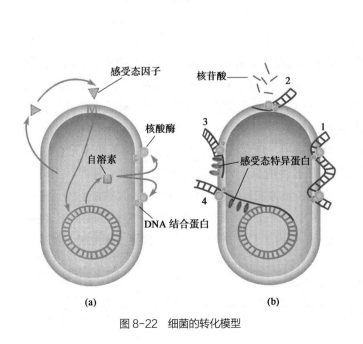

图 8-22　细菌的转化模型

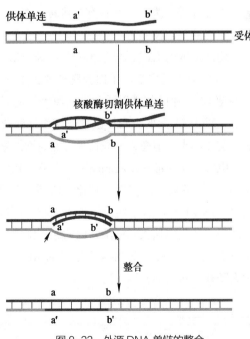

图 8-23　外源 DNA 单链的整合

自然感受态除了对线型染色体DNA分子的摄取外，也能摄取质粒DNA和噬菌体DNA，后者又称为转染（transfection）[*]。

（2）环境中发生的自然转化

自然转化现象首先是在肺炎链球菌中发现的（1928年，见本章第一节），80多年来已经发现许多细菌属中的某些种或某些株有自然转化的能力。近10多年来的研究已表明，通过自然转化进行的基因转移过程已不只是一种"实验室现象"，而是广泛存在于自然界，可能是自然界进行基因交换的重要途径。环境中（土壤、水体、沙粒等）是否能发生自然转化，主要取决于环境中是否存在具有转化活性的DNA分子及可吸收DNA的感受态细胞。研究表明，几乎所有的生活细

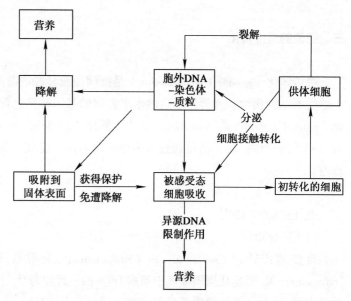

图 8-24 水环境和陆地环境中通过游离 DNA 进行的基因转移（转化）

菌都可向环境中主动分泌或细胞死亡裂解而释放DNA，这些DNA分子可与固型物（土粒、沙粒子）结合而得到保护，免受DNase的降解，从而能长时间存留于环境中并具有转化活性。另一方面，自然感受态作为许多细菌应付不利生活条件的一种调节机制，在自然环境中的存在具有普遍性，有实验表明，在有些环境中感受态细胞在其群落中的比例可高达16%。图8-24概括了环境中发生的自然转化，即供体、受体和DNA分子的相互关系。

2. 人工转化

人工转化（artificial transformation）是在实验室中用多种不同的技术完成的转化，包括用$CaCl_2$处理细胞、电穿孔等。为许多不具有自然转化能力的细菌（如大肠杆菌）提供了一条获取外源DNA的途径，也是基因工程的基础技术之一。

用高浓度的Ca^{2+}诱导细胞使其成为能摄取外源DNA的感受态状态是1970年由Mandel和Higa首先发现的，30多年来已广泛用于以大肠杆菌为受体的重组质粒的转化（见第10章），但根据有关实验表明，线状的细菌DNA片段却难以转化，其原因可能是线状DNA在进入细胞溶质之前被细胞周质内的DNA酶消化，缺乏这种DNA酶的大肠杆菌株能高效地转化外源线型DNA片段的事实证实了这一点。有关Ca^{2+}诱导的机制目前还不十分清楚，一般认为可能与增加细胞的通透性有关。

电穿孔法（electroporation）对真核生物和原核生物均适用。现在已用这种技术对许多不能导入DNA的G^-和G^+细菌成功地实现了转化。所谓电穿孔法是用高压脉冲电流击破细胞膜或击成小孔，使各种大分子（包括DNA）能通过这些小孔进入细胞，所以又称电转化，该方法最初用于将DNA导入真核细胞，后来也逐渐用于转化包括大肠杆菌在内的原核细胞。在大肠杆菌中，通过优化各个参数（电场强度、电脉冲长度和DNA浓度等），每微克DNA可以得到$10^9 \sim 10^{10}$个转化子。但由于Ca^{2+}诱导法简便、价廉，因此仍为实验室中大肠杆菌转化的常用方法。

---

[*] 现在把 DNA 转移至动物细胞的过程也称为转染。

四、基因组测序

1995 年第一个自由生活的生物——流感嗜血杆菌的全基因组序列测定由 J.Craig Venter 和 Hamilton Smith 完成，他们采用了一种称之为"全基因组鸟枪测序"（whole genome shotgun sequencing）的方法进行的，详细阐述这个过程相当复杂，而且还有许多为确保结果精确的程序。因此，这里只简述由美国基因组研究所（ITGR）所采用的技术方法的一般概念：① 用超声波将基因组随机打断成相当小的片段（约一个基因大小或更小），这些片段与质粒载体结合，产生质粒克隆文库。② 制备这些克隆和提纯 DNA 以后，数千个细菌 DNA 片段被自动测序，通常是用特殊的染料标记引物（图 8-25）。这个程序的特点是几乎基因组的所有片段都被测序几次，以增加最后结果的精确性。③ 用专门的计算机程序将已测序的 DNA 片段通过片段之间核苷酸序列重叠的比较，将其装配成比较长的 DNA 序列。如果这些序列在其末端重叠（或有相同的末端），那么两个片段连在一起形成更长的一段 DNA。这种重叠比较过程导致一系列大的相邻核苷酸序列或重叠群（contig）。④ 最后，将这些重叠群按合适的顺序排队，填补两个重叠群之间可能留下的缺口（gap）从而形成完整的基因组序列。

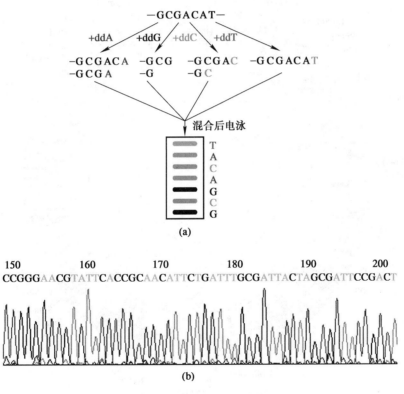

图 8-25 DNA 的自动测序结果

注：DNA 自动测序是对 Sanger 方法*的改进：（1）用不同颜色的荧光标记 ddNTP；（2）4 种反应混合进行，并一起进行电泳；
（3）对凝胶上具有不同颜色的荧光带（a）进行扫描，可迅速确定待测 DNA 序列（b）

近年来，DNA 测序技术有了飞速发展，目前广泛应用的 454、SOLEXA 和 SOLiD 测序技术在原有的基础上进行了大量改进，省去了一些费时的程序（如构基因组文库），采用了 PCR 扩增等技术和新的策略，从而

---

* Sanger F, et al. DNA sequencing with terminating inhibitors [J]. Proc Natl Acad Sci USA, 1975, 74:5463.

极大地提高了测序速度，大大降低了所需费用，已逐渐成为实验室的常规技术和手段 *。

一旦基因组序列测定完成后，紧接着就是注释。所谓基因组注释（genome annotation）就是利用生物信息学的方法和技术对基因组序列进行生物学特征的分析和解释，并与该生物体的生物过程（如代谢、调控等）相联系。注释的目标是确定特定基因在基因组图谱中的位置，每一个大于 100 个密码子的 ORF 被看成是一个潜在的蛋白质编码序列，用计算机程序来与含有已知酶或其他蛋白质的核苷酸和氨基酸序列的庞大数据库进行比较。如果一种细菌的序列同于数据库中的某一个，那么可推断它编码同样的蛋白质。此外，基因组序列还能提供一些关于转座因子、操纵子、重复序列及其他基因组特征的某些信息。流感嗜血菌的基因组测序结果和注释见图 8-26。图中外同心圈用不同的颜色代表不同功能的编码区（例如，氨基酸的生物合成、能量代谢、复制、转录、翻译及调节功能等），外圈周边显示 *Nat* Ⅰ、*Rsr* Ⅱ 和 *Sma* Ⅰ 限制位点，第二圈显示高（G+C）含量和高（A+T）含量，第三圈显示由 λ 克隆所包含的片段，第四圈显示 rRNA 操纵子、tRNA 和类似 *Mu* 原噬菌体，第五圈显示简单的串联重复和可能的复制起点和潜在的终止序列。

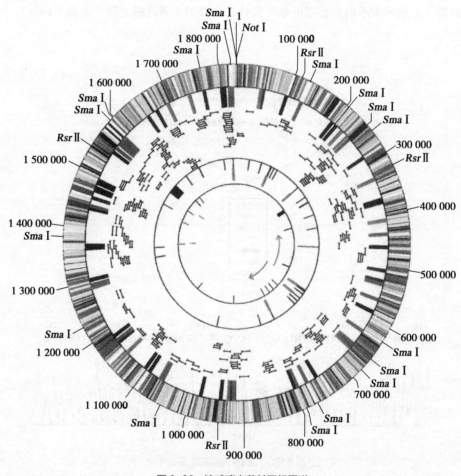

图 8-26　流感嗜血菌基因组图谱

随着测序技术更加进步、高效和廉价，更多种微生物的测序正在进行中，其中许多是人类的致病菌，对这些病原微生物基因组的全序列分析不仅可使人们更好地了解其致病机制以及它们与宿主的相互关系，促进寻找更灵敏及特异的病原微生物的诊断、分型手段，而且为临床筛选和设计有效的药物具有指导意义。通过

---

* Shendure J, Hanlee J. Next generation DNA sequencing[J]. Nature Biotechnology, 2008, 26（10）: 1135-1145.

基因组比较分析，人们可以寻找出对致病菌而言是共有的，而且是生死攸关的基因，可是对包括人在内的高级生物来说却不是十分重要的，这样就可按这些基因为靶标设计药物，服用后既能杀死病菌又不致引起毒副反应。此外，微生物作为一种结构简单的模式生物，在生物化学上与人类具有相似性。因此，其基因组信息也将帮助研究人类的基因功能，例如，从模式微生物基因组中分离出基因并验明其功能后，回到人体基因组中去克隆其同源基因，验证其有无类似的功能；从人体基因组中克隆到基因后，回到模式生物中克隆其同源基因，并以模式生物为模型研究这种基因的生物功能，这可为弄清人体基因的功能提供线索。

不同细菌基因组的比较研究对理解进化、遗传调节以及基因组组织结构都具有十分重要的意义，也是发现微生物的特殊基因，开发其功能达到充分利用微生物资源的重要途径。

> **?**
> - 解释下列名词：接合，转导，转化，性导，感受态，感受态因子。
> - Davis 的 U 型管实验证实了什么？
> - 在 Hfr×F⁻ 的杂交中，为什么杂交后的受体（或接合子）仍然是 F⁻？
> - 普遍性转导是如何被"意外"发现的？
> - 自然转化和人工转化有何不同？
> - 试述微生物基因组测序的基本方法和意义。

第六节　真核微生物的遗传学特性

真核微生物可进行有性繁殖，所以 DNA 的转移和重组在许多方面是不同于原核生物的。真核生物具有复杂的核，其基因组也是由许多染色体组成并且是线型的，因此在基因的分配和分离方面具有更复杂的调节机制。由于酿酒酵母在实验室条件下容易培养，结构简单，遗传分析容易进行，因此是研究真核遗传现象的最好材料，已成为研究真核遗传的模式系统。加之酵母本身的商业价值，故有关酵母的遗传学特性是真核微生物中了解得最清楚的。丝状真菌虽然不如酵母菌研究得清楚，但也有其独特的遗传学特性。本节将以酿酒酵母菌和构巢曲霉为代表，讨论真核微生物的遗传学特性。

一、酵母菌的接合型遗传

酿酒酵母是以单倍体或二倍体状态存在，单倍体分别是两种接合型，称之为 a 和 α，a 和 α 细胞的融合便产生了二倍体细胞（a/α）。一个单倍体酵母细胞是 a 型还是 α 型是由其本身的遗传特性所决定的，是稳定的遗传特征。但发现一种接合型的单倍体细胞有时会发生转变，即由 a 型变成 α 型或再回到 a 型。这种转变现象经近年来通过基因的克隆和其结构功能的研究已逐步了解清楚。图 8-27 中表示目前已知的机制。从图中可看出，一个称为 MAT 的活性区具有重要的调控作用，在这个座位上 a 或 α 基因都能被插入，并受 MAT 启动子的控制，因此如果是基因 a 插入该座位，那么细胞就是接合型 a；如果是 α 基因插入则是 α 型。在酵母基因组的其他位置有 α 和 a 基因的拷贝，它们是不表达的沉默基因，只在发生接合型转变时用作 α 或 a 基因插入的来源。当转变发生，合适的基因 α 或 a 从它们的沉默位点拷贝，然后插入 MAT 座位，取代原来的基因，因此原来的基因从此座位被删除并丢弃，新的基因被插入。这个机制被称为 "cassette mechanism"。

二、酵母菌的质粒

大多数酵母菌株含有 2 μm 质粒，这是目前研究得比较深入且具有广泛应用价值的酵母质粒。虽然在不同的酵母菌株中观察到 2 μm DNA 有不同的限制性图谱，但它们的基本结构都具有以下特点：

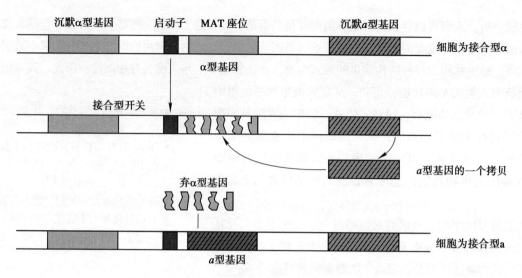

图 8-27 酵母的接合型调控机制

① 它们是封闭环状的双链 DNA 分子，周长约 2 μm（6 kb 左右），以高拷贝数存在于酵母细胞中，每个单倍体基因组含 60～100 个拷贝，约占酵母细胞总 DNA 的 30%。

② 各含约 600 bp 长的一对反向重复序列。

③ 由于反向重复序列之间的相互重组，使 2 μm 质粒在细胞内以两种异构体（A 和 B）形式存在。

④ 该质粒只携带与复制和重组有关的 4 个蛋白质基因（REP1、REP2、REP3 和 FLP），不赋予宿主任何遗传表型，属隐秘质粒。

图 8-28 显示 2 μm 质粒的基本结构特点。2 μm 质粒是酵母菌中进行分子克隆和基因工程的重要载体，

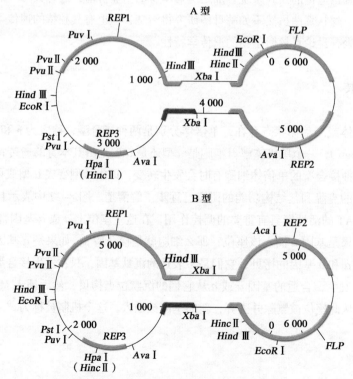

图 8-28 酵母 2 μm 质粒的结构和限制性图谱

A 和 B 是两种构型的 2 μm 质粒，图谱的环状部分代表单一顺序，直线部分代表反向重复序列（IR），粗线条表示复制原点，REP1、REP2 代表复制酶基因，REP3 表示顺式作用位点，FLP 代表重组酶基因

因此以它为基础进行改建的克隆和表达载体已得到广泛的应用。另一方面，该质粒也是研究真核基因调控和染色体复制的一个十分有用的模型，因而对该质粒的研究日益重视。

三、酵母菌的线粒体

线粒体（mitochondrion）是真核细胞内重要的细胞器，是能量生成的场所，还参与脂肪酸和某些蛋白质的合成，由于线粒体遗传特征的遗传发生在核外以及有丝分裂和减数分裂过程以外，因此它是一种细胞质遗传（cytoplasmic inheritance），有时也称之为非孟德尔遗传（non Mendelian inheritance）。

1. 线粒体基因组

酿酒酵母的线粒体基因组是双链环状分子，长约 25 μm（约 75 kb），其大小约为人的线粒体基因组的 5 倍（人的线粒体大小约为 16 kb）。像大多数线粒体 DNA（mtDNA）一样，酵母 mtDNA 也只编码少数几种最基本的线粒体成分：细胞色素 b、细胞色素 c 氧化酶、ATPase 以及一种核糖体蛋白。此外，许多 tRNA 分子也由酵母 mtDNA 编码。酵母的 mtDNA 上存在大量的非编码（A+T）丰富区，其功能目前不清楚，但是已知这些区域含有酵母线粒体基因组的多个复制原点。此外，酵母的 mtDNA 上还存在大量的间插顺序或内含子，许多内含子被证明是非必需的，因此酵母的 mtDNA 的利用率比高等动物低，在高等动物中，除与 DNA 复制起始有关的区域外，整个 mtDNA 基因组上基因之间无间隔区或内含子，甚至有基因重叠现象。酵母 mtDNA 的基因组上所含的基因数与高等动物基本相同，但是因为它有很多非编码 DNA 和含有内含子，所以酵母的线粒体基因组相当大。

2. 线粒体的密码系统和蛋白质合成

在蛋白质合成时，mRNA 上的密码和 tRNA 上的反密码是对应的。已知 20 种氨基酸有 61 种对应的密码子，按照摆动学说，最少需要 32 种 tRNA 才能完全识别 mRNA 中的 61 个密码子。但在线粒体中，tRNA 的种类显然小于此数（如人的 mtRNA 只有 22 种），而且已有实验证明，无细胞质 tRNA 进入线粒体参与其蛋白质的合成过程。这些事实表明，在线粒体基因表达过程中的密码系统与通用密码系统不一样。密码的非通用性首先是在线粒体中发现的，但是现在已知在一些细胞基因组中已被应用。例如，有些原核生物用 GUG 为起始密码而不是通用的 AUG。近年的研究还表明，许多细菌和古菌的终止密码会发出"继续"的信号，在延伸的多肽链中添加另一个氨基酸[*]。

虽然线粒体基因组可编码一些为线粒体呼吸链所需的蛋白质，但是大多数线粒体蛋白质不是线粒体基因编码的，而是由细胞核编码的大量的蛋白质通过至今尚不完全了解的途径进入线粒体的，已知人的线粒体中有 300 ~ 400 种已知的蛋白质，只有 13 种是其线粒体基因编码的，不到线粒体总蛋白质含量的 10%。

线粒体的核糖体在大小上类似于原核生物的核糖体，但是前者核糖体的一个重要特征是对影响细菌中蛋白质合成的抗生素敏感，所以线粒体中蛋白质的合成受氯霉素的抑制，这一现象表明，线粒体与细菌之间的近缘关系，也是支持真核的细胞器（线粒体、叶绿体）是由内共生细菌演化出来的假设的重要证据之一。

四、丝状真菌的准性生殖

丝状真菌遗传学研究主要是借助有性过程和准性生殖过程，并通过遗传分析进行的，而且是以粗糙脉

---

[*]　Ivanova N N, et al. Stop codon reassignments in the wild[J]. Science, 2014, 344: 909-913.

孢菌（*Neurospora crassa*）和构巢曲霉（*Aspergillus nidulans*）为模式菌。虽然近年来发展了 DNA 转化系统，但转化频率很低，一般每微克转化 DNA 产生 100 个以下的转化子。而准性生殖是丝状真菌，特别是不产生有性孢子的丝状真菌特有的遗传现象，下面作简要介绍。

所谓准性生殖（parasexual reproduction）是指不经过减数分裂就能导致基因重组的生殖过程。在该过程中染色体的交换和染色体的减少不像有性生殖那样有规律，而且也是不协调的。

准性生殖过程包括异核体的形成、二倍体的形成以及体细胞交换和单元化。所谓异核体（heterocaryon）是指同时具有两种或两种以上不同基因型核的细胞，这种现象又称为异核现象。真菌的菌丝相互接触时，通过菌丝间的连接，细胞核可混合在一起而形成异核体，并可以 10^{-6} 的概率发生核融合而形成二倍体（或杂合二倍体）。二倍体细胞在有丝分裂过程中也会偶尔发生同源染色体之间的交换（即体细胞重组），导致部分隐性基因的纯合化，而获得新的遗传性状。所谓单元化过程是指在一系列有丝分裂过程中一再发生的个别染色体减半，直至最后形成单倍体的过程，不像减数分裂那样染色体的减半一次完成。

从准性生殖的过程可以看出，该过程可出现很多新的基因组合，因此可成为遗传育种的重要手段，其次，在遗传分析上也是十分有用的，例如，可利用有丝分裂过程中，染色体发生交换导致的基因纯合化与着丝粒的距离的关系进行有丝分裂定位等。

- 概述酵母菌的接合型遗传。
- 酵母菌的 2 μm 质粒基本结构的特点是什么？有何应用价值？
- 酿酒酵母的线粒体基因组比人的线粒体基因组还大吗？在结构和功能上有何特点？
- 何谓准性生殖？包括哪些过程？

第七节　微生物育种

在生物进化过程中，微生物形成了越来越完善的代谢调节机制，使细胞内复杂的生物化学反应能高度有序地进行和对外界环境条件的改变迅速作出反应。因此，处于平衡生长，进行正常代谢的微生物不会有代谢产物的积累。而微生物育种的目的就是要人为地使某种代谢产物过量积累，把生物合成的代谢途径朝人们所希望的方向加以引导，或者促使细胞内发生基因的重新组合优化遗传性状，实现人为控制微生物，获得我们所需要的高产、优质和低耗的菌种。为了实现这一目的必须设法解除或突破微生物的代谢调节控制，进行优良性状的组合，或者利用基因工程的方法人为改造或构建我们所需要的菌株（见第 10 章），本节主要讨论解除或突破微生物的代谢调节和体内基因重组的途径和策略，得到所需的优良菌株。

一、诱变育种

诱变育种是指利用各种诱变剂处理微生物细胞，提高基因的随机突变频率，通过一定的筛选方法（或特定的筛子）获得所需要的高产优质菌株。

1. 常用诱变剂的使用方法
以紫外线和 5- 溴尿嘧啶分别代表物理和化学诱变剂进行简要介绍。
（1）紫外线
这是一种使用方便、诱变效果很好的常用诱变剂。在诱变处理前，先开紫外灯预热 20 min，使光波稳定。然后，将 3～5 mL 细胞悬浮液置 6 cm 培养皿中，置于诱变箱内的电磁搅拌器上，照射 3～5 min 进行表面杀菌。打开培养皿盖，开启电磁搅拌器，边照射边搅拌。处理一定时间后，在红光灯下，吸取一定量菌液经稀释后，取 0.2 mL 涂平板，或经暗培养一段时间后再涂平板。

（2）5- 溴尿嘧啶（5-BU）

称取 5-BU，加入无菌生理盐水微热溶解，使质量浓度为 2 mg/mL。将细胞培养至对数期并重悬浮于缓冲液或生理盐水中过夜，使其尽量消耗自身营养物质。将 5-BU 加入培养基内，使其终质量浓度一般为 10～20 μg/mL，混匀后倒平板，涂布菌液，使其在生长过程中诱变，然后挑单菌落进行测定。

处理孢子悬浮液时，可采用较高浓度的 5-BU（100～1 000 μg/mL）与孢子悬浮液混合后振荡培养，经一定时间后适当稀涂平板。

其他化学诱变剂的处理方式大体相同，但在浓度、时间、缓冲液等方面随不同的诱变剂有所不同，可参阅有关的实验手册和资料。

为了提高诱变效率，常用物理、化学两种诱变剂交替使用，待诱变的菌株或孢子悬液一定要混匀，使其能均匀接触诱变剂。此外，菌株的生长状态及对诱变剂的敏感性也是重要的参数。一般选用菌株的对数生长期效果较好。

2. 筛选策略

虽然微生物可产生大量十分有价值的产物，但是它们完善的调节机制限制细胞只产生够它们自身需要的少量产物，它们是十分"节约"的。微生物学家必须设法使它们变成"浪费型"，才能从它们那儿得到我们所需要的代谢产物。长期实践的结果表明，通过选育各种突变株是达到这一目的的重要策略。

（1）营养缺陷型突变株

利用营养缺陷型突变株来生产氨基酸和核苷酸是典型的例子。由于在营养缺陷型中，生物合成途径中某一步发生酶缺陷，合成反应不能完成。通过外加限量的所要求的营养物，克服生长的障碍，而又使最终产物不至于积累到引起反馈调节的浓度，从而有利于中间产物或某种最终产物的积累。

图 8-29 显示，在分支代谢途径中，利用营养缺陷型突变株，通过解除协同反馈调节，可以有效地使另一分支途径中的终产物积累。棒杆菌 L- 赖氨酸生物合成途径及其调节作用是一个分支代谢途径。从图中可以看到天冬氨酸激酶（AKase）被赖氨酸及苏氨酸协同反馈所抑制。通过诱变处理，获得了产 L- 赖氨酸的不同营养缺陷型突变株，其中以高丝氨酸缺陷型突变产 L- 赖氨酸的能力最强，该突变型不能产生苏氨酸。在限量高丝氨酸的培养基中缺陷型菌株能够正常生长，并且因为消除了反馈抑制，突变型能过量生产 L- 赖氨酸。

（2）抗阻遏和抗反馈突变型

抗阻遏和抗反馈突变型都是由于代谢失调所造成的，它们都有共同的表型，即在细胞中已经有大量最终代谢产物时仍然继续不断地合成这一产物。如果这一终产物是我们所需要的某种氨基酸或核苷酸，那么这种突变型必然大大提高其产量。如何获

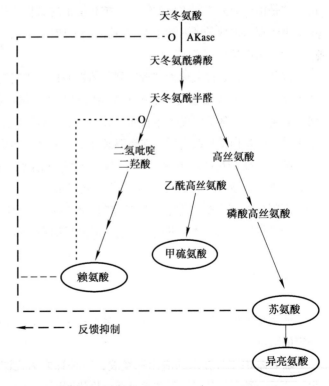

图 8-29　钝齿棒状杆菌（*C. crenatum*）L- 赖氨酸生物合成途径及调节作用

得这两种突变型呢？一般常用的方法是通过诱变处理后，选育结构类似物抗性突变株，这些抗性突变株就包括了抗阻遏和抗反馈两种类型突变。所谓结构类似物是指一些和细菌体内氨基酸、嘌呤、维生素等代谢产物结构相类似的物质。当把细菌培养在含有结构类似物的培养基上时，如苯丙氨酸的结构类似物对氟苯丙氨酸，细菌的生长就受到抑制，即在不加苯丙氨酸的基本培养基上细菌不能生长，这是因为这些结构类似物和代谢产物结构相似，因此它也能和阻遏蛋白或变构酶相结合，阻遏或抑制了苯丙氨酸的合成，而且由于这些结构类似物往往不能代替氨基酸合成蛋白质，它们在细胞内的浓度不会降低，因此它们和阻遏物或变构酶的结合是不可逆的，这就使得有关的酶不可逆地停止了合成或是酶的催化活性不可逆地被抑制，因此细菌不能合成苯丙氨酸而生长受到抑制。所谓结构类似物抗性菌株，即是那些在含有类似物的环境中，其生长不被抑制的菌株，这种抗性菌株是由于变构酶结构基因或调节基因发生突变的结果，使结构类似物不能与结构发生了变化的阻遏蛋白或变构酶结合，细菌也照样合成终产物，生长不受抑制。例如，对氟苯丙氨酸是苯丙氨酸的结构类似物，因此对氟苯丙氨酸抗性菌株所产生的苯丙氨酸也不能与阻遏蛋白或变构酶结合，这样必然会在有苯丙氨酸存在的情况下，细胞仍然不断地合成苯丙氨酸，使其得到过量积累，这就是抗阻遏或抗反馈突变株。

3. 抗性突变型

筛选各种抗性突变型也是生产上常用来提高某些代谢产物的重要途径。

（1）抗生素抗性突变株

在抗生素产生菌选育中，通过筛选抗生素抗性突变可提高抗生素产量。例如，解烃棒杆菌（*C. hydrocarbaclastus*）可以产生棒杆菌素（carynecin），它是氯霉素的类似物。抗氯霉素的解烃棒杆菌突变株能产生4倍于亲株的棒杆菌素。抗生素抗性突变株除能提高抗生素的产量外，还能提高其他代谢产物的量。例如，衣霉素可抑制细胞膜糖蛋白的产生，枯草杆菌的衣霉素抗性突变株的 α- 淀粉酶的产量较亲本提高了5倍。这是由于分泌机制改变的结果。抗利福平的蜡状芽孢杆菌的无芽孢突变株的 β- 淀粉酶产量提高了7倍，这是由于芽孢形成的延迟利于 β- 淀粉酶的形成，而抗利福平突变往往失去了形成芽孢的能力。

（2）条件抗性突变

因环境不同，能表现为"野生型"菌株的特性或突变型菌株特性的突变称为条件抗性突变或称为条件致死突变。其中温度敏感突变常用于提高代谢产物产量。适于在中温条件下（如37℃左右）生长的细胞，经诱变后可得到在较低温度下生长而在较高温度（37℃以上）不能生长的突变株，即温度敏感性突变株。这是由于某一酶蛋白结构改变后，在高温条件下活力丧失的缘故。如此酶为某蛋白质、核苷酸合成途径中所需的酶，则此突变株在高温条件下的表型就是营养缺陷型。诱变处理谷氨酸产生菌乳糖发酵短杆菌2256，得到的温度敏感突变株Ts88，在30℃培养时能正常生长，40℃时死亡，但能在富含生物素的培养基中积累谷氨酸，而野生型菌却受生物素的反馈抑制。在富含生物素的天然培养基中进行发酵时，可先在30℃（容许条件）中进行培养以得到大量菌株，适当时间后提高温度（40℃，非容许条件），就能获得谷氨酸的过量生产。

二、代谢工程育种

诱变育种虽然是一种行之有效的微生物育种手段，但由于其非定向性、随机性、低效性，使其应用受到一定的限制。

随着基因工程技术的应用和发展，一种称之为代谢工程（metabolic engineering）的新育种技术应运而生，这是一种利用基因工程技术对微生物代谢网络中特定代谢途径进行有精确目标的基因操作，改变微生物原有的调节系统，使目的代谢产物的活性或产量得到大幅度提高的一种育种技术（有关基因工程的原理和方法见第 10 章）。根据微生物不同代谢特征，一般采用改变代谢途径、扩展代谢途径以及构建新的代谢途径等方法来达到目的。

1. 改变代谢途径

前面已提到利用诱变技术，可选育出高丝氨酸缺陷型，从而使分支代谢流向赖氨酸，获得能过量产生赖氨酸的突变株。如果通过克隆这一支路上的相关酶基因（如二氢吡啶二羧酸合成酶基因），所获得的工程菌可以积累更多的赖氨酸。如果为了获得苏氨酸的高产菌株，以解除了反馈抑制的赖氨酸产生菌棒状杆菌为宿主，转入高丝氨酸脱氨酶基因，结果使原来不产生苏氨酸的赖氨酸产生菌的赖氨酸产量由 65 g/L 下降至 4 g/L，而苏氨酸产量增加到 52 g/L，使赖氨酸产生菌转变成苏氨酸产生菌。

2. 扩展代谢途径

这是指在引入外源基因后，使原来的代谢途径向后延伸，产生新的末端产物，或使原来的代谢途径向前延伸，可以利用新的原料合成代谢产物。例如，α– 酮基古农酸（α–KLG）是合成维生素 C 的前体物质，已知草生欧文氏菌（*Erwinca herbicola*）可将葡萄糖转化为 2，5- 二酮基葡糖酸（2，5–DKG），但由于缺少 2，5–DKG 还原酶，而不能继续将 2，5–DKG 转化为所需要的前体物质 2–KLG。因此只好通过加入另一种菌（棒杆菌，能产生 2，5–DKG 还原酶）进行串联发酵，它们像接力赛运动员一样，各自承担一段转化任务。但用两株菌发酵不仅操作繁琐，而且能源消耗也大，但利用基因工程技术将棒状杆菌的 2，5–DKG 还原酶基因导入草生欧文氏菌中，只需一种菌就能从葡萄糖直接转化为 2–KLG，再经催化生成维生素 C。这是使原来的代谢向后延伸产生新的末端产物的典型例子。

酿酒酵母不能直接将淀粉转化为乙醇，如果能将淀粉酶基因转入酿酒酵母，使其代谢途径向前延伸，利用新的原料淀粉来生产乙醇，则能使工艺简化，成本降低，这一直是人们所希望的，但由于淀粉酶在酵母中的表达量太低，而不能达到由淀粉大量地生产乙醇的目的，后来的研究发现将巴斯德毕氏酵母的抗乙醇阻遏的醇氧化酶基因的启动子用来表达淀粉酶基因，可提高淀粉酶的产量（可达 25 mg/L），从而可以使酿酒酵母有效地将淀粉直接发酵产生乙醇，3% 的淀粉可产生至少 2% 的乙醇。此外，以纤维素、木质素为原料的代谢工程，也取得了一定进展。

3. 构建新的代谢途径

通过基因克隆技术，使细胞中原来无关的两条代谢途径连接起来，形成新的代谢途径，产生新的代谢产物，这一方法最初起源于偶然的发现，即将放线紫红素（actinorhodin）的生物合成基因转入曼得霉素（mdermycin）产生菌时，意外获得了一种杂合抗生素——曼得紫红素（mederrhodin）。此后美国学者将碳霉素产生菌的异戊酰基转移酶基因克隆至螺旋霉素产生菌中，可以产生杂合抗生素 4″– 异戊酰螺旋霉素；日本学者将该基因克隆至泰洛菌素产生菌，结果获得了 4″– 异戊酰泰洛菌素；我国学者将麦迪霉素丙酰基转移酶基因转入螺旋霉素产生菌中，获得了 4″– 丙酰螺旋霉素。所获得的这些杂合抗生素不仅扩大了抗菌谱，而且也开拓了人们利用新的途径有效地获得新的目的产物及其合成机制的研究。

代谢工程是以基因工程技术为基础的，是基因工程的一个重要分支，是一门全新的微生物育种技术，虽然大多数还处于实验室研究的阶段，但已在医药、环境、发酵工程等方面取得了重要进展，具有广阔的应用前景。

三、体内基因重组育种

体内基因重组是指重组过程发生在细胞内。这是相对于体外 DNA 重组技术（或基因工程技术）而言。

体内基因重组育种是指采用接合、转化、转导和原生质体融合等遗传学方法和技术使微生物细胞内发生基因重组，以增加优良性状的组合，或者导致多倍体的出现，从而获得优良菌株的一种育种方法。该方法在微生物育种中占有重要地位。尤其是20世纪70年代以来发展起来的原生质体融合技术为微生物育种开辟了一条新的途径，成为重要的育种手段之一。

1. 原生质体融合

原生质体融合技术是将遗传性状不同的两种菌（包括种间、种内及属间）融合为一个新细胞的技术。主要包括原生质体的制备、原生质体的融合、原生质体再生和融合子选择等步骤。

（1）原生质体制备

将两亲株分别用酶处理，使细胞壁全部消化或使薄弱部分破裂，原生质体即可从细胞内逸出。为了防止原生质体的破裂，要把原生质体释放到高渗缓冲液或培养基中。各种微生物的原生质体制备过程中，所用来破壁的酶也不同，细菌主要用溶菌酶，酵母菌和霉菌一般用蜗牛酶或纤维素酶。

（2）原生质体融合和再生

制备好的两亲本原生质体可通过化学因子诱导或电场诱导进行融合。化学因子诱导的原生质体融合，最成功并且至今为人们所经常使用的是以PEG（polyethyene glycol，聚乙二醇）作为融合剂。PEG具有促进原生质体融合的作用。

电融合技术是一项有效促成原生质体融合的手段。融合过程首先是原生质体在电场中极化成偶极子，并沿电力线方向排列成串，然后，在加直流脉冲后，原生质体膜被击穿，从而导致融合的发生。电融合的独到之处在于，融合过程可以在显微镜的监视下进行，并可以在镜下挑出融合的原生质体。

原生质体已经失去细胞壁，仅有一层厚约10 nm的细胞膜。两个原生质体融合后，必须涂布于再生培养基上，使其再生。所谓"再生"就是恢复细胞原来面貌，能够再生长。再生培养基以高渗培养基为主，增加高渗培养基的渗透压或添加高于0.3 mol/L的蔗糖溶液均可增加再生率。

（3）融合子的选择

在各菌落中选择融合子是很繁琐的，主要是依靠在选择培养基上的遗传标记，有两个遗传标记互补，就可确定其为融合子。营养缺陷型标记选择是常规而准确的选择手段。因为只有营养缺陷型得到互补后才可恢复正常生长。实践中人们采用了一些其他的方法。灭活原生质方法便是其中的一种。实验表明灭活亲株（单亲株或双亲株）原生质体融合可以形成有生物活性的融合子，如在枯草芽孢杆菌中，用链霉素灭活，在巨大芽孢杆菌中用热灭活，在天蓝链霉菌中用紫外线灭活，都获得了成功。此外，利用荧光染色也是一种重要的方法，该方法是在双亲原生质体制备过程中，向酶解液中加入荧光色素使其形成带有荧光色素的原生质体。

将融合的原生质体悬浮液置于带有显微操作器和落射荧光装置的立体型显微镜下，挑选出融合的原生质体。在个体上同时观察到双亲染色的两种荧光色素，即可判断为融合子。

原生质体融合技术的实际应用，其关键环节是准确地选出具优良性能的融合子，而这个选择往往是上述几种方法相互配合使用。

2. 杂交育种

进行体内基因重组育种的其他方法包括接合、转化、转导等。但由于许多重要的具生产价值的微生物的杂交、有性世代等尚未揭示，在很大程度上妨碍了杂交育种手段的实际应用，因此在原生质体融合技术发现以前，用杂交育种的手段尚不普遍。但仍有许多很好的尝试和成功的例子，尤其在酵母菌的育种中广泛应用。酵母菌中具有单倍体和二倍体的生活史，存在孟德尔式分离现象，以及α和a交配型。因此有条件通过杂交来达到基因重组的目的。

在有些真菌中常用准性生殖获得优良菌株，即将具有不同优良性状的两种菌株进行杂交，首先获得异核体，然后通过诱变剂（如 UV、亚硝酸等）处理提高其形成杂合二倍体的频率，并进而用低浓度的对氟苯丙氨酸或多菌灵等处理，促进单元化过程，最后在平板中挑取扇形角变的菌落孢子，即为单倍体分离子，经进一步筛选，从中获得所需的优良菌株。

四、DNA Shuffling 技术

随着 PCR 技术的发展和应用，1994 年美国的 Stemmer 提出了一个全新的人工分子进化技术——DNA Shuffling（又称洗牌技术），该技术的基本原理是先将来源不同但功能相同的一组同源基因，用 DNA 核酸酶 I 进行消化产生随机小片段，由这些随机小片段组成一个文库，使之互为引物和模板，进行 PCR 扩增，当一个基因拷贝片段作为另一基因拷贝的引物时，引起模板转换，重组因而发生，导入体内后，选择正突变体作新一轮的体外重组。一般通过 2~3 次循环，可获得产物大幅度提高的重组突变体。例如，1998 年 Andreas 等用 4 个不同来源的先锋霉素基因混合进行 DNA Shuffling，仅单一循环获得的该抗生素，最低抑制活性（MIC）就提高了 270~540 倍。

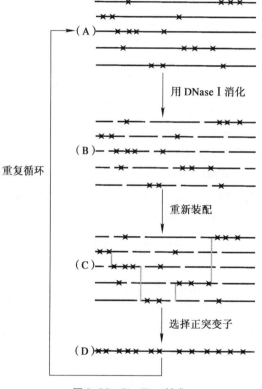

图 8-30　Shuffling 技术

基本步骤如图 8-30 所示：

① 用 DNase I 消化功能相同的一组基因片段（a），从而产生随机小片段（b）。

② 经提纯后，用无引物（经变性后可互为引物）的类似 PCR 反应重新装配这些小片段成完整长度的重组基因片段（c），在装配过程中被证明有低水平点突变产生。

③ 克隆并选择正突变体（d），并将正突变体的重组基因片段作新一轮的体外重组。

DNA shuffling 技术显然效率极高，但主要适合于某一基因产物量的大幅度提高，而对于多种性状的改变却难以胜任。2002 年 Ying-Xin Zhang 等在此技术的基础上提出了全基因组改组（whole-genome shuffling）技术[*]。该技术是将 DNA shuffling 的多亲本体外重组的优点（定向、高效）与传统的育种（细胞融合）相结合的全基因组体内改组技术，它涉及全基因组的多个基因（或位点）的修饰和优化组合。因此是一种既能提高微生物某一特定产物的代谢活性又可获得其他重要表型性状的称之为"里程碑"的菌种改良新技术，如获得在高酸环境下能迅速生长并高产乳酸的乳酸杆菌，能耐高浓度乙醇的高产乙醇的酵母菌等。

>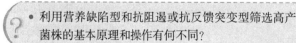
> ? • 利用营养缺陷型和抗阻遏或抗反馈突变型筛选高产菌株的基本原理和操作有何不同？
> • 何谓代谢工程育种？可通过哪些方法获得所需的生产菌株？
> • 概述原生质体融合的基本步骤。如何正确选择具优良性能的融合子？
> • DNA shuffling 技术的基本原理和步骤是什么？有何优越性？

---

* Zhang Y X, et al. Genome shuffling leads to rapid phenotypic improvement in bacteria [J]. Nature，2002，415：644-646.

小结

1. 3个典型的微生物学实验证实了 DNA 和 RNA 是遗传的物质基础。

2. 微生物基因组一般比较小，一种生殖道支原体只含 473 个基因，被认为是目前已知基因组最小的独立生活的生物。但就行寄生生活的病毒而言，最小的只含 3 个基因（MS2 噬菌体）。真核生物、细菌和古菌基因组有明显的不同，但古菌既具有前二者的某些特征，又具有自己独有的特征。

3. 研究发现，细菌和古菌的某一个种中不同菌株的基因含量有很大的变化，显示出广泛的多样性，从而提出了泛基因组的概念，该概念的提出，突破了对基因组传统认识的局限性，即不能只用一种"类型"的基因组来描述物种，细菌种可以用泛基因组来描述其遗传多样性和生态分布的广泛性。

4. 采用传统的分离培养技术所获得的微生物信息是极其有限的，而宏基因组学为我们全面认识和利用微生物提供了新的技术和途径。

5. 质粒和转座因子都是细胞中除染色体以外的两类遗传因子，具有重要的生物学功能。质粒和染色体一样，也能整合原噬菌体。这类质粒又称为质粒原噬菌体。

6. 基因突变分自发突变和诱发突变，后者只提高突变频率，并不改变突变的本质。突变率与修复系统密切相关并有自身的规律性。细菌以接合、转导和转化 3 种主要的途径进行基因水平方向的转移和重组，并且曾是基因定位（或作图）的重要手段。而且实验证明转化可以在自然环境中发生。

7. 用"全基因组鸟枪测序方法"获得了第一个独立生活的生命体（流感嗜血杆菌）的全基因组序列。随着测序技术的进步、高效和廉价，更多种微生物测序正在进行中，这对进一步认识和揭示生命的本质、相互关系及发现重要的基因并开发其功能等具有重要的划时代意义。

8. 酵母菌的单倍体具两种接合型 a 和 α，这是稳定的遗传学特征，但有时会发生互变。现已查明，这是受 MAT 启动子控制的。酵母菌含有 2 μm 质粒，是其进行基因克隆和分子生物学研究的重要载体。酵母菌的 mtDNA 利用率较低，但密码子的非通用性首先在此发现。丝状真菌的准性生殖是育种和进行遗传分析的重要手段。

9. 微生物育种可采用诱变、代谢工程、原生质体融合、杂交（含准性生殖）以及 DNA 或基因组 shuffling 等技术进行。用 DNA 重组、体外诱变等体外分子水平的育种技术见第 10 章。

网上更多……

复习题　　思考题　　现实案例简要答案

（沈　萍）

第9章
微生物基因表达的调控

学习提示

Chapter Outline

现实案例：CRISPR–Cas 系统——基因组编辑技术的新秀

CRISPR（Interspaced Short Palindrome Repeats) 是广泛存于古菌和细菌基因组中的一种串联重复序列，由高度保守的重复序列（约 21~48 bp）组成，其间被 26~72 bp 的间隔序列 (spacer) 隔开，并和其邻近的 *cas* 基因（编码 Cas 蛋白，一种双链核酸酶）组成了 CRISPR-Cas 系统，其中的间隔序列（又称单链导向 RNA，single-guide RNA，sgRNA）具有特异性识别功能，可指导 Cas 蛋白进行特异性切割。这是微生物的一种适应性免疫系统，是用来抵御外源 DNA（病毒或质粒）侵入的一种调控机制。近年来，科学家们利用这种特点，通过合成特异性 sgRNA 和选用合适的 Cas 蛋白，已开发出为真核和原核细胞基因表达调控，基因组进行改造的一种通用技术。CRISPR-Cas 技术一出现，立刻就表现出彻底取代一直沿用的锌指核酸酶和 TALE 核酸酶的趋势，因为合成一段小分子 RNA 要比设计合成一种蛋白质容易得多。CRISPR-Cas 技术已成为基因组编辑技术*的新秀。

请对下列问题给予回答和分析：

1. 何谓 CRISPR-Cas 系统？其主要特点和功能是什么？

2. 阅读相关文献，阐述利用 CRISPR-Cas 技术进行基因表达调控和基因组改造的优势。

参考文献：

[1] Charpentier E，et al. Biotechnology: rewriting a genome [J]. Nature，2013，495：50–51.

[2] Qi L S，et al. Repurposing CRISPR as an RNA-guided platform for sequence-specific control of gene expression [J]. Cell 2013，152：1173–1183.

---

* 基因组编辑技术：利用特定的核酸酶，在基因组的特定位点进行切割，使基因被破坏，或者利用 DNA 损伤修复机制在该位点插入新的外源基因，对基因组进行遗传学改造。

　　基因表达是遗传信息表现为生物性状的过程，这一过程是通过基因产物的生物学功能来完成的。微生物新陈代谢过程中，酶是必不可少的，是主要的基因产物。虽然完成某一个代谢，如生长、繁殖或分化就需要许多种酶参与反应，但这些反应并非在各个生理阶段都在同一程度上进行。也就是说，某一时刻代谢活动频繁进行，酶的需求量大，活性要求高，另一时刻代谢活动缓慢，酶的需要量少，活性要求低。微生物在长期的进化中，已经形成了两种主要的代谢调节方式，即酶活性的调节和酶量的调节。

　　酶活性的调节是酶蛋白合成之后即翻译后的调节，是酶化学水平上的调节（见第 5 章）。而酶量的调节是转录水平即产生多少 mRNA 或翻译水平即 mRNA 是否翻译为酶蛋白的调节，调节的是酶合成的量。相比之下，酶量的调节较粗放，酶活性调节较为精确。两种方式的结合，使微生物新陈代谢活动减少了不必要的能耗，形成了更为有效的调节控制机制。

　　然而，大多数微生物基因是受到多种调控机制制约的，其基因产物也是多种多样的，除酶蛋白以外还有其他蛋白质产物，有的基因的产物并非蛋白质而是 RNA，如 tRNA、rRNA 等。调控机制的具体种类又是极其繁多的，有的调控机制还是相互牵连的。本章主要按转录水平和转录后水平的调控来简要介绍微生物基因的表达调控。

第一节　转录水平的调控

一、操纵子的转录调控

　　原核生物细胞中，功能相关的基因组成操纵子结构，由操纵区同一个或几个结构基因联合起来，形成一个在结构上、功能上协同作用的整体——操纵子（operon），受同一调节基因和启动子的调控。调节基因通过产生阻遏物或激活物来调节操纵区或激活结合位点，从而控制结构基因的功能。启动子区是 RNA 聚合酶和分解物激活蛋白（catabolite activator protein，CAP）的结合位点，控制着转录的起始。这样，这些基因形成了一整套调节控制机制，才使生命系统在功能上是有序和开放的。

　　原核生物的基因调控主要发生在转录水平上，这是一种最为经济的调控。根据调控机制的不同又可分为负转录调控（negative transcription control）和正转录调控（positive transcription control）。在负转录调控系统中，调节基因的产物是阻遏蛋白（repressor），起着阻止结构基因转录的作用。根据其作用性质又可分为负控诱导和负控阻遏两大类，在负控诱导系统中，阻遏蛋白不和效应物（诱导物）结合时，阻止结构基因转录；在负控阻遏系统中，阻遏蛋白和效应物（有阻遏作用的代谢产物，辅阻遏物）结合时阻止结构基因的转录。阻遏蛋白作用的部位是操纵区。在正转录调控系统中，调节基因的产物是激活蛋白（activator protein）。同样也可根据激活蛋白的作用性质分为正控诱导系统和正控阻遏系统。在正控诱导系统中，效应物分子（诱导物）的存在使激活蛋白处于活动状态；在正控阻遏系统中，效应物分子（有阻遏作用的代谢产物，抑制物）的存在使激活蛋白处于不活动状态，该系统目前缺乏典型的例子，本章从略。不论是正控诱导系统还是正控阻遏系统，激活蛋白的作用部位不是操纵区而是离启动子很近的激活蛋白结合位点（activator binding site），对启动子起正的作用（图 9-1）。

1. 负控诱导系统

　　大肠杆菌的 *lac I* 基因与乳糖操纵子（lactose operon）的作用是典型的负控诱导系统。在这个系统中，*I* 基因是调节基因，当它的产物——阻遏蛋白与操纵区（*lac O*）结合时，RNA 聚合酶便不能转录结构基因，

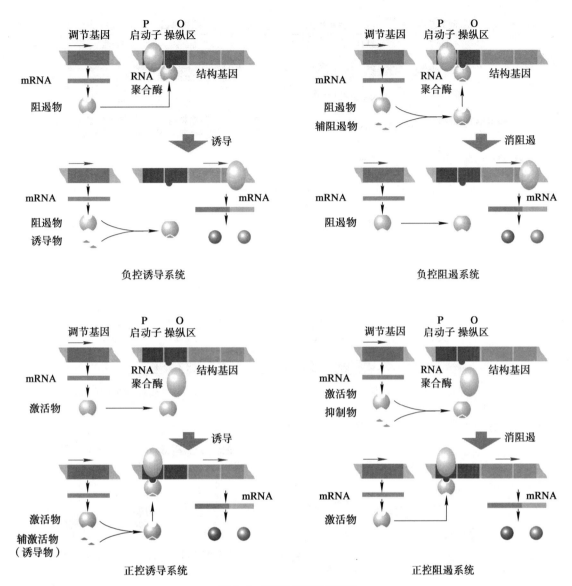

图9-1 细菌的转录调控系统

因此，在环境中缺乏诱导物（乳糖或乳糖类似物异丙基硫代 -β-D- 半乳糖苷，简称 IPTG）时，乳糖操纵子是受阻的。而当环境中存在乳糖时，进入细胞的乳糖在细胞内尚存在的极少量的 β- 半乳糖苷酶的作用下而发生分子重排，由乳糖（galactose-β-1，4-glucose）变成异乳糖（alloactoes，galactose-β-1，6-glucose），异乳糖作为诱导物与阻遏蛋白紧密结合，使后者的构型发生改变而不能识别 lac O，也不能与之结合，因而RNA 聚合酶（RNA polymerase）能顺利转录结构基因，形成大分子的多顺反子 mRNA（polycistronic mRNA），继而在翻译水平上合成 3 种不同的蛋白质：β- 半乳糖苷酶、透性酶以及乙酰基转移酶（图9-2）。

2. 负控阻遏系统
大肠杆菌色氨酸操纵子（tryptophan operon）含有 5 个结构基因，编码色氨酸生物合成途径中的各种酶。

这些基因从一个启动子起始转录出一条多顺反子的 mRNA，与 lac 操纵子一样，这个启动子受毗邻的操纵区顺序控制。转录是通过操纵区和阻遏蛋白控制的，它的效应物分子是色氨酸，也就是由 trp 操纵子的基因所编码的生物合成途径中的末端产物。当色氨酸很丰富时，它结合到游离的阻遏物上诱发变构转换，从而

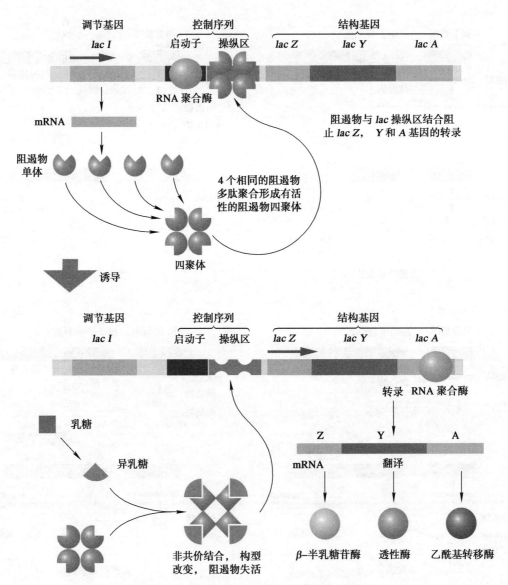

图 9-2　大肠杆菌中，*lac I* 基因对乳糖操纵子的调控

使阻遏物紧紧结合在操纵区。另一方面，当色氨酸供应不足时，阻遏物失去了所结合的色氨酸，从操纵区上解离下来，*trp* 操纵子的转录就此开始。色氨酸起着 *trp* 操纵子的辅阻遏物（corepressor）功能。

随着对色氨酸操纵子的深入研究，发现有些现象与以阻遏作为唯一调节机制的观点不相一致，例如，在色氨酸高浓度和低浓度下观察到 *trp* 操纵子的表达水平相差约 600 倍，然而阻遏作用只可以使转录减少 70 倍，此外，阻遏物失活的突变不能完全消除色氨酸对 *trp* 操纵子表达的影响。没有阻遏物时，在培养基中含或不含色氨酸的条件下观察到转录速度相差 8～10 倍。显然操纵子表达的这种控制与阻遏物的控制无关，必然还有其他的调控机制，这种调控机制主要是通过缺失突变株的研究而发现的，称为弱化作用（attenuation）。

弱化作用是细菌辅助阻遏作用的一种精细调控。这一调控作用通过操纵子的前导区内类似于终止子结构的一段 DNA 序列而实现，它编码一条末端含有多个色氨酸的多肽链——前导肽，被称为弱化子。当细胞内某种氨基酰 –tRNA 缺乏时，该弱化子不表现终止子功能；当细胞内某种氨基酰 –tRNA 足够时该弱化子表现终止子功能，从而达到基因表达调控的目的，不过这种终止作用并不使正在转录中的 mRNA 全部都中途终止，而是仅有部分中途停止转录，所以称为弱化。这便是在 *trp* 操纵子中所发现的除阻遏作用以外的另一种调节功能。

图 9-3 中的示意图解释了怎样通过前导肽的翻译来控制转录。当色氨酸缺乏时，tRNA *trp* 也缺乏，前导肽不被翻译，核糖体在两个相邻的色氨酸密码子处停止，阻止了 1∶2 配对，而使 2∶3 配对，因此不能形成 3∶4 配对的茎环终止子结构，将 RNA 聚合酶放行越过先导区进入结构基因，结果导致操纵子表达。如果色氨酸过量，则可得到 tRNA *trp*，前导肽被翻译使核糖体通过色氨酸密码子的位置，前导肽被正常翻译，核糖体阻止 2∶3 配对导致 3∶4 配对，终止信号出现，从而导致转录在尿苷残基顺序上中断。

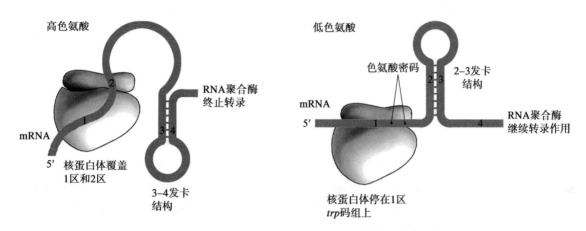

图 9-3　色氨酸操纵子的弱化作用模型

3. 正控诱导系统

在正控诱导系统中，调节蛋白为激活蛋白，促进 RNA 聚合酶的结合，从而增加 mRNA 的合成。大肠杆菌麦芽糖操纵子（maltose operon）的调控是典型的例子，这里麦芽糖是诱导物，激活蛋白只有与麦芽糖结合时才能与 DNA 的特殊结合位点结合，促使 RNA 聚合酶开始转录（图 9-4），该结合位点称为激活蛋白结合位点，与启动子毗邻或在相隔几百个碱基对处。

二、分解代谢物阻遏调控

分解代谢物阻遏又被称为葡萄糖效应，这是因为葡萄糖是首先被发现具有这种阻遏效应的物质。当培养基含有多种能源物质时，微生物首先利用更易于分解利用的能源物质，而首先被利用的这种物质的分解对利用其他能源性物质的酶的产生有阻遏作用。

分解代谢物阻遏是如何进行的呢？分解代谢物阻遏涉及一种激活蛋白对转录作用的调控。分解代谢物阻遏中，只有当一种称为分解物激活蛋白（CAP）首先结合到启动子上游后，RNA 聚合酶才能与启动子结合。这种激活蛋白是一种变构蛋白，当它与 cAMP 结合后构象发生变化，这时才能与 DNA 结合并促进 RNA 聚合酶的结合。无

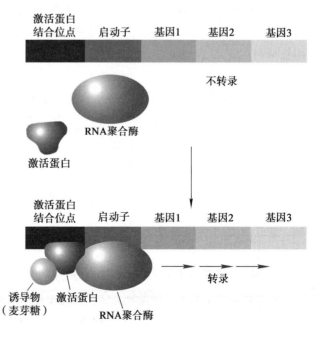

图 9-4　麦芽糖正控诱导系统

论在原核生物还是高等生物中 cAMP 都是多种调控系统的重要因素。cAMP 由腺苷酸环化酶催化 ATP 而产生，葡萄糖能抑制 cAMP 形成并促进 cAMP 分泌到胞外。葡萄糖进入细胞后，胞内的 cAMP 水平下降，RNA 聚合酶不能与启动子结合。因此，分解代谢物阻遏实际上是 cAMP 缺少的结果。如果在培养基中补充 cAMP，上述阻遏现象可以被抵消。在许多不涉及分解代谢物阻遏的真核生物中，cAMP 具有其他调节作用；在某些黏菌中，cAMP 还是聚集过程的一种胞外信号。事实上，凡是在降解过程中能被转化成葡萄糖或糖酵解途径中的其他中间产物的糖代谢（如乳糖、半乳糖、麦芽糖及阿拉伯糖等）中，其有关的酶都是由可诱导的操纵子控制的。只要有葡萄糖存在，这些操纵子就不表达，被称为降解物敏感型操纵子（catabolite sensitive operon）。实验证实，这些操纵子都是由 cAMP-CAP 调节的。cAMP-CAP 复合物是一个不同于阻遏物的正调控因子，从这个意义上讲，前面提到的乳糖操纵子的功能是在正、负两个相互独立的调控体系作用下实现的。

三、细菌的应急反应

在环境胁迫压力下，细菌会产生一种应急反应以求生存。营养缺乏是最普遍的环境胁迫因子，当细菌处于一种氨基酸全面匮乏的"氨基酸饥饿"状态时，会停止包括各种 RNA（特别是 rRNA）在内的几乎全部生物化学反应过程，只保持维持生命最低限量的需要。实施这一应急反应的信号是鸟苷四磷酸（ppGpp）和鸟苷五磷酸（pppGpp），产生这两种物质的诱导物是空载 tRNA。当氨基酸缺乏时，导致出现空载 tRNA，这种空载 tRNA 会激活焦磷酸转移酶，使 ppGpp 大量合成，其浓度可增加 10 倍以上。ppGpp 的出现会关闭许多基因，当然也会打开一些合成氨基酸的基因，以应付这种紧急情况。关于 ppGpp 和 pppGpp 的作用原理还不十分清楚，目前认为有两种可能：①ppGpp 与 RNA 聚合酶结合，使后者构型发生改变，从而识别不同的启动子，改变基因转录的效率，使之关闭、减弱或增加；②ppGpp 与启动子结合，使后者不再与 RNA 聚合酶结合，导致基因被关闭。实际上这两种作用都将导致某些重要的启动子的关闭或开启某些弱启动子。例如，大肠杆菌的 rRNA 的操纵子（*rrn E*）上有两个启动子 *P1* 和 *P2*（图 9-5）。细菌在对数生长期时，*P1* 起始的转录产物比 *P2* 大 3~5 倍，所以 *P1* 是强启动子。但是当细菌处于氨基酸饥饿的紧急状态时，细胞内 ppGpp 浓度增加，这时 *P1* 的作用被抑制，由 *P2* 启动少量的 rRNA 的合成，以维持生命的最低需要。

这里，也可能是 ppGpp 使 RNA 聚合酶构型发生变化不识别 *P1* 而识别 *P2*；也可能是 ppGpp 与 *P1* 结合，从而导致其关闭。ppGpp 的作用范围十分广，它不只是影响一个或几个操纵子，而是影响一大批；不只是调控转录，也调控翻译。所以它们是超级调控因子。

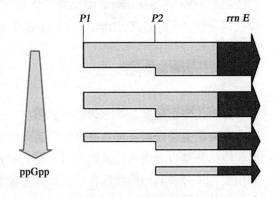

图 9-5　大肠杆菌 *rrn E* 上的两个启动子（*P1*，*P2*）受 ppGpp 浓度的调控

四、通过 σ 因子更换的调控

1. 枯草杆菌芽孢形成过程中的 σ 因子的更换

枯草杆菌在不利生长的条件下会产生芽孢，芽孢的形成过程十分复杂，至少有 6 个 σ 因子和 80 多个基因参与。σ 因子（sigma factor）是 RNA 聚合酶核心酶与启动子之间的桥梁，参与启动子的识别和结合，枯草杆菌通过有序的 σ 因子更换，使 RNA 聚合酶识别不同基因的启动子，使与孢子形成有关的基因有序地表达。

就目前已发现的 σ 亚基来说，其更迭次序为 σ^{55}、σ^{28}、σ^{32}、σ^{37} 和 σ^{29}。含有 σ^{55} 的 RNA 聚合酶只能识别营养生长阶段的基因启动子，当营养耗竭，细胞处于饥饿的状态下，含有 σ^{28} 的 RNA 聚合酶则负责转录那些能够探测营养耗竭和起始孢子形成反应的基因。σ^{28} 则是孢子形成的信号系统。σ^{32} 和 σ^{37} 则是负责识别早期孢子形成基因的启动子。含有 σ^{29} 的 RNA 聚合酶则负责中、晚期孢子形成基因的转录。此外，还有两种 σ 亚基 gp28 和 gp33 ~ 34 也是负责中、晚期基因的表达。

以上这些 σ 亚基都能够识别特定的启动子。σ^{55} 所识别的启动子具有与大肠杆菌相似的 –10 和 –35 序列，而其他 σ 亚基都有各自的启动子结构特征。

2. 大肠杆菌的热激应答

大肠杆菌在通常情况下，只有一种 σ 亚基，没有像枯草杆菌那样的 σ 亚基更换现象。但是，如果让大肠杆菌生长在较高的温度下（如 42 ~ 50℃），某些基因则迅速表达，诱导产生热激蛋白，这种现象称为热激应答反应（heat shock response）。这是目前已知的最保守的遗传系统，存在于每一种生物体内，包括从古菌到真细菌，从植物到动物。热激应答反应的传感蛋白可能是 HSP70 蛋白，它本身是一种热激蛋白，感受温度变化后调节热激应答系统的调节蛋白基因 *rPOH*（过去称为 *htp*R）的表达，该基因的产物 RpOH 是一种相对分子质量为 32 000 的次级 σ 因子，称为 σ^{32}。由 σ^{32} 参与构成的 RNA 聚合酶全酶能够识别热激应答基因的启动子；由 σ^{32} 识别的这类基因的启动子与"标准" σ 因子（$\sigma > 0$）所识别的启动子不同。在其 –35 序列的前面还有几个保守的碱基（TNNCNCNC），–10 序列前面有保守的 CCCC。

当细菌适应了较高生长温度时，大多数热激应答基因便停止（如大肠杆菌在 42℃经过 20 min），又开始表达"常规"基因。其转换机制，目前还不清楚。已知在热激应答反应时，细胞内蛋白质降解速度急剧增加，其中可能包括 σ^{70} 的降解。在正常情况下，σ^{70} 基因作为 σ 操纵子（包括 S_{21} 基因、DNA 引发酶基因和 σ^{70} 基因）的一部分而转录多基因的 mRNA，然而 σ^{70} 基因本身还有一个热激应答启动子，位于其前一个基因（DNA 引发酶基因）内（图 9-6），尽管热激应答反应并不需要 σ^{70}，但 σ^{70} 基因在热激应答反应中仍大量表达，这一情况可能与细菌适应较高温度后开始表达"常规"基因有关。细胞在不利条件下仍然要为恢复正常秩序做好准备。

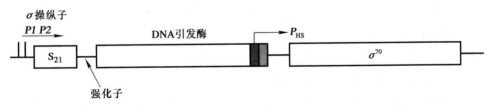

图 9-6 σ 亚基操纵子的启动子（*P1*、*P2*）和 σ^{70} 基因的热激应答启动子（P_{HS}）

五、信号转导和二组分调节系统

细胞生活在不断变化的环境中，包括温度、pH 和渗透压的变化，氧的可利用性，营养的变化，乃至细胞浓度的变化等都将使细菌必须随时作出相应的反应和调节以求生存。前面讨论的诱导和阻遏转录调控系统中均是通过环境中的小分子效应物（诱导物或阻遏物）直接与调节蛋白结合进行转录调控，但是在较多情况下，外部信号并不是直接传递给调节蛋白，而是首先通过传感器（senor）检测到信号，然后以变化的形式传到调节部位，将这一过程称为信号转导（signal transduction）。目前已知的最简单的细胞信号系统称二组分调节系统（two-component systems），由两种不同的蛋白质组成：

（1）位于细胞质膜上的传感蛋白（sensor protein），因该蛋白质具有激酶活性，所以又称传感激酶。

（2）应答调节蛋白（response regulator protein），位于细胞质中。

传感激酶在与膜外环境的信号反应过程中，本身磷酸化，然后磷酰基团被转移到应答调节蛋白上，磷酸化的应答调节蛋白即成为阻遏蛋白。该阻遏蛋白再通过其对操纵子的阻遏作用进行调控。从图 9-7 中可以看出在该系统中必须有磷酸酶加入，以移去应答调节蛋白磷酰基团。

目前已知二组分调节系统在许多不同细菌中调节大量的基因，例如，大肠杆菌中氮的吸收、根瘤菌中氮的固定、芽孢杆菌中芽孢的形成等。据初步估计，大肠杆菌中至少有 50 种不同的二组分系统。现在在低等真核生物中（如酿酒酵母）也发现了这类调节系统。

二组分调节系统对细菌的某些行为也具调控作用。我们知道细菌对某些特殊的化学药物具有"趋向"或"逃离"的行为，通常将其称为趋化性（chemotaxis）。细菌太小，以至于它们实际上无法感知空间存在的化学药物的浓度梯度，但是它们却能对随时改变的梯度具有十分灵敏的反应，这就是因为它们能够利用二组分调节系统感知细胞外面化学药物浓度的变化，并调节鞭毛的运动。

细菌在没有化学药物浓度梯度的环境中，其运动方向是随机的，一般是向前直线运动几秒钟就停下来翻筋斗，然后再以不同的方向作直线运动，循环往复［图 9-8（a）］。当细菌处在有引诱物（如营养物等）梯度的环境中时，翻筋斗频率减少，向引诱物高浓度区作直线运动的时间延长［图 9-8（b）］。但如果向低浓度区移动，则翻筋斗频率不减少。其运动方向的综合效应是细菌向高浓度的引诱物运动。如果细菌处于有毒物质浓度梯度的环境中则出现相反的应答反应，即细菌向低浓度毒梯度作直线运动时间延长，翻筋斗频率减低。

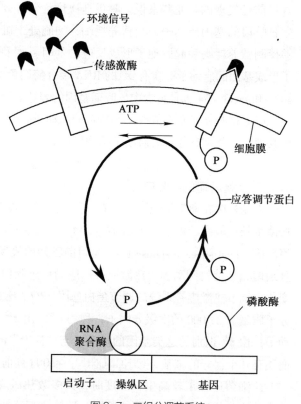

图 9-7 二组分调节系统

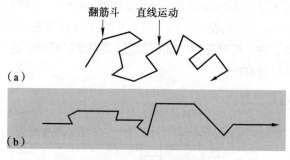

图 9-8 细菌的趋向运动

细菌的这种趋化性运动是如何调控的呢？从图 9-9 可以看出，一种称为接受甲基趋化性蛋白（methylacce-pting chemotaxis protein，MCP）是受体蛋白。二组分调节系统中的传感激酶是 CheA。MCP 是跨膜蛋白，在细胞质这一边还与 CheW 和 CheA 蛋白结合成为复合物，当 MCP 未与引诱物结合时，该复合物刺激 CheA 自身磷酸化，进而再使 CheY 和 CheB 两个细胞质蛋白也磷酸化，形成 CheY-P 和 CheB-P。CheY-P 与鞭毛传动器结合，启动鞭毛顺时针旋转，细菌作翻筋斗运动。如果引诱物结合到 MCP 上，则 CheA 的自身磷酸化被抑制，CheY 不能与鞭毛传动器结合，此时鞭毛逆时针旋转，细菌则进行直线运动。CheY 的磷酸化由于 CheZ 蛋白的去磷酸化作用，只有很短的 10 s 左右，使翻筋斗时间不至于太长，以便随时适应变化的环境。

细菌与引诱物和毒物应答的能力还与 MCP 的甲基化有关。CheR 以 S- 腺苷甲硫氨酸作为甲基供体以低频率不断地将甲基基团加到 MCP 上，而另一蛋白 CheB（具脱甲基酶活性）则可以从 MCP 上去掉甲基。引诱物 -MCP 复合物是 CheR 的合适作用基质而不适于 CheB，所以当引诱物与 MCP 结合时，不仅仅是引起逆时针旋转并作直线运动，而且也降低了脱甲基酶活性，使 MCP 甲基化增加，导致构型发生变化，因此即使引诱物维持高水平但不再与 MCP 结合，CheA-P 的水平仍然增加，细胞又开始翻筋斗。失去引诱物结合的 MCP，又将成为 CheB 的作用底物进行去甲基反应，去甲基的 MCP 又能够再应答引诱物。

所以细菌在向高浓度梯度引诱物运动的过程中，直线运动和翻筋斗交替进行，但直线运动时间长，翻筋斗频率低，总的方向是趋向高浓度引诱物。

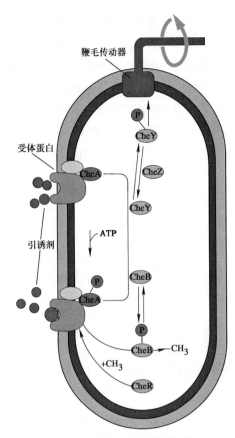

图 9-9　细菌的趋化性机制模式图

六、λ 噬菌体溶原化和裂解途径的转录调控

λ 噬菌体感染宿主以后，有两种发育途径可供选择：一个是裂解途径，一个是溶原化途径。这两种途径之间是如何进行调控的呢？已知 λ 噬菌体基因组上大约有 35 个编码蛋白质的基因（图 9-10），基因表达的调控通过左、右两个方向的转录进行。在大肠

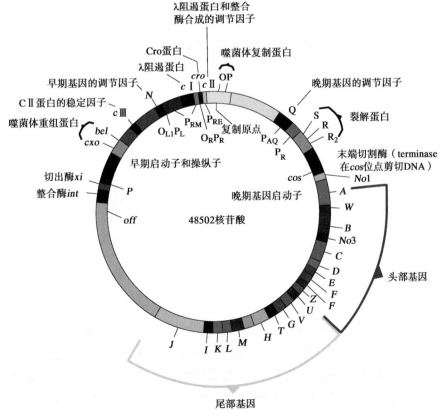

图 9-10　λ 噬菌体基因组示意图

杆菌中一个操纵子是一个转录单位，每一个操纵子中包括功能上密切相关的几个基因。但 λ 噬菌体的一个转录单位包括功能上并不一定密切相关的基因，可以包括不止一个操纵子，但一个转录单位不管包括几个操纵子，都称为一个转录子。λ 噬菌体感染宿主后最先转录并合成一些调节蛋白，通过调节蛋白的作用，其他基因的转录或被激活或被阻遏，从而使它进入裂解或溶原途径。

调节 λ 噬菌体转录的主要调节蛋白是 C I 和 Cro，分别由 *c* I 基因和 *cro* 基因编码。C I 蛋白对 *cro* 基因的转录起着负控制作用，对 *c* I 基因本身的转录则既有正控制又有负控制，Cro 蛋白对 *c* I 基因和 *cro* 基因都起负控制作用。当噬菌体处于溶原化状态时，λ 噬菌体 DNA 以原噬菌体形式整合在宿主细菌染色体上，只有 *c* I 基因表达，其表达产物 C I 蛋白首先与右边和左边的操纵区 O_R 和 O_L 结合，阻止右边和左边的启动子 P_R 和 P_L 的启动功能。另一方面由于 C I 蛋白占据了 O_R，抑制了 *cro* 基因转录，从而不利于右向转录（裂解），使整个噬菌体基因组作为宿主细胞染色体的一部分，其复制和基因表达完全处在宿主染色体的控制之下。但由于 *c* I 基因是一种自我调节基因。当细胞内 C I 蛋白含量过高时，可阻止 *c* I 基因表达，所以溶原性状态下的 λ 噬菌体在不经诱导的情况下，也会以极低的频率进入裂解循环（此过程中也包含 *c* I 基因的自发突变而失去阻遏活性）。

- 解释下列名词：操纵子，多顺反子，启动子，σ 因子。
- 激活蛋白和阻遏蛋白是何种基因的产物？它们在操纵子转录调控中各起什么作用？其作用位点是相同的吗？
- 为什么在乳糖操纵子中，效应物分子乳糖是诱导物？而在色氨酸操纵子中，效应物分子色氨酸是辅阻遏物？
- 弱化作用是如何发现的？其"弱"的含义是什么？它是如何进行调控的？
- 何谓分解代谢物阻遏调控？哪些类型的操纵子受 cAMP-CAP 的调控？
- 举例说明二组分调节系统的调节机制。

当溶原菌（lysogenic bacteria，即染色体上含有原噬菌体 DNA 的宿主菌）受到紫外线等因素作用时，由于 DNA 上造成损伤，RecA 蛋白具有切割阻遏蛋白的活性（见第 8 章中的"SOS 修复"），使 C I 蛋白被切割，亚基被破坏，C I 蛋白从 DNA 上脱落，于是 RNA 聚合酶便有机会与 *cro* 基因的启动子结合，表达 Cro 蛋白，使转录向裂解方向进行，即 Cro 蛋白阻止 *c* I 基因的表达，起负调控作用，这时，C I 蛋白处于劣势，从而导致原噬菌体的释放和裂解途径的开始。所以，裂解和溶原化途径之间的平衡在于 C I 蛋白和 Cro 蛋白与操纵区之间的精巧的相互作用。

第二节 转录后调控

前面介绍了基因表达的转录调控，这是生物最经济的调控方式，既然用不着某种蛋白质，就用不着转录了。但将 mRNA 转录下来以后，再在翻译或翻译后水平进行"微调"，可以说是对转录调控的补充，它使基因表达的程度更加适应生物本身的需求和外界条件的变化。我们将在本节介绍一些转录后的调控。

一、翻译起始的调控

遗传信息翻译成多肽链起始于 mRNA 上的核糖体结合序列（RBS）。所谓 RBS，是指起始密码子 AUG 上游 30～40 核苷酸的一段非译区。在 RBS 中有 SD（Shine-Dalgarno）序列，长度一般为 5 个核苷酸，富含 G 和 A。功能是与核糖体 16*S* rRNA 的 3′ 端互补配对，使核糖体结合到 mRNA 上，以利于翻译的起始。RBS 的结合强度取决于 SD 序列的结构及其与起始密码子 AUG 之间的距离。SD 序列必须呈伸直状，如果形成二级结构则降低表达。SD 与 AUG 之间相距一般以 4～10 个核苷酸为佳，9 个核苷酸最佳。

此外，mRNA 的二级结构也是翻译起始调控的重要因素。因为核糖体的 30S 亚基与 mRNA 的靠近，要求 mRNA 5′ 端有一定的空间结构。这一空间结构的改变与 SD 序列上游的碱基以及 mRNA 与核糖体结合的 –20 至 +14 的区域有关。这些核苷酸的微小变化，往往会影响 mRNA 的二级结构，可导致表达效率上百倍甚至上千倍的差异。这是由于核苷酸的变化改变了形成 mRNA 5′ 端二级结构的自由能，影响了核糖体 30S 亚基与 mRNA 的结合，从而造成了蛋白质合成效率上的差异。

二、mRNA 的稳定性

mRNA 的稳定性也是影响翻译效率的一个很重要的因素，基因的表达量与 mRNA 的半衰期成正比例关系。微生物的某些胞外酶的 mRNA 半衰期比较长，在转录终止后仍然能够继续翻译，从而增加基因的表达量。例如，解淀粉芽孢杆菌（*B. amyloliquefaciens*）对数生长末期的细胞经利福平或放线菌素 D 抑制其 RNA 合成后，仍可以继续分泌淀粉酶、蛋白酶及 RNA 酶达 90 min，氯霉素及其他翻译抑制剂能抑制这种分泌作用。这意味着这种合成作用代表了某种前期信息的翻译。在一些革兰氏阳性菌和革兰氏阴性菌中都发现过类似现象。现在已经知道解淀粉芽孢杆菌蛋白酶 mRNA 的功能性半衰期约为 9 min，对于巨大芽孢杆菌（*B. megaterium*）来讲该酶的半衰期为 6 ~ 7 min，地衣芽孢杆菌（*B. licheniformis*）淀粉酶 mRNA 半衰期大约为 8 min，而某些胞外酶 mRNA 相对比较稳定。

但同一种微生物细胞中不同蛋白质的 mRNA 的稳定性相差很大，例如，大肠杆菌的 mRNA 功能性半衰期的差异可在 40 s 至 20 min 之间，对不同基因的表达量起调控作用。

三、稀有密码子和重叠基因调控

1. 稀有密码子

带有相应反密码子的 tRNA 将氨基酸引导到 mRNA 上，进行蛋白质的翻译合成，然而在不同种类的生物中，各种 tRNA 的含量是有很大区别的，特别是原核生物尤为显著。由于不同 tRNA 含量上的差异很大，产生了对密码子的偏爱性，对应的 tRNA 丰富或稀少的密码子，分别称为偏爱密码子（biased codons）或稀有密码子（rare codons）。含稀有密码子多的基因必然表达效率低。微生物利用稀有密码子进行转录的后调控，主要反映在对同一操纵子中不同基因表达量的控制。例如，细胞 DNA 复制起始时，冈崎片段的合成是在 RNA 引物上延续发生的。RNA 引物是由 *dna*G 基因编码并由引物酶催化合成的。细胞对这种酶的需求量不大，但 *dna*G 与另外两个基因（*rpo*D 和 *rps*U）同属于一个操纵子，后二者的产物量是 *dna*G 编码产物的几十到几百倍，细胞如何解决这种差异呢？它们是通过稀有密码子对翻译进行调控。研究 *dna*G 序列时发现其中含有不少稀有密码子，即在 64 种密码子中，一些在其他基因中利用频率很低的密码子却以很高的频率出现在 *dna*G 中。例如，比较大肠杆菌中 25 种非调节蛋白基因和 *dna*G 序列中 3 种 Ile 密码子的利用频率发现，*dna*G 对稀有密码 AUA 的利用频率高达 32%，而非调节蛋白中仅为 1%。

与 *dna*G 相似的还有许多调控蛋白，如 LacI、AraC、TrpR 等在细胞内含量也很低，编码这些蛋白的基因中某些稀有密码子的使用频率较高，而明显有别于许多非调节蛋白。分析认为，由于对应于稀有密码子的 tRNA 较少，高频率使用这类密码子的基因翻译过程很容易受阻，从而控制了该种蛋白质在细胞内的合成数量。

2. 重叠基因

重叠基因最早是在大肠杆菌体 ΦX174 中发现的，当时认为重叠基因的生物学意义是对于有限的 DNA 序列来说，用不同的阅读方法可以得到多种蛋白质，即不同的可读框代表不同的遗传信息。后来发现 RNA 噬菌体、线粒体 DNA、质粒 DNA 和细菌染色体上都有重叠基因存在，推测这一现象可能对基因表达有调控作用。

色氨酸操纵子由 7 个基因［trpE（G）、trpD（C）、trpB（A）、trp Ⅰ］组成，在正常情况下，trpE、D、C、B、A 5 个基因产物是等量的，但是 trpE 突变后，其邻近的 trpD 产量比下游的 trpB（A）产量要低得多。这种与 ρ 蛋白无关的表达调控，已被证明是在翻译水平上的调控。分析 trpE 和 trpD 以及 trpB 和 trpA 两对基因中核苷酸序列与翻译偶联的关系，发现 trpE 基因的终止密码子和 trpD 基因的起始密码子共用一个核苷酸（A）。

trpE——苏氨酸——苯丙氨酸——终止
ACU —— UUC —— UGA
AUG——GCU
甲硫氨酸——丙氨酸——trpD

由于 trpE 的终止密码子与 trpD 的起始密码子重叠，trpE 翻译终止时核糖体即又处在起始环境中，这种重叠的密码保证了同一核糖体对两个连续基因进行不间断翻译的效率，这可能是保证两个基因产物在数量上相等的机制。

网上学习 9-1
微生物产生的抗生素为什么不能杀死自己？

另外，在许多放线菌抗生素合成基因与该抗生素的抗性基因之间也存在基因重叠现象，甚至可以采用抗性基因作为探针从基因文库中分离到生物合成基因。更重要的是抗性基因与生物合成基因的重叠产生了某种互相调控的作用。如天蓝色链霉菌（S. coelicolor）产生的亚甲霉素生物合成基因（mmy）与抗性基因（mmr）之间的基因重叠。

这种抗性基因与生物合成基因在转录时的密切相互作用，可能保证了一种具有潜在毒性的抗生素的生物合成基因在其抗性基因有效表达之后开始表达，也许抗性基因产物是对生物合成基因有某种激活作用，这也是抗生素产生菌对自身保护的措施之一。在红霉素、新霉素及链霉素等抗生素的生物合成与抗性基因表达之间都存在这种互相调控作用。

四、反义 RNA 调控

20 世纪 80 年代以来，关于 RNA 在细胞内的生物学功能研究取得了重要进展，除了证明 RNA 具有催化功能（即 ribozyme）之外，还表明 RNA 具有调节基因表达的功能。这种调节 RNA 被称为反义 RNA（antisense RNA），它具有能与另一"靶" RNA 互补结合的碱基序列。目前已证实在原核生物中的反义 RNA 是调节基因表达的一种天然机制，调节作用主要在翻译水平，也包括少数在转录或 DNA 复制前引物加工水平。编码反义 RNA 的基因有时被称为反义基因。反义 RNA 调节作用涉及的功能包括质粒的复制、转座作用、渗透调节、噬菌体裂解和溶原性转化，以及 cAMP 受体蛋白的基因的表达等。

大肠杆菌质粒 ColEI 的复制是受反义 RNA 调节的例证之一。每个细胞中 ColEI 的拷贝数为 10～30。因为 RNA Ⅰ（一种大约为 100 个核苷酸长度的反义 RNA）能够与质粒 DNA 复制时的引物 RNA 结合。所以 DNA 聚合酶不能与引物 RNA 结合致使质粒复制受阻。这样，RNA Ⅰ 通过调节 RNA 引物数目来对 DNA 的复制实行控制。

网上学习 9-2
生命体的"暗物质"——非编码 RNA

大肠杆菌对渗透压变化的调节是反义 RNA 调节的另一实例。大肠杆菌含有两种受渗透压调节的膜蛋白 OmpC 和 OmpF，在高渗透压时，OmpC 合成增多，OmpF 的合成受到抑制；在低渗透压时则相反，OmpF 合成增多，而 OmpC 的合成受到抑制，但两种蛋白质的总量保持不变。其中起调节作用的就是反义 RNA：当 OmpC 的基因转录时在 OmpC 的基因启动子上游方向有一段 DNA 序列，以相反的方向同时转录产生一个 174 核苷酸的 RNA，这个 RNA 能够与 OmpF mRNA 的前导序列中的 44 个核苷酸（包括 SD 序列）及编码区（包括 AUG）形成杂合双链，从而抑制了 OmpF mRNA 的翻译。因此 OmpC 蛋白量增加则 OmpF 就减少，保证同一时间内两种蛋白总量的恒定。

反义 RNA 能专一性地结合到 mRNA 并阻止其活性的事实具有很大的潜在实用性。反义 RNA 已经成为一种研究工具。如果有人需要研究某一特定基因的作用，能与这个基因的 mRNA 相结合的反义 RNA 可以被构建出来并导入到细胞中，它可阻止基因表达，由此产生的细胞表型变化是可以观察到的。另外，也可以用一段反义 DNA 去结合 mRNA 来达到同样的效果。

五、翻译的阻遏调控

转录水平的调控一般都是蛋白质或某些小分子物质对基因转录的阻遏或激活，而在翻译水平上也发现了类似的蛋白质阻遏作用。大肠杆菌 RNA 噬菌体 Qβ 包含有 3 个基因，从 5′ 到 3′ 方向依次是噬菌体装配和吸附有关的成熟蛋白基因 A，外壳蛋白基因和 RNA 酶基因，当噬菌体感染细菌，RNA 进入细胞后，这条称为正（+）链的 RNA 一方面可直接作为模板 mRNA 指导 RNA 复制酶的翻译，并与宿主中已有的亚基结合行使复制功能。但是 Qβ 正链 RNA 上已结合有许多核糖体，它们从 5′ 向 3′ 方向进行翻译，这必将会影响复制酶催化的从 3′ → 5′ 端方向进行的负（−）链 RNA 的合成。这一矛盾的解决就需要 Qβ RNA 复制酶作为翻译阻遏物进行调节。

实验证明，纯化的复制酶可以和外壳蛋白的翻译起始区结合，抑制蛋白质的合成。这是因为复制酶的存在，使核糖体不能与翻译起始区相结合，但已经开始的翻译能继续下去，直到翻译完成，核糖体脱下。而与正链 RNA 3′ 端结合的复制酶便可以开始 RNA 的复制。

序列分析表明 Qβ 正链 RNA 的 5′ 和 3′ 端都有 CUUUUAAA 序列，而且有可能形成稳定的茎环结构，既能和外壳蛋白的翻译起始区结合（5′ 端），又能和正链 RNA 的 3′ 端结合。因此，推测复制酶可以作为翻译阻遏物对基因的表达起调控作用。

六、ppGpp 对核糖体蛋白质合成的影响

前面我们已经谈到了 ppGpp 对转录的调控，即在氨基酸短缺的情况下，首先被停止合成的是 rRNA。而核糖体是由 rRNA 和核糖体蛋白质构成，是翻译遗传密码的唯一场所，rRNA 的量骤然下降，核糖体蛋白质失去了结合的对象而成为多余的了。由于某些核糖体蛋白 mRNA 的部分二级结构和 rRNA 的部分二级结构相似，当 rRNA 短缺时，多余的核糖体蛋白质与本身的 mRNA 结合，从而阻断本身的翻译，同时也阻断同一多顺反子的 mRNA 下游其他核糖体蛋白质编码区的翻译，使核糖体蛋白质的合成和 rRNA 的合成几乎同时停止。这里，rRNA 的合成是转录水平的调控，而核糖体蛋白质的合成则是翻译水平的调控。

七、细菌蛋白质的分泌调控

不论是原核还是真核生物，在细胞质内合成的蛋白质需定位于细胞的特定区域或者分泌出胞外，也就是说，基因表达不仅仅是把 DNA 转录成 RNA，RNA 翻译为蛋白质，还要实现把合成的蛋白质精确地输送或分泌到位，这是近年来分子生物学研究中一个十分活跃的领域，因为这不仅仅是一种基因表达调控的理论问题，而且它与生物工程紧密相关，基因工程产物要形成工业化生产，不仅要解决基因的高效表达，还要解决其分泌问题，以保证产品的产量和质量以及降低成本。

能分泌到胞外的蛋白质统称为分泌蛋白。由于发现这些分泌蛋白质 N 端都含有一段由 15~30 个疏水氨基酸残基组成的信号肽（signal peptide），所以近年来，人们提出了一种信号肽假说来解释这些分泌蛋白质的分泌。其机制是：当新生肽正在跨越膜时，信号序列和其后的肽段折成两个短的螺旋段，并曲成一个反向平行的螺旋发夹，该发夹结构可插入到疏水的脂质双层中。一旦分泌蛋白质的 N 端锚在膜内，后续合成的其他肽段部分将顺利通过膜。疏水性信号肽对于新生肽链跨越膜及把它固定在膜上起了一个拐棍作用，信号肽在完成功能后，随即被一种特异的信号肽酶（signalase）水解。分泌的启动和抑制调控目前已知与一种信号识别颗粒（signal recognition particle，SRP）有关，其作用是能与核糖体结合，并停止蛋白质合成，阻止翻译发生在肽链延长至约 70 个氨基酸残基长时。这个长度正好是信号肽完全从核糖体出来时的长度（随信号肽后的 30~40 个氨基酸残基，此时被埋在核糖体内）。SRP 对翻译起负调节作用。由于 SRP 暂时中止这些分泌蛋白的翻译，能确保这些蛋白质未达到细胞膜或内膜之前不能完成翻译，这样，在信号肽和 SRP 的共同作用下，使得这些分泌蛋白能及时完成转运和分泌，避免在细胞内的积累。

原核细胞信号序列的发现要比真核细胞的晚得多。首例原核细胞信号序列编码一种重要的外膜脂蛋白 N 端的信号肽。随后在 G⁻ 细菌中发现大多数分泌蛋白包括质膜多肽、周质多肽和外膜多肽都有信号肽。在 G⁺ 细菌中，由于无外膜屏障，所以蛋白质可直接分泌到培养基中。在 G⁻ 细菌中目前已知的依赖于信号肽的分泌系统是首先将蛋白质分泌至周质空间，经短暂停留后，经过特异性反应再将蛋白质分泌至胞外。G⁻ 细菌蛋白质的分泌如何跨过外膜？是否有通用的机制，目前正在研究之中，这是基因工程技术中外源蛋白质在大肠杆菌中表达后，如何有效地分泌至胞外的重要研究课题。

> - 解释下列名词：核糖体结合序列（RBS），SD 序列，反义 RNA，信号肽。
> - SD 序列、mRNA 的二级结构如何影响翻译起始的调控？
> - 稀有密码子、重叠基因、反义 RNA、ppGpp 是如何在翻译水平上进行调控的？其意义如何？

第三节 古菌的转录及其调控

相对细菌和真核生物而言，古菌的转录及其调控的研究目前还只是零星的结果，而且主要是来自基因组序列的分析比较。虽然如此，人们对古菌的转录调控已有一个基本的共识，即：古菌的转录系统具有细菌和真核生物的融合特征，它既具有类似真核生物的基本转录装置，又具有类似于细菌的转录调控机制。

一、古菌的基本转录装置

基本转录装置包括 RNA 聚合酶（RNAP）、基本转录因子、启动子等。

1. RNA 聚合酶

已知在细菌中，只有一种 RNAP，由 4 个亚基（$\alpha_2\beta\beta'$）和若干 σ 因子组成；真核生物细胞中有 3 种 RNAP（Ⅰ、Ⅱ、Ⅲ），其中的 RNAP Ⅱ 包含 10~15 个亚基和 5 个不同的转录因子。对古菌的研究表明，它们虽然和细菌一样，只有一种 RNAP，但该酶却含有 10~14 个亚基，远远高于细菌，而且绝大部分亚基都与真核生物的 RNAP Ⅱ 的亚基高度同源。有关古菌 RNAP 亚基的三维结构和亚基之间相互作用的研究也都进一步证实了古菌的 RNAP 与真核生物相类似。

2. 基本转录因子（basic transcriptional factor）

细菌 RNAP 可与启动子直接结合，只要更换全酶中的 σ 因子，即可识别不同的启动子，但真核生物的 RNAP 不能直接接触启动子，必须依赖于转录因子在启动子区构筑"平台"后，才能进入启动子区参与转录起始复合物的装配。古菌的 RNAP 与真核生物相似，也是不能直接与启动子 DNA 结合，而是通过与真核生物相类似的 TATA 框结合蛋白（TBP）和转录因子 B（TFB）形成复合物的形式起始转录。

古菌的 TBP 在结构和功能上类似于真核生物的 TATA 框结合蛋白（但古菌一般只有 1 个 TBP，不像真核生物有 10 个之多），负责识别和结合古菌启动子中高度保守的 TATA 框区域，有研究表明，在古菌体外转录系统中，用人或酵母的 TBP 代替古菌的 TBP，古菌基因仍然能够正常转录。古菌的 TFB 类似于真核生物的转录因子 IF Ⅱ B，它在转录起始中起多种关键作用，TFB 能够与 TBP–DNA 复合物结合，其 N 端结构域对于 RNAP 与启动子的结合是必需的，因此，根据其与真核生物的类似性，人们推测，古菌在转录起始时，首先是 TBP 与 TATA 框结合，然后是 TFB 结合上去，最后是 RNAP 结合。

3. 启动子

古菌的启动子结构与真核生物 RNA 聚合酶 Ⅱ 型启动子相似。古菌基因转录起始位点上游 30 bp 左右和转录起始位点自身附近的核苷酸对转录非常重要，这两个区域和真核生物 RNA 聚合酶 Ⅱ 型启动子的 TATA 框与转录起始元件（initiator element）具有同源性。TATA 框是古菌主要的基本启动子元件，其上游一段富含嘌呤的序列对于启动子的强度也很重要，该序列能够特异性地被 TFB 识别和结合，因此该区段被称为 TFB 识别元件（TFB-responsive element, BRE）。

二、古菌的转录调控

古菌由于它们的原核性质和相对简单的基本转录装置，因此总体上来看，其转录调控机制基本上采用了原核生物简单而经济的方式，即以操纵子为单位进行转录调控。已有的研究表明，古菌中具有类似于细菌的负调控机制——阻遏作用，这首先是通过对嗜盐古菌（盐沼盐杆菌）的噬菌体 ΦH 的研究获得证实的。和大肠杆菌噬菌体一样，ΦH 噬菌体的裂解生长受阻遏蛋白的调节，例如，已分离鉴定的 T6 蛋白就是一种能阻遏 ΦH 噬菌体裂解生长的负调控蛋白（功能类似于 λ 噬菌 C Ⅰ 蛋白），它含有类似于细菌转录调控蛋白的 HIH（螺旋 – 转角 – 螺旋）结构域，能够与具有反向重复序列结构的 DNA 序列相互作用和结合，从而阻遏某些特定基因的转录。

此外，对甲烷古菌氮固定转录调控系统的研究进一步证实了上述观点。和细菌一样，固氮基因（*nif*）的表达是受氮源调节的，当分子氮作为氮源时，*nif* 基因高度表达；而当氨是氮源时，*nif* 基因不表达。进一步研究证实，这是通过阻遏蛋白的作用进行调节的，其机制类似于细菌：两个二聚体或四聚体阻遏蛋白的亚基与操纵子的操纵区（*O*）结合，从而对 *nif* 基因的转录进行负调控。

但是，在古菌中也发现了类似于真核生物的激活调节蛋白，例如，在两种极端嗜盐古菌（盐沼盐杆菌和地中海富盐菌）中发现有关气泡（gas vesicles）合成的调节是由激活蛋白控制的，该激活蛋白 GVPE 具有类似真核生物的基本亮氨酸拉链结构，是一种类似于真核生物的 DNA 结合蛋白。

综上所述，有关古菌的转录调控研究，目前还只是零星的结果，通过序列同源性分析和相关实验结果已提出古菌的转录与细菌和真核生物都有类似性，但是还需要进一步功能上的证实，特别是古菌含有高百分比的未知编码蛋白的基因，因此在今后的研究中，发现一些另外或者完全新的机制是完全可能的。

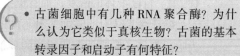

- 古菌细胞中有几种 RNA 聚合酶？为什么认为它类似于真核生物？古菌的基本转录因子和启动子有何特征？
- 举例说明古菌的转录调控机制类似于细菌。

第四节　细菌的群体感应调节

大量研究已经证实：在一个细菌群体或生活在一个小生境中的细菌不是彼此独立、各自生长的简单聚集体，而是相互呈现着密切的通讯关系，这种关系可存在种内，也存在于种间，并受一种称之为群体感应（quorum sensing）调控系统调节的。该系统是一种与细胞密度密切相关的自诱导调控系统，即：细菌分泌一种或多种称之为信号小分子的自诱导物（autoinducer，AI），并通过感应这些信号小分子来判断菌群密度和周围环境变化，当菌群数达到一定的阈值后，启动相应一系列基因的调节表达，以调节菌体的群体行为。该调控系统广泛存在于各类细菌中。

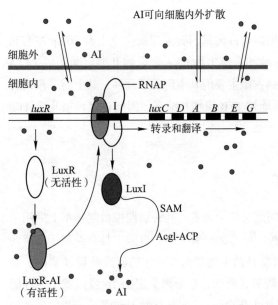

图9-11　费氏弧菌的群体感应调节系统

研究的比较详细的QS系统之一是一种能发光（bioluminescent）的海洋费氏弧菌（*Vibrio fischeri*），该菌的发光现象是受QS系统调控的（图9-11）。费氏弧菌和许多其他革氏阴性菌都是用一种酰基高丝氨酸内酯类（N-acylhomoserine lactone，AHL）信号分子，这种小分子是一种自诱导物，它的合成是由AI合成酶催化的，该酶是*luxI*基因的产物（LuxI），LuxI酶可催化带有酰基的载体蛋白的酰基侧链与s-腺苷蛋氨酸上的高丝氨酸结合生成AHL。*luxI*基因是正向自动调节，也就是说，*luxI*的转录增加AI，并在细胞中积累，这是通过转录调节因子LuxR（*luxR*基因的产物）完成的，而LuxR只有在与AI结合而被激活后才起作用。这样，一个简单的反馈环产生了：在低细胞密度时，没有AI激活LuxR，*luxI*基因只在一个基础水平转录，细胞不产生光；AI自由地向细胞外扩散并在环境中积累，当细胞密度增加，达到高细胞密度时，细胞外的AI浓度最后达到一定的阈值并超过胞内浓度，形成逆向浓度梯度，这时AI回流进细胞，与LuxR结合并使之激活，被激活的LuxR-LuxI可识别发光酶基因的启动子，从而促进*luxI*基因以及与发光相关的基因（*luxCDABEG*）的高水平转录，细胞产生光。这里，我们讨论的只是一个与发光相关的操纵子的调节，实际上，QS能够调节多个基因和操纵子。这些基因和操纵子的产物在广泛细菌中为建立毒性、共生、生物膜产生、质粒转移以及形态学上的差异所必需。

另一种QS是依赖于精心策划的二组份信号转导系统，该系统在革兰氏阳性和革兰氏阴性细菌中均有发现，该系统在发光细菌哈氏弧菌（*Vibrio harveyi*）中进了最好的研究。与费氏弧菌不同，哈氏弧菌对三种诱导物分子应答：HAI-1，AI-2和CAI-1。HAI-1是只由哈氏弧菌（和其他密切相关的种）产生，AI-2是由许多革兰氏阴性和革兰氏阳性细菌产生的，CAI-1是由弧菌属的其他成员产生的，因此，哈氏弧菌不仅要"测量"自己群体的密度，而且也要"测量"其他细菌的密度。

哈氏弧菌为什么需要三种不同的自诱导物呢？显然，这三种分子使该菌完成三个不同的交谈：HAI-1是为哈氏弧菌（和其他密切相关的种）特有的，因此，它被认为是能使哈氏弧菌与自己种内的成员通讯，该诱导物传送了"在附近有许多哈氏弧菌"的信息；AI-2是由许多革兰氏阴性和革兰氏阳性细菌产生的，因此，它的信息被认为是"在附近有许多细菌"；最后，CAI-1是由弧菌属的其他成员产生的，它的信息被认为是

"它的附近有许多弧菌属的细菌"。每一种自诱导物有不同的信号强度，HAI-1 是最强的，CAI-1 是最弱的，所有三个自诱导物的存在，最高的表达发光基因。

现在发现许多细菌利用该系统调控体内特定基因的表达，如根瘤菌与植物共生、蓝细菌中异形胞的分化、芽孢杆菌中感受态与芽孢的形成、根癌农杆菌中 Ti 质粒融合转移、病原细菌胞外酶与毒素产生、生物膜（biofilm）形成、菌体发光、色素产生、抗生素形成、细菌运动等多种功能都受到细菌群体感应信号系统所调节。

? 何谓细菌的群体感应调节？简述其调节机制。

小结

1. 微生物基因表达的调控主要在转录水平上，这是一种最经济的调控方式。但也有转录后的"微调"，使基因的表达更适应本身的需求和外界条件的变化。

2. 操纵子转录调控是微生物的主要调控机制，分负转录调控和正转录调控，并涉及阻遏蛋白或激活蛋白与 DNA 分子的相互作用和特异性结合。

3. 转录后调控主要包括如下几方面：① 翻译起始的调控。② mRNA 的稳定性。③ 稀有密码子和重叠基因调控。④ 反义 RNA 调控。⑤ 翻译的阻遏。⑥ ppGpp 对核糖体蛋白质合成的影响。⑦ 细菌蛋白的分泌调控。

4. 古菌的转录系统具有细菌和真核生物的融合特征，它们既具有类似真核生物的基本转录装置，又具有类似于细菌的转录调控机制。

5. 一个细菌群体或生活在一个小生境中的细菌相互呈现着密切的通讯关系，并受一种称之为群体感应调控系统的调节。细菌的多种功能都受到该系统的调节。我们可以利用细菌的 QS 系统对细菌的某些功能进行干扰或促进，从而达到有益于人类的目的。

网上更多……

👤 复习题　　👥 思考题　　📝 现实案例简要答案

（沈　萍）

第10章
微生物与基因工程

学习提示

Chapter Outline

现实案例：利用微生物制备抗疟疾药物——青蒿素的重要前体物

疟疾是威胁全球人类健康的重大疾病。20世纪70年代，我国科学家首次从青蒿草中提取得到具有高效杀灭疟原虫的活性物质——青蒿素（artemisinin）。但是，青蒿素含量普遍低于0.1%，植物提取青蒿素的成本很高，药剂费用居高不下，在贫困地区无法推广。美国加州大学基斯林（Keasling J D）教授研究小组利用合成生物学方法将相关基因转化大肠杆菌和酿酒酵母，利用微生物合成青蒿素前体物——青蒿酸，大大提高了青蒿素生产速率和产量，引起了世人的广泛关注。

请对下列问题给予回答和分析：

利用微生物细胞合成植物特有的活性物质——青蒿酸需要考虑哪些因素？合成生物学方法的优势是什么？

基因工程（genetic engineering）是指对遗传信息的分子施工，即把分离到的或合成的基因经过改造，插入到载体中，然后导入宿主细胞内，使其扩增和表达，从而获得大量基因产物或改变生物性状。基因工程的核心技术是重组 DNA 技术（recombinant DNA technology）。基因工程和重组 DNA 技术常可作为同义语来使用。

基因工程是在现代生物学、化学工程学以及其他有关数理科学的基础上产生和发展起来的，并有赖于微生物学理论和技术的指导和运用，微生物在基因工程的产生和发展过程中起着不可替代的作用。基因工程的出现是 20 世纪生物科学具有划时代意义的巨大事件，它使得生物科学获得迅猛发展，并带动了生物技术产业的兴起。它的出现标志着人类已经能够按照自己意愿进行各种基因操作，大规模生产基因产物，并设计和创建新的基因、新的蛋白质和新的生物物种。基因工程的产生和发展是当今生物技术革命的重要组成部分。

第一节　基因工程概述

一、历史回顾

基因工程是在 20 世纪 70 年代初开始出现的。DNA 的特异切割、DNA 的分子克隆和 DNA 的快速测序等 3 项关键技术的建立为基因工程的诞生奠定了基础。

早在 20 世纪 50 年代，阿尔伯（Arber）的实验室就已发现大肠杆菌能够限制入侵的噬菌体。60 年代末进而证明大肠杆菌细胞内存在修饰 – 限制系统，即给宿主自身 DNA 加上甲基化标记，而切割没有甲基化的入侵噬菌体 DNA，从而达到破坏外来 DNA 而保护自身遗传物质的目的。1970 年史密斯（Smith）等人从流感嗜血杆菌（*Hemophilus influenzae*）中分离出特异切割 DNA 的限制酶。次年，内森斯（Nathans）等人用该酶切割猴病毒 SV40 DNA，最先绘制出 DNA 的限制图谱（restriction map）。限制性核酸内切酶可用于在 DNA 的特定位点进行切割，它的发现使分离基因成为可能。为表彰上述 3 位科学家在发现和使用限制酶中的功绩，他们获得了 1978 年的诺贝尔生理学或医学奖。

1972 年伯格（Berg）等将噬菌体 λ 的基因插入到 SV40 DNA 中，最早成功地构建了重组 DNA 分子。由于考虑到猴病毒 SV40 具有潜在致癌作用，故该项工作没有进行下去。次年，科恩（Cohen）和博耶（Boyer）等将 R 质粒的四环素和卡那霉素抗性基因与质粒 pSC101 体外重组，并将重组 DNA 导入大肠杆菌细胞中，首次实现了 DNA 的分子克隆。

1975 年桑格（Sanger）实验室建立了酶法快速测定 DNA 序列的技术。1977 年吉尔伯特（Gilbert）实验室又建立了化学测定 DNA 序列的技术。分子克隆和快速 DNA 测序方法的建立，使重组 DNA 技术系统得以产生。1980 年诺贝尔化学奖被授予伯格、吉尔伯特和桑格，以肯定他们在发展 DNA 重组与测序技术中的贡献。

基因工程的诞生开辟了研究和应用生物基因的崭新领域。1977 年板仓（Itakura）和博耶用人工合成的促生长激素抑制素（somatostatin，SMT）基因构建表达载体，并在大肠杆菌细胞内表达成功，得到第一个基因工程产品。该激素可用于治疗儿童发育时期因生长激素分泌过多而造成的四肢巨大症。采用大规模发酵生产，每升发酵液可得到 50 mg 这种激素；而从羊的下丘脑中提取，需要 50 万头羊才能得到同样量的产品。从这个例子可以了解到基因工程生产的重大意义。其后许多基因产物，尤其是在体内微量存在而有重要生理作用的基因产物，都陆续表达成功。生物技术产业由此开始崛起。

1982 年，在建立转基因植物和转基因动物的技术上获得重大突破。借助根癌土壤杆菌的 Ti 质粒将外源基因导入双子叶植物细胞内，并与其染色体发生整合，从而使植株获得新的遗传性状。同年把大鼠生长激素基因注射到小鼠受精卵的雄核中，然后移植到母鼠子宫内，由此培育出巨型工程小鼠。与传统育种技术相比，基因工程育种周期短、效率高、针对性强，还可导入双亲没有的基因，获得新的性状。

其后有两项基因工程的关键技术得到发展，一是基因的无细胞扩增，即 DNA 的聚合酶链反应（polymerase chain reaction, PCR）；另一是基因定位诱变。1983 年马利斯（K.Mullis）发明 PCR 快速扩增 DNA 的方法。该方法模拟体内 DNA 的复制过程，用 DNA 聚合酶和 4 种脱氧核苷三磷酸（dNTP）底物，通过一对引物的延伸反应以复制模板 DNA 序列。寡核苷酸指导的定位诱变（oligonucleotide-directed mutagenesis）是由史密斯（M.Smith）所发明，也是在 1983 年他将定位诱变技术加以改进，由合成的寡核苷酸在复制中引入变异。1993 年马利斯和史密斯共同获得诺贝尔化学奖，以表彰他们对生物技术的重大贡献。

由于基因工程在技术上的成熟，才有可能完成像人类基因组计划这样伟大的科学工程。经过科学家充分争议，1990 年美国国会批准该计划，拟用 15 年时间（1990—2005），投资 30 亿美元，完成人类基因组 DNA 全部 3×10^9 bp 的序列测定。这一计划提出之后，得到国际科学家和政府的支持，英国、法国、日本、德国和中国相继参加这项工作。在国际科学界的共同努力下该计划提前两年完成，生物科学进入了后基因组时代，即以研究结构基因组学（structural genomics）、功能基因组学（functional genomics）和蛋白质组学（proteomics）等为重点。也就是说，生物科学不仅研究个别基因和基因产物，还将更着重于研究基因与基因产物间的相互识别与作用，研究基因组与蛋白质组的整体作用，趋向于更综合的研究。进入 21 世纪以后，合成生物学（synthetic biology）作为一门崭新的学科得到了飞速的发展。合成生物学是由人类基因组计划所带动的基因组学、转录组学（transcriptomics）、蛋白质组学、代谢组学（metabolomics）等各种组学及系统生物学发展的一个必然结果。合成生物学是涉及生命科学、化学、物理学、数学、计算科学和工程学等多个领域的新兴综合性交叉学科，旨在设计和构建工程化的生物系统，包括基因线路、信号级联及代谢网络的构建等，用于处理信息、制造材料、生产能源、改善人类的健康和生存环境，以可预测和稳定的方式得到新的生物学功能。作为一门迅速成长的新兴学科，目前来看，合成生物学还是处在起步阶段，不过在不久的将来，合成生物学将会有极为广泛的发展，为解决人类目前所面临的能源、环境和健康方面的问题等提供更加有力的理论和实践依据，为人类更加深入地理解各种生命现象提供丰富的线索。

基因工程从诞生至今仅仅 30 余年时间，已在实践中迅速发展，日趋完善。基因工程的兴起改变了生物科学的面貌，也带动了生物技术和生物产业的发展。几乎所有基因工程操作都需要用微生物作生物材料，这就使得微生物学理论和实验变得更为重要。

二、基因工程的基本操作

基因工程的核心内容是基因重组、克隆和表达。基因工程的基本操作可归纳为以下主要步骤：

（1）目的基因的分离或合成

通常可以从基因文库（genomic library）或 cDNA 文库（cDNA library）中分离克隆的基因，通过 DNA 聚合酶链反应（PCR）扩增基因，也可以利用基因定位诱变获得突变基因，或用化学法合成基因。

（2）外源基因与载体的体外连接

在体外，将外源基因插入到克隆载体（或表达载体）中，形成具有自主复制起点的"重组 DNA 分子"。

（3）外源基因导入宿主细胞

将重组 DNA 分子导入微生物或动、植物细胞中，使其复制，由此获得基因克隆（clone）。

（4）目的基因克隆的筛选和鉴定

从成千上万不同的基因克隆中筛选出目的基因克隆，并进行鉴定。

（5）克隆基因在宿主细胞中表达

控制适当条件，使克隆基因在宿主细胞中高效表达，产生出人们所需要的产品，或使生物体获得新的性状。这种获得新性状的微生物称为"工程菌"，新类型的动、植物分别称为"转基因动物"和"转基因植物"。

上述步骤可用图 10-1 表示。

三、微生物与基因工程的关系

微生物和微生物学在基因工程的产生和发展中起着十分重要的作用，可以说基因工程的一切操作都离不开微生物。可从以下 6 个方面加以说明：

（1）基因资源

微生物的多样性，尤其是抗高温、高盐、高酸、高碱、低温、分解有毒物质、杀虫以及产生各种特殊功能的蛋白质等众多基因，为基因工程提供了极其丰富而独特的基因资源。

（2）基因工程载体

基因工程所用的克隆载体主要是由质粒、噬菌体和病毒 DNA 等改造而成的。

（3）基因工程工具酶

基因工程所用的千余种工具酶（例如限制性核酸内切酶、DNA 连接酶和反转录酶等），绝大多数是从微生物中分离纯化得到的。

（4）基因克隆的宿主

微生物细胞是基因克隆的宿主，即使是植物基因工程和动物基因工程也要先构建穿梭载体，使外源基因或重组体 DNA 在大肠杆菌中得到克隆并进行拼接和改造，才能再转移到植物和动物细胞中。

（5）基因表达的生物反应器

为了大量表达各种有应用价值的基因产物，从事商业化生产，通常都是将外源基因表达载体导入大肠杆菌或酵母菌中，将"工程菌"作为生物反应器，进行大规模工业发酵来实现的。

（6）基因结构与功能理论研究

有关基因结构、性质和表达调控的理论认识主要也是来自对微生物的研究，或者是将动、植物基因转移到微生物细胞中再进行研究而取得的，因此，微生物学不仅为基因工程提供了操作技术，同时也提供了理论指导。

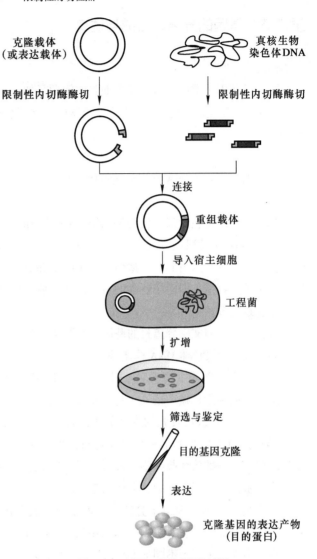

图 10-1　基因工程基本操作过程

? • 哪 3 项关键技术的建立为基因工程的诞生奠定了基础？
• 基因工程的核心内容是什么？
• 基因工程包括哪些基本步骤？简述其内容。
• 试述微生物学在基因工程中的作用。

第二节　基因的分离、合成与诱变

当进行基因工程研究时，首先面临的问题是如何获得目的基因，下面着重介绍获得目的基因的几种常用方法：① 从基因文库或 cDNA 文库分离基因；② 化学合成基因；③ 利用 PCR 扩增基因及定位诱变获得突变基因。

一、从基因文库或 cDNA 文库分离基因

基因文库是指包含某一生物基因组 DNA 片段的全部克隆。即将整个基因组 DNA 切成片段，并用合适的载体将全部 DNA 片段进行克隆。文库中每一个克隆只含基因组中某一特定的 DNA 片段。一个理想的基因文库应包括该生物基因组的全部遗传信息（即全部 DNA 序列）。由于真核生物基因组十分庞大，因此要求构建基因文库的库容量（即库中所含的重组体克隆数）足够大，才能筛选到所需的目的基因。基因组越大，需要的克隆数越多。

通过构建基因文库分离目的基因需经两个步骤：

第一步，由染色体 DNA 构建基因文库。

构建基因文库的主要步骤（图 10-2）：① 从生物组织或细胞中提取染色体 DNA。② 用限制性酶进行部分消化（或利用机械剪切力）将其切成适当长度的 DNA 片段，经分级分离选出一定大小适合克隆的 DNA 片段。③ 选择容载量较大的克隆载体，通常采用 λ 噬菌体载体或黏粒载体，在适当位点将载体 DNA 切开。④ 将染色体 DNA 片段与载体 DNA 进行体外连接。⑤ 重组 DNA 分子直接转化细菌或用体外包装的重组 λ 噬菌体粒子感染敏感细菌细胞。最后得到携带重组 DNA 分子的细菌群体或噬菌体群体即构成基因文库。

第二步，从基因文库中分离目的基因。

由于真核生物基因组十分庞大，而单个基因只占基因组 DNA 的很小部分。例如人类基因组的大小为 3.2×10^6 kb，而一个基因编码序列大小只有 1~2 kb。设想若将此基因组随机切割成单个基因大小的 DNA 片段，将会出现几十万个不同的 DNA 片段，而要从这巨大数目的 DNA 片段中分离某一目的基因，就好比大海捞针，是一项十分艰巨的工作。

在构建基因文库之后，就需要从文库中筛选出含目的基因的克隆。通常采用以下方法进行筛选：① 利用标记的基因探针与转印在滤膜上的待测菌落克隆或噬菌斑进行 DNA 杂交；② 用抗体与表达蛋白进行免疫反应；③ 检测表达蛋白活性。对于筛选到的阳性克隆还须作进一步的鉴定，以确定其是否为含有目的基因的克隆（详见第五节）。

所谓 cDNA 文库是指包含某一生物 mRNA 的全部 cDNA 克隆。cDNA 文库中的每一个克隆只含一种 mRNA 信息。cDNA 文库的特点：① 文库中只含表达基因的 cDNA，而通常细胞中大约仅有 15% 的基因被表达，因此细胞中的 mRNA 种类数比基因数少得多，相应 cDNA 文库中的重组体克隆数要比基因文库少，因而从 cDNA 文库中较易筛选到目的基因克隆。② 真核生物基因的编码序列被非编码序列（内含子）隔开，只有经过转录后的 RNA 加工，才能将内含子切去，因此，真核生物基因在原核生物细胞中不能直接表达。只有将其 mRNA 反转录成 cDNA，构建 cDNA 文库，从中筛选到 cDNA 克隆，只要附上原核生物的调节和控制序列，就能在原核细胞内表达。③ 由于 cDNA 不含真核生物基因的启动子和内含子，因而其 DNA 序列比基因短，故可选用质粒或噬菌体载体作为克隆载体。

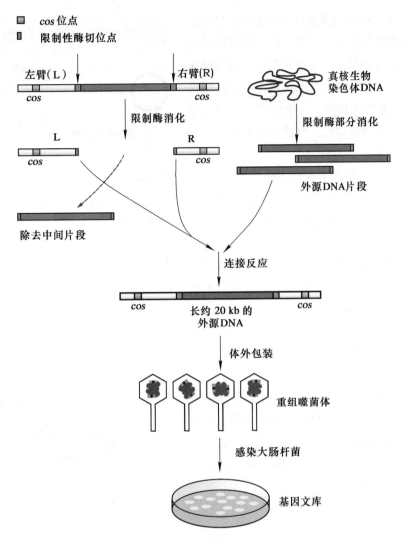

图 10-2　基因文库构建示意图

通过构建 cDNA 文库分离目的基因需经两个步骤：

第一步，由 mRNA 构建 cDNA 文库。

由 mRNA 构建 cDNA 文库的主要步骤（图 10-3）：① 从特定个体或细胞中提取 mRNA。② 以此 mRNA 为模板，利用反转录酶并以寡聚（dT）或随机寡聚核苷酸为引物合成 cDNA 的第一条链。③ 然后，以 cDNA 第一条链作为模板，利用 DNA 聚合酶 I 和适当引物，即可合成 cDNA 的第二条链。引物的来源：可利用第一条 cDNA 链的自身回折作为引物；或在除去杂交分子的 mRNA 后，再加入随机引物；或利用 RNA 酶 H 部分消化 DNA-RNA 杂交分子中的 RNA 链，以留下的 RNA 小片段作为引物。④ cDNA 与合适载体在体外连接。⑤ 重组载体导入宿主细胞或进行噬菌体的体外包装及感染。

第二步，从 cDNA 文库分离目的基因。

从 cDNA 文库筛选目的基因克隆的原理及实验方法与基因文库类同。

二、基因的化学合成

DNA 的化学合成是科拉纳（Khorana）于 20 世纪 50 年代建立的，其后作了一系列改进，并最先合成了基因片段。因此，他于 1968 年获得诺贝尔生理学或医学奖。

如果已知某种基因的核苷酸序列，或某种蛋白质的氨基酸序列，就可通过化学法合成这一基因。基因的化学合成是先合成许多寡核苷酸，彼此交错互补，然后再将它们连接起来，成为双链 DNA。化学合成法自 DNA 合成仪问世后，已实现完全自动化。目前合成寡核苷酸长度为 150～200 个核苷酸。

DNA 合成被广泛用于基因工程的不同目的：① 合成基因或基因的元件。若基因的序列较短，则可直接合成；若基因序列较长时，则可通过先合成寡核苷酸片段，然后再将其连接。现已能构建长达 2 000 bp 的基因序列。② 合成核酸探针。③ 合成 DNA 引物等。化学合成基因不仅能合成天然存在的基因，而且还能合成经改造的基因，从而产生有应用价值的新的蛋白质。

三、PCR 扩增基因及定位诱变

DNA 的聚合酶链反应（PCR）是一种体外快速扩增特定 DNA 序列的新技术。过去只能依靠体内克隆技术才能获得特定 DNA 序列，而现在利用 PCR 只需几小时，就可在体外将某特定基因扩增百万倍。PCR 为基因的体外扩增提供了十分简便的方法。

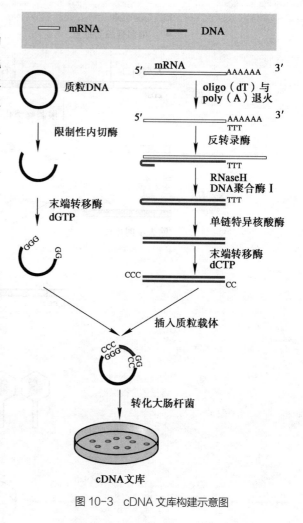

图 10-3　cDNA 文库构建示意图

1. PCR 的基本原理

进行 PCR 需合成一对寡核苷酸作为引物，它们各自与所要扩增靶 DNA 片段两条链的末端互补。PCR 循环分变性、退火、延伸 3 个步骤（图 10-4）：

（1）变性（denaturation）

在高温（94℃左右）下，模板 DNA 热变性，双链被解开成为两条单链。

（2）退火（annealing）

反应系统降温，使引物与模板 DNA 两端的碱基配对。

（3）延伸（extension）

DNA 聚合酶使引物 3′ 端向前延伸，合成与模板互补的 DNA 新链。

新合成的 DNA 链又可作为下一个循环的模板进行复制。重复变性、退火和延伸 3 个步骤的操作，DNA 片段呈 2 的指数增长，利用 PCR 仪，在 1~2 h 内重复 25～30 次循环，DNA 量可扩增 10^6～10^7 倍。

2. 微生物的耐高温 DNA 聚合酶

最初 PCR 使用 Klenow DNA 聚合酶，此酶不耐高温，PCR 过程中每次变性都要加热使 DNA 双链分开，酶便因此失活而需重新添加，操作十分不方便。

随后陆续从耐热菌中分离提取出多种耐热的 DNA 聚合酶，才使 PCR 技术趋于完善，得以广泛应用。现介绍 3 种主要的耐热 DNA 聚合酶：

（1）*Taq* DNA 聚合酶

这是萨奇（Saiki）等在 1988 年从水生栖热菌（*Thermus aquaticus*）中分离到的。它是一种耐高温但缺乏校正功能的 DNA 聚合酶。一次加酶即可满足 PCR 全过程需要。

（2）*Pfu* DNA 聚合酶和 Vent DNA 聚合酶

前者是从火球菌（*Pyrococcus furiosus*）分离到的。而后者则是从极端耐热细菌（*Thermococcus litoralis*）中分离到的。这是一类既耐高温又具有校正功能的 DNA 聚合酶。

（3）*Tth* DNA 聚合酶

该酶是从嗜热细菌（*Thermus thermophilus*）中分离到的。此酶具有反转录酶活性。用它可使反转录 PCR（RT–PCR）在同一系统中进行，以 RNA 为模板，反转录成 cDNA，再以 cDNA 为模板，进行 PCR 扩增。该酶可用于细胞 RNA 和 RNA 病毒的研究。

为了满足发展中 PCR 技术对耐高温 DNA 聚合酶的需要，上述耐高温聚合酶的基因已被克隆到大肠杆菌细胞中，并被大规模生产。

3. 利用 PCR 对基因定位诱变获得突变基因

与传统方法用诱变剂随机发生突变不同，定位诱变（site-directed mutagenesis）是利用合成的 DNA 和重组 DNA 技术在基因精确限定的位点引入突变，包括删除、插入和置换特定的碱基序列，从而得到含变异序列的突变基因。

任何基因，只要知道两端及需要变异部位的序列，就可用 PCR 诱变去改造该基因的序列。该方法简便易行、结果准确、高效，因此 PCR 诱变已成为最常用的定位诱变方法。

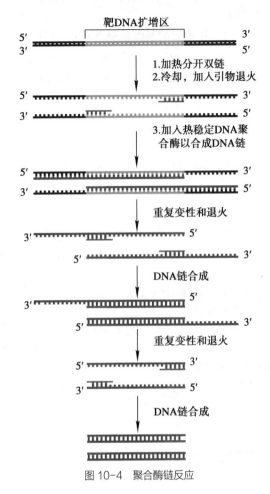

图 10-4　聚合酶链反应

PCR 诱变有两种方法：

（1）变异部位位于基因的末端

只要 5′ 端或 3′ 端引物含有变异碱基，便可使 PCR 产物（目的基因）的两端引入各种变异。例如，常在引物 5′ 端设计一个限制酶的位点，即可使 PCR 产物的末端引入所需的限制位点。

（2）变异部位位于基因的中间

有时希望在基因中间部位产生变异序列。1988 年希古契（Higuchi）等人提出借助重组 PCR（recombinant PCR）进行定位诱变的方法，可在 DNA 片段任意部位产生定位诱变（图 10-5）。在需要诱变的位置合成一对含有变异序列的互补寡核苷酸，然后分别与 5′ 引物和 3′ 引物进行 PCR，这样便可得到两个 PCR 产物，分别含有变异序列，由于二者中间有一段序列彼此互补重叠，在重叠部位经重组 PCR 就能得到变异的 PCR 产物（即在基因的中间部位含有变异碱基）。重组 PCR 不仅可在基因任意位点引入变异，还可使不同基因片段之间发生重组连接。

从上述可以看到，定位诱变技术具有重要应用价值，它不仅可用于基因和蛋白质结构与功能的研究，还能进行分子设计以改造天然蛋白质，即通过改变蛋白质分子中的特异氨基酸序列，从而获得有益的蛋白质突变体。

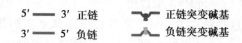

4. PCR 的应用

PCR 在分子生物学、考古学、基因工程的研究、临床医学和法医等领域中具有十分广泛的实际应用价值：

（1）扩增目的基因和制备 DNA 探针

PCR 已成为基因工程获得目的基因的重要手段，如果知道目的基因的部分序列，即可利用 PCR 扩增该基因的拷贝；也可用于定位诱变和 DNA 测序。

（2）临床医学诊断

可用于传染病（例如艾滋病、衣原体疾病、结核病、肝炎等疾病）的检测、遗传病的诊断和对癌基因的分析确定。

（3）法医鉴定

可用于鉴别个体和判定亲缘关系。由于 PCR 高度灵敏性，即使痕量 DNA 也能被检测出来。因此当 PCR 与指纹图谱技术结合使用，它对于指证嫌犯和确定个体间的血缘关系将起着重要作用。

> - 何谓基因文库？何谓 cDNA 文库？cDNA 文库有何优点和用途？
> - 何谓聚合酶链反应（PCR）？它在基因工程中有何用途？
> - 何谓基因定位诱变？PCR 定位诱变的原理是什么？

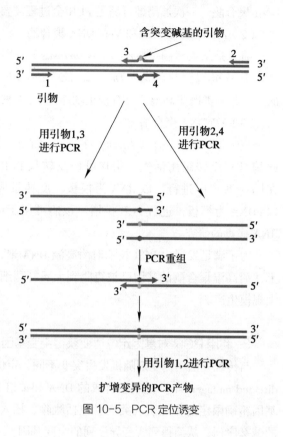

图 10-5　PCR 定位诱变

第三节　微生物与克隆载体

克隆载体（cloning vector）是指可插入外源 DNA 和负责将外源基因运送到宿主细胞中进行复制与扩增的运载工具。作为克隆载体的基本要求是：① 载体应该是一个独立的复制子（replicon），含有复制起点，可在细胞中进行自主复制。② 含有若干限制酶的单一切点，将该处切割后，即可插入外源 DNA。③ 含有选择标记，便于将重组载体与原始载体区分开来。④ 载体应尽可能小，只保留必需序列，而删除其中的非必需序列。⑤ 具有一定的安全性，在胞内不发生重组与转移，在胞外不能自由扩散。

目前基因工程中使用的克隆载体基本上均来自微生物，主要有 3 大类：原核生物克隆载体、真核生物克隆载体和人工染色体等（表 10-1）。

表 10-1　主要克隆载体的特点及用途

载体名称	可插入外源 DNA 片段大小	主要用途
质粒载体	<15 kb	外源基因的克隆和表达
λ 噬菌体载体	<23 kb	构建基因文库及 cDNA 文库

续表

载体名称	可插入外源 DNA 片段大小	主要用途
黏粒	<49 kb	构建基因文库
M13 噬菌体载体	300 ~ 400 bp	单链 DNA 制备、测序、定位诱变和噬菌体展示
噬菌粒	<10 kb	外源基因的克隆和表达
酵母质粒载体	<15 kb	真核基因的克隆和表达
酵母人工染色体	150 ~ 2 000 kb	大型基因研究、实现人类基因组计划和人类疾病相关基因的研究
细菌人工染色体	120 ~ 300 kb	大型基因研究、实现人类基因组计划

一、原核生物克隆载体

原核生物克隆载体主要包括：质粒载体、λ 噬菌体载体和黏粒、M13 噬菌体载体和噬菌粒等。

1. 质粒载体

当前基因工程中所使用的克隆载体，绝大多数是利用细菌的天然质粒，经人工修饰改造而成。细菌质粒作为克隆载体具有某些有利的特性：① 含有复制起点。② 含有多种限制酶的单一识别位点，可插入的外源 DNA 约 15 kb。③ 含有抗生素抗性基因的选择标记。④ 高拷贝，每个细胞含有 10 ~ 200 个拷贝。⑤ 具有较小相对分子质量，分子为 1 ~ 200 kb，有利于 DNA 的分离和操作。⑥ 可通过转化导入宿主细胞。

质粒 pBR322 是由博利瓦（Bolivar）等人于 1977 年构建而成的，它是最常用和最具代表性的质粒载体（图 10-6）。它由 4 361 bp 组成，可插入的外源 DNA 约 5 kb，含有一个复制起点，每个细胞含

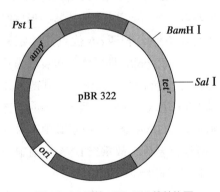

图 10-6　质粒 pBR 322 的结构图

有 20 ~ 30 个拷贝。由于染色体复制需要新合成的蛋白质参与，而质粒复制不需要合成蛋白质，因此，当在培养基中加入蛋白质合成抑制剂如氯霉素时，抑制了染色体 DNA 的复制，而细菌质粒 DNA 的复制却得到加强，使每个细胞的质粒可高达 1 000 ~ 3 000 个拷贝。含有两种抗生素的抗性基因，即四环素抗性基因（*tet*^r）和氨苄青霉素抗性基因（*amp*^r），在四环素抗性基因内含有 *Bam*H Ⅰ、*Hind* Ⅲ、*Sal* Ⅰ 等的单一识别位点，在氨苄青霉素抗性基因内则仅含有 *Pst* Ⅰ 的单一识别位点。当外源基因插入到抗性基因内，该质粒就失去抗性，称为插入失活。

近年来已在 pBR322 的基础上发展许多新的质粒载体如 pUC 系列，在这些载体上含有一个人工构建的多克隆位点（multiple cloning site），这是一个带有不同限制酶单一识别位点的 DNA 片段，外源基因可随意插入其中任何一个位点。同时又由于多克隆位点位于抗性基因或其他标记基因的编码区之中，因此，基因插入失活的现象极易被检测到，从而有利于克隆基因的筛选。

2. λ 噬菌体载体

λ 噬菌体的基因组为线状双链 DNA，大小约 50 kb，DNA 两端具有 12 个核苷酸的单链末端并相互互补，称为黏性末端。进入大肠杆菌细胞内，黏性末端配对形成环状双链 DNA。在 λ 基因组近中部，约占基因组

1/3 的 DNA 是负责溶原和整合的基因，它对于 λ 的复制和包装是非必需的，故可用外源 DNA 取代。

λ 噬菌体载体有两种类型：插入型载体（insert vector），通过切开单一限制酶位点，可插入外源基因；取代型载体（replacement vector），具有成对限制酶位点，外源基因可取代两限制位点之间的 DNA 片段。重组 DNA 与包装蛋白混合，可在体外包装成为有感染力的重组噬菌体颗粒，然后感染大肠杆菌。

λ 噬菌体载体可克隆约 23 kb 外源 DNA 片段，其克隆能力大于质粒载体。此外，其对宿主细胞的感染率几乎可达 100%，也大大高于质粒 DNA 的转化率（约 0.1%）。因此常被用于构建基因文库。

尽管 λ 噬菌体载体是一种十分有用的克隆载体，但其插入外源 DNA 的长度受到一定的限制，这是由于 λ 噬菌体头部容纳 DNA 的量是固定的，插入外源基因后，重组 DNA 总长度必须控制在野生型 λDNA 长度的 78% ~ 105% 之间（即 40 ~ 53 kb 之间），才能被包装成为有感染力的噬菌体颗粒，否则都不能被正常包装。由于考虑到需保留复制的必需区（约 30 kb），故插入的外源 DNA 片段长度一般约 20 kb，最长不能超过 23 kb。

3. 黏粒

黏粒又称柯斯质粒载体（cosmid vector），是含有 λ 噬菌体 *cos* 位点的质粒。最简单的黏粒是一个正常的小质粒，含有质粒的复制起点、抗生素抗性基因的选择标记、一个 *cos* 位点和用于克隆的多个限制酶单一位点。

用限制酶切开黏粒，将外源 DNA 片段与两个含 *cos* 位点载体连接，形成线性的重组 DNA，若两 *cos* 位点间的距离合适（37 ~ 52 bp），即可体外包装成为重组噬菌体颗粒。然后感染大肠杆菌，并将其 DNA 注入细胞中，两个 *cos* 位点连接形成环状 DNA 分子。由于其中不含任何 λ 噬菌体基因，故重组 DNA 在细胞中以质粒形式进行复制（图 10-7）。

黏粒本身大小只有 5 ~ 7 kb，而它却可克隆高达 45 kb 左右的外源 DNA 片段。由于它比质粒和 λ 噬菌体载体可携带更大的 DNA 片段，故常用于构建基因文库。

4. M13 噬菌体载体

M13 是大肠杆菌丝状噬菌体，其基因组为环状单链 DNA（ssDNA），大小为 6 407 核苷酸。感染雄性大肠杆菌（F⁺ 或 Hfr）后转变成复制型（RF）dsDNA，然后以滚环方式复制出 ssDNA，并被装配和以出芽方式将子代噬菌体释放至胞外。

M13 基因组中，除基因间隔区（IG）外，其他均为复制和装配所必需的基因。M13 载体（M13 mp 系列）的特点是：① 在 M13 复制型的 IG 区中插入 β- 半乳

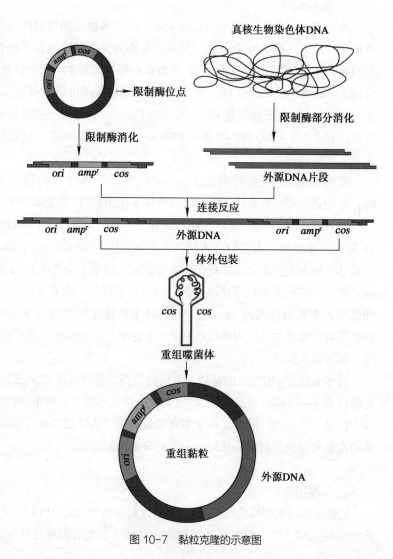

图 10-7　黏粒克隆的示意图

糖苷酶 N 端一小段编码序列及其调控序列，该序列编码 β- 半乳糖苷酶的 α 肽，α 肽可与大肠杆菌 lac Z 突变基因 ΔM15 的产物进行互补，产生具有活性的 β- 半乳糖苷酶。② 在 α 肽的编码区内插入若干限制酶的单一切点，当外源基因插入这一区段，则会破坏 α 互补作用。

M13 载体一般只能克隆 300～400 bp 的外源 DNA 片段，常用于制备单链 DNA 探针、定位诱变模板，也可用于噬菌体展示（phage display）。

5. 噬菌粒

噬菌粒（phagemid 或 phasmid）又称噬粒，是含有经修饰后丝状噬菌体的主要基因间隔区的质粒。例如 pUC118 就是一种常用的噬菌粒，它是噬菌体 M13 的基因间隔区（内含有 M13 的复制起点）插入到质粒载体 pUC18 中构建而成的。该质粒中还含有质粒的复制起点、抗生素抗性基因标记和一个多克隆位点。

噬菌粒在大肠杆菌细胞内以质粒的复制起点进行复制，产生双链 DNA。当含噬菌粒的大肠杆菌被辅助噬菌体（helper bacteriophages）感染后，在辅助噬菌体基因 II 产物作用下，噬菌粒基因间隔区特定位点被切开，然后以 M13 的复制起点进行复制，产生单链 DNA，并利用辅助噬菌体提供的装配蛋白和外壳蛋白装配成重组噬菌体颗粒，释放至胞外。

噬菌粒的优点：① 载体本身分子小，约为 3 kb，便于分离和操作。② 可克隆 10 kb 的外源 DNA 片段，克隆能力较 M13 噬菌体载体大。③ 可用于制备单链或双链 DNA，克隆和表达外源基因。

二、真核生物克隆载体

为了适应真核生物基因工程的需要，目前已构建了一系列真核生物克隆载体，这里重点介绍酵母质粒载体、Ti 质粒载体和真核生物病毒载体。

1. 酵母质粒载体

酵母质粒载体大都具有酵母复制起点和大肠杆菌质粒 pBR322 的复制起点，故既可在酵母中也可在细菌中复制，因此属于穿梭质粒载体（shuttle plasmid vector）。主要有以下 3 种类型（图 10-8）：

（1）酵母附加体质粒

酵母附加体质粒（yeast episomal plasmid，YEP）含有酵母 2 μm 质粒的复制起点和酵母选择标记 URA3 基因（尿嘧啶核苷酸合成酶基因 3），同时还含有大肠杆菌的复制起点和选择标记（amp^r 和 tet^r）。在酵母细胞中能自主复制，具有较高拷贝数。

（2）酵母复制质粒

酵母复制质粒（yeast replicating plasmid，YRP）含有酵母自主复制序列（ARS）和酵母选择标记基因 URA3 和 TRP1（色氨酸合成酶基因 1），同时还含有大肠杆菌的复制起点和选择标记（amp^r 和 tet^r）。在酵母细胞中能自主复制，但只能获得中等拷贝数。

（3）酵母整合质粒

酵母整合质粒（yeast integrating plasmid，YIP）含有酵母的 URA3 基因，既可作为酵母选择标记，也可与酵母染色体 DNA 进行同源重组，而整合到染色体上，随染色体复制而复制。由于它不含酵母复制起点，故只能整合而不能在酵母细胞中进行自主复制。该质粒同时含有大肠杆菌的复制起点和选择标记（amp^r 和 tet^r），可在大肠杆菌中复制。

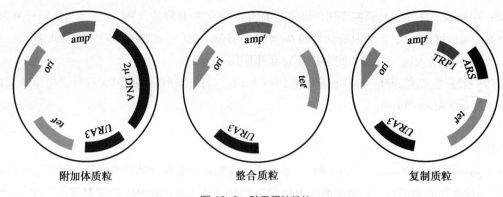

图 10-8　酵母质粒载体

2. Ti 质粒载体

根癌土壤杆菌（*Agrobacterium tumerfaciens*）的质粒称为 Ti 质粒（tumor inducing plasmid，Ti plasmid），它是一种诱发双子叶植物产生肿瘤的质粒。该质粒大小约 200 kb，为双链闭环分子，其中有两个区段与诱发肿瘤有关，即 T-DNA 区段（transferred-DNA region）与 *vir* 区段（virulence region）。T-DNA 区段长 12 ~ 24 kb，含有合成冠瘿碱基因（如 *nos*）、细胞分裂素合成酶基因（*tmr*）和植物生长素合成酶基因（*tms1* 和 *tms2*），*tmr*、*tms1* 和 *tms2* 这 3 个基因统称为肿瘤基因（*onc*）。T-DNA 区的两端为 25 bp 的正向重复序列（分别称为左边缘 LB 和右边缘 RB）。*vir* 区段编码多种蛋白质，参与 T-DNA 的转移与整合。

Ti 质粒介导的基因转移：① T-DNA 的两端为边缘序列，只有位于这两个序列间的 DNA 片段才能被转移。② *vir* 区段基因编码的某些蛋白，其中有一基因编码一种核酸内切酶，可在 T-DNA 的 LB 和 RB 处切开单链，使 T-DNA 的单链从 Ti 质粒中释放出来，然后另一基因编码的蛋白质与此切开的单链在 RB 序列的 5′端结合，并引导单链进入植物细胞内，形成双链并整合到植物染色体 DNA 上。

Ti 质粒是植物基因工程的理想载体，但是由于 Ti 质粒太大，不便于操作，因此人们构建了许多 Ti 质粒衍生物作为植物的基因克隆载体。其中一种称为二元载体系统（binary vector system），是将 Ti 质粒的 T-DNA 和 *vir* 区段分别置于两个载体中。其一为克隆载体，通常是大肠杆菌的一种小质粒，含有 T-DNA，为了避免宿主产生肿瘤，将其中的肿瘤基因全部除去，还含有大肠杆菌和根癌土壤杆菌的复制起点，是大肠杆菌 – 根癌土壤杆菌穿梭质粒。它常含有两个选择标记基因，一个可在大肠杆菌中表达（如卡那霉素抗性基因 *kan*ʳ），另一可在植物中表达（如新霉素抗性基因 *neo*ʳ）。此外还含有多克隆位点，是外源基因的插入位点。另一为辅助质粒（helper plasmid），是一个缺少 T-DNA 经修饰的 Ti 质粒（含有一整套的 *vir* 基因）。当外源基因插入克隆载体的 T-DNA 内，被导入大肠杆菌，然后通过接合转移进入根癌土壤杆菌内（该菌含有辅助质粒），位于 LB 和 RB 二者中间的外源基因和抗生素抗性基因，在 *Vir* 蛋白引导下，转移并整合至植物细胞的染色体 DNA 上。最后，转化细胞发育成为获得新遗传性状的完整植株（图 10-9）。

长期以来，用根癌土壤杆菌介导的基因转移仅局限于双子叶植物，直到近几年来，成功利用根癌土壤杆菌将 T-DNA 转移到单子叶植物如玉米和水稻中并获得表达。

3. 真核生物病毒载体

（1）哺乳动物病毒载体

许多哺乳动物病毒如 SV40、腺病毒、牛痘病毒、反转录病毒等经改造后的衍生物可作为基因载体。其优点是：动物病毒能够有效识别宿主细胞，某些动物病毒载体能高效整合到宿主基因组中，以及高拷贝和具有强启动子，有利于外源基因在真核细胞中的克隆与表达。

（2）昆虫病毒载体

昆虫杆状病毒的衍生物作为载体具有许多优点：①可克隆外源DNA片段长度高达100 kb。②外源基因可在昆虫细胞中过量表达，其表达量可高达细胞蛋白质总量的25%左右，甚至更多。而且昆虫细胞可产生许多翻译后修饰的动物蛋白，这是细菌表达系统所做不到的。③具有安全性，仅感染无脊椎动物，并不引起人和哺乳动物疾病。

（3）植物病毒载体

目前一些RNA病毒和DNA病毒已被改造成为植物病毒载体。这类载体的优点是：载体比较小，便于实验操作；可高效感染植物细胞；可在植物细胞中高效表达外源基因。缺点是：载体容量受到一定限制。此外，至今还未证明植物病毒载体可整合到植物基因组中，外源基因在植物中稳定传代问题仍未得到解决。目前植物病毒载体虽未广泛应用，但仍是研究热点之一。当前研究较多的是烟草花叶病毒载体和花椰菜花叶病毒载体等。

三、人工染色体

构建一种生物全部基因组文库，其库容量（文库中所含全部克隆数）主要取决于2个因素：一是基因组大小，另一是载体所能携带的外源DNA片段长度。若要开展对哺乳动物基因组的研究，特别是开展对人类基因组（3×10^9 bp）研究，由于质粒和病毒载体所能携带的DNA片段太小，不能完成此重任。因此，为了保证所插入基因结构的完整性，同时大大减少基因库所要求的克隆数，迫切希望人工构建一类能携带大片段DNA的克隆载体，酵母人工染色体和细菌人工染色体的研究便应运而生。

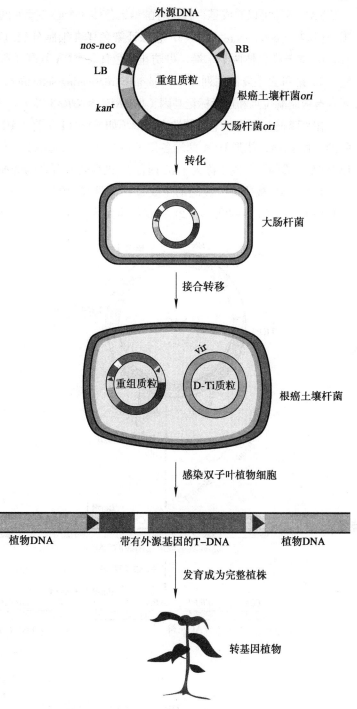

图10-9 Ti质粒载体克隆的示意图

1. 酵母人工染色体

酵母人工染色体（yeast artificial chromosome，YAC）是一类目前能携带最大外源DNA片段的人工构建载体。它是由默里（Murray）于1983年首次构建成功的。

YAC载体可以看成是一种含有酵母染色体3个必要元件的细菌质粒，酵母染色体3个必要元件分别是：① 着丝粒（centromere，*CEN*），它保证染色体在细胞分裂过程中正确分配到子细胞。② 端粒（telomere，*TEL*），位于染色体两个末端，可防止染色体在DNA复制过程中两端序列的丢失，以保证染色体的正常复制。③ 酵母自主复制序列（autonomously replicating sequence，*ARS*），与酵母染色体复制有关。此外，YAC还含有限制酶位点和选择标记基因（如*TRP1*和*URA3*等）。

在克隆前，可用一个限制性内切酶（如*Bam*HⅠ）将YAC载体环形质粒DNA切开，并切去两个端粒之间的一段DNA，线形DNA两端各留下一个端粒。再在另一个内切酶位点（如*Sna*BⅠ）上进行切割，将线形DNA切成两个片段（称为YAC两臂），两臂带有各自的选择标记（如*TRP1*和*URA3*）。

利用YAC载体进行克隆的主要过程（图10-10）：① 核基因组DNA经限制性内切酶部分消化，产生大片段DNA（约2 000 kb）。② 将获得的大片段外源DNA与已准备好的YAC两臂连接，形成重组YAC分

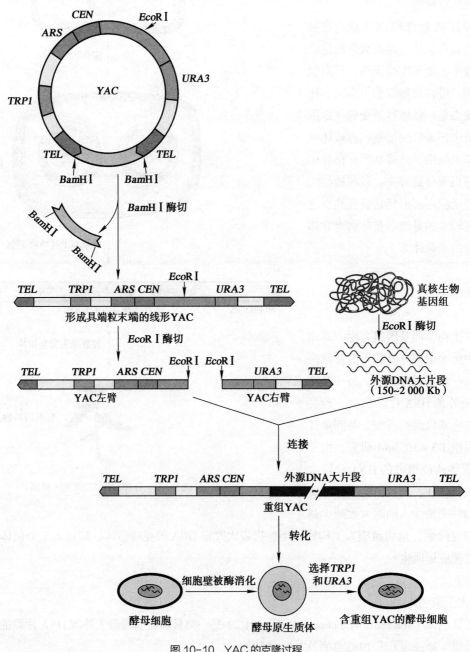

图 10-10 YAC 的克隆过程

子。③ 重组 YAC 分子通过转化进入到经处理的酵母细胞（营养缺陷型酵母突变株）中，并将转化细胞置于在具有两种选择标记（如不含色氨酸和尿苷酸）的培养基上培养。④ 筛选目的克隆，只有那些在 YAC 两臂上具有两个选择标记基因（*TRP1* 和 *URA3*）和在两臂间插入大片段外源 DNA 的酵母细胞（目的克隆）才能在上述培养基上生长。而那些仅由 YAC 的两臂直接连接，或在两臂间只插入小片段的外源 DNA 的酵母细胞则极少能在上述培养基上生长。此外，一些缺少任何一端端粒的 YAC 也会在传代中很快被降解。

YAC 本身只有 10 kb，但它却能携带 150~2 000 kb 的外源 DNA 片段。因此，YAC 对于开展大型基因研究、实现人类基因组计划和研究人类疾病相关基因发挥极其重要的作用。

2. 细菌人工染色体

细菌人工染色体（bacterial artificial chromosome，BAC）是继 YAC 之后第二代人工染色体，它是专门为克隆大片段 DNA 而设计的简单质粒，可克隆长达 300 kb 以上的外源 DNA 片段，希祖亚（Shizuya）等于 1992 年成功构建了第一个 BAC 载体。

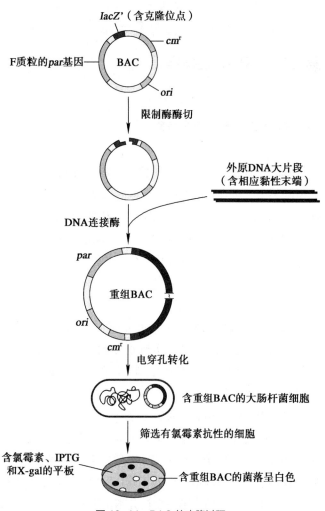

图 10-11　BAC 的克隆过程

BAC 是以大肠杆菌质粒（F 因子）为基本骨架，通常仅保留 F 因子的严紧型控制复制子，以及保证低拷贝质粒准确分配至子代细胞的基因位点（*par* 基因）等基本功能的相关序列，同时也含有多克隆位点和选择性标记（如氯霉素抗性 *cm*r）。当插入外源 DNA 片段时，导致位于克隆位点区域的 *lacZ* 基因失活。通过电穿孔法可将携带大片段外源 DNA 的重组 BAC 导入细菌细胞中。可通过氯霉素抗性筛选重组 BAC。当平板中含有诱导物 IPTG 和 β- 半乳糖苷酶底物 X-gal，没有插入外源 DNA 的菌落呈蓝色，含有重组 BAC 的菌落呈白色（图 10-11）。

由于 BAC 不像 YAC 那样易发生再重组，遗传性稳定，重组 DNA 也易于分离等，因此，BAC 比 YAC 更受使用者青睐，现已广泛用于基因组测序研究。

除 YAC 和 BAC 外，目前还陆续成功构建了一系列的人工染色体：如来源于 P1 因子的人工染色体（P1-derived artificial chromosome，PAC）、哺乳动物人工染色体（mammal artificial chromosome，MAC）和人类人工染色体（human artificial chromosome，HAC）。此外，植物人工染色体（plant artificial chromosome，PAC）也被构建。相信在科学家们的不断努力下，人工染色体将得到进一步发展和完善，并将为人类改造自然作出贡献。

?
- λ 噬菌体载体与黏粒有何不同？
- M13 噬菌体载体与噬菌粒有何不同？
- 酵母质粒载体有哪几种类型？各有何特点？
- 何谓二元载体系统？外源基因如何导入植物细胞？
- 何谓人工染色体？酵母人工染色体（YAC）与细菌人工染色体（BAC）有何不同？各有哪些优缺点？

第四节 基因克隆操作

一、微生物与基因工程工具酶

基因工程操作需要用到一些基本的工具酶。其中有两类酶在分子克隆中起着十分关键的作用。一类是Ⅱ型限制酶，可在目的基因或载体的限制性位点处对 DNA 进行准确切割，产生较小的 DNA 片段；另一类是 DNA 连接酶，在其催化下，使目的基因的 DNA 片段与载体 DNA 进行连接，形成重组 DNA 分子。此外，重组 DNA 技术还需要一些其他工具酶（如反转录酶等）。值得注意的是，基因工程所用到的绝大多数工具酶都是从不同微生物中分离和纯化而获得的。

1. 限制性核酸内切酶

限制性核酸内切酶（restriction endonuclease）或称限制酶（restriction enzyme）广泛存在于各类细菌中。限制酶的生物功能是识别并切割进入细菌细胞中的外来 DNA（如感染宿主的病毒 DNA）；而甲基化酶则可修饰细菌本身 DNA，以避免被限制酶所降解。因此，在细菌细胞内的限制酶和相应的甲基化酶共同构成细菌的限制 – 修饰系统。

（1）限制性内切酶的命名与分类

限制酶的命名是根据产生该酶微生物的学名而定的。通常用 3 个字母来表示，即取微生物属名的第一个字母和种名的头两个字母组成 3 个斜体字母，遇有株名再加在后面。如果同一菌株先后发现几个不同的酶，则用罗马数字加以表示。例如 EcoR Ⅰ 中的 E 表示大肠杆菌属名第一个字母，co 表示种名头两个字母，R 表示株名，Ⅰ 表示该菌中第一个被分离出来的酶。如限制酶是来自同一属的两个细菌，而且该两细菌种名的头两个字母完全相同，这时其中一个菌的酶命名的第三个字母可用种名词头后的另一个字母代替。例如副流感嗜血杆菌（Haemophilus parainfluenzae）的酶表示为 Hpa Ⅰ 和 Hpa Ⅱ；而副溶血嗜血杆菌（Haemophilus parahaemolyticus）的酶表示为 Hph Ⅰ。

根据它们识别和切割 DNA 的特点，可将限制酶分为 Ⅰ、Ⅱ、Ⅲ 3 种类型：Ⅰ 和 Ⅲ 型由于远离识别位点切割 DNA 和特异性不强，故不用于基因工程。Ⅱ 型的限制酶切割位点位于识别位点之中或在其附近，特异性强，是基因工程重要工具酶，通常所说的限制酶，即指此类酶。

（2）限制性内切酶的基本特性

Ⅱ 型限制酶的识别序列由 4 ~ 6 bp 组成，呈回文结构（palindromic structure）。所有限制酶切割 DNA 后，均产生含 5′ 磷酸基和 3′ 羟基的末端。有些限制酶是在 DNA 两条链的识别序列中交错切开，形成两个突出的单链互补末端，称为黏性末端（cohesive end），例如 EcoR Ⅰ 和 Hind Ⅲ；有些限制酶是在 DNA 两条链识别序列的对称轴上切开，形成的 DNA 片段具有平末端（blunt end），例如 Hpa Ⅰ。

EcoR Ⅰ 的识别序列是：　　　　　　　　　Hpa Ⅰ 的识别序列是：

5′— G ↓ AATT　C — 3′　　　　　　　5′— GTT ↓ AAC — 3′

3′— C　TTAA ↑ G — 5′　　　　　　　3′— CAA ↑ TTG — 5′

目前人们已从各类细菌中分离出许多种的限制性内切酶，表 10–2 中列出一些常用限制酶的识别序列及其产生菌。

表 10-2　常用限制酶的识别序列及其产生菌

限制酶名称	识别序列	产生菌
*Bam*H Ⅰ	G↓GATCC	淀粉液化芽孢杆菌（*Bacillus amyloliuifaciens* H）
*Eco*R Ⅰ	G↓AATTC	大肠杆菌（*Eschericha coli* Rr13）
Hind Ⅲ	A↓AGCTT	流感嗜血杆菌（*Haemophilus influenzae* Rd）
Kpn Ⅰ	GGTAC↓C	肺炎克雷伯氏杆菌（*Klebsiella pneumoniae* OK8）
Pst Ⅰ	CTGCA↓G	普罗威登斯菌属（*Providencia stuartii* 164）
Sma Ⅰ	CCC↓GGG	黏质沙雷氏菌（*Serratia marcescens* sb）
Xba Ⅰ	T↓CTAGA	黄单胞菌（*Xanthomonas badrii*）
Sal Ⅰ	G↓TCGAC	白色链霉菌（*Streptomyces albus* G）
Sph Ⅰ	GCATG↓C	暗色产色链霉菌（*Streptomyces phaeochromogenes*）
Nco Ⅰ	C↓CATGG	珊瑚诺卡氏菌（*Nocardia corallina*）

2. DNA 连接酶

DNA 连接酶（DNA ligase）可将 DNA 相容末端彼此连接。它也是重组 DNA 技术的重要工具酶。基因工程的关键步骤之一，是在体外利用 DNA 连接酶将目的基因片段和载体 DNA 共价连接，构成重组 DNA 分子。DNA 连接酶也是由微生物产生的，主要有两种类型：

（1）T4 DNA 连接酶

这种连接酶是由噬菌体 T4 基因编码的，感染大肠杆菌后，在宿主细胞中产生。其相对分子质量为 6 800，既可催化 DNA 黏性末端连接，也可催化平末端连接。T4 DNA 连接酶在基因工程操作中被广泛应用。

（2）大肠杆菌 DNA 连接酶

这种连接酶是由大肠杆菌基因编码的，可由大肠杆菌细胞直接产生。其相对分子质量为 7 500，此酶只能催化黏性末端连接，不能催化平末端连接。由于这类酶的连接效率低，故较少被使用。

在基因工程操作中，除限制性酶和 DNA 连接酶外，还需要用到其他许多工具酶，如反转录酶（reverse transcriptase），在重组 DNA 技术中此酶将任何 RNA 反转录成它的 cDNA 拷贝。此外，还有聚合酶Ⅰ（DNA ploymerase Ⅰ）以及 Klenow 聚合酶等也是来自微生物。

二、外源基因与载体的体外连接

在分别获得外源基因和合适的载体后，就需要将外源基因与载体进行连接，构建成为一个能在宿主细胞中自主复制的重组 DNA 分子。主要有下列 4 种连接方法：

（1）黏性末端连接法

若外源 DNA 与载体 DNA 都具有相同限制酶识别位点，可用同一种限制酶进行切割，二者黏性末端互补，可用 DNA 连接酶连接形成重组 DNA 分子。

（2）平末端连接法

若外源 DNA 与载体 DNA 都具有平末端，可利用 T4 DNA 连接酶将二者的平末端进行连接。但平末端连接效率通常明显低于黏性末端，而且连接后外源 DNA 不能在原处被切割下来。

（3）接头或衔接物连接法

若外源 DNA 缺乏合适的限制位点，可采用以下方法连接：① 接头（linker）连接法：先用化学法合成

10～12 bp 的单链寡核苷酸，它具有回文结构和限制酶识别位点，在溶液中配对形成平末端的双链接头。然后在外源 DNA 两端加上接头，再用合适的限制酶切割外源 DNA 片段两端接头和载体 DNA，使二者都产生彼此互补的黏性末端，经连接成为重组 DNA 分子。② 衔接物（adaptor）连接法。用化学法合成两条互补的寡核苷酸片段，使其配对后两端具有不同的黏性末端，或一端为平末端，另一端为黏性末端。然后在外源 DNA 两端加上衔接物，无需用限制酶切割，即可与具有相容末端的载体 DNA 连接。

（4）均聚物加尾法

若外源 DNA 与载体 DNA 都不具有合适的限制位点，则可利用末端转移酶在外源 DNA 两条链的 3′ 端各加均聚（A）或均聚（G）；在载体 DNA 的 3′ 端加上均聚（T）或均聚（C），二者末端碱基彼此配对，然后通过 DNA 聚合酶和 DNA 连接酶填补空缺并连接。

在构建重组 DNA 时，究竟采用上述哪种方法进行连接，可视工作要求而定。有时也可同时采用两种方法，例如可用两种不同限制酶分别切割外源 DNA 和载体的两端，其中一种限制酶切割后使一端形成平末端，而另一种限制酶使另一端形成相容的黏性末端。然后再分别进行平末端和黏性末端连接。

三、克隆载体的宿主

为了保证外源基因在细胞中的大量扩增和表达，选择合适的克隆载体宿主就成为基因工程重要问题之一。载体对克隆宿主的基本要求是：

（1）能高效吸收外源 DNA

使宿主细胞形成感受态细胞（competent cell），以利于宿主细胞有效吸收外源 DNA。

（2）不具有限制修饰系统

这样才不致使导入宿主细胞内未经修饰的外源 DNA 被降解。

（3）应为重组缺陷型（recA⁻）菌株

使外源 DNA 与宿主染色体 DNA 之间不发生同源重组。

（4）根据载体类型选择相应宿主

例如当用 λ 噬菌体载体或黏粒作为克隆载体，须选择 λ 的敏感宿主（*E.coli* K12 菌株）。当选用 M13 噬菌体载体作为克隆载体，则应选择含有 F 因子的雄性大肠杆菌作为宿主。

（5）根据载体的标记选择合适的宿主

例如若载体携带氨苄青霉素抗性基因作为选择标记，应选择对氨苄青霉素敏感的菌株作为宿主。若载体携带 β- 半乳糖苷酶 N 端（α 肽）的编码和调控序列 *lacZ′*，则应选择大肠杆菌 β- 半乳糖苷酶基因的突变株 *lac Z* ΔM15 作为宿主，以便形成 α 互补，便于筛选。

（6）具有安全性

通常选用的宿主应对人、畜、农作物无害或无致病性等。若选用的重组载体携带的某一重要基因编码序列发生琥珀突变，则必须选择具有校正基因的宿主，即使重组载体离开宿主也无法存活。

网上学习 10–1
细菌的限制修饰系统

- T4 DNA 连接酶与大肠杆菌连接酶有何不同？
- 克隆载体的宿主必须具备哪些条件？

第五节 外源基因导入及目的基因筛选鉴定

一、外源基因导入宿主细胞

将外源基因与载体经体外连接形成的"重组 DNA"导入宿主细胞，才得以实现外源基因在宿主细胞中的扩增或表达。

1. 外源基因导入原核细胞

通常可通过转化、转染或感染等方式将外源基因导入原核细胞。

（1）转化或转染

含外源基因的重组质粒可通过转化导入宿主细胞；含外源基因的重组噬菌体 DNA 或重组噬菌粒则可通过转染导入宿主细胞。无论转化或转染都需要制备感受态细胞，通常利用氯化钙处理对数期的大肠杆菌细胞，使细胞膜的通透性发生暂时改变，成为易于吸收外源 DNA 的感受态细胞。然后加入含外源 DNA 的重组载体，并在 42℃热休克处理 90 s，使感受态细胞有效吸收外源 DNA。一般条件下转化效率可达到每微克 DNA 转化 $10^7 \sim 10^8$ 个细胞。

（2）电穿孔法

把重组 DNA 与宿主细胞混合并置于电击槽中。在极短时间（μs）内，利用高电压（kV）脉冲电击细菌细胞，使细胞膜瞬时被击穿，产生许多微孔，重组 DNA 通过微孔进入细胞。电穿孔（electroporation）法的转化率比化学法提高 10 ~ 20 倍，每微克质粒 DNA 可产生 10^9 个转化细胞，电穿孔法有效提高 G^+ 菌和 G^- 菌的转化效率。同时也十分成功地用于酵母细胞、哺乳动物细胞和植物细胞的转化。

（3）λ 噬菌体的体外包装与感染

λ 噬菌体 DNA 体外包装技术是贝克勒（Beckler）和戈尔德（Gold）于 1975 年最先建立的。重组 λ 噬菌体载体 DNA 或重组黏粒载体 DNA，如果大小合适，与 λ 噬菌体的头部、尾部和有关包装蛋白混合，即可装配成完整具有感染力的 λ 噬菌体粒子，然后感染大肠杆菌，每微克 DNA 可产生 10^9 的噬菌斑。而如果将重组 λDNA 通过转染进入大肠杆菌，则每微克 DNA 仅能产生 $10^4 \sim 10^5$ 的噬菌斑。说明感染效率比转染效率要高出 $10^4 \sim 10^5$ 倍。

2. 外源基因导入酵母细胞

通常利用蜗牛酶除去酵母细胞壁形成原生质体，再用 $CaCl_2$ 和聚乙二醇处理，重组 DNA 通过转化导入酵母细胞的原生质体中。最后将转化后的原生质体置于再生培养基的平板上培养，使原生质体再生出细胞壁形成完整酵母细胞。

3. 外源基因导入哺乳动物细胞

（1）显微注射法

显微注射法（microinjection）是利用显微注射仪的极细针头将外源 DNA 直接注入受精卵的原核中。

（2）脂质体法

脂质体（liposome）是双脂层组成的小泡，包含了重组 DNA 的脂质体可与靶细胞发生膜融合，从而把 DNA

带入细胞内。

（3）利用病毒载体

例如将改造过的反转录病毒感染靶细胞，进入细胞中的基因组 RNA 被反转录酶转变为 cDNA，然后整合到宿主细胞的染色体上。此法的缺点是：反转录病毒载体容量小，只能插入小片段外源 DNA（≤10 kb）。就目前技术，很难控制反转录病毒基因组与外源 DNA 在宿主染色体上的整合位置，因此具有破坏正常基因和致癌的潜在危险性。此外，也可利用腺病毒和痘病毒改造成携带外源 DNA 的载体。

4. 外源基因导入植物细胞

除了利用电穿孔法外，还有下列方法：

（1）用根癌土壤杆菌转化植物细胞

将含有重组 Ti 质粒的根癌土壤杆菌与刚再生了细胞壁的植物原生质体共培养或与植物叶片共培养，然后转移到筛选培养基上筛选转化细胞组织，并再生成转化植株，最后将转化植株移栽至土壤中。

（2）基因枪法或称微弹轰击法

利用高压气体，将表面吸附有外源 DNA 的金属微粒高速（300~600 m/s）射进植物的细胞或组织中，直接将外源 DNA 导入幼苗，此法简便、有效，故颇受欢迎和被广为应用。也可用基因枪射击动物的表皮、肌肉或乳房等。

二、目的基因克隆的筛选与鉴定

在构建基因文库之后，需从众多的克隆中筛选和鉴定含有目的基因的重组体克隆，这是一项重要而又繁重的工作。通常有 3 类方法用于目的基因的筛选，也可用于作进一步的鉴定，它们分别基于载体的选择标记、目的基因的序列和基因的表达产物。

1. 载体选择标记的筛选和鉴定

常用的方法有抗生素抗性选择法、插入失活法和 α 互补 X-gal 显色法。

（1）抗生素抗性选择法

如果外源 DNA 片段插入载体但不破坏抗生素抗性基因，转化后的重组体细胞可在含该抗生素的培养基平板上长出菌落。此外，还有一些自身环化的载体和未被酶解的载体，它们的转化细胞也能在含该抗生素平板上形成菌落，只有作为对照的受体细胞不能生长。

（2）插入失活法

插入失活法（insertional inactivation）常被用于检测含有目的基因的重组体克隆。若将外源 DNA 插入到载体中任何一个抗性基因编码序列内，将导致"插入失活"。例如在质粒 pBR322 中含有四环素抗性基因和氨苄青霉素抗性基因，四环素抗性基因内含 BamH I 位点，若将外源 DNA 插入此位点，然后转化大肠杆菌（tet^s、amp^s）并培养在含四环素或氨苄青霉素的平板上。那些含有外源 DNA 的转化细胞失去对四环素的抗性，所以不能在四环素平板上生长，但仍能在氨苄青霉素平板上生长。而不含外源 DNA 的转化细胞，则可在四环素或氨苄青霉素的平板上生长。这样就很容易筛选到含有目的基因的细菌，从而淘汰不含目的基因的细菌（图 10-12）。

（3）α 互补 X-gal 显色法

许多载体如 M13 噬菌体载体系列、pUC 质粒系列、pGEM 质粒系列等载体中含有 β- 半乳糖苷酶（$lacZ$）的调控序列和该酶 N 端氨基酸（α 肽）的编码序列，并在这个编码区中插入一个多克隆位点，但没有破坏其

可读框，也不影响其正常功能。大肠杆菌 *lacZ*ΔM15
突变株如 DH5α、JM101 等菌株，其细胞中含有缺
失 N 端编码序列的 β- 半乳糖苷酶基因（编码 ω 片
段）。N 端缺失的该酶单体不能形成有活性的四聚体，
α 肽可补足缺陷而恢复酶活性，称为 α 互补（alpha
complementation）（图 10-13）。在含有 IPTG（异丙基
硫代 -β-D- 半乳糖苷）和 X-gal（5- 溴 -4- 氯 -3- 吲
哚 -β-D- 半乳糖苷）的培养基中，IPTG 诱导产生有
活性的 β- 半乳糖苷酶使培养基中的生色底物 X-gal 分
解，产生半乳糖和深蓝色底物（5- 溴 -4- 氯 - 靛蓝），
故形成蓝色菌落。当外源 DNA 插入载体的多克隆位点
中，破坏了 α 肽的可读框，α 肽失活，失去互补能力，
在同样的培养基上形成白色菌落，从而将二者区别开
来。此法也可用于筛选重组噬菌体，即带有外源基因
的重组噬菌体的噬菌斑呈白色，而不带外源基因的噬
菌斑呈蓝色。

2. 目的基因序列的筛选和鉴定
（1）菌落（或噬菌斑）的原位杂交

利用一小段与所要筛选目的基因互补的 DNA 或
RNA 作为核酸探针，与待筛选的菌落（或噬菌斑）进
行原位杂交（*in situ* hybridization），可从文库中迅速筛

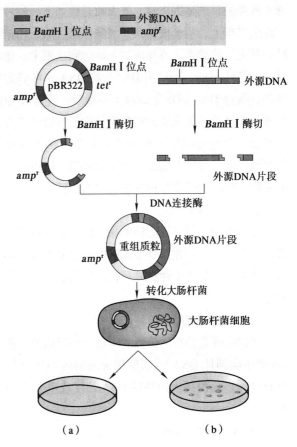

图 10-12 插入失活
（a）含 Tet 平板；（b）含 Amp 平板上长出 *amp*ʳ、*tet*ˢ 转化子

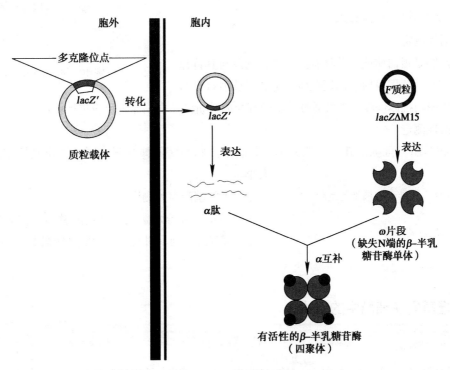

图 10-13 α 互补作用示意图

选出所要的目的基因克隆。其大致过程如下：将转化细胞培养在琼脂平板上，当形成菌落（或噬菌斑）后，用硝酸纤维滤膜贴在其上，使菌落（或噬菌斑）转印到滤膜上。用碱液处理滤膜，使菌体裂解，释放出DNA，将DNA变性成为单链。再经烘烤，变性DNA固定于滤膜上。然后，将滤膜和放射性标记的核酸探针溶液装在密封的塑料袋内进行分子杂交。通过放射自显影，含有与探针互补DNA的菌落，在X线底片上呈现黑色斑点。通过与原平板上菌落位置对照，即可挑出含目的基因的克隆。此法的优点是可在短时间内从巨大数量的克隆中筛选到阳性克隆（图10-14）。

目前除用放射性标记核酸探针外，还发展了非放射性标记探针的方法，例如在探针上偶联能产生颜色反应的酶，或偶联发光物质。挑选到阳性克隆后往往还需进一步重复，并作测序鉴定。

（2）限制性酶图谱的鉴定

将初步筛选获得的阳性克隆进行小量培养，提取重组质粒（或重组噬菌体DNA），然后用合适的内切酶进行酶切，通过凝胶电泳，检测插入的外源DNA长度或限制酶图谱是否与预期一致。

（3）DNA序列测定

为了确证目的基因序列的正确性，必须对含目的基因克隆的DNA进行序列测定。

3. 基因表达产物的筛选和鉴定

（1）免疫活性测定

如果表达产物是蛋白质或肽并具有抗原性，则可与其特异抗体产生免疫反应。若用放射性标记抗体，可通过放射自显影加以检测；若用酶与抗体偶联，则可通过酶联免疫吸附分析法，根据显色反应进行检测。

（2）生物活性测定

若表达产物是酶，可测定其酶活性大小；若表达产物是酶的抑制剂，则可测定其抑制酶活性能力的大小。

（3）氨基酸序列测定

可测定经部分水解表达产物的肽谱，或表达产物N端和C端的氨基酸序列，对表达产物的鉴定具有特别重要意义。

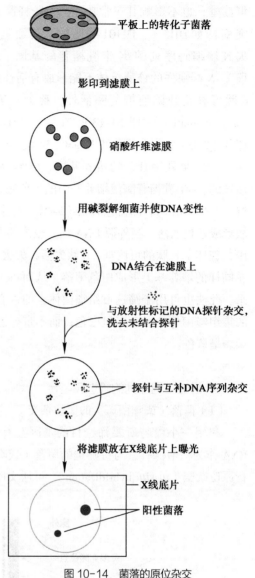

图 10-14　菌落的原位杂交

右图标注（从上到下）：
- 平板上的转化子菌落
- 影印到滤膜上
- 硝酸纤维滤膜
- 用碱裂解细菌并使DNA变性
- DNA结合在滤膜上
- 与放射性标记的DNA探针杂交，洗去未结合探针
- 探针与互补DNA序列杂交
- 将滤膜放在X线底片上曝光
- X线底片
- 阳性菌落

• 重组DNA可通过哪几种方法导入细菌细胞或酵母细胞？
• 试述菌落原位杂交的原理及其用途。

第六节　克隆基因在细菌中的表达

基因工程的重要目的之一是使克隆基因能在细菌、酵母或动、植物细胞中得到高效表达，以便获得大量有益的基因表达产物。

真核生物与原核细胞的基因和基因表达调控机制有许多不同之处。如果克隆基因是真核基因，而宿主是细菌，则必须将真核生物的 cDNA（或通过 DNA 合成而得到无内含子的真核基因）接上细菌表达的调控元件（启动子、SD 序列、转录终止序列等调控序列），导入细菌细胞，才能在细菌细胞内表达。

表达载体（expression vector）是指具有克隆基因表达所需要转录和翻译调控序列的克隆载体。大肠杆菌表达载体通常都是质粒 pBR322 的衍生物，含有大肠杆菌表达调控序列，并在这些序列下游含有限制酶切位点，便于外源 DNA 定向插入。通常表达载体在克隆基因的下游还含有宿主的转录终止序列。

一、克隆基因的转录调节

1. 启动子

启动子（promoter）是 RNA 聚合酶识别和结合并起始 RNA 合成的一段 DNA 控制序列。为了使克隆基因高水平表达，表达载体必须具有一个可调控的强启动子，目前常用的大肠杆菌强启动子主要有下列 5 种：① *lac* 启动子（乳糖操纵子的启动子），受 *lac I* 编码的阻遏蛋白（repressor）调控。② *trp* 启动子（色氨酸启动子），受 *trp R* 编码的阻遏蛋白调控。③ *tac* 启动子，由 *lac* 启动子的 –10 区和 *trp* 启动子的 –35 区融合而成，汇合了 *lac* 和 *trp* 二者优点，是一个很强的杂合启动子，同样受 Lac I 阻遏蛋白调控。④ $P_{L、R}$ 启动子，是 λ 噬菌体左、右向启动子，其温度敏感的阻遏蛋白受温度调控。⑤ T7 噬菌体启动子，是一种非常强的启动子，只被 T7 RNA 聚合酶所识别。

2. 转录的可诱导调节

某些有商业价值的蛋白质可能对宿主细胞是有毒的，外源蛋白的过量表达必将影响宿主细胞生长。通常基因工程将外源基因置于细菌可诱导的强启动子的控制下，以便在合适时间调节外源基因进行高效表达。理想的做法是：在培养早期，外源基因不进行转录，宿主细胞迅速生长直至获得足够量的细胞；然后打开外源基因转录开关，使所有细胞的外源基因同时高效表达，产生大量有价值的基因表达产物。

目前基因工程中原核细胞主要有以下 2 类转录的可诱导调节方式：

（1）阻遏蛋白 – 操纵基因调节系统

① IPTG 诱导：利用 *lac* UV5 启动子（*lac* 启动子经紫外线诱变，使其活性无需 cAMP 激活）所构建的表达载体。当无诱导物 IPTG 时，调节基因 *lac I* 产生的阻遏蛋白（repressor）与操纵基因（operator gene，*O*）结合，阻断外源基因转录，细菌迅速生长；待菌体适度生长后加入 IPTG，它与阻遏蛋白结合解除阻遏，从而启动外源基因高效转录。

② 温度诱导：利用含有噬菌体 $λP_L$ 启动子的表达载体，其阻遏蛋白温度敏感突变株（cI857 ts）在 30℃ 时，调节基因产生有活性的 C Ⅰ 阻遏蛋白与操纵基因结合，阻止外源基因转录，细菌大量生长；待菌体适度生长后，迅速升温至 42℃，使 C Ⅰ 阻遏蛋白失活，P_L 启动子得以启动外源基因高效转录。

（2）噬菌体 T7 RNA 聚合酶 – 启动子调节系统

噬菌体 T7 RNA 聚合酶 – 启动子调节系统最初是由 Tabor 和 Studier 等分别提出的。该表达载体含有 T7 启动子，宿主菌携带 T7 RNA 聚合酶基因。T7 RNA 聚合酶基因的转录受 *lac* 启动子或 λ 启动子所控制，当宿主细胞生长到足够量后，通过加入 IPTG 或升温，启动 T7 RNA 聚合酶基因转录。由于 T7 RNA 聚合酶仅识别 T7 启动子，从而启动外源基因高效转录。利用 T7 RNA 聚合酶 – 启动子调节系统所表达的外源基因产物可高达细胞总蛋白的 25% 以上。

3. 转录终止子

终止子（terminator）是指一段位于基因或操纵子的 3' 端具有终止转录功能的特定 DNA 序列。多数表达载体含有一个有效的转录终止子，它可阻止外源基因沿载体往下转录，若合成的 mRNA 过长，不仅消耗细胞内的底物和能量，而且容易使 mRNA 形成妨碍翻译的二级结构。

二、克隆基因的翻译调节

1. 核糖体结合位点

原核生物核糖体结合位点（ribosome-binding site）的序列最初是由夏英（Shine）和达尔加诺（Dalgarno）发现的，因此称为 SD 序列。为了使克隆基因在细菌中高水平表达，不仅要使用强启动子，而且也要用强核糖体结合位点。大肠杆菌核糖体结合位点位于起始密码子上游 3～11 bp 处，长度为 3～9 bp 的序列，这段序列富含嘌呤核苷酸，刚好与核糖体小亚基上 16S RNA 3' 端一段富含嘧啶的保守序列互补，从而促使核糖体与 mRNA 结合。不仅 SD 序列对翻译效率有明显影响，SD 序列与起始密码子之间的序列和距离对翻译效率也有影响。由于真核生物的 mRNA 上没有 SD 序列，当用原核细胞表达真核基因时，真核基因必须置于原核细胞 SD 序列之下。

2. 密码子的偏爱性

由于密码子的简并性，一个氨基酸可有多个密码子，在基因组中高频出现的密码子称为偏爱密码子（biased codon），通常它对应于丰富的 tRNA 反密码子。而低频率出现的密码子对应于稀少的 tRNA 反密码子。

不同生物对各种密码子的使用频率不同，真核生物使用频率高的密码子可能在原核细胞中很少被使用。因此，在基因工程中，如果要使真核生物基因在原核细胞中表达，可利用合成 DNA 或通过基因定位诱变，根据原核生物偏爱密码子进行适当改造，使其更适合原核生物密码子的使用类型，以期得到高效表达。

3. 终止密码子

终止密码子（stop codon）也可影响 mRNA 的翻译效率，因此，为了提高翻译效率，通常选择强的终止密码子。在 3 个终止密码子 UAA、UAG 和 UGA 中，以 UAA 的终止能力最强。

三、克隆基因的表达产物

克隆基因在原核细胞中的表达主要有下列 3 种形式：

1. 非融合蛋白表达

非融合蛋白表达（expression of unfused protein）是指外源蛋白不与宿主蛋白融合，自身单独表达。非融合蛋白表达载体是将带有起始密码子 ATG 的真核基因插入到合适的原核细胞启动子和 SD 序列下游（图 10-15）。经转录和翻译，就可在原核细胞中表达出非融合蛋白。

非融合蛋白表达可直接产生天然的外源蛋白，便于产品的后加工处理。缺点是外源蛋白易被细菌细胞

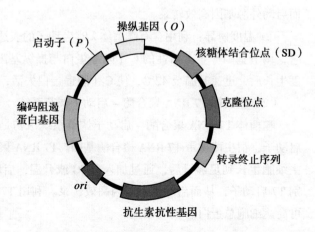

图 10-15　非融合蛋白表达载体的结构图

内的蛋白酶所降解。为了防止外源蛋白被降解，可采用胞内蛋白酶含量低的大肠杆菌突变株作为表达宿主；或利用胞内蛋白酶抑制剂。将外源蛋白分泌到胞外，或以不溶物沉淀，也可避免被降解。

有时外源蛋白在大肠杆菌中过量表达时，常常导致在细胞质中形成大量难溶的、非正确折叠的、无生物活性的蛋白聚集物，称为包涵体（inclusion body）。包涵体的形成有利于外源蛋白的高水平表达，可防止蛋白酶对外源蛋白的降解，也可避免外源蛋白对宿主细胞的毒害作用。但是从包涵体中回收具有生物活性的蛋白质，是一件比较麻烦的事情。通常细胞经破壁和差速离心后可得到包涵体沉淀，然后进行变性和复性处理，外源蛋白经正确折叠成为可溶性、有生物活性的蛋白质。

2. 融合蛋白表达

融合蛋白表达（expression of fused protein）是指外源蛋白基因与宿主蛋白的编码序列组成融合基因，经转录和翻译产生杂合蛋白。融合蛋白表达载体（图 10-16）是将原核细胞操纵子的起始部分（包括启动子、操纵基因、核糖体结合部位和原核细胞高表达基因 N 端序列）与外源基因的编码序列连接，并使其可读框保持一致，以保证所翻译外源蛋白的正确性。

融合蛋白通常可获得高效表达，这是由于 AUG 后大约 20 个核苷酸对翻译有较明显的影响，而融合蛋白的 N 端总是选择天然存在高表达的宿主蛋白质，其 mRNA 具有较强的翻译能力；另外，融合蛋白在细胞内也比较稳定，含有宿主蛋白 N 端序列的融合蛋白，可保护外源蛋白不被宿主蛋白酶所降解。

融合蛋白的缺点是后处理加工也比较麻烦。在体外需将融合蛋白进行切割，除去其中的宿主多肽部分，才能获得天然的

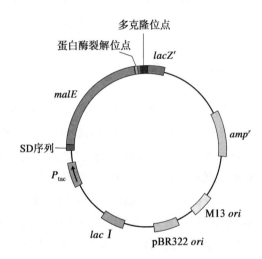

图 10-16 融合蛋白表达载体的结构图

外源蛋白。融合蛋白切割可采用酶法或化学法：① 酶法，若在细菌蛋白和外源蛋白之间加入一段可被蛋白酶识别的氨基酸序列，可用蛋白酶水解。例如，将外源基因与宿主麦芽糖结合蛋白基因（malE）融合，中间含有一段凝血因子 X a 识别并裂解的 4 个氨基酸（Ile-Glu-Gly-Arg）的编码序列，融合蛋白表达后可用凝血因子 X a 把两部分切开。② 化学法，若在融合蛋白二者间加入甲硫氨酸，则可用 CNBr 裂解甲硫氨酸。

3. 分泌蛋白表达

大多数在原核细胞中表达的外源蛋白都位于细胞内，有些外源蛋白对原核细胞蛋白酶敏感，在分离前就被降解；有些外源蛋白对原核宿主有害，它们尚未积累充足，宿主就有可能被其杀死。为了解决以上问题，人们设计了分泌蛋白表达（secretory protein expression）载体，使外源蛋白不断从细胞中分泌到周质或胞外。

分泌蛋白表达载体除具有一般表达载体的基本结构外，还需将信号肽的编码序列与外源基因连接，然后插入克隆位点，原核细胞即可合成信号肽与外源蛋白的融合蛋白。信号肽携带外源蛋白越过细胞膜分泌到细菌的周质或培养基中，由膜上的信号肽酶将融合蛋白中的信号肽切除，释放出有活性的外源蛋白。

据报道，在许多情况下，工程菌中每个细胞可合成 200 000 分子以上的外源蛋白，超过整个细胞总蛋白的 40%。

网上学习 10-2
微生物基因工程与合成生物学

• 试述利用噬菌体 T7 RNA 聚合酶 - 启动子系统调控外源基因表达原理。
• 比较融合蛋白表达和非融合蛋白表达的优缺点。

第七节 基因工程的应用及展望

20世纪70年代兴起的基因工程，标志着人类改造生物进入一个新的历史时期。由于基因工程的迅速发展和广泛应用，它不仅对生物科学的理论研究产生深刻的影响，而且也为工农业生产和临床医学等实践领域开创了广阔的应用前景。

基因工程正在或即将使人们的有关梦想和希望变为现实。基因工程被广泛应用于生产实践，带动了生物技术产业高速发展。现就基因工程一些重要的应用简略叙述如下。

一、基因工程药物

基因工程药物主要是重组蛋白质和多肽类药物，包括激素、酶、激活剂、抑制剂、细胞因子、活性多肽、抗体和疫苗等，还可利用重组DNA技术改造蛋白质，设计和生产出自然界不存在的新型蛋白质、多肽药物。此外，利用基因工程生产的核酸类药物，如反义核酸、干扰RNA、DNA免疫制剂等发展很快。各种诊断试剂和造影剂也有许多是基因工程产品。

迄今已有一系列基因工程药物投放市场，例如促生长激素抑制素、人胰岛素、人生长激素、干扰素和重组疫苗等。表10-3列出一些具有重要临床应用价值的重组蛋白质药物。在众多重组蛋白质药物中，重组人胰岛素和重组乙肝疫苗最早应用于临床实践。重组人胰岛素是世界上首例投放市场的基因工程药物，于1982年被批准进行生产和上市，它标志着重组蛋白质药物正式进入到商业化阶段。胰岛素是在胰的胰岛中产生的一种小分子蛋白质，它能提高组织摄取葡萄糖的能力，降低血糖，是治疗人糖尿病的重要药物。过去只能从猪和牛的胰腺中提取出极微量的胰岛素，现在已能利用人胰岛素基因在细菌和酵母中高效表达，并大规模生产。重组疫苗（recombinant vaccine）是利用重组DNA技术，克隆并表达抗原基因，这是一类更有效、更新型的疫苗。乙肝疫苗是第一个被批准在人类中使用的重组疫苗，它是利用乙肝病毒表面蛋白抗原基因在酵母细胞中克隆和表达得到的表面抗原（HBsAg），实际上是中空的病毒颗粒（只含表面抗原蛋白和磷脂），经纯化后作为乙肝疫苗。现在世界上许多实验室正在试验制备艾滋病HIV的重组疫苗。

表10-3 基因工程生产的人重组蛋白质药物

重组蛋白质药物名称	用途
酶与酶的激活剂和抑制剂	
天冬酰胺酶（asparaginase）	抗肿瘤
尿激酶（urokinase）	溶栓剂
组织纤溶酶原激活剂（tissue plasminogen activator）	溶栓剂
α-1-抗胰蛋白酶（α-1-antitrypsin）	治疗肺气肿
血液蛋白质	
促红细胞生成素（erythropoietin）	治疗贫血
凝血因子Ⅶ、Ⅷ、Ⅸ（clotting factor）	促进血凝
血清清蛋白（serum albumin）	血浆代用品

续表

重组蛋白质药物名称	用途
人类激素	
人生长激素（human growth hormone）	促进生长
人胰岛素（insulin）	治疗糖尿病
松弛素（relaxin）	助产剂
免疫调节剂	
干扰素（interferon）	抗病毒、抗肿瘤
白细胞介素（interleukin）	激活各类白细胞
集落刺激因子（colony stimulating factor）	促进白细胞生长
肿瘤坏死因子（tumor necrosis factor）	抗肿瘤
疫苗	
乙肝疫苗（hepatitis B vaccine）	预防乙型肝炎
麻疹疫苗（measles vaccine）	预防麻疹
狂犬病疫苗（rabies vaccine）	预防狂犬病

二、基因治疗

所谓基因治疗（gene therapy）是指利用基因操作纠正或补偿基因的缺陷，从而达到治疗的目的。目前基因治疗大致有 3 类：① 用正常基因去弥补有缺陷的基因，用于治疗先天性遗传病。② 通过转基因产生特异的核酶、反义核酸、RNA 干扰和抗体，用以消除不利的基因产物，杀死病原体和有害的细胞，例如可用于肿瘤和艾滋病的治疗。③ 转移基因用于提高机体免疫力，配合细胞或药物的治疗，以增强疗效。

基因治疗为临床医学开辟了崭新的领域。一些目前尚无治疗手段的恶性疾病，如遗传病、肿瘤、心脑血管疾病、老年痴呆症、恶性传染病（如各型肝炎、艾滋病等）可望通过基因治疗达到防治的目的。1990 年美国首次在临床上将腺苷脱氨酶（ADA）基因导入患者外周淋巴细胞，然后再将这些"改正后"的细胞重新回植到患者体内，用以治疗因该基因缺陷而引发的重度免疫缺陷综合征（SCID）获得成功。其后进行了一系列基因治疗试验，取得了不少成功的经验。2006 年报道基因疗法治疗黑素瘤（一种最厉害的皮肤癌）获得成功，两名患者在接受治疗 18 个月后癌细胞已被清除。我国基因治疗也取得了良好开端，1991 年首例 B 型血友病基因治疗获得理想结果，脑恶性胶质瘤的基因治疗也已完成临床前试验。

目前基因治疗还存在一些关键技术有待改进，主要是：① 如何选择有效的治疗基因；② 构建安全、特异和高效的表达载体；③ 将重组 DNA 有效导入人体并控制其高表达。人类基因组计划的顺利提前完成和"功能基因组"研究的开展，必将有助于人类重要疾病基因的不断发现和基因治疗手段的提高。可望在 21 世纪 20 年代，基因治疗能成为临床医学重要治疗手段，对人类战胜疾病，促进健康，将带来巨大的益处。

三、转基因植物

传统的农作物育种方法既费时又费力，培育出来的新品种往往并不尽如人意，所培育的新品种还常常需要配合施用化肥、农药、除草剂，不仅提高了农产品成本，而且造成环境污染，严重危害人类身体健康。近年来，随着重组 DNA 技术的迅速发展，科学家们已能将优良基因导入某些农作物细胞中，并成功培育了许多具有新的优良性状的转基因作物（transgenic crops）。例如，培育了抗除草剂的转基因水稻、小麦和大豆；开发了带有苏云金芽孢杆菌毒蛋白基因的许多抗虫谷物；一些抗病毒的转基因大豆、马铃薯和水稻正在开发之中；已成功培育了能延长贮存期的转基因番茄。通过基因工程育种不仅缩短了作物生长期，还改良了作物品质，如提高了玉米的赖氨酸含量，增加了谷类的蛋白质，改变了大豆的脂肪成分。

此外，还可利用转基因植物生产重组蛋白质药物，如在植物种子中生产人的干扰素、胰岛素、麦谷蛋白、白介素 2，或在马铃薯、番茄中生产抗体和疫苗等。植物基因工程也促进了对固氮机制和光合作用的研究，以期促使各类经济植物直接从空气中固定氮，并提高光合作用效率。

四、转基因动物

随着现代生物技术的发展，科学家也能利用基因工程技术培育转基因动物（transgenic animals），从而开辟动物育种新途径。1982 年培育转基因小鼠获得成功，使科学家受到极大鼓舞，随后对各种家禽、家畜、鱼类进行基因操作，培育出一系列改进性状的新品种。如转基因瘦肉型的猪、高产奶的奶牛、快速生长的家畜和鱼类等已进入实用阶段。

利用转基因动物生产重组蛋白质和多肽药物也获得成功。大规模培养动物细胞可以用来生产基因工程药物，但是成本较高，如将重组蛋白质在蚕蛹、牛奶、羊奶、猪血和鸡蛋中表达，其分离纯化工艺比较简单，并且成本较低。例如已成功培育出能合成人血红蛋白的转基因猪，人血红蛋白可作为血液代用品；也成功培育出能在奶中生产人组织纤溶酶原激活剂（t-PA）的转基因羊，t-PA 能溶解血凝块，可用于治疗血栓病。现在正在尝试培育带有人类某些基因的猪，使其器官能够移植到人体而不被排斥。转基因动物不仅有着广泛的应用前景，而且对于基础生物医学及发育生物学的理论研究也将起着重要的促进作用。

五、基因工程研究展望

基因工程的兴起导致生物科学发生深刻的变化，主要表现在：第一，引发了生物科学中技术上的创新和迅猛发展。使传统生物技术发展成为以 DNA 重组技术为核心的现代生物技术。生物技术用于工程实践而形成了各类生物工程，主要包括基因工程、酶工程、细胞工程、发酵工程和生化工程等，其中以基因工程发展最快，应用最广。第二，技术上的重大突破，促使生物科学获得前所未有的高速度发展，开辟了新的研究领域，进入了新的研究深度。发育分子生物学、神经分子生物学、分子细胞学、分子生理学、分子进化论等学科领域获得蓬勃发展。第三，为改造生物提供强有力的手段，使生物学进入创造性的新时期，从而使得在分子水平上重新设计、改造和创建新的生物形态和新的生物物种成为可能。

基因工程能够带来的好处是十分巨大的。以上叙述仅涉及制药、医学和农业等领域的某些方面。其实，基因工程的应用范围要广泛得多，在食品、化工、环保、采矿、冶炼、材料、能源等众多领域都有诱人的开发前景。它将在人类实践中发挥更大作用和贡献。

当然，它也和其他所有新生事物一样，在给人们带来巨大利益的同时也面临着严峻的挑战。基因工程与传统生物技术的最根本的区别就在于前者是在基因水平上进行操作，改变已有的基因甚至构建新的基因，这是一种过去从未有过的创造性的工作。因此，基因工程是否具有潜在的危害性，特别是转移至人体的基因是否会激活原癌基因，基因工程是否会导致出现新型病原体等问题必然也成为人们关心和争议的焦点，也是当前的研究热点之一。但有一点可以肯定，人们既然能发明一种新技术，必然也将会有能力掌握这门新技术，使它朝着有利于人类进步的方向发展。

小结

1. 基因工程是一门在现代生物学、化学和工程学以及其他有关数理科学基础上发展起来的新兴生物工程技术。DNA 的特异切割、DNA 的分子克隆和 DNA 的快速测序 3 项关键技术的建立为基因工程的诞生奠定了基础。随后 DNA 聚合酶链反应（PCR）和基因定位诱变技术的发展使基因工程日趋完善。

2. 基因工程操作主要包括：目的基因的分离或合成、外源基因与载体的体外连接、外源基因导入宿主细胞、目的基因克隆的筛选和鉴定、克隆基因在宿主细胞中的表达。

3. 微生物在基因工程中起着十分重要的作用。基因工程所用的载体和工具酶绝大多数均来自微生物；原核生物的大肠杆菌和真核生物的酿酒酵母等是基因克隆重要宿主。高等动、植物基因工程也要先构建穿梭载体，使外源基因在大肠杆菌中得到克隆并进行拼接和改造，才能再转移到动、植物细胞中。

4. 目前基因工程所用的克隆载体主要有 3 大类：① 原核生物克隆载体有质粒载体、λ 噬菌体载体、黏粒、M13 噬菌体载体和噬菌粒等。② 真核生物克隆载体有酵母质粒载体、Ti 质粒载体和真核生物病毒载体等。③ 人工染色体是一类人工构建能携带大片段 DNA 的克隆载体，主要有酵母人工染色体（YAC）可克隆长达 2×10^6 bp 的 DNA，细菌人工染色体（BAC）可克隆 3×10^5 bp 的 DNA 等。

5. 限制性核酸内切酶可在目的基因和载体的限制位点对 DNA 进行特异切割，DNA 连接酶可使目的基因限制性片段与载体 DNA 进行体外连接，形成重组 DNA 分子。

6. 外源基因可通过转化、转染、电穿孔或 λ 噬菌体的体外包装与感染等方式导入细菌细胞；利用原生质体转化法将外源基因导入酵母细胞；通过显微注射法、脂质体或借助动物病毒将外源基因导入动物细胞；也可用基因枪或借助根癌土壤杆菌将外源基因导入植物细胞。

7. 利用对载体选择标记的鉴定、目的序列的鉴定和基因表达产物的鉴定等方法可筛选和鉴定含有目的基因的重组体克隆。

8. 为了使克隆基因在细菌细胞中表达，在克隆载体中必须具有宿主细胞控制表达的元件，包括启动子和其他转录调控序列、转录终止信号、核糖体结合位点、起始密码子和终止密码子等。外源基因既可在染色体外表达，也可整合到染色体 DNA 中表达。

9. 利用重组 DNA 技术已合成许多重要重组蛋白质和多肽类药物，如重组人胰岛素和乙肝疫苗。基因治疗也为临床医学开辟了崭新的领域。转基因植物已定向培育出抗病、抗虫和抗除草剂等植物。转基因动物也培育出瘦肉型的猪、高产奶的奶牛、快速生长的家畜和鱼类等。由于基因工程的迅速发展和广泛应用，促使生物科学迅猛发展，同时也带动生物技术产业的兴起，为工农业生产和临床医学等实践领域开创了一个广阔应用的前景。

10. 进入 21 世纪以后，合成生物学作为一门崭新的学科得到了飞速的发展。合成生物学旨在设计和构建工程化的生物系统，以可预测和稳定的方式得到新的生物学功能。

11. 基因工程在给人类带来巨大利益的同时也面临严峻的挑战，特别是转移至人体的基因是否会激活原癌基因，是否会出现新型病原生物，是否会引起生态破坏和生物战争等潜在的危害性。人们既然发明一种新技术，也将有能力使它朝着有利于人类进步的方向发展。

网上更多……

复习题　　思考题　　现实案例简要答案

（田哲贤　王忆平　黄仪秀）

第11章
微生物的生态

学习提示

Chapter Outline

现实案例：谁来医治石油污染留下的生态创伤

2010 年 4 月美国墨西哥湾石油钻井平台爆炸，490 万桶原油泄漏。经数月的收集、燃烧、分散处理，部分原油被清除，但仍有相当部分继续污染环境，延续生态灾难，留下严重的生态创伤。

严重的石油污染给许多海洋生物（海鸟、鱼类等）带来灭顶之灾，但生命力无比顽强的微生物仍然存活，成为医治海洋生态创伤的最主要力量。依靠微生物的生物降解能力和建立在生物降解作用基础上的生物修复可以消除油污和恢复生态环境。实际上墨西哥湾一直存在自然的石油渗漏，这就驯化出大量能降解石油烃的微生物。此次漏油事件发生后已经发现存在快速的石油烃的生物降解过程，从表层水、深层水及沉积物中已分离出大量的石油烃降解菌，应用分子生物技术也检测到大量与降解过程相关的功能基因。为了尽快消除污染，恢复生态环境，还可以应用强化生物降解过程的生物修复技术，加快修复过程。

请对下列问题给予回答和分析：

1. 降解石油烃的微生物种类及降解方式。

2. 分子生物技术在研究石油烃污染、降解及污染环境修复上的应用。

3. 如何应用生物修复技术消除残留油污。

参考文献：

[1] Ronal M A,etal. Oil biodegradation and bioremediation: a tale of the two worst spills in U.S. history[J]. Environ Sci Technol, 2011, 45（16）: 6709–6715.

[2] Matter M, et al. Level and degradation of deepwater horizonspilled oil in coastal marsh sediments and pore-water[J]. Environ Sci Technol, 2012, 46（11）:5744–5755.

现代生态学的研究推进到了生态系统生态学和分子生态学的水平。生态系统生态学从生态系统的整体出发考察系统中生物之间、生物与环境之间的生态关系，形成了生态系统、食物链、食物网、能量流、物质循环、信息传递以及生产者、消费者、分解者的新概念和新的理论框架。微生物是生态系统的重要成员，特别是作为分解者分解系统中的有机物，对生态系统乃至整个生物圈的能量流动、物质循环、信息传递起着独特的、不可替代的作用。微生物分子生态学已经形成，这将大大促进微生物生态学研究的进一步深入和发展。

近几十年和科学技术、社会经济迅速发展相伴而来的是环境问题——环境污染和生态破坏。微生物降解污染物的巨大潜力在控制污染、修复污染环境中发挥重要作用。微生物对植物生长的促进和其他有益作用，有助于缓解生态破坏，恢复受损生态系统。微生物在环境保护中的作用实际上是微生物在生态环境中功能的进一步延伸。

第一节　生态环境中的微生物

在地球生物圈分布着物种多样、遗传特性多样、生态功能多样的微生物，它们可以在其他生物不能生存，甚至极端的生境中存活。微生物的分布也反映生境的特征，是生境各种物理、化学、生物因素对微生物的限制、选择的结果。在某些生境中，高度专一性的微生物存在并仅限于这种生境中，并成为特定生境的标志。它们的广泛分布是在生态系统中发挥作用的重要基础。

受生态环境中营养及生态因子的制约，自然界的微生物总体上代谢活性和生长速率都较低，大部分是"活的未能培养微生物"。

一、微生物生命系统的层次

自然环境中的微生物也存在分子、基因、个体、种群（同生群）、群落和生态系统从低到高的组织层次，与动物、植物相比，微生物具有更强的群体性。有的学者把代谢上相联系的种群称为同生群（guilds），不同的同生群相互作用形成群落。在这个系列中，群落处在关键的位置上，种群的相互作用是特定群落形成和结构的基础，生态系统所表现出来的生态功能也取决于群落的功能。

1. 种群及其相互作用

种群是指具有相似特性和生活在一定空间内的同种个体群，种群是组成群落的基本组分。种群的相互作用复杂多样，种群密度、代谢能力、增长速率等方面表述两个种群之间的相互影响及作用。相互作用的基本类型包括：① 中立生活：两种种群之间在一起彼此没有影响或仅存无关紧要的影响。② 偏利作用：一种种群因另一种种群的存在或生命活动而得利，而后者没有从前者受益或受害。③ 协同作用：相互作用的两种种群相互有利，二者之间是一种非专性的松散的联合。④ 互惠共生：相互作用的两个种群相互有利，二者之间是一种专性的和紧密的结合，是协同作用的进一步延伸。联合的种群发展成一个共生体，有利于它们去占据限制单个种群存在的生境。地衣是互惠共生的典型例子。⑤ 寄生：一种种群对另一种群的直接侵入，寄生者从宿主生活细胞或生活组织获得营养，而对宿主产生不利影响。⑥ 捕食：一种种群被另一种种群完全吞食，捕食者种群从被食者种群得到营养，而对被食者种群产生不利影响。⑦ 偏害作用：一种种群阻碍另一种种群的生长，而对第一种种群无影响。⑧ 竞

网上学习 11–1
水华藻类的杀手——溶藻菌

争：两个种群因需要相同的生长基质或其他环境因子，致使增长率和种群密度受到限制时发生的相互作用，其结果对两种种群都是不利的。

同一种类微生物的种群之间存在上述的相互作用，不同微生物的种群以及不同种类的微生物之间也存在相类似的相互关系，一些病毒、细菌对藻类有偏害作用，如噬藻体、溶藻细菌。

2. 群落及其结构

群落是一定区域内或一定生境中各种微生物种群相互松散结合的一种结构单位。这种结构单位虽然结合松散，但并非是杂乱的堆积，而是有规律的结合，并由于其组成的种群种类及一些个体的特点而显现出一定的特性。任何微生物群落都是由一定的微生物种群所组成，而每个种群的个体都有一定的形态和大小，它们对周围的生态环境各有其一定的要求和反应，它们在群落中处于不同的地位和起着不同的作用。

生态位是生物个体、种或群落所占据的具有时空特点的位置。微生物的群落结构受到生态位的生物和非生物环境的严格选择，因此群落的组成实际上是生态位的状况的真实反映。一定生态位上的微生物群落也是长期的适应性进化的结果。反刍动物和非反刍动物都能食纤维素，经过长期的适应进化，它们的消化器官内都有相似的以能分解纤维素的细菌、真菌为主的微生物群落。

种多样性、垂直结构、水平结构和优势种是表征群落结构的重要参数。种多样性可以用"多样性指数"（diversity index）来表示，多样性指数是以群落组成结构中种的数量和各个种的个体数量的分配有一定的特点为依据而设计的一种数值指标，种类数越多或各个种的个体数分配越均匀，则种多样性指数值就越大，反之，种多样性指数值就越小。垂直结构是不同种群在垂直方向上的排列状况，垂直分布是种间及种群与环境之间相互关系的一种特定形式，因此生境中的任何一个群落均有其本身的垂直结构。水平结构主要反映随着纬度的变化而产生的大气温度的变化，微生物在不同温度环境下而形成不同的结构。在任何群落中，组成群落的各个种群所表现的作用是不同的，所以群落中的各种种群不具有同等的重要性，其中有部分种群，因其数量、大小或活性而在群落中起着主要的控制作用。这些对群落和环境具有决定性意义的种群称为优势种群。

营养物、环境条件的改变以及环境污染都会对微生物群落产生压迫，群落的结构会有相应的改变，这实际上反映了环境对群落的选择。这种选择原理是我们富集特定生理功能微生物的重要理论基础，例如向生活污水投加表面活性剂，使其浓度从低到高达到一定水平，最后生活污水中的表面活性剂降解菌会成为优势菌，而易于从其中分离。

3. 群落水平的相互作用

特定生态位中的微生物群落各有其独特的生态功能，群落之间也存在协同、互惠、竞争、偏害等不同的相互作用。生态功能及其相互作用对其所处的生态系统的过程及功能有着重要影响。瘤胃中微生物对以纤维素为主的食料的分解、转化为动物利用纤维素提供基础。在稳定塘污水处理系统中群落水平的相互作用尤为重要，细菌群落的氧化分解作用产生 CO_2 和 NO_3^-、PO_4^{3-}，藻类群落在有光条件下利用 CO_2、NO_3^-、PO_4^{3-} 进行光合作用放出 O_2，又提供给细菌群落好氧分解，两个群落的相互作用使稳定塘完成有机物的净化过程。在有强光照条件下，藻类群落的光合作用会得到增强，可以放出更多的氧，这样又对细菌群落的氧化分解起到促进作用，从而提高稳定塘的净化能力。

4. 微生物生态系统

微生物群落与非生命系统的整合构成微生物生态系统，有人把仅有微生物存活的生境称为微生物生态系统，如反刍动物的瘤胃、人的肠道，一些仅微生物能存活的酸泉、热泉，以及一些污水处理系统。但在多种生物共存的环境中，也有人把微生物与其存在的生境称为微生物生态系统。

二、生境中微生物的基本特点

1. 微生物生存的微环境

微生物在生态环境中分布广泛，在许多动物、植物不能生存的极端环境也有微生物的存在。但从微观角度认识其生存环境则更加重要。微生物个体十分微小，因此可以对个体产生影响的生境也很小。一个 3 μm 的杆菌有一个 3 mm 直径的生境就等同于一个人有 2 km 的活动范围。跨越 3 mm 的化学和物理梯度就可以对其产生巨大影响。微生物生态学家就把微生物生长的生境称为微环境（microenvironment）。在一个 3 mm 的土壤颗粒中可以存在物理、化学上完全不同的微环境。微生物所处的微环境就是微生物所占据的生态位（niche）。

2. 微生物的生存条件恶劣

总体上说生境中微生物生存条件恶劣。微生物的生存条件包括营养、温度、pH、氧气、压力、氧化还原电位、辐射等生态因子，其中营养最为重要。生态环境中除一些特殊生境（瘤胃、肠道、受有机物严重污染的水体、土壤等），可以提供充分的营养，绝大部分生境中的营养物浓度极低，不足以支持微生物的正常生长代谢，大多微生物处于休眠状态。温度也是影响微生物生长的重要生态因子，对微生物生长来说地球表面的温度偏低（也有少量的中温和高温环境）。其他生态因子对微生物的作用会因不同的微生物类群有较为复杂的影响。

3. 微生物数量巨大，多样性极其丰富

生态环境中，有数量巨大的病毒、细菌、真菌、藻类和原生动物的广泛分布，在肥沃的土壤中可培养细菌数量达每克土壤 $10^7 \sim 10^8$ CFU，总群体（包括活的未能培养细菌）可超过每克土壤 10^{10} 细胞。

微生物的多样性更为丰富，其多样性包括遗传多样性，物种多样性，生理多样性及生境多样性。生境的多样性为遗传多样性、物种多样性和生理多样性奠定了基础。

4. 微生物的吸附及生物膜

微生物的吸附及生物膜的形成是微生物的聚集性行为，是众多微生物按一定结构、功能组合起来的自然集合的互助式菌群（cooperative consortium）或微生物群落。微生物能独立游离存在，但存在于一个相互依存的生命系统则更加典型，更加普遍，生物膜和生物絮体都是微生物存在的主要方式（生物絮体可以认为是一种悬浮的生物膜）。

生物膜的形成是一个复杂的生理生化过程，可以分为可逆吸附、不可逆吸附和形成成熟生物膜3个阶段。固体表面的生物膜呈斑块分布，成多层结构，不同的生物膜都有一定的水平异质性。

游离分散的微生物个体聚集成一个集合体可以产生单个个体所没有的集合优势，也称为生态优势。主要是：① 生物膜中的胞外多糖对生物膜内微生物群落具有生理保护作用。② 提高膜内营养物的可利用性和代谢上的协同性。③ 促进新遗传性状的产生。但生物膜也会引起一系列的环境及公共卫生问题。

5. 代谢活性极低或丧失

由于缺乏营养和环境条件的恶劣，生态环境中的微生物在大部分的时间里丧失活性或仅有低的代谢活性，生长速率极低，已经证明它们在自然环境中的生长速率至少低于实验室所测定的1%。此外，恶劣的生

长条件也使细胞圆化，体积变小，有的仅为正常细胞的 1/10。

6. 数量巨大的活的未能培养微生物

营养贫乏及环境条件恶劣使大部分生态环境中的微生物受损造成亚死亡损伤，相对于可在实验室条件下培养的可培养微生物（culturable microbe）这部分微生物被称为活的未能（不可）培养微生物（viable but nonculturable microbe）。一般认为环境中的微生物有 99% 是不可培养的。可培养微生物是生态环境中微生物的优势种类，其在生态环境中的重要作用及巨大的资源价值是不言而喻的，人类目前利用的微生物资源几乎都为可培养微生物。但未能培养的微生物数量庞大，其对人类认识整体的微生物结构与功能，开发利用新的微生物资源是不可缺失的。以研究全部微生物基因为目标的微生物环境基因组学（也称为宏基因组学、元基因组学、生态基因组学）已经成为微生物学的研究的一个热点。

三、陆生生境的微生物

陆生生境的主要载体是土壤。土壤是固体无机物（岩石和矿物质）、有机物、水、空气和生物组成的多孔性复合物。溶解在土壤水中的有机和无机组分可被微生物所利用，土壤是微生物的合适生境。

土壤微生物种类齐全、数量多、代谢潜力巨大，是主要的微生物源（表 11-1）。但一般来说微生物处于饥饿状态，繁殖速率极低，存在数量巨大的活的未能培养微生物。当可用的营养物被加到土壤中，微生物数量和它们的代谢活性迅速增加直到营养物被消耗，而后微生物活性回复到较低的基线水平。

表 11-1　典型花园土壤不同深度每克土壤的微生物菌落数（CFU）

深度 /cm	细菌	放线菌*	真菌	藻类
3 ~ 8	9 750 000	2 080 000	119 000	25 000
20 ~ 25	2 179 000	245 000	50 000	5 000
35 ~ 40	570 000	49 000	14 000	500
65 ~ 75	11 000	5 000	6 000	100
135 ~ 145	1 400	—	3 000	—

* 丝状细菌。

土壤微生物的数量和分布主要受到营养物、含水量、氧、温度、pH 等因子的影响，微生物集中分布于土壤表层和土壤颗粒表面，主要以附着方式存在。表土下浅层、深层土壤直至渗滤层、饱和层以下土壤都含有大量的微生物，这些微生物在那里生境的物质循环及消除污染中也发挥重要作用。

四、水生生境的微生物

水体生境主要包括湖泊、池塘、溪流、河流、港湾和海洋。水体中微生物的数量和分布主要受到营养物水平、温度、光照、溶解氧、盐分等因素的影响。含有较多营养物或受生活污水、工业有机污水污染的水体有相应多量的微生物，如港湾（河流入海口）具有较高的营养水平，其水体中也有较高的微生物数。在水体中，特别是在低营养浓度水体中，微生物倾向于生长在固体的表面和颗粒物上，它们要比悬浮和随水流动的微生物能吸收利用更多的营养物，常常有附着器和吸盘，这有助于附着在各种表面上。

五、大气生境的微生物

大气中没有可为微生物直接利用的营养物质和足够的水分，这种环境不适合微生物的生长繁殖。大气中没有固定的微生物种类。但由于微生物能产生各种休眠体以适应不良环境，有些微生物可以在空气中存在一段相当长的时间而不致死亡。所以，在空气中仍能找到多种微生物。空气中的微生物来源于土壤、水体和其他微生物源。进入大气的土壤尘粒、水面吹来的小水滴、污水处理厂曝气产生的气溶胶、人和动物体表的干燥脱落物、呼吸道呼出的气体都是大气微生物的来源，一般都以生物气溶胶（bioaerosols）形式存在。主要种类是霉菌和细菌，霉菌常见种类是曲霉、木霉、青霉、毛霉、白地霉和色串孢等。细菌有球菌、杆菌和一些病原菌。微生物在空气中的分布很不均匀，所含数量取决于所处环境和飞扬的尘埃量（表11-2）。

表 11-2　不同地点空气中的微生物数量

地点	微生物数量（CFU/m³ 空气）
北极（北纬 80°）	0
海洋上空	1 ~ 2
市区公园	200
城市街道	5 000
宿舍	20 000
畜舍	1 000 000 ~ 2 000 000

六、污染环境下的微生物

在自然环境中具有特定基质的特定环境会选择适合利用这种基质的微生物群落。污染环境对微生物的影响本质上是环境污染物替代（或部分替代）原来存在的基质选择微生物，使微生物群落的组成、结构与生态功能发生很大的变化，经历一个环境选择与微生物的适应过程，最终造就一个与特定污染环境密切相关的微生物群落，特别是驯化出可以耐受降解特定污染物的大量微生物。污染环境是研究污染物生物降解过程及机理，分离筛选并取得有资源价值高效降解菌的重要场所。

七、极端环境下的微生物

极端环境下微生物的研究有 3 个方面的重要意义：① 开发利用新的微生物资源，包括特异性的基因资源；② 为微生物生理、遗传和分类乃至生命科学及相关学科许多领域，如：功能基因组学、生物电子器材等的研究提供新的课题和材料；③ 为生物进化、生命起源的研究提供新的材料。

1. 嗜热微生物

按微生物生长的最适温度，可将它们分为嗜冷、兼性嗜冷、嗜温、嗜热和超嗜热 5 种类型。细菌是嗜热微生物中最耐热的，按它们耐热程度的不同又可以被分成 5 个不同类群：耐热菌、兼性嗜热菌、专性嗜热菌、极端嗜热菌和超嗜热菌。耐热菌最高生长温度在 45 ~ 55℃之间，低于 30℃也能生长。兼性嗜热菌的最高生长温度在 50 ~ 65℃之间，也能在低于 30℃条件下生长。专性嗜热菌最适生长温度在 65 ~ 70℃，不能在低于 40 ~ 42℃ 条件下生长。极端嗜热菌最高生长温度高于 70℃，最适温度高于 65℃，最低生长温度高于 40℃。超嗜热菌（hyperthermophile）的最适生长温度 80 ~ 110℃ 或 121℃，最低生长温度在 55℃ 左右。大部分超嗜热菌是古菌（见第 13 章），但真细菌中的海栖热袍菌也属于这一类，其最高生长温度达 90℃。前 4 类主要是真细菌。

嗜热微生物生长的生态环境有热泉（温度高达 100℃），高强度太阳辐射的土壤，岩石表面（高达 70℃），各种堆肥、厩肥、干草、锯屑及煤渣堆，此外还有家庭及工业上使用的温度比较高的热水及冷却水。热泉（酸性热泉和碱性热泉）是嗜热微生物的最重要生境，大部分嗜热微生物都从热泉中分离。嗜热微生物生物大分子蛋白质、核酸、类脂的热稳定结构以及存在的热稳定性因子是它们嗜热的生理基础。新的研究还表明专性嗜热菌株的质粒携带与热抗性相关的遗传信息。嗜热微生物有远大的应用前景，高温发酵可以避免污染和提高发酵效率，其产生的酶在高温时有更高的催化效率，高温微生物也易于保藏。嗜热微生物还可用于污水处理。嗜热细菌的耐高温 DNA 聚合酶使 DNA 体外扩增的技术得到突破，为 PCR 技术的广泛应用提供基础，这是嗜热微生物应用的突出例子。

2. 嗜冷微生物

嗜冷微生物（psychrophilic microorganisms）能在较低的温度下生长，可以分为专性和兼性两类，前者的最高生长温度不超过 20℃，但可以在 0℃ 或低于 0℃ 条件下生长；后者可在低温下生长，但也可以在 20℃ 以上生长。嗜冷微生物的研究远没有嗜热微生物那样深入，而且主要限于细菌。有些微生物具有在低温下（0 ~ 5℃）生长的能力，但不是真正的嗜冷菌而是冷营养菌（psychrotrophic），即能耐受低温但最适温度是较高温度。嗜冷微生物的主要生境有极地、深海、寒冷水体、冷冻土壤、阴冷洞穴、保藏食品的低温环境。从这些生境中分离到的主要嗜冷微生物有：针丝藻、黏球藻、假单胞菌等。从深海中分离出来的细菌既嗜冷，也耐受高压。

嗜冷微生物适应环境的生化机制是因为细胞膜脂组成中有大量的不饱和、低熔点脂肪酸。嗜冷微生物低温条件下生长的特性可以使低温保藏的食品腐败，甚至产生细菌毒素。研究开发嗜冷微生物的最适反应温度低的酶，在工业和日常生活中应用都有价值。如从嗜冷微生物中获得低温蛋白酶用于洗涤剂，不仅能节约能源，而且效果很好。

3. 嗜酸微生物

生长最适 pH 在 3 ~ 4 以下，中性条件不能生长的微生物称为嗜酸微生物（acidophilic microorganisms）；能在高酸条件下生长，但最适 pH 接近中性的微生物称为耐酸微生物（acidotolerant microorganisms）。温和的酸性（pH3 ~ 5.5）自然环境较为普遍，如某些湖泊、泥炭土和酸性的沼泽。极端的酸性环境包括各种酸矿水、酸热泉、火山湖、地热泉等。嗜酸微生物一般都是从这些环境中分离出来，其优势菌是无机化能营养的硫氧化菌、硫杆菌。酸热泉不但具有高酸度，而且还具有高温的特点，从这些环境中分离出独具特点的嗜酸嗜热细菌，如嗜酸热硫化叶菌等。嗜酸微生物的胞内 pH 从不超出中性大约 2 个 pH 单位，其胞内物质及酶大多数接近中性。嗜酸微生物能在酸性条件下生长繁殖，需要维持胞内外的 pH 梯度，现在一般认为它们的细胞壁、细胞膜具有排斥 H^+，对 H^+ 不渗透或把 H^+ 从胞内排出的机制。而嗜酸微生物的外被要高 H^+ 来维持其结构。嗜酸菌被广泛用于微生物冶金、生物脱硫。

4. 嗜碱微生物

地球上碱性最强的自然环境是碳酸盐湖及碳酸盐荒漠，极端碱性湖［如肯尼亚的玛格达（Magadi）湖，埃及的 Wady Natrun 湖］是地球上最稳定的碱性环境，那里 pH 达 10.5 ~ 11.0。我国的碱性环境有青海湖等。

碳酸盐是这些环境碱性的主要来源。人为碱性环境是石灰水、碱性污水。一般把最适生长 pH 在 9 以上的微生物称为嗜碱微生物（alkaliphilic microorganisms），中性条件不能生长的为专性嗜碱微生物，中性条件甚至酸性条件都能生长的称为耐碱微生物（alkalitolerant microorganisms）或碱营养微生物（alkalitrophic microorganisms）。嗜碱微生物有两个主要的生理类群：盐嗜碱微生物和非盐嗜碱微生物。前者的生长需要碱性和高盐度（达 33% NaCl+Na$_2$CO$_3$）。代表性种属有：外硫红螺菌、甲烷嗜盐菌、嗜盐碱杆菌、嗜盐碱球菌等。

　　嗜碱微生物生长最适 pH 在 9 以上，但胞内 pH 都接近中性。细胞外被是胞内中性环境和胞外碱性环境的分隔，是嗜碱微生物嗜碱性的重要因素。其控制机制是具有排出 OH$^-$ 的功能。嗜碱微生物产生大量的碱性酶，这些碱性酶被广泛用于洗涤剂或作其他用途。

5. 嗜盐微生物

　　含有高浓度盐的自然环境主要是盐湖，此外还有盐场、盐矿和用盐腌制的食品。海水中含有约 3.5% 的氯化钠，是一般的含盐环境。根据对盐的不同需要，嗜盐微生物（halophilic microorganisms）可以分为弱嗜盐微生物、中度嗜盐微生物、极端嗜盐微生物。弱嗜盐微生物的最适生长盐浓度（氯化钠浓度）为 0.2 ~ 0.5 mol/L，大多数海洋微生物都属于这个类群。中度嗜盐微生物的最适生长盐浓度为 0.5 ~ 2.5 mol/L，从许多含盐量较高的环境中都可以分离到这个类群的微生物。极端嗜盐微生物的最适生长盐浓度为 2.5 ~ 5.2 mol/L（饱和盐浓度，a_W=0.75），它们大多生长在极端的高盐环境中，已经分离出来的主要有藻类：盐生杜氏藻、绿色杜氏藻；细菌：盐杆菌，如红皮盐杆菌、盐沼盐杆菌，盐球菌，如鳕盐球菌。可以在高盐浓度下生长，但最适生长盐浓度较低的称为耐盐微生物。

　　嗜盐微生物的嗜盐机制仍在不断探索研究（见第 13 章），盐杆菌和盐球菌具有排出 Na$^+$ 和吸收浓缩 K$^+$ 的能力，K$^+$ 作为一种相容性溶质，可以调节渗透压达到胞内外平衡，其浓度高达 7 mol/L，以此维持胞内外同样的水活度。嗜盐细菌具有许多生理特性，其中紫膜引人注目（见第 15 章）。

6. 嗜压微生物

　　需要高压才能良好生长的微生物称为嗜压微生物（barophilic microorganisms）。最适生长压力为正常压力，但能耐受高压的微生物被称为耐压微生物（barotolerant microorganisms）。海洋深处和海底沉积物中分离到嗜压菌，嗜压细菌也存在于深海鱼类的内脏中。

八、动物体中的微生物

　　生长在动物体上的微生物是一个种类复杂、数量庞大、生理功能多样的群体。从生境空间位置来说有体表和体内的区别，从生理功能上说任何生活在动物上的微生物必然有其相应的功能，总体上可以分为有益、有害两个方面。对动物有害的微生物可以称为病原微生物，包括病毒、细菌、真菌、原生动物的一些种类。对动物有益的微生物受到广泛的注意和深入研究，如：微生物和昆虫的共生、瘤胃共生、海洋鱼类和发光细菌的共生等。

1. 微生物和昆虫的共生

　　多种多样的微生物和昆虫都有共生关系，情况错综复杂，但大部分的共生都具有 3 个显著的特点，第一，微生物具有昆虫所不具有的代谢能力，昆虫利用微生物的代谢能力得以存活于营养贫乏或营养不均衡的食料（如木材、植物液汁或脊椎动物血液）环境中。第二，昆虫和微生物双方都需要联合，不形成共生体的昆虫生长缓慢，繁殖少而不产生幼体，而许多共生微生物未在昆虫外的生境中发现，有些是不能培养的。第三，许多共生微生物可以在昆虫之间转移，一般是从亲代到子代，相互和交叉转移也存在。白蚁的消化管中的共生体具有典型性。共生体是细菌和原生动物，二者均能分解纤维素，转化昆虫氮素废物尿酸和固氮，这些过程的代谢产物都可以被昆虫同化利用。

2. 瘤胃共生

草食动物直接食用绿色植物，植物所固定的能量流动到动物，这是生态系统中能量流动和食物链的重要一环。纤维素是最丰富的植物成分，然而大部分动物缺乏能利用这种物质的纤维素酶，生长在动物瘤胃内的微生物能产生分解纤维素的胞外酶，帮助动物消化此类食物。微生物分解纤维素和其他植物多聚物产生有机酸可被动物消化和利用。没有微生物酶的作用，这样丰富的食物资源就不能被充分利用，微生物对这里的能量流动和物质循环起重要作用。反刍动物瘤胃微生物与动物的共生具有代表性，是微生物和动物互惠共生的典型例子。

瘤胃是一个独特的不同于其他生态环境的生态系统，它是温度（38～41℃）、pH（5.5～7.3）、渗透压（250～350 mOsm）相应稳定的还原性环境（E_n–350 mV），同时有相应频繁和高水平营养物供应。大量基质的输入和相应恒定适宜的环境条件使瘤胃微生物种类繁多，数量庞大。细菌数达 10^{10}～10^{11} CFU/g 内含物。真菌的游动孢子达 10^3～10^5 个/g 内含物。细菌噬菌体数量可以达到 10^6～10^7 噬菌体/mL 内含物。瘤胃原生动物数量为 10^5～10^6 个/mL 内含物，大小 20～200 μm。

纤维素、蛋白质、半纤维素等多聚物可被瘤胃微生物分解转化，产生的低相对分子质量脂肪酸、维生素以及形成的菌体蛋白（含原生动物）可提供给反刍动物。而反刍动物则为微生物提供了丰富的营养物和良好的生境。

3. 发光细菌和海洋鱼类的共生

一些海洋无脊椎动物、鱼类和发光细菌也可建立一种互惠共生的关系。发光杆菌属（*Photobacterium*）和贝内克氏菌属（*Beneckea*）的发光细菌见于海生鱼类。发光细菌生活在某些鱼的特殊的囊状器官中，这些器官一般有外生的微孔，微孔允许细菌进入，同时又能和周围海水相交换。发光细菌发出的光有助于鱼类配偶的识别，在黑暗的地方看清物体。光线还可以成为一种聚集的信号，或诱惑其他生物以便于捕食。发光也有助于鱼类的成群游动以抵抗捕食者。

九、植物体中的微生物

1. 植物表面微生物与植物病害

植物的茎叶和果实表面是某些微生物的良好生境，细菌、蓝细菌、真菌（特别是酵母）、地衣和某些藻类常见于这些好气的植物表面。邻接植物表面的生境称为叶际（phyllosphere）。叶际主要为各种细菌和真菌种群所占据。花是附生微生物的短期生境，花从受精到果实成熟，环境条件发生了改变，微生物群落也会发生演替。果实成熟时，酵母属有时成为优势种群。

某些病毒、细菌、真菌和原生动物能引起植物的病害，主要的病害是由真菌引起的。微生物引起的植物病害是微生物对植物的偏害作用。病害使植物功能失常，因而降低了植物生长和维持它们生态位的能力。

2. 微生物和植物根相互关系

（1）根际微生物

根际是邻接植物根的土壤区域，其中的微生物称为根际微生物（rhizosphere microorganisms）。由于植物根在生长过程中和土壤进行着频繁的物质交换，不断改变周围的养分、水分、pH、氧化还原电位、通气状况，从而使根际范围内土壤的化学环境不同程度上区别于根际以外的土壤，成为微生物生长的特殊微生态环境。根际效应对土壤微生物最重要的是营养选择和富集，使根际微生物在数量、种类以及生理类群上不同于非根际。根际微生物对植物的生长有明显的影响。根际微生物以各种不同的方式有益于植物，包括去除 H_2S 降低对根的毒性，增加矿质营养的溶解性，合成维生素、氨基酸、生长素和能刺激植物生长的赤霉素。另外，由于竞争关系，根际微生物对潜在的植物病原体具有拮抗性，产生的抗生素能抑制病原菌的生长。一些根际微生物可能成为植物病原体或和植物竞争可利用的生长因子、水和营养物，而有害于植物。

（2）菌根

一些真菌和植物根以互惠关系建立起来的共生体称为菌根（mycorrhiza）。菌根共生体可以促进磷、氮和其他矿物质的吸收。真菌和植物根形成的共生体增强了它们对环境的适应能力，使它们能占据它们原来所不能占据的生境。根为真菌的生长提供能源。菌根菌为植物提供矿物质和水，产生的植物之间的抑制物质使生长植物对其他植物存在偏害关系，削弱外来者的竞争，以保持占据的生境。结合以后的共生体不同于单独的根和真菌，它们除保留原来的各自的特点外，又产生了原来所没有的优点，体现了生物种间的协调性。

菌根分为两大类：外生菌根和内生菌根（图 11-1）。外生菌根的真菌在根外形成致密的鞘套，少量菌丝进入根皮层细胞的间隙中；内生菌根的菌丝体主要存在于根的皮层中，在根外较少。内生菌根又分为两种类型，一种是由有隔膜真菌形成的菌根，另一种是无隔膜真菌所形成的菌根，这后一种一般称为 VA 菌根，即"泡囊 – 丛枝菌根"（vesilular-arbuscular mycorrhizae）。外生菌根主要见于森林树木，内生菌根存在于草、林木和各种作物中。陆地上 97% 以上的绿色植物具有菌根。

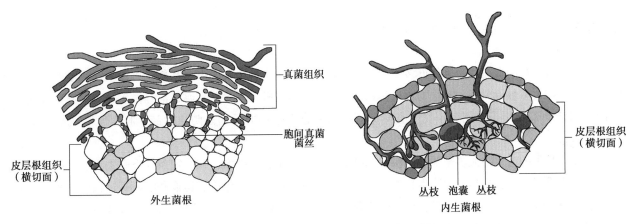

图 11-1　外生菌根和内生菌根（泡囊 – 丛枝菌根）示意图

（3）共生固氮

1）根瘤菌和豆科植物的共生固氮

根瘤菌和豆科植物的共生固氮作用是微生物和植物之间最重要的互惠共生关系。共生固氮把大气中不能被植物利用的氮转变为可被植物合成其他氮素化合物的氨，这对于增加土壤肥力和推动氮循环有重要意义。

共生固氮是一个十分复杂的生理、生化过程。根瘤菌和植物根经过一系列的相互作用过程而形成具固氮能力的成熟根瘤。固氮酶由根瘤菌提供，根瘤菌和植物根共同创造一个有助于固氮的生态位。根瘤菌专性好氧，固氮是耗能和对氧敏感过程。这些几乎完全对立的特征被融合在豆科植物根瘤中，根瘤中的中心侵染组织是一个微好氧生态位。根瘤周围未被侵染植物细胞的连续层限制和控制氧的内部扩散。内部组织维持大约1% 的大气浓度（0.2% 氧），这个氧量低到能进行固氮过程。另外，中心组织的植物细胞合成大量豆血红蛋白携带氧，有利于低氧浓度扩散通过植物细胞质膜，提供胞内根瘤菌（类菌体）以充分氧流进行呼吸和氧化磷酸化。固氮过程产生的氨穿过类菌体膜被植物同化利用。

网上学习 11-2
微生物的互惠、"违约"和"制裁"

共生固氮的遗传机制也十分复杂。根瘤的形成需要特定的植物和细菌基因的协调和有序的表达。根瘤菌 *nif*（固氮）基因是编码固氮酶酶系的基因，基因组包括固氮酶的结构基因（*nif* H、*nif* D 和 *nif* K）、合成铁–钼辅因子的结构基因（*nif* B、*nif* E），与根瘤形成有关的基因是 *nod*、*nol*，决定后期共生固氮根瘤发展的基因是 *fix*。此外还有影响表面外多糖和脂多糖的基因 *exo* 和 *lps*，以及决定类菌体二羧酸吸收的基因（*dct*）。

2）放线菌和非豆科植物共生固氮

已知放线菌目中的弗兰克氏菌可与 200 多种非豆科植物共生形成放线菌根瘤（actincrhizas）。这些根瘤也具有较强的共生固氮能力。结瘤植物多为木本双子叶植物，如凯木、杨梅、沙棘等。

3. 蓝细菌和植物的共生固氮

蓝细菌（蓝藻）中的许多种属除能自生固氮外，念珠藻属、鱼腥藻属等属的蓝细菌与部分苔类植物、藓类植物、蕨类植物、裸子植物和被子植物可建立具有固氮功能的共生体。

从根际、菌根到根瘤，微生物和植物根之间的互惠共生关系越来越密切，形态结构越来越复杂，生理功能越来越完备，遗传调节越来越严密，这也是生物相互作用的高级形式。在共生体中，植物根是主导方面。共生体的建立促进了植物的生长，从生态学的观点可以看成是生物克服恶劣环境，抵抗环境压力，达到生物和环境协调统一的一种手段。

十、工农业产品上的微生物及生物性霉腐的控制

人类赖以生存的食品以及其他许多生活、生产资料都是微生物生长的潜在基质，可以不同程度上为微生物所利用。在大多数情况下，微生物对这些物质的作用导致酸败、腐烂及霉腐，消除微生物或抑制有害微生物的代谢活动，特别是应用微生物生态学原理抑制有害微生物的活动是防止食品、材料腐败变质的重要方法。

农业产品中的微生物大多来源于原料和成品对环境中微生物的吸附，在一定条件下微生物生理活动造成对产品的严重损害。食品是微生物生长繁殖的天然培养基，在加工、包装、运输和贮藏等过程中，都可能被霉菌、细菌、酵母菌等微生物污染，在合适的温、湿度条件下微生物可以迅速生长，导致霉腐变质。

控制微生物，防止生物霉腐的方法概括起来有 3 种，这些方法可以单独或结合使用。① 用物理或化学方法杀死或去除物品上的一切微生物，再用物理方法防止微生物的再污染。② 把食品和其他材料保存于微生物不能进行代谢活动或代谢活动水平极低的环境条件下。这种控制环境条件的方法要注意极端环境微生物代谢活动所造成的腐败。③ 通过加工或加入添加剂来降低食品和材料的微生物可利用性。最具生态学色彩的方法是用一类微生物活性来抑制另一类微生物活性。常用乳杆菌、丙酸细菌、醋化醋杆菌等产生的乳酸、丙酸、乙酸等酸性物质来抑制其他酸败细菌的活动，达到保藏食物的目的。

十一、基础研究方法

微生物生态学所涉及的主要是微生物在复杂环境条件下的生物多样性与活性，依赖于培养的研究方法、原位检测方法以及目前广为使用的分子生物技术都对这个学科的研究和发展产生重要作用。尤其重要的是分子生物技术把微生物生态学推进到分子生态学的水平（在本章第四节讨论）。

1. 依赖于培养的研究方法

微生物生态学家最早认识微生物在生态环境中的群落结构与功能是依赖于富集分离和纯培养技术实现的。富集分离是要使存在于样品中要获取的微生物得到大量生长，并成为培养系统中的优势成员，从而实现对目标种的富集及与非目标种的分离。成功的富集分离需要二个基本条件。① 取自合适生境的含有目标微生物的接种物。② 提供具有选择作用的培养基和培养条件。富集分离一般使用摇瓶及富集柱。纯培养可以从许多富集培养物中得到，经常使用的方式包括平板划线、液体稀释等。自然培养和近自然培养仍受关注，设计更接近自然的培养方法，配制更合适的培养基以培养出更多的生境中的微生物仍然是分离培养的努力方向。

共培养技术（也被称为混合培养）也在微生物生态学的研究中得到广泛应用。共培养是多种微生物（或为多种微生物组成的菌群，甚至是一个特定生境的生物群落）的混合培养。共培养主要用于研究种群的生长动力学及它们之间的代谢相关性从而阐明微生物的群落结构与功能，及在生境的生态过程中的作用。而当前把个别的降解菌组成一个高效的降解菌群强化生物降解过程是一个研究热点。

2. 原位检测方法

原位检测包括原位观察计数、原位培养和原位活性测定。原位观察计数始于埋片技术，后又发展出激光扫描共聚焦显微镜（confocal laser scanning microscopy）显微观察、荧光染料染色、荧光抗体检测和绿色荧光蛋白标记等。激光扫描共聚焦显微镜产生的少量 X 射线可以在不扰动或不固定的条件下，把单个细胞从生境中剥离出来成像观察，从而可以了解群落中的种群组成。荧光染料染色被广泛用于染色不透明生境中的微生物。DAPI（4′, 6-diamido-2-phenylindol）染色核酸，一般不会与样品中物质发生反应，因而被广泛用于环境、食品和卫生样品的微生物计数。有的荧光染料的染色结果还能区分死活细胞，从而同时获得数量和活性的数据。荧光抗体检测是把带有荧光特性的信号分子结合到抗体上，而后通过抗体与抗原的特异性结合及相互作用来显示抗原（微生物）的位置。绿色荧光蛋白（GFP）标记是把 GFP 的基因插入到受体细胞的染色体，并在细胞中表达出这种蛋白，紫外线（395 nm）激发 GFP 产生亮绿色荧光，可以作为细胞存在和数量的指标。原位培养可以说是一种微生境模拟技术。微宇宙（microcosms）模拟微生境最为常用，微宇宙类似于小的生态系统，它包括各种微生物、植物和动物、多种生境和各种界面，通过控制光、营养、氧和硫等环境因素可以模拟微生境和发生在微生境中理化因子的梯度变化。使用微宇宙能够检查生态系统内更复杂的相互关系。另外的原位培养一般使用瓶、实验桶、透析袋或微孔滤膜组成围隔，将要研究的样品放入原来位置进行培养。原位活性测定主要使用微电极，微小电极探头插入环境样品中，可以持续地检测 O_2、NO_3^- 等物质的变化，以指示系统内的生物活性。

> - 种群作用的基本类型有哪些？
> - 生物膜的生态优势是什么？
> - 以瘤胃为例子阐述微生物与反刍动物的互惠互生关系。
> - 极端环境微生物的生境特点是什么？
> - 研究环境中微生物的基本方法有哪些？

第二节　微生物在生态系统中的地位与作用

无数生态系统构成地球生物圈，地球生物圈的生生不息与永续发展离不开微生物的作用。生产与分解是生态系统的两大支撑点，失去任何一个，生态系统就会崩塌。而微生物正是分解的基石，没有微生物的分解，生态系统中的物质循环将会阻断，生态系统可以没有动物（消费者）而不能没有微生物（分解者），微生物比动、植物有更广泛的分布正说明微生物的独特重要地位。微生物的生物修复是微生物分解作用的延伸与扩展。

一、生态系统中微生物的角色

生态系统的基本功能是能量流动、物质循环和信息传递，而系统内的生物成分则划分为3大类群：生产者、消费者和分解者。微生物可以扮演多种角色，完成多种功能，但主要作为分解者而在生态系统中起重要作用。

1. 微生物是有机物的主要分解者
微生物最大的价值在于其作为最主要分解者的分解功能。它们分解生物圈内存在的动物、植物和微生物残体等复杂有机物质，并最后将其转化成最简单的无机物，再供初级生产者利用。

2. 微生物是物质循环中的重要成员
微生物参与所有的物质循环，大部分元素及其化合物都受到微生物的作用。在一些元素的循环中，微生物是主要的成员，起主要作用；而一些过程只有微生物才能进行，起独特作用；而微生物参与的有的过程是循环中的关键过程，起关键作用。

3. 微生物是生态系统中的初级生产者
微生物中的光能及化能自养微生物是生态系统的初级生产者，它们具有初级生产者所具有的二个明显特征，即可直接利用太阳能、无机物的化学能作为能量来源，另一方面其固定下来的能量又可以在食物链、食物网中流动，从而推动能量流动。

4. 微生物是物质和能量的贮存者
微生物和动物、植物一样也是由物质组成和由能量维持的生命有机体。在土壤、水体中有大量的微生物生物量，贮存着大量的物质和能量。

5. 微生物是生态系统中的信息接收者和信息源
微生物可以从环境接收信息，微生物的趋化性、趋光性就是这方面的例证，同时微生物也可以向环境和生物体发出信息，根瘤菌特异性感染植物根的结瘤作用就体现了这种信息的输出。

6. 微生物是地球生物演化中的先锋种类
微生物是最早出现的生物体，并进化成后来的动、植物。蓝细菌的产氧作用及其他细菌的固氮作用，改变大气圈中的化学组成，提供可利用氮源为后来动、植物出现打下基础。

二、微生物与生物地球化学循环

生物地球化学循环（biogeochemical cycling）是指生物圈中的各种化学元素，经生物化学作用在生物圈中的转化和运动，是推动地球向更有利于生物生存繁衍方向演化的巨大动力，这种循环是地球化学循环的重要组成部分。地球上的大部分元素在生物地球化学循环中表现出不同的循环速率。生命物质的主要组成元素（C、H、O、N、P、S）循环很快，少量元素（Mg、K、Na、卤素元素）和迹量元素（Al、B、Co、Cr、Cu、

Mo、Ni、Se、V、Zn）则循环较慢。属于少量和迹量元素的 Fe、Mn、Ca 和 Si 是例外，铁和锰以氧化还原的方式快速循环。钙和硅在原生质中含量较少，但在其他结构中含量很高。

碳、氮、磷、硫的循环受二个主要的生物过程控制，一是光合生物对无机营养物的同化，二是后来进行的异养生物的矿化。实际上所有的生物都参与生物地球化学循环。微生物在有机物的矿化中起决定性作用，地球上 90% 以上有机物的矿化都是由细菌和真菌完成的。

1. 碳循环

碳素是一切生命有机体的最大组分，接近有机物质干重的 50%。碳循环是最重要的物质循环（图 11-2）。

（1）碳在生物圈中的总体循环

初级生产者把 CO_2 转化成有机碳。初级生产的产物为异养消费者利用，并进一步进行循环，部分有机化合物经呼吸作用被转化为 CO_2。初级生产者和其他营养级的生物残体最终也被分解而转化成 CO_2。大部分绿色植物不是被动物消费，而是死亡后被微生物分解，CO_2 又被生产者利用。

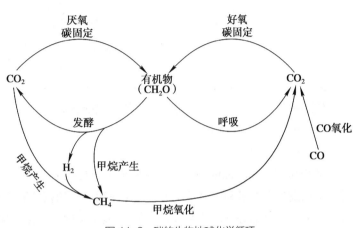

图 11-2 碳的生物地球化学循环

（2）生境中的碳循环

生境中的碳循环是生物圈总循环的基础，异养的大生物和微生物都参与循环，但微生物的作用是最重要的。在好氧条件下，大生物和微生物都能分解简单的有机物和生物多聚物（淀粉、果胶、蛋白质等），但微生物是唯一在厌氧条件下进行有机物分解的。微生物能使非常丰富的生物多聚物得到分解，腐殖质、蜡和许多人造化合物只有微生物才能分解。碳的循环转化中除了最重要的 CO_2 外，还有 CO、烃类物质等。藻类能产生少量的 CO 并释放到大气中，而一些异养和自养的微生物能固定 CO 作为碳源（如氧化碳细菌）。烃类物质（如甲烷）可由微生物活动产生，也可被甲烷氧化细菌所利用（图 11-2）。大气 CO_2 浓度的持续提高引起的"温室效应"是一个全球性环境问题。

2. 氮循环

氮循环（图 11-3）由 6 种氮化合物的转化反应所组成，包括固氮、铵同化、氨化（脱氨）、硝化作用、硝酸盐还原和反硝化作用。它们大多实际上是氧化还原反应。氮是生物有机体的主要组成元素，氮循环是重要的生物地球化学循环。

（1）固氮

固氮是大气中氮被转化成氨（铵）的生化过程。其对氮在生物圈中的循环有重要作用，据测算每年全球有约 2.40×10^8 t 氮被固定，这和反硝化过程失去的氮大致相等。生物固氮是只有微生物或有微生物参与才能完成的生化过

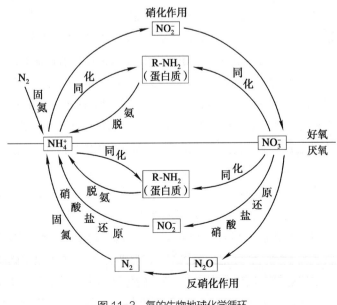

图 11-3 氮的生物地球化学循环

程。具有固氮能力的微生物种类繁多，游离的主要有固氮菌、梭菌、克雷伯氏菌和蓝细菌；共生的主要是根瘤菌和弗兰克氏菌。

（2）铵同化

固氮的末端产物和其他来源的铵被细胞同化成氨基酸形成蛋白质、细胞壁成分（如乙酰胞壁酸），同化成嘌呤及嘧啶形成核酸。这个过程称为铵同化或固定化。微生物同化铵有两种途径。第一个是一个可逆反应，铵掺入或从谷氨酸中移去。

$$\text{谷氨酸} + H_2O \underset{\overrightarrow{\hspace{2cm}}}{\overset{\text{谷氨酸脱氢酶}}{\longleftrightarrow}} \alpha-\text{酮戊二酸} + NH_3$$

$$NAD \qquad NADH$$

另一个途径是依赖于能量的铵吸收途径。反应的第一步消耗 ATP 在谷氨酰胺合成酶的催化下把铵加到谷氨酸形成谷氨酰胺；第二步把铵分子从谷氨酰胺转移到 $\alpha-$酮戊二酸形成二个谷氨酸分子。一个进入下一循环，而另一个则被利用。

（3）氨化作用

氨化作用（ammonification）是有机氮化物转化成氨（铵）的过程。微生物、动物和植物都具有氨化能力，可以发生在好氧和厌氧环境中。氨化作用放出的氨可被生物固定利用和进一步转化，同时也挥发释放到大气中去，这个部分可占总氮损失的 5%（其他 95% 为反硝化损失）。

（4）硝化作用

硝化作用（nitrification）是好氧条件下在无机化能硝化细菌作用下氨被氧化成硝酸盐的过程。它的重要性是产生氧化态的硝酸盐，产物又可以参与反硝化作用。硝化作用分两步进行。

$$NH_4^+ + O_2 + 2H^+ \longrightarrow NH_2OH + H_2O \longrightarrow NO_2^- + 5H^+ \qquad \Delta G = -66 \text{ kcal (1 kcal=4.18 kJ)}$$

$$NO_2^- + \frac{1}{2}O_2 \longrightarrow NO_3^- \qquad \Delta G = -18 \text{ kcal}$$

把铵氧化成亚硝酸的代表性细菌是亚硝化单胞菌属，此外还有亚硝化叶菌属、亚硝化螺菌属、亚硝化球菌属、亚硝化弧菌属。把亚硝酸氧化成硝酸代表性细菌是硝化杆菌属，此外还有硝化刺菌属、硝化球菌属。前者称为亚硝化菌（nitrosobacteria）或铵氧化菌（ammonium oxidizer），后者称为硝化菌（nitrobacteria）或亚硝酸盐氧化菌（nitrite oxidizer），二者统称为硝化（作用）细菌（nitrifying bacteria）。硝化作用是一个产能过程，硝化细菌经卡尔文循环和不完全的三羧酸循环利用 CO_2 合成细胞物质。

（5）硝酸盐还原和反硝化作用（nitrate reduction and denitrification）

硝酸盐还原包括同化硝酸盐还原和异化硝酸盐还原。异化硝酸盐还原又分为发酵性硝酸盐还原（fermentative nitrate reduction）和呼吸性硝酸盐还原（respiratory nitrate reduction）。如呼吸性硝酸盐还原的产物是气态的 N_2O、N_2，则这个过程被称为反硝化作用。同化硝酸盐还原是硝酸盐被还原成亚硝酸盐和氨，氨被同化成氨基酸的过程。这里被还原的氮化物成为微生物的氮源。异化硝酸盐还原是在无氧或微氧条件下，微生物进行的硝酸盐呼吸即以 NO_3^- 或 NO_2^- 代替 O_2 作为电子受体进行呼吸代谢。与同化硝酸盐还原相比，它的酶系一般是颗粒性的，可被氧竞争性抑制，但不受氨的抑制。发酵性硝酸盐还原中硝酸盐是发酵过程的"附带"电子受体，而不是末端受体，为不完全还原，发酵产物主要是亚硝酸盐和 NH_4^+。其特点是没有膜结合酶，细胞色素和电子传递磷酸化。这种现象在自然界非常普遍，大多数由兼性厌氧菌来完成，如肠杆菌属、埃希菌属和芽孢杆菌属细菌。呼吸性硝酸盐还原中硝酸盐作为末端电子受体被还原成亚硝酸盐、氨或产生气态氮（反硝化作用）。在反硝化过程中硝酸盐经一系列酶的作用，细胞色素传递电子，最后被还原成 N_2O 和 N_2，大量的 N_2O、N_2 释放到大气中去。反硝化过程也是一个偶联产能过程，但电子传递链较短，一个硝酸盐还原过程产生 2 个 ATP，反硝化细菌的生长缓慢。具有异化硝酸盐还原能力的微生物很多，大部分是异养的，少量自养，有的能兼营异养和自养。但它们都是好氧菌或兼性厌氧菌。反硝化作用的效应是造成 N 的损失从而降低氮肥效率，N_2O 的释放可破坏臭氧层，损失的 N 因固 N 过程增加的 N 而得到平衡。

3. 硫循环

硫是生命有机体的重要组成部分，大约占干物质的 1%。生物圈中含有丰富的硫，一般不会成为限制性营养。硫的生物地球化学循环如图 11-4。从图可见生物地球化学循环包括：① 还原态无机硫化物的氧化。② 异化硫酸盐还原。③ 硫化氢的释放（脱硫作用）。④ 同化硫酸盐还原。微生物参与所有这些循环过程。

（1）硫的氧化

硫氧化是还原态的无机硫化物（如 S^0、H_2S、FeS_2、$S_2O_2^{2-}$ 和 $S_4O_6^{2-}$ 等）被微生物氧化成硫酸的过程。具有硫氧化能力的微生物在形态、生理上各有不同的特点，一般可分为两个不同的生理类群，包括好氧或微好氧的化能营养硫氧化菌和光营养硫细菌。此外，异养微生物（如曲霉、节杆菌、芽孢杆菌、微球菌等）也具有氧化能力。

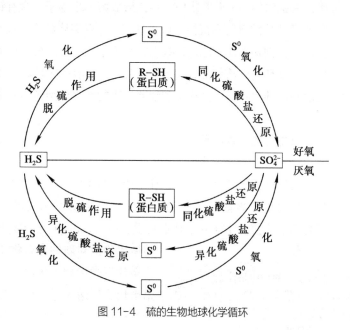

图 11-4　硫的生物地球化学循环

（2）硫酸盐还原

和硝酸盐相似，硫酸盐也可以被微生物还原成 H_2S，这部分微生物称为硫酸盐还原菌。硫酸盐还原产物 H_2S 在胞内被结合到细胞组分中称为同化硫酸盐还原。硫酸盐作为末端电子受体还原成不被同化的 H_2S，称为异化硫酸盐还原，也称为反硫化作用。电子供体一般是丙酮酸、乳酸和分子氢。主要的硫酸盐（异化）还原菌包括脱硫杆菌、脱硫叶菌。

（3）硫化氢的释放（有机硫化物的矿化）

生物尸体和残留物中含硫蛋白质经微生物的作用释出 H_2S、CH_3SH、$(CH_2)_3S$ 等含硫气体，一般的腐生细菌都具有分解有机硫化物能力。

4. 磷循环

磷是所有生物都需要的生命元素，遗传物质的组成和能量贮存都需要磷。磷的生物地球化学循环包括 3 种基本过程：① 有机磷转化成溶解性无机磷（有机磷矿化）。② 不溶性无机磷变成溶解性无机磷（磷的有效化）。③ 溶解性无机磷变成有机磷（磷的同化）。微生物参与磷循环的所有过程，但在这些过程中，微生物不改变磷的价态，因此微生物所推动的磷循环可看成是一种转化。

5. 铁循环

铁循环的基本过程是氧化和还原。微生物参与的铁循环包括氧化、还原和螯合作用。由此延伸出的微生物对铁作用的 3 个方面：① 铁的氧化和沉积：在铁氧化菌作用下亚铁化合物被氧化为高铁化合物而沉积下来。② 铁的还原和溶解：铁还原菌可以使高铁化合物还原成亚铁化合物而溶解。③ 铁的吸收：微生物可以产生非专一性和专一性的铁螯合体作为结合铁和转运铁的化合物。通过铁螯合化合物使铁活跃以保持它的溶解性和可利用性。

6. 其他元素的循环

锰的转化与铁相似。许多细菌和真菌有能力从有机金属复合物中沉积锰的氧化物和氢氧化物。钙是所有生命有机体的必需营养物质，芽孢形成菌内生孢子，含有钙吡啶，钙离子影响膜透性与鞭毛运动。钙的循环主要是钙盐的溶解和沉淀，$Ca(HCO_3)_2$ 有高溶解度，而 $CaCO_3$ 难溶解。硅是地球上除氧外的最丰富元素，主要化合物是 SiO_2。硅是某些生物细胞壁的重要组分。硅的循环表现在溶解和不溶解硅化物之间的转化。陆地和水体环境中溶解形式是 $Si(OH)_4$，不溶性的是硅酸盐。硅利用微生物（主要是硅藻、硅鞭藻等）可利用溶解性硅化物。一些真菌和细菌产生的酸可以溶解岩石表面的硅酸盐。

三、微生物的生物修复

历经亿万年的生物进化，环境中的微生物具有对生物物质的巨大降解能力，生态环境中不存在某种生物物质的过度积累就是最好的证明。工业革命以后人类活动造成越来越多的环境污染物进入环境，特别是越来越多的人工合成（异生物源物质，xenobiotics）化合物进入环境，造成了对生态环境的损害。生态环境中的微生物面对新的化合物（环境污染物）作出"免疫"应答，在新的选择压力条件下微生物进化出新的降解能力，加上微生物所具有的分布广泛、生长繁殖快、代谢多样性和适应能力强等诸多的生态优势从而使微生物具有巨大的降解潜力。微生物对进入自然环境污染物的降解作用，可以达到消除污染、净化环境的目的。这就是微生物的自然生物修复（natural bioremediation）。

- 碳循环中最重要的物质是什么？
- 氮循环有哪些基本过程？
- 硫循环的基本过程是什么？
- 磷循环包括哪些基本过程？

第三节　人体微生物及病原微生物的传播

在人体体表和体腔内生活着包括病毒、细菌、真菌在内的数量庞大的微生物，细菌种数为 1 000～1 500，数量达 100 万亿（10^{14}）个，是人体体细胞（约 10 万亿个）的 10 倍以上，其编码的基因数是人类基因数量的 100 倍以上。在皮肤、口腔、呼吸道、泌尿生殖系统和胃肠道有各具特色的微生物群落，占据不同生境的微生物有各不相同的群落特征和生理功能。

人体与人体微生物不是一种简单的共生共栖关系，而是一种相互依存的共进化关系，是人体不可或缺的重要组成部分，与人类的健康、疾病有密切关系。人体微生物的研究已成为生命科学的一个热点。

人体微生物绝大多数是对人体有益无害的微生物，它们对病原微生物的颉颃，对机体免疫功能的增强，对有毒物的排除，对人体营养的改善以及抗肿瘤等功能都有益于人体健康，但当人体内部条件改变，体内微生物间平衡关系受到破坏也会导致疾病的发生。

一、人体微生物

1. 皮肤

皮肤表面温度适中（33~37℃），pH 稍偏酸（4~8），可利用水一般不足，汗液中有无机离子和其他有机物，是微生物生长的合适生境。表面的脂质物质和盐度对微生物组成有重要影响。据估测人类皮肤表面所含

细菌数量可以达到 10^{12} 数量级。优势细菌种群是革兰氏阳性菌，包括葡萄球菌属、微球菌属、棒杆菌属等。革兰氏阴性菌较少见。真菌有瓶型酵母属。皮肤上的微生物受季节、气候、性别及其年龄的影响。不同个体的同样皮肤部位，同一个体的不同部位的微生具有显著差异。

皮肤微生物的绝大多数对身体无害或有益。皮肤上微生物尤其是过路菌中的致病或条件致病菌可以作为非特异性抗原刺激机体的免疫系统从而增强免疫能力。一些常住菌可以产生抗细菌、抗真菌、抗病毒甚至是抗癌的物质，皮肤表面的微生物一旦进入皮下也会引起炎症。

2. 口腔

口腔是一个有利于微生物生长的生境。① 温度稳定，② 水分充足，③ 口腔内高低不平的表面为微生物提供多样的微生境，④ 营养丰富，⑤ 唾液提供微生物生长因子，也含有抗微生物物质，⑥ 好氧的大环境和厌氧的微生境并存。口腔微生物分布于软组织黏膜（脱落与未脱落）表面、牙齿表面和唾液。同时存在好氧和厌氧的微生物，主要类群包括细菌、放线菌、酵母菌、原生动物，其中细菌约 600 种，数量最多，大多数是有益细菌。口腔复杂多样的环境造就了口腔微生物的极高多样性。

正常的微生物群落有帮助消化食物残渣及防御外来病源微生物的入侵的作用。

口腔疾病（龋齿和牙周病）和口腔微生物有重要关系，但不是外部病原微生物的侵染而是内部微生物群落组成和结构的改变。人食物中的糖分（特别是蔗糖）含量增加导致在牙齿表面形成一个产酸和耐酸的细菌群落，这个群落中的主要属种是突变链球菌、表兄链球菌、乳杆菌属细菌。它们代谢糖产酸，使口腔 pH 急剧下降，而唾液尚不足以中和其酸度，使牙齿表面 pH 甚至下降到 4，酸溶解齿表面的珐琅质，最终造成龋齿。牙周病（主要是牙周炎）是致病性细菌侵犯牙龈和牙周组织而引起的慢性炎症。牙龈卟啉单胞菌、齿垢密螺旋体和福赛斯坦纳菌是其致病联合体。口腔疾病都是多个种群联合作用的结果。

人类口腔微生物基因组研究对大量的口腔微生物进行了测序和比对研究，发现了大量先前未研究报道的口腔微生物，不同的健康人口腔细菌大部分微生物组（基因组）是相同的，推测健康口腔存在一个核心微生物组。

3. 肠道

肠道是人体的重要器官，肠道微生物是人体微生物的最重要部分。肠道因其温度恒定、营养丰富而成为微生物的良好生境，肠道微生物数量巨大，与人的健康及疾病有重要关系。肠道微生物主要是细菌，约 800 种，菌株类型（独特序列型）在 97 000 种以上，此外还有大量的病毒、真菌、原生动物等。

网上学习 11-3
肠道微生物与肥胖

肠道微生物可分为三类，一类是有益的专性厌氧菌，它们是肠道的优势菌群，占到 99% ~ 99.9%，如双歧杆菌、类杆菌、乳杆菌、优杆菌和消化球菌等。另一类是条件致病的兼性需氧菌，如肠球菌、肠杆菌，它们在特定条件下对人体有害。第三类是病原菌，生态平衡时它们数量少而不会致病，但如果数量超出正常水平，特别在菌群失调情况下，其有害和致病作用更加明显。肠道微生物以厚壁菌门和拟杆菌门细菌为主，在门水平上多样性较低，但在种及种以下水平的多样性极高。肠道微生物的构成会随年龄增长而发生变化，这种变化恰恰适应不同年龄的人体需求。

肠道微生物在维持人体肠道正常生理功能中起重要作用，具有改善人体营养吸收、提高免疫能力，抗病减毒和抗肿瘤等多种功能。① 分解人体无法利用的基质（如纤维素等）产生短链脂肪酸，合成多种维生素供人体利用，还可以产酸促进对钙、铁等离子的吸收。② 直接作用于宿主的免疫系统，促进免疫细胞的增殖，增加免疫球蛋白增强免疫反应。③ 占据肠道生态位颉颃、抑制、排斥病原菌，或形成不利于病原菌的环境，此外还可以降解有毒物质。④ 通过抑制肿瘤生长因子表达和激活免疫效应细胞发挥抗肿瘤作用。

肠道微生物中菌群相互依存形成一种相对的平衡状态，但一旦机体内外环境发生变化，导致平衡破坏，菌群失调就会引起腹泻、便秘、痢疾、肠炎、肥胖、癌症、糖尿病等人体疾病的发生和发展。

研究肠道微生物对提高人类健康水平有重要的意义，建立人类健康肠道微生物多样性模型，监测引起干扰的早期标志物可以作出预测，更好预防疾病。采用益生菌或益生元可以治疗包括肥胖症、糖尿病、脂肪肝等许多疾病。

二、病原微生物通过水体的传播

水携带的病原微生物可以通过多种途径进入人体，这包括直接饮用、接触和吸入。饮水不洁所造成的传染病在发展中国家十分普遍。接触污染水体会引起皮肤、眼睛疾病。吸入带有病原微生物的水珠会导致呼吸道传染病。水传播的病原微生物及其引起的传染病如表 11-3 所示。

表 11-3　通过水传播的主要病原微生物及所引发的传染病

病原微生物	潜伏期	临床症状
细菌		
空肠弯曲杆菌	2～5 d	胃肠炎，常伴有发热
产肠道毒素大肠杆菌	6～36 h	胃肠炎
沙门氏菌属	6～48 h	胃肠炎，常伴有发热；伤寒或肠外感染
伤寒沙门氏菌	10～14 d	伤寒（发热、厌食、不适、短暂疹、脾肿大）
志贺氏菌属	12～48 h	胃肠炎，常伴有发热和血样腹泻
霍乱弧菌 01	1～5 d	胃肠炎，常有明显的脱水
小肠结肠炎耶尔森氏菌	3～7 d	胃肠炎，肠系淋巴结炎，或急性末端回肠炎；可能类似阑尾炎
病毒		
A 型肝炎病毒	2～6 周	肝炎（恶心、厌食、黄疸和黑尿）
诺沃克病毒	24～48 h	胃肠炎（短期）
轮状病毒	24～72 h	胃肠炎（常有明显脱水）
原生动物		
痢疾内变形虫	2～4 周	从温和的胃肠炎到急性暴发性痢疾，有发热和血样腥泻
吮贾第虫	1～4 周	慢性腹泻，上腹部疼痛，胃胀，吸收不良和消瘦

三、病原微生物通过食物的传播

通过食物传播的病原微生物所引起的传染病称为食源性疾病（foodborne diseases），其是通过摄食受污染食品，吞食各种致病因子而引起感染或中毒。食物是微生物的良好生长基质，食品原料带菌以及在加工处理、贮藏、运输等过程中的染菌都可以造成食品的污染。造成污染的病原体多种多样，主要有细菌、病毒、真菌和原生动物。病原细菌主要有肉毒梭菌、金黄色葡萄球菌、弧菌、产毒素大肠杆菌、沙门氏菌等。病原病毒主要有脊髓灰质炎病毒、甲型肝炎病毒、诺沃克病毒等。病原真菌主要是各种可产生真菌毒素的真菌种如青霉等。原生动物中有微小稳孢子虫、蓝氏贾第鞭毛虫、痢疾变形虫、环孢子虫等。

在食物传播的病原菌所引起食源性疾病中最重要的是细菌性食物中毒，因摄入被致病菌或其毒素污染的食物能引发急性或亚急性疾病。其发病率较高而病死率较低，有明显的季节性，每年的 5—10 月份最为常见。

四、病原微生物通过土壤的传播

带有病原微生物未经处理的固体废弃物随意丢弃、堆放及作为农田肥料使用，都可能造成对土壤的污染。病原微生物在土壤中的迁移机制包括物理过程、化学过程和生物学过程。病原微生物对土壤环境中养分的利用能力，与土著微生物及其他生物的竞争，对环境条件的适应能力，都影响它们的生长、繁殖和存活，因此影响它们的数量以及迁移传播。

五、病原微生物通过空气的传播

病原微生物在空气中的传播通过生物气溶胶进行。生物气溶胶（bioaerosols）是悬浮在大气中的气溶胶、微生物、微生物副产物和花粉的集合体。生物气溶胶的迁移扩散主要受到自身的物理特性和环境条件的影响。颗粒越大移动速度越慢，扩散能力就越低。高温和干燥有利于扩散，而低温、潮湿（特别是下雨）则起相反的作用。风对生物气溶胶在室外的扩散有重要的影响，可以使室外的微生物进入室内，还使办公室、商业场所等室内环境的微生物向外扩散。

气溶胶中的病原微生物主要来源于城市污水处理厂、宿主、土壤和许多带菌者。空气传播的病原菌和疾病主要有：白喉棒状杆菌和白喉，溶血性链球菌和猩红热、风湿热，分枝杆菌和结核，肺炎链球菌、肺炎支原体和肺炎，奈瑟氏球菌和脑膜炎，博德特氏菌和百日咳，病毒和天花、流感等。

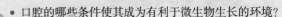

- 口腔的哪些条件使其成为有利于微生物生长的环境？
- 肠道微生物有益于人体的主要功能有哪些？
- 水携带的病原微生物可通过哪些途径进入人体？
- 气溶胶中的病原微生物主要源于哪里？

第四节　微生物分子生态学

微生物分子生态学是微生物生态学研究的新的发展阶段，是分子水平上的微生物生态学。这个新阶段的重要标志是：新的研究平台、新的研究技术、新的理论框架、新的研究成果及应用。从根本上说微生物分子生态学是在分子水平上阐述微生物生态学的基本问题——生态分布与生态功能。分子水平的研究必将有力促进微生物生态学的发展，也可以为其他微生物学研究领域提供新的课题。

一、新的研究平台

微生物分子生态学极大拓展了微生物生态学的研究范围、研究领域，极大提升了研究水平，这些构成微生物分子生态学的新的研究平台。

1. 研究范围新的扩大
通过分离培养使我们认识生境中那些可培养微生物是人类认识微生物的开创性开始，而进一步认识那些未能培养微生物则是人类认识微生物的更深刻的进步。分子生物技术的应用使我们可以避开分离培养这一瓶颈而能直接认识绝大部分微生物，使研究范围从可培养微生物进到包括可培养、难培养、不可培养的全部微生物，从0.1%～1%跃进到90%或更多，这是研究范围的惊人拓展。同时也产生了宏基因组等新的概念。

2. 研究领域新的拓展

分子水平的微生物分子生态学突破了传统微生物生态的格局，传统命题在新的水平上被进一步探索，新的命题又不断提出，这就形使研究领域进一步拓展。

主要研究领域包括：

（1）生态环境中微生物组成、结构、多样性等生态学基本问题的分子水平的揭示与剖析。

（2）微生物与自然生态环境之间分子水平上的交互作用，外界环境因子对微生物产生的环境分子生态效应和微生物对环境适应的遗传分子生态效应（分子适应），特别是生物机体内（如肠道）微生物和机体的信息交换及共进化过程。

（3）微生物参与的生物地球化学循环等生态过程的微生物功能基因组的结构与组成，并在此基础上阐明微生物生态系统的代谢网络。

（4）污染环境下污染物对微生物的分子选择，以及微生物的分子适应，并以此评价污染程度，研究三废处理及污染环境修复中的功能基因组成及优化，并为修复提供理论基础。

（5）特定基因（如降解基因）的标记以及它们在环境中（包括污染环境）中的迁移（包括水平迁移与垂直迁移）重组及功能表达。

（6）从宏基因组中检出新的基因，构建新的基因组，开发新的基因资源，特别注重开发那些未能培养微生物的新的基因资源，这在生物资源的开发利用中有极其重要的应用价值。

（7）从分子水平上扩充传统的微生物生态学的概念与指标体系的内涵，如用DNA的多态性计算微生物的生物多样性。

3. 研究水平的新的提升

微生物分子生态学的研究从个体（细胞）提升到分子水平，这是研究水平的跃进式提升，获取的是微生物生物大分子的信息，目前主要是获取DNA、RNA的信息，同时也包括蛋白质、多糖、脂肪酸等其他的信息。

二、新的研究技术

微生物分子生态学所利用的分子生物技术（主要是涉及DNA、RNA的技术），是一个十分复杂的技术体系。对其难以进行十分科学地分类，这里仅从实际研究工作的不同环节对技术作简单的分类介绍，但在实际工作中研究者都是根据需要组合多种技术。

1. 核酸（主要是DNA）的提取技术

从样品中提取核酸是研究工作的基础，主要采取分级分离法和原位裂解法，前者是回收（或收集）细胞而后裂解回收DNA，后者原位裂解而后回收DNA。

2. 基因的标记技术

基因的标记是通过遗传重组将外源基因（或称标记基因、报道基因）导入受体细胞，连锁到需要指示的特定基因（如降解基因）的启动子或整合到染色体（或质粒）上。通过检测标记基因可以追踪受体细胞或受体中的特定基因。目前使用的标记基因主要有生物发光基因（主要是 LUX 和 GFP 标记系统）。此外基因检测中所用的基因探针也要用放射性或非放射性标记（主要是生物素、荧光素标记）。

3. PCR 扩增及其他修饰处理技术

PCR 扩增是最重要的关键技术，其可以扩增极少量的靶 DNA 到百万倍或更多，从而为 DNA 的后续检测创造条件。PCR 扩增一般可分为随机扩增，即使用通用引物的扩增，但这里的通用引物是相对的，它只是根据已经得到的序列来设计。另一种扩增是针对特定的基因序列而设计引物进行扩增，因此是特异性的扩增。这也被称为特异基因的 PCR（PCR detection of a specific gene），此外还有反转录酶 PCR（reverse trancirtase-PCR，RT-PCR），其是依赖反转录酶用 RNA 作为模板合成 DNA，DNA 再被扩增。

在扩增中还可以使用两种以上的引物，产生被称为半嵌套式 PCR（使用 3 个引物）和多重 PCR（使用多套引物）的扩增方法。

其他修饰处理技术包括对提取分离的 DNA 的非 PCR 扩增修饰以及 PCR 扩增产物的处理。这方面的例子有制备得到的基因组 DNA 用限制性核酸内切酶切割成小片段，这些小的 DNA 片段可被进一步检测分析，另外 PCR 扩增产物也可用核酸内切酶切割得到小的片段，作进一步检测分析。

4. 基因克隆文库技术

基因克隆文库技术也称为重组 DNA 技术。这种技术是将 PCR 扩增的产物通过克隆载体转入宿主细胞，建立文库，而后可以挑取培养基上的单克隆再用引物予以扩增，再对其产物进行检测分析。

5. 基因 DNA 的分析检测技术

扩增或经其他处理的终极产物需要进行最终分析测试以确定来源微生物指纹特征及所代表的微生物，分析检测技术包括特定基因（序列）检测、基因序列分析与指纹图谱分析。

特定基因（序列）检测主要基于 DNA 杂交分析，目前最常用的是核酸探针检测技术。这种技术从核酸分子杂交技术为核心，利用探针分析 DNA 序列及片段长度多态性，通过设计专一性的核酸探针能快速、灵敏检测出研究对象的核酸序列。主要有原位杂交、Southern 印迹杂交、斑点杂交和狭线印迹杂交等不同方法，荧光原位杂交最为常用。高通量基因芯片是基因（序列）检测最新的技术。

基因序列分析主要通过全自动测序仪完成，序列分析可以更充分揭示 DNA 的多样性尤其是第三代基因测序仪的普遍使用，许多功能基因及新的 rDNA 序列数据库软件序列比较，使基因序列分析可揭示更高水平多态性。

指纹图谱分析是一种检测 DNA 多态性的技术手段。一般是把提取得到的 DNA（RNA、质粒 DNA）、或经过酶切和扩增的产物进行凝胶电泳和放射自显影，不同序列的 DNA 可以停留在凝胶的不同位置，这样就可以分开不同大小或同样大小不同序列的片段，这样就形成了不同 DNA 的可供分析的指纹。不同位置的 DNA 还可以取出进行测序或检测分析，主要有 DGGE（变性梯度凝胶电泳）、TGGE（温度梯度凝胶电泳）、SSCP（单链构象多态性）、RAPD（随机扩增多态性 DNA）、RFFP（限制性片段长度多态性）、ARDRA（扩增 rDNA 限制分析）、T-RFLP（末端限制片段长度多态性）等方法。

有许多学者对微生物分子生态学的研究方法作综合性的分类，分别为核酸探针杂交技术、基于 PCR 技术的研究方法，特异 DNA 片段的序列分析、DNA 扩增片段梯度电泳检测技术。

三、新的理论框架

微生物分子生态学理论阐述的主要特征包括：生态问题理论阐述的基因化、分子化；基因（DNA）信息的生态重建以及多层信息的耦合。

微生物分子生态学从基因、分子水平上研究微生物生态学，因此更倾向于用所获取的基因信息来阐述生态学问题，这就是理论阐述的基因化、分子化。例如从降解基因的检出的丰富度来评价环境的污染程度以及修复过程，也可以用基因信息解释生物多样性。

基因（DNA）的生态重建是以基因（DNA）信息为基础，重构重建微生物的组成结构及其生态功能，重现环境污染及其净化过程。例如以 16S rDNA 序列为依据，把基因信息转换成种群、群落的信息。从环境中的基因信息出发，说明发生的生态过程，如用特定基因的存在可以更深一步说明环境中硝化和反硝化过程及机理。根据基因信息，人们可以通过代谢重建分析生态系统中微生物群落不同种群的代谢特点及其协同关系。

基因（DNA）的遗传信息是核心的生物信息，是决定生态过程的关键，但遗传基因的存在与转录，表达及最终的生物功能表现并不是完全一致的，因此在微生物分子生态学中还特别强调基因的转录与表达。形成基因组、转录组、蛋白组、代谢组多层信息的耦合系统解释生态学问题。

四、新的研究成果及应用

微生物分子生态学向我们展现了一个基因构成的微生物世界，取得了丰硕的研究成果，展现良好的应用前景。

1. 新的研究成果

微生物分子生态学经过近 20 多年（有学者认为微生物分子生态学最早是 20 世纪 90 年代中期提出）的探索与研究，取得了一系列重要的研究成果。

（1）已经建立起直接获取环境中微生物生物大分子信息的技术体系。

（2）已经建立起从分子水平上解释、阐述各种生态现象、生态过程的理论体系。

（3）极大丰富了人类对微生物的认识，特别是对未能培养微生物的认识，分离、检测到数量巨大的未知基因，展现难以想象的巨大数量的微生物惊人的多样性。获取、加工、存储了大量微生物生物大分子（主要是 DNA）的信息。

（4）已发现获取一大批有重要资源价值的基因（如降解基因、各种产生活性物质的基因），其隐含巨大的经济价值。

2. 新的应用前景

微生物分子生态学使我们从分子水平上认识微生物世界，那么我们也可以从分子水平上利用、改造微生物世界，这就使我们的理论上的研究成果带来重要的应用前景。从根本上说是对以新基因为主的生物信息资源的开发与利用。

（1）微生物分子生态学的宏基因组研究使我们发现和认识到更多的可以产生为人类所用各类物质（包括生物活性物质及相关材料）的功能基因，克隆这些基因到可培养微生物或构建遗传工程菌可以形成新工艺，发酵生产有经济价值的各类新产品。

（2）在三废处理和修复污染环境中，依据处理目标，以克隆和构建遗传工程菌（或菌群）的方式，构建优化、高效的基因群落，实现废物的资源化和生物强化作用，高效快速处理三废，修复污染环境。

（3）构建带有关键降解基因的可迁移元件投放到三废处理及污染环境修复系统中，并创造条件使降解基因实现自然的水平转移，达到基因生物强化的作用，加速三废处理和修复污染环境过程。

（4）通过对生态环境生态过程基因的组成结构的充分分析研究，并在此基础上构建更加合理的基因组（群），实现对生态过程的调控，如在氮素营养过剩的生境强化反硝化过程。

（5）外源基因的导入及它们在生态环境中的迁移转化可增加人类健康的风险，微生物分子生态学对基因迁移转化规律的深刻揭示，使我们可以找到阻断或调控基因转移、表达的方法，降低风险。

> ? 微生物分子生态学的主要研究领域有哪些?
> 微生物分子生态学理论阐述的特点有哪些?

第五节　微生物与环境保护

微生物降解环境污染物的能力是其作为分解者分解环境中有机物能力的扩展与延伸，其在环境保护中的作用则是其在生态环境中生态功能的模拟、强化与跃升。微生物以其在生态环境中的广泛分布、营养和代谢类型多样、遗传基因多样及易于变异而在降解环境污染物中发挥重要作用。以微生物为主的技术已在污水、固体废弃物、废气处理与污染环境的修复中起主要作用。生物技术的进步还会使这种作用得到进一步提升。此外微生物与植物的共生可以提高植物的生存能力，因而在退化生态系统修复中发挥重要作用。

一、微生物对污染物的降解与转化

微生物作为物质循环中的重要成员除了参与生物地球化学循环外，很重要的就是降解和转化环境中的污染物，完成生态系统的物质循环过程。

1. 生物降解

生物降解（biodegradation）是微生物（也包括其他生物）对物质（特别是环境污染物）的分解作用。生物降解和传统的分解在本质上是一样的，但又有分解作用所没有的新的特征（如共代谢、降解质粒等），因此可视为分解作用的扩展和延伸。生物降解是生态系统物质循环过程中的重要一环，也是污水生物处理等环境生物技术的基础。研究难降解污染物的降解是当前生物降解的主要课题。

2. 微生物降解有机污染物的巨大潜力

微生物在已有的巨大分解能力基础上能进化出对新的有机污染物的降解能力。微生物在漫长的进化过程中已形成对自然有机物的巨大分解能力。大量的有机污染物（其结构与自然界化合物不同）进入环境是对微生物适应进化能力的一次机遇与挑战，在新的选择压力下微生物又进化出新的降解能力。

微生物具有多样的降解有机污染物的方式。微生物对污染物的生物降解一般都是专一性的酶促反应。但在不能进化出专一性酶的条件下，微生物也具有非专一性的降解才能。木质素及其类似物就是这方面的例子，由于其结构无定型，微生物无法进化出像降解纤维素那样的特异性降解酶，转而通过依赖过氧化氢过氧化物酶与 H_2O_2 反应产生氧自由基氧化基质这种非专一性的氧化分解方式。此外，微生物也还可以共代谢方式降解污染物。

微生物具有得天独厚的降解条件。微生物具有体积小，比表面积大，生长繁殖快，分布广泛，代谢类型多样，变异适应能力强，种类数量大，迁移能力强诸多方面的形态结构、生理遗传优势，可使微生物发挥其降解潜力。生物降解作用的进一步强化也能把物质降解的速率提高到一个更高的水平。

3. 降解遗传信息的分布

微生物降解有机污染物，特别是降解那些难降解有机污染物的途径十分复杂多样，新降解基因的形成过程十分曲折，因此，其降解遗传信息（降解基因）在染色体、质粒中的分布也是多种多样的。一般有 3 种情况：① 对易降解的有机污染物其降解酶是由位于染色体上的基因编码的。② 对难于降解的有机污染物，一般前半部分的降解由质粒上基因编码酶进行。③ 难降解化合物前半部分的降解有时也会由质粒和染色体的基因编码酶共同完成。而后半部分的降解过程则由染色体基因编码酶进行。带有降解基因的质粒称为降解性质粒（catabolic plasmids）。细菌中的降解性质粒和分离的细菌所处环境污染程度密切相关，从污染地分离到的细菌 50% 以上含有降解性质粒，与从清洁区分离的细菌质粒相比，不但数量多，其分子也大（信息量大），被广泛深入研究的质粒已有近百种。

4. 微生物降解能力的遗传进化

面对环境有机污染物（主要是异生物源有机物）微生物可以进化出对它们的降解能力。科学家在许多难降解污染物（如 DDT）进入生态环境许多年后分离出可以其为唯一碳源生长的微生物，这是降解能力遗传进化的最有力证据。此外许多降解菌株带有功能相同的降解质粒，而且这些质粒有明显的 DNA 同源性，其代谢调控也有相似性。微生物对许多结构类似的化合物（如氯代芳烃类化合物）的代谢降解过程都存在一条中心代谢途径，这可以说明这些化合物的降解进化是围绕这条中心途径水平、垂直扩展后完成的。

大量的实验研究和理论分析表明基因突变、接合作用、转化转座等产生新基因和基因转移、基因重组过程可以导致遗传进化。通过转座作用导入外源 DNA 片段发生重组整合形成新降解基因尤其受到关注。

降解能力遗传进化的方式主要是产生一个或多个新的降解基因并由此使已有的降解途径得以延伸，从而形成降解能力。例如 2，4-D 农药的降解仅需进化出降解第一步的 2，4-D 双加氧酶基因即可。

5. 降解反应和降解途径

发生在自然界的有机物的氧化分解过程也见于污染物的降解，主要包括氧化反应、还原反应、水解反应和聚合反应。有机污染物的降解途径复杂多样，不同的微生物可以以不同途径降解同一污染物，同一微生物在不同的条件下也可能展现出不同途径。但总体上说对一大类有机污染物的降解存在以中心代谢产物为代表的中心途径和旁支途径，如芳香烃化合物经不同的降解过程形成中心代谢产物儿茶酚或取代儿茶酚，它们再经邻位或对位裂解，而后产生丙酮酸等有机酸，再进入三羧酸循环被彻底降解。儿茶酚、取代儿茶酚以后的途径可以认为是中心途径，而前面的则为旁支途径。这是因为一种新污染物的降解途径实际上是已经形成降解途径的扩展和延伸。

6. 生物降解性的测定及归宿评价

环境污染物降解是一个十分复杂的过程，研究者可按所选择的不同的终点，采用不同方法来测定环境污染物的生物降解性。测定一种化合物的生物降解性，构建实际测定系统除了要有目标化合物外，必须充分考虑 4 个方面的要素：① 降解微生物及其对污染物的可接受性，② 降解系统的组成，③ 检测终点，④ 实际测定的环境条件。生物降解系统都是目标化合物和上述 4 种要素的组合，一般来说都是一种模拟试验。从降解微生物选择及降解环境系统来说有微生物方法和环境方法，前者通常使用纯培养在最适条件下研究化合物的降解，后者着眼于化合物在受污染水体和土壤中混合微生物对化合物的降解。基于终点的测定方法包括母体化合物的消失测定、氧消耗测定、脱氢酶活性测定、ATP量测定、总有机碳测定、CO_2产生量测定、活性污泥中挥发性物质测定、专一性$^{14}CO_2$测定。基于有机物降解难易的测定方法有易于生物降解化合物的降解试验、潜在生物降解化合物潜在降解性测定、厌氧条件下的生物降解试验。

生物降解性测定结果可以得到一种化合物环境归宿的定量指标，说明其在大气、土壤、沉积物或水体中的分布。化合物负荷、迁移等参数结合测定结果，应用评价数学模型就能对化合物在环境中的归宿作出评价。

7. 有机物结构与生物降解性

有机物结构是决定化合物降解性的主要因素，一般一种有机物其结构与自然物质越相似，就越易降解；结构差别越大，就越难降解。具有不常见取代基和化学结构使部分化学农药难于生物降解而残留，塑料薄膜因分子体积过大而抗降解，造成白色污染。而部分基团也具有促进生物降解作用。化合物的分子结构对一种化合物的生物活性（包括生物降解性、生物毒性等）起决定作用，化合物分子结构的信息和生物降解性具有明显的定量相关关系，由此研究人员已经发展出以分子结构为基础的预测化合物降解性的预测用降解数学模型，利用模型可以根据分子构成特征预测化合物的生物降解性，从而可以进行风险、归宿评价，并为进一步设计环境安全的化合物服务。

8. 生物降解作用的强化

生物降解作用的强化提高是生物降解中的重要研究课题，提高生物降解能力的方法包括：① 群体降解能力的提高，如向环境投入营养物从总体上提高降解活性。② 种群降解能力的提高，包括生理层面的驯化适应，遗传层次的修饰和改造。③ 降解酶的酶工程改造，扩大酶底物范围，提高降解能力。

二、重金属的转化

环境污染中所说的重金属一般指汞、镉、铬、铅、砷、银、硒、锡等。微生物特别是细菌、真菌在重金属的生物转化中起重要作用。微生物可以改变重金属在环境中的存在状态，会使化学物毒性增强，引起严重环境问题，还可以浓缩重金属，并通过食物链积累。另一方面微生物直接和间接的作用也可以去除环境中的重金属，有助于改善环境。

网上学习 11-4
走出化学农药污染的"围城"

汞所造成的环境污染最早受到关注，汞的微生物转化及其环境意义具有代表性。汞的微生物转化包括3个方面：无机汞（Hg^{2+}）的甲基化；无机汞（Hg^{2+}）还原成Hg^0和甲基汞；其他有机汞化合物的裂解并还原成Hg^0。包括梭菌、脉孢菌、假单胞菌等和许多真菌在内的微生物具有甲基化汞的能力。能使无机汞和有机汞转化为单质汞的微生物也被称为抗汞微生物，包括铜绿假单胞菌、金黄色葡萄球菌、大肠杆菌等。微生物的抗汞功能是由质粒控制的，编码有机汞裂解酶和无机汞还原酶的是 *mer* 操纵子。

微生物对其他重金属也具有转化能力，硒、铅、锡、镉、砷、铝、镁、钯、金、铊也可以甲基化转化。微生物虽然不能降解重金属，但通过对重金属的转化作用，控制其转化途径，可以达到减轻毒害的作用。

三、污染介质的微生物处理

人类生产和生活活动产生的废水、废气及固体废弃物都可以用微生物方法进行处理。

1. 污水处理

微生物处理污水的过程本质是微生物代谢污水中的有机物，作为营养物取得能量生长繁殖的过程，这和一般的微生物培养过程是相同的。微生物在对溶解性和悬浮的有机物酶解（降解）过程中产生能量，所产生的能量 2/3 被转化成生物量，1/3 被用于维持生长，而当外源有机物减少，微生物进入内源呼吸，以消耗胞内有机物来维持微生物的生长。

污水处理按程度可分为一级处理、二级处理和三级处理，一级处理也称为预处理，二级处理称为常规处理；三级处理则称为高级处理。一级处理主要通过筛板等过滤器除去粗固体。二级处理主要去除可溶性的有机物，方法包括生物方法、化学方法和物理方法。三级处理主要是除氮、磷和其他无机物，还包括出水的氯化消毒，也有生物、物理、化学方法。依处理过程中氧的状况，生物处理可分为好氧处理系统与厌氧处理系统。

（1）好氧处理系统

1）活性污泥法

活性污泥是由复杂的微生物群落与污（废）水中的有机、无机固体物混凝交织在一起构成的絮状物。这种处理方法对生活污水的 BOD_5 去除率可达约 95%，去除悬浮固体物也达 90% 左右，是一种使用最广的好氧二级处理方法。其简单流程如图 11-5。它相当于一个有部分细胞返回的完全混合型的均一连续培养系统。进入曝气池的污水与污泥相接触，使污水得到净化，净化过程包括二种作用，一是生化作用，污水中的有机物为微生物氧化分解。二是物理吸附、化学分解等物理、化学作用。活性污泥在曝气池中呈悬浮状态，而在沉淀池中因其重力而沉淀实现固液分离，沉淀下来的活性污泥被连续回流到曝气池，以维持污水处理所需的一定污泥浓度。多余的污泥被排出。

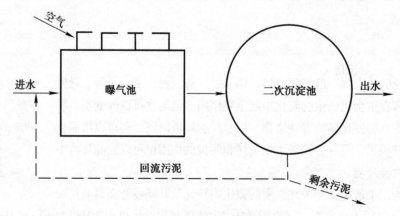

图 11-5　活性污泥法流程图

污水处理过程中的微生物是一个按一定需要组合起来适应污水的极为复杂的群落。它包括细菌、真菌、藻类、原生动物和极少数的后生动物。其中异养细菌的数量最多，作用最大，除膨胀的活性污泥外真菌一般数量较少，藻类也少，相当数量的原生动物起重要作用。活性污泥法一般用自然的混合微生物群体来处理污水，也可以用人工选育的（包括从自然环境中分离或遗传工程菌）一种、二种或多种微生物组合菌群。

2）生物膜法

生物膜法也是一种常用的生物处理方法。净化污水的主要原理是附着在滤料表面的生物膜对污水中有机物的吸附与氧化分解作用。根据介质与污水的不同接触方式，又有不同的处理装置与方法，包括生物滤池法、生物转盘法、生物接触氧化法等。生物滤池法（图 11-6）被广泛使用。生物膜的功能和活性污泥法中的活性污泥相同，其微生物的组成也类似。

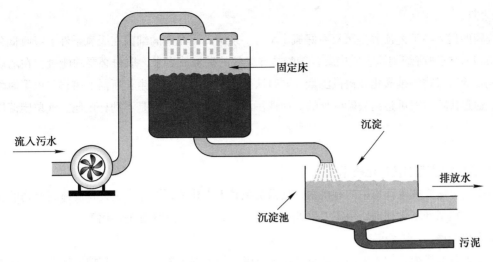

图 11-6　生物滤池法的简单流程

（2）厌氧处理系统

厌氧处理系统用来处理高浓度有机污水。处理过程杀死各种病原微生物，去除有机物，并获得大量的沼气作为能源。因此也称为沼气发酵。厌氧消化器一般构造如图 11-7 所示。

从复杂的有机物（糖类、蛋白质、脂质）变成甲烷，要经历一个复杂的生物化学过程。首先在发酵细菌作用下，有机物被解聚，转化成脂肪酸，乙醇、CO_2、氢和氨。而后产氢产乙酸的细菌把乙醇和脂肪酸（主要是丙酸、丁酸和长链脂肪酸）转化成乙酸、H_2 和 CO_2。最后乙酸的甲基被直接还原产生甲烷，CO_2 被还原也产生甲烷。已经证明产生的甲烷主要来源于乙酸。

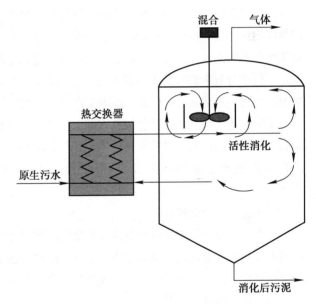

图 11-7　厌氧消化器构造图

（3）生态工程处理方法

污水处理生态工程是生态学原理和工程处理设施相结合的污水处理方法。由于这种处理方法和污水的资源化密切相关，因此也称为污水资源化生态工程。稳定塘（氧化塘）、土地处理系统、水生植物处理系统等都可以划归这个范围，污水生态工程处理方法与常规的二级处理方法相比，具有投资省、运行管理费用低的优点，同时处理后的出水可以被再生利用，进行资源化，这种方法尤为适于经济不发达的第三世界国家。

（4）氮、磷去除技术

氮和磷是两种造成水体富营养化的主要营养元素，去除 N、P 是污水处理的重要目标。

1）氮去除

生物脱氮的代表工艺流程是缺氧—好氧［A-O（anoxic-oxic）］系统。污水流经系统的缺氧池、好氧池和沉淀池，并将好氧池的混合液和沉淀池的污泥同时回流至缺氧池。废水中的含氮化合物可在厌氧池、好氧池中发生氨化作用，在好氧池中发生硝化作用，回流混合液把大量硝酸盐带回厌氧地进行反硝化作用，氮化物被转化成 N_2O 和 N_2，从而挥发到空气中，达到脱氮的目的。

2）磷去除

生物脱磷的代表性工艺流程是厌氧—好氧［A-O］系统。污泥中的细菌在厌氧条件下吸收低分子的有机物（如脂肪酸），同时将细胞原生质中聚合磷酸盐异染粒的磷释放出来，取得必要的能量，在随后的好氧条件下，所吸收的有机物将被氧化并提供能量，同时从废水中吸收超过其生长所需的磷，并以聚磷酸盐的形式贮存起来。通过排放污泥可达到去磷的目的。活性污泥的脱磷细菌主要是不动杆菌属、气单胞菌属、假单胞菌属的细菌。

2. 固体废弃物处理与资源化技术

利用微生物分解固体废弃物中的有机物，从而实现其无害化和资源化，是处理固体废弃物的有效而经济的技术方法。它包括堆肥化处理、生态工程处理法、废纤维糖化、废纤维饲料化等。

（1）堆肥化处理

堆肥化是处理有机废弃物（生活垃圾及其他无毒废弃物）的主要方法，是有控制地促进可被生物降解的有机物向稳定的腐殖质转化的生物化学过程。堆肥产品是具有一定肥力的有机肥，具有保护环境和资源化的双重效果。因氧的状态而分成好氧堆肥和厌氧堆肥。

好氧堆肥的基本生物化学反应过程与污水生物处理相似，但堆肥处理只进行到腐熟阶段，并不需有机物的彻底氧化，这一点与污水处理是不同的。一般认为堆料中易降解有机物基本上被降解即达到腐熟。好氧堆肥从堆积到腐熟，微生物在分解有机物的生物化学过程中，改变了周围环境，自身的群落组成也发生一系列变化。这个过程大致可分为中温需氧微生物为主的中温阶段（产热阶段）、嗜热微生物占主导的高温阶段和嗜温微生物（最适温度为中温，能耐受高温）为主的降温阶段。

厌氧堆肥（沼气化）是将堆料在与空气隔绝的条件下堆制发酵。其机制与污水处理中的厌氧消化相似，也有3个相似的阶段，最后可产生甲烷、CO_2等产物，该技术在城市下水道污泥、农业固体废弃物（农作物秸秆等）、粪便处理中得到广泛应用。我国农村大力推广的沼气工程对改善农村生态环境和环境卫生有重要作用。

（2）生态工程处理法

生态工程技术处理城市垃圾的基本原理是利用适当的防渗和阻断材料，将垃圾堆进行物理隔离，然后在隔离的垃圾堆上重建以植物为主的土壤——植物生态系统，同时辅以适当的景观建筑、园林小品等将原来的垃圾山建成公园式的风景娱乐场所或为农、牧业重新利用。

（3）废纤维糖化技术

废纤维糖化是利用酶水解技术使之转化为葡萄糖，然后又通过化学反应转化为化工原料或培养微生物而生产单细胞蛋白。

（4）废纤维饲料化——生产单细胞蛋白技术

该技术不需要糖化工序，而是将废纤维素用微生物作用，直接生产单细胞蛋白。

3. 气态污染物的生物处理

气态污染物的生物处理技术是生物降解污染物的新应用。生物处理气态污染物的原理与污水处理是一致的，本质上是对污染物的生物降解与转化。生物降解作用难于在气相中进行，所以废气的生物处理中，气态污染物首先要经历由气相转移到液相或固体表面液膜中的过程。降解与转化液化污染物的也是混合的微生物群体。处理过程在悬浮或附着系统的生物反应器中进行。提高净化效率需要增强传质过程（即污染物从气相转入液相）和创造有利于转化和降解的条件。

四、污染环境的生物修复

生物修复是微生物催化降解有机污染物，从而清除环境污染的一个受控或自发进行的过程。生物修复基础是发生在自然界中微生物对有机污染物的降解作用，由于自然的生物修复过程一般较慢，难于实际应用。生物修复技术则是工程化在人为促进条件下的生物修复，它是传统的生物处理方法的延伸，其创新之处在于它治理的对象是较大面积的污染，由于污染环境和污染物的复杂多样，因而产生了不同于传统治理点源污染的新概念和新的技术措施。目前生物修复技术主要用于土壤、水体（包括地下水）、海滩的污染治理以及固体废弃物的处理。主要的污染物是石油烃及各种有毒有害难降解的有机污染物。

目前生物修复工程的主要处理方法包括：① 原位（*in situ*）生物修复，其又可分为原位不强化生物修复和原位强化生物修复。后者主要有生物促进、提供电子供体、生物通气法、透过性反应屏障、植物生物修复、生物注射法等。② 异位（*ex situ*）生物修复，其又可分为土地处理、堆肥处理、泥浆生物反应器等。③ 原位—异位结合的生物修复，其又可分为冲洗—生物反应器处理系统、抽提—生物反应器—回注复合系统。

生物修复的本质是生物降解，能否成功取决于生物降解速率，在生物修复中采取强化措施促进生物降解十分重要。这包括：① 接种微生物，目的是增加降解微生物数量，提高降解能力。② 添加微生物营养盐，微生物的生长繁殖和降解活动需要充足均衡的营养，为了提高降解速度，需要添加缺少的营养物。③ 提供电子受体，为使有机物的氧化降解途径畅通，要提供充足的电子受体。一般为好氧环境提供氧，为厌氧环境的降解提供硝酸盐。④ 提供共代谢底物，共代谢有助于难降解有机污染物的生物降解。⑤ 提高生物可利用性，低水溶性的疏水污染物难于被微生物所降解，利用表面活性剂、各种分散剂来提高污染物的溶解度，可提高生物可利用性。⑥ 添加生物降解促进剂，一般使用 H_2O_2 可以明显加快生物降解的速度。

生物修复中接入外源微生物的强化措施也被称为生物强化，是向处理系统投加降解微生物（或降解酶和降解遗传信息），通过加入具有特殊作用的高效降解微生物补充或替代原有土生微生物，从而优化降解微生物的群落结构，增加具有降解作用生物的生物量，提高降解活性，加速污染环境中污染物的降解反应，达到缩短修复时间、降低处理成本的目的。生物强化可分为细胞生物强化（cell bioaugmentation）和基因生物强化（gene bioaugmentation）。前者是接入的外源微生物以细胞形式发挥生物强化作用，现行的生物强化一般为细胞生物强化。针对不同的污染物可以接种人工分离选育的高效降解微生物。接种的微生物可以是单种、多种或一个降解菌群。人工构建的遗传工程菌被认为是首选的接种微生物。后者是通过遗传基因（信息）转移实现生物强化。研究证明外源菌的降解基因（主要是降解质粒）可以传递给土生群体而实现强化。通过可移动基因元件（mobile genetic elements，MGES）（包括插入序列、转座子、整合自转移广宿主质粒、基因岛、噬菌体等）水平转移导致降解基因转移到土生菌特别受到重视。生物强化已在污染环境的生物修复中得到广泛的应用。

真菌的生物降解作用正引起人们越来越多的关注，其中以原毛平革菌等菌株为代表的白腐真菌（white rot fungi，WRF）对木质素以及结构相类似环境污染物具有巨大的降解潜力，展现出在生物修复中的良好应用前景，也是生物修复研究和应用中的一个热点。

五、环境污染的微生物监测

生态环境中的微生物是环境污染的直接承受者，环境状况的任何变化都对微生物群落结构产生影响，因此可以用微生物指示环境污染。微生物的某些独有的特性使微生物在环境监测中有特殊作用。

1. 粪便污染指示菌

粪便中肠道病原菌对水体的污染是引起霍乱、伤寒等流行病的主要原因。沙门氏菌、志贺氏菌等肠道病原菌数量少，检出鉴定困难。因此不能把直接检测病原菌作为常规的监测手段，从而提出了检测与病原菌并存于肠道并具相关性的"指示菌"，从它们的数量来判定水质污染程度和饮水（包括食品等）的安全性。总大肠菌群是最基本的粪便污染指示菌，最常用的水质指标之一。检测水体中总大肠菌群的方法主要是 MPN（most probable number）试验法和膜滤试验法（membrane filtration test）。

2. 致突变物的微生物检测

环境污染物的遗传学效应主要表现在污染物的致突变作用，致突变作用是致癌和致畸的根本原因。具有致突变作用或怀疑具有致突变效能的化合物数量巨大，这就要求发展快速准确的检测方法。微生物生长快的特点正适合这种要求，微生物监测被公认是对致突变物最好的初步检测方法，现在被广泛使用的是美国 Ames 教授等建立的称为 Ames 试验的方法。其基本原理参见第 8 章。

3. 发光细菌检测法

发光细菌发光是菌体生理代谢正常的一种表现，这类菌在生长对数期发光能力极强。但当环境条件不良或有毒物质存在时，发光能力受到影响而减弱，其减弱程度与毒物的毒性大小和浓度成一定的比例关系。通过灵敏的光电测定装置，检查在毒物作用下发光菌的发光强度变化可以评价待测物的毒性。其中研究和应用最多的为明亮发光杆菌（*Photobacterium phosphereum*）。

4. 硝化细菌的相对代谢率试验

硝化细菌所进行的把铵离子（NH_4^+）在好氧条件下氧化成硝酸（NO_3^-）的硝化作用在生态系统的氮循环中有重要作用，这个过程只有微生物才能进行。用测定硝化细菌相对代谢率的方法检测水及土壤中的有毒物，并以此评判水体、土壤环境及环境污染物的生物毒性，对于宏观生态环境健康程度的评价有重要意义。

在环境污染的微生物监测中以上介绍的几种方法重复性好，易于规范，可以作为标准的监测方法。依照同样原理的其他微生物监测方法（以微生物组成、数量、代谢活性、遗传特性为指标）也在不断研究和使用。

六、退化生态系统的生物修复

退化生态系统是结构与功能受到严重干扰和破坏，生物多样性丧失的生态系统，在我国主要是沙漠化、荒漠化的陆地生境及许多废弃矿山等。植物在退化生态系统的修复中具有重要优势，种草植树是修复退化生态系统的重要措施。但在恶劣自然条件下植物的定植生长极其困难，而建立微生物与植物的共生体有助于提高植物的定植能力，占据适宜的生态位。最重要的是根瘤菌与豆科植物形成固氮根瘤将空气中氮气固定下来以供植物利用。而菌根真菌与植物根形成的共生体则有利于植物吸收水分和矿物质，特别有助于促进植物在干旱区域的生长。在实际修复工作中借助向新栽植物接种微生物，在改善植物营养，促进植物生长发育的同时，利用植物根际微

- 组成一种有机化合物的生物降解性测定系统的基本要素是什么？
- 强化生物降解能力的基本方法是什么？
- 汞的微生物转化包括哪几个方面？
- 曝气池在活性污泥法处理污水中的作用是什么？
- 生物修复中如何进行生物强化？

生物的生命活动，使失去微生物活性的土壤重建土壤微生物系统，加速退化生态系统的恢复过程。

小结

1. 土壤、水体、植物、动物等十分异质的环境中分布着大量物种多样、遗传特性多样、生态功能多样的微生物，它们在各自的生境中扮演多种角色，完成多种功能，但主要作为分解者，在生态系统中发挥重要作用。

2. 生态环境中的微生物倾向于吸附在固体表面和形成生物膜，从而取得游离生长所没有的生态优势。

3. 参与推动生物地球化学循环、修复污染环境是生态环境中微生物的重要生态功能。

4. 病原微生物可以通过水体、土壤、空气传播，切断其传播途径对保证公众健康有重要意义。

5. 分子生物技术的应用把微生物生态学推进到微生物分子生态学的新阶段。

6. 微生物在污染环境的修复和三废处理中起重要作用，进一步提高微生物的降解活性是面临的主要课题。

7. 微生物在环境监测中具有特殊作用：① 可作为粪便污染的指示菌。② 用于检测环境中的致突变物（Ames 试验）。③ 利用某些细菌的发光特性检测待测物的毒性。④ 用测定硝化细菌的相对代谢率的方法检测水和土壤中的有毒物。

网上更多……

👤 复习题　　👥 思考题　　✏️ 现实案例简要答案

（张甲耀）

第12章
微生物的进化、系统发育与分类鉴定

学习提示

Chapter Outline

现实案例：系统发育法医学——现代生命科学中的"福尔摩斯"

居住在西班牙巴伦西亚小镇的麻醉师 Maeso 曾在两家医院里工作近十年，但由于他总是"克扣"病人的吗啡注入自己体内，尤其可恶的是给自己注射后连针头都不换就直接再扎到病人身上，使至少 275 名患者感染上 HCV，其中 4 人因相关疾病并发症而死亡。2007 年 Maeso 被判 20 年监禁。但他始终不服，认为那些患者是自己感染的，与他无关。2013 年西班牙巴伦西亚大学 González-Candelas 等应用系统发育法医学（phylogenetic forensics）技术对近 4 200 个病毒基因组序列进行分析与归类，构建出系统发育树(进化树)。结果表明这些患者中大多数体内平均有 11 条病毒序列来自 Maeso，只有 47 人与此无关联；而且患者被感染的时间均与他们到 Maeso 任职医院就诊的时间相吻合。这份长达 11 m 的进化树案卷最终为该案的复审提供了无可辩驳的佐证。

请对下列问题给予回答和分析：

1. 什么是系统发育树？系统发育树可展示的主要内容是什么？

2. 什么是系统发育法医学？如何利用它在法庭上对罪犯的指控或辩护的佐证？

参考文献：

[1] Shaoni B. Science in court: disease detectives [J]. Nature，2014，506：524–526.

[2] Hanczaruk M，et al. Injectional anthrax in heroin users, Europe, 2000–2012 [J]. Emerg Infect Dis. 2014，20：322–323.

人类生存的地球已有 46 亿年的历史。虽然人们一直在探索着地球上的生命是否来自外星球，但古生物学、地质学和地球化学直接或间接的证据表明，在我们这个星球上生命的出现推测已有 37～38 亿年。在光合微生物与沉积物形成的片层状化石——叠层石（stromatolites）的资料中发现存在形态多样的微生物，综合分析认为这些微生物类似于绿硫细菌和多细胞丝状绿菌，这些原始的生命可能都是厌氧型的。此外，科学家也发现含有产氧型光合细菌——蓝细菌最早的叠层石则是在 25～30 亿年前形成的，蓝细菌的出现给地球带来了氧气；相继真核微生物出现，微生物的多样性由此大大地增加。

地球上到底有多少生物物种尚无准确答案。据初步统计已有分类记录的各类生物物种约 175 万，其中微生物为 42 万多种，2008 年出版的《真菌词典》（第 10 版）分类系统记载近 10 万个种。现在已分离获得的微生物物种数量仅占地球上实际拥有数量的 3%～5%。所以，还有大量的微生物有待人们的发掘、分类与鉴定。

微生物分类学（microbial taxonomy）包括分类、鉴定与命名，此为传统的（经典的）微生物分类学。微生物系统学（microbial systmetics）除含分类、鉴定与命名外，还包括系统发育、进化过程和遗传机理，特别是系统发育与进化已成为微生物系统学的核心内容。

根据现代生物进化论观点，地球上的生命是在地球历史早期的特殊环境条件下通过"前生命的化学进化"过程，由非生命物质产生的。不过，也有科学家认为地球上的生物来自外星。现在人们正在利用航天技术和太空探测器收集除地球外其他星球上存在生命的证据。虽已有种种迹象显示这种可能性，但还没有获得有力的证据。无论地球上生物来源何处，生物在漫长历程中的进化是自然存在和发生的事。进化（evolution）是生物种群的遗传特性在连续世代中的改变。在多数情况下这种改变是生物对生存环境的相对适应。所以，今天仍生存在地球上的生物彼此之间都有或远或近的历史渊源。微生物系统发育学（phylogeny）就是应用分子生物学等方法与技术探讨各种微生物的进化历史、过程以及相互之间亲缘关系的一门学科。

第一节　生物进化计时器

当人们谈论到生物进化时往往想到的是动物和植物，即使是进化方面的教科书，也是大篇幅地讨论动物进化与植物发育，很少提及微生物，特别是原核生物。之所以出现这种情况是因为 20 世纪 70 年代以前生物类群间的亲缘关系主要是根据生物的形态结构、生理生化特性、行为习性等表型特征，以及少量的化石资料来阐述的。正如我们所知，原核生物形体微小、结构简单，缺少有性繁殖过程以及贫乏化石资料，尽管早期微生物分类学家根据有限的表型特征来推测各类微生物的亲缘关系而提出过多种分类系统，但随着时间的推移不断地被否定了。人们一直在探讨能真实记录生物进化历程的计时器（chronometer），用以深入研究生物相互之间的亲缘关系与进化过程。

一、进化计时器的选择

随着科学技术的发展生物的分类也随之发生变化，人类最早认识的生物是动物和植物。早期的分类学家将生物分为动物界和植物界，后来也曾提出过三界、四界的分类系统。Whittaker（1969）将黏菌和真菌从原生生物界中分出，建立五界分类系统，即原核生物界（Kingdom monera）、原生生物界（Kingdom protista）、植物界（Kingdom plantae）、动物界（Kingdom animalia）和真菌界（Kingdom fungi）；1971 年，Margulis 修订了 Whittaker 的分类系统，将黏菌放回原生生物界中，建立了新的五界分类系统，即原核生物界、原生生物界、真菌界、植物界和动物界。前者为原核生物（Prokarkyote），后四者属于真核生物（Eucarya，Eukaryote）。

上述分类系统的变化主要是基于生物的表型特征，只是简单地将生物归类。无论是两界、四界、五界或新五界分类系统所属的生物均处于并列地位，也就是说这些分类系统并不能反映生物的进化关系。将黏菌从原生生物中转移到真菌界，后来又将其放回原生生物，这种划分人为倾向性强，并不能反映出生物的自然形成和进化过程。

20 世纪 30 年代，美国著名的微生物学家 Niel 意识到"微生物学中细菌分类的关键没有被找到"。他们试图通过细菌的形态特征和代谢特性找到分类的关键，经过很长时间的研究终究没有得到预期的结果；也有人试图仅通过测定生物蛋白质的氨基酸序列来确定生物的进化关系，也没有成功。可见，要找到能反映生物在漫长进化历程中的计时器并非易事。

作为生物进化计时器应满足相应的条件：① 准确记录生物进化的过程。② 计时器分子在生物的演变过程要有变化，而这种变化是随机的。③ 变化的比例与生物进化的距离一致。④ 计时器要有足够的信息。20 世纪 70 年代是分子生物学的早期阶段，人们对核酸和蛋白质分子很感兴趣。研究表明蛋白质、RNA 和 DNA 序列进化速率相对恒定（也有研究发现少数蛋白质分子进化速率不恒定）。这些分子序列进化的改变量与分子进化的时间成正相关。1965 年，Zuckerkandl 等首先提出基因序列作为分子钟（molecular clock）解密生物系统发育的关系。可见，核酸分子已具备作为生物进化的分子计时器（molecular chronometer）的条件。

二、rRNA 基因作为生物进化的计时器

虽然蛋白质、RNA 和 DNA 等生物大分子均可提供生物进化的信息，但并不等于所有这些大分子都能适合生物系统发育的研究。大量的研究表明，在生物大分子中最适合于揭示各类生物亲缘关系的是 rRNA 基因，尤其是 16S rRNA 基因（真核生物为 18S rRNA 基因）。16S rRNA 基因之所以被公认是一把好的谱系分析"分子尺"，这是因为：① 16S rRNA 基因在生物中具有高度的稳定性，其二级结构中含有 9 个高度保守区和 15 个中度保守区。② 在不同的生物中 16S rRNA 基因以不同的速率发生变化，这样可以测定生物的进化距离。③ 16S rRNA 基因分子大小适中。在 5S rRNA、16S rRNA 和 23S rRNA 三种核酸分子中，5S rRNA 约 120 bp，虽然它也可以作为一种信息分子，但信息量小，应用上受很大限制；23S rRNA 基因虽然蕴藏着大量的信息，但由于 DNA 分子较大（约 2 906 bp），当时的技术水平测定该序列难度较大；而 16S rRNA 约 1 500 bp（真核生物 18S rRNA 基因约 1 800 bp），含有比较各类生物的信息量，大小适中。④ 16S rRNA 基因可以进行序列测定与分析。⑤ 它在生物细胞中的含量高，约占细胞中 RNA 的 90%，而且很容易分离纯化。

20 世纪 70 年代前，生物进化的研究之所以没有取得突破性进展，重要原因就是没有找到一把可以测量所有生物进化关系的尺子。美国学者伍斯（Carl Woese）虽当时不是毕业于生物学科，但是他有从事核糖体研究的经历，他就是利用这把尺子进行了开拓性的研究，1970 年发现了生命的第三种形式——古细菌（Archaebacteria），1977 年提出了著名的三域（domain）概念（见本章第五节）。

三、rRNA 基因序列与生物进化

自 Woese 的三域概念得到认可后用 16S rRNA（18S rRNA）基因序列研究生物的进化、物种的分类与鉴定愈来愈受到注视，已成为微生物系统学的核心内容。16S rRNA（18S rRNA）基因序列测定和分析方法有两种：寡核苷酸编目法和全序列分析法。

1. 寡核苷酸编目分析法

寡核苷酸编目法操作较为复杂。将纯化的 16S rDNA 用核糖核酸酶（如 T_1 核酸酶）水解成片段，并用同位素体外标记（也可在培养微生物时进行活体标记），然后用双向电泳层析分离这些片段，用放射自显影技术确定不同长度的寡核苷酸斑点在电泳图谱中的位置，最后确定寡核苷酸序列。对于不能确定序列的较大 DNA 片段，需切下斑点，再用不同核糖核酸酶或碱水解进行二级分析，有的可能还要进行三级分析，直至弄清其序列为止；再将几个或更多的核苷酸片段按照不同的长度进行编目。微生物序列编目完整后再将其与另外生物的序列进行分析比较，采用相似性系数法和序列印迹法确定微生物之间的亲缘关系。

相似性系数法是通过计算相似性系数 S_{AB} 值来确定微生物之间的关系。如果 S_{AB} 等于 1，说明所比较的两个菌株 16S rRNA 基因序列相同，其亲缘关系最近；若 S_{AB} 值小于 0.1，表明两个菌株亲缘关系很远。

序列印迹法则是通过序列比较发现某些序列仅为某种（群）微生物所特有的序列，即为该种（群）微生物的印迹序列（signature sequence）。印迹序列通常出现在某一特定系统发育群的全部成员或绝大多数成员中，可以作为该系统发育群的标志。印迹序列对于把微生物归入适当的类群或用来制备核酸探针鉴定微生物等均具有重要意义。Woese 发现古细菌，以及相继提出的三域概念就是采用寡核苷酸编目法和序列印迹法对大量的微生物进行分析比较的基础上提出的（图 12-1）。

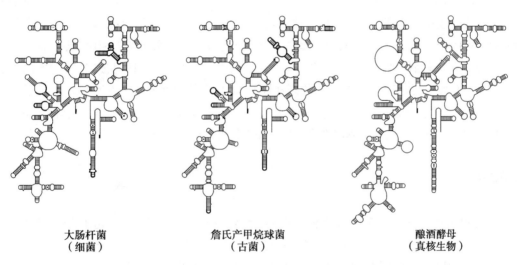

大肠杆菌　　　　　　　詹氏产甲烷球菌　　　　　　酿酒酵母
（细菌）　　　　　　　　（古菌）　　　　　　　（真核生物）

图 12-1　三域生物 16S rRNA（18S rRNA）基因二级结构的比较

2. 全序列分析法

16S rRNA（18S rRNA）基因全序列测定与分析是分子生物学的基础，人们对这类 RNA 分子的一级结构和二级结构积累的数据与信息越来越多，了解的也较清楚。以大肠杆菌的 16S rRNA 为例，一级结构由 1 542 碱基组成，二级结构为倒"L"型，其 V1 ~ V9 可变区的位置已确定。随着 DNA 测序技术的发展和成本的下降，计算机软件的不断创建与升级，16S rRNA（18S rRNA）基因全序列测定与分析已成为微生物学及相关学科研究中的重要信息。测序与分析的主要步骤如下：

（1）DNA 的制备

16S rDNA（18S rDNA）的制备按分子生物学的常规方法进行。

（2）16S rRNA（18S rRNA）基因序列扩增

根据研究目的和生物种类设计合适的引物。现在已有丰富的信息库（NCBI、SILVA 等）可查询到各种不同种类微生物的引物。早期 PCR 技术每对引物扩增 DNA 片段较短，完成 16S rRNA（18S rRNA）基因的 PCR 需 10 对引物，而现在只需一对引物就可获得预期所需要的 PCR 产物。

（3）测序与分析

随着第一代测序技术的诞生，第二代和第三代测序技术相继建立。只有 1 000 多个核苷酸的 rRNA 基因的测序在很短的时间内就可以完成。

获得高质量测定的序列后便进入数据库进行分析，将其与已知物种相应信息进行比对（match），根据相似性（similarity）确定待测菌株的分类地位。具体操作程序在相应的数据库中均有提示。这里要特别提醒的是：① 从已有的国际数据中提取信息时要仔细，切勿盲目认可。② 不同的微生物类群对选用数据库有明确规定。例如：真核生物的 18S rRNA 基因和 ITS 序列均在 MycoBank 数据库（http://www.mycobank.org）中比对，而原核生物 16S rRNA 基因序列的比对则在 EzTaxon-e server [（http://eztaxon-e.ezbiocloud.net/；Kim et al.，2012）（2012 年 6 月前在 EzTaxon database，Chun et al.，2007）。

用 16S rRNA（18S rRNA）基因作为生物进化计时器被普遍接受，并扩展到其他学科与领域。不过，也有些学者提出质疑，主要理由是：① 16S rRNA 基因拷贝数及其异质性（异源性，intragenomic heterogeneity）。② 18S rRNA 基因在有些生物体中受到限制（主要是动物体内）。虽然 16S rRNA（18S rRNA）基因在物种鉴定、生物多样性及系统发育的研究中起着关键性的作用，但是已发现这种分子在原核生物中的多拷贝数以及基因组内其异质性问题。2000 年，Dahllöf 等首先发现细菌基因组中 16S rRNA 基因的多拷贝数，并最早描述其异质性；后来 Crosby 和 Criddle 也报导 rrn 操纵子拷贝的异质性；2006 年，Case 等对 111 个原核生物（细菌、古菌）全基因组序列进行分析，结果表明平均一个菌株全基因组中 16S rRNA 基因的拷贝数有 4.2 个，最多可达 15 个。周宁一等（2013）对此进行了系统地研究，结果表明：相比较细菌而言，古菌基因组中所含的 16S rRNA 基因拷贝数较少，最多为 4 个（细菌中多达 15 个）；而且证实 V4 ~ V5 区显示出最低的高估程度约为 3.0%，而普遍用于分析微生物多样性的 V6 区高估程度最高（约为 13%），他们提出了利用 V4 ~ V5 区来降低这种高估的建议。该研究结果提示人们，当用 16S rRNA（18S rRNA）基因评价生物的亲缘关系时应考虑到高估问题，这为准确判定生物多样性和生物进化给予了很好的警示。

四、系统发育树

生物进化可追溯到 14 世纪初英国哲学家 William，但是系统的进化理论还是达尔文的《物种起源》，直至现在仍然是研究生物进化的基础。达尔文《物种起源》问世 8 年后 Haeckel（1866）以表型特征为基础构建出第一个生物进化树，显示生物大类群的相互关系，但无法表明进化过程等信息。

1. 系统发育学

系统发育学（phylogenetics，系统发生学）一词源自希腊语，意为部落的起源（phylon，部落，race；geneia，起源，origin）。它是根据生物间的差异和相似性确定相互之间的亲缘关系，并推断出生物进化的过程（包括进化的顺序、时间及共同祖先等）。在生物进化和微生物系统学的研究中用一种类似树状分枝图概括各种（类）生物之间的亲缘关系，这种树状图称为系统发育树（phylogenetic tree，简称系统树或进化树）。早期的生物进化树是基于表型特征推演出各类生物的隶属关系，人为绘制而成，对生物学及相关学科的研究与发展发挥了重要作用。Woese 三域概念认可后以 16S rRNA（18S rRNA）基因序列及其他生物大分子为基础的分子系统发育树（molecular phylogenetic tree）则占主导地位。分子进化树是以生物大分子为基础比较生物之间的相似性（%），应用规范的软件由计算机自动生成。因此，现在的系统发育树有几个明显的特点：① 生物间的差异以获得的数据与信息通过计算的实际数字表示，提高了准确性。② 用公认的统一标准（应用软件）对生物进行分析后得出结论，排除了人为因素的干扰。③ 分子进化树可推算出生物进化的距离和时间。

2. 系统发育树的构建

以待测菌株为材料，获得 16S rDNA 后应用一对合适的引物进行 PCR，再将 PCR 产物进行测序获得几乎是 16S rRNA 基因全长的序列；或来自数据库中被认可的序列。

（1）16S rRNA 基因序列拼接

通过 ChromasPro133 软件对测序获得的 16S rRNA 基因序列进行拼接，拼接后的序列再进行比对和同源性分析。

（2）系统发育树的构建

PCR 产物测序后在 EzTaxon-e（原 EzTaxon）数库中进行系统发育分析。根据 16S rRNA 基因序列的比对分析结果，选取相应模式种的 16S rRNA 基因序列，应用 CLUSTAL X 软件进行序列比对后存为 FASTA 格式文件，再经 MEGA version 5.0（4.0）软件（Tamura 等，2011）进行系统发育的分析，分别应用邻位相接法（neigbor-joining，NJ）、最大似然法（maximum-likelihood，ML）和最大简约法（maximum-parsimony，MP）初筛和比对，经计算得到相应的系统发育树，并通过 1 000 个重复后对进化树进行评价。虽然软件 Clustal X 也可以构建系统进化树，但是结果比较粗放，所以现在很少用它来构建进化树。软件 Mega 由于其操作简单，结果美观，得到国际同行的认可。近年来很多研究者选择用它来建树。

系统进化树分无根树（unrooted tree）和有根树（rooted tree）两大类。"无根"是指不能确定树系中代表最早时间的部位（最早的共同祖先），它只是表示生物类群之间亲缘关系的远近，而不能反映出进化途径；而有根树不仅表示出不同生物的亲疏程度，而且显示出它们有共同的起源以及进化的方向。图 12-2 是基于 16S rRNA 基因序列用邻位相接法构建的土壤海洋杆菌（*Pontibacter soli*）HYL7-26[T] 系统发育树。

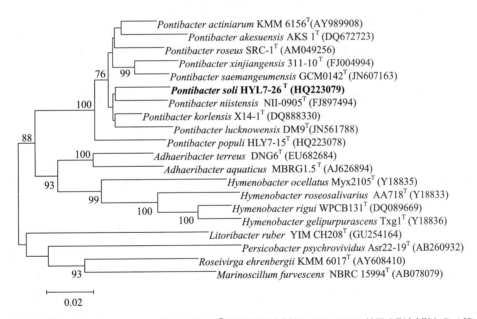

图 12-2 土壤海洋杆菌（*Pontibacter soli*）HYL7-26[T] 系统发育树（基于 16S rRNA 基因序列）（引自 Dai 等，2014）

3. 所有物种生命树计划

在本节全序列分析法中提及"所有物种生命树计划"。2008 年在《系统与应用微生物》（systematic and applied microbiology，SAM）期刊上公布一个含有 6 728 个原核生物种的系统发育树，这些种隶属于 2 域、29 门、52 纲、5 亚纲、115 目、20 亚目、285 科和 1 779 属，这是一个含生物种数量最多的进化树。这个计划的特点是：① 将细菌和古菌所有种的模式菌株构建在一个系统发育树上，其目标之宏大，含物种数量之多是目前为止最庞大的进化树。② 以 16S rRNA（23S rRNA）基因序列为基础，所用的序列经该项目研究人员逐一审核，采集的数据与信息可靠。③ 考虑到生物物种将不断地增加，原有的分类地位会发生变化，该进化树可以随时进行添加或删减，保持相应的动态维持。自2008年7月公布了该计划的第一个系统发育树（LTP 100）起已陆续公开发布几个版本，物种数目不断增加。例如：2010年的LTP 102版本包括SSU共8 029个，同时也收录了792份23S rRNA基因序列（大亚基，LSU）信息；2011年的LTP 104版本共含8 545个模式菌株，2012年的LTP 108版本达到9 280个模式菌株，直到2013年的LTP 111版本已是9 701个模式菌株。相关的信息可在几个不同的网站上查询与下载：SAM，www.elsevier.de/syapm；SALIV，www.arb-silva.de/projects/living-tree；ARB，www.arb-home.de；LPNB，www.bacterio.cict.fr。

1981年，Woese等根据代表性生物的16S rRNA（18S rRNA）基因序列比较首次构建出一个涵盖所有生物的分子进化树，而后又进行了多次的修改与完善。Woese"三域概念"最让人惊讶的就是古菌与真核生物的亲缘关系较它与细菌（真细菌）的更近，这种推断被后来的研究结果所证实。例如：控制细胞DNA的复制、转录、翻译系统和组氨酸基因与真核生物相似；而在某些代谢水平上，如无机离子的运输和能量代谢等方面又与典型的细菌相似。

系统发育树的构建除用rRNA基因外，现在广泛使用的看家基因（housekeeping gene）、多位点序列分析（multilocus sequence analysis，MLSA）、基因间隔区（ITS）、脂类组分以及某些蛋白质分子等的比较。不过，从分类学而言，16S rRNA（18S rRNA）基因序列构建的系统发育树是基础，其他的（全基因组除外）则是起辅助作用或支持的证实。

随着微生物全基因组序列的不断公布，尤其是细菌全基因组序列的数量骤增，以全基因组序列为基础的基因组系统发育学（genome phylogeny，phylogenomics）已见报道。以全基因组序列研究生物进化无疑是能抓住进化的关键，但是如何进行比较分析，哪些信息才能真正地体现生物演变与进化过程尚需进行更多的数据分析。作者在NCBI数据库中统计了截至2013年10月23日公布的全基因组序列信息，发现微生物基因组大小与物种并非呈线性关系，即使是同一个种，其全基因组大小相差甚大。例如：粪肠球菌（*Enterococcus faecalis*）116个菌株全基因组大小（3 360~2 740 kb）相差18.5%；鲍曼不动杆菌（*Acinetobacter baumannii*）73个菌株（3 478~4 441 kb）相差21.6%；大肠杆菌（*Escherichia coli*）226个菌株（6 899~4 599 kb）相差33.3%。在芽孢杆菌中，苏云金芽孢杆菌（*Bacillus thuringiensis*）27个菌株（6 731~5 313 kb）相差21.0%，而枯草芽孢杆菌（*Bacillus subtilis*）18个菌株（7 585~4 012 kb）相差高达47.1%。更惊人的是放线细菌门（Actinobacteria）中全基因组大小相差12倍以上。例如惠氏营养不良菌（*Tropheryma whipplei*）全基因组只有927 kb，而冰城链霉菌（*Streptomyces bingchenggens*）高达11 937 kb。由此可见，简单地用全基因组大小是无法确定种的差异性的。

当然，Woese的系统发育树受到质疑的另一大问题是来自水平基因转移（horizontal gene transfer，HGT；又称横向基因转移，lateral gene transfer，LGT）的发现。现已证实水平基因转移在生物中极为普遍，在生物间频繁地进行基因交换。基因组序列研究也表明：生物域内或域间广泛存在着水平基因转移。真核生物拥有来自细菌或古菌的基因，甚至一些细菌也获得真核生物的基因。因此，有人认为Woese的进化树只是垂直关系，这种进化树过于简单。而多数学者，特别是微生物系统学者认为：从现有信息来看，虽然水平基因转移的现象很普遍，但在进化过程中不超过8%。因此，基因的垂直传递是生物进化的主流，生物进化的系统树呈一种网状结构。不过，Rivera和Lake（2004）另辟蹊径，提出了以生命环（ring of life）代替生命树的新观点。

五、三域生物的主要特征

Woese等用"domain"（域）这个词作为生物的最高分类单（阶）元，其理由是：① 将原来的真细菌、古菌和真核生物用"域"区分开，根据科学预见它将比"kingdom"（界）的意义更深刻。② "界"这个词作为分类单元已引用了两个世纪，形成了传统的概念。要改变这种习惯，最好是选用另一个词来表示。因此，他们将这个新的最高分类单元选用"domain"（拉丁文意为"region"）。显然，"domain"这个词不应译为"界"，而译成"域"更符合 Woese 的本意。

关于如何确定生物三个域的名称，Woese 等的原则是：① 要维持生物分类一定的连续性。② 根据各类生物的基本特性。③ 避免与真细菌和古细菌及其他不同生物含义上的任何混淆。因此，他们将原来的 Eubacteria（真细菌）改为 Bacteria（细菌），Archaebacteria（古细菌）改为 Archaea（古菌），Eukaryota（真核生物）改为 Eucarya（真核生物）。

> ? • 什么是生物计时器？你对以 rRNA 基因作为生物进化计时器有何评价？
> • 三域生物指的是什么？它与以前的生物分类系统有何本质区别？
> • 何为分子标记？它对研究微生物的亲缘关系和分类有何价值？
> • 什么是系统发育树？怎样构建生物进化树？

三域概念提出后国际上对生物系统发育进行了更广泛的研究，除继续对 16S rRNA（18S rRNA）基因序列分析外，还研究其他特征，许多研究结果也在一定程度上支持三域生物的划分。全基因组序列的研究也表明古菌确实不同于细菌和真核生物。例如，第一个支持三域概念的就是詹氏甲烷球菌（*Methanococcus jannaschii*）全基因组序列测定的结果。詹氏甲烷球菌只有 44% 的基因与细菌同源。它在 DNA 复制、转录和翻译方面的基因类似于真核生物，而明显不同于细菌。三域生物间的不同特征详见表 12-1。

三域概念的建立与发展其意义并不只限于目前研究所得出的某些结论，更重要的是它的研究方法给人们很好的启迪。构建系统发育树的思维促进了探讨生命起源与进化研究的快速发展，不仅对生物系统学和生物进化产生了重大的影响，而且在遗传学和生态学等学科也提供了新的思路。

表 12-1　细菌、古菌和真核生物特征的比较

特征	细菌	古菌	真核生物
有核仁、核膜的细胞核	无	无	有
共价闭合环形的 DNA	有	有	无
复杂内膜细胞器	无	无	有
细胞壁含胞壁酸	有	无	无
膜脂特征	酯键脂、直链脂肪酸	醚键酯、支链烃	酯键脂、直链脂肪酸
转移 RNA	大多数有胸腺嘧啶	在 tRNA 的 T 或 TΨC 臂中无胸腺嘧啶	有胸腺嘧啶
启动 tRNA 携带的氨基酸	甲酰甲硫氨酸	甲硫氨酸	甲硫氨酸
多顺反子 mRNA	有	有	无
mRNA 剪接、加帽、加尾	无	无	有
核糖体			
大小	70*S*	70*S*	80*S*
延伸因子 2 与白喉杆菌毒素反应	无	有	有
对氯霉素、链霉素、卡那霉素敏感性	敏感	不敏感	不敏感
对茴香霉素敏感性	不敏感	敏感	敏感

续表

特征	细菌	古菌	真核生物
依赖 DNA 的 RNA 聚合酶	单一类型、含 4 个亚基	有数种、复杂、含 8~12 个亚基	有 3 种、复杂、含 12~14 个亚基
聚合酶 II 型启动子	无	有	有
有产甲烷的种类	无	有	无
有固氮的种类	有	有	无
有以叶绿素为基础的光合生物种类	有	无	有
有化能自养的种类	有	有	无
有贮存聚 – β – 羟丁酸颗粒的种类	有	有	无
在细胞中含气囊的种类	有	有	无

第二节　原核生物的分类

研究微生物的鉴定、分类和命名的微生物学分支学科称为微生物分类学。可见，鉴定、分类和命名是相互依存又有区别的分类学三大组成部分。分类（classification）是根据微生物相互间的相似性或亲缘关系将其划归为合适的类群或分类单元。在相应分类法规的指导下，根据分类对象的相似性或相关性水平进行系统排列，并对各个分类群的特征进行描述，以便查考和对未被分类的微生物进行鉴定；命名（nomenclature）是按相应的国际命名法规将未定名或定名不合适的菌株给予一个合理的分类单元名称。鉴定（identification 或 determination）则是应用已有的微生物分类学方法与技术，根据现有微生物分类系统确定某一特定微生物菌株分类地位的过程。

分类学是人类认识客观事物的基础。微生物分类学从传统的特征与特性到现代的方法与技术无一不体现当时科学与技术的发展状况。这门传统的学科已融入现代科学的内涵，包括分子生物学、现代分析化学、计算机科学和生物信息学等，极大地丰富了微生物分类学的内容，促进许多概念不断地完善，甚至彻底地改变，使该学科充满活力，并扩展到其他学科领域。原核生物涵盖生物的两个域，是微生物的两个不同的类群。原核生物的分类与其他微生物有许多共同之处，下面以细菌和古菌为基础介绍原核生物的分类。

一、分类单元及其等级

分类单元（taxon，复数 taxa）是指具体的分类群，如泉古菌界（Crenarchaeota）、肠杆菌科（Enterobacteriaceae）和枯草芽孢杆菌（*Bacillus subtilis*）等分别代表一个分类单元。与其他生物分类一样，原核生物的分类单元为 8 个等级（rank 或 category）或阶元，由上而下依次为域、界、门、纲、目、科、属和种。如果这些分类等级不足以反映某些分类单元之间的差异时还可以增加"亚等级"，即亚界、亚门……亚种。在原核生物分类中还可以在科（或亚科）与属之间增加"族"和"亚族"等级。细菌分类单元的等级系统参见表 12-4。值得强调的是，分类单元的等级（阶元）只是分类单元水平的概括，它并不代表具体的分类单元。

除上述国际公认的分类单元等级外，在原核生物分类中还常常使用一些非正式的类群术语。例如：亚种以下常用培养物、菌株和型等；种以上常使用群、组和系等。下面简要介绍一些常用的类群术语。

培养物（culture）。它是指一定时间一定空间内微生物的细胞群或生长物。例如，微生物的斜面培养物、摇瓶培养物等。如果某一培养物是由单一微生物细胞繁殖而产生的细胞群体，该培养物则称为该微生物的纯培养或纯培养物（pure culture）。

菌株（strain）。从自然界或人为环境中分离得到的任何一种微生物的纯培养（物）均称为菌株。用实验方法（如通过诱变）获得某个菌株的变异型，也称为一个新的菌株，以便与原来的菌株相区别。菌株是微生物分类和研究工作中最基础的生物实体。由于同种或同一亚种的不同菌株在某种非鉴别特征方面可能存在大的差别，其中有的特征特性可能对生产或研究十分重要。因此，在实际工作中除了注意菌株的种名外还需特别注意菌株名称。菌株名称常用数字编号、字母、人名和地名等表示。例如枯草芽孢杆菌 ASI.398 和枯草杆菌 BF7658，分别代表枯草芽孢杆菌的两个菌株，ASI.398 和 BF7658 分别为菌株编号。前者可用于生产蛋白酶，后者则可用于生产 α- 淀粉酶。

居群（population，种群、群体或群丛）。居群是指一定空间中同种个体的组合。每一个物种在自然界中的存在都有一定的空间结构，在其分散的、不连续的居住场所或分布区域内形成不同的群体单元，这些群体单元称为居群或种群。

型（form 或 type）。型常指亚种以下细分的术语。当同种或同亚种不同菌株之间的特征差异不足以分为新的亚种时，可以细分为不同的型。例如：按抗原特征的差异分为不同的血清型；按对噬菌体裂解反应的不同分为不同的噬菌型等。在原核生物中，"type"一词既表示"型"又可代表"模式"。为了避免混淆，对表示"型"的词作了修改，用"–var"代替"–type"。常用型的含义及其表示方式见表 12–2。

表 12–2　常用型的术语及其含义

中文译名	推荐使用的名称	以前使用的同义词	应用于只有下列特性的菌株
生物型	biovar	biotype	特殊的生理生化特性
血清型	serovar	serotype	不同的抗原特性
致病型	pathovar	pathotype	对宿主致病性的差异
噬菌型	phagovar	phagotype，lysotype	对噬菌体溶解反应的差异
形态型	morphovar	morphotype	特殊的形态学特征

上述亚种以下类群名称虽然是非法定的，但却是普遍使用的习惯用语，其含义相对而言较明确。在细菌分类中还常用群（group）、组（section）、系（series）等，这些类群名称用在不同场合，常常有非常不同的含义。不过，细菌命名法规明确规定取消上述这些不规范的专业术语，而用 subspecies（subsp.）取而代之。下面分别介绍种及种以上等级正式分类单元的含义。

种（species）。种是生物分类中基本的分类单元和分类等级。作为分类单元的等级，种的地位高于亚种而低于属。种作为分类单元指的是"物种"；而物种的概念目前还是生物学中尚未完全解决的问题，微生物种的概念将在随后的章节中详细描述。

亚种（subspecies）。当某一个种内的不同菌株存在少数明显而稳定的变异特征或遗传特性而又不足以区分成新种时可以将这些菌株细分为小的分类单元，即亚种。亚种是正式分类单元中地位最低的分类等级。变种（variety）是亚种的同义词，在以前的文献被广泛使用。《国际细菌命名法规》（1976 年修订本）公布之前变种是种的亚等级，因"变种"一词易引起词义上的混淆，所以 1976 年后细菌种的亚等级一律采用亚种，而不再使用变种这个专业名词。

属（genus）。属是介于种与科之间的分类等级，也是生物分类中的基本分类单元。通常是将具有某些共同特征或密切相关的种归为一个高一级的分类单元，称为属。在分类系统中任何一个已定名的种都隶属于某一个属。如果某个种与其属中其他所有种具有明显差异时可将这个种转至另外与之相关的属（新组合）或建立新的属。随着分类学的发展与研究方法和技术的提高，原定的种和属有可能发生改变，成为属或科的新组合，甚至可能成为新种或新属。

属以上等级分类单元。如同属的划分一样，分类系统中将具有某些共同特征或相关的属归为更高一级的分类单元称为科。以此类推，直至域。值得指出的是：在一个完整的分类系统中每一个已命名的种都应该隶属于某一个属、科、目、纲、门、界和域。如表 12-3 中所列举的普氏立克次氏体（*Rickettsia prowazekii*）。但实际上也有些微生物类群其科、目等级的分类学关系尚未明确，无论是原核生物还是真核微生物中均有这些类群。有关纲、门、界的划分也会随着分类学的发展作相应的更变。

表 12-3　细菌分类单元的等级系统及分类单元的学名

分类等级			分类单元	
中文名称	英文名称	拉丁语名称	学名词尾	举例［根据《伯杰氏系统细菌学手册》第一版第一卷（1984 年）］
界	Kingdom	Regnum		Procaryotae（原核生物界）
亚界	Subkingdom	Subregnum		
门	Division	Divisio		Gracilicutes（薄壁菌门）
亚门	Subdivision	Subdivisio		
纲	Class	Classis		Scotobacteria（暗细菌纲）
亚纲	Subclass	Subclassis		
目	Order	Ordo	–ales	Rickettsiales（立克次氏体目）
亚目	Suborder	Subordo	–ineae	
科	Family	Familia	–aceae	Rickettsiaceae（立克次氏体科）
亚科	Subfamily	Subfamilia	–oideae	
（族）	Tribe	Tribus	–eae	Rickettsieae（立克次氏体族）
（亚族）	Subtribe	Subtribus	–inae	
属	Genus	Genus		*Rickettsia*（立克次氏体属）
亚属	Subgenus	Subgenus		
种	Species	Species		*Rickettsia prowazekii*（普氏立克次氏体）
亚种	Subspecies	Subspecies		

二、原核生物种的概念

"种"是生物分类的核心单元。长期以来，微生物的"种"一直没有一个公认的定义，特别是原核生物。不同的研究者界定种的标准不一，人为因素较多，难以把握。关于微生物种的概念曾出现 20 多个，包括生物种的概念（biological species concept, BSC）、表型种的概念（phenetic species concept, PhSC）、进化种的概念（evolutionary species concept, ESC）、系统发育种的概念（phylogenetic species concept, PSC）以及系统发育 – 表型种的概念（phylo-phenetic species concept, PPhSC）等。随着分子生物学的快速发展与渗透，以遗传物质为基础的原核生物种的概念逐渐形成，并在实际研究中经过几次修改，逐渐完善，并得到微生物学界，尤其是微生物分类学、生态学以及生物进化学科领域学者的认可。1970 年美国科学家 Colwell 等提出的多相分类学（polyphasic taxonomy）概念已被微生物分类学家普遍接受，并沿用至今。根据多相分类学概念，原核生物的种需综合多方面的信息方可确定，主要包括以下三个方面：

1. 系统发育学信息

以 16S rRNA（18S rRNA）基因序列为基础，与指定的基因数据库中相应信息进行比对，根据其相似性构建系统发育树。虽系统发育分析结果不能保证对检测菌株的种一定能作出明确地判定，但能提供与其相关或亲缘关系近邻类群的信息，为进一步界定种属具有重要的指导作用。如果 16S rRNA（18S rRNA）基因序列相似性低于 97%，将检测菌株定为"疑似新种"是可信的。如果其相似性等于或高于 97% 情况就较为复杂。据统计，相似性为 97%～98% 时可能有 90% 的是新分类单元；相似性为 98.5%～99% 时可能有 50% 的是新分类单元；即使相似性大于 99%，可能还有 20%～30% 是新分类单元。可见，系统发育学信息对界定微生物的种起着重要的作用，但不是"金标准"。

2. 表型信息

表型信息不仅仅包括传统的表现特征（形态特征、培养特征和生理生化特性等），重要的是增加了化学分类的内容，包括细胞壁组成，全细胞脂肪酸、醌、极性脂、分枝菌酸和多胺组分等，甚至有人将蛋白质信息也归于此类。这些信息对原核生物种的界定至关重要，有时是决定性的。

3. 基因组信息

尽管 DNA 序列测定方法与技术日益成熟，无论是测序所需的时间还是所需费用已有很大地改变，但人们还难以将所获得的微生物菌株一一进行全基因组测序。目前用于微生物分类学的基因组信息主要指基因组 DNA G+C mol%、DNA-DNA 分子杂交以及 DNA 指纹图谱的分析。近几年，全基因组信息已成为人们期待界定物种的决定性依据。

基因组信息在微生物种的界定中起着关键作用。当 16S rRNA（18S rRNA）相似性≥97% 时 DNA-DNA 分子杂交结果对确定菌株是否属于相同的种或不同的种是决定性的。值得注意的是 DNA-DNA 分子杂交的同源性（70%）曾一度被作为界定微生物种的"金标准"，但现在也有所变化，同源性 70% 也不是一个绝对的界限。例如 Hamedi 等（2010 年）从伊朗伊斯法罕土壤中分离获得一株链霉菌 HM 35^T，16S rRNA 基因序列与 *Streptomyces rapamycinicus* NRRL 5491^T 的相似性为 99.2%，DNA-DNA 的同源值为 72.7%。但是他们发现典型的形态及其他表型特征与菌株 NRRL 5491^T 有明显的区别，并提议该菌株为链霉菌属的一个新种，即伊朗链霉菌（*Streptomyces iranensis sp.nov.*），已被 IJSEM 认可。

原核生物的种是一群"具有共同的与稳定的、并区别于其他类群的一系列特征的菌株"。Colwell 等（1995 年）对细菌种的定义是"一群具有高度的、全面的相似性，并且在许多相互无关联的特征方面明显区别于相应类群的菌株。"

三、分类单元的命名

生物名称分两类：一类是区域性的俗名（vernacular name），另一类是国际上统一使用的名称，即学名（scientific name）。俗名是一个国家或地区使用的普通名称。例如，我们将引起人结核病的细菌俗称"结核杆菌"，而英语称"tubercle bacillus"，俄语则称"туберкулёзная палочка"。俗名的优点是在一定的区域内通俗易懂、便于记忆。但俗名有局限性，尤其是不便于国际间的交流。为了使生物分类单元的名称能在国际上通用，就需要制定一个为各国生物学者共同遵循的命名法则，用于约定相应生物分类单元的命名，以确保生物名称的统一性、科学性和实用性。长期以来，各类生物分别有其相应的命名法规。例如：动物、植物及细菌名称分别按国际动物命名法规、国际植物命名法规和国际细菌命名法规（International Code of Nomenelature of Bacteria，ICNB）的条文（原则、规则和辅则）实施。自 1994 年开始，国际生物科学联合会（International Union of Biological Sciences，IUBS）和国际微生物学联合会（International Union of Microbiological Societies，IUMS）曾着手酝酿国际生物命名法规间的协调与统一之事，计划制定一个《国际生物命名法规》（BioCode），约定所有生物名称命名的统一要求与规定，并且正式成立了 IUBS/IUMS 国际生物命名委员会，拟定命名法规，已讨论了 4 稿。原计划于 2000 年 1 月 1 日起开始执行，但最后还是未能达成共识而搁置。下面以细菌为例，简要介绍有关微生物命名的基础知识。

1. 分类单元的命名

所有正式分类单元（包括亚种和亚种以上等级的分类单元）的学名必须用拉丁词或其他词源经拉丁化的词命名，而且在正式出版物或其他文稿中须用斜体或正体下划横线表示。

（1）属名

属名用一个单数主格名词或当做名词用的形容词来表示，可以是阳性、阴性或中性，首字母要大写。例如：*Bacillus*（芽孢杆菌属）（阳性），拉丁词；词源（原意）是"小杆菌"，因为该属细菌能产生芽孢而定此名，中文译名"芽孢杆菌属"；*Clostridium*（梭菌属）（中性），源于希腊词，原意为"纺锤状菌"；*Salmonella*（沙门氏菌属）（阴性），以美国细菌学家 Salmon 的姓氏命名。词源是新分类单元名称定名的含义，通常由命名者注释。分类单元的中文译名需译名者完整地理解其词源以及国际命名法规后准确地表达出，否则就会曲解原命名者的本意。

亚属分类单元的命名和属名相同。

（2）种名

1753 年，瑞典植物学家林奈（Carl von Linne）在其《植物种志》中正式提出用拉丁文双名称命名当时认识的所有植物的种。这一命名方式被所有生物分类学界接受并使用。原核生物的种名也是采用林奈的双名法（binomial nomenclature）命名。一个种的学名（scientific name）由属名和种加词或加词（specific epithet or epithet）两部分组成。第一个词为属名，首字母要大写；第二个词为种加词或加词，常用形容词（要与属名性别一致），也可用人名、地名、病名或其他名词（名词用主格或所属格形式），种加词首字母不大写。例如：*Pseudomonas aeruginosa*（铜绿色假单胞菌），其中 *Pseudomonas* 是属名（假单胞菌属）（阴性）；*aeruginosa* 是种加词或加词，是拉丁语形容词（阴性），原意为"铜绿色的"。*Mycobacterium tuberculosis*（结核分枝杆菌），其中 *Mycobacterium* 是属名（分枝杆菌属），系希腊词源的复合词（中性），*tuberculosis* 是种加词或加词，是希腊词和拉丁词缀合成的名词所属格形式，意为"结核病的"。当泛指某一属细菌而不特指该属中任何一个种（或未定种名）时可在属名后加 sp. 或 spp.（分别代表 species 缩写的单数和复数形式）表示。例如 *Streptomyces* sp.（一种链霉菌），*Micrococcus* spp.（某些微球菌）。

（3）亚种名

亚种名为三元式组合，即由属名、种加词和亚种加词构成。例如：

Alcaligenes	*denitrificans*	subsp.	*xylosoxydans*
属名	种加词	subspecies	亚种加词
（产碱杆菌属）	（反硝化的）	的缩写（亚种）	（氧化木糖的）

该亚种名为：反硝化产碱杆菌氧化木糖亚种（*Alcaligenes denitrificans* subsp. *xylosoxydans*）。

（4）属级以上分类单元的名称

亚科、科以上分类单元的名称是用拉丁或其他词源拉丁化的阴性复数名词（或当做名词用的形容词）命名，首字母均须大写；其中细菌目、亚目、科、亚科、族和亚族等级的分类单元名称都有固定的词尾（后缀），其词尾的构成及例子参见表12–3。

此外，在分类单元名称的后面还可以附上命名人的姓名和命名年号。例如 *Staphylococcus aureus* Rosenbach 1884，表示该种名（金黄色葡萄球菌）是1884年Rosenbach命名的。

属、种和亚种等级分类单元的学名在正式出版物中应用斜体字或正体字下划横线表示，以便识别。

（5）暂定名称

近些年来人们发现一类特殊的细菌，可观察到它的个体形态、也能测定其16S rRNA基因序列并进行系统发育学的分析，表明是原核生物属级水平上的分类单元，但就是不能被分离培养，得不到纯培养（物）。对这类缺乏足够描述不能定种的原核生物，将它们单独列为暂定名称（candidatus），记载它们被推断的分类单元。

2. 命名模式及其指定

模式是一可观察的生物或化石标本实体。对于植物来说，一个种的模式是根据该种特定的蜡叶标本，称为模式标本。而对于原核生物而言，种的模式菌株是长期保藏在永久性的、为公众开放的菌种保藏机构中特定的培养物，亦称模式菌株（type strain）。一个细菌属名的模式是该属中一个被指定的种，即模式种。由此类推至更高的分类等级，模式科、模式目等。因此，当某一菌株被鉴定为一个新种或新亚种时，该菌株被指定为该种或该亚种的模式菌株；如果有几个菌株同时被鉴定为一个新种或新亚种，则必须指定其中一个具有代表性的菌株作为该种或亚种的模式菌株。一个生物的名称有了模式，可使人们对该名称所代表生物的认识不仅仅使用能查阅到的文字描述，而且能索取模式菌株在同等条件下同时进行研究，确定待鉴定生物的分类地位。

3. 新名称的发表

根据国际细菌命名法规的规定，在除IJSEM（原名IJSB）以外公开发行的刊物上发表的细菌新名称为有效发表（effective publication），而在菌种目录、会议记录和会议论文摘要等形式均不为有效发表。有效发表的新名称尚需进行合格化（validation）才能得到国际认可，并获得优先权。合格化的程序是原作者需将新分类单元的描述或已有效发表该分类单元描述的文献寄至IJSEM编辑部，由ICSEM裁决委员会审核，并在IJSEM的Validation List中公布新名称及其相关信息后便被国际确认。如果新分类单元直接在IJSEM发表为合格发表（validative publication），无需合格化就被国际确认。

新分类单元名称应在提议（to propose；而不是建议，to suggest）的新名称后加上所属新分类等级的缩写词。例如：新目"ord. nov."、新属"gen. nov."、新种"sp. nov."和新组合 sp. com. 等；"*Pyrococcus furiosus* sp. nov."意为该名称中文译名为"猛烈热火球菌"，是一个新发表的种，即新种。

四、细菌分类和伯杰氏手册

从18世纪末Müller首先对微生物进行分类到19世纪中后期微生物分类尚处于简单的形态特征时期。柯赫纯培养技术的建立才开始得到微生物的表型特征，随之建立了以形态特征为基础的微生物分类学。1900年前后才将微生物的生理学特性正式纳入细菌的分类，由此奠定了细菌分类的基础。随着分类单元的不断发现与累积，加上学术交流的局限性，国际上原核生物分类学出现过三大主要系统，即克拉西里尼科夫系统（《细菌和放线菌的鉴定》，1949年），普雷沃（Prevot）系统（《细菌学概论》，1961年）和伯杰氏系统（《伯杰氏鉴定细菌学手册》，Bergey's Manual of Determinative Bacteriology，1923—1994）。

《伯杰氏鉴定细菌手册》最初是美国宾夕法尼亚大学的细菌学教授伯杰（D. Bergey）（1860—1937）及其同事为细菌的鉴定而编写的。该书自1923年问世以来已进行过8次修订，直至发行第9版。1957年第7版后由于越来越广泛地吸收了国际上细菌分类学家参加编写，所以它的近代版本反映了出版年代细菌分类学的最新成果，因而逐渐确立了它在国际上对细菌进行全面分类的权威地位。70年代以来该书所提出的分类系统已被各国同行普遍采用。

《伯杰氏鉴定细菌手册》现行版本从1984年开始至1989年分4卷出版，并改名为《伯杰氏系统细菌学手册》（Bergey's Manual of Systematic Bacteriology）（第1版）（以下简称《系统手册》第1版）。1994年又将《系统手册》1~4卷中有关属以上分类单元的鉴定资料进行少量的修改补充后汇集成一册，并沿用原来的书名——《伯杰氏鉴定细菌学手册》（第9版）。《系统手册》第2版修订工作已完成，分5卷出版。下面简要介绍《系统手册》第1版和第2版对原核生物的大致分类情况。

1.《伯杰氏系统细菌学手册》（第1版）（1984—1989）的分类

《系统手册》第一版是在《伯杰氏鉴定细菌鉴定手册》第8版的基础上根据10多年来细菌分类所取得的进展修订的，在一些类群中增加了不少有关核酸杂交、16S rRNA基因序列等系统发育方面的信息，许多新分类单元的确立都是经过SSU序列比对后提出的。从实用需要出发，主要根据表型特征将整个原核生物（包括蓝细菌）分为33组，对各组细菌进行深入地分类描述。

虽然《系统手册》第1版未能进行真正的系统学分类，但它仍然是目前国际上进行细菌分类和鉴定的主要参考文献，还可为应用研究提供丰富的资料。此外，也有许多细菌系统发育信息可供参考。

2.《伯杰氏系统细菌学手册》（第2版）的分类

从1984年第一版开始发行以来细菌分类已取得很大进展，不仅新分类单元的数量大量增加，更重要的是自20世纪80年代以来分子生物学方法与技术的快速发展、现代化学分析手段的结合以及生物信息学的渗透，微生物分类学所采集的数据与信息已发生极大的变化。这些为《伯杰氏系统细菌学手册》的修订奠定了基础。新修订的第2版中原核生物的大体分类及各卷的内容如下：

第1卷：古菌、蓝细菌、光合细菌以及系统发育最早分支的细菌。

第2卷：变形杆菌（包括形态学和生理学特征极为多样的革兰氏阴性细菌）。

第3卷：低G+C含量（50 mol%以下）的革兰氏阳性细菌。

第4卷：高G+C含量（50 mol%以上）的革兰氏阳性细菌（包括放线菌及相关的革兰氏阳性细菌）。

第5卷：浮霉状菌、螺旋体、丝杆菌、拟杆菌、梭杆菌和衣原体等（属革兰氏阴性细菌）。

第2版与第1版的最大区别是前者对分类群和整体安排进行的较大调整在很大程度上是根据系统发育学信息，而不是仅限于表型特征等。第2版将原核生物分为古菌域和细菌域。古菌域分2门8纲，细菌域分24门32纲。其分类大纲及其在5卷中的内容见表12-4。从表中的分类大纲及所列的代表属我们不难发现：过去依赖于表型特征归类在一起的属现在有的已被划归为不同的目、纲，甚至列在不同的门中。例如：在第1版中微球菌属是和其他种属的"革兰氏阳性球菌"归在一组进行分类描述的，而第2版则基于系统发育学信息与放线菌相关性将其归类在放线菌门、放线菌纲中；革兰氏阴性菌分类调整的幅度也很大。我们在查阅文献时必须注意这方面的变化。

表 12-4　《伯杰氏系统细菌学手册》（第 2 版）分类大纲

分类及其在各卷中的安排	代表属
第 1 卷　古菌、最早分支的细菌及光能营养细菌	
Ⅰ　古菌域（Archaea）	
1　泉古菌门（Crenarchaeota）	
热变形菌纲（Thermoprotei）	热变形菌属（*Thermoproteus*）、热网菌属（*Pyrodictium*）、硫化叶菌属（*Sulfolobus*）
2　广古菌门（Euryarchaeota）	
甲烷杆菌纲（Methanobacteria）	甲烷杆菌属（*Methanobacterium*）
甲烷球菌纲（Methanococci）	甲烷球菌属（*Methanococcus*）
盐杆菌纲（Halobacteria）	盐杆菌属（*Halobacterium*）、盐球菌属（*Halococcus*）
热原体纲（Thermoplasmata）	热原体属（*Thermoplasma*）、嗜酸菌属（*Picrophilus*）
热球菌纲（Thermococci）	热球菌属（*Pyrococcus*）、热球菌属（*Thermococcus*）
古球菌纲（Archaeoglobi）	古球菌属（*Archaeoglobus*）
甲烷嗜高热菌纲（Methanopyri）	甲烷嗜高热菌属（*Methanopyrus*）
Ⅱ　细菌域（Bacteria）	
1　产液菌门（Aquificae）	
产液菌纲（Aquificae）	产液菌属（*Aquifex*）、氢杆菌属（*Hydrogenobacter*）
2　栖热袍菌门（Thermotogae）	
栖热袍菌纲（Thermotogae）	栖热袍菌属（*Thermotoga*）、地袍菌属（*Geotoga*）
3　热脱硫杆菌门（Thermodesulfobacteria）	
热脱硫杆菌纲（Thermodesulfobacteria）	热脱硫杆菌属（*Thermodesulfobacterium*）
4　异常球菌—栖热菌门（Deinococcus–Thermus）	
异常球菌纲（Deinococci）	异常球菌属（*Deinococcus*）、栖热菌属（*Thermus*）
5　金矿菌门（Chrysiogenetes）	
金矿菌纲（Chrysiogenetes）	金矿菌属（*Chrysiogenes*）
6　绿屈挠菌门（Chloroflexi）	
绿屈挠菌纲（Chloroflexi）	绿屈挠菌属（*Chloroflexus*）、滑柱菌属（*Herpetosiphon*）
7　热微菌门（Thermomicrobia）	
热微菌纲（Thermomicrobia）	热微菌属（*Thermomicrobium*）
8　硝化螺菌门（Nitrispira）	
硝化螺菌纲（Nitrispira）	硝化螺菌属（*Nitrospira*）
9　铁还原杆菌门（Deferribacteres）	
铁还原杆菌纲（Deferribacteres）	铁还原杆菌属（*Deferribacter*）、地弧菌属（*Geovibvio*）
10　蓝细菌门（Cyanobacteria）　　蓝细菌纲（Cyanobacteria）	管孢蓝细菌属（*Chamaesiphon*）、原绿蓝细菌属（*Prochloron*）、宽球蓝细菌属（*Pleurocapsa*）、颤蓝细菌属（*Oscillatoria*）、螺旋蓝细菌属（*Spirulina*）、鱼腥蓝细菌属（*Anabaena*）、念珠蓝细菌属（*Nostoc*）、真枝蓝细菌属（*Stignonema*）

分类及其在各卷中的安排	代表属
11 绿菌门（Chlorobi）	
绿菌纲（Chlorobia）	绿菌属（*Chilrobium*）、暗网菌属（*Pelodictyon*）
第2卷　变形杆菌	
12 变形杆菌门（Proteobacteria）	
阿尔法变形杆菌纲（Alphaproteobactera）	红螺菌属（*Rhodospirillum*）、醋杆菌属（*Acetobacter*）、葡糖杆菌属（*Gluconobacter*）、立克次氏体属（*Rickettsia*）、红杆菌属（*Rhodobacter*）、发酵单胞菌属（*Zymomonas*）、柄杆菌属（*Caulobacter*）、根瘤菌属（*Rhizobium*）、土壤杆菌属（*Agrobacterium*）、布鲁氏菌属（*Brucella*）、拜叶林克氏菌属（*Beijerinckia*）、硝化杆菌属（*Nitrobacter*）、红假单胞菌属（*Rhodopseudomonas*）、生丝微菌属（*Hyphomicrobium*）、甲基杆菌属（*Methylobacterium*）
贝塔变形杆菌纲（Betaproteobacteria）	产碱杆菌属（*Alcaligenes*）、球衣菌属（*Sphaerotilus*）、硫杆菌属（*Thiobacillus*）、奈瑟氏球菌属（*Neisseria*）、亚硝化单胞菌属（*Nitrosomonas*）、螺菌属（*Spirillum*）
伽马变形杆菌纲（Gammaproteobacteria）	着色菌属（*Chromatium*）、外红螺菌属（*Ectothiorhodospira*）、黄单胞菌属（*Xanthomonas*）、硫发菌属（*Thiothrix*）、军团菌属（*Legionella*）、甲基球菌属（*Methylococcus*）、海洋螺菌属（*Oceanospirillum*）、假单胞菌属（*Pseudomonas*）、固氮菌属（*Azotobacter*）、莫拉氏菌属（*Moraxella*）、弧菌属（*Vibrio*）、气单胞菌属（*Aeromonas*）、肠杆菌属（*Enterobacter*）、埃希菌属（*Escherichia*）、克雷伯氏菌属（*Klebsiella*）、变形菌属（*Proteus*）、沙门氏菌属（*Salmonella*）、沙雷氏菌属（*Serratia*）、志贺氏菌属（*Shigella*）、耶尔森氏菌属（*Yersinia*）、巴斯德氏菌属（*Pasteurella*）、嗜血杆菌属（*Haemophilus*）
德耳塔变形杆菌纲（Deltaproteobacteria）	脱硫菌属（*Desulfurella*）、脱硫弧菌属（*Desulfovibrio*）、脱硫杆菌属（*Desulfobacter*）、脱硫单胞菌属（*Desulfuromonas*）、蛭弧菌属（*Bdellovibrio*）、黏球菌属（*Myxococcus*）、孢囊杆菌属（*Cystobacter*）、多囊菌属（*Polyangium*）
艾普西隆变形杆菌纲（Epsilonproteobacteria）	弯曲杆菌属（*Campylobacter*）、螺杆菌属（*Helicobacter*）
第3卷　低G+C含量的革兰氏阳性细菌	
13 厚壁菌门（Firmicutes）	
梭菌纲（Clostridia）	梭菌属（*Clostridium*）、八叠球菌属（*Sarcina*）、消化链球菌属（*Peptostreptococcus*）、真杆菌属（*Eubacterium*）、消化球菌属（*Peptococcus*）、脱硫肠状菌属（*Desulfotomaculum*）、韦荣氏球菌属（*Veillonella*）
柔膜菌纲（Mollicutes）	支原体属（*Mycoplasma*）、螺原体属（*Spiroplasma*）、无胆甾原体属（*Acholeplasma*）

分类及其在各卷中的安排	代表属
芽孢杆菌纲（Bacilli）	芽孢杆菌属（*Bacillus*）、动性球菌属（*Planococcus*）、芽孢八叠球菌属（*Sporosarcina*）、显核菌属（*Caryophanon*）、李斯特氏菌属（*Listeria*）、葡萄球菌属（*Staphylococcus*）、芽孢乳杆菌属（*Sporolactobacillus*）、类芽孢杆菌属（*Paenibacillus*）、高温放线菌属（*Thermoactinomyces*）、乳杆菌属（*Lactobacillus*）、气球菌属（*Aerococcus*）、肠球菌属（*Enterococcus*）、明串珠菌属（*Leuconostoc*）、链球菌属（*Streptococcus*）

第 4 卷 高 G+C 含量的革兰氏阳性细菌

14 放线菌门（Actinobacteria）

放线菌纲（Actinobacteria）	放线菌属（*Actinomyces*）、微球菌属（*Micrococcus*）、节杆菌属（*Arthrobacter*）、短杆菌属（*Brevibacterium*）、纤维单胞菌属（*Cellulomonas*）、嗜皮菌属（*Dermatophilus*）、微杆菌属（*Microbacterium*）、棒杆菌属（*Corynebacterium*）、分枝杆菌属（*Mycobacterium*）、诺卡氏菌属（*Nocardia*）、小单孢菌属（*Micromonospora*）、游动放线菌属（*Actinoplanes*）、丙酸杆菌属（*Propionibacterium*）、假诺卡氏菌属（*Pseudonocardia*）、链霉菌属（*Streptomyces*）、链轮丝菌属（*Streptoverticillum*）、链孢囊菌属（*Streptosporangium*）、小双孢菌属（*Microbispora*）、高温单孢菌属（*Thermomonospora*）、弗兰克氏菌属（*Frankia*）、双歧杆菌属（*Bifidobacterium*）

第 5 卷 浮霉状菌、衣原体、螺旋体、丝状杆菌、拟杆菌、梭杆菌等

15 浮霉状菌门（Planctomycetes）

浮霉状菌纲（Planctomycetacia）	浮霉状菌属（*Planctomyces*）

16 衣原体门（Chlamydiae）

衣原体纲（Chlamydiae）	衣原体属（*Chlamydia*）

17 螺旋体门（Spirochaetes）

螺旋体纲（Spirochaetes）	螺旋体属（*Spirochaeta*）、疏螺旋体属（*Borrelia*）、密螺旋体属（*Treponema*）、钩端螺旋体属（*Leptospira*）

18 丝状杆菌门（Fibrobacteres）

丝状杆菌纲（Fibrobacteres）	丝状杆菌属（*Fibrobacter*）

19 酸杆菌门（Acidobacteria）

酸杆菌纲（Acidobacteria）	酸杆菌属（*Acidobacterium*）

20 拟杆菌门（Bacteroidetes）

拟杆菌纲（Bacteroides）	拟杆菌属（*Bacteriodes*）
黄杆菌纲（Flavobacteria）	黄杆菌属（*Flavobacterium*）
鞘氨醇杆菌纲（Sphingobacteria）	鞘氨醇杆菌属（*Sphingobacterium*）、屈挠杆菌属（*Flexibacter*）、噬纤维菌属（*Cytophaga*）、泉发菌属（*Crenothrix*）

续表

分类及其在各卷中的安排	代表属
21 梭菌门（Fusobacteria）	
梭菌纲（Fusobacteria）	梭杆菌属（*Fusobacterium*）、链杆菌属（*Streptobacillus*）
22 疣微菌门（Verrucomicrobia）	
疣微菌纲（Verrucomicrobiae）	疣微菌属（*Verrucomicrobium*）、突柄杆菌属（*Prosthecobacter*）
23 网球菌门（Dictyoglomi）	
网球菌纲（Dictyoglomi）	网球菌属（*Dictyoglomus*）
24 出芽单胞菌门（Gemmatimonadetes）	
出芽单胞菌纲（Gemmatimonadetes）	出芽单胞菌属（*Gemmatimonas*）

- 什么是分类单元？微生物分类单元有哪些等级？在种以下还有哪些常用的重要类群术语？请解析其含义。
- 微生物种的界定从哪些方面获得信息？如何使微生物新名称得到国际认可？你能写出多少常见的微生物种的学名？
- 为什么《伯杰氏手册》能在国际原核生物分类学上产生那么大的影响？试述《伯杰氏系统细菌学手册》第1、2版的分类大纲及其在各卷中的内容安排。

第三节　真菌的分类

真菌（fungi）是具有真正的细胞核、细胞壁（含几丁质或纤维素或同时含有这两种物质），细胞不含叶绿素、腐生或寄生，少数单细胞、多数具有分枝或不分枝的丝状体（hypha）和形成菌丝体（mycelium），大多能产生无性和有性孢子繁殖的一大类生物。

真菌隶属于真核生物域（Eucarya），真菌界（Fungi Kingdom）。研究真菌的学科为真菌学（mycology）。根据形态特征，真菌包括酵母菌（yeast）、霉菌（molde）和蕈菌（又称蘑菇，mushroom；大型真菌，macrofungi）。不过，后几个并不是正式的分类学名词，没有严格的界定。酵母菌是单细胞真菌，而霉菌和蕈菌均属于丝状真菌，它们在形态上最显著的区别是蕈菌的菌丝体可以形成子实体（fruiting body）结构，而霉菌一般不形成此类结构。

真菌分类与鉴定的方法与技术如同原核生物一样发生了很大的变化，特别是分子生物学方法与技术正在真菌分类学中广泛应用。例如：18S rRNA 基因、28S rRNA 基因和 ITS 序列、RAPD、核型脉冲电泳分析、DNA-DNA 分子杂交等分析已成为常规方法对真菌分类地位的准确界定起着十分重要的作用。其实，在第一节以及第四、五节中以细菌为代表所论述一系列的方法与技术同样适宜于多数真菌的分类与鉴定。酵母菌的分类与鉴定以及发表新物种的标准已很接近原核生物。当然，由于真菌，特别是丝状真菌的形态特征和生殖结构比细菌复杂得多，仅孢子的形态特征就很丰富。所以形态学方面的内容真菌分类与鉴定要求获得更详细的信息。

由于真菌染色体 DNA 分子较细菌基因组大得多，结构复杂，所以真菌全基因组序列测定不多。到目前为止已完成全基因组序列测定并公开信息的只有 300 株左右，仅占生物全基因组完成总数的 5.7%；而且组装与注释等生物信息学的分析远不及原核生物那样完全。这些问题有待于真菌 DNA 的建库、组装等摸索出新的有效方案予以解决。

关于真菌分类单元的命名 2012 年以前均遵循国际植物命名法则，该法规最后的版本是 2005 年在维也纳修订的，所以也称维也纳版本。2011 年 7 月在墨尔本召开的国际植物学学术会议上通过了一项重要决定，将 1905 年制定一直修改沿用的《国际植物命名法则》（ICBN）正式改为《国际藻类、真菌和植物命名法则》（International Code of Nomenclature for Algae，Fungi，and Plants，ICN），又称墨尔本版本，它将根据几种不同的生物类群规范相应的名称。

真菌分类系统同细菌分类学一样也曾出现过多个系统，经历不同时期的梳理逐渐趋向国际统一。不过，与细菌不同的是真菌包括了基本特征差异性十分明显的几大类微生物，如藻类、酵母菌、丝状真菌和产子实体的担子菌等，要将它们统一在同一个分类系统内真不容易。以下简单地介绍在国际上产生重要影响的真菌分类系统。

1. 贝西分类系统

1935 年，恩斯特·贝西（E. Bessey）出版了美国第一本真菌学教科书。1950 年，又出版了《真菌的形态与分类》，其中包含了他创建的"三纲一类"分类系统：藻状菌纲（Phycomyceteae）、子囊菌纲（Ascomyceteae）、担子菌纲（Basidomyceteae）和半知菌类（imperfect fungi），这为真菌分类系统奠定了基础。

2. 亚历克索普洛斯分类系统

亚历克索普洛斯（Alexopoulos）对之前混乱的分类单元名称进行了规范。虽然 1952 年他提出的分类系统沿袭了"三纲一类"系统，但在 1962 年则放弃了该系统，而将真菌设为最高的独立的分类单元"门"。1979 年他大胆地将真菌门（Mycota）提升到真菌界（Myceteae），形成了"一界三门"的真菌分类系统（真菌界，Myceteae；裸菌门，Gymnomycota；鞭毛菌门，Mastigomycota；无鞭毛菌门，Amastigomycot）。

3. 安斯沃斯分类系统

根据生物的"五界"学说，安斯沃斯提出了与亚历克索普洛斯分类系统较相似，新增 3 个新亚门，即鞭毛菌亚门、接合菌亚门和半知菌亚门，并将子囊菌分为 6 个纲，半知菌亚门设 3 个纲。

4. 卡弗利尔 - 史密斯分类系统

卡弗利尔 - 史密斯分类系统是最早体现出真菌是多界演化的分类系统之一。他将半知菌归入有性阶段的分类单元中。

5. 巴尔分类系统

唐纳德·巴尔（D. J. S. Barr）1992 年提出的分类系统，包括三界：原生动物界（Protozoa）、藻界（Chromista）和真菌界（Fungi）。

6.《真菌词典》第 9 版分类系统

由英国真菌研究所编写 2001 年出版的《真菌词典》第 9 版分类系统，根据 rDNA 测序等技术对第 8 版分类系统进行了修订，将子囊菌门分成 6 纲，55 目，291 科；担子菌门原有的 32 个目合并为 16 个目；担子菌类酵母菌归为 3 个不同的类群中。

7.《真菌词典》第 10 版分类系统

2008 年出版的《真菌词典》第 10 版分类系统，对第 9 版的分类系统作了很大的调整，收录了 2001—

2008 年的研究成果。该版本将真菌界划分 7 门、36 纲、140 目、560 科、8,283 属和 97,861 种。纲以上的分类等级如下：

真菌界 Fungi

  壶菌门 Chytridiomycota

    壶菌纲 Chytridiomycetes

    单毛壶菌纲 Monoblepharidomycetes（新）

  芽枝霉门 Blastocladiomycota（新）

    芽枝霉纲 Blastocladiomycetes（新）

  新美鞭菌门 Neocallimastigomycota（新）

    新美鞭菌纲 Neocallimastigomycetes（新）

  球囊菌门 Glomeromycota（新）

    球囊菌纲 Glomeromycetes（新）

  接合菌门 Zygomycota

    接合菌纲 Zygomycetes

地位未定 Incertae sedis（亚界）

  虫霉菌亚门 Entomophthoromycotina

  梳霉亚门 Kickxellomycotina

  毛霉菌亚门 Mucoromycotina

  捕虫霉菌亚门 Zoopagomycotina

  子囊菌门 Ascomycota

    盘菌亚门 Pezizomycotina（= 子囊菌亚门 Ascomycotina）

      星裂菌纲 Arthoniomycetes（新）

      座囊菌纲 Dothideomycetes（新）

      散囊菌纲 Eurotiomycetes（新）

      虫囊菌纲 Laboulbeniomycetes（新）

      茶渍菌纲 Lecanoromycetes（新）

      锤舌菌纲 Leotiomycetes（新）

      异极菌纲 Lichinomycetes（新）

      圆盘菌纲 Orbiliomycetes（新）

      盘菌纲 Pezizomycetes（新）

      粪壳菌纲 Sordariomycetes（新）

    酵母菌亚门 Saccharomycotina

      酵母菌纲 Saccharomycetes

    外囊菌亚门 Taphrinomycotina

      新床菌纲 Neolectomycetes（又译无丝盘菌纲）

      肺炎菌纲 Pneumocystidomycetes

      裂殖酵母菌纲 Schizosaccharomycetes

      外囊菌纲 Taphrinomycetes

  担子菌门 Basidiomycota

    伞菌亚门 Agaricomycotina

伞菌纲 Agaricomycetes（新）

花耳纲 Dacrymycetes（新）

银耳纲 Tremellomycetes（新）

柄锈菌亚门 Pucciniomycotina

伞型束梗孢菌纲 Agaricostilbomycetes（新）

小纺锤菌纲 Atractiellomycetes（新）

Classiculomycetes（新）

隐菌寄生菌纲 Cryptomycocolacomycetes（新）

囊担子菌纲 Cystobasidiomycetes（新）

小葡萄菌纲 Microbotryomycetes（新）

混合菌纲 Mixiomycetes（新）

柄锈菌纲 Pucciniomycetes（新）

黑粉菌亚门 Ustilaginomycotina（新）

黑粉菌纲 Ustilaginomycetes

地位未定 Incertaesedis（亚门）

节担菌纲 Wallemiomycetes（新）

> ? • 真菌与原核生物的分类与鉴定有哪些相同？真菌与细菌形态学特征的主要区别是什么？
> • 你熟悉的担子菌有哪几种？简单描述其形态特征。
> • 新分离到 1 株酵母菌，根据你所掌握的分类知识如何确定它可能是哪个门（类）的真菌，判断依据的特征是什么？

第四节　微生物系统学的研究内容与方法

如前所述，微生物是一类结构简单、形体微小的生物，微生物系统学的研究一直难以把握住关键指征。早期的分类学利用简单的形态学将有限的微生物菌株归为不同的类群，便于人们使用，发挥了重要的历史作用。自巴斯德时代以来，利用微生物的生理生化特性和形态学的表型特征构成了经典的（传统的）微生物分类学。人们也清楚地认识到这种表型特征或多或少带有人为的主观意识，而且信息量有限，微生物系统学的研究内容也一直处于探讨之中。

一、多相分类学

多相分类学是对微生物的表型、遗传型以及系统发育关系等多方面可用于鉴别的特征进行综合分析，从各种不同的水平或层次进行描述，因此能全面、系统地反映出微生物之间的相互关系，已成为生物分类学认可的分类学模式。如图 12-3 所示，多相分类学总体概括为表型信息和基因型信息两大类，前者包括表型特征和化学分类特性，后者则是以 DNA 和 RNA 分子为基础获得的各种数据与信息。

二、表型特征

表型特征是生物分类学的基础，主要包括形态学特征、生理生化特性和血清学反应、抗噬菌体和抗生素抗性等信息。

基因型信息

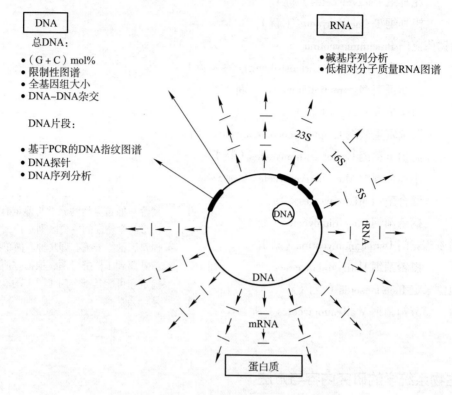

DNA

总DNA：
- （G + C）mol%
- 限制性图谱
- 全基因组大小
- DNA–DNA杂交

DNA片段：
- 基于PCR的DNA指纹图谱
- DNA探针
- DNA序列分析

RNA
- 碱基序列分析
- 低相对分子质量RNA图谱

蛋白质

- 全细胞或细胞膜蛋白质电泳图谱
- 酶谱（多位点酶电泳）

化学分类指征
- 细胞脂肪酸
- 分枝菌酸
- 极性脂
- 醌
- 多胺
- 细胞壁组分
- 胞外多糖

表型特征
- 形态学
- 生理学
- 酶学
- 血清学（单抗、多抗）

表型信息

图 12-3　多相分类学涵盖的内容（引自 P. Vandamme，1996）

1. 形态学特征

形态学特征一直是微生物分类与鉴定的重要依据之一，它不仅是微生物鉴定的重要依据，而且往往是系统发育的一个标志；特别是对形态结构比较复杂的真核微生物和具有某些特殊形态结构细菌的分类鉴定尤为重要。常用于原核生物分类鉴定的形态学特征见表 12-5。

微生物细胞的个体形态特征通常借助普通光学显微镜和相差显微镜观察获得信息，而扫描电镜、透射电镜以及共聚焦荧光显微镜则用于超微结构的观察，甚至通过带有红外光谱的扫描电镜和透射电镜能更清楚地解析细胞更细微的结构。

表 12-5　常用于微生物分类鉴定的形态学特征

特征	不同类群的鉴别
培养特征	最重要是菌落特征：如菌落的形状、大小、颜色、隆起、表面状况、质地、光泽、水溶性色素等
细胞形态	
形状	球形、杆状、弧形、螺旋形、丝状、分枝及特殊形状
大小	其中最重要的是细胞的宽度或直径
排列	单个、成对、成链或其他特殊排列方式
特殊的细胞结构	
鞭毛	有无鞭毛、着生位置及其数量
芽孢	有无芽孢、形状、着生位置、孢囊是否膨大
孢子	孢子形状、着生位置、数量及排列
其他	荚膜、细胞附属物。例如：柄、丝状物、鞘、蓝细菌的异形胞、静止细胞和连锁体等
超微结构	细胞壁、细胞内膜系统、放线菌和真菌细胞与孢子表面特征等
细胞内含物	异染颗粒、聚 β- 羟丁酸等类脂颗粒、硫粒、气泡、伴孢晶体等
染色反应	革兰氏染色、抗酸性染色
运动性	鞭毛泳动、滑行、螺旋体运动方式

2. 生理生化特性

生理生化特性与微生物细胞的代谢调控直接相关，既有微生物体内蛋白质和酶的直接参入，也有代谢产物作用的结果。所以，生理生化特性是微生物系统学的重要基础信息，曾一度被忽视，多相分类学概念正好纠正了这种偏见。即使分子分类认为待鉴定菌株是新分类单元，也必须有生理生化特性等作为证实材料之一。否则，只能称为"疑似新属"或"疑似新种"。反之，如果仅有生理生化特性的分析而无其他支持数据也是不完全的。

生理生化特性的检测方法与技术已发生很大的变化，逐步用仪器设备替代原来的手工操作，使原有的一支管一个反应变成一块板，可进行 48 或 95 种反应，提高了效率和准确率。值得特别注意的是 IJSEM 要求不同菌株进行生理生化特性比较的实验务必在同样条件下同时进行，否则数据是无效的。常用于微生物分类与鉴定的生理生化特性类别见表 12-6。

表 12-6　常用于微生物分类与鉴定的生理生化特性

生理生化特性	不同类群的区别
营养类型	光能自养、光能异养、化能自养、化能异养及兼性营养型
对氮源的利用能力	对蛋白质、蛋白胨、氨基酸、含氮无机盐、N_2 等的利用
对碳源的利用能力	对各种单糖、双糖、多糖以及醇类、有机酸等的利用
对生长因子的需要	对特殊维生素、氨基酸、X - 因子、V - 因子等的依赖性
需氧性	好氧、微好氧、厌氧及兼性厌氧
对温度的适应性	最适、最低及最高生长温度及致死温度
对 pH 的适应性	在一定 pH 条件下的生长能力及生长的 pH 范围
对渗透压的适应性	对盐浓度的耐受性或嗜盐性

续表

生理生化特性	不同类群的区别
对抗生素及抑菌剂的敏感性	对抗生素、氰化钾（钠）、胆汁、弧菌抑制剂或某些染料的敏感性
产生某些酶类	过氧化氢酶、氧化酶、酯酶、脲酶、DNA 酶等
代谢产物	各种特征性代谢产物
与宿主的关系	共生、寄生、致病性等
利用或产生气体	硫化物、氢气、乙炔、甲烷等

3. 血清学试验

细菌细胞和病毒等都含有蛋白质、脂蛋白和脂多糖等具有抗原性的物质。由于不同微生物抗原物质结构的不同，赋予它们不同的抗原特性。一种细菌的抗原除了可与它自身的抗体起特异性反应外，若它与其他种类的细菌具有共同的抗原组分，它们的抗原和抗体之间就会发生交叉反应。因此，人们可以在生物体外进行不同微生物之间抗原与抗体反应试验——血清学试验对微生物进行分类与鉴定。使用的方法除了凝集反应外，还有沉淀反应（凝胶扩散、免疫电泳）、补体结合、直接或间接的免疫荧光抗体技术、酶联免疫以及免疫组织化学等方法。通常是对全细胞或者细胞壁、鞭毛、荚膜或黏液层的抗原性进行分析比较。此外，也可以用纯化的蛋白质（酶）进行分析，以比较不同细菌同源蛋白质之间的结构相似性。血清学试验应用较为成功的是对细菌种内（个别属内）不同菌株血清型的划分。例如，根据鞭毛抗原（H 抗原）将苏云金芽孢杆菌分成 71 个血清型。血清型的划分在流行病的研究中有重要意义。一方面血清学反应往往具有特异性强、灵敏度高和简便快速等优点，常被用于检测或鉴定某些医学卫生细菌、传染病的诊断和流行病调查等；另一方面由于血清学分析法只是对抗原大分子表面结构进行比较，其结果可能受分子上抗原位点的影响，所以应用有很大的限制。

4. 噬菌体分型

在原核生物中已普遍发现有相应种类的噬菌体。噬菌体对宿主的感染和裂解作用常具有高度的特异性，即一种噬菌体往往只能感染和裂解某种细菌，甚至只裂解种内的某些菌株。所以，根据噬菌体的宿主范围可将细菌分为不同的噬菌型，并利用噬菌体裂解作用的特异性进行细菌鉴定。这对于追溯传染病来源、流行病调查以及病原菌的检测鉴定有重要意义。例如，用鼠疫耶尔森氏菌噬菌体对该菌进行快速鉴定。此外，在工业生产中噬菌体分型对防止噬菌体危害也有指导作用。

5. 抗生素抗性

一般说来，微生物对各种不同抗生素的敏感程度有一定种属特异性，这种特异性体现出遗传的差异性。抗生素敏感性试验常用圆盘滤纸法和酶联免疫法。前者是先将待测菌涂布在平板上，再将含有标准浓度的抗生素滤纸片轻轻地放在平板表面上置适宜条件培养，观察滤纸片周围出现抑菌圈的大小而确定试验菌株的抗性谱。现在已有多种仪器专门用于微生物抗性检测，检测结果自动打印出。

三、化学组分分析

化学分类学（chemotaxonomy）是以分析细胞的化学组分为基础，根据它们之间的相似性，结合其他特性对生物进行分类与鉴定。化学分类学是 20 世纪 50 年代末提出的，起初用于动物和植物分类学，后来才被引入微生物系统学中。化学分类学研究的主要内容：① 对各级分类单元生物细胞的化学组分及其特性进行比较分析。② 剖析细胞化学组分的分布与进化关系。③ 根据生物细胞相关化学组成特性对生物进化、系统发育以及分类地位的确定提供有价值的信息。所以，化学分类信息已成为微生物系统学以及生态学必不可少的内容，有些是确定微生物种属定位的关键指征。原核生物系统学中常用于化学分类学的除细胞壁组分、脂肪酸、磷酸类脂、醌、枝菌酸、多胺及胞外多糖等外，还包括蛋白质或酶（同工酶和分子伴侣）等。

1. 细胞壁组分

原核生物细胞壁的组成明显不同于真菌，其中细胞壁肽聚糖（peptidoglycan）的组成就是有别于其他的微生物。革兰氏阴性菌的肽聚糖层很薄，肽聚糖的类型较为一致，不宜作为分类学指征。革兰氏阳性菌细胞壁肽聚糖层较厚，且类型较多，肽聚糖的结构表现出种属的相关性或特异性。早在 50 年代 Saton 等就将胞壁肽聚糖用于细菌分类。1992 年，Schleifer & Kandier 分析了数千株原核生物细胞壁肽聚糖的组成发现有 100 多种类型。所以胞壁肽聚糖结构对革兰氏阳性菌的分类很有价值，有时起到决定性的作用。例如：产甲烷菌和高温菌的肽聚糖聚糖链称为拟（假）肽聚糖（pseudopeptidoglycan），由 N- 乙酰葡萄糖胺和 N- 乙酰 -L- 氨基塔罗糖胺醛酸（NacTalNA）通过 β-1,3 糖苷键交替联结而成；而极端嗜盐菌则为高度硫酸化的杂多糖，硫酸软骨素就是其中之一。研究表明肽聚糖的差异主要与它们所处的生存环境有关，是生物适应环境的进化选择。

根据肽聚糖结构中与聚糖联结的短肽氨基酸的位置将胞壁结构分为 A 群和 B 群两大类群。再根据间肽的联结有无氨基酸、氨基酸的种类与数量进一步分为 A1、A2、A3、A4 和 B1、B2 以及 α、β、γ 等，细胞壁的类型用 A1α、A4γ 或 B1β 等表示。在原核生物胞壁组分中具有分类学价值的氨基酸仅限于天冬氨酸、甘氨酸、丙氨酸、赖氨酸、谷氨酸和二氨基庚二酸（DAP），其中 DAP 尤为重要。糖类组成包括鼠李糖、棉子糖、木糖、阿拉伯糖、马杜拉糖、甘露糖、葡萄糖和半乳糖。

细胞壁组分可应用薄板层析（TLC）和高效液相色谱（HPLC）方法进行分析。前者只能定性，后者能定性与定量，进而确定胞壁的类型。

革兰氏阳性菌的细胞壁除肽聚糖外，还有大量磷壁酸。按结合部位不同将磷壁酸分为膜磷壁酸（membrane teichoic acid）和壁磷壁酸（wall teichoic acid）两种。前者与细胞膜连接，后者与肽聚糖上的胞壁酸共价连接。所有的革兰氏阳性菌都含有膜磷壁酸，但是只有部分革兰氏阳性菌含有壁磷壁酸，也可用作革兰氏阳性菌的分类指标。

2. 细胞脂类组分

磷脂（phospholipid，也称磷脂类、磷脂质）是所有生物活细胞重要的膜组分，在真核生物和原核生物膜中磷脂分别占约 50% 和 98%。膜上脂肪酸结构差异会间接影响细胞对环境的适应性、生理特性和形态等。因此，脂类组分提供了有价值的分类学信息。用于微生物系统学的细胞脂类有磷酸类脂（极性脂）、脂肪酸、醌类和分枝菌酸等。

（1）极性脂

磷脂为复合脂，分为甘油磷脂与鞘磷脂两大类，分别由甘油和鞘氨醇构成。根据甘油骨架的不同可以分为磷酸甘油酯（glycerolphospholiid）和鞘磷脂（sphingolipid），均为极性脂。极性脂由极性部分（称为极性头）和非极性部分（称为非极性尾）组成。虽然磷脂的种类较多，但具有分类价值的种类并不多，主要是甘油磷脂中的磷脂酰胆碱（phosphatidyl cholines，PC）、磷脂酰乙醇胺（phosphatidyl ethanolamines，PE）、磷脂酰丝氨酸（phosphatidyl serines，PS）、磷脂酰肌醇（phosphatidyl inositols，PI）、磷脂酰甘油（phosphatidylglycerel，PG）、甘油磷脂酸（phosphatidic acid，PA）、二磷酸酰甘油（diphosphatidylglyceral，

DPG）和含葡萄糖胺未知结构的磷酸类脂（GluNu）等 10 种左右。英国学者 Lechevalier 等曾分析 48 个属的极性脂，将放线细菌中不同属的极性脂分为 5 种类型，即 PI～PV，对放线细菌的分类与鉴定起到指导作用。

在微生物化学分类中唯有极性脂组分的检测尚未建立分析仪器的方法，可用层析法进行定性检测。首先从菌体制备脂类样品，再通过双相薄层层析（TLC），烘干后显色。根据不同显色剂 TLC 板斑点的颜色和迁移的位置确定其组分。

（2）脂肪酸

脂肪酸主要存在于生物膜脂质双层以及游离的磷脂、糖脂和脂蛋白等生物大分子之中，是微生物细胞中含量较高，且相对稳定的化学组分之一。从分子结构可知，脂肪酸有不同碳原子数、饱和与非饱和、直链与支链以及取代基团的数量等，种类甚多。现已经鉴定出 300 多个化学结构不同的脂肪酸。可见，脂肪酸组分蕴藏着非常丰富的分类学信息，可作为微生物分类与鉴定以及确定其亲缘关系的指征之一。微生物系统学中脂肪酸碳原子数主要集中在 C_{13}～C_{22}，而原核生物尤以 C_{13}、C_{15}、C_{16}、C_{17}、C_{18} 和 C_{19} 等异构体为主。大量的数据表明：在原核生物中不同种属的细胞脂肪酸组分的质有很大的区别，而同种不同菌株的脂肪酸组分的量不同。如同 DNA 序列一样，比较相关种属的脂肪酸组分进行聚类分析，构建树状谱（dandrogram），能清楚地显示分析物种间的亲缘关系。所以，脂肪酸组分的分析已成为原核生物分类学不可缺少的内容。值得一提的是：不同的生长条件或不同的生长时期微生物细胞中的脂肪酸组分有所差异。因此，不同种属菌株脂肪酸组分的比较要在同等条件下同时进行培养、收集细胞后得到的分析数据，从他人文献中摘取的结果不宜进行比较。

1963 年首次将气相色谱技术应用于细菌脂肪酸成分的分析，这已成为微生物化学分类中的重要手段。利用脂肪酸可以鉴定所有可培养的细菌，并且在鉴定前无需区分革兰氏阴阳性或发酵类型等生物学特性。由于脂肪酸不易汽化，首先对提取的脂肪酸进行甲酯化，使其转化为易于汽化的脂肪酸甲酯，然后用气相色谱进行检测。美国 MID1 公司研发的商品化 Sherlock 微生物鉴定系统，建立了含 2 000 多种微生物脂肪酸组分的数据库，可将分析的结果在数据库中进行检索。随着化学分析技术的发展，将气相色谱与质谱分析联机（gas chromatography-mass spectrometry，GC–MS）更是提高对脂类组分分析的灵敏性和精确度。

（3）分枝菌酸

分枝菌酸（mycolic acid）是另一类在第二位碳原子上含有长链烷基、第三位碳原子上含有羟基的脂肪酸。Stodola（1938）等首次发现在自然界中分子量最大的脂肪酸是分枝菌酸，其碳原子数为 C_{20}～C_{90}。由于它的热稳定性差而一直未被深入研究，其生物学功能及代谢均不清楚。通常它以游离性糖脂和多糖类形式存在于细胞中。后来发现含有分枝菌酸的培养物对病原菌的感染、免疫反应的调节以及毒性上的重要作用。分枝杆菌属的细菌细胞壁脂质含量较高，约占干重的 60%，特别是有大量的分枝菌酸包裹在肽聚糖层外面时可影响染料的穿入。能产生分枝菌酸的细菌有 6 个属，即诺卡氏菌属（Norcardia），碳原子数为 C_{44}～C_{60}；红球菌属（Rhodococcus），碳原子数为 C_{34}～C_{64}；冢村氏菌属（Tsukaurella），碳原子数为 C_{64}～C_{78}；棒杆菌属（Corynebacterium），碳原子数为 C_{22}～C_{36}；分枝杆菌属（Mycobacterium），碳原子数为 C_{60}～C_{90} 和戈登氏菌属（Gordona），碳原子数为 C_{48}～C_{90}。所以，与这 6 个属相关菌株的鉴定均需进行分枝菌酸组分的分析。

3. 醌和多胺组分

（1）醌类

醌（类异戊二烯醌，isoprenoid quinine，又称呼吸醌，respiratory lipoquinones）是细胞质膜的重要组成成分，在呼吸链的氧化磷酸化、电子传递以及细胞的活性运输等方面起着重要的作用。尽管醌类的生物学功能人们认识很早，但是意识到这种分子在微生物分类学上的作用是 19 世纪 60 年代后叶。微生物细胞中醌的种类较多，具有分类学意义的主要为两种：一种是泛醌（ubiquinone，Q），另一种是甲基萘醌（menaquinone，

MK），其结构见图 12-4。这两种呼吸醌中不同微生物的主要区别一是其多烯侧链的长度，即 1~14 个不同类异戊二烯单位组成的侧链；再者，侧链的饱和程度也是区分的依据之一。

每种微生物都有一种主要的醌类成分。醌类结构中的异戊二烯侧链长度和氢饱和度的变化具有重要的分类学意义。真核微生物和 α-变形杆菌类细菌主要以 Q-10 为主，完全需要氧的革兰氏阴性菌主要为 Q-4~Q-14，个别厌氧革兰氏阴性菌含有萘醌、甲基萘醌、去甲基萘醌；而古菌缺乏泛醌。一般用高效液相色谱法（HPLC）来检测各种醌类，将待测样品与标准品的图谱进行对照，就可对其醌型进行分析。

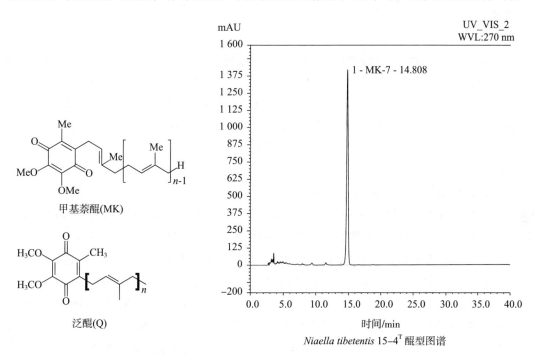

Niaella tibetentis 15-4^{T} 醌型图谱

图 12-4 甲基萘醌和泛醌的结构及其 PHLC 图谱

（2）多胺

多胺（polyamines，PA）是广泛存在于生物体内的一种含有多个氨基和（或）亚氨基的多聚阳离子脂肪族化合物，对生物的增殖与分化均有重要的作用。多胺带有正电荷，可以与体内带负电荷的 DNA、RNA 和蛋白质等生物大分子发生作用。常见的多胺有腐胺（putrescine）、亚精胺（spermidine）和精胺（spermine）等，还有一些比较少见的对称篙精脒（symhomospermidine）、去甲精脒（norspermidine）和热精胺（thermospermine）等。分类学家在研究细菌多胺组分时发现不同种属细菌其多胺组分在种类与含量上存在特征性差异，因此多胺已成为一种鉴定指征用于判断某些细菌属及属以上关系的依据之一。

多胺既没有特征性荧光，没有紫外吸收特点，也无电化学活性，所以通常要将它进行衍生处理之后再进行检测。多胺分析最常用的方法是高效液相色谱（HPLC），主要的检测方法有紫外检测、荧光检测、电化学以及质谱检测等。

4. 蛋白质（酶）

在微生物系统学中具有分类学意义的蛋白质主要有全细胞蛋白质、细胞外壳蛋白质、核糖体蛋白质、同工酶、分子伴侣和细胞色素等。无论是全细胞蛋白质、细胞外壳蛋白质，还是核糖体蛋白质以及其他蛋白质分子用于微生物系统学的研究都有很多成功的报导。例如早期报道的黄单孢菌（*Xanthomonas* sp.）、从野生稻分离获得的根瘤菌（*Rhizobium* sp.）通过 SDS-PAGE 蛋白质谱图进行系统发育的研究。同工酶（isoenzyme 或 isozyme）分析在植物系统学使用较为广泛，但在微生物系统学中应用很少。

分子伴侣（molecular chaperone，分子伴娘）是一类协助细胞内分子组装和蛋白质正确折叠的保守蛋白质，在植物和动物中均发现类似现象。正是因为它的保守性而被用于分类学研究，已见嗜碱性芽孢杆菌、极端嗜热菌等热休克蛋白 Hsp60 系统发育研究的报导。

由于细胞色素的种类较少，对于大多数微生物来说其分类学意义不大，但是在光合细菌分析中却是不可缺少的内容。

四、DNA/RNA 分子

以 DNA 和 RNA 分子为基础进行系统学研究称为分子系统学（molecular systematics）。就 RNA 而言，早期主要集中在核糖体小亚基（small subunit，SSU）中 16S rRNA（18S rRNA）基因序列分析，后来对大亚基（large subunit，LSU）中的 23S rRNA（28S rRNA）基因以及真菌中广泛使用的基因间隔序列（又称间隔转录区，intergenic transcribed spacer，ITS）。从 DNA 分子来讲，涉及 DNA G+C mol%、DNA–DNA 分子杂交、多基因位点序列分析、全基因组序列分析、DNA 指纹图谱和 DNA 探针等。

1. 16S rRNA（18S rRNA）基因序列分析

核糖体 RNA（rRNA）是与核糖体蛋白结合的 RNA 分子，在蛋白质的翻译中起重要作用。原核生物核糖体有 23S、16S 和 5S 三种 rRNA，真核生物与之对应的是 28S、18S 和 5.8S rRNA。自 Woses 选用 16S rRNA（18S rRNA）基因序列作为生物进化计时器的生物系统发育已积累了大量的信息，成为微生物系统学的核心内容之一。正如 Tindall 等发表的被誉为原核生物系统学"圣经"的论文中所述，16S rRNA（18S rRNA）基因序列分析时应注意：① 几乎完整的基因序列，高质量的 DNA 序列。② 多种方式对新测定序列与数据库相关序列进行比对，特别是模式菌株的序列要放入其中。③ 16S rRNA（18S rRNA）基因序列与已知序列最高者低于 97%，可能是新种（疑似新种）；如果低于 95%，可能是新属（疑似新属）。IJSEM 推荐构建进化树的软件有 MEGA、Phylip 和 Clustal 等系列版本，先用邻接法（NJ）。NJ 进化树的可靠性通过 1 000 次分析得到的 bootstrap 值来评价，bootstrap 高于 70% 是可信的，低于 70% 在进化树中删除掉；再用最大简约法（MP）进树，MP 进化树通过对所有可能的拓扑结构进行计算，然后选出最小拓扑结构（需要替代数）作为最优的系统树；再用最大似然法（ML）建树，ML 进化树通过特定的替代模型挑取最大似然率的拓扑结构作为最优系统树。每种进化树都有自身的优点和不足。在微生物的分类中这些进化树同时使用，相互补充、支持与验证。

2. G+C mol%

生物体的遗传物质 DNA 中 A、T、G、C 四种碱基的排列和比例代表着生物的遗传信息，决定生物的特性与种类。统计资料表明，高等植物的 G+C 含量范围大为 35% ~ 50%，脊椎动物 G+C 含量为 35% ~ 45% 之间，这种差异无分类学意义；而原核生物中 G+C 含量变化幅度为 22% ~ 80%，生物的碱基组成具有种属特异性。生物体中 GC 含量很稳定，不受生长菌龄和外界因素的影响，所以它在微生物分类学中具有重要的价值，已有相应的规律：同一个种的不同菌株其 G+C mol% 小于 3% ~ 4%，最高不超过 5%（小于或等于 2% 不具分类学意义，可能是测定误差）；同一个属的不同种其 G+C mol% 通常低于 10%，最高不超过 15%。因此，GC 含量已作为建立微生物新分类单元的一项基本特征，对于种、属甚至科的分类单元鉴定有重要的指导意义。例如：芽孢杆菌属（*Bacillus*）是人们熟悉的一类细菌，因其产生芽孢而著称。长期以来，人们习惯将杆状、好氧、产生芽孢的革兰氏阳性菌都归为芽孢杆菌属的成员，以致该属种间的 G+C mol% 的范围为 32% ~ 69%。1991 年，Ash 等提出芽孢杆菌属遗传异质性的问题，后来他们通过分子分类将芽孢杆菌分为 3

个类群（group），并将多黏芽孢杆菌（*Bacillus polymyxa*）转入新建立的类芽孢杆菌属（*Paenibacillus*），成为该属的新组合，定名为多黏类芽孢杆菌（*Paenibacillus polymyxa* nov.com.）。相继的研究将原来芽孢杆菌属的100多个种分别划归为10以上的属，包括几个新属。

值得强调的是GC比的分类学意义是作为判断已有或新建分类单元中所有成员的合理性以及确定检测菌株分类地位的基本特征之一。同一种属内的成员其GC含量应有一定范围内的相似性，但绝不能认为（反推）GC含量相似的生物，它们的亲缘关系就一定相近；更不能推测GC比相同的菌株它们是同一个种。

测定DNA碱基组成的方法有热变性温度法（T_m）、浮力密度法（Bd）和高效液相色谱法（HPLC）等。由于热变性温度法实验所需设备简单、操作程序方便以及重复性好而使用较多。热变性温度法的基本原理是先将DNA溶于一定离子强度的溶液中，然后逐渐加热。当温度升至一定的范围时两条核苷酸单链之间的氢键开始逐渐打开（DNA开始变性），并分离，从而使DNA溶液在260 nm处紫外吸收明显增加，此为DNA的增色效应。当温度达到一定的值时DNA链被完全分离成单链，即使继续升温DNA溶液的紫外吸收也不再增加。大量的研究结果表明：DNA的热变性过程（即增色效应的出现）是在一个狭窄的温度范围内发生的。以温度为横坐标，紫外吸收为纵坐标，然后连接DNA变性的起始点和终点成一条直线，紫外吸收增加的中间点所对应的温度称为该DNA的热变性温度或熔解温度（melting temperature），即为T_m值。DNA分子中G-C碱基对之间有三个氢键，而A-T碱基对只有两个氢键。因此，若细菌的DNA分子G+C含量高，使其分离成单链就需要较高的温度。在一定离子浓度和pH的盐溶液中，DNA的T_m值与其G+C mol% 成正比。因此，只要用紫外分光光度计测出DNA分子的T_m值就可以计算出该DNA的G+C mol%。

浮力密度法测定GC含量是借助超速离心机进行浮力密度离心而确定G+C mol%，其准确性高，但使用的设备与试剂昂贵，且所需时间稍长，因而应用范围有限。高效液相色谱法因其准确性高、重复性好和节省时间等优势已成为DNA中GC含量测定的常用方法。另外，随着测序技术快速发展，全基因组DNA测序的G+C mol% 结果已被IJSEM接受，得到国际同行的认可。

3. DNA-DNA 分子杂交

生物的遗传信息通过A、T、G、C几种碱基有规律地排列在DNA分子链中。不同种类生物的基因组DNA大小、排列方式以及顺序不尽相同。DNA分子的这种异同直接反映出生物间的亲缘关系，差异性越小，表明它们之间的亲缘关系越近，反之亦然。

DNA-DNA杂交（DNA-DNA hybridization，DDH）也称DNA-DNA分子杂交，是基于DNA双链分子解链的可逆性和碱基互补配对的专一性。将两条单链DNA分子在一定条件下，按照A-T和G-C碱基互补原则进行配对，形成双链DNA的过程。两条单链DNA分子互补配对的程度取决于它们DNA分子的相似性，即它们的亲缘关系。生物的亲缘关系越近，DNA互补配对的程度越高。如果说微生物界定种的"金标准"能保留至今的就只有DNA分子杂交的同源性。即使新建立的全基因组种的概念，也是与它保持一致性才被认可。

如何判定DNA的同源性与微生物"种"的关系？其实这主要来自统计结果。1987年制定DNA同源性界定种的阈值是≥60%，1993年提高到≥75%。但是很快发现这个阈值过高，1994年就下降到≥70%。通常而言，DNA分子杂交的同源性为20%~60%，则是同一属内不同的种；如果同源性为≤20%，就是不同的属；同源性为80%~90%，为同一种中不同亚种内的菌株。现在看来阈值≥70% 是可行的，至今尚未有异议。这就是说，当两个菌株DNA-DNA分子杂交的同源性低于70 % 就不是同一个种，如果同源性等于或低于20 %，就是新属或新科。

从GOLD（genomes online database，Doe Joint Genome Institute，US Department of Energy）获得的信息，截至2013年12月9日生物全基因组计划已完成7 851个（细菌7 034个，古菌236个，真核生物311个）。这

就是说人们可以从数据库中直接索取大量的全基因组 DNA 序列信息，通过电脑或计算机进行 DNA–DNA 分子杂交已具备条件，其实有关的论文已相继发表。这种应用数据库全基因组信息进行 DNA–DNA 分子杂交的过程称为"数字 DNA–DNA 杂交"（digital DNA–DNA hybridization），由此衍生出"基因组 – 基因组的进化距离"（genome-to-genome distances，GGD），用以确定生物之间的亲缘关系。而相对于实验室进行的 DNA–DNA 杂交被称之为"wet-lab DNA–DNA 杂交"。

已建立的 wet-lab DNA 分子杂交方法较多，以支撑物的物理状态分为液相和固相两类；按 DNA 标记物的性质分为同位素标记法和非同位素标记法两种。应用较为广泛的有固相膜杂交法、液相复性速率法、S1 核酸酶法、羟基磷灰石吸附法和微孔板杂交法等。微孔板杂交法（microdilution well）是一种固相杂交方法（Ezaki 等，1989）。由于该方法使用非同位素 – 光敏生物素（photobiotin）标记 DNA 分子，操作较简便，在普通生物学实验室便可完成，因而被广泛应用于微生物 DNA 分子杂交。这里所讲的微孔板是一块共有 96 个孔（well）的无菌塑料板（现在已改为拼接板，可根据样品的多少拼接成块）。微孔板杂交的主要步骤如下：

（1）单链 DNA 的固定

先将质量合格的待测菌株和参考菌株的双链 DNA 变性成为单链；然后将参考菌株 DNA 样品稀释为 10 μg/mL，每孔加入 10 μL，即每孔含 DNA 为 1 μg，室温静置 3 ~ 4 h 后转置 55 ~ 65℃过夜。

（2）DNA 标记

将待测菌株的单链 DNA 样品与光敏生物素混合（暗室操作），用太阳灯直接照射 15 min，激发荧光，用正丁醇除去未标记上的光敏生物素。

（3）DNA–DNA 杂交

在微稀释板孔内各加入 200 μL 预杂交液，30 min 后去掉预杂交液；加入 100 μL 杂交液至微稀释板孔内，置 50 ~ 60℃保温 3 h 后去掉杂交液，每孔加入 β–D– 半乳糖苷酶—抗生蛋白链霉素液，37℃保温 30 min；洗 2 次后每孔再加入 β–D– 半乳吡喃糖苷液，测定各孔的荧光强度，根据对照值计算出相应的同源值。

4. 看家基因及多位点序列分析

看家基因（housekeeping gene，又称管家基因、持家基因）是指一组在生物体内普遍存在的典型的组成型基因；编码生物主要代谢功能的蛋白，为维持细胞的基本生命活动所需；在所有细胞中均表达，并以中等或较慢速度进化的保守基因。

正因为看家基因的普遍性、功能性和保守性被认为是理想的进化分子，已被广泛应用于微生物分类单元的界定及其进一步分型，尤其是通过 16S rRNA（18S rRNA）基因难以界定或差异不明显时看家基因的分析则起着决定性的作用。已被确认的看家基因较多，部分看家基因的生物学功能等信息列入表 12–7。微生物的种类不同、研究的目的不同使用的看家基因及数量也不一样。

多位点序列分型（multilocus sequence typing，MLST）实际上是用一组看家基因对微生物菌株进行分型的一种分子分类方法，由 Maiden 等（1998）首先建立。他们成功地用 11 个看家基因对脑膜炎奈瑟氏球菌（*Neisseria meningitides*）中 107 个菌株进行分子分型，克服了常规血清学分型的弊端，并通过建立系统发育树清楚地显示各菌株之间的亲缘关系。这种分型方法尤其适宜于流行病的调查、食品致病菌的检测以及临床检验。在此基础上又衍生出多位点串联重复序列分析法（multiple loci VNTR analysis，MLVA）用于细菌分子分型。MLVA 法具有比较高的分辨率，可将无法用 DFR 或者 CRISPR 法区分的菌株明确分开。杨瑞馥等收集有来自世界疫源地的鼠疫菌 500 多株，原用 DFR 或者 CRISPR 等方法无法将这些菌株区分。他们应用 MLVA 方法能将 500 多鼠疫菌株成 350 个不同的基因型；而且根据遗传多样性将鼠疫菌分为古老分支、过渡分支和现代分支三大类群，并进一步确定了各类型鼠疫菌的系统发育地位。

表 12-7　部分看家基因名称及生物学功能

基因名称	生物学功能	基因名称	生物学功能
carB	氨甲酰磷酸合成酶	*murE*	UDP-N-乙酰胞壁酰三肽合成酶
clpX	ATP 依赖的 Clp 蛋白酶亚基	*pepN*	赖酰胺氨肽酶
cpn60	分子伴侣 Hsp60	*pepX*	X-脯氨酰二肽酰基氨肽酶
dnaA	染色体复制起始蛋白 A	*pyrG*	CTP 合成酶
glp	6-磷酸葡萄糖异构酶	*recA*	重组蛋白 A
glpF	甘油激酶 F	*rpoB*	RNA 聚合酶 β 亚基 β 亚基
groEL	6×10^4 的热休克蛋白	*rrs*	16S rRNA 491、513 和 516 位点
gyrB	DNA 促旋酶亚基 B 蛋白	*sodA*	超氧化物歧化酶 A
hsp65	6.5×10^4 的热休克蛋白	*trpB*	色氨酸合成酶 B
murC	UDP-N-乙酰胞壁酸丙氨酸连接酶	*tuf*	变形链球菌延伸因子，EF-Tu

　　多位点序列分析（multilocus sequence analysis，MLSA）是使用有多个基因（看家基因和非看家基因）序列进行分类学研究的一种方法，它与 MLST 有相似之处。MLSA 不仅用于微生物分型，而且对微生物分类单元的界定也起着重要的作用。盐单胞菌科（Halomonadaceae）是一类适宜于在盐环境中生长的古菌。基于 16S rRNA 基因序列建立的系统发育树分析，它在 γ- 变形杆菌纲中形成一个系统发育类群，主要的嗜盐菌都隶属于这个科，现在已有 13 属 125 种。如果将盐单胞菌科中所有种属的 16S rRNA 基因序列进行比较，发现该科内种属的系统发育区分并不明显。除 16S rRNA 和 23S rRNA 基因外，Hada 等（2012）用了 4 个看家基因（*atpA*、*gyrB*、*rpoD* 和 *secA*）进行深度的系统发育分析表明：除盐单胞菌属（*Halomonas*）和中等嗜盐杆菌属（*Modicisalibacter*）外，其他几个属的种均能聚在同一个类群。

　　如本章前面所述，德国暴发的"毒黄瓜"事件致病菌株 TY2482 的分类地位及其产志贺氏毒素基因的溯源就是应用 MLSA 技术破解的。杨瑞馥研究团队收到来自德国汉堡—埃普多夫大学医学中心寄来的 DNA 样品后用 7 个看家基因（*adk*、*fumC*、*gyrB*、*mdh*、*purA*、*recA* 和 *icd*）进行分析，发现该菌株与 2001 年德国分离株 01-09591（序列分型为 ST678）的亲缘关系最近，它们的 *adk* 基因只有 1 个碱基对的差异。

　　MLSA 和 MLST 以及由此衍生的 MLVT 等是微生物系统学中有效的技术，已成为研究的热点之一。为了方便这种技术的应用，英国伦敦的帝国学院和牛津大学的 MLST 数据库（http://mlst.net/ 和 http://pubmlst.org/）公开免费查询不同生物的看家基因信息。

5. DNA 指纹图谱

　　DNA 指纹图谱（DNA finger print），又称为遗传指纹图谱（genetic finger print），能直接从基因组部分位点反映出生物个体之间的差异。DNA 指纹图谱具有高变异性、多位点性等特点，常用于微生物的分类鉴定，特别是在 DNA 测序方便的时期之前。DNA 指纹图谱常用的技术有随机扩增多型性 DNA（randomly amplified polymorphism DNA，RAPD），扩增 rDNA 限制性片段分析（amplified rDNA restriction analysis，ARDRA），限制性片段长度多态性（restriction fragments length polymorphisms，RFLPs）及其衍生的低频率限制性片段分析（low frequency restriction fragments polymorphism，LFRFA）、脉冲场凝胶电泳（pulsed field gel electrophoresis，PFGE）和扩增片段长度多态性（amplified fragments length polymorphism，AFLP）等，主要用于区分种、亚种以及分型。

6. 全基因组序列分析

"phylogenomics" 一词是美国进化生物学家 J. Eisen（1998）新造的一个专业词，由系统发育学（phylogeny）与基因组学（genomics）缩合而成。从进化的角度看，它是进化与全基因组学的交叉，意指通过多种方式对全基因组数据进行分析，重新建立生物进化的关系，本章使用译名"基因组系统发育学"或简称"基因组系统学"一词。按照 Eisen 的想法，基因组系统发育学主要任务是：① 基因功能的预测。② 进化关系的建立与阐述。③ 预测和追溯横向基因转移。随着新一代高通量测序技术的迅速发展，使得全面考察微生物全基因组进行系统发育学的研究成为可能。人们期待着很多目前无法解决的问题由此得到答案，某些概念（包括微生物种的概念）的更新，其至被颠覆。

布鲁氏菌是家畜和野生动物的致病菌。但由于遗传多样性的限制，布鲁氏菌属（*Brucellae*）系统发育树的重建受到有限。Foster 等应用 13 个布鲁氏菌全基因组信息，建立了一个系统使用单核苷酸多态性，对这些全基因组信息进行比较，显示 20 154 个单核苷酸多态性是所有基因组共有的，布鲁氏菌属具有高度的遗传多样性，重建的系统发育树表明，马耳他布鲁氏菌（*Brucella melitensis*，曾用名 *Brucella ovis*）是这个属最早的祖先，至今有 8.6 万～29.6 万年的历史。

鼠疫是由鼠疫耶尔森氏菌（*Yersinia pestis*）引起的一种自然免疫源性传染病，以发病急、传播快、病死率高和传染性强为特征，对人类社会影响巨大。历史上先后三次发生过鼠疫世界大流行，导致至少 1.6 亿人死亡。2000 年，鼠疫被世界卫生组织（WHO）列为重新抬头的传染病，也被认为是最危险的生物恐怖剂之一。军事医学科学院的研究团队基于 132 株鼠疫菌全基因组学等信息，将鼠疫菌的种群结构有 5 个种系分支，其中 4 个年轻种系分支的形成可能与中世纪鼠疫大流行密切相关。结合地理系统发育学分析发现中国古代商路（丝绸之路、唐蕃古道和茶马古道）与鼠疫菌的地理分布存在惊人的一致性，说明历史上人类商贸活动在鼠疫的传播中起了重要作用；而且还追溯了鼠疫菌物种的发源地。另外，从全基因组信息可知，在 3 450 个核心基因中仅 22 个（0.6%）基因上存在正向选择的信号，表明鼠疫菌以中性进化为主，遗传漂变才是鼠疫菌进化的主要推动力。

五、遗传重组

亲代的遗传信息传递到子代细胞，并繁衍表现出与亲代相同或相似的特征特性。大多数真核生物都能通过有性生殖的方式传递亲代的遗传信息，而原核生物没有这种遗传重组方式，它们可以通过转化、转导和接合作用等途径实现基因重组。虽然人们已通过改造载体，使 DNA 的转化可打破域、界等各个分类等级的限制，但在自然界中还是有一定的种属特异性。转导和接合作用依旧存在着物种间亲缘关系的特异性。

如前所述，系统发育学、进化过程和遗传机理是微生物系统学的核心内容，它们与遗传直接关联。生物的进化与突变密不可分，突变是遗传学研究中的普遍现象。水平基因转移的现象被发现后一直成为遗传学、进化生物学等学科的热点，也是对系统发育树的垂直进化或横向进化争论的焦点。与微生物系统学相关的是水平基因转移（HGT）后基因漂流的去向，基因的这种转移方式在生物中普遍存在，它在生物进化的过程中发挥着重要作用。

近几年，人们比较全基因组序列信息发现"单核苷酸多态性"（single nucleotide polymorphism，SNP）在生物进化中的重要意义。单核苷酸多态性是由单个核苷酸—A，T，C 或 G 的改变而引起 DNA 序列的变化，从而导致物种的多样性。这是生物进化的另一种方式，即微进化（microevolution，又称种内进

- 多相分类学主要包括哪几类信息？微生物的化学分类有哪些内容？
- 分类与鉴定应用的表型特征主要有哪些方面的内容？你如何理解表型特征在微生物分类中的作用？
- DNA-DNA 杂交有哪两种方式？简述这两种方法各自的利与弊端。
- 你对基因组系统发育学有何见解？

化）。微进化包括四个过程：突变、选择（自然选择或人工选择）、遗传漂变（genetic drift）和基因流动（gene flow）。

此外，由质粒和转座子导致的基因转移在原核生物分类中的意义是值得关注的。特别是质粒，由于它在细菌中普遍存在，而且有些质粒携带有编码某些特性的基因（糖的分解、对动植物的致病性和抗生素抗性）。

第五节　微生物的快速鉴定与分析技术

正如 Stackebrandt 谈到微生物多样性时所述那样："在我们生活的这颗行星上微生物无处不有"。人们从土壤、湖泊和海洋等各种不同的自然环境和微生态环境中分离出大量的微生物菌株，有的来自急诊病人体、引起人群中毒的食物和其他与生物学相关的突发事件，样品的检测、鉴定与分析需要快速、准确。近 10 年来，无论是微生物学科的发展，还是化学分析技术的提高以及计算机科学技术应用的渗透，使分类学这门经典的学科充满着现代科学与技术的内容。以下简要地介绍微生物系统学中常用的几种方法与技术。

一、生理生化鉴定系统

实际上，在微生物分类学研究中以前认为耗时长、工作量大、最感枯燥无味的就是生理生化特性实验。因为要手工进行几十种生理生化反应，从阴阳性对照菌株的收集、培养与确认，药品与试剂，以及器具的订购，许多种培养基的配制以及接种、培养与观察确实需太多的时间，往往还会出现人为误差。现在已有多种商品化的产品极大地缩短了时间，降低了成本，并提高了准确性。

1. API 系统
API 鉴定系统是法国生物梅里埃公司生产的用于细菌分类与鉴定的系统。目前 API 系列提供的产品有 16 种，约 1 000 种生化反应，鉴定的范围涵盖几乎所有的细菌类群。其原理由早期的酶学反应到现在的碳源利用；有专用于检测肠道细菌的，也有广泛适用微生物的，应用对象不断地扩大。API 系统获得的数据已被 IJSEM 等国际微生物系统学专业期刊的认可。

API ZYM 是一种半定量的微量系统，为检测细菌的酶活性而设计的。试验条由 20 个小管组成，每个管的底部含有酶的底物和缓冲液的支持物，其中 19 管为检测 19 种酶的活性，1 管为对照。操作步骤与要求按照产品使用指南，将菌悬液接入管中，培养后显色结果见图 12-5。API 20 E 是肠杆菌科和其他非肠道革兰阴性杆菌的标准鉴定系统，包括 23 个标准化微型生化测试和鉴定信息库。API 20 NE 适宜于鉴定非肠杆菌科革兰氏阴性的非苛求杆菌（如假单胞菌属、不动杆菌属、黄杆菌属、莫拉菌属、弧菌属和气单胞菌属等）的标准鉴定系统，包括 8 个标准化常规测试和 12 个同化试验。API 50 CH 是含有 49 种不同碳水化合物的实验管，检测微生物对这些碳源利用的情况。由于微生物的生长使管内培养物 pH 的变化导致颜色的改变而确定酶活状况。API 50 CH 和 API 50 CHL 用于鉴定乳酸杆菌及其相关细菌，也可鉴定芽孢杆菌之类的细菌，肠杆菌科和弧菌科的细菌。

2. BIOLOG 系统
BIOLOG 系统是美国 BIOLOG 公司从 1989 年推出的一套自动微生物鉴定系统（包括计算机、软件、培养、读板仪、浊度仪、菌落放大灯和不同种类的鉴定板。最早进入商品化应用的是革兰氏阴性好氧细菌鉴

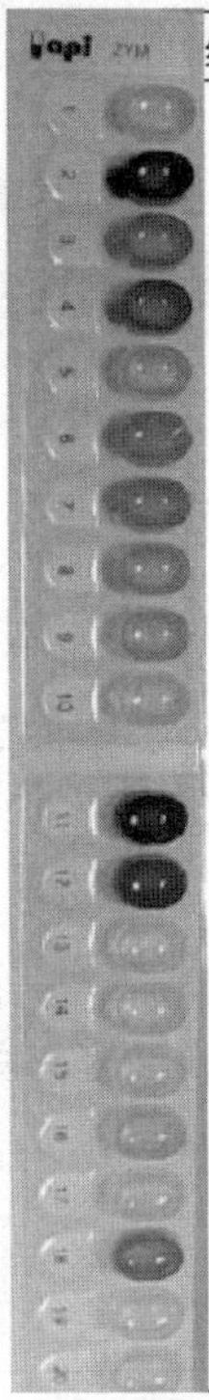

编 号	酶 反 应	底 物	结 果
1	对　照	/	–
2	碱性磷酸盐酶	2-萘基磷酸盐	+
3	酯酶(C4)	2-萘基丁酸盐	W
4	类脂酯酶(C8)	2-萘基辛酸盐	W
5	类脂酶(C14)	2-萘基十四酸盐	–
6	亮氨酸芳胺酶	L-白氨酰-2-萘胺	+
7	缬氨酸芳胺酶	L-缬氨酰-2-萘胺	+
8	胱氨酸芳胺酶	L-胱氨酰-2-萘胺	W
9	胰蛋白酶	N-苯甲酰-DL-精氨酰-2-萘胺	–
10	胰凝乳蛋白酶	N-戊二酰-苯基丙氨酸2-萘胺	W
11	酸性磷酸酶	N-萘基-磷酸盐	+
12	萘酚-AS-BI-磷酸水解酶	萘酚-AS-BI-磷酸盐	+
13	α-半乳糖苷酶	6-溴-2-萘基-αD-半乳糖吡喃糖苷	–
14	β-半乳糖苷酶	2-萘基-β-D-半乳糖吡喃糖苷	W
15	β-糖醛酸苷酶	萘酚-AS-β-D-糖醛酸苷	–
16	α-葡萄糖苷酶	2-萘基-αD-吡喃葡萄糖苷	+
17	β-葡萄糖苷酶	6-溴-2-萘基-βD-吡喃葡萄糖苷	–
18	N-乙酰-葡萄糖胺酶	1-萘基-N-乙酰-βD-葡萄糖胺	+
19	α-甘露糖苷酶	6-溴-2-萘基-αD-吡喃甘露糖苷	–
20	β-岩藻糖苷酶	2-萘基-αL-吡喃果糖苷	–

注：+,阳性反应；–,阴性反应；W,弱阳性。

图 12-5　菌株 XM415^T 的 API ZYM 试验条检测结果

定数据库（GN），而后陆续推出革兰氏阳性好氧细菌（GP）、酵母菌（YT）、厌氧细菌（AN）和丝状真菌（FF）鉴定数据库。BIOLOG 系统 6.01 版数据库储存有细菌、酵母菌和丝状真菌近 2 000 种，其中革兰氏阴性菌 106 个属，524 个种；革兰氏阳性菌 351 个种 55 个属；厌氧菌 73 个属，361 个种；酵母 267 个种；丝状真菌 106 个属，619 个种。

BIOLOG 系统是根据细菌对糖、醇、酸、酯、胺和一些大分子聚合物等 95 种碳源的利用情况进行生理生化特性的鉴定。细菌利用碳源进行呼吸时会将四唑类物质（TTC 或 TV）从无色还原成紫色（图 12-6），从而在鉴定微孔平板上表现出实验的特征性反应模式或"指纹图谱"，然后通过比较分析结果予以鉴定。

3. VITEK 系统

VITEK 全自动微生物分析系统是法国 biosMerieumx（生物梅里埃）生产的全自动微生物分析仪的一个系列，包括 VITEK-32、VITEK-60、VITEK-120 等。它是将进行生化反应的培养基（含指示剂）固定在卡片上，再将待鉴定菌液接入其中。经过培养后会出现颜色变化，仪器对显色反应进行识别，再利用数值法进行判断，给出结果报告，实验在 2～6 h 便能完成。同样他们为不同的微生物种类设计了不同的鉴定卡片。例如革兰氏阴性菌卡、革兰氏阳性菌卡和酵母菌卡等。该系统从菌液制备后全由仪器控制加样、培养、显色识别、读卡和打印报告，而且还有专门的药敏测试卡。我国医院、检验检疫部门使用居多。

4. 脂肪酸组分分析系统

细胞化学组分的分析是多相分类学的重要内容，是微生物分类与鉴定不可缺少的指征。脂肪酸是细胞膜的主要组成成分，微生物细胞中脂肪酸含量高，而且相对稳定；另一方面由于细菌要适应不同的生存环境，也会通过改变脂肪酸的组分来保持细胞膜的流动性。微生物细胞脂肪酸的种类与含量存在着种属差异性。此

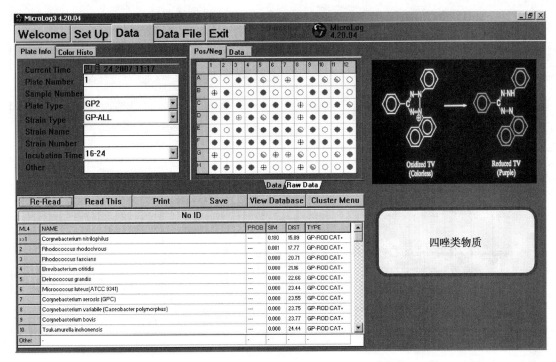

图 12-6　菌株 251 BIOLOG 微孔板检测结果（左）和指示剂（TV）显色反应（右）

外，还可与其他模式菌株同时检测的脂肪酸组分进行比较分析，构建树状谱，显示它们的亲缘关系。

脂肪酸组分通过气相色谱仪（GC）进行测定。现在的气相色谱仪带有自动分析系统和数据库，测定样品的结果直接进入数据库比对；一个样品从进样到获得分析结果只需 20 ~ 25 min 便可完成。美国 MIDI 公司创建的 Sherlock 脂肪酸分析系统已得到国际微生物系统学同行的认可。由于细胞脂肪酸组分受培养温度和培养基成分等因素的影响，因此需在同样条件下同时制备样品进行比较实验，以减少样品间误差。脂肪酸样品的制备大体分 5 个步骤完成：① 收集菌体，要求是新鲜的培养物，保证细胞内脂肪酸组分不被降解。② 皂化，裂解细胞使脂肪酸从细胞中释放出来。③ 甲基化，形成脂肪酸甲基酯（FAME）。④ 萃取，将脂肪酸甲基酯从水相萃取到有机相中。⑤ 碱洗涤，用碱性水溶液洗涤有机相，最后上样检测脂肪酸组分及其含量（图 12-7）。

此外还有便于携带随时取用的微生物检测卡。例如：一种可携带的检测水中大肠杆菌数量的测试卡——微孔（Milliporo）滤膜菌落计数板（图 12-8）。它是在一块拇指大小的塑料板上装有一薄层干燥的大肠杆菌选择鉴定培养基，其上覆盖微孔滤膜（直径 0.45 μm），整块塑料板有一外套。检测时取下外套，将塑料板浸入受检水中约 30 s，滤膜仅能容纳 1 mL 水进入有培养基的一边，干燥的培养基则吸水溶解，扩散与滤膜相连，而 1 mL 水中的大肠杆菌则滞留在膜的另一边。再将外套套上，培养 12 ~ 24 h，统计滤膜上形成的兰或绿色菌落数。菌落的多少可以表明水中污染大肠杆菌菌群的状况。该测定卡体积小，可放在人体内衣口袋中培养，因此携带和培养都很方便，适于野外工作和家庭使用。如果改变塑料板上的培养基，可以检测各种微生物的微孔滤膜块。

二、快速、自动化的微生物检测仪器与设备

快速、自动化的微生物检测仪器与设备可以分为两大类，一类是物理、化学等领域通常使用的仪器与设备，另一类是微生物学领域专用或首先使用的自动化程度高的仪器与设备，分别为：

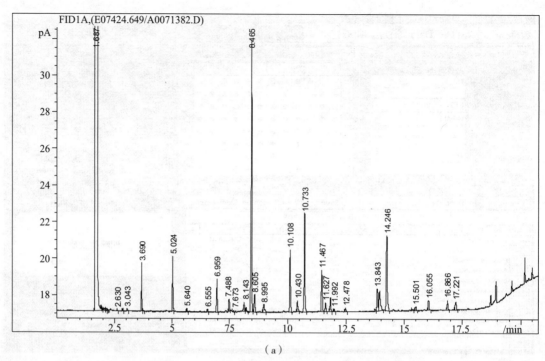

（a）

脂肪酸组分	1	2	3	4	5	6	7	8	9	10	11	12	13
$C_{10:0}$ 3–OH	–	–	–	–	–	–	1.1	–	–	–	–	–	–
iso–$C_{11:0}$	3.7	4.1	3.1	5.9	2.3	5.7	3.7	3.4	3.8	5.3	6.4	9.5	4.3
iso–$C_{11:0}$ 3–OH	5.2	8.0	8.0	7.2	3.8	6.9	6.0	6.6	9.7	9.0	9.3	15.5	5.5
$C_{14:0}$	1.7	–	1.1	–	1.9	–	–	1.0	–	–	–	–	–
iso–$C_{14:0}$	6.1	4.2	1.3	3.7	–	2.3	11.2	1.4	–	4.0	8.7	3.3	4.5
iso–$C_{15:0}$	22.6	21.9	24.9	19.6	23.3	33.6	13.1	20.5	25.2	12.5	12.7	23.0	14.5
iso–$C_{15:1}$ at 5	–	1.6	1.0	–	–	–	–	–	1.7	4.4	2.4	–	3.1
iso–$C_{15:1}$ F	1.8	–	–	1.7	–	3.2	3.2	–	–	–	–	–	–
anteiso–$C_{15:0}$	6.3	3.8	3.8	2.6	–	1.2	3.2	3.8	5.5	–	5.9	–	5.1
$C_{16:0}$	7.0	–	8.0	1.5	10.8	1.5	1.4	8.6	6.0	–	1.1	–	3.1
$C_{16:1}$ ω 7c alcohol	–	4.5	1.6	–	–	–	–	–	1.7	10.8	7.8	–	8.8
$C_{16:1}$ ω 11c	–	–	4.1	–	2.2	–	–	–	4.5	–	1.0	–	2.2
iso–$C_{16:0}$	24.0	23.3	10.3	23.5	–	20.4	33.7	13.8	5.7	26.3	23.7	32.5	27.5
iso–$C_{16:1}$ H	–	1.3	–	1.5	–	–	2.6	–	–	2.1	1.0	–	1.1
$C_{17:0}$ cyclo	–	–	7.24	–	–	1.9	–	6.17	10	–	–	–	–
iso–$C_{17:0}$	1.5	1.3	3.4	2.3	3.7	4.1	–	2.9	7.8	1.8	1.6	2.8	1.9
iso–$C_{17:1}$ ω 9c	6.7	10.9	6.4	15.5	9.3	15.1	6.7	4.7	12.2	16.7	10.0	–	6.7
anteiso–$C_{17:0}$	–	–	–	–	–	–	–	–	1.4	–	–	–	1.1
$C_{18:1}$ ω 7c	1.2	–	1.7	–	6.5	–	–	3.3	2.5	–	–	–	–
Unknown 11.799	–	1.4	2.0	–	–	–	–	1.5	1.8	–	–	–	–
Summed feature 3*	2.9	6.5	8.3	9.5	20.4	–	6.1	15.8	6.4	1.4	2.0	–	3.3

* Summed feature 3 comprises iso–$C_{15:0}$ 2–OH and/or $C_{16:1}$ ω 7c.

（b）

图 12-7 *Lysobacter ximoensis* XM451[T] 脂肪酸组分的测定（GC）（引自 Wang 等，2009）

（a）脂肪　酸组分 GC 峰谱；（b）菌株 XM451[T] 与同属各个种的模式菌株脂肪酸组分的比较

1：菌株 XM415[T]；2：*L. niastensis* DSM 18481[T]；3：*L. antibioticus* DSM 2044[T]；4：*L. brunescens* DSM 6979[T]；5：*L. capsici* KCTC 22007[T]；
6：*L. concretionis* KCTC 12205[T]；7：*L. daejeonensis* DSM 17634[T]；8：*L. enzymogenes* DSM 2043[T]；9：*L. gumm osus* DSM 6980[T]；
10：*L. koreensis* KCTC 12204[T]；11：*L. niabensis* DSM 18244[T]；12：*L. spongiicola* JCM 14760[T]；13：*L. yangpyeongensis* DSM 17635[T]。

数据来自本研究。Weon 等（2006）、Park 等（2008）和 Romanenko 等（2008）

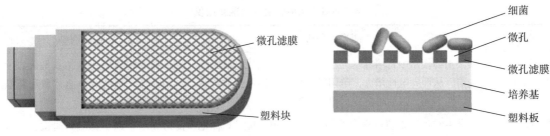

图 12-8　大肠杆菌测试卡示意图

1. 通常仪器

气相色谱仪、高效液相色谱仪、质谱仪、X 线射仪、核磁共振波谱仪、激光拉曼光谱仪和激光显微镜等。

2. 专用或首先使用的仪器

阻抗测定仪、放射测量仪、微量量热计、生物发光测量仪、药敏自动测定仪和自动微生物检测仪等。

质谱仪检测系统由离子源、质量分析器、质量检测器和数据分析系统 4 部分组成，其中前两者是关键。虽然质谱仪早已问世，但是早期的主要用于化学领域，因为生物大分子极性强、热不稳定，难以有效的离子化。随之等离子共振解吸（PD）、快原子轰击（FAB）等技术的建立，质谱的分析范围可以扩展到多肽、多糖和寡核苷酸等生物分子。近来电喷雾离子化质谱（ES MS）和基质辅助激光解析电离子化质谱（matrix assistant laser desorption ionization mass spectrometry，MALDI MS）技术的突破极大地提高了质谱对生物大分子中的分析能力。同时，多级质量分析器、离子阱分析器和四极杆 - 飞行时间质量分析器（quadrupole-time of flight analyzer）与相应的离子源连接（MALDI 通常采用 TOF，time of flight，分析器），各类生物物质与组分几乎都可以用质谱仪进行分析。从微生物系统学的角度看，排除实验与仪器分析外，质谱仪分析获得的差异意味着可能菌株间的不同。但是这种异同达到何种程度？是亚种内的不同菌株，还是种或属级水平的区别？这需要有大量不同分类单元模式菌株多次检测的信息建立相应的数据库分析后才能揭示，这是质谱分析尚待解决的问题，需分类学者与其他学科合作建立。

物理、化学、材料、电子信息等科学和技术领域通常使用的分析、测量物质成分、结构、性能和各种信息（热、电、光等）的自动化的精密仪器和设备几乎都能用于微生物的快速鉴定和自动化分析。因为：① 不同的微生物的化学组成都有其独特之处，其结构、性能有差别，能用这些通用的仪器检测。② 不同的微生物代谢过程的不同，特异性的代谢产物、能量变换和信息传递的差异也能用这类精密仪器测定出。③ 不同的微生物对环境有着不同的影响，包括对环境中物质的降解、能量和信息的变化等的不同，通用的这类仪器都可用于检测与分析。这些测定的数据就构成微生物特征的"指纹图"，用目测法或计算机将未知微生物的"指纹图"与已知微生物的"指纹图"比较分析能对未知微生物作出快速鉴定。例如：在相同条件下用裂解气相色谱法检测嗜麦芽寡养单胞菌（*Stenotrophomonas maltophilia*；原名嗜麦芽假单胞菌，*P. maltophilia*）全细胞组分获得的"指纹图"与其他细菌（野油菜黄单胞菌，*Xanthomonas campestris*）的"指纹图"有显著差别。利用这种"指纹图"能对待检菌株作出快速鉴定。

专用于微生物学领域或者首先在微生物学方面使用的仪器与设备很多，近些年发展很快，种类较齐全，较为广泛使用的见表 12-8。通用的和专用的仪器设备是现代先进技术的汇集，配备有计算机数据处理和分析系统，实现快速、准确、敏感的自动化检测与分析。就速度而言，能在几小时、几分钟甚至几秒钟内获得结果；准确性均可达到常规方法的 95% 以上；敏感性最高可达微微克级，相当于一个细菌或其产物的水平。

网上学习 12-1
从"以身试菌"到"吹口气查胃病"

表 12-8　几种微生物快速测量仪

名称	测量的原理	主要用途
阻抗测定仪（impedance）	微生物代谢中将培养基的电惰性底物代谢成电活性产物，从而导电性增大，电阻抗降低。不同微生物代谢活性不同，因而阻抗变化也不相同。	微生物的快速鉴定，尤其是菌血症、菌尿症诊检、细菌的快速计数和药敏感性的快速测定。
放射测量仪（radiometric）	微生物生长繁殖过程中可利用培养基中加有 ^{14}C 标记的底物，代谢产生 $^{14}CO_2$，测量 $^{14}CO_2$ 的含量，确定微生物的状况。	食物和水中微生物的快速检查、微生物代谢的研究和菌种鉴定等。
微量量热计（microcalorimeter）	微生物生命活动过程中均能产生代谢热，不同的微生物或不同的底物产生可重复的特征性热"指纹图"。	微生物的快速鉴定、临床标本的诊检和培养基最适成分的评价。
生物发光测量仪（bioluminescence）	荧光素酶与还原荧光素在一定条件下与微生物的 ATP 作用，则会产生光。光量的多少与各种微生物的特性和数量有关。	微生物数量的快速测定、环境污染生物量的测定和药敏检测。
药敏自动测定仪（pharmaceutical sensitivity）	微生物悬液中所含菌量与照射光产生的光散射值成正比，可作为微生物群体对药物敏感性的特征指数。	抗菌药物敏感性的快速测定和微生物的快速鉴定。
自动微生物检测仪（auto-microbic system，AMS）	利用光电扫描装置测量微生物生理生化反应特性和药敏状况。根据数值分类的原理进行计算机处理，迅速全自动打印出检测的结果。	快速、全自动对微生物同时或分别进行鉴定、计数和药敏试验，而且可直接用样品检测，无需分离培养。

三、现代分子生物学和免疫学技术的应用

随着分子生物学和免疫学新方法与技术不断地创建，各种各样的 DNA 探针、PCR 技术、DNA 芯片（基因芯片）、酶联免疫吸附测定法（ELISA）、免疫荧光（immunoflu-orescence）技术、放射免疫（radioimmunoassay）和全自动免疫诊断系统（VIDAS）等在微生物领域广泛的应用成为微生物快速鉴定与自动分析技术的重要基础，微生物系统学及其研究者受益匪浅。有关的技术在第 10、14、15 章中叙述。

四、生物信息学在微生物系统学中的应用

生物信息学（bioinformatics）是应用数学、信息学、统计学和计算机科学的方法研究生物学的一门新兴交叉学科，它是生物学与信息技术的结合体。麦克·沃特曼（M. Waterman）教授率先将数学和计算方法引入生物学研究，被誉为"生物信息学之父"。

生物信息学的研究方法包括对生物学数据的搜索（收集和筛选）、处理（编辑、整理、管理和显示）及其利用（计算、模拟）等，微生物系统学的快速发展得益于生物信息学的贡献，主要体现在以下几方面：

1. 数据库的建立与应用

生物信息学的宝库就是数据库。强大数据库的体现一是要拥有海量的数据，其二是数据库中信息质量高。近十几年来，国际上建立的生物数据库很多，曾一度可谓风起云涌，但能延伸至今并受到公众好评的数据库就很有限了。不同的学科与专业方向认可的数据库也不尽相同。以下简略介绍与微生物系统学相关的数据库及其网站。

（1）微生物物种名称及其分类等级的数据库

涉及与原核生物名称及其分类信息的权威数据库和网站是1997年由法国微生物学家J. Euzéby创建的"具有分类学地位的原核生物名称名录"（List of Prokaryotic Names with Standing in Nomenclature，LPSN）（http://www.bacterio.cict.fr/）。这个数据库与网站的内容丰富、各级分类单元名称及其变化的来龙去脉梳理得很清晰；更新快，几天更换一次；还有相关的统计数据，查阅方便，可直接登陆免费查询；信息准确可靠，与IJSEM（原IJSB）直接相通，深受同行的欢迎。虽然Euzéby于2013年6月30日退休离职，但数据库与网站依旧使用与更新。自2013年11月24日起LPSN原数据库及相互信息全被转移至新主页LPSN News，网址：http://www. bacterio.net/–news.html。

涉及真核生物名称及其分类信息的权威数据库与网站是由国际真菌学会（International Mycological Association，IMA）创建的"真菌库"（MycoBank），网址：www.mycobank.org，由荷兰微生物保藏中心（Centraalbureau voor Schimmelcultures，CBS）的J. Stalpers等主持。MycoBank不仅有汇集全球真菌的信息数据库，而且还有实力强的菌种保藏库。该库实行注册登录制，可查询真菌分类的各种信息、也可以向该数据库录入新资源信息；可进行真菌DNA的比对；而且可为需求者提供真菌多相分类学的鉴定服务，也有专门入口供需求者进行在线鉴定，即将待鉴定菌株检测的结果按数据库鉴定窗口列出的各种特征特性一一回答，确认后便会显示出该菌株的分类地位。虽然在线鉴定的结果有待考证，但至少可作为一种参考。

（2）NCBI数据库及其网站

于1988年建立的美国国家生物技术信息中心（National Center of Biotechnology Information，NCBI）是目前为止公认为最强大的综合数据库，其网址：http://www.ncbi.nlm.nih.gov/）。NCBI下设计算生物学、信息工程和信息资源三个分部。20多年来，NCBI为基础科学，特别是生物系统学的发展具有极大的推动力，为社会带来了巨大的效益。

NCBI数据库包揽了各类生物大分子与小分子、个体与群体、宏观与微观等各方面的信息，微生物的菌种信息、分类地位均汇集其中。真可谓是"海数据，云计算"。只要用鼠标轻松地点击，源源不断的信息就呈现在视野面前任你游览。正是因为海量数据的涌入，无法审核其数据的准确性。近年来，该数据库中无论是原核生物的16S rRNA基因序列，还是18S rRNA基因和ITS序列均发现许多的错误。因此，应用这种信息还是需进入专业数据库。

2. 分析软件的创建与升级

分析软件的水平决定使用效果，尤其是从海量信息中筛选出我们所需要的直观信息就得依赖于分析软件。微生物系统学涉及的计算机软件主要有两类：一类是用于获得样品原始信息的测试与分析软件，另一类是从数据库与网站索取信息进行研究的公用软件。强大的数据库要有更显优越的分析软件系统供使用者应用，而且不断地改建程序，提升版本，使之更加完善。例如：应用美国MIDI公司开发建立的Sherlock系统是配合气相色谱仪，将样品测定的结果经宜当的软件处理后成为信息，再用仪器配置的专门数据库进行比对，结合其他信息对测试菌的分类地位作出判定。

在系统发育学研究中应用ChromasPro133软件对测得的16S rRNA基因序列进行拼接；通过EzTaxon-e server（http://eztaxon-e.ezbiocloud.net/；Kim et al.，2012）进行比对，再经MEGA Version 4.0软件（Tamura et al.，2007）分析，分别采用邻位相接法和最大简约法计算得到相应的系统发育树。这些软件不断地升级，提高效率和质量。

在全基因组序列组装、基因组注释以及计算进化生

> **?** • 为什么IJSEM要求进行生理生化特性实验时要将待鉴定菌株与其他比较的菌株在同等条件下同时进行？
> • 请进入LPSN News网站，查询并写出多粘类芽孢杆菌模式菌株的历史，并从下往上查明与其相关联的属、科、目、纲、门、界、域等分类单元的等级。
> • 微量多项试验鉴定系统的原理是什么？如何判定API 20E鉴定系统结果？
> • 举例说明生物信息学在微生物系统学研究中的作用。

物学研究物种的起源和演化等重要分析成就无一不使用数据库和指定的分析软件，在大量的微生物全基因组序列发布后人们就能在浩瀚的信息海洋中找出规律的信息，建立我们所期待的微生物种的新概念。

小结

1. 生物的进化是一个永恒的大课题。不同的历史时期受当时代科学技术的限制，人们对生物进化的论述有很大的差别，但总的趋向是尽可能从宏观到微观获得多的证据加以分析与阐述，从分子水平上获取生物进化的信息是从微观方面的剖析。Woese 的三域概念正是朝这个方向迈开的第一步。

2. 多相分类学是综合表型、化学分类和分子分类等多方面信息确定微生物菌株的分类地位，它已成为生物分类与鉴定的模式。因此，单一的指征，即使是"金"标准，还需有其他数据与信息的支持。

3. 16S rRNA（18S rRNA）基因序列分析是微生物分类与鉴定必不可少的信息。对于某些用此信息还不能明确界定或区分的类群增加多位点序列分析或看家基因的比较有助于解决这方面的疑惑。

4. 生物信息学是一门新兴的交叉学科，它对微生物系统学的发展起着积极的推动作用，对生物进化、微生物种的概念以及揭示微生物物种相互之间的关系发挥着关键作用。

5. 微生物的快速鉴定具有实用性，无论是基于生理生化的原理、还是化学分类以及分子分类都有很好的应用前景。但要满足准确性、稳定性和实用性，目前尚需将多种技术的结果综合起来进行评价。

网上更多……

复习题　　思考题　　现实案例简要答案

（方呈祥　卢振祖　彭珍荣）

第13章
微生物物种的多样性

学习提示

Chapter Outline

现实案例：微生物物种多样性所面临的挑战

2011 年 6 月 9 日 nature 上发表文章 "Discovery of novel intermediate forms redefines the fungal tree of life"，引起生态学家和真菌学家对这一发现的高度重视。研究小组的专家们，从土壤、海水和淡水水底沉淀物、淡水浮游生物样本、缺氧环境等不同的生境和地理位置采集样品检测核糖体小亚基 DNA（SSUrDNA）序列，并采用信号扩增荧光原位（TSA-FISH）技术和特异真菌细胞壁主要化合物的荧光染色技术进行分析。通过与 GenBank 中搜集到的大量已知真菌的 SSU rDNA 序列进行比对，根据分析结果构建了新的真菌系统发育生命树。结果发现了一种新型中间体形式，数目之大令人惊奇，约占目前已知真菌数目的一半，而且具有高度遗传多样性。

根据上述的研究结果，发现者们将这一被忽略的生命体类群暂命名为隐真菌门（Cryptomycota），以期建立一个正式的分类群。

请对下列问题给予回答和分析：

1. 为什么本案例揭示的隐真菌门进化支是当前真核微生物生物多样性模型中被忽略的一个相当大的新的类群？如何解决此类微生物物种微观生态学问题？

2. 希望你能够阅读这一经典文献，对其研究思路、研究方案、采用技术以及综合分析的方法进行全面学习。

参考文献：

Meredith J，Forn I，Gadelha C，et al. Discovery of novel intermediate forms redefines the fungal tree of life[J]. Nature，2011，474：200–205.

生物多样性包括遗传多样性、物种多样性和生态系统多样性。生物不仅直接为人类提供了食品、药物、纺织品、燃料及材料等，而且还通过参与自然界中的物质循环来维持地球上生命所必需的生存环境。因此，保护生物的多样性，就是保护人类自己。微生物多样性是生物多样性的重要组成部分。

虽然，目前我们所发现和了解的微生物种类在种群和数量上远远低于动物和植物，但是微生物物种的多样性领域却是动植物所不可比拟的。因为微生物类群涉及 Whittaker（1959）生物五界系统中的原核生物、原生生物和真菌三界。即使 Cavalier-Smith（1989）的生物八界系统，微生物类群也涉及其中的细菌、古菌、原始动物、原生动物、藻菌和真菌六界。另外，从微生物的营养类型（包括光能无机自养型、光能有机异养型、化能无机自养型、化能有机异养型）、营养物质的吸收利用（涉及自然界中 200 多种有机和无机化合物，均可被不同的微生物作为营养物质）、生长和代谢系统（胞外分解酶系、胞内吸收酶系、极性生长和细胞分化等）、生态环境的多样性（包括极端的高酸、高碱、高盐、高热、高酸热、富 S、富 H_2、动植物及人体的体表、体内）以及菌体形态的多样性等方面也呈现出它们的独特之处，从这一侧面更加丰富了微生物的多样性。

目前采用分子生物学实验技术，以 16S rRNA（原核生物）、18S rRNA（真核生物）、DNA 和蛋白质作为系统发育的指示物，进行了自然界中生物系统发育的研究，设计出为大多数人所能接受的、简明的生命系统发育树。

前几章已对微生物遗传多样性、生态系统多样性等作了阐述。本章将阐明其物种的多样性，简要地介绍原核微生物（细菌、古菌）和真核微生物（真菌、单细胞藻类、原生生物）的多样性。

第一节　细菌的多样性

依据细菌的形态、生理学和系统发育等特点的不同，细菌的种群显示出极大的多样性。在已知的几千种细菌中，本章主要介绍与人类关系密切，且进化较为清楚的细菌主要类群，其他方面的信息，可参阅《伯杰氏系统细菌学手册》。

一、细菌系统发育总观

自然界中的所有生物被分成细菌、古菌、真核生物三个域（domain），古菌和真核生物具有共同祖先，细菌与古菌的亲缘关系远不如古菌与真核生物更密切，细菌域比其他的域更早出现并存在。对细菌的系统发育以往的概念是根据类群的表型特征（主要是形态特征和生理生化特征及少量的遗传特征）来判断它们的系统发育和进化途径。然而现在已经发现，在每一个特定系统发育类群中的所有生物或大多数生物的 rRNA 中都具有一段保守的寡核苷酸特征性序列（oligonucleotide signature sequence）。因此，通过细菌 16S rRNA 基因的序列分析已经揭示出，不同细菌本身保守的 16S rRNA 寡核苷酸序列才是识别系统发育的标记。据此，可将《伯杰氏系统细菌学手册》（第 2 版）中细菌的 875 个属归纳成细菌系统发育的 17 个独特类群。

从图 13-1 中可以看出，细菌发育树最靠近根部的是产液菌属和相近的属。产液菌属中所有的菌株都是嗜热、氧化氢的化能无机营养菌。产液菌属的嗜热性可能来自于超嗜热古菌嗜热基因的水平转移。相近的热脱硫杆菌属、栖热袍菌属、绿色非硫细菌（绿屈挠菌属）也具有嗜热的表型特征；进化树向上的分支是异常球菌纲。在形态、营养类型、产能方式等方面具有多样性，包括螺旋体、光养的绿色硫细菌、化能有机营养的黄杆菌纲、噬纤维菌属。出芽生殖的小小梨形菌属、疣微菌以及衣原体属、硝化螺菌属、铁还原杆菌属

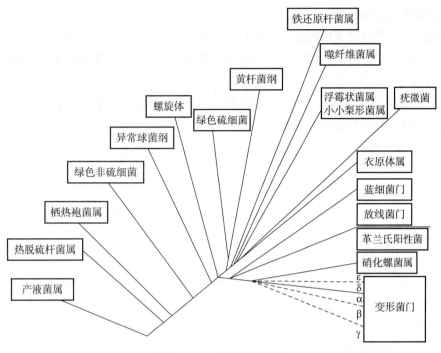

图 13-1 细菌的系统发育树

等；进化树右侧分布着 G⁺ 菌、放线菌和蓝细菌。蓝细菌是产氧的光养型细菌，与 G⁺ 菌有相近的进化根源。
G⁺ 菌被分为低 GC 和高 GC 两个类群（GC 低于或高于 50%）；进化树根部向上的是变形细菌。这是一大类在
生理上具有丰富多样性的细菌：有光养型、异养型、化能无机自养型和化能有机异养型，在形态和生态分布
上也各有不同，但全部为 G⁻ 菌。

● 类群 1. 紫色光合细菌及其有关细菌

目前将类群 1 称为变形细菌（Proteobacterium）[变形菌门]。是细菌中包括的属最多而且在生理特性上
最具有多样性，由 α、β、γ、δ 和 ε 5 个纲组成。其中能进行光合作用的紫色细菌包括在 α、β 和 γ 3 个纲中，
但一些化能有机异养菌，如埃希菌属、假单胞菌属、醋单胞菌属和一些化能无机自养菌，如硝化杆菌属、亚
硝化单胞菌属、贝日阿托菌属等也包括在这 3 个纲中。δ 和 ε 2 个纲只包括非光合作用的细菌。

尽管所有的肠道细菌、大多数的假单胞菌、自生和共生固氮细菌以及大多数化能无机营养细菌在形态、
生理和生态分布的表型上与紫色细菌有明显的区别，但是，在系统发育上却都与紫色细菌有关。由紫色细菌
谱系可以引申出各种各样在生理特性和生态分布上有差异的重要细菌。16S rRNA 基因序列分析的结果表明，
AAAUUGG 序列用以鉴别 α 纲的紫色细菌；CYUUACACAUG（Y 表示任意一个嘧啶）是 β 纲的序列特征；
ACUAAAACUCAAAG 序列存在于大多数 δ 纲紫色细菌的 16S rRNA 中。目前尚未发现 γ 和 ε 纲的特征序列。

● 类群 2. 绿色硫细菌 [绿菌门]

由于绿色硫细菌具有独特的光合色素（菌绿素 c 或 d）、绿色体（chlorosome）以及自养代谢，所以绿色
硫细菌与其他细菌之间缺乏密切的系统发育关系。绿菌属的所有种均不运动，只有绿色硫细菌类群中的绿滑
菌属（Chloroherpeton）以滑行运动。寡核苷酸 AUACAAUG 序列是绿色硫细菌的特征性识别标记。

● 类群 3. 绿色非硫细菌 [绿屈挠菌门]

从生理特性、所含色素和细胞的细微结构上看，绿屈挠菌属（Chloroflexus）与绿菌属关系密切，但在
系统发育上无关系。绿屈挠菌群还包括非光合作用的属，即滑柱菌属（Herpetosiphon）。它们是细菌中一个
独特和古老的谱系。CCUAAUG 寡核苷酸序列为绿色非硫细菌提供了一个遗传标记。

- 类群 4. 蓝细菌 [蓝细菌门]

目前对蓝细菌的分类仍注重于形态指标。那些单细胞的蓝细菌在系统发育上则呈多样性。蓝细菌是光合营养微生物，但是与变形菌门中的光合营养细菌有着本质的区别。AAUUUUYGG 寡核苷酸序列是蓝细菌的遗传识别标记。

- 类群 5. 浮霉状菌属（*Planctomyces*）—小小梨形菌属（*Pirellula*）[浮霉状菌门]

这个类群包括芽生细菌，在自然界中自由生活时，许多种都是以柄或固着器附着在基物表面上。这个类群与其他细菌十分不同，但又是细菌中一个主要的分支。CUUAAUUCG 寡核苷酸序列是这个类群成员的遗传识别标记。

- 类群 6. 螺旋体 [螺旋体菌门]

螺旋体的主要类群包括自由生活无致病性的螺旋体属（*Spirochaeta*）、寄生并致病的疏螺旋体属（*Borrelia*）和密螺旋体属（*Treponema*），例如引起人回归热病的回归热疏螺旋体（*Borrelia recurrentis*）和引起人类性病——梅毒的苍白密螺旋体（*Treponema pallidum*）。本群中的钩端螺旋体（*Leptospira*）则形成一个独立的分支。根据独特的形态和运动方式螺旋体被归为一群，而且这些特征其实也是系统发育的指征。AAUCUUG 是螺旋体一个亚群的高度特异性序列，而 UCACACYAYCYG 则是大多数螺旋体的特征性序列。

- 类群 7. 拟杆菌属（*Bacteroides*）—黄杆菌属（*Flavobacterium*）[拟杆菌门]

这个类群包括许多属的细菌，从而构成革兰氏阴性菌一个主要的系统发育系。拟杆菌属形成一个亚系，包括拟杆菌属、鞘氨醇杆菌属（*Sphingobacterium*）、生孢噬纤维菌属（*Sporocytophaga*）、屈挠杆菌属（*Flexibacter*）、泉发菌属（*Crenothix*）、腐败螺旋菌属（*Saprospira*）及嗜冷的极杆菌属（*Polaribacter*）和冷弯菌属（*Psychoflexus*）。拟杆菌属和鞘氨醇杆菌属最突出的特点是具有存在于细胞壁上的由长链神经鞘氨醇取代丙三醇的鞘酯（sphingolipid）。群内的黄杆菌属形成另一个亚系，黄杆菌属是化能有机营养的好氧性细菌，以葡萄糖为碳源和能源，很难利用其他碳源。UUACAAUG 寡核苷酸序列是拟杆菌属的识别标记，而 CCCCCACACUG 是黄杆菌类群的标记。

- 类群 8. 衣原体（Chlamydia）[衣原体菌门]

该类群只包括专性细胞内寄生的种，其中有引起性病和沙眼的病原菌。通过寡核苷酸序列比对，发现衣原体与浮霉状菌属尽管相关性较远，但两群具有共同点，即细胞壁均缺乏肽聚糖成分。

- 类群 9. 异常球菌属（*Deinococcus*）—栖热菌属（*Thermus*）[异常球菌 – 栖热菌门]

该类群仅包括 G⁺、高度抗辐射的异常球菌属和 G⁻、化能有机营养、嗜热的栖热菌属。两个属的共性是含有非典型的细胞壁，壁中肽聚糖的二氨基庚二酸为鸟氨酸所替代。序列分析表明，该类群紧密成群，其起源可能相近。CUUAAG 是本群的识别标记。

- 类群 10. 革兰氏阳性菌和放线菌

杆状和球状的 G⁺ 菌，其中包括形成芽孢的细菌、乳酸菌、棒状杆菌、放线菌、大多数厌氧和好氧的球菌都形成一个紧密结合的系统发育群。在这一群中还包括无细胞壁的支原体，支原体在系统发育上可以看成是无细胞壁的梭菌。这种紧密的系统发育关系提示出经典地从形态来探讨系统发育的不确切性。根据 rRNA 序列分析的结果，可以将 G⁺ 菌再分为含有相对低的（G+C）mol% 的和高（G+C）mol%（放线菌）的两个主要类别。CUAAAACUCAAAG 寡核苷酸序列对高（G+C）mol% 类别是高度特异的，而低（G+C）mol% 类别尚未发现寡核苷酸序列标记。

- 类群 11. 栖热袍菌属（*Thermotoga*）—栖热腔菌属（*Thermosipho*）[栖热袍菌门]

这个类群中的上述两个属都是嗜高温的细菌。目前仅从地热的海洋沉积物中可以分离到，其中栖热袍菌是严格厌氧并且能发酵产能的细菌，生长温度为 55～90℃，最适温度约为 80℃。栖热袍菌属 20% 以上的基因是通过古菌中嗜热菌的基因水平转移而形成。栖热袍菌属与古菌共存于热的聚集处，是嗜热基因表达的结果，使其得以在极端条件下生存。嗜热的栖热腔菌属在形态上有别于栖热袍菌属，并且（G+C）比率较低。由于这两个属的极端嗜热性以及它们接近细菌系统发育树的根部（图13–1），所以，栖热袍菌属和栖热腔菌属的发现对早期生物是嗜热的这一假说是有力的支持。

● 类群12. 产液菌属（*Aquifex*）—氢杆菌属（*Hydrogenobacter*）[产液菌门]

该类群研究较清楚的是极端嗜热的产液菌属和氢杆菌属。前者仅发现嗜火产液菌（*Aquifex pyrophilus*）一个种。嗜酸氢杆菌（*Hydrogenobacter acidophilus*）和嗜热氢杆菌（*Hydrogenobacter thermophilus*）是氢杆菌属中的两个种。产液菌属能在95℃生长，最适生长温度为85℃，氢杆菌属的最高生长温度约为80℃，最适生长温度为70~75℃，比产液菌属的生长温度要低一些。产液菌属和氢杆菌属均是能氧化氢的化能无机营养生物，说明 H_2 是早期地球原始生命的主要电子供体。利用 H_2 氧化时产生的质子动力合成ATP，以进行生长。嗜热、能氧化氢、进行化能无机营养细菌的发现，进一步支持了地球上最早期的细菌是超嗜热微生物的观点。

● 类群13. 疣微菌属（*Verrucomicrobium*）[疣微菌门]

这个属明显的表型特征是细胞上具有称为辅肢（prostheca）的结构物。疣微菌属（*Verrucomicrobium* 源于希腊文，意为"有疣的"）是兼性好氧菌，能利用糖。在自然界的淡水、海水、森林和农用土壤中都有分布。在系统发育上，疣微菌属与浮霉状菌属和衣原体有关联。

● 类群14. 硝化螺菌属（*Nitrospira*）[硝化螺菌门]

硝化螺菌缺少内膜，氧化 NO_2^- 为 NO_3^- 从中获取能量，进行化能无机自养生活。在生理特征上与硝化细菌接近，但在系统发育关系上差别明显。处于进化树的近根部。据认为，硝化螺菌与硝化杆菌的生存环境一样，可能从水平转移获得硝化杆菌的某些基因，但硝化螺菌在自然界比硝化细菌更普遍。

● 类群15. 铁还原杆菌属（*Deferribacter*）[铁还原杆菌门]

以硝酸盐、Fe^{3+}、Mn^{4+} 为电子受体进行专性厌氧呼吸。在系统发育上形成独立清晰的谱系。

● 类群16. 噬纤维菌属（*Cytophaga*）[拟杆菌门　曲挠杆菌科]

杆状的革兰氏阴性菌，细胞末端细、尖，滑行运动，好氧，能利用多种碳源物质，如纤维素、几丁质及琼脂，产生胞内纤维素酶。属中许多菌种是鱼类的病原菌。柱状噬纤维菌（*Cytophaga columnaris*）和嗜冷噬纤维菌（*Cytophaga psychrophila*）引起鱼类疾病，影响渔业养殖。

● 类群17. 热脱硫杆菌属（*Thermodesulfobacterium*）[热脱硫杆菌门]

小的 G^- 杆菌，嗜热，还原硫酸盐，严格厌氧，最适生长温度为70℃，是已知硫酸盐还原菌中最嗜热的细菌。虽为细菌，但质膜中含有醚键磷脂，与古菌不同的是热脱硫杆菌质膜中的甘油侧链不是植烷，而是 C_{17} 脂肪酸。热脱硫杆菌靠近进化树的根部，与栖热袍菌属一样可能获得了来自嗜热古菌的嗜热基因。

综上所述，通过rRNA序列分析的结果，可以明显地看出在细菌的系统发育中至少存在着17个独立的类群，这其中最大的一群是变形细菌（紫色细菌），包括大部分 G^- 菌，另一个重要的大群包括大部分 G^+ 菌。在所有的这些类群中，有些在系统发育上是多样的，而其他则是高度相关的。

二、革兰氏阴性菌

这是原核生物中种类最多的一大类细菌。细胞形态和排列方式相当简单，横向二分分裂，运动的种以自由游动方式进行，营化能有机营养，其营养主要为异养方式，但有些种在 H_2 的环境中可以自养生长。多数为腐生菌，有些为寄生菌。寄生菌中有的是条件致病菌，有的为高度致病菌。其生态分布相当广泛，如水中、土壤、动植物体及人体。G^- 菌中的许多种在工业、农业、环境保护、医学上具有重要的应用价值。其重要的属种介绍于后。

1. 螺旋体 [螺旋体门]

螺旋体菌体细长、弯曲呈螺旋状。其细胞的主体由细胞质和核区组成，而在细胞外围则裹以细胞质膜和细胞壁，形成原生质柱。在螺旋状的原生质柱外缠绕着周质鞭毛（periplasmic flagella），也称轴丝，轴丝与原生质柱再由 3 层膜包围，称为外鞘（outer sheath）（图 13-2）。每个细胞具有 2～100 条以上的周质鞭毛，使菌体在液体环境中游动或

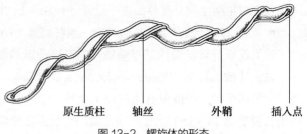

原生质柱　　轴丝　　外鞘　　插入点

图 13-2　螺旋体的形态

沿纵轴旋转和屈曲运动，在固体基质上可爬行或蠕动。根据形态、生理特性、致病性和生态环境的不同，螺旋体分为 13 个属，其中重要的属为：脊螺旋体属（Cristispira）、螺旋体属（Spirochaeta）、密螺旋体属（Treponema）、疏螺旋体属（Borrelia）、钩端螺旋体属（Leptospira）、纤线菌属（Leptonema）、短螺旋体属（Brachyspira）、小蛇菌属（Serpulina）等。在系统发育上螺旋体形成一个独特的细菌系，列为螺旋体门。

2. 螺旋状或弧状的 G⁻ 细菌 [变形菌门]

这类细菌的细胞呈螺旋状或弧状，螺旋圈数从一到多圈。具有典型的细菌鞭毛，化能有机营养，大多数的种不能利用糖类，有的种可以在含有 H_2、CO_2 和 O_2 的混合气体中自养生长，有的可在微氧条件下固氮。螺旋状细菌包括 10 个属，分布在变形菌各纲中：螺菌属（Spirillum）、水螺菌属（Aquaspirillum）、磁螺菌属（Magnetospirillum）、海洋螺菌属（Oceanospirillum）、固氮螺菌属（Azospirillum）、草螺菌属（Herbaspirillum）、弯曲杆菌属（Campylobacter）、螺杆菌属（Helicobacter）、蛭弧菌属（Bdellovibrio）和弯杆菌属（Ancyclobacter）。蛭弧菌属中有一类特别的细菌，称为蛭弧菌，它们可以寄生在另外一些菌体上，利用宿主的细胞质组分作为营养，生长发育，也可无寄主而生存。图 13-3 是该菌的生活周期示意图。

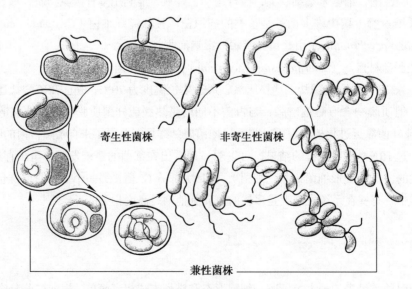

寄生性菌株　　非寄生性菌株

兼性菌株

图 13-3　蛭弧菌生活史

3. G⁻ 的杆菌和球菌

在形态和生理特征上这些细菌都是极其多样的。它们都能利用氧作为最终电子受体而进行严格的呼吸产能代谢。有些也能进行厌氧产能呼吸，以硝酸盐、延胡索酸盐或其他物质作为最终电子受体，有的可固氮。

（1）假单胞菌属（*Pseudomonas*）

属于 γ–变形菌纲，是直或弯曲的杆菌，一根或几根极生鞭毛，假单胞菌属最突出的特点是在大多数情况下只需要很简单的营养，能广泛地利用有机化合物作为碳源和能源，多数种能利用100多种不同的化合物，少数的种也可以利用20种左右的化合物。假单胞菌是土壤和水中重要的细菌，它们能在有氧的情况下分解动、植物的遗体。少数的种是人、动物、植物的病原菌，人们熟悉的铜绿假单胞菌（*P. aeruginosa*）与人的泌尿生殖道和呼吸道感染有关，当它感染了人的严重烧伤或皮肤外伤的创伤面后，会引起全身性感染，导致败血症。由于该菌在创伤面生长可产生蓝脓素而使脓液呈蓝绿色，通常又称为绿脓杆菌。在土壤中该菌作为反硝化细菌在自然界的氮素循环中起重要作用。鼻疽假单胞菌（*P. mallei*）可引起马、驴的鼻疽病。类鼻疽假单胞菌（*P. pseudomallei*）可引起人或动物的类鼻疽病。许多假单胞菌对植物有致病性，《伯杰氏系统细菌学手册》（第2版）中的149个种有90个种是植物病原菌，引起各种斑点病和条斑病。许多嗜冷的种适于低温生长，常造成冷库中冷藏食品的腐坏、冷藏血浆的污染。但多数假单胞菌在工业、农业、污水处理、消除环境污染中起重要作用。

（2）黄单胞菌属（*Xanthomonas*）

属于 γ–变形菌纲，直杆状细菌，极生鞭毛运动，专性好氧。明显的特征之一是在培养基上产生一种非水溶性的黄色色素（一种类胡萝卜素），其化学成分为溴芳基多烯，使菌落呈黄色。另一特征是，所有的黄单胞菌都是植物病原菌，可引起植物病害。水稻黄单胞菌（*X.oryzae*）引起水稻白叶枯病。而造成甘蓝黑腐病的野油菜黄单胞菌（*X.campestris*）可作为菌种生产荚膜多糖，即黄原胶。黄原胶在纺织、造纸、搪瓷、采油、食品等工业上有广泛的用途。

（3）固氮菌属（*Azotobacter*）

属于 γ–变形菌纲，细胞卵圆形，个体大，通常为 1.5～2 μm 或更大，在含有糖类的培养基上，菌体可形成丰厚的荚膜或黏液层，使菌落呈黏液状。细胞内具有特殊的防氧保护机制，可在好氧条件下自生固氮，每消耗 1 g 葡萄糖至少可固定 10 mg 大气中的氮素。固氮酶中的钼可用钒替代。固氮菌主要分布在土壤和水中。

（4）根瘤菌属（*Rhizobium*）

属于 α–变形菌纲，细胞杆状，可呈多形态。在糖类培养基上生长时可产生大量胞外黏液。根瘤菌刺激豆科植物的根部形成根瘤，在根瘤中根瘤菌以只生长不分裂的类菌体（bacteroid）的形式存在。类菌体被一层类菌体周膜（peribacteroid membrane）包围，形成了一个良好的氧、氮和营养环境，有效地进行根瘤菌与豆科植物的共生固氮。除根瘤菌属外，中华根瘤菌属（*Sinorhizobium*）、慢生根瘤菌属（*Bradyrhizobium*）、固氮根瘤菌属（*Azorhizobium*）和中慢生根瘤菌属（*Mesorhizobium*）也都是与植物共生的根瘤菌。

（5）甲基球菌属（*Methylococcus*）和甲基单胞菌属（*Methylomonas*）

属于 γ–变形菌纲，虽然甲基球菌属是球状细菌，甲基单胞菌属是直、弯曲或分支的杆菌，但两个属的共同特征是：在好氧和微好氧条件下，以甲烷作为唯一碳源和能源，因此它们又称为甲烷营养菌（methanotroph）。由于它们这一独特的生理特性，人们认为将来有可能利用甲烷这种廉价和广泛的碳源培养甲烷氧化菌以获得无毒的细菌蛋白，扩大人类蛋白食品的来源。若以甲烷、甲醇、甲醛等一碳化合物作为唯一碳源和能源的细菌，称为甲基营养菌（methylotroph）。

（6）醋杆菌属（*Acetobacter*）

属于 α–变形菌纲，细胞椭圆形至杆状、直或稍弯曲。本属细菌最显著的特征是能将乙醇氧化成醋酸，并将醋酸或乳酸进一步氧化成 H_2O 和 CO_2。其生长的最佳碳源是乙酸和乳酸，是制醋工业的菌种。醋杆菌多分布于植物的花、果实及葡萄酒、啤酒、苹果汁和果园土中。有的种可引起菠萝的粉红病和苹果、梨的腐烂病。有的菌株在生长过程中可以合成纤维素，这在细菌中是非常罕见的，纤维素微丝缠结成片层将菌体包埋起来，在液体培养基静止状态下，可形成一层纤维素膜。有人认为可以将醋酸菌合成的纤维素制成膳食纤维，供胃肠疾病患者服用。

（7）埃希菌属（*Escherichia*）

属于 γ- 变形菌纲，细胞呈直杆状。许多菌株产荚膜和微荚膜，有的菌株生有大量的菌毛，化能有机营养型，因其为兼性厌氧菌，所以具有呼吸代谢和发酵代谢两种产能系统。该属中最具有典型意义的代表种是大肠杆菌，该菌是进行微生物学和分子遗传学、基因工程研究的模式生物，大肠杆菌存在于动物和人的肠道内，是肠道内的正常菌群。在正常情况下，大肠杆菌可以合成维生素 B 和 K，供人体吸收利用，一些菌株能产生大肠杆菌素，抑制肠道致病菌（如痢疾杆菌）和腐败菌的滋生，对机体有利。但是，当机体处于极度衰弱时或外伤等原因，大肠杆菌侵入肠外组织或器官时，则又是条件致病菌，可引起肠外感染，如肾炎、膀胱炎等泌尿系统的感染。一些致病性的大肠杆菌能产生由质粒编码的肠毒素，可引起婴儿、成年人和幼畜的严重腹泻。如大肠杆菌 O157 菌株，曾引发人群严重的肠道传染病。大肠杆菌不断随粪便排出体外，将污染周围的环境、水源、饮料及食品等。大肠杆菌的数量越多，表示粪便污染的情况越严重，同时表明伤寒杆菌、痢疾杆菌等肠道致病菌污染的可能性。因此，卫生细菌学上常以"大肠菌群数"和"细菌总数"作为饮用水、牛奶、食品、饮料等卫生学检定的指标。按我国卫生部颁布的卫生指标，生活饮用水的细菌总数不得超过 100 个 /mL，在 1 000 mL 水中大肠菌群不得超过 3 个。

此外，志贺氏菌属（*Shigella*）、沙门氏菌属（*Salmonella*）、克雷伯氏菌属（*Klebsiella*）、肠杆菌属（*Enterbacter*）、沙雷氏菌属（*Serratia*）、变形杆菌属（*Proteus*）、耶尔森氏菌属（*Yersinia*）、弧菌属（*Vibrio*）、气单胞菌属（*Aeromonas*）和嗜血菌属（*Haemophilus*）也属于 γ- 变形杆菌纲，欧文氏菌属（*Erwinia*）、奈瑟氏球菌属（*Neisseria*）、莫拉氏菌属（*Moraxella*）、发光杆菌属（*Photobacterium*）、发酵单胞菌属（*Zymomonas*）、拟杆菌（*Bacteroides*）[拟杆菌门] 和脱硫弧菌属（*Desulfovibrio*）[δ- 变形菌纲] 等属中的菌种繁多，分布广泛，与人类关系密切，许多都是致病菌，有的还是严重的传染病的病原体，有的则可用来生产人们所需要的产品。

4. 支原体、立克次氏体和衣原体

从系统进化上讲支原体属于革兰氏阳性菌，但由于缺乏细胞壁，因此在进行革兰氏染色时不能将结晶紫 - 碘复合物留在细胞内，而更像革兰氏阴性菌，所以在此将其与立克次氏体、衣原体这两类革兰氏阴性菌一起介绍。它们的大小和特性均介于通常的细菌与病毒之间。表 13-1 是这几类微生物主要特征的比较。

表 13-1　支原体、立克次氏体、衣原体与细菌、病毒的比较

特征	细菌	支原体	立克次氏体	衣原体	病毒
直径 /μm	0.2～0.5	0.2～0.25	0.2～0.5	0.2～0.3	< 0.25
可见性	光学显微镜	光学显微镜勉强可见	光学显微镜	光学显微镜勉强可见	电子显微镜
过滤性	不能过滤	能过滤	不能过滤	能过滤	能过滤
革兰氏染色	阳性或阴性	阴性	阴性	阴性	无
细胞壁	有坚韧的细胞壁	缺	与细菌相似	与细菌相似	无细胞结构
繁殖方式	二均分裂	二均分裂	二均分裂	二均分裂	复制
培养方法	人工培养基	人工培养基	宿主细胞	宿主细胞	宿主细胞
核酸种类	DNA 和 RNA	DNA 和 RNA	DNA 和 RNA	DNA 和 RNA	DNA 或 RNA

特征	细菌	支原体	立克次氏体	衣原体	病毒
核糖体	有	有	有	有	无
大分子合成	自身合成	自身合成	部分自身合成	部分自身合成	无，利用宿主合成机构
产生 ATP 系统	有	有	有	无	无
增殖过程中结构的完整性	保持	保持	保持	保持	失去
入侵方式	多样	直接	昆虫媒介	不清楚	决定于宿主细胞的性质
对抗生素	敏感	敏感（青霉素例外）	敏感	敏感	不敏感
对干扰素	某些菌敏感	不敏感	有的敏感	有的敏感	敏感

（1）支原体（Mycoplasma）[厚壁菌门　柔膜菌纲]

支原体是比较独特的原核微生物，它们是一类曾经有细胞壁，但在进化的过程中细胞壁逐渐消失的细菌。因此支原体突出的特征是不具细胞壁，只有细胞膜、细胞柔软而扭曲，形态多变，球形和丝状相间，典型的菌落像"油煎荷包蛋"模样。支原体又称类菌质体，最早是从患胸膜肺炎的牛体中分离得到，以后从其他动物和人体中陆续分离到了这一类菌，故又被统称为类胸膜肺炎微生物。除肺炎支原体外，支原体一般不使人致病，但较多的支原体能引起牲畜、家禽和作物的病害。采用活组织细胞培养病毒或体外组织细胞培养时，常被支原体污染，而且光学显微镜检查也难观察到。现常用含琼脂量少的培养基直接培养法、DNA 荧光染色法、探针杂交法和 PCR 检测法等进行监察。在组织细胞培养中事先加入新霉素或卡那霉素抑制支原体生长，可防止支原体污染。

（2）立克次氏体（Rickettsia）[变形菌门　α- 变形菌纲]

立克次氏体是一类严格的活细胞内寄生的原核微生物。美国医生 H.T.Ricketts 于 1909 年首次发现斑疹伤寒的病原体，并因研究此病而牺牲，为了表示纪念，1916 年人们以他的名字命名这类病原体。立克次氏体主要以节肢动物（虱、蜱、螨等）为媒介，寄生在它们的消化道表皮细胞中，然后通过节肢动物叮咬和排泄物传播给人和其他动物。有的立克次氏体能引起人类的流行性斑疹伤寒、恙虫热、Q 热等严重疾病，而且立克次氏体大多是人兽共患病原体。

（3）衣原体（Chlamydia）[衣原体门]

衣原体是介于立克次氏体与病毒之间、能通过细菌滤器、专性活细胞内寄生的一类原核微生物。过去误认为"大病毒"，但它们的生物学特性更接近细菌而不同于病毒。衣原体在宿主细胞内生长繁殖具有独特的生活周期，即存在原体和始体两种形态。具有感染性的原体通过胞饮作用进入宿主细胞，被宿主细胞膜包围形成空泡，原体逐渐增大成为始体。始体无感染性，但能在空泡中以二均分裂方式反复繁殖，形成大量新的原体，积聚于细胞质内成为各种形状的包涵体（inclusion body），宿主细胞破裂，释放出的原体则感染新的细胞。衣原体广泛寄生于人类、哺乳动物及鸟类体内，仅少数致病，如人的沙眼衣原体，鸟的鹦鹉热衣原体。有的还是人兽共患的病原体。1956 年，我国微生物学家汤飞凡等应用鸡胚卵黄囊接种法，在国际上首先成功地分离培养出沙眼衣原体。目前衣原体可用细胞培养法进行培养。

三、革兰氏阳性菌 [厚壁菌门]

G⁺ 是细菌中重要的一大类群。细胞形状为球形或杆状，多数规则，其排列呈单个、成对、成链、成分支菌丝；有些具多形态，有些属形成耐热的芽孢；腐生和寄生类型，有些是人和动物的高度致病菌，在自然界分布广泛。根据 DNA 中 GC 碱基对比率可将革兰氏阳性细菌可分为低 GC 和高 GC（放线菌）两个亚群。尽管 DNA 序列分析显得这种分组已无用处，但 G⁺ 和放线菌在 GC 比率上的差异表明了它们系统发育的差异。

1. G⁺ 球菌

G⁺ 球菌是系统发育和遗传特性差异很大的一群细菌，球形，有机营养和不形成芽孢仅仅是它们共同的形态学和生理特征。G⁺ 球菌包括下列各属：微球菌属（*Micrococcus*）、葡萄球菌属（*Staphylococcus*）、口腔球菌属（*Stomatococcus*）、动性球菌属（*Planococcus*）、八叠球菌属（*Sarcina*）、瘤胃球菌属（*Ruminococcus*）、消化球菌属（*Peptococcus*）、消化链球菌属（*Peptostreptococcus*）。

（1）微球菌属 [放线菌门　放线菌纲　微球菌科]

大多数的种可产生类胡萝卜素，以至于菌落可呈黄、橙、橙红、粉红或红色。主要分布在哺乳动物的皮肤上，也存在于肉类、乳制品、土壤和水中。从系统发育上看，微球菌不应该是一个独立的属，它们与节杆菌的关系反而比葡萄球菌和动性球菌的关系更为密切，分类学家认为微球菌可能是节杆菌在细胞周期中的球形阶段，是一种退化形式。

（2）葡萄球菌属 [厚壁菌门　芽孢杆菌纲　葡萄球菌科]

该属细菌为兼性厌氧，常不规则成簇排列存在于温血动物的皮肤、皮肤腺体和黏膜上。金黄色葡萄糖球菌（*S.aureus*）是最为代表性的人类致病菌，可引起化脓性感染，如丘疹、肺炎、骨髓炎、心肌炎、脑膜炎及关节炎等，也可产生肠毒素，引起食物中毒。

（3）明串珠菌属（*Leuconostoc*）[厚壁菌门　芽孢杆菌纲　明串珠菌科]

其生长需要含有复杂生长因子和氨基酸的丰富培养基，所有的种都需要烟酸、硫胺素、生物素及泛酸的衍生物，在培养基中添加酵母粉、西红柿等菜汁可加速生长。通过己糖单磷酸途径和磷酸酮糖裂解途径联合发酵葡萄糖，形成异型乳酸发酵，产生左旋或右旋乳酸。该属细菌分布在牛奶和植物汁液中，无致病性。肠膜明串珠菌（*L. mesenteroides*）能在蔗糖中生成大量黏液物质，其成分为右旋糖苷，这种葡聚糖可以通过右旋糖苷酶水解成相对分子质量低的产物（20 000，或 20 000 以上）可制成血浆代用品，用于输液和战地救护。但这种菌也是制糖工业和食品加工业中的有害菌。

2. 产芽孢的 G⁺ 杆菌和球菌 [厚壁菌门]

这是一类在生活周期中产生内生孢子—芽孢的细菌。芽孢是菌体的休眠器官，是细菌细胞物质功能上的分化现象。芽孢产生后从细胞中脱离出来，遇到合适的环境会萌发长出一个新的细菌，细胞数量并未增加，所以芽孢不是繁殖器官。

（1）芽孢杆菌属（*Bacillus*）[厚壁菌门　芽孢杆菌纲]

细胞呈杆状，好氧或兼性厌氧，化能有机营养类型。分子氧是最终电子受体。其生理特性极其广泛，从嗜冷到嗜热，从嗜酸到嗜碱，多种多样。许多种具有广泛的经济意义。枯草芽孢杆菌（*B.subtilis*）是代表种，除作为细菌生理学研究外，它是一种重要的工业生产用菌种，可生产蛋白酶、淀粉酶。属内的地衣芽孢杆菌（*B.licheniformis*）可用于生产碱性蛋白酶、甘露聚糖酶和杆菌肽（一种畜用抗生素，可杀灭动物肠道中的 G⁺ 致病菌）；多黏芽孢杆菌（*B.polymyxa*）可生产多黏菌素，用于杀灭家畜、家禽肠道内的 G⁻ 致病菌。炭疽芽孢杆菌（*B.anthracis*）是人和动物的致病菌，可引起皮肤炭疽、肺炭疽、肠炭疽等炭疽病。蜡状芽孢杆菌（*B.cereus*）是工业发酵生产中常见的污染菌，同时也可引起人的肠胃炎。苏云金芽孢杆菌（*B.thuringiensis*）的伴胞晶体可杀死农业害虫如玉米螟虫、棉铃虫，是无公害的农药。幼虫芽孢杆菌（*B.larvae*）、日本甲虫芽孢杆菌（*B.popilliae*）是昆虫的致病菌。球形芽孢杆菌（*B. sphaericus*）可杀灭蚊子的幼虫。

（2）梭菌属（*Clostridium*）[厚壁菌门　梭菌纲]

细胞呈杆状，芽孢常使菌体膨大呈鼓槌状、梭状。专性厌氧，化能有机营养类型。常见于土壤、海水、淡水的沉积物，人和动物的肠道中也有分布。一些种常产生毒素，如肉毒梭菌（*C.botulinum*）产生肉毒毒素造成肉毒中毒。破伤风梭菌（*C.tetani*）产生破伤风毒素造成破伤风。产气荚膜梭菌（*C. perfringens*）导致气性坏疽和食物中毒。但丙酮丁醇梭菌（*C.acetobutylicum*）是工业发酵生产丙酮、丁醇的菌种。

（3）芽孢八叠球菌属（*Sporosarcina*）[厚壁菌门　芽孢杆菌纲　动性球菌科]

该属是产芽孢菌中较为独特的一类，因为其细胞形状是球形而不是杆状，同八叠球菌属。在特定的条件下形成芽孢，严格好氧，化能有机营养类型，大多数菌株的生长都需要生长因子。广泛分布于土壤中，有的种可从海水中分离到。尿素八叠球菌（*S.ureae*）能将尿素降解为 CO_2 和 NH_3，可在 pH 10 的强碱培养基中生长。

（4）阳光细菌（Heliobacter）[厚壁菌门　梭菌纲]

阳光细菌（Heliobacter，Helio 源自希腊文"太阳"之意），产生内生芽孢，G^+ 杆菌，严格厌氧，细胞内含有菌绿素 g，有光时进行光合生长，无光时可以通过丙酮酸盐发酵获得生长的能量。生理代谢具有多样性。内生芽孢，芽孢含有高量的 Ca^{2+} 和吡啶二羧酸。稻田中的阳光细菌具有固氮活性。多从高碱环境的土壤和碱湖中分离获得。既产生芽孢、厌氧，又能进行光能自养生活的细菌在原核生物中尚不多见。目前将阳光杆菌属（*Heliobacterium*）、嗜阳菌属（*Heliophilum*）、阳光小杆状菌属（*Heliobacillus*）和阳光索菌属（*Heliorestis*）归为阳光细菌。

3. 不产芽孢的 G^+ 杆菌

乳杆菌属（*Lactobacillus*）[厚壁菌门　芽孢杆菌纲　乳杆菌科]

形态变化大，从细长、偶有弯曲的杆状到短的球杆状。多为成链排列。微好氧，具发酵代谢，化能有机营养类型，营养要求复杂，需要生长因子。其明显的特征是具有高度的耐酸性，最适 pH 5.5～6.2，在 pH 5.0 以下仍可生长。专性代谢糖类化合物生成 50% 以上的乳酸。多分布于乳制品、发酵植物食品如泡菜、酸菜等以及青贮饲料和人的肠道，尤其是婴儿肠道中。它们是许多恒温动物，包括人类口腔、胃肠和阴道的正常菌群，很少致病。德氏乳酸杆菌（*L.delbruckii*）是工业上生产乳酸的菌种。

四、放线菌（Actinobacterium）[放线菌门]

这个类群大而复杂，细胞形态从杆状到丝状。多数放线菌具有分支状菌丝、以孢子进行繁殖，其菌落形态与霉菌相似，过去曾认为放线菌是"介于细菌与真菌之间的微生物"。然而，近代生物学技术研究结果表明，放线菌实际上属于细菌范畴内的原核微生物。从系统发育上看，放线菌（除高温放线菌外）属于 G^+ 菌高 G+C/mol% 群。它们是抗生素的主要生产菌。

1. 棒杆菌属（*Corynebacterium*）[放线菌门　放线菌纲　棒杆菌科]

细胞呈直、略弯、一端膨大的棒状。因行折断分裂，常呈"八"字形和栅状排列。兼性厌氧或好氧，化能有机营养类型。其细胞壁中含有内消旋二氨基庚二酸和阿拉伯糖、半乳糖。呼吸链中有甲基萘醌，细胞内含有枝菌酸。腐生型的棒杆菌生存于土壤、水体中，如产生谷氨酸的北京棒杆菌（*C.pekinense*）。利用代谢组学已将该菌改造成了生产多种氨基酸的菌株。寄生型的棒杆菌可引起人、动植物的病害，如使人患白喉病的白喉棒杆菌（*C.diphtheriae*）及造成马铃薯环腐病的马铃薯环腐病棒杆菌（*C.sepedonicum*）。

2. 丙酸杆菌属（*Propionibacterium*）[放线菌门　放线菌纲　丙酸杆菌科]

多变的形态和排列方式是这类细菌形态学上突出的特征。虽为一端圆一端尖的棒杆状，但老龄细胞（对数生长后期）则多呈球形。细胞壁中含有 LL-DAP（二氨基庚二酸）和内消旋 DAP，厌氧至耐氧，化能有机营养类型。能发酵乳酸、糖类和蛋白胨，产生大量的丙酸及乙酸，使乳酪具有特殊风味是这类细菌生理上独特特征。从牛奶、奶酪、人的皮肤、人与动物的肠道中可分离出。疮疱丙酸杆菌（*P.acnes*）是体臭和痤疮的病因。费氏丙酸杆菌（*P.freudenreichii*）是工业上生产丙酸和 VB_{12} 的菌种。

3. 双歧杆菌属（*Bifidobacterium*）[放线菌门　放线菌纲　双歧杆菌科]

细胞形态呈多样性，长细胞略弯或有突起，或有不同分支；短细胞两端尖，也有球形细胞。细胞排列或单个，或成链，或呈星形、V 形及栅状。厌氧，发酵代谢，通过特殊的 6-磷酸果糖途径分解葡萄糖。存在于人、动物及昆虫的口腔和肠道中。近年来，许多实验证明双歧杆菌产乙酸具有降低肠道 pH、抑制腐败细菌滋生、分解致癌前体物、抗肿瘤细胞、提高机体免疫力等多种对人体健康有效的生理功能。

4. 分枝杆菌属（*Mycobacterium*）[放线菌门　放线菌纲　分枝杆菌科]

细胞呈略弯曲或直的杆状，有时有分支，也会出现丝状或以菌丝体状生长。但当受到触动时菌丝破碎成杆状或球状。由于细胞表面含有分枝菌酸，具有抗酸性。细胞壁中的肽聚糖含有内消旋二氨基庚二酸、阿拉伯糖和半乳糖。质膜中的磷脂含有磷脂酰乙醇胺。好氧，化能有机营养类型，包括专性细胞内寄生、腐生和兼性。可从土壤、痰液和其他污染物中分离到。结核分枝杆菌（*M.tuberculosis*）是人类结核病的病原菌，如肺结核、肠结核、骨结核、肾结核。麻风分枝杆菌（*M.leprae*）是引起人类麻风病的病原菌，动物中的犰狳对麻风分枝杆菌高度易感，作为麻风分枝杆菌研究的动物模型。

5. 链霉菌属（*Streptomyces*）[放线菌门　放线菌纲　链霉菌科]

链霉菌属（*Streptomyces*）是放线菌中种类最多的一属，已鉴定出 500 多个种。链霉菌具有发达的基内菌丝和气生菌丝，孢子丝和孢子所具有的典型特征是区分各种链霉菌明显的表观特征。该属的孢子丝可呈直形、波曲和螺旋形，螺旋形有开环、螺旋形钩状、松螺旋、紧螺旋之分。孢子丝在排列方式上又有簇生、单轮生、二级轮生之别。孢子丝可产 3~50 个孢子，孢子呈球形、椭圆形或杆状，有的表面光滑，有的表面具有瘤状、刺状、毛发状或鳞片状等饰物。孢子丝的形状、排列方式、孢子表面饰纹是分种的重要表型特征。该属可产生 1 000 多种抗生素，用于临床的已超过 100 种，如链霉素（streptomycin）、卡那霉素（kanamycin）、丝裂霉素（mitomycin）等，是放线菌中产抗生素最多的属。此外，该属的种还可以产生维生素、酶和酶抑制剂。多数腐生型的链霉菌在土壤中生长，分解土壤中其他微生物难以利用的有机物，对土壤环境具有高度的适应性，在土壤改良中具有积极意义。少数寄生型的种能引起植物病害，如疮痂链霉菌（*S.scabies*）可导致马铃薯和甜菜的疮痂病。

6. 弗兰克氏菌属（*Frankia*）[放线菌门　放线菌纲　弗兰克氏菌科]

弗兰克氏菌属菌丝进行纵向和横向分裂时直接产生孢子，菌丝形成细胞群或孢子簇，细胞壁含有内消旋二氨基庚二酸。该属最显著的特征是能与非豆科木本植物共生固氮。在木麻黄和杨梅上可形成具有向上生长小根的根瘤；而在桤木、鼠李科和蔷薇科植物上形成的根瘤成簇，每簇由许多裂片状的小根瘤组成。在有隔、分支的菌丝体顶端的泡囊柄上，形成泡囊，泡囊具有固氮功能。弗兰克氏菌属可利用的最适碳源是短链脂肪酸和有机酸，能利用吐温是该属独有的特征。

7. 诺卡氏菌属（*Nocardia*）[放线菌门　放线菌纲　诺卡氏菌科]

诺卡氏菌属培养 15 h 至 4 d 的菌丝体产生横膈膜后可突然断裂成长短近一致的杆状或带叉的杆状体或球状体，以此复制成新的多核菌丝体是该属突出的特点。多数种只有营养菌丝，而无气生菌丝。一些具有极薄气生菌丝的种也可以产生杆状或椭圆形的孢子。该属可产生多种抗生素，如对结核分枝杆菌和麻风分枝杆菌有特效的利福霉素（rifomycin）以及抗 G^+ 菌的瑞斯托霉素（ristocetin）。此外，有的诺卡氏菌在石油脱蜡、烃类发酵、处理含氰废水方面有实用价值。

五、光合细菌

自然界中能以光合作用产能的细菌，根据它们所含光合色素和电子供体的不同而分为产氧光合细菌（蓝细菌和原绿菌）和不产氧光合细菌（紫色细菌和绿色细菌）。

1. 蓝细菌（Cyanobacter）[蓝细菌门]

这是一类含有叶绿素 a、以水作为供氢体和电子供体、通过光合作用将光能转变成化学能、同化 CO_2 为有机物质的光合细菌。由于它们具有与植物相同的光合作用系统，历史上曾被藻类学家归为藻类，称为蓝藻。对蓝细菌细胞结构的研究表明，蓝细菌的细胞核不具有核膜，没有有丝分裂器，细胞壁由含有二氨基庚二酸的肽聚糖和脂多糖层构成，革兰氏染色阴性，分泌黏液层、荚膜或形成鞘衣，细胞内含有 70S 核糖体，虽具有叶绿素的光合色素，但不形成叶绿体，进行光合作用的部位是含有叶绿素 a、β- 胡萝卜素、类胡萝卜素及藻胆素（包括藻蓝素和藻红素）的类囊体（thylakoid）。蓝细菌的这些与原核生物相近的特征，使它们成为细菌家族的一员。以藻蓝素占优势的色素使细胞呈现特殊的蓝色，故而得名为蓝细菌。蓝细菌是光合细菌中最大且种类繁多的一类，按形态可分为 5 大类群，包括 56 个属。蓝细菌的细胞大小差异悬殊，最小的聚球蓝细菌属（*Synechococcus*）其直径仅为 0.5 ~ 1 μm，而大颤蓝菌属（*Oscillatoria*）可超过 60 μm。蓝细菌在自然界分布极广，河流、湖泊和海水等水域中常见。蓝细菌的营养极为简单，不需要维生素，以硝酸盐或氨作为氮源，多数能固氮，在水稻田中培养蓝细菌可保持和提高土壤肥力。一些实验证明将蓝细菌作为食物和营养物，对于肝硬化、贫血、白内障、青光眼、胰腺炎、糖尿病、肝炎等疾病有一定的辅助疗效。蓝细菌有别于真核生物的放氧光合作用，可能是地球上生命进化过程中第一个产氧的光合生物，对地球上从无氧到有氧的转变、真核生物的进化起着里程碑式的意义。

2. 紫色细菌 [变形菌门]

这是一群含有菌绿素和类胡萝卜素、光合内膜多样、进行不产氧光合作用的紫色光养细菌。因含有不同类型的类胡萝卜素，细胞培养液呈紫色、红色、橙褐色、黄褐色，故称为紫色细菌。其形态多样，根据遗传型、表型和理化特征的不同而分属 α、β、γ- 变形菌纲。紫色硫细菌属 γ 类群，是严格厌氧的光能无机自养菌，它以硫化物或硫酸盐作为电子供体、在胞内（着色菌属，*Chromatium*）或胞外（外硫红螺菌属，*Ectothiorhodospira*）沉积硫。有些紫色细菌曾被认为不能利用硫化物作为电子供体以还原 CO_2 构成细胞物质，所以称它们为紫色非硫细菌。后来发现，这些细菌的大多数尚可以利用低浓度的硫化物。紫色非硫细菌的营养类型多样，没有有机物时，同化 CO_2，为自养型微生物；有机物存在时，利用有机物进行生长，为异养型微生物；光照和厌氧条件下，利用光能生长，为光能自养型微生物；黑暗与好氧条件下，依靠有机物氧化产生的化学能生长，为化能异养型微生物。所有的紫色非硫细菌都能固氮。大多数紫色非硫细菌如红螺菌属（*Rhodospirillum*）、红假单胞菌属（*Rhodopseudomonas*）和红微菌属（*Rhodomicrobium*）属于α-变形菌纲，只有红环菌属（*Rhodocyclus*）、红长命菌属（*Rubrivivax*）、红育菌属（*Rhodoferax*）属于β-变形菌纲。多分布在淡水、海水和高盐等含有可溶性有机物和低氧压的水生环境中，也常见于潮湿的土壤和水稻田中。

六、化能无机营养细菌

这类细菌中的大多数通常是从氧化无机物中获取能量，以 CO_2 为唯一碳源，被称为化能无机营养细菌，包括硝化细菌、氢细菌、无色硫细菌等。然而也有少数化能无机营养细菌能利用有机物，而且并不依赖 CO_2 作为唯一碳源。

1. 硝化细菌 [变形菌门]

凡是能利用还原态的无机氮化合物、进行无机营养生长的细菌，称为硝化细菌。在自然界中没有一种化能无机自养细菌能够使氨完全氧化成硝酸盐，而是由两类不同生理类群的细菌协同来完成氧化过程，即能够把氨氧化成亚硝酸盐的细菌称为亚硝化菌，能够将亚硝酸进一步氧化成硝酸盐的细菌称为硝化菌。这两类细菌的共同特征列于表 13-2 中。两类菌均为好氧的无芽孢 G^-，它们能量利用率不高，生长较缓慢。通常生活在一起，可避免亚硝酸盐在土壤中的积累，有利于机体正常生长，因此硝化细菌在自然界氮素循环中具有重要作用。

表 13-2 硝化细菌的特征

特征	属名	分类类群[*]	生境
氧化氨			
革兰氏染色阴性，短杆状或长杆状，运动（极生鞭毛）或不运动；具有周边内膜系统	亚硝化单胞菌属（*Nitrosomonas*）	β-变形菌纲	土壤，污水，淡水和海洋
大的球状，运动；具有囊状或周边内膜系统	亚硝化球菌属（*Nitrosococcus*）	γ-变形菌纲	淡水，海洋
螺旋状，运动（周生鞭毛）；没有明显的内膜系统	亚硝化螺菌属（*Nitrosospira*）	β-变形菌纲	土壤，淡水
细胞呈多形态，叶状，内有间隔；运动（周生鞭毛）	亚硝化叶菌属（*Nitrosolobus*）	β-变形菌纲	土壤
氧化亚硝酸盐			
短杆状，出芽繁殖，偶尔能运动（亚侧生单鞭毛），内膜排列呈顶端帽状	硝化杆菌属（*Nitrobacter*）	α-变形菌纲	土壤，淡水，海洋
细的长杆状，不运动，没有明显的内膜系统	硝化刺菌属（*Nitrospina*）	δ-变形菌纲	海洋
大的球状，运动（1或2根亚侧生鞭毛），内膜系统随机呈管状排列	硝化球菌属（*Nitrococcus*）	γ-变形菌纲	海洋
细胞呈螺旋状或类弧状，不运动，无内膜	硝化螺菌属（*Nitrospira*）	硝化螺菌类	海洋，土壤

[*] 在系统发育上，到目前为止除了硝化螺菌属形成单独的进化分支，其他已检测的硝化细菌都属于变形菌门。

2. 无色硫细菌

能够氧化还原态或部分还原态无机硫化合物的非光能营养型细菌，称为无色硫细菌。它们有别于在厌氧有光条件氧化还原态硫化合物的光合硫细菌。这些细菌在硫素的循环中起主要作用。从对硫化物的氧化中生成元素硫，保证了硫的供应和对硫的进一步氧化作用，构成硫素循环中不可缺少的一步。它们分布在河流、湖泊和土壤中。其中有代表性的属是硫杆菌属（*Thiobacillus*）[β- 变形菌纲]。硫杆菌属的细胞呈小杆状，能氧化硫或各种还原态的硫化合物，如硫化物、硫代硫酸盐、连多硫酸盐和硫氰酸盐。氧化的终产物是硫酸盐，从中获得能量，以 CO_2 为主要碳源，营自养生活。由于低能量的化能自养生活，这类细菌生长缓慢。硫酸盐氧化产物的形成，会造成酸性的环境，可用此类细菌进行湿法冶金。硫酸或硫酸盐可将辉铜矿中的铜转化成为硫酸铜，溶于水中，然后用置换或萃取的方法提取出海绵铜，经加工制成铜锭。硫杆菌参与细菌冶金的反应如下：

$$Cu_2S + 2Fe_2(SO_4)_3 \longrightarrow CuSO_4 + FeSO_4 + S$$

$$CuSO_4 + Fe \longrightarrow FeSO_4 + Cu \downarrow$$

$$2S + 3O_2 + 2H_2O \xrightarrow{\text{氧化硫硫杆菌}} 2H_2SO_4$$

$$4FeSO_4 + 2O_2 + 2H_2SO_4 \xrightarrow{\text{氧化亚铁硫杆菌}} 2Fe_2(SO_4)_3$$

这类细菌的代表种是氧化硫硫杆菌（*Thiobacillus thiooxidans*）和氧化亚铁硫杆菌（*Thiobacillus ferrooxidans*）。

3. 氢细菌 [产液菌门]

这是一类能以 H_2 作为电子供体，通过对 H_2 的氧化获取能量、同化 CO_2 的化能自养细菌。目前该类群研究最好的为氢杆菌属（*Hydrogenobacter*），细胞呈直杆状，最适生长温度为 70 ~ 75℃，最高为 80℃，细胞内脂肪酸的主要成分是 18 碳的直链饱和酸和 20 碳的直链不饱和酸。该菌在宇航业中具有潜在的利用价值。

七、有附属物、无附属物芽殖和非芽殖的细菌

有些细菌在细胞表面产生细胞质性突起物，如柄、菌丝等，突起物的直径比母细胞小，内含细胞质，外具细胞壁，称为附属物。这类细菌与典型细菌的区别在于它们的繁殖方式、特殊的形状和完整的生活史。

1. 有附属物、芽殖的细菌——生丝微菌属（*Hyphomicrobium*）[变形菌门 α- 变形菌纲]

细胞呈杆状，末端尖，或呈椭圆形、卵形、菜豆形。可产生单极生或双极生的丝状物，长度不一。其繁殖方式独特，生活史为：母细胞附着在固体基物上→长出丝状物→丝状物末端形成芽体→芽体膨大，长出 1 根鞭毛形成子细胞→脱离母细胞，游动→子细胞失去鞭毛，成熟为母细胞（图 13-4）。在有些情况下，子细胞不脱离母细胞，可以从另一端或两端长出丝状物，也可以不形成丝状物，芽体直接由母细胞长出。生丝微菌属是好氧的化能有机营养型，也是甲基营养菌，广泛存在于淡水、海水和陆地生境的基物上。

2. 有附属物、非芽殖的细菌——柄杆菌属（*Caulobacter*）[变形菌门 α- 变形菌纲]

细胞呈杆状或类弧状、纺锤状。这种细菌具有十分独特的不对称细胞分裂方式（图 13-5），形成非芽殖的分裂周期。幼龄细胞一端着生一根鞭毛，老龄细胞具柄，柄同样具有外膜、肽聚糖、细胞质膜和细胞质。其生活史为：细胞伸长→在柄相对端长出一根鞭毛→以收缢方式非对称二分裂，无隔膜→一成为游动细胞→与母细胞脱离，游动→固着在新的基物上→鞭毛消失，由长鞭毛处形成新柄。新月柄杆菌（*C.crescentus*）是研究微生物发育和细菌细胞分裂的模式生物。

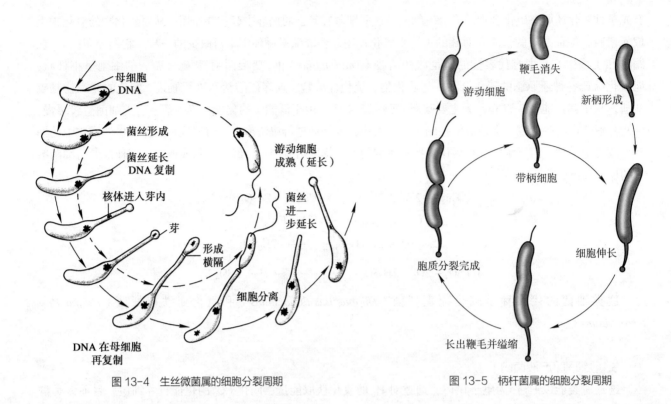

图 13-4 生丝微菌属的细胞分裂周期

图 13-5 柄杆菌属的细胞分裂周期

3. 无附属物、非芽殖的细菌——嘉利翁氏菌属（*Gallionella*）[变形菌门 β - 变形菌纲]

细胞呈肾形，子细胞分裂后迅速变圆。在含有亚铁的天然水或矿质培养基中生长的细胞，从细胞的凹面处分泌出胶质的氢氧化铁，形成由一束数量很多的细丝构成的无机质的柄（图 13-6），因此该柄并不是细胞的一部分，而是氢氧化铁聚集物。柄的宽度为 0.3 ~ 0.5 μm，长度可达 400 μm。二分分裂繁殖，在分裂过程中连续产生柄，扭曲或不扭曲，产生叉状分支。细胞旋转式运动引起柄的扭曲。若细胞离开柄，则靠一根单极生鞭毛运动。

4. 无附属物、芽殖的细菌——浮霉状菌属（*Planctomyces*）[浮霉状菌门]

细胞呈球形、椭圆形，泪珠状或球茎状。个体较大，最大可达 3.5 μm，细胞长有由多纤维组成的刺突、束、刺毛，它们不完全是用于连接细胞和基物，而是通过固着器将细胞连接成同源的聚集物，呈玫瑰花结或花束状（图 13-7）。芽殖，具有生活史循环：无柄母细胞发芽→具鞭毛的游离细胞→失去鞭毛→无柄可发芽

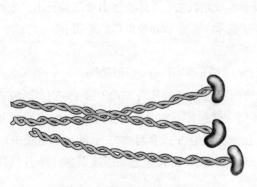

图 13-6 嘉利翁氏菌属的形态

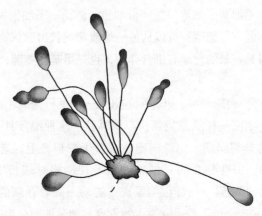

图 13-7 浮霉状菌属的形态

的母细胞。浮霉状菌细胞壁缺少肽聚糖，有S层，是唯一具有明显区室化的原核生物，包括由膜围起的核结构。该类群不仅细胞结构独特，而且处于系统进化的核心地位。

八、鞘细菌、滑行细菌和黏细菌

鞘细菌是一类以丝状体生长的细菌，多个细菌共处于管状的鞘内，细胞呈直线排列，外观上鞘细菌呈丝状。这类细菌具有独特的生活史，如球衣菌属（*Sphaerotilus*）[β－变形菌纲]，其生活史为：鞘内细胞二分分裂繁殖→推向鞘末端的新细胞合成新鞘物质→细胞从鞘内释放→游离细胞活跃运动→固定生长→形成新的丝状体。广泛分布于富含有机物的水生环境中，在化工厂的冷却水管道中滋生时，可造成管道堵塞。浮游球衣菌（*S. natans*）是目前唯一的种。

滑行细菌是一类在形态和生理特性呈多样性，而且亲缘关系并不密切的细菌，其共同点是：细胞不借助可见的运动器官而是进行滑行运动。有些滑行细菌在运动时是沿着长轴向前旋转，而有的则是只保持细胞的一边与基物表面接触，向前滑行。这类细菌不形成子实体，也不能进行光合作用。除贝日阿托氏菌属（*Beggiatoa*）[γ－变形菌纲]的某些菌株进行化能无机营养外，其他均为化能有机营养。

黏细菌[δ－变形菌纲]最突出的特点是能产生由黏液、菌体（黏孢子）构成的形态各异、颜色鲜艳、肉眼可见的子实体（fruiting body）。黏细菌的DNA（G+C）/mol% 高于其他细菌。严格好氧，呼吸产能代谢，化能有机营养，具有复杂的生活史（图13-8），它们所产生的胞外酶能水解蛋白质、核酸、脂肪和各种糖，有些种可分解纤维素，大多数的种能溶解真核和原核生物。常见于树皮、土壤和各种食草动物的粪便上。

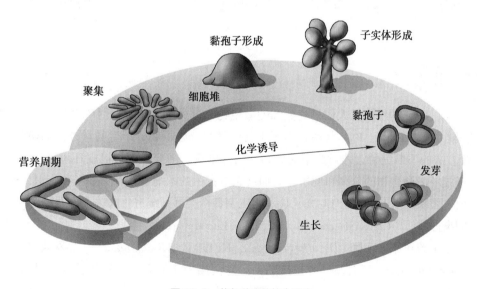

图 13-8 黄色黏球菌的生活史

九、趋磁细菌

有一类细菌对磁场具有趋向性，称为趋磁细菌（magnetotactic bacteria）。细胞的膜蛋白可沉积 Fe^{3+}，胞内存在着磁小体（图13-9）。磁小体具有两极磁性，在人工磁场环境中受磁场感应，产生趋磁性。细胞的北半部含有趋北极的磁小体，向北运动；细胞的南半部具有相反的磁性，向南运动。因而它们的游动方向受磁场影响，定向地向磁场移动。趋磁性是这类细菌最典型的特性。趋磁细菌具有成丛的鞭毛，每丛10~15根，菌体可靠鞭毛以摇摆方式，使菌体连续向前运动。菌体形状有方形、长方形或呈刺状。微好

氧，分布在微好氧的水体沉积物中。已分离出向磁磁螺菌
（*Magnetospirillum magnetotacticum*）[α - 变形菌纲] 和向磁
嗜胆球菌（*Bilophococcus magnetotacticus*）[δ - 变形菌纲]
两种趋磁细菌。

- 简述假单胞菌、黄单胞菌的生理特性及经济意义。
- 查阅相关文献，简述 G⁻ 的埃希菌属和 G⁺ 的葡萄球菌属的形态特征和生理特性。列举出它们作为条件致病菌所引发的人类疾病。
- 简述蓝细菌与紫色光合细菌和绿色光合细菌有何不同？
- 试述芽孢杆菌属和梭菌属中代表种的经济意义。
- 细菌中哪些属具有特殊的细胞形态？

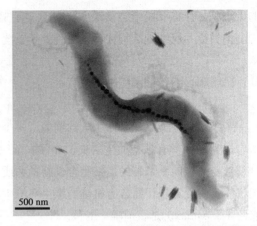

图 13-9　含有磁小体的向磁磁螺菌的透射电子显微照片
图片来源：中科院地质与地球物理所潘永信研究员

第二节　古菌的多样性

独特的细胞形态：叶片状（嗜热硫化叶菌）、丛生鞭毛球状（热球菌）、棍棒状（热棒菌）、盘状（富盐菌），菌落鲜艳的颜色，不同成分的细胞壁组成，有别于细菌的细胞质膜，对氧的不同需求和不同的营养类型，16S rRNA 独特的序列，以及极端嗜盐、超嗜热和厌氧条件下产生甲烷等生理特性，这些都展现了古菌的多样性。

一、古菌系统发育总观

产甲烷的细菌，嗜热的细菌是人们早就熟知的微生物，过去只注重了它们产甲烷和耐热的特性，一直归为细菌的范畴。直到 20 世纪 70 年代后，由于细胞化学组分分析和分子生物学方法的建立，特别是 16S rRNA 序列分析方法的不断完善，才对产甲烷细菌、嗜热细菌、嗜盐细菌等极端环境微生物的研究逐步深入。加之，对极端环境微生物的分离和剖析，人们终于对古菌的系统发育有了了解和认识，根据 16S rRNA 序列分析绘制的古菌系统发育树（图 13-10）展示出古菌各个类群系统进化的关系。古菌系统发育树将古菌分为 2 个门，即泉古菌门（Crenarchaeota）和广古菌门（Euryarchaeota）。

泉古菌门包括了硫还原球菌属（*Desulfurococcus*）、硫化叶菌属（*Sulfolobus*）、热网菌属（*Pyrodictium*）、热变形菌属（*Thermoproteus*）等大部分的超嗜热菌。它们属于化能无机自养型营养，最适生长温度高于 80℃。在这个门中还有在最高温度 113℃能生长、121℃存活 1 h 的火叶菌属（*Pyrolobus*）。从系统发育上看，超嗜热菌的进化速率比其他古菌要慢，它们在发育树上呈现短枝状紧密的簇。这些硫代谢、极端嗜热菌的核苷酸标记是 UAACACCAG 和 CACCACAAG。在这个门中还包括一些从极寒冷地区发现、进化较快的嗜冷菌。

广古菌门包括了生理类型多样的古菌，以产甲烷古菌和极端嗜盐菌为主。产甲烷古菌专性厌氧，而嗜盐菌大部分专性好氧。产甲烷古菌主要包括甲烷杆菌属（*Methanobacterium*）、甲烷球菌属（*Methanococcus*）、甲烷八叠球菌属（*Methanosarcina*）、甲烷螺菌属（*Methanospirillum*）等，它们的遗传标记是 AYUAAG。极端嗜盐的古菌独立成群，包括盐杆菌属（*Halobacterium*）、盐球菌属（*Halococcus*）、嗜盐碱球菌属（*Natronococcus*）等。AAUUAG 是其遗传标记。从 16S rRNA 分析反映出广古菌门还包括一部分超嗜热的热球菌属（*Thermococcus*）、火球菌属（*Pyrococcus*）和既产甲烷又极端嗜热的甲烷火菌属（*Methanopyrus*）。

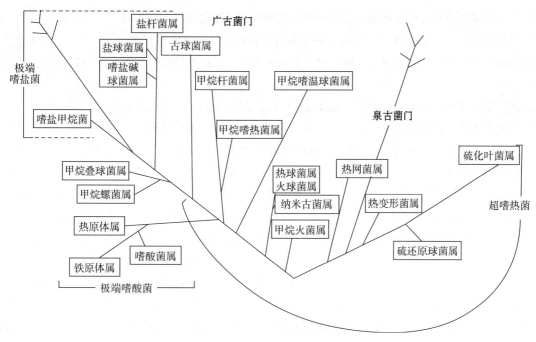

图 13-10 古菌的系统发育树

它们位于进化树靠近根部的位置。另外，表型特征类似于支原体但嗜热的热原体属（*Thermoplasma*）、铁原体属（*Ferroplasma*）、嗜酸菌属（*Picrophilus*）也包括在广古菌门中。它们的 AAAACUG 和 ACCCCA 寡核苷酸序列是遗传标记。纳米古菌属（*Nanoarchaeum*）这种古老的古菌细胞，基因组非常小，具有原始的系统发育，在广古菌门的冰岛火焰球菌（*Ignicoccus islandicus*）上营寄生生活，是尚不可培养的古菌。

二、极端嗜盐古菌

极端嗜盐古菌（extremely halophilic Archaea）是古菌中的一个主要类群，根据 16S rRNA 的序列分析并结合其他生物学性状，将其划分为 18 个属。

所有的嗜盐古菌的革兰氏染色均为阴性。细胞壁不含肽聚糖，质膜中含有醚键的类脂。细胞内的基因组成有别于细菌和其他古菌，在盐杆菌和盐球菌的细胞内存在着多拷贝的大质粒，质粒 DNA 占细胞总 DNA 的 25% ~ 30%，远远超过细菌 0.5% ~ 3% 的含量。嗜盐菌核 DNA 存在着高度重复性，同时具有古菌类型的 RNA 聚合酶。

嗜盐菌采用二分分裂法进行繁殖，无休眠状态，不产生孢子，大多数嗜盐菌不运动，只有少数种靠丛生鞭毛缓慢运动。所有的极端嗜盐古菌均为化能有机营养类型，大多数的种以氨基酸或有机酸作为碳源和能源，并需要一定量的维生素作为生长因子，少数种可较弱地氧化糖类。大多数的种进行专性好氧呼吸，一些盐杆菌的种可进行厌氧呼吸，通过耗糖发酵以及硝酸盐或延胡索酸盐的无氧呼吸链来进行。

嗜盐菌最显著的特征是需要高浓度的 NaCl 环境，至少为 1.5 mol/L，而其最适生长浓度为 3 ~ 4 mol/L NaCl（17% ~ 23%），并在接近饱和盐浓度（36%）中也能生长。尽管其生长需要高钠环境，但胞内的 Na^+ 浓度并不高，这是因为嗜盐菌具有一种浓缩、吸收外部的 K^+ 而向胞外排放 Na^+ 的能力，在 Na^+ 占优势的高盐环境中，可防止过多的 Na^+ 进入细胞，从而保持环境中的高 Na^+。嗜盐杆菌的细胞壁以糖蛋白替代传统的肽聚糖，这种糖蛋白含有高量酸性的氨基酸，如天冬氨酸和谷氨酸，形成负电荷区域，吸引带正电荷的 Na^+，Na^+ 被束缚在嗜盐菌细胞壁的外表面，起着维持细胞完整性的重要作用。当外环境中的 Na^+ 被降低，或者将在高盐溶液中的嗜盐菌移入低盐溶液中，由于赖以维持细胞壁稳定性的 Na⁺ 的减少，会导致细胞壁一块块地破裂，最后嗜盐菌的细胞被裂解。嗜盐菌的细胞质蛋白特异性地含有许多相对分子质量低的亲水性氨基酸，这样，在高离子浓度的胞内环境中，细胞质可呈现溶液状态，而疏水性氨基酸过多则会趋向成簇，从而使细胞质失去活性。

嗜盐菌的菌视紫红质和光介导（light-mediated）ATP 合成系统：

在厌氧光照条件下培养嗜盐菌时，产生一种细菌视紫红质嵌入细胞质膜中，称为紫膜，使菌体呈现红紫色。紫膜的膜片约占全膜的 50%，由 25% 的脂质和 75% 的蛋白质组成。这种蛋白质与动物视觉器官感光细胞中的视紫红质（rhodopsin）相似，也含有视紫素，被称为细菌视紫红质。嗜盐菌的细菌视紫红质可强烈吸收 570 nm 处的绿色光谱区。细菌视紫红质的视觉色基（发色团）通常以一种反式（trans）结构存在于膜内侧，它可被激发并随着光吸收暂时转换成顺式（cis）状态（图 13-11）。这种转型作用的结果使 H⁺（质子）转移到膜的外面，随着细菌视紫红质分子的松弛和吸收细胞质中的质子，顺式状态又转换成更为稳定的全-反式异构体。再次的光吸收又被激发，转移 H⁺。如此循环，形成质膜上的 H⁺（质子）梯度差，产生电化势。菌体利用这种电化势在 ATP 酶的催化下，进行 ATP 的合成，为菌体贮备生命活动所需的能量。这种由细菌视紫红质参与的光介导 ATP 的合成，显然与光合细菌叶绿素的能量产生有本质的区别，是地球上叶绿素分子出现之前，微生物将光能转变为生物细胞进行生命活动所需化学能的一种产能方式。这是古菌乃至细菌中独一无二的产能方式，是嗜盐菌产能代谢的特色，凸显出古菌的多样性。盐杆菌的这种光介导的 H⁺（质子）泵还具有通过 Na⁺/K⁺ 反向转运（antiport）向细胞外排出 Na⁺ 的功能，并且驱动为保持细胞渗透压平衡所需要的 K⁺ 和各种营养物的吸收。对于氨基酸的吸收是间接地通过光来驱动，因为一种氨基酸-Na⁺ 同向运输系统用于运载氨基酸的吸收。

紫膜是极端嗜盐古菌细胞结构的一大特征，除具有光合作用外，还具有光能转换特性，如将太阳能转换为电能。紫膜的分子结构在光作用下的变构现象，也有可能作为生物计算机的光开关、存储器等。

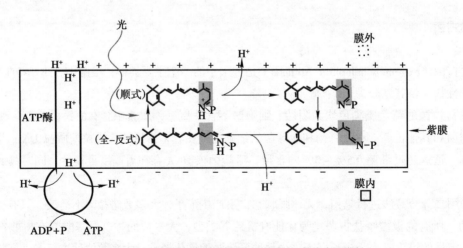

图 13-11 嗜盐菌紫膜细菌视紫红质质子泵的光介导模型

三、产甲烷古菌

18 世纪意大利物理学家 Alessandro Volta 发现并证明甲烷是"易燃的空气"。甲烷形成的过程称为产甲烷作用（methanogenesis）。所有产生甲烷的微生物都是古菌，称为产甲烷菌（methanogen），它们可将 CO_2、H_2、甲酸、甲醇、乙酸和其他化合物转变成 CH_4。产甲烷菌是最大一类可培养的古菌，根据形态特征、可利用的底物及系统发育分析目前将产甲烷古菌划分为 5 个目（甲烷杆菌目、甲烷球菌目、甲烷微菌目、甲烷八叠球菌目、甲烷火菌目）28 个属。

产甲烷古菌细胞壁化学组成多样，具有假肽聚糖、蛋白质或糖蛋白、杂多糖等多种类型。其质膜主要是由醚键连接的类异戊二烯组成。产甲烷古菌是严格的厌氧菌，它们的细胞内不含有过氧化氢酶，也不含有过氧化物酶，因此氧对它们有毒害作用，不能生活在有氧的环境中。在进行自养生长时，CO_2 是碳源，利用 H_2 作为 CO_2 的还原剂以合成有机物，利用甲烷发酵或乙酸盐呼吸来获取生命活动所需要的能量，乙酸可刺激生长。某些种需要氨基酸、酵母膏和酪素水解物等作为生长因子，如：瘤胃甲烷菌需要支链脂肪酸。所有的产甲烷古菌都能利用 NH_4^+ 作为氮源，少数的种可以固定分子态的氮。与其他古菌不同的是，所有的产甲烷古菌都需要金属镍作为产甲烷辅酶 F_{430} 的成分（镍四吡咯），除镍之外，铁和钴也是产甲烷古菌所需的重要微量元素。

四、无细胞壁的古菌

在广古菌门中，有一类所处系统发育地位相同且具有嗜酸嗜热特性的古菌，即热原体属（*Thermoplasma*）（见图 2-20）、铁原体属（*Ferroplasma*）和嗜酸菌属（*Picrophilus*）。前两者没有细胞壁，这一点与支原体很相似，后者细胞表面具 S- 层。它们常分布于煤垃圾堆和强酸的硫黄热泉。

热原体属的细胞大小变化较大，有的种具有多根鞭毛，能够运动。热原体能抵御外界渗透压的变化、对抗外环境的低 pH 和高热极端环境，是因为它们虽然没有坚韧的细胞壁，但发育出一种带有甘露糖和葡萄糖单位的四醚脂聚糖（tetraether lipoglycan）类似脂多糖化合物，作为质膜的主要成分。同时，质膜中也含有糖肽，但没有固醇类化合物，这样的质膜使热原体表现出对渗透压、酸、热的稳定性。热原体在 55℃、pH 2 的合成培养基上生长。目前已知的热原体属只有 3 个种：嗜酸热原体（*T.acidophilus*）、氧化硫热原体（*T. thiooxidans*）和火山热原体（*T. volcanium*）。有趣的是热原体的基因组极小，其 DNA 中的碱基约为 1 500 kb。与其他原核微生物显然不同的是，在 DNA 碱基周围裹以结合蛋白，这种球状颗粒很像真核细胞中的核小体，但与细菌的类组蛋白的 DNA 结合蛋白 HU 同源，在细胞的 DNA 组装中起重要的作用。

铁原体属是一类嗜酸性强，但不嗜热的古菌。从黄铁矿（FeS）矿石堆里分离出来，在将 Fe^{2+} 氧化成 Fe^{3+} 产酸的过程中获得能量，以 CO_2 为碳源进行自养生长。在自然环境中，当氧化亚铁酸硫杆菌（*Acidithiobacillus ferrooxidans*）和氧化铁钩端螺菌（*Leptospirillum ferrooxidans*）等嗜酸细菌氧化 Fe^{2+} 形成适度的酸性后，被激活的铁原体使酸水的 pH 更加降低至 0。

热原体属和铁原体属都极端嗜酸，但嗜酸菌属的嗜酸性更强，最适生长 pH 为 0.7，并能在 0 以下生长，这是微生物中绝无仅有的嗜酸微生物。研究发现，嗜酸菌属细胞膜的类脂排列十分奇特，能形成一种在低 pH 下不使强酸透过的膜。在环境的 pH 为 4 时，嗜酸菌的细胞膜反而会变得渗漏且不完整。显然，嗜酸菌属在进化中选择了极低 pH 的高酸环境进行生存。

五、还原硫酸盐古菌

还原硫酸盐古菌属广古菌门、古球菌目，该目有 1 科 3 属。嗜热的古球菌属（*Archaeoglobus*）可从海洋超高温孔洞的沉积物中分离得到。细胞呈不规则球形体状。通过偶联氧化 H_2、乳酸盐、丙酮酸及复杂的有机化合物将硫酸盐（SO_4^{2-}）还原成硫化物（H_2S），并产生少量甲烷是代谢的主要特征。该属与产甲烷菌在系统发育上密切相关，但其缺少产甲烷关键性的甲基 CoM 还原酶，目前对其产甲烷途径尚不可知。

六、超嗜热古菌

超嗜热古菌是古菌域中能在100℃以上的温度环境中生活的嗜热微生物。它们的最适生长温度约为80℃。这种温度范围不仅对高等动、植物是致死温度，就是对耐热的细菌来说，也是不能存活的温度。分布在泉古菌门中的热变形菌属、硫化叶菌属、硫还原球菌属、热网菌属等以嗜热、嗜酸的生活习性，依赖硫的代谢活动，丰富了古菌的多样性。少数广古菌门中的微生物如火球菌属、热球菌属和甲烷火菌属也生长在高热环境中，前两者表型类似于超嗜热泉古菌，后者与产甲烷菌相似，但具有独特的系统发育地位和超嗜热性。超嗜热古菌分布在地热区炽热的土壤或含有元素硫、硫化物热的水域中。由于生物氧化作用，富硫的、热的水体及其周围环境往往呈现酸性，pH在5左右，有的可低于1。这些高热、高酸、高硫的环境，常被称为硫黄热泉（solfatara）。但是，主要的超嗜热古菌多栖息在弱酸性的高热地区。

网上学习13-1
生活各异的古菌

绝大多数的超嗜热古菌专性厌氧，以硫作为电子受体，进行化能有机营养或化能无机营养的厌氧呼吸产能代谢。超嗜热古菌的呼吸类型呈现高度多样性，不论是以有机物还是以无机物作为呼吸底物，进行化能有机营养或化能无机营养，硫元素在各类型的呼吸作用中都起着关键性的作用。或者作为电子受体或者作为电子供体，S^0厌氧还原成H_2S，而S^0或H_2S好氧氧化成H_2SO_4。目前，我们所了解的超嗜热古菌多分离自陆地的火山地区和海底的火山口、海底硫黄热泉及海底热流的喷出口。

七、微生物生存的温度极限

超嗜热古菌的生长温度比任何已知的原核生物的生长温度都要高得多。目前已经探明，超嗜热古菌能够在70~110℃的温度范围内生长，有的种属甚至可以在超过110℃的温度下正常生长。火叶菌属中的超嗜热古菌延胡索酸火叶菌（*Pyrolobus fumarii*）其最高生长温度为113℃，在121℃可以生存1 h，已经令人惊奇，然而，目前又有资料显示与热网菌属相关的一个新种竟可以在121℃生长，称为菌株121，其甚至在130℃下仍能存活2 h。该菌是从太平洋东北部的热水流火山口分离到的，球形具丛生鞭毛，严格厌氧，以化能无机自养方式生长，Fe^{3+}氧化物为电子受体，乙酸盐或H_2为电子供体。这些足以能使细菌的芽孢灭活的温度成为超嗜热古菌生存的高极限。在实验室条件下，通过对生物分子稳定性实验的测试表明，140~150℃已是生命生存的最高极限。高于这个温度，生物将无法解决关键分子的热稳定性问题，如ATP分子在150℃时很快被降解。因此微生物存活的温度上限可能超过130℃，但是肯定低于150℃。

八、古菌是地球早期的生命形式吗？

正如前面我们所指出的那样，三界学说的建立和发展，为进一步探讨生命的起源和进化提出了新的思路。在生命出现以前的地球上，大气的组成是还原性的，富含大量的水蒸气、CH_4、NH_3、H_2S和少量的H_2。宇宙大爆炸的能量使氨基酸、核苷酸、糖类、脂质等生命物质得以出现，由此演化成原始生命。早期地球高热、高盐、高湿、低pH、无氧、充满还原性的气体，是一种极端环境，只有克服和适应这种极端环境条件的生命才能得以生存和繁衍下去。在当时大约100℃或者更高温度的环境中，唯有超嗜热的生物才可能生长，这种嗜热生物应该是类似的超嗜热古菌。从16S rRNA基因序列分析的数据比较表明，古菌在系统发育中的进化比细菌和真核生物缓慢，这种缓慢的进化过程特别表现在超嗜热古菌中。究其原因，这可能与超嗜热古菌与它们所栖息的极端高热环境有密切关系。生活在高热环境中的生物必须保持其基因的稳定性和保守性，即使由于进化，这些基因也不会发生重大改变以保持其特殊的表型特征。

可以认为，类似于超嗜热古菌可能是地球早期的生命形式。因为它们厌氧、化能有机或化能无机的营养代谢等表型特征符合所推测的早期地球地质化学条件下原始地球的表型特征。能氧化 H_2、还原硫的超嗜热古菌，类似于甲烷嗜热菌的产甲烷微生物都属于地球上早期的细胞类型，它们可能演化成古球菌、热棒菌、热变形菌以及各类产甲烷的古菌。氢代谢途径出现在超嗜热古菌中，古球菌以 H_2 作为电子供体，将硫酸盐还原成 H_2S，甲烷球菌和嗜热甲烷菌利用 H_2 还原 CO_2 生成甲烷，这显示出 H_2 作为电子供体在地球早期生命发育和进化中的作用。虽然超嗜热古菌和产甲烷古菌作为地球早期生命形式的证据还不够充分，还有许多奥秘没有解开，还有许多令人质疑的问题没有得到确切的答案，但至少我们可以认为，具有嗜热、厌氧、低 pH、氧化 H_2、还原硫及硫酸盐、产甲烷等特性的各类古菌，可以适应早期地球的环境，而得以生存繁衍下来，成为现代各类古菌的祖先。

网上学习 13-2
进化发育中独特的纳米古菌

网上学习 13-3
附生在火焰球菌表面的最小古菌

- 极端嗜盐古菌的细胞结构如何适应高钠的生存环境？
- 极端嗜盐古菌如何利用光能进行 ATP 的合成？这种产能方式与光合细菌的光合作用有何区别？
- 产甲烷古菌具有何种呼吸类型？哪些底物和辅酶参与甲烷的形成？它们如何获取能量？
- 古菌是早期地球的生命形式吗？

第三节　真核微生物的多样性

真核微生物包括真菌、单细胞藻类和原生生物，其种类约占微生物总数的95%以上。其中已知的真菌有 10 万多种，并且有人统计过，新发现的真菌新种数正以每年 1 500 种的速度递增着。从个体形态、群体形态、营养吸收、代谢类型、代谢产物、遗传特性和生态分布诸方面，真核微生物都展现出一幅多样化的画面。

一、真核微生物系统发育总观

生物的共同祖先沿着细菌、古菌、真核生物 3 条路线进化，其中一条路线为真核生物的演化过程。而真核生物是源于原始的原核细胞间的内共生演化而来。根据各种基因和蛋白质序列分析绘制的较详细的真核生物系统发育谱系树（图 13-12），概述了真核生物各类群的亲缘关系。从图 13-12 中可以看出真核生物进化呈辐射状的，而且这种进化辐射是在系统发育早期同时发生的，它包括了所有的、甚至现代真核生物的祖先。基于真核生物的某些基因和蛋白质分子所构建的进化树与来自 SSU rRNA 基因序列构建的进化树具有显著的不同。这些蛋白质分子序列包括微管蛋白、RNA 聚合酶和 ATP 酶亚基等，其中来自热休克蛋白及相关伴侣蛋白的蛋白序列信息被认为是非常好的进化标记。像双滴虫和副基体虫等无线粒体的生物，过去曾被认为是最古老的真核生物，但从该系统树中可以看出，它们是后期进化衍生的生物，而且动物和真菌具有更近的亲缘关系。有趣的是，通过对热休克蛋白和孢子传播的研究，发现微孢子虫（microsporidia）与真菌有更紧密的关系。

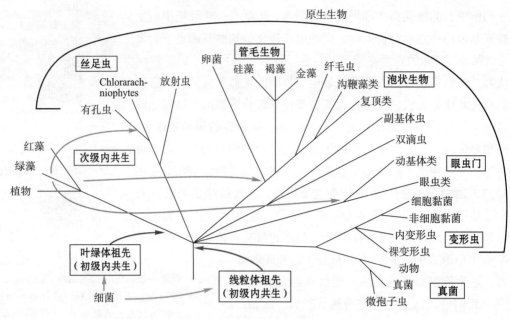

图 13-12　真核生物系统发育谱系树

图 13-12 显示出早期含有线粒体的真核生物中，以蓝细菌为祖先的叶绿体的初级内共生谱系分化为红藻和绿藻（以及后来的植物）。然后在次级内共生中，眼虫门（euglenozoans）和丝足虫（cercozoans）的祖先吞噬了绿藻，泡状生物（alveolate）和管毛生物（stramenopiles）吞噬了红藻。这些次级内共生现象可以解释光养真核生物系统发育的多样性。

但是，图 13-12 中的真核生物系统发育树不是"终结版"，随着对真核生物进化研究的不断深入，更多基因测序的完成及新方法和技术的应用，将会使得更为准确的真核生物系统发育图谱呈现出来。

网上学习 13-4
地球上最大、最古老的生物是什么？

二、单细胞藻类

藻类是一个庞大多样的真核生物类群。这个类群虽然包括含有叶绿素、放氧的光合类型的生物，但藻类不能与同样也是行光合营养、放氧的蓝细菌相混淆。蓝细菌是原核生物，在进化上与藻类有显著的差异。藻类在大小上差别很大，有些是单细胞微小的生物，而有的藻类如海带（褐藻）可以长达 30 多米。除单细胞藻类外，许多藻类是群体，呈丝状或栅状。有的丝状藻类不分支，有的具复杂的分支。大多数藻类含有叶绿素，呈现绿色，少数藻类因含有类胡萝卜素掩盖了叶绿素的绿色，而成为褐色和红色。藻类细胞中均含有 1 个或多个叶绿体，叶绿素分布在叶绿体的膜结构中。根据核糖体 RNA 序列分析的结果可以看出，藻类的系统发育是离散性很明显的异质类群（图 13-12）。早期的光合营养原核生物是红藻和绿藻的祖先，经过次级内共生，红藻和绿藻被其他真核生物所吞噬，但仍保留其叶绿体，从而使光养真核生物进一步多样化。因此这里只讨论单细胞的红藻和绿藻。

红藻（red algae，rhodophyte）通常是水生的，广泛分布于海洋。含有叶绿素 II a、藻胆蛋白和藻红蛋白，红藻的微红色是由藻红蛋白决定的，其颜色随着藻类在海洋中生存位置的加深而加深。红藻分为单细胞和多细胞。在单细胞红藻 Cyanidale 类群中包括 Cyanidium，Cyanidioschyzon 和 Galdieria，它们生活在其他光合微生物不能生存的酸性温泉中，温度为 35～56℃，pH 为 0.5～4.0。大多数红藻为多细胞，无鞭毛，形态多样，从丝状到多叶状，有一些被人们认为是海草，是琼脂的天然来源。

大部分绿藻（green algae，chlorophyte）生活在淡水、潮湿的土壤中，少数生活在海洋中。含有叶绿素Ⅱa和叶绿素Ⅱb，缺少藻胆素，呈特殊的绿色，在系统发育上与植物关系密切。形态多样，以单细胞、丝状、群落或者多细胞的形式存在，还可作为地衣的共生体。衣藻属（*Chlamydomonas*）是单细胞绿藻的代表。*Ostreococcus tauri* 是一种海洋单细胞浮游微生物，细胞直径约为 2 μm，其基因组约为 12.6 Mbp，是目前已知最小基因组的光养真核生物，是研究真核生物进化过程中基因组减少和特异化的模式生物。群落样绿藻为团藻属（*Volvox*），一个群落由几百个具有鞭毛的细胞组成的。团藻是进行多细胞生物遗传代谢控制和细胞功能分化研究的模式生物。

三、真菌

真菌（fungi）是不含叶绿体、化能有机营养、具有真正的细胞核、含有线粒体、以孢子进行繁殖、不运动（仅少数种类的游动孢子有 1～2 根鞭毛）的典型的真核微生物。真菌的类群庞大而多样，估计有 150 多万种，目前人们已了解的真菌约有 10 万种。真菌在自然界中的分布极其广泛。一些水生的种类生活在湖泊、河流中；少数种类栖息在海洋中（如海洋中的红酵母）；大多数真菌则主要生活在土壤中或死亡的植物残体上。它们在自然界的碳素循环和氮素循环中起主要作用。真菌参与淀粉、纤维素、木质素等有机含碳化合物的分解，生成 CO_2，为植物的光合作用提供碳源。许多真菌特别是担子菌，它们重要的生态学活性在于可以分解木材、纸张、棉布和其他自然界中含碳的复杂有机物。担子菌分解、利用纤维素和木质素作为生长的碳源和能源。然而有些真菌是引起许多重要经济作物病害的病原菌，如玉米腥黑穗病、小麦锈病、黄瓜黑腥病、棉花枯萎病、苹果腐烂病等；少数真菌是人类、动物的致病菌，如白假丝酵母引起的鹅口疮、表皮癣菌及毛癣菌引起的皮肤癣症等。

有别于系统发育多样化的原生生物，在真核生物的系统发育树中，真菌是亲缘关系密切的类群，是动物的姐妹群，其分化于约 15 亿年前。不同真菌间在形态特征和有性生活史中呈现出有差异的多样性，但目前真菌分类不仅以形态特征和有性生活史作为分类的特征，同时还以 SSU rRNA 序列、延长因子、细胞骨架重要蛋白质分子为指征。有关真菌各类群的主要特征列于表 13-3 中。真菌的营养要求简单，属于低营养微生物，其代谢和合成不像细菌那样多种多样。

如表 13-3 所示，真菌是由能产生菌丝体或能产生与菌丝体相关的结构的种所组成。在它们生活史的全部或大部分过程中，都产生含有几丁质而不是纤维素的细胞壁，专性吸收营养物质。真菌被分为五个门：壶菌门（Chytridiomycota）、接合菌门（Zygomycota）、球囊菌门（Glomeromycota）、子囊菌门（Ascomycota）和担子菌门（Basidiomycota）。有性生殖过程是分类的重要标准，不同类群的有性过程产生特征性的有性孢子。球囊菌门以与植物共生形成内生菌根为特征。子囊菌和担子菌产生有隔膜的菌丝，而且同一菌落里的菌丝之间可以相互融合，这种融合可以使放射状的菌落形成三维网络型菌丝体联合。菌丝融合可能是产生巨大子实体的主要原因。而接合菌门和壶菌门就没有这种隔膜菌丝和菌丝融合现象。这两个门也称为低等真菌，这是与担子菌门和子囊菌门的"高等真菌"相对而言的。真菌除可以产生有性孢子外，还可以产生能动的游动孢子和不动的节孢子、厚垣孢子、孢囊孢子、分生孢子等无性孢子。

酵母菌是单细胞的细胞型真菌，通过出芽方式繁殖，一些种在合适的条件下也能产生菌丝，就像某些产菌丝的真菌也能产生酵母型一样。许多酵母菌具有有性生殖过程，因而归于子囊菌门或担子菌门。酵母菌以其重要的实用性使得研究酵母非常有价值。地衣是真菌与藻类或蓝细菌的共生体，地衣中的真菌属于子囊菌纲，但是鉴于其形态学，生理学，生态学上的特点，地衣常被认为是单独的一类。

表 13-3　真菌的类群和主要特征

类群	菌丝形态	有性孢子	代表属	栖息地	病害
壶菌门（Chytridiomycota）	无隔、多核	卵孢子	集壶菌属、节壶菌属、异水霉属、芽枝菌属	水体，土壤，腐烂的植物残体	植物猝倒病、癌肿病，节肢动物、两栖动物病害
接合菌门（Zygomycota）	无隔、多核	接合孢子	毛霉属、根霉属、须霉属、枝霉属	土壤，腐烂的植物残体	食物腐败，包括少数寄生
球囊菌门（Glomeromycota）	无隔、多核	无（只有无性繁殖，分生孢子）	球囊菌属、无柄囊菌属、内养囊菌属	与植物共生，形成内生菌根	在生态系统中具有重要作用
子囊菌门（Ascomycota）	有隔	子囊孢子	脉胞菌属、曲霉属、念珠菌属、青霉属、麦角菌属	土壤，腐烂的植物残体，寄生在动植物体内	植物枯萎，真菌毒素中毒症，动物或人体感染
担子菌门（Basidiomycota）	有隔	担孢子	伞菌属、黑粉菌属、锈菌属、鹅膏属	土壤，腐烂的植物残体	小麦锈病，玉米黑穗病，毒蕈菌，食蕈菌

1. 壶菌门

壶菌门（Chytridiomycota）与其他真菌的主要区别是能产生一根光滑的后生尾鞭式鞭毛的游动孢子，有性过程为游动配子的融合，这可能是真菌的原始特征，适应陆生生活的真菌已经没有了这种特征。现在所知的壶菌门种类达 800 多种，分为 5 个目，其中 3 个主要目为壶菌目、芽枝霉目和厌氧瘤胃真菌。

壶菌（chytrid）菌体十分微小，大多数种类借助显微镜检查其寄生的动物和植物的有机残体上才能发现。壶菌目大部分为水生，一部分腐生，还有一些寄生于海藻或小的水生动物上，或寄生在维管束植物上危害经济作物，如引起猝倒病的芸薹油壶菌；引起马铃薯癌肿病的内生集壶菌，这是欧美主要马铃薯产区的重要病害，亚洲很少，是我国海关植病检疫对象；引起玉米褐斑病的玉米节壶菌。另外壶菌中的雕蚀菌属中的不同种能够寄生于蚊子幼虫，可以作为有价值的生防制剂。

异水霉属（Allomyces）和小芽枝霉属（Blastocladiella）是芽枝霉目的代表属，广泛用于基础研究。

厌氧瘤胃真菌是 1993 年新建立的一个目，由习居在草食动物瘤胃和盲肠内的厌氧壶菌组成。此类壶菌的游动孢子与具鞭毛的原生动物典型的区别是多鞭毛。如 Neocallimastix 属游动孢子具有 8～17 根鞭毛，游动孢子被吸引到植物体上，形成圆形静止体，萌发形成芽管，穿透寄主并形成假根并不断分支。当这种真菌生长在 39℃时（瘤胃温度），从形成游动孢子，经过圆形静止体阶段，到孢子囊成熟释放出游动孢子需要 30 h。

剑毒蛙壶菌（Batrachochytrium dendrobatidis）是目前唯一寄生脊椎动物蛙上引起两栖动物病害的壶菌，也是第一个完成基因组序列的壶菌。

2. 接合菌门

接合菌门（Zygomycota）分为接合菌纲和毛菌纲。其有性生殖过程都是通过配子囊融合形成静止的接合孢子。毛菌纲有 200 多个种，专性寄生在昆虫及节肢动物的肠道内。接合菌纲有 900 多种，其中毛霉目（Mucorales）最为常见。毛霉目是典型的腐生菌，广泛分布在土壤、动物的残骸上，有些引起水果的腐烂，还有些寄生在动物、植物、昆虫和人体上。该目中最大的属为毛霉属。

（1）毛霉属

毛霉属（Mucor）由无隔多核的菌丝构成菌丝体，产生无性的孢囊孢子和有性的接合孢子，蛛网状菌落。具有很强的分解蛋白质的能力，是制作腐乳、豆豉的菌种，有的种可用于淀粉酶的生产。毛霉主要分布于土壤、肥料中，能引起水果、蔬菜、淀粉类食品的霉腐变质。

（2）根霉属

根霉属（*Rhizopus*）形态上与毛霉相似，但根霉的匍匐菌丝可分化出吸收营养的假根及产无性孢囊孢子的孢囊梗（见图 2-26c），有性繁殖产接合孢子，代表种为葡枝根霉（*R. stolonifer*）。米根霉（*R. oryzae*）产生糖化酶是酿酒工业的菌种。另外有的种可进行甾族化合物转化及生产延胡索酸、乳酸等有机酸。根霉也可以引起食物、水果和蔬菜的霉腐。

3. 球囊菌门

球囊菌门（Glomeromycota）是真菌中相对较小的一个类群，至今只有大约 160 种被发现，但却具有重要的生态意义。因为它们能与草本植物、灌木和温带与热带树木的根形成互惠共生的内生菌根（endomycorrhizae）。这些菌产生吸器进入植物根部细胞之间，在细胞内形成树状分支，因此也称为丛枝菌根。该结构帮助植物从土壤中获得矿质元素，而真菌可以获得更多的碳水化合物。该类群真菌与植物的结合是专性的，离开植物则不能生长，它们只有无性繁殖。

球囊菌目含有 6 个属，分别是无柄囊霉属（*Acaulospora*）、内养囊霉属（*Entrophospora*）、巨孢囊霉属（*Gigaspora*）、实果内囊霉属（*Sclerocystis*）、盾孢囊霉属（*Scutellospora*）和球囊霉属（*Glomus*）。巨孢囊霉属和盾孢囊霉属在共生根系中只产生丛枝状菌丝，其他各属在根内形成胞囊和丛枝。它们的孢子在土壤里存活和散布，所有的孢子都产生在根外。它们与植物的联系是从远古开始的，完整的丛枝状吸胞已在早期陆地植物根部细胞的化石中找到。

4. 子囊菌门

子囊菌门（Ascomycota）是目前种类最多的一类真菌，至少有 65 000 个种。许多种都是人们熟知的具有重要应用价值的真菌。子囊菌因其具有独特的繁殖结构——子囊（ascus）而得名，其有性生殖过程是在子囊中通过二倍体核减数分裂产生单倍体的子囊孢子，而子囊是在称为子囊果的复杂子实体中形成的。许多子囊菌能在特殊的菌丝体上经过无性繁殖产生无性的分生孢子。近年来，子囊菌门有过比较大的重新分类，不是单纯以子囊果的形状作为分类标准，在有些目中不仅包括腐生型和寄生型真菌，还包括地衣。这里只介绍子囊菌门中较为重要的代表属。

（1）曲霉属

曲霉属（*Aspergillus*）菌丝分化形成的分生孢子头产生分生孢子（见图 2-26d），有的种其有性生殖产生子囊和子囊孢子，但许多种的有性生殖不详。菌落绒状，具黄、褐、黑、橙、绿等颜色。米曲霉（*A. oryzae*）是发酵工业和食品加工工业重要的菌种，用于制酱、酿酒、制醋曲等。现代发酵工业利用曲霉生产淀粉酶、蛋白酶、果胶酶等酶制剂以及生产柠檬酸、葡萄糖酸等有机酸。构巢曲霉（*A. nidulans*）是遗传学和生物化学研究中应用最广泛的生物之一，也是研究细胞生物学和发育生物学的模式生物之一。烟曲霉（*A. fumigatus*）是临床上引起侵袭性曲霉病的主要病原菌，在侵染免疫缺陷病人中大量繁殖而导致较高的死亡率，目前引起了高度重视。曲霉广泛分布在谷物、空气、土壤和各种有机物上，可引起水果、蔬菜及谷物的霉腐。值得注意的是有的黄曲霉（*A.flavus*）生长在谷物和花生上可产生黄曲霉毒素 B_1，是目前致癌物中毒性最强的一种。

（2）青霉属

青霉属（*Penicillium*）的菌丝体产生帚状分支的分生孢子梗是青霉属在形态上典型的特征。分生孢子多为青色，菌落絮状，大多数种的有性阶段不详。该属的许多种能引起粮食、食品、水果、蔬菜及工业产品的霉腐。在工业和医药上最著名的种是产黄青霉（*P. chrysogenum*），能产生广谱抗生素——青霉素。青霉属中有的种可以产生磷酸二酯酶、纤维素酶等酶制剂，有的种可以产生丙二酸、甲基水杨酸等有机酸，有的能对甾族化合物进行生物转化。

（3）脉孢菌属

脉孢菌属（*Neurospora*）因其子囊孢子表面带有叶脉状的纵形花纹而得名，其子囊孢子在子囊内单向排列，表现出有规律的组合。粗糙脉孢菌（*N. crassa*）是现代遗传学和分子生物学研究的模式物种，近年来对该物种研究不断深入，在基因的甲基化、生命节律、防卫机制、基因沉默、DNA修复、基因进化以及细胞信号传导等方面取得了重要进展。脉孢菌的细胞内含有丰富的蛋白质、VB_{12}，可用于制取稻草曲饲养家畜，有的种可造成食物腐烂。

（4）麦角菌属

麦角菌属（*Claviceps*）主要寄生于禾本科植物，少数为莎草科植物的黑麦、小麦或雀麦等植物的子房内。了解最多的就是麦角菌（*C. purpurea*），吃了被麦角菌感染的黑麦面包可引起令人恐怖的麦角中毒症：坏疽、瘫痪及死亡。主要是因为麦角菌侵染植物后，将子房变为菌核，其形如麦种故称为麦角，麦角中含有丰富的生物碱，能刺激中枢神经系统和交感神经系统，人误食麦角后会引起中毒或孕妇流产。目前含麦角碱的药物已用于催产和止血控制。现在可通过发酵大规模生产麦角碱。

（5）虫草属

虫草属（*Cordyceps*）的大多数种寄生于昆虫上，鳞翅目的几个属和某些膜翅目的昆虫是易感的。如果子囊孢子落在昆虫蛹的表面，萌发形成芽管，芽管侵入到虫体内，菌丝体借芽殖而繁殖并在昆虫体内扩散。虫体死后，菌丝体继续生长使整个虫体变为一个菌核，到后期从菌核上产生具子囊壳的子座。蛹虫草（*C. miltitaris*）产生橘红色的子座，在一些地区非常普遍，由于它的直立姿态使人想到士兵的站立姿势，因此，又叫"军人"虫草。冬虫夏草（*C. sinensis*）是我国青藏高原的特有物种，它和人参、鹿茸一样被誉为中药三大宝。但国内近年来被过度开发，尤其在分生孢子的无性型的人工培养方面出现混乱，目前冬虫夏草的无性型为中华被毛孢（*Hirsutella sinensis*）。

网上学习 13-5
创新思维与伟大的发现

5. 担子菌门

担子菌门（Basidiomycota）是真菌中最高等的门，目前已知的担子菌超过 30 000 种，因其具有担子（basidium）这种独特的结构而得名。近年来根据 SSU rDNA 序列比较将担子菌门分为三个谱系，两个不产子实体而且是植物的寄生菌的类群，即锈菌纲（Urediniomycetes）和黑粉菌纲（Ustilaginomycetes），以及一个形成子实体的类群——层菌纲（Hymenomycetes）。前者代表种为玉米黑粉菌（*Ustilago maydis*）和禾柄锈菌（*Puccinia graminis*）可引起玉米、小麦等农作物严重病害。层菌纲中有许多种是重要的食用和药用真菌，如木耳、银耳、灵芝、茯苓、猴头、牛肝菌、马勃及各种蘑菇等。

担子是能产生担孢子（basidiospore）的产孢体，担孢子是单核的单元体，它的质配、核配和减数分裂都发生在担子内，担孢子的数目通常是4个。担孢子成熟后，以弹射方式从担子上散发出来，大量的担孢子弹放，形成可见的"烟雾"状。经空气传播单倍体

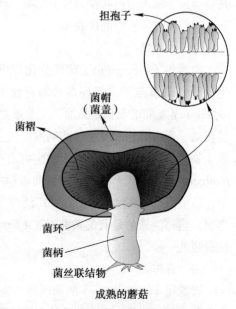

图 13-13 蘑菇的子实体和担孢子

的担孢子在适宜的基质上萌发长出菌丝，但不能形成子实体。单倍体的菌丝经融合形成双核菌丝（dikayotic hypha），生长到一定时期形成小的类似菌蕾的结构，这个结构是蕈菌子实体的雏形。菌蕾在地下可以保留很长时间，直到适宜的条件到来，通常是暴雨后，菌蕾吸收大量的水分膨胀，形成子实体（图 13-13，图 13-14）。这种膨胀需要的时间很短，几小时或一天，许多子实体可同时形成。

图 13-14 蘑菇
图片来源：中国科学院沈阳应用生态研究所戴玉成

这些具有子实体的大型真菌，也称为蕈菌或蘑菇（mushroom），许多原为野生的蕈菌，现在已经能够大规模地进行人工栽培，如香菇、双孢蘑菇、草菇、猴头菇、灵芝等。蕈菌的子实体不仅仅是传统的美味食品，更重要的在于蕈菌中的多糖类物质可抑制肿瘤细胞的恶性增生，作为佐剂可增强人体的免疫功能，提高机体的免疫力和抗病能力。但有些也是有毒的，如毒鹅膏（*Amanita phalloides*）能严重损害肝、肾、胃、肠道等器官及中枢神经系统并引起死亡。

网上学习 13-6
奇特的孢子印

6. 酵母

酵母（yeast）是单细胞真菌，圆形、卵圆形或圆柱形，广泛地存在于水和土壤中，一些酵母是植物或动物的病原菌，但酵母对人类最重要的意义在于它能在营养丰富的溶液尤其是含糖的环境，如水果、花、树皮上以较高的代谢率生长。酵母是人类早在远古时期就开发利用的微生物。用酵母酿酒、制作食品已有几千年的历史，至今酵母在发酵工业中仍占有举足轻重的地位。但酵母不是一个自然分类群，它们分布在子囊菌门和担子菌门。

（1）子囊类酵母

子囊类酵母被归于子囊菌门。多以出芽方式进行无性繁殖，从母细胞长出芽体，芽体渐渐长大，脱离母细胞。酿酒酵母（*Saccharomyces cerevisiae*）是典型代表，其作为模式真核生物已被研究多年，是第一个全基因组测序的真核生物。有些酵母，如裂殖酵母属（*Schizosaccharomyces*）以二分裂进行无性繁殖。有些酵母菌的有性生殖是通过子囊孢子的方式进行。两个性别不同的酵母细胞进行融合，经质配、核配、减数分裂在子囊内生成 4 个单倍体的子囊孢子。子囊孢子可萌发长成新的酵母细胞，以子囊孢子进行有性生殖的酵母菌在分类上则归属于子囊菌。

有些酵母在进行芽殖时，芽细胞长成后未脱离母细胞，芽细胞又产生新的芽体，这种由单细胞连接形成的集合体与霉菌的菌丝在性质上迥然不同，为区别起见，将酵母细胞的群体称为假菌丝（pseudohypha），假丝酵母属（*Candida*）最为常见。如白假丝酵母（*C.albicans*）在医学上称为白念珠菌，是二倍体的两型真菌，具有酵母型、假菌丝型和菌丝型多种形态（图 13-15）。它主要存在于人的口腔、阴道或者胃肠黏膜里，作为一种重要的条件致病菌，易于感染器官移植、放化疗及 HIV 阳性病人，是主要的医院内感染菌。

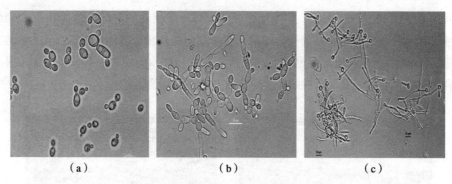

图 13-15　白假丝酵母（*C. albicans*）的三种形态图
（a）酵母型；（b）假菌丝型；（c）菌丝型

（2）产担孢子酵母

许多担子菌存在酵母时期，这类真菌具有担子菌有性阶段的特征。一些产担孢子酵母属于银耳目（Tremellales），还有一些属于冬孢酵母目（Sporidiales）。

广泛研究的一种产担孢子酵母是红冬孢酵母（*Rhodosporidium toruloides*），它是红酵母（*Rhodotorula glutinis*）单倍体的无性型阶段。这种酵母有两种交配型，不同配型的两个细胞融合形成具有锁状联合的双核菌丝，核融合后形成含有单个二倍体核的冬孢子。当这些厚壁的休眠孢子萌发时进行减数分裂，形成短的先菌丝，形成四个担孢子，散播后担孢子芽殖开始其酵母时期，完成其生活史循环。新型线黑粉菌属（*Filobasidiella*）属于银耳目的一种酵母菌，它是新型隐球酵母（*Cryptococcus neoformans*）的温度无性型，是人类隐球菌病的病原菌。隐球菌病通常发生在免疫缺陷的病人身上，也感染无免疫缺陷的人群。主要感染在肺部，无症状，随后会发生脑膜炎症状。

7. 地衣

地衣（lichen）是真菌（子囊菌或担子菌）与藻类结合而形成不同于两个合作者形态的共生体。组成地衣的真菌常常很独特，有些是未知种。组成地衣的藻类常是共球藻属（*Trebouxia*），堇青藻属（*Trentepohlia*）和念珠藻属（*Nostoc*）中的成员。地衣分布广泛，种类与数量繁多，记载的种类大概有16 000 种，其外形多样，呈壳状、叶状或灌木丛状。藻类细胞与真菌细胞紧密接触，可存在于单独的层内，也可分布于整个地衣。藻类提供光合产物，如果是蓝细菌还可以固定空气中的氮，其对地衣的益处并不明显，只是可以保护地衣免遭干旱的影响，避免过多的光照。而真菌能从基质中吸取矿物质供地衣利用。许多地衣对大气污染物很敏感，尤其是 SO_2，这导致许多地衣在 20 世纪工业发达国家中灭绝。因此，可通过观察是否有地衣的存在，来判定不同地区受污染的程度。

四、黏菌

黏菌（myxomycete，slime mold）是非光合营养的真核微生物。不含叶绿素，产孢子和子实体等表型特征，过去被属于真菌。但作为原生动物，黏菌以吞噬方式摄食，能在固体表面快速移动。因此，从系统发育的剖析表明，黏菌属于变形虫，是裸变形虫的后裔。黏菌分为细胞黏菌（cellular slime mold）和非细胞黏菌（plasmodial slime mold）两个类群。细胞黏菌的营养体是由单个变形虫状的细胞组成，非细胞黏菌的营养体是大小和形状都不固定的原质团（plasmodium，亦称变形体）。在自然界中，黏菌生活在腐烂的枯枝落叶、木头和土壤中。它们的食物是以细菌为主的微生物，以吞噬方式摄食。把一小片腐烂的木片放在潮湿的培养皿中，经培养，黏菌的原质团可在木片上繁育，并充满木片表面，可在解剖镜下进行观察。

1. 细胞黏菌

细胞黏菌的营养体是由单个的变形虫状的细胞组成。在其生长过程中具有特异的生活史。如盘基网柄菌（*Dictyostelium discoideum*）生活史的无性和有性阶段。无性阶段：变形虫状营养细胞→假原质团→子实体→变形虫状营养细胞。有性阶段：变形虫状营养细胞（单倍体核）→接合→大孢囊（双倍体核）→减数分裂→变形虫状营养细胞。

当周围的食物被用尽后，盘基网柄菌的变形虫状营养细胞处于饥饿状态，此时，由细胞产生 cAMP 和特异性蛋白两种物质作为中心去吸引其他的营养细胞，这两种物质具有趋化性介质的功效，引发变形虫状的营养细胞聚集，从而形成一种假原质团（pseudoplasmodium）的结构。在这一结构中，变形虫状营养细胞失去了独立性，但并不融合。假原质团是一种黏液状可移动的细胞团，当假原质团停止移动进行垂直生长时，开始形成子实体（图 13-16）。

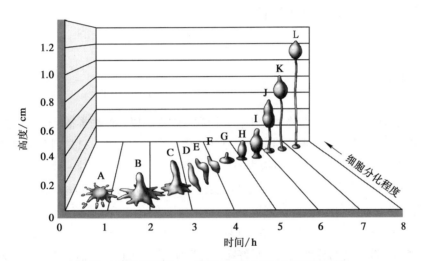

图 13-16　细胞黏菌——盘基网柄菌子实体形成的不同时期
A ~ C. 原质团聚合；D ~ G. 由原质团聚合的假原质团的移动；H ~ K. 子实体的积累和形成；L. 成熟的子实体

2. 非细胞黏菌

营养时期的非细胞黏菌像一个不定形的原质团，与巨大的变形虫相似。由于细胞质的流动使非细胞黏菌呈现变形虫状运动，运动时吞食颗粒状食物。细胞质的流动是由一种称为肌动蛋白（actin）的蛋白丝所驱动的。它位于细胞质膜下面的薄层中。非细胞黏菌细胞质流动时呈现出明显的一股股的束（strand），束顶端的原质团紧缩、黏滞，后面的较稀薄。细胞质会向束的顶端流动，每一束都裹着一层薄的细胞质膜。在流动时，每一束并不总是单独的一束，有时可以融合成一个大的原质团，然后又分离成一股股小的束。非细胞黏菌的原质团常铺展在潮湿木片的表面并呈现鲜艳的颜色。

网上学习 13-7
未培养微生物与生物多样性

非细胞黏菌具有较复杂的生活史：原质团聚集（双倍体）→孢子囊→双倍体核行减数分裂→孢子→萌发→游动细胞（单倍体）→接合→双倍体变形体→连续核分裂→双倍体原质团。

五、原生生物

原生生物（protist）是异养营养型或光能营养型的单细胞真核生物，形态和大小差异较大，栖息地也不尽相同，许多种对人类健康具有重要作用。大量研究表明它们在进化上有巨大的多样性。原生生物是一个并系群（paraphyletic group）。传统上根据是否存在叶绿体将进行光合作用和非光合作用的微生物分为藻类和原生动物两个形式类群。随着系统发育研究的不断深入，原生生物单元化分类正在形成，目前确认为单系群的主要类群是眼虫门（Euglenozoa）、泡状生物（Alveolates）和管毛生物（Stramenopiles）（图 13-12）。但是还有大量的分类地位待定的分类群，例如，丝足虫、放射虫、变形虫和黏菌，尚需对其进行详细的研究，以便确定它们的分类地位。

第四节　微生物资源的开发利用和保护

一、生物多样性的国际公约

生物资源的三大支柱，即动物、植物和微生物，而微生物资源以其产物丰富、生产性能优越、开发前景广阔而不同于动植物。人类认识、分离和鉴定微生物的历史至今约 300 年，只是到上世纪末，人们才认识到与动植物一样，微生物也是人类需要和不可缺少的自然资源。

1992 年联合国环境发展大会通过了《生物多样性公约》（Convention on Biological Diversity）。这是人类对保护生物多样性及其资源永续利用的共同纲领。公约对生物资源给出了最具权威性的论述："生物资源是指对人类具有实际或潜在用途或价值的遗传资源、生物体或其部分、生物群体或生态系统中任何其他生物组成部分"。对于保护生物资源，公约特别强调"最好在遗传资源原产国建立和维持移地保护及研究植物、动物和微生物的设施"。微生物是自然界生物资源中不可或缺的组成部分，同样在开发、利用和保护的范围之列。在人类几千年的文明史发展过程中，我们已经深刻体会到，在维持生态系统的平衡和为人类提供生存资源中，微生物同动植物一样，具有不可替代的作用。同时由于微生物自身的特点，使其成为具有独特性的生物资源，是人类生态环境可持续发展战略的重要组成成员。

我国是该公约的缔约国之一。1993 年我国成立了中国环境与发展国际合作委员会生物多样性工作组，负责协调我国生物多样性的工作。

二、微生物资源的特点

微生物作为独特的生物资源，具有不同于动植物的特点，表现为：

1. 微生物的种类繁多

《伯杰氏系统细菌学手册》（第 2 版）记载的细菌有 875 个属，而《Ainsworth & Bisby's Dictionary of the Fungi》第 10 版已描述的真菌有 8 283 个属，约 10 万种之多。微生物物种多样性所形成的代谢类型及其代谢产物的多样性，遍及与人类生活密切相关的所有领域。例如，目前引起人们重视的古菌，它们生存在极端环境下，其酶系统、代谢类型和代谢产物极具多样化，具有潜在的经济价值和应用前景，为生物技术和生物产品提供了物质基础。

2. 对微生物认识较晚

由于科学技术发展的历史原因，人类发现微生物较晚，至今仅有约300年的历史。显微镜的发明撞开了微观世界的大门，使得人类对动植物进行形态观察、结构探讨和分类进化研究之后，才发现了自然界中微小生物的存在。对人类来说，微生物潜藏的秘密太多，由于起步晚，对微生物物种的多样性、遗传多样性、代谢多样性和生态多样性的研究，远远落后于动植物。真正对微生物进行系统的研究，也不过100多年的历史。直到近些年来，人们才开始明确地认识到，微生物与动植物一样，同样也是人类生存不可缺少的宝贵资源，同样也存在着珍稀物种和重要物种濒危的问题。随着人们对有益微生物的开发利用、对有害微生物的控制杀灭，人们对微生物在自然界的物质循环、能量流动、保障人体健康、促进经济发展等方面，有了科学、正确的认识之后，人类开始采取相应的保护措施和保护法规，对微生物物种实行保护和保藏，使微生物资源得到了相应的关注和保护。

3. 微生物易变异

微生物的变异性为人类改造和利用它们提供了可操作性。从基因组学的观点来看，微生物的基因组小，调控系统较为简单，相对于动植物来说基因改造要容易。例如从最初利用产黄青霉生产青霉素时，其产率仅为0.01%，经过菌种改造，目前产率达到5%，提高了500倍。又如利用酵母生产乙肝疫苗，是目前分子生物学技术成功运用的又一典范。作为一个外源蛋白，最初是在酿酒酵母中生产的，而目前更多的是在巴斯德毕赤酵母和多形汉逊酵母中生产。乙肝疫苗的生产是通过生物技术改造外源蛋白表达的一种典型的理想模式。

4. 微生物的药物资源丰富

药用微生物是微生物资源开发和利用的重要领域，也是微生物在自然界生物资源开发中的佼佼者。微生物在抗生素类药物和非抗生素类生理活性药物的数量之多、范围之广是其他生物无可比拟的。20世纪60年代以前微生物药物的研究主要集中在抗生素类药物的开发利用，此后在70~90年代进入非抗生素类生理活性药物的研究，并取得突飞猛进的发展。微生物学家们在20世纪末对微生物产生的生理活性药物的研究进行了统计（见表13-4）。尽管微生物药物研究和开发的难度越来越大，但新发现的药用微生物和生理活性药物，如免疫调节剂、抗氧化剂、血管扩张剂、降压剂、降胆固醇、抗血凝以及抗癌药物等的数量不断增加。尤其DNA重组技术的应用，通过基因克隆构建药物生产工程菌，通过基因重组构建药物筛选模型，开发新的微生物药物已成为当前研究的热点。

表 13-4　微生物产生各类药理活性物质的分类统计

药理活性	产生菌			合计	药理活性	产生菌			合计
	细菌	放线菌	真菌			细菌	放线菌	真菌	
免疫调节剂	8	75	32	115	抗过氧化	8	33	4	45
抗炎症	5	46	27	78	降胆固醇	2	5	93	100
抗胶原病	2	6		8	抗分解代谢	0	42	12	54
抗神经疾病	1	26	43	70	胃激素	0	4	5	9
降血压	1	27	13	41	性激素	2	10	4	16
血管扩张	1	39	28	68	细胞动力学作用	4	57	53	94
抗血凝	9	17	20	46	合计	43	387	314	744

5. 微生物自身的有利特性

微生物个体小、繁殖快、利保藏的特点，使它们已成为获取菌体、代谢产物、药物、基因储备等生物产业进行大规模工业化生产的重要生物资源。这是人类对微生物资源的开发利用，同时也是对有益、有用微生物资源的延续和保护。

三、微生物资源的开发利用和保护

在人类科学技术发展漫长的历史中，从远古时代开始，人们就已经无意识或自觉地开发利用微生物资源了。出土文物的酒具、甲骨文中的酒字，记载了微生物已进入人类的生产活动和日常生活之中。到了近代，以微生物作为菌种生产抗生素、酶类、核苷酸、氨基酸、有机酸、醇类、单细胞蛋白、生物农药、石油加工产品、多糖、维生素等产品的发酵工业，已成为国民经济建设中重要的内容。近年来，由生物技术催生出来的基因重组技术，使得微生物资源的开发利用进入了更加主动的境界。人们可以按照主观愿望，对具有优良性状的微生物，进行某种遗传性状的改造，使其为人类的健康生存、愉快生活，施展它们的作为和能量。

现在，对微生物资源利用、改造所形成的微生物产业，已与动植物产业并列为三大生物产业。全世界微生物产业的年产值已超过2 000亿美元。日本发酵行业的年产值与电器和电子行业的年产值相当。当今的微生物开发利用已涉及医药、化工、能源、食品、饲料、肥料、农药、电子、信息、冶金、石油、轻纺、海洋、环境保护、可降解生物材料、生物医学材料、宇航等众多领域，比单一行业更为广阔和全面。

与其他产业相比较，微生物产业的发展为时尚短，我们目前仅利用了微生物的菌体、代谢产物和基因转移，蕴藏在微生物体内的潜能尚待进一步挖掘。对极端环境微生物的开发利用，还在初始阶段；用某些化工原料为底物经微生物多酶系统转化成微生物产品，仍需进行深入研究、实验和实施；在宇航事业中发掘利用微生物的功能，还是巨大的难题。因此，在已经确认微生物是一类重要的生物资源基础上，对微生物资源的开发利用应更上一层楼，更进一步深入和扩展。

保护微生物资源是开发利用的前提，包括中国在内已成立了35所国内外权威的微生物资源保藏机构，为微生物的资源利用提供了关键的菌种来源。

中国参加了国际《生物多样性公约》的签约，成立了中国环境与发展国际合作委员会生物多样性工作组，表明了中国对保护微生物资源的承诺和决心。我们应该积极参加微生物资源的挖掘、开发、利用和保护工作；宣传保护微生物资源和多样性的重要性，谴责破坏微生物资源库、基因库、生态环境的行为，尽一切所能呼吁和争取有关部门制定法规和相应措施。保护优良物种、保护具有代表性的生态环境，进行微生物资源的迁地保护和就地保护工作，使微生物资源永远成为人类的朋友和生存保障。

- 微生物资源的主要特点是什么？
- 如何利用微生物的菌体、代谢产物、生理特性和微生物基因进行微生物资源的开发？
- 怎样保护微生物资源？

小结

1. 细菌是微生物中在形态结构、呼吸类型、代谢方式和生态分布上均呈多样性的一大类微小的生物。根据16S rRNA序列分析的结果，细菌占据着生物三大域中的一个域，包括17个独特的类群，每个类群都可以看成是独立的门。目前基本上已经确定了大多数类群寡核苷酸序列的标记。

2. 古菌是极端环境微生物，它们在形态结构、生理特征、生态分布上与细菌有明显差异。16S rRNA序列分析表明它们是生物总系统中一个重要的域。同时也表明微生物具有丰富的多样性。

3. 18S rRNA序列结果显示出真核微生物在系统发育进化路线上的异质性。单细胞藻类、真菌和原生生物构成了庞大而又多样的真核微生物类群。

4. 微生物与人类的生存息息相关，蕴藏在微生物中的资源已经和正在被人类开发和利用，并应更深入、拓宽地进行，同时还要积极开展迁地和就地保护。

网上更多……

📇复习题　　👥思考题　　📝现实案例简要答案

（李明春　杨文博）

第14章
感染与免疫

学习提示

Chapter Outline

现实案例：免疫系统中的"哨兵"

诺贝尔奖委员会于 2011 年 10 月 3 日宣布，科学家 Bruce A. Beutler、Jules A. Hoffmann、Ralph M. Steinman 因为其在免疫研究领域的重大贡献而获得当年的诺贝尔生理学或医学奖。该奖项评审委员会认为这三位科学家"发现了免疫系统激活的关键原理，从而彻底革新了我们对免疫系统的认识"。Bruce Beutler 和 Jules Hoffmann 发现了免疫系统的第一道防线，即非特异性免疫是如何识别病原微生物的，从而揭示了免疫应答过程的第一步。Ralph Steinman 则发现了免疫系统中的树突状细胞，以及其如何激活并调控适应性免疫。这三位科学家的发现揭示了免疫应答中非特异性免疫和特异性免疫是如何被激活，且暗示了两者之间的关联。

请对下列问题给予回答和分析：

1. 非特异性免疫与特异性免疫对病原微生物的识别机制存在什么差别？造成这些差别的原因何在？

2. 为何非特异性免疫应答能够在病原入侵后第一时间启动而特异性免疫应答则启动较晚？

3. 非特异性免疫对特异性免疫有什么影响？我们如何运用这些影响以研发出更加高效的疫苗？

参考文献：

[1] Lemaitre B, Nicolas E, Michaut L, et al. The dorsoventral regulatory gene cassette spätzle/Toll/cactus controls the *potent antifungal response* in drosophila adults[J]. Cell. 1996, 86（6）: 973-983.

[2] Poltorak A, He X, Smirnova I, et al. Defective LPS signaling in C3H/HeJ and C57BL/10ScCr mice: mutations in Tlr4 gene[J]. Science. 1998, 282（5396）: 2085-2088.

[3] Steinman R M, Cohn Z A. Identification of a novel cell type in peripheral lymphoid organs of mice. I. Morphology, quantitation, tissue distribution[J]. J Exp Med, 137(5):1142-1162.

寄生于生物（包括人）机体并引起疾病的微生物称为病原微生物（pathogenic microorganism）或病原体（pathogen）。

感染（infection），又称传染，是指病原微生物入侵及在体内繁殖过程中与机体相互作用而引起的局部或系统性反应。一方面，病原体入侵机体，损害宿主的细胞和组织；另一方面，机体的种种免疫防御功能，力图杀灭、中和、排除病原体及其毒性产物。二者力量的强弱和增减，决定着整个感染过程的发展和结局，环境因素对这一过程也有很大的影响。正如第7章第六节中相关内容所述，通常认为病原体、宿主和环境是决定传染结局的3个因素。感染的建立，首先需有病原体的接触。它们具有侵袭宿主机体，在其中生长繁殖和产生毒性物质等能力。感染不是疾病的同义词，大多数的感染为亚临床的、不明显的、不产生任何显著的症状与体征。有些病原体在最初感染后，潜伏影响可持续多年。病原体亦可与宿主建立起共生关系。

生物体能够辨认自我与非我，对非我做出反应以保持自身稳定的功能，称为免疫（immunity）。免疫是生物在长期进化过程中逐渐发展起来的防御感染和维护机体完整性的重要手段。宿主免疫防御功能分为非特异性免疫和特异性免疫两大类，它们相辅相成，共同完成抵抗感染、保护自身机体的作用，但当免疫功能异常时也会造成对机体的病理性损伤。

第一节　感染的一般概念

一、感染的途径与方式

1. 感染的途径

来源于宿主体外的感染称为外源性感染，主要来自患者、健康带菌（毒）者和带菌（毒）动、植物。而当滥用抗生素导致菌群失调或某些因素致使机体免疫功能下降时，宿主体内的正常菌群可引起感染，称内源性感染。病原体一般通过以下几种方式感染：

（1）呼吸道感染

很多病原体可以通过患者或带菌者的唾液、痰液及带有病原体的尘埃传播，如结核杆菌、白喉杆菌、呼吸道病毒及肺炎衣原体等。

（2）消化道感染

患者排泄物污染的饮食是病原体传播的主要方式之一，污染的水源、家具及苍蝇、蟑螂等昆虫是主要传播媒介，如伤寒杆菌、痢疾志贺菌等肠道致病菌和肝炎病毒等。

（3）创伤感染

某些病原体如致病性葡萄球菌、链球菌、破伤风梭菌、螺旋体及病毒可通过损伤的皮肤黏膜进入体内引起感染。一些病原体可通过吸血昆虫作为传播媒介，如鼠蚤传播鼠疫、疟蚊传播疟疾、库蚊传播乙脑病毒，也是创伤感染的一种方式。

（4）接触感染

某些病原体如布鲁氏菌可以侵入完整的皮肤。淋球菌、沙眼衣原体可侵入正常黏膜，它们与麻风杆菌、人类免疫缺陷病毒等可通过人–人或人–动物的密切接触或通过用具污染物传播。

（5）垂直传播

病原体由亲代通过胎盘或产道直接传播给子代的方式称为垂直传播，主要见于病毒，如疱疹病毒、乙肝病毒、人类免疫缺陷病毒等，其他微生物很少见。

有些病原体具有多种感染方式。

2. 感染的部位及方式

不同的病原体侵入机体的途径不同。绝大多数病原体不能穿过完整的皮肤，而是通过机体的自然开口、皮肤表面的创伤裂口，或通过导管、静脉注入或外科切口等医源性的途径，进入机体内部。极少数（如血吸虫、钩虫）能穿过皮肤；有的（如脊髓灰质炎病毒、麻疹病毒）能穿过黏膜，然后通过血循环达到特定组织部位，造成病变；有的（如白喉杆菌）能附着在黏膜上生长繁殖形成局部病灶，产生毒素，引起各种症状。

性质不同的病原体侵入人体后寄生和造成病变的方式不同，可分为两大类。一类是细胞外感染，绝大多数细菌和寄生虫的感染属于此类；另一类是细胞内感染，又可分为两类。某些细菌、真菌、弓形体被吞噬细胞吞噬后不被杀死，反而在细胞内增殖，称为兼性细胞内感染；所有的病毒、立克次氏体、衣原体及少数细菌和原虫只能在靶细胞内增殖，它们必须存在于细胞内才能引起感染，称为专性细胞内感染。许多病原体有亲器官性的特点，即病原体对它们所感染的组织或器官有高度选择性。如肝炎病毒只侵袭肝细胞，而肺炎球菌侵袭呼吸道黏膜。一般而言，机体对胞外感染的防御策略大多是防止扩散或再感染；而对胞内感染重要的是摧毁感染源。

二、微生物的致病性

1. 细菌的致病性

细菌的致病性是对特定宿主而言，能使宿主致病的为致病菌，反之为非致病菌，但二者并无绝对界限。有些细菌在一般情况下不致病，但在某些条件改变的特殊情况下亦可致病，称为条件致病菌或机会致病菌（opportunistic pathogen）。病原菌致病力的强弱称为毒力，其侵袭力和毒素是构成毒力的基础。

（1）侵袭力

病原菌突破宿主防线，并能于宿主体内定居、繁殖、扩散的能力，称为侵袭力（invasiveness）。细菌通过具有黏附能力的结构，如革兰氏阴性菌的菌毛黏附于宿主的呼吸道、消化管及泌尿生殖道黏膜上皮细胞的相应受体，于局部繁殖，积聚毒力或继续侵入机体内部。细菌的荚膜和微荚膜具有抗吞噬和体液杀菌物质的能力，有助于病原菌于体内存活。细菌产生的侵袭性酶亦有助于病原菌的感染过程，如致病性葡萄球菌产生的血浆凝固酶有抗吞噬作用；链球菌产生的透明质酸酶、链激酶、链道酶等可协助细菌扩散。

（2）毒素

细菌毒素（toxin）按其来源、性质和作用的不同，分为外毒素和内毒素。

细菌在生长过程中合成并分泌到胞外的毒素称外毒素，如破伤风痉挛毒素、白喉毒素等；也有存于胞内当细菌溶解后才释放的，如痢疾志贺菌的肠毒素。许多革兰氏阳性菌，如白喉杆菌、破伤风杆菌、肉毒杆菌、葡萄球菌及链球菌等，以及部分革兰氏阴性菌，如霍乱弧菌、铜绿假单胞菌、鼠疫杆菌等均能产生外毒素。外毒素通常为蛋白质，具有强免疫原性，按其作用部位可分为细胞毒素、神经毒素和肠毒素3大类。细胞毒素作用于全身组织的特定部位，如白喉毒素；神经毒素作用于神经系统，如破伤风毒素；肠毒素直接作用于肠黏膜，如霍乱毒素。外毒素的毒性作用强，往往极小剂量即可致死。例如，肉毒毒素是目前已知的最剧毒物，1 mg纯品可杀死2亿只小鼠或100万只豚鼠，肉毒毒素中毒的死亡率几近100%，但及时注射抗毒素及对症治疗可使之降低。

某些外毒素是超抗原，如金黄色葡萄球菌分泌的肠毒素、铜绿假单胞菌外毒素等。

内毒素即革兰氏阴性菌细胞壁脂多糖（LPS），于菌体裂解时释放，作用于白细胞、血小板、补体系统及凝血系统等多种细胞和体液系统，引起发热、白细胞增多、血压下降及微循环障碍，有多方面复杂作用，但相对毒性较弱。各种革兰氏阴性菌的内毒素其作用相似，且没有器官特异性。

2. 病毒的致病性

病毒必须在活细胞中才能生长增殖，寄生性极为严格，因而其致病机制、感染类型和免疫病理等方面均有其特点。病毒感染是基因水平的感染。病毒在宿主细胞内增殖，影响宿主细胞的核酸及蛋白质代谢，其后果可分为3种类型。

（1）杀细胞感染

杀细胞感染（cytocidal infection）指病毒在宿主细胞中复制成熟后，短时间内一次大量释放，细胞裂解死亡，释放出的病毒侵入其他细胞，开始又一次感染周期。当细胞死亡达到一定数量而造成组织损伤，或毒性产物积累到一定程度时，机体出现症状即显性感染。一般无包膜病毒如脊髓灰质炎病毒、鼻病毒、腺病毒等皆属此种类型。

（2）稳定状态感染

相对毒力较低的病毒在相对易感性较低的细胞中可能形成稳定状态感染（steady state infection），在相当长的一段时间内细胞和病毒并存，同时增殖，病毒可以传给子代细胞，或通过直接接触感染邻近细胞。此种类型包括若干有包膜病毒及甲肝病毒等无包膜病毒。此类病毒虽不会使细胞溶解死亡，但常在增殖过程中引起宿主细胞膜组分改变而诱发自身免疫反应，造成对宿主的免疫损伤。

（3）整合感染

整合感染（integrated infection）指病毒基因组整合于宿主细胞染色体，或以质粒的形式存在于细胞质内。通常病毒并不增殖，但可用核酸探针检出病毒核酸的存在。此种类型的典型代表为EB病毒、人类多瘤病毒（BKV、JCV）和人类反转录病毒（HTLV-1）。病毒长期潜伏，往往是引起人类恶性肿瘤的原因之一。

3. 立克次氏体的致病性

感染人类的立克次氏体主要通过节肢动物叮咬或其粪便传播。已知立克次氏体的致病物质有内毒素和磷脂酶A等。立克次氏体通过特异受体进入宿主细胞，以不同方式在细胞内增殖并释放。如人类流行性斑疹伤寒的病原体普氏立克次氏体在吞噬体内通过磷脂酶A溶解吞噬膜的甘油磷脂而进入胞质，大量增殖后导致细胞破裂。释放的立克次氏体通过血流在全身各器官的小血管内皮细胞中增殖，能直接破坏其所寄生的血管内皮细胞引起血管炎症，其毒性产物亦可进入血液循环而引起全身症状。立克次氏体的内毒素与细菌内毒素的结构及作用相同。

4. 真菌的致病性

不同真菌可通过不同方式致病，大体有以下几种情况：

（1）致病性真菌感染

一些外源性真菌感染可引起皮肤、皮下和全身性疾病。如皮肤癣菌有嗜角蛋白特性，在皮肤局部大量增殖后，通过机械刺激和代谢产物的作用引起局部的炎症和病变，即手足癣、甲癣、头癣等。

（2）条件致病性真菌感染

主要由一些内源性真菌在机体免疫力降低，如长期应用抗生素、放射治疗等情况下发生。如白念珠菌是存在于人体表及腔道中的正常菌群，当人体免疫力低下时可侵入人体许多部位，包括发生于皮肤黏膜的鹅口疮、口角糜烂，发生于内部器官的肺炎、食管炎、膀胱炎，发生于中枢神经系统的脑膜炎等。

（3）真菌变态反应性疾病

有些真菌本身并不致病，但对某些具过敏倾向的个体可引起变态反应性疾病，如曲霉、青霉、镰刀菌等可引起荨麻疹、哮喘、变应性鼻炎。

（4）真菌性中毒

有些真菌在粮食上生长，人及动物食后可因真菌本身或真菌产生的毒素而中毒。如黄曲霉的黄曲霉毒素、杂色霉的杂色霉素可引起肝损害；橘青霉的橘青霉素可引起肾小球损害；主要由节菱孢菌引起的霉甘蔗中毒作用于脑，引起抽搐、昏迷直至死亡。真菌中毒与一般细菌病毒感染不同，有地区性与季节性，但没有传染性，不引起流行。

已陆续发现一些真菌产物与肿瘤有关，如黄曲霉毒素当饲料中含量达 1.5×10^{-8} g 时，即可诱发大鼠实验性肝癌；青霉菌产生的灰黄霉素可诱发小鼠甲状腺和肝肿瘤。这一现象已引起重视和研究。

5. 寄生虫的致病性

大多数寄生虫的构造和成分都很复杂。特别是寄生虫有复杂的生活周期，随着循环迂回迁移，其结构和表面成分均不断变化，或获得宿主成分作为外衣使宿主难以识别，或将表面分子释放作为"诱饵"，吸引机体的免疫系统将其作为攻击靶，而自身逃避了免疫防御。

寄生虫可分为原虫和蠕虫。原虫是单细胞生物，多数于胞内寄生，在感染过程中破坏宿主组织细胞，如疟原虫破坏红细胞，连同其毒性代谢产物，引起急性或慢性传染病。虽然寄生于人体的原虫不超过 20 种，但其中 4 种：疟原虫、非洲和美洲锥虫、利什曼原虫，是最难对付而又危害严重的病原。

疟原虫的生活史很复杂，疟原虫的雌雄配子体在蚊体内发育成孢子体，子孢子经蚊的唾液注入宿主动物（人）体内，迅速侵入肝细胞，转化为裂殖体。每个肝细胞可释放数千个裂殖子，随即感染红细胞并于其内增殖。当红细胞破裂并释放出裂殖子和有毒废物时，伴随有畏寒发热的典型症状，并造成贫血。有些裂殖子发育为配子母细胞，随红细胞被疟蚊吸入体内，经过蚊体内的复杂过程，准备开始新的感染周期。疟原虫的每一个发育阶段都有不同的形状、功能和表面分子，使人很难产生完满的保护性免疫。

非洲锥虫表面有一层厚厚的外壳，由可变化的表面糖蛋白（VSG）组成。其核内有 1 000 个以上的 VSG 基因，通过复杂的调控机制，一次只转录一个基因。锥虫生长发育过程中可不断蜕去原有的 VSG 外壳，而换上另外一种抗原性完全不同的外壳，其一生中可表达百余种不同的 VSG，从而逃避宿主免疫系统的攻击。

蠕虫是多细胞生物，种类极多，通常引起胞外慢性感染，如血吸虫。

网上学习 14-1
微生物与生物恐怖

• 细菌可通过哪些途径感染人体？
• 病毒可通过哪些途径感染人体？
• 细菌与病毒的致病性各有何特点？
• 除细菌与病毒外，还有哪些微生物可能成为人类的病原体？它们分别如何致病？

第二节　宿主的非特异性免疫

非特异性免疫（non-specific immunity）是机体与生俱来的生理防卫功能，又称天然免疫（innate immunity）；是在种系发育过程中形成的，不需要诱导即可发挥对外界异物的防卫功能。非特异性免疫主要包括生理屏障、细胞因素和体液因素（表 14-1）。

表 14-1 天然免疫的组成

类型	成分举例
生理屏障	皮肤、黏膜及其附属物、共生菌群
体液因素	溶菌酶、补体、干扰素
细胞因素	吞噬细胞、自然杀伤细胞
其他	免疫的综合作用等

一、生理屏障

1. 表面屏障

健康机体的外表面覆盖着连续完整的皮肤结构，其外面的角质层是坚韧的，不可渗透的，组成了阻挡微生物入侵的有效屏障。同时，汗腺分泌物中的乳酸和皮肤腺分泌物中的长链不饱和脂肪酸均有一定的杀菌抑菌能力。机体呼吸道、消化管、泌尿生殖道表面由黏膜覆盖，其表面屏障作用较弱，但有多种附件和分泌物。黏膜所分泌的黏液具有化学性屏障作用，并且能与细胞表面的受体竞争病毒的神经氨酸酶而抑制病毒进入细胞。当微生物和其他异物颗粒落入附于黏膜面的黏液中，机体可用机械的方式如纤毛运动、咳嗽和喷嚏而排出，同时还有眼泪、唾液和尿液的清洗作用。多种分泌性体液含有杀菌的成分，如唾液、泪水、乳汁、鼻涕及痰中的溶菌酶、胃液的胃酸、精液的精胺等。吸烟和饮酒过度者，纤毛运动减弱，易患气管炎、支气管炎和肺炎。

2. 局部屏障

体内的某些部位具有特殊的结构而形成阻挡微生物和大分子异物进入的局部屏障，对保护该器官，维持局部生理环境恒定有重要作用。如由脑毛细血管壁及其外的脑星形细胞组成的血-脑屏障，阻挡血中的物质包括致病微生物及其产物向脑内自由扩散，从而保护中枢神经系统的稳定。由怀孕母体子宫内膜的基蜕膜和胎儿的绒毛膜滋养层细胞共同组成的血-胎屏障，能阻挡病原微生物由母体通过胎盘感染胎儿。

3. 共生菌群

人的体表和与外界相通的腔道中存在大量正常菌群，通过在表面部位竞争必要的营养物，或者产生如像大肠杆菌素、酸类、脂质等抑制物，而抑制多数具有疾病潜能的细菌或真菌生长。临床上长期大量应用广谱抗生素，肠道内对药物敏感的细菌被抑制，破坏了菌群间的拮抗作用，则往往引起菌群失调症，如耐药性金黄色葡萄球菌性肠炎。

感染的生理屏障见图 14-1。

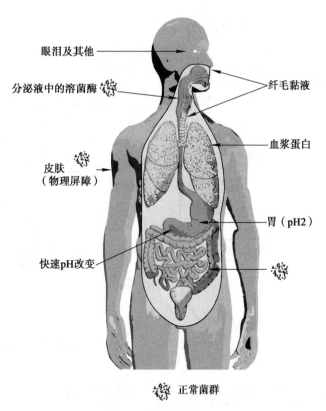

眼泪及其他

分泌液中的溶菌酶

皮肤
（物理屏障）

快速pH改变

纤毛黏液

血浆蛋白

胃（pH2）

正常菌群

图 14-1 感染的生理屏障

二、体液因素

1. 补体系统

补体系统（complement system）[*]包括30余种蛋白质成分，按其生物学功能可分为补体固有成分、补体调节蛋白和补体受体三大类。这些蛋白主要由肝细胞和巨噬细胞产生，在正常生理状况下以无活性形式存在于血清和体液中。只有在特定条件（如感染）下，补体成分才依次被激活，这一过程称为补体的激活。补体激活有3条途径：由抗原－抗体复合物结合于补体成分C1，自C1至C9依次激活的途径称经典激活途径（classical pathway，CP）。由酵母多糖、LPS等多种微生物及其产物从C3和B因子开始激活的途径称替代途径（alternative pathway，AP，即旁路途径）；由抗体酶炎症期蛋白甘露糖结合凝集素（mannose-binding lectin，MBL）与病原体结合从C2和C4开始激活的途径称凝集素途径（lectin pathway）。3条途径涉及的起始因子不完全相同，但均导致C3的活化。经典途径由抗原－抗体复合物活化C1，作用于C4和C2，产生经典途径的C3转化酶C $\overline{\text{4b2a}}$ 并切割C3产生C3b，进一步组成C5转化酶C $\overline{\text{4b2a3b}}$，将C5切割为C5a和C5b。MBL途径由肝产生的炎症期蛋白MBL与病原体的甘露糖残基结合后活化丝氨酸蛋白酯酶，后者与C1有类似活性，作用于C4和C2，引起与经典途径相同的反应过程。替代途径由体液中微量C3b在病原体等适当接触表面上与B因子结合后被 $\overline{\text{D}}$ 因子加工为旁路途径的C3转化酶C3b $\overline{\text{Bb}}$，也切割C3产生C3b，进一步组成C5转化酶C $\overline{\text{3bBb3b}}$。随后，以上3种途径以同样方式切割C5，由C5b与后继成分依次组装而成膜攻击复合物（membrane attack complex，MAC）C $\overline{\text{5b6789}n}$（$n=12\sim15$），在菌膜或靶细胞膜上聚合成孔，造成细胞内容物泄漏，胞外低渗液进入胞内，靶细胞肿胀破裂而死亡（图14-2）。

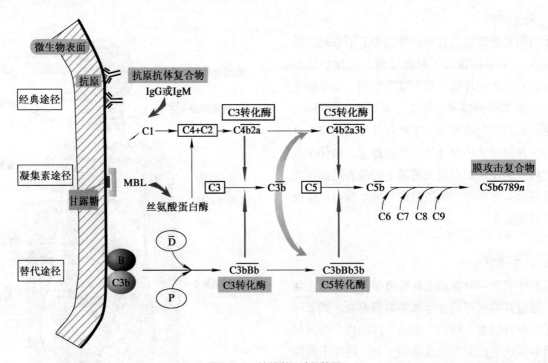

图14-2　补体激活途径简图

---

[*]　补体的命名：C代表补体，各成分用数字分别命名为C1～C9，旁路途径成分命名为B因子和D因子；各成分被裂解后产生的片段依次加上英文小写字母a、b、c等；具有酶活性或其他生物活性的成分在其上划一横线表示；灭活后可在其旁加i，如C3bi。

补体活化后，可引起膜损伤，导致细胞溶解，其靶细胞包括革兰氏阴性菌、具有脂蛋白膜的病毒颗粒、红细胞和有核细胞，对机体抵抗病原微生物、清除病变衰老的细胞和癌细胞有重要作用。在补体活化过程中产生的各种片段分别具有趋化、促进吞噬细胞的活化吞噬及清除免疫复合物、促进炎症等多种生理功能，是机体天然免疫的重要组分。同时，补体成分还有复杂的免疫调节功能，参与机体特异性免疫。补体各片段均有自己的特异性受体，它们广泛分布于多种细胞，补体片段是通过受体发挥作用的。

2. 干扰素

干扰素（interferon，IFN）是宿主细胞在病毒等多种诱生剂刺激下产生的一类小分子质量的糖蛋白，分为三型。Ⅰ型干扰素包括 α 和 β 干扰素，分别由白细胞和成纤维细胞产生，其中 IFN-α 家族至少有 20 个基因编码的一组相对分子质量为 $1.8 \times 10^4 \sim 2.6 \times 10^4$ 不等的结构相关、功能类似的多肽。又可进一步分为 IFN-α1 和 IFN-α2/IFNW 两组。Ⅱ型干扰素即 γ 干扰素，主要由 T 淋巴细胞及自然杀伤细胞产生，又称免疫干扰素。Ⅲ类新型干扰素包括三个家族成员：IL28a（IFNλ2）、IL28b（IFNλ3）及 IL29（IFNλ1），它们具有类似的组成和结构。

干扰素作用于宿主细胞，使之合成抗病毒蛋白、控制病毒蛋白质合成，影响病毒的装配释放，具有广谱抗病毒功能，同时，还有多方面的免疫调节作用。Ⅰ型干扰素以抗病毒活性为主，而Ⅱ型干扰素的抗病毒活性较Ⅰ型为弱，但免疫调节作用更强。目前关于Ⅲ型干扰素的研究较少，但发现其与Ⅰ型干扰素类似，同样具有抗病毒功能。

3. 溶菌酶

溶菌酶（lysozyme）是相对分子质量为 1.47×10^4、不耐热的碱性蛋白，主要来源于吞噬细胞并可分泌到血清及各种分泌液中，能水解革兰氏阳性菌胞壁肽聚糖而使细胞裂解。

此外，体液中还有 β 溶解素（β-lysin）、转铁蛋白、血浆铜蓝蛋白及 C 反应蛋白等多种能杀菌或抑菌的因素，但直接作用很弱，仅在机体免疫中起辅助作用。

三、细胞因素

1. 吞噬细胞

吞噬细胞（phagocytes）分为大、小吞噬细胞两类。大吞噬细胞即居留于各种组织中的巨噬细胞和其前体——血液中的单核细胞；小吞噬细胞主要指血液中的嗜中性粒细胞。吞噬细胞有吞噬入侵的病原微生物等颗粒的能力，并且由于吞噬细胞表面存在补体受体、抗体受体等多种受体，当有相应配体存在并与之结合时，将刺激吞噬细胞活化，大大增强其吞噬杀伤能力。吞噬细胞内含有丰富的溶酶体，其中含有水解酶、溶菌酶等多种酶类和其他杀菌物质。当病原微生物入侵时，吞噬细胞可在趋化因子和黏附分子的作用下穿过毛细血管壁到达感染局部，吞入病原体形成吞噬体，进而与溶酶体融合为吞噬溶酶体，然后通过依氧和不依氧两种机制将吞入胞内的病原体杀灭。

依氧机制激发胞内氧化酶通过称为"呼吸爆发"（respiratory burst）的剧烈氧代谢，产生一组具强杀菌作用的反应氧中间产物（ROI），包括超氧离子、过氧化氢、次氯酸、游离羟基和单态氧等；同时，还产生反应氮中间产物（RNI）特别是一氧化氮，对抗胞内寄生物如弓形虫和利什曼原虫更为重要。嗜中性粒细胞有髓过氧化物酶（MPO）系统，可通过髓过氧化物酶 -H_2O_2- 卤素形成醛类，具强杀伤能力。巨噬细胞无 MPO 系统，由 H_2O_2、OH^-、O_2^- 等直接发挥杀菌功能。非依氧机制主要由溶菌酶、乳酸、乳铁蛋白和阳离子蛋白等组成，在厌氧条件下起主要作用。

病原体被吞噬后，多数情况下，由吞噬细胞将其杀死，然后为溶酶体中的水解蛋白酶、多糖酶、核酸酶及酯酶等消化分解，最后将不能消化的残渣排出体外，称为完全吞噬。如化脓性球菌，一般于被吞噬后5~10 min死亡，30~60 min分解。有些病原体，如结核杆菌、麻风杆菌、布氏杆菌等胞内寄生菌，具有抗吞噬溶酶体形成或抗溶菌酶等逃避机制，在免疫力低下的机体内，虽被吞噬，却不能杀死，反而随吞噬细胞移动，造成扩散，称不完全吞噬。

此外，巨噬细胞还可分泌多种可溶性因子，不但有加强杀菌、促进炎症的作用，还具有免疫调节等重要功能。同时，作为抗原提呈细胞，是特异性免疫的重要组成部分。

2. 自然杀伤细胞

自然杀伤细胞（natural killer cell，NK）属于淋巴细胞，主要分布于外周血和脾，具有不须事先致敏，不需其他辅助细胞或分子的参与而直接杀伤靶细胞的功能。NK细胞通过释放穿孔素（perforin）和颗粒酶造成靶细胞死亡，也可通过释放肿瘤坏死因子（TNF）杀伤靶细胞。某些肿瘤细胞和微生物感染细胞可以成为NK细胞的靶细胞，而且NK细胞活性较其他杀伤细胞更早出现，因此在抗肿瘤、抗感染特别是病毒感染中起重要作用。

四、炎症

炎症（inflammatory）是机体受到有害刺激时所表现的一系列局部和全身性防御应答，可以看做是非特异性免疫的综合作用结果，其作用为清除有害异物、修复受伤组织，保持自身稳定性。有害刺激包括各种理化因素，但以病原微生物感染为主。

当病原体感染，组织和微血管受到刺激损伤时，迅即导致多种可溶性炎症介质释放，如被细菌LPS活化的血小板黏附于局部胶原和血管内皮基底膜，并释放出5-羟巴胺、凝血因子等多种活性成分，由此而引起凝血、激肽和纤溶系统级联反应。病原体经旁路途径激活补体产生活化片段C3a和C5a，它们具有趋化因子和过敏毒素作用，进一步刺激肥大细胞和嗜碱性粒细胞释放组胺、前列腺素、白三烯等活性介质，与激肽共同作用，导致血管扩张，毛细血管通透性升高，血流变缓，这些改变利于血管内细胞和血清成分逸出。在趋化因子及黏附分子作用下，各种白细胞包括嗜中性粒细胞和单核巨噬细胞迁移到炎症部位，发挥其吞噬杀灭病原体的功能。活化的补体组成攻膜复合物溶解病原菌，其他血浆成分包括凝血系统、激肽系统、纤溶系统均参与此过程，扩大炎症反应。与此同时，细菌LPS是外源致热原而活化巨噬细胞分泌的白细胞介素1（IL1）有内源性致热原作用，它们直接作用于下丘脑导致发热。吞噬细胞的溶酶体酶释放或泄漏会损伤自身组织成分，死亡白细胞与破坏裂解的靶细胞共同酿成脓液；各种毒性产物与活性介质也将刺激正常机体组织。因此，伴随炎症过程有红、肿、痛、热和功能障碍现象。炎症后期，有成纤维细胞、上皮细胞、巨噬细胞等多种细胞和因子参与的修复过程。

此外，特异性免疫应答成分如抗体和致敏淋巴细胞及其分泌的细胞因子均参与并扩大炎症反应，使之"聚焦"（即特异性）而更加有效。

第三节 宿主的特异性免疫

一、特异性免疫的一般概念

1. 特异性免疫的类型

特异性免疫（specific immunity）是机体在生命过程中接受抗原性异物刺激，如微生物感染或接种疫苗后产生的，针对性排除或摧毁、灭活相关抗原的防御能力，又称适应性免疫（adaptive immunity），具有获得性、高度特异性和记忆性。

特异性免疫按其获得方式的不同，可分为主动免疫与被动免疫。主动免疫由机体本身接受刺激而产生，维持时间较长。被动免疫是从其他已建立免疫的个体接受或人工输入免疫细胞及分子而获得免疫力，维持时间较短。主动免疫与被动免疫又可分别进一步分为自然获得与人工获得两种方式（表14-2）。根据发挥免疫作用的不同途径，又可将特异性免疫分为体液（抗体介导）免疫和细胞介导免疫两个分支。

表 14-2　特异性免疫的类型

	主动免疫	被动免疫
自然的	显性或隐性感染	经胎盘或乳汁由母体传递给婴儿
人工的	接种疫苗	输入免疫细胞、抗血清或其他制剂

2. 免疫系统

适应性免疫的物质基础是免疫系统（immune system）。免疫系统的功能是识别"自我"与"非我"并排除抗原性异物，以维持机体内环境的平衡和稳定。免疫系统发挥职能的过程，即免疫细胞对抗原分子的识别、活化、分化和效应过程，称为免疫应答（immune response，IR）。

免疫系统由免疫器官、免疫细胞和免疫分子组成。

（1）免疫器官

免疫器官按其功能又分为中枢免疫器官和周围免疫器官。中枢免疫器官是免疫细胞发生和分化的场所，包括骨髓、胸腺和鸟类的法氏囊。骨髓是成血干细胞（包括免疫祖细胞）发生的场所，胸腺是T淋巴细胞发育的场所，法氏囊是B淋巴细胞发育的场所，哺乳动物有类囊器官，人的类囊器官是骨髓。周围免疫器官是免疫细胞居住和发生免疫应答的场所，包括淋巴结、脾和黏膜相关淋巴组织。黏膜相关淋巴组织分布于呼吸道、消化管、泌尿生殖道黏膜，主要有扁桃体、阑尾和肠系膜淋巴结（Peyer's 结）（图14-3）。

（2）免疫细胞

免疫细胞主要包括淋巴细胞、粒细胞和肥大细胞、单核巨噬细胞、树突状细胞，广义地还包括红细胞和血小板及其各类细胞的祖细胞。它们均来自骨髓多能造血干细胞（图14-4）。

淋巴细胞（lymphocyte)是高度异质性的，按照表面分子标志及功能分为T细胞、B细胞和第三类（非T非B）淋巴细胞。T细胞进一步按照其表面带有CD4或CD8分子分为$CD4^+$ T细胞和$CD8^+$ T细胞两个亚类。$CD4^+$ T细胞主要具有辅助及炎症功能，称为辅助性T细胞（helper T lymphocyte，TH），包括TH1和TH2细胞。$CD8^+$ T细胞包括杀伤性T细胞（cytolytic T lymphocyte，CTL或Tc）和抑制性T细胞（suppressor T lymphocyte，Ts）。B 细 胞（B lymphocyte)又 分 为B1（$CD5^+$，$mIgM^{++}IgD^\pm$）和B2（$CD5^-$，$mIgM^+IgD^+$）两

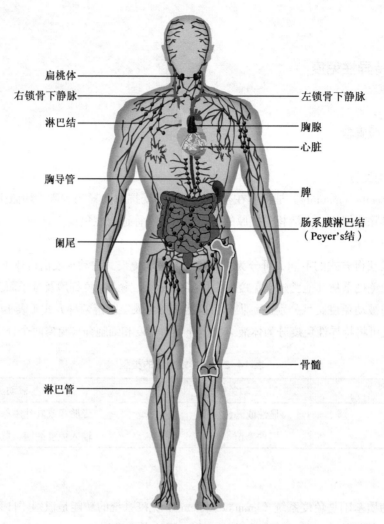

扁桃体

右锁骨下静脉

淋巴结

胸导管

阑尾

淋巴管

左锁骨下静脉

胸腺

心脏

脾

肠系膜淋巴结
（Peyer's结）

骨髓

图 14-3　人体免疫器官与淋巴循环

个亚类，主要介导体液免疫。第三类淋巴细胞主要包括 NK 细胞（natural killer cell，自然杀伤细胞）。

　　遍布全身的小淋巴管形成淋巴管网，汇集为越来越大的淋巴管，一般与静脉并行，最后通过左右锁骨下静脉并入血液循环。机体的组织液进入末梢淋巴管，即称为淋巴液。淋巴细胞顺淋巴管迁移称为淋巴细胞再循环。淋巴结接受淋巴和血液的双循环，主要起净化淋巴液的作用。脾只接受血循环，主要起净化血液的作用。黏膜相关淋巴组织有局部防御的重要功能。

　　粒细胞于骨髓内发育成熟，主要存在于血液内，当感染发生时也可经趋化到达反应局部。根据其对染料的亲和性又分为嗜中性、嗜酸性和嗜碱性粒细胞。嗜中性粒细胞（neutrophil）因核常分 2～6 叶又称多形核白细胞（polymorphonuclear leucocyte，PMN）。其胞内含丰富的溶酶体和嗜中性颗粒，炎症感染时可紧急大量动员入血，是血中主要的吞噬细胞。嗜酸性粒细胞（eosinophil）占白细胞总数的 1%～3%，其核常分两叶。胞浆中含大量嗜酸性染料的大颗粒，其中含多种水解酶类和主要碱性蛋白等活性介质，具有对组织细胞的损伤毒性。同时，嗜酸粒有一定的经受体介导的吞噬杀伤功能，在抗寄生虫免疫中有重要作用。嗜碱性粒细胞（basophil）约占白细胞总数的 0.2%～2%，核分叶不清。胞浆中有粗大的嗜碱性颗粒，内含组胺等生物活性介质，在一定条件下释放，导致 I 型超敏反应。

　　肥大细胞（mast cell）是大型圆细胞，位于皮下疏松结缔组织和呼吸道、消化管、泌尿生殖道黏膜内，胞浆含有粗大嗜碱性颗粒，也是介导 I 型超敏反应的主要细胞。此外，肥大细胞能分泌多种细胞因子，有重要的免疫调节作用。

血液中的单核细胞（monocyte）和全身各组织中的巨噬细胞（macrophage，Mφ）是同一骨髓干细胞的不同发育阶段。前体干细胞分化为单核细胞入血，仅停留 1~2 d 后进入全身各组织发育成熟为巨噬细胞。不同部位的巨噬细胞其性状有异，因此有各自不同的名称。单核细胞多呈椭圆形或有伪足，体积较粒细胞为大。胞浆呈碱性，有较多的溶酶体和吞噬泡。巨噬细胞形态结构类似于单核细胞，但体积增大，伪足增多，外形更不规则，溶酶体及线粒体增多。单核细胞和巨噬细胞均有趋化、吞噬杀伤功能和在体外对玻璃的黏附特性，但巨噬细胞的吞噬杀伤能力更强。单核巨噬细胞有加工提呈抗原的能力，是主要的抗原提呈细胞之一。同时，巨噬细胞能分泌百余种活性产物，包括补体成分、细胞因子及酶类等，具有多方面免疫功能。因此，巨噬细胞既是效应细胞又是调节细胞，在特异性免疫和非特异性免疫中都有重要作用。

树突状细胞（dendritic cell，DC）表面有树枝状突起，主要分布于表皮、血及淋巴组织中，居留不同部位的树突状细胞其性状功能有细微差异，

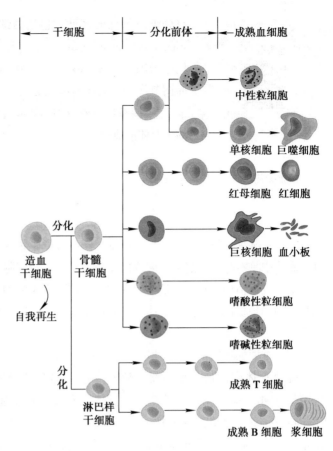

图 14-4 人类血细胞的由来与分化简图

也有各自不同的命名。树突状细胞是专业抗原提呈细胞，在特异性免疫应答中起重要作用。

红细胞表面有大量补体片段 C3b 的受体 CR1，病原颗粒通过 C3b 结合到红细胞上，称免疫黏附。红细胞携带病原颗粒经血循环到达肝、脾而被吞噬清除。因为循环红细胞数目远大于白细胞，通过红细胞的免疫黏附是机体清除病原的主要途径之一。

（3）免疫分子

免疫分子包括膜表面免疫分子和体液免疫分子两大类。

膜表面分子主要包括膜表面抗原受体、主要组织相容性抗原、白细胞分化抗原和黏附分子。B 细胞和 T 细胞表面有各自的特异性膜表面抗原受体 BCR 和 TCR，能识别不同的抗原并与之结合，启动特异性免疫。主要组织相容性复合体（major histocompatibility complex，MHC）是机体的自身标志性分子，参与 T 细胞对抗原的识别及免疫应答中各类免疫细胞间的相互作用，也限制 NK 细胞不会误伤自身组织，是机体免疫系统区分自己与非己的重要分子基础。MHC 抗原依其分子结构、组织分布及功能的不同又分为 MHC Ⅰ类抗原和Ⅱ类抗原（参见第四节的"移植免疫"）。白细胞分化抗原（cluster of differentiation，CD）是各类白细胞在发育分化过程中表达的膜表面分子，有的在不同阶段出现或消失，有的持续终生。迄今已命名的 CD 分子已达 350 种，以数字标于 CD 后表示，如 CD1、CD2 等。它们不仅是细胞类型或发育、活化阶段的标志，还具有参与活化、介导细胞迁移等多方面功能。黏附分子（adhesion molecules，AM）是广泛分布于免疫细胞和非免疫细胞表面，介导细胞与细胞、细胞与基质相互接触与结合的分子，种类及成员众多，有参与活化信号转导、细胞迁移、炎症与修复以及生长发育等广泛重要作用。

体液免疫分子主要包括抗体、补体和细胞因子。细胞因子（cytokine，CK）是主要由免疫细胞分泌的相

网上学习 14-2
CD 分子与免疫细胞分类

对分子质量低的多肽，包括白细胞介素（interleukin，IL）、集落刺激因子（colony stimulating factor，CSF）、干扰素、肿瘤坏死因子（tumor necrosis factor，TNF）及转化生长因子（trasforming growth factor，TGF）等。细胞因子具有对细胞功能的多方面调节作用，其中有些还具有细胞毒性（如肿瘤坏死因子）和抗病毒功能（如干扰素），直接参与免疫应答的效应过程。补体和抗体分别是非特异性免疫和特异性免疫的主要体液成分。

二、抗原和抗体

1. 抗原

人类患某种传染病痊愈后，常可抵抗同一种微生物的重复感染。其所以能抵抗重复感染的原因之一，是由于血清中具有凝集、溶解病菌或促使病菌易为吞噬细胞所吞噬的特有能力。为了解释这种现象，早期研究者断定免疫血清中含有一种抗体，并称促使抗体产生的物质为抗原（antigen，Ag）。从现代免疫学观点来看，抗原是能诱导机体产生体液抗体和细胞免疫应答，并能与抗体和致敏淋巴细胞在体内外发生特异结合反应的物质。

（1）抗原的特性

抗原在体内激活免疫系统，使其产生抗体和特异效应细胞的特性称为免疫原性（immunogenicity）；抗原能与相对应的免疫应答产物（抗体及致敏淋巴细胞）发生特异结合和反应的能力称为免疫反应性（immunoreactivity）或反应原性（reactinogenicity）。具有免疫原性和反应原性的抗原称为完全抗原（complete antigen），又称免疫原（immunogen）。大多数蛋白质、细菌、病毒等，都是完全抗原。只有反应原性而没有免疫原性的抗原称为不完全抗原（incomplete antigen）或半抗原（hapten）。绝大多数寡糖、所有脂质及一些简单的化学药物都是不完全抗原。抗原物质上能够刺激淋巴细胞产生应答并与其产物特异反应的化学基团称为抗原决定簇（antigen determinant），又称表位（epitope）。抗原决定簇是抗原特异性的物质基础。抗原所携抗原决定簇的数目称为抗原价，一般抗原是多价的。

（2）影响抗原性的因素

① 异己性：正常情况下机体的免疫系统对自身成分或细胞不发生免疫应答。抗原对其刺激的机体来说，一般应是异种（异体）的物质。异种物质的抗原性与和被免疫的机体在系统分类上的种系亲疏程度成反比。二者关系越远，组织结构间的差别越大，抗原性越强；反之，抗原性就越弱。如细菌、病毒等各种病原微生物对高等动物来说都是异己物质，有很强的抗原性。鸭的蛋白质对鸡是比较弱的抗原，而对家兔是良好的抗原。此类抗原称为异种抗原。同种不同个体之间，其组织细胞成分也有遗传控制下的细微差别，这种差别表现为抗原性的不同。如人类的红细胞表面可有血型抗原的差异，称为同种异型抗原。

② 理化性质：通常相对分子质量越大，结构越复杂的物质含有越多的抗原决定簇，其免疫原性越强。聚集状态较可溶性抗原的免疫原性为强，因此，细菌比起血清蛋白是更好的免疫原。此外，对于同一种抗原，不同物种、不同品系的动物产生免疫应答的能力不同，这是由遗传决定的。抗原进入机体的途径与剂量也有一定影响。

（3）抗原的种类

自然界存在的抗原及人工抗原极为繁多，可以依据不同的原则予以分类。根据刺激机体 B 细胞产生抗体时是否需要 T 细胞辅助，分为胸腺依赖性抗原（thymus dependent antigen，TDAg）和非胸腺依赖性抗原（thymus independent antigen，TIAg）。绝大多数天然抗原属于 TD 抗原。根据抗原的化学性质可分为蛋白质抗原、多糖抗原、脂抗原及核酸抗原等。通常蛋白质是良好的完全抗原，而类脂质、寡糖、核酸的免疫原性很弱，只能成为半抗原。根据抗原与机体的亲缘关系可分为异种抗原、同种异型抗原和自身抗原。根据抗原的不同来源可分为天然抗原和人工合成抗原，天然抗原又可具体分为组织抗原、细菌抗原、病毒抗原等。各种病原微生物均为良好的抗原。病毒表面结构蛋白抗原通常可以作为分类基础，如流感病毒的血凝素和神经氨酸酶。而病毒感染细胞后可表达一系列新抗原。细菌的结构抗原包括表面抗原、鞭毛抗原、菌毛抗原及菌体抗原等，其代谢产物及分泌的外毒素均有强的免疫原性（图 14-5）。

有些抗原具有极强的激发免疫应答的能力，称为超抗原（superantigen，SAg）（见本节四中"T 细胞对抗原的识别"）。

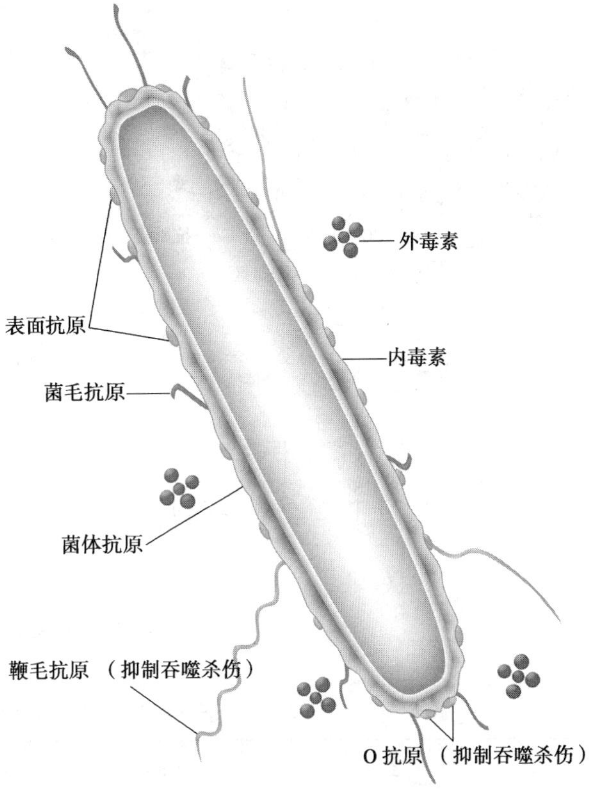

图 14-5 细菌的抗原

2. 抗体

机体在抗原物质刺激下所形成的一类能与抗原特异结合的血清活性成分称为抗体（antibody，Ab），又称免疫球蛋白（immunoglobulin，Ig）。抗体是由 B 细胞合成并分泌的。

（1）Ig 的基本结构与分类

Ig 分子是由两两对称的 4 条多肽链借二硫键和非共价键连接而成。其中两条长的多肽链称为重链（heavy chain，H 链），短的两条多肽链称为轻链（light chain，L 链），H 链与 L 链、H 链与 H 链之间均由二硫键相连，组成的 Ig 单体分子通式写为 H_2L_2。Ig 每条肽链的基本结构是由约 100 个氨基酸长的肽段经 β 折叠由链内二硫键拉近连成的环状构型，称为功能区。轻链由两个功能区组成，N 端区其氨基酸序列多变，称为可变区 V_L，C 端区其氨基酸序列比较保守，称为稳定区 C_L。重链由一个 N 端 V 区和 3~4 个 C 端稳定区组成。V 区中还有 3~4 个氨基酸序列特别多变的区域称为高变区或互补决定区（complementarity-determining region，CDR），是与抗原互补的位点。轻链的 V 区和重链的 V 区共同组成了抗体的抗原结合部位，一个 Ig 单体有两个抗原结合部位，称为 2 价。

重链间二硫键附近区域称为铰链区，有坚韧和易柔曲性，且是多种蛋白酶作用部位，与 Ig 的体内代谢有关。木瓜蛋白酶切割点位于铰链区靠 N 端处，产生 3 个片段。其中两个相同的相对分子质量约 5.0×10^4 的片段能与抗原结合，称为抗原结合片段（fragment Ag binding，Fab），含整条轻链和半条重链；第三个片段不能与抗原结合但能形成结晶，称为结晶片段（fragment crystalline，Fc），含两条重链的剩余部分（图 14-6）。

按照 C 区氨基酸序列及其抗原性的差异将重链分为 μ、γ、α、ε、σ 5 类，其相应组成的 Ig 分别称为 IgM、IgG、IgA、IgE 和 IgD（表 14-3）。其中 IgM 是由 5 个单体经连接链（joining chain，J 链）连接的五聚体，IgA 由 J 链连接两个单体而成（也有少量单体和 3 个单体以上的多聚 IgA 存在），分泌型 IgA 有帮助其分泌的成分称分泌片（secretory piece）。有些类还可进一步分为亚类，如 IgG 分为 IgG1、IgG2、IgG3 和 IgG4，IgA 分为 IgA1 和 IgA2，IgM 分为 IgM1 和 IgM2。各类 Ig 的生物学功能有细微差异。轻链分为 κ 和 λ 两型。任一类重链可与任一型轻链组合，但在同一 Ig 分子中必须类型一致。按照 Ig 存在的方式又可将其分为膜型（membrane Ig，mIg）与分泌型（secretory Ig，sIg）两种。膜型 Ig 存在于 B 细胞膜表面，是 B 细胞的特异性抗原受体。分泌型 Ig 进入血液、组织和分泌液中，即为经典的抗体。

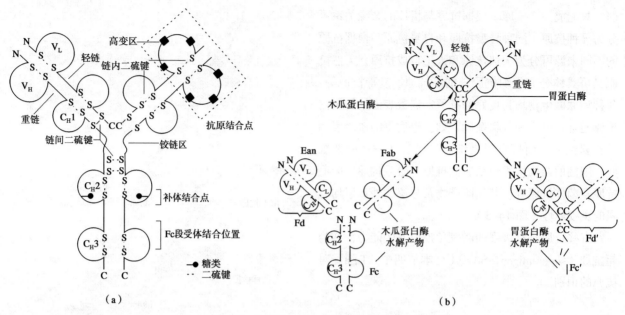

图 14-6　Ig 的基本结构（a）与酶切片段（b）

表 14-3　人各类免疫球蛋白的主要性状与功能

	类别	IgG	IgM	IgA	IgD	IgE
结构及理化性质	重链名称	γ	μ	α	δ	ε
	重链稳定区数目	3	4	3	3	4
	主要存在形式	单体	五聚体	单体、双体	单体	单体
	相对分子质量 /10^3	150	970	160*	175	190
	含糖量 /%	3	12	10	18	12
	对热的敏感性	−	−	−	+	+
含量及体内动态	血清含量 /(mg·mL^{-1})	12 ± 3	1.5 ± 0.5	2 ± 0.5	0.04	3×10^{-4}
	占血清 Ig 总量 /%	75~80	5~10	7~15	< 1	< 0.01
	半衰期 /d	23	5	6	2.8	2.3
	开始出现时间	出生后 3 个月	胚胎末期	出生后 4~6 个月	较晚	较晚
	存在于外分泌液	−	+	+++	−	−
	通过胎盘	+	−	−	−	−
免疫学性质与功能	经典途径活化补体	+（IgG1, 2, 3）	++	−	−	−
	旁路途径活化补体	+（IgG4）	?	+	−	+
	结合吞噬细胞	++	−	+	−	+（嗜碱性粒细胞）
	主要免疫作用	抗菌、抗病毒、抗毒素	早期防御、溶菌、溶血、mIg	黏膜局部免疫排除、抗菌、抗病毒	不明	抗寄生虫感染、Ⅰ型变态反应
	结构模式图					

* 单体相对分子质量。

（2）Ig 的生理功能

Ig 具有多种生物活性，主要表现在：

① 与抗原特异结合：Ig 的首要功能是识别抗原。膜表面 Ig 是 B 细胞的特异性抗原识别受体，当其与特异抗原结合后，触发机体免疫应答。体液中的 Ig 与相应抗原结合后，可发挥阻抑作用，如特异 Ig 与病毒结合干扰其对细胞的黏附，称为中和抗体；或与细菌毒素结合阻断其毒性，称为抗毒素。存在于呼吸道、消化管和泌尿生殖道表面黏膜的分泌型 IgA 通过与抗原结合防止病原体附于黏膜表面并随之将其排除。同时，通过其 Fc 段发挥各种针对抗原的生物学活性。而体外的抗原抗体特异性结合，则是各种免疫学技术的基础。

② 激活补体：IgM、IgG 与相应抗原结合后，Fc 段变构，暴露其重链 C 区的补体 C1 结合位点，通过经典途径活化补体，IgA 和 IgG4 不能激活补体经典途径，但其凝聚形式可通过旁路途径活化补体，继而由补体系统发挥其重要的抗感染功能。

③ 结合细胞：多种细胞表面有 IgFc 段的受体，当 Ig 通过其 Fc 段与相应受体结合后，可进一步通过受体细胞发挥各种不同的作用。IgG 结合于吞噬细胞表面的 $Fc\gamma R$ 后，可大大增强其吞噬功能，称为抗体的调理作用；亦可结合于 K 细胞、NK 细胞、巨噬细胞表面的 $Fc\gamma R$，介导其对相应抗原靶细胞的特异杀伤，称为抗体依赖性细胞毒细胞介导的细胞毒作用（antibody dependent cell mediated cytotoxicity，ADCC）。IgG 约占人类血清 Ig 总量的 3/4，并有多方面作用，是人类的主要抗体。IgE 的 Fc 段与肥大细胞、嗜碱性粒细胞、血小板等表面的 $Fc\varepsilon R$ 结合，可引起 I 型变态反应。

④ 妊娠母体的 IgG 能通过胎盘到达胎儿的血流中，形成新生儿的自然被动免疫，此外，母体的 IgA 可分泌至乳汁中，均对保护婴儿抵御感染起重要作用。

三、B 细胞介导的体液免疫

人类 B 细胞来源于多能造血干细胞，于骨髓中发育成熟。成熟的 B 细胞居留于脾和淋巴结的生发中心及黏膜相关淋巴组织，并部分参与淋巴细胞再循环。当机体遭遇抗原侵袭时，B 细胞通过膜表面 mIg 与相应抗原特异结合，在抗原的刺激下活化分化为浆细胞，大量合成并分泌抗体。由 B 细胞分泌抗体介导的免疫应答称为体液免疫（humoral immunity，HI）。B 细胞应答又分为依赖于 T 细胞和不依赖于 T 细胞两类，这是由抗原的性质决定的。

1. T 非依赖性体液免疫应答

T 非依赖性体液免疫应答是 $CD5^+BI$ 细胞对 TI 抗原的应答。TI 抗原又可进一步分为两类。I 型 TIAg 如 LPS，具有有丝分裂原性质，当与相应丝裂原受体结合时，可非特异性激活 B 细胞。II 型 TIAg 如肺炎球菌多糖，包含多个间隔一定距离的重复表位，当它们遭遇 B 细胞时，可与 B 细胞表面多个特异 mIg 结合，引起膜受体交联成帽，从而活化 B 细胞。被 TIAg 活化的 B 细胞迅速增殖，分化为具有分泌抗体能力的浆细胞，大量分泌 IgM 型抗体，其特异性和该 B 细胞 mIg 的特异性相同，从而可以与相应 Ag 结合，通过直接中和、调理吞噬、激活补体等途径发挥免疫防御作用。浆细胞是 B 细胞发育的终末阶段，高效而短命。

2. 依赖于 T 细胞的体液免疫

依赖于 T 细胞的体液免疫是 $CD5^-B$ 细胞对 TD 抗原的应答（图 14-7）。B 细胞的抗原受体复合体（B cell receptor complex，BCRC）由 mIg 和 CD79 异源二聚体组成，其中 mIg 是特异性抗原受体，CD79 是向胞内传递活化信号的信号传递单位。B 细胞的 mIg 与 TD 抗原特异结合后，通过受体内化将抗原摄入胞内并加工成肽段，肽段与胞内的 MHC II 类分子结合共同呈现于 B 细胞表面供 TH 细胞识别。TH 细胞被此 MHC II 类分子+肽段刺激活化，表达新的膜表面辅助分子 CD40L 并分泌细胞因子。B 细胞的膜表面分子 CD40 与 T 细胞的 CD40L 结合，给予 B 细胞第二活化信号，继之 B 细胞表达 CD80，与 T 细胞膜表面 CD28 结合，提供 TH 第二活化信号。在活化 T 细胞其他膜辅助分子及其分泌的 CK 的共同作用下，B 细胞活化分化为浆细胞。TD 抗原诱导活化的 B 细胞可通过类型转换改变其分泌抗体的类型，它们可分泌 IgM 或 IgG 或 IgA 或 IgE，但每个浆细胞只能分泌一种 Ig 且其 Ag 特异性保持不变。

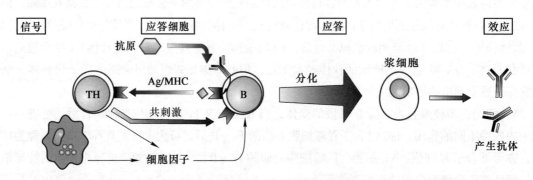

图 14-7 B 细胞对 TD 抗原的应答

3. 抗体产生的一般规律——初次应答与再次应答

机体第一次接触某种 TD 抗原引起特异抗体产生的过程称为初次应答（primary response）。该机体以后再次受到同样抗原刺激所产生的抗体应答过程称为再次应答（secondary response）（图 14-8）。

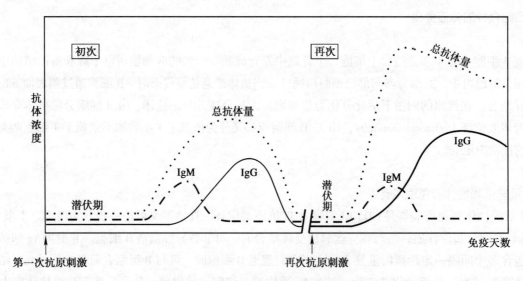

图 14-8 抗体产生的初次应答与再次应答

初次应答有一周以上的潜伏期，产生的抗体以 IgM 为主。再次应答的潜伏期缩短，抗体水平大幅度上升，抗体类型以 IgG 为主，且抗体的亲和力较高（称为抗体的亲和力成熟），维持时间较长。这种再次遇到同一抗原时反应更快、更强的现象称为免疫记忆（immunological memory）。免疫记忆的物质基础是抗原刺激下的 B 细胞分化为浆细胞的同时，分化出一群抗原特异性的长寿记忆细胞。因此人类患天花、麻疹等疾病后可获终生免疫力。

TI 抗原引起的体液免疫不产生记忆细胞，只有初次应答，没有再次应答。因此对此类疾病可反复感染，不能获得持久免疫力。

四、T细胞介导的细胞免疫

T细胞来源于骨髓多能造血干细胞，在胸腺内发育成熟为胸腺依赖性细胞即T细胞。

成熟T细胞居留于淋巴结、脾的T细胞区，也是主要的循环淋巴细胞。与B细胞类似，每个T细胞表面有自己特异的抗原识别受体（TCR），但不能直接识别天然抗原，必须经过辅助细胞的加工处理。由活化T细胞产生的特异杀伤或免疫炎症称为细胞免疫（cell mediated immunity，CMI）。

1. T细胞对抗原的识别

（1）辅助细胞及其对抗原的加工提呈

具有摄取、加工、提呈抗原给T细胞的能力的细胞称为辅助细胞（accessory cell）或抗原提呈细胞（Ag presenting cell，APC）或呈递抗原细胞，主要包括树突状细胞、单核巨噬细胞和B细胞。APC通过吞噬、吞饮或受体介导摄入抗原后经降解加工为肽段，分别与胞内的MHC Ⅰ类或MHC Ⅱ类分子结合表达于细胞表面供T细胞识别。但也有极少数抗原不须经过加工提呈即可被T细胞识别，称为超抗原（superantigen，SAg），如金黄色葡萄球菌肠毒素。超抗原可活化T细胞总数的1/5以上，较一般多肽抗原激活能力高$10^2 \sim 10^4$倍。

（2）T细胞抗原受体对抗原的识别特性

T细胞抗原受体（T cell receptor，TCR）是由两条大小相近的跨膜糖肽组成的异源二聚体分子，每条链由与Ig功能区类似的两个功能区组成，一个可变区（V区），一个稳定区（C区）。两条肽链的V区共同组成抗原结合部位。TCR的分子结构与功能及其基因结构与表达均与Ig类似，属于Ig超家族（Ig super family，IGSF）。有两种不同肽链组成的TCR分子，分别命名为αβTCR和γδTCR，它们不会同时出现于一个T细胞的表面。携αβTCR的T细胞是来源于胸腺的外周T淋巴细胞的主要部分；携γδTCR的T细胞少于T细胞总量的10%，主要存在于黏膜组织，起机体防御前沿作用。

TCR识别APC表面与MHC分子结合的抗原肽段，是对自身MHC与外来抗原的双重识别。T细胞通过TCR在识别抗原的同时也识别与其结合的MHC分子，称为免疫应答的MHC限制性（MHC restriction）。CD4$^+$ T细胞识别MHC Ⅱ类分子，CD8$^+$ T细胞识别MHC Ⅰ类分子。TCR与CD3分子共同组成T细胞的抗原受体复合体（T cell receptor complex，TCRC），其中TCR是特异性抗原识别受体，CD3是向胞内传递活化信号的信号传递单位。T细胞通过TCRC接受MHC+抗原肽的刺激后，其表面分子CD28与辅助细胞表面的CD80/CD86分子结合提供给T细胞第二活化信号。T细胞活化后进一步发育为具有功能的效应细胞及长寿的T记忆细胞。

2. CD8$^+$ T细胞介导的细胞毒效应

具有杀伤功能的T细胞称为细胞毒性T细胞（CTL或Tc），是MHC Ⅰ类限制的CD8$^+$ T细胞。活化的CTL分泌一种穿孔蛋白（perforin），与补体系统的组分C9同功同源，可在Ca^{2+}存在下于带抗原的靶细胞膜上插入并聚合成孔，随后CTL分泌的颗粒酶通过此孔注入靶细胞内，引起靶细胞的蛋白与核酸降解，细胞死亡。此外，还可通过表达Fas分子（死亡受体）引起靶细胞凋亡。CTL的杀伤作用对清除胞内微生物如病毒或胞内菌感染特别重要。

3. CD4$^+$ T细胞介导的免疫炎症

能够诱导免疫炎症的T细胞称为迟发型超敏反应（delayed type hypersensitivity，DTH）T细胞（TDTH，

TD）*，是 MHC Ⅱ类限制的 CD4⁺ T 细胞的一个亚类。TD 细胞经 APC 提呈的 MHC Ⅱ＋抗原肽活化后，大量分泌多种细胞因子（表 14-4）。其中一些具有趋化因子和活化因子的功能，能吸引、活化更多的免疫细胞（如单核巨噬细胞、嗜中性粒细胞、Tc 等）到感染局部发挥各自的功能；另一些因子如肿瘤坏死因子有直接效应作用。由这些因子与聚集的白细胞一起，在吞噬杀伤靶细胞、抵御感染的同时造成了感染局部的炎症。由于此类免疫炎症发生得较慢，所以称为迟发型超敏反应。对某些胞内菌如麻风杆菌、结核杆菌、布氏杆菌等感染的免疫即以此型为主。此外，CD4⁺ TH 细胞能分泌多种细胞因子，具有重要的免疫调节功能，在 B 细胞对 TD 抗原的抗体应答中起重要作用。

表 14-4　一些重要的细胞因子

细胞因子（CK）	生物学活性	主要因子举例
集落刺激因子（CSF）	刺激造血干细胞增殖分化为某一谱系	多克隆集落刺激因子，又名白细胞介素 3（IL3） 粒细胞－巨噬细胞集落刺激因子（GM-CSF）
肿瘤坏死因子（TNF）	对肿瘤细胞的细胞毒性；增加吞噬细胞活性，介导多种基因表达，参与炎症和免疫应答	肿瘤坏死因子 α（TNF-α） 肿瘤坏死因子 β（TNF-β），又名淋巴毒素
干扰素（IFN）	抗病毒； Ⅱ型：促进多种细胞表达 MHC 分子，活化 T 细胞、吞噬细胞和 NK 细胞，促进 B 细胞产生抗体	IFN-α，β IFN-γ
白细胞介素（IL）	约 20 多种白细胞介素分别具有不同活性	IL1 在有抗原存在时激活 TH，广泛调节神经－免疫－内分泌系统，内热原 IL2 促进 TH 细胞增殖并产生 CK，活化 CTL 与 NK 细胞，促使活化 B 细胞增殖分化产生抗体，激活吞噬细胞活性 IL8 免疫趋化因子

五、克隆选择和免疫耐受性

能够区分自我与非我是免疫的基本特性。正常机体不会对自身成分产生免疫应答，称为自身耐受。机体如何能对各式各样的抗原产生特异反应而不攻击自身抗原呢？这就涉及淋巴细胞（T、B 细胞）发育过程中的选择。在个体发育早期拥有多种多样的前体 T 细胞及 B 细胞，每个细胞表面只有一种特异性抗原受体。若胚胎期时前体 T 细胞或 B 细胞的抗原受体即可结合抗原（此时期的抗原通常为自身成分），则该细胞株会发生凋亡而被排除，或被失活。因此，能够识别自身抗原的淋巴细胞在发育过程中被淘汰，从而形成免疫系统对自身抗原的耐受状态。而当发育成熟后，后天的外界抗原进入机体与淋巴细胞的相应受体细胞结合，可诱导该细胞株活化并发生增殖分化，产生大量具有该抗原特异性受体的淋巴细胞和记忆细胞，此过程被称为克隆选择。若识别自身抗原的淋巴细胞前体在发育过程中未被正常清除，则可能导致自身免疫疾病的发生（图 14-9）。

克隆选择学说已经被许多研究证实而被普遍接受。目前认为人类 B 细胞的选择在骨髓内完成，而 T 细胞的选择在胸腺内发育过程中完成。骨髓和胸腺微环境中的基质细胞、局部上皮细胞及众多可溶性因子参与这一复杂的克隆选择过程。T、B 细胞在中枢免疫器官经过克隆选择获得的自身耐受性称为中枢耐受。

---

* 目前认为 TD 细胞即 TH1 细胞，但原分类命名仍沿用。

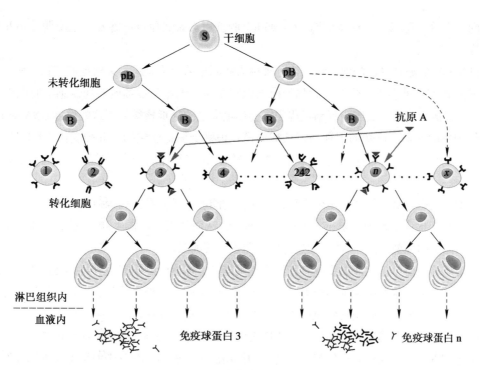

图 14-9　克隆选择学说图解

第四节　抗感染免疫

一、病毒感染与免疫

1. 病毒抗原

病毒感染向体内引入一系列新抗原。病毒表面抗原能诱发免疫反应，这些抗原通常为结构组分。病毒在宿主体内复制能提供附加的免疫原，包括结构亚单位、部分聚合外壳和病毒产物如复制酶等。很多病毒能使被感染的细胞产生膜的变化，使其在感染早期即出现新的细胞表面抗原。某些抗原是由于病毒编码的新合成的蛋白质嵌入细胞膜后形成的，另一些抗原是由于病毒的存在而诱导产生的新的宿主编码分子。

为了维持自身的复制，病毒进化出了若干逃逸宿主免疫应答的机制：第一，抗原的连续变异，即通过自然的突变、基因重组和选择，可出现新的病毒株。这样，人群对原有病毒抗原的免疫能力不再发挥作用，具有新抗原的突变株就能侵袭致病。周期性发生的流感大流行主要就是由于这个原因。而人类免疫缺陷病毒的包膜蛋白也不断改变抗原性，使得有效疫苗的研制十分困难。第二，有的病毒感染后，可以下调 MHC I 类分子的表达，从而抑制 CD8⁺T 细胞对被感染细胞的杀伤及清除。而这种部位位于机体主要免疫系统之外。第三，有些病毒在细胞内生长并从宿主细胞转移到子细胞而不脱离细胞内环境，从而逃避体液因子如抗体的作用。第四，有些病毒通过自身蛋白抑制抗病毒天然免疫及适应性免疫启动过程中的关键分子，从而逃逸免疫反应。

2. 抗病毒感染的免疫机制

病毒入侵后，机体的免疫系统对病毒感染进行识别，从而引发一系列抗病毒免疫应答。按照免疫应答发挥作用的时间来划分，可以分为感染早期（0～96 h）的抗病毒天然免疫应答及感染晚期（96 h以后）的适应性免疫应答。

病原体自身具有病原特异性的保守结构成分被称为病原相关分子模式。天然免疫细胞表面具有能够识别并结合这些病原相关分子模式的受体，简称为模式识别受体。天然免疫细胞对病毒感染的识别主要是通过模式识别受体介导的。病毒在细胞内复制过程中，会产生大量的病毒核酸。而这些病毒DNA或RNA恰好是模式识别受体识别的对象。已知的识别病毒核酸的模式识别受体主要包括Toll样受体（Toll-like receptors）、RIG–Ⅰ样受体（RIG–Ⅰ–like receptors）及病毒DNA受体。这些受体结合病毒核酸后，能够诱导Ⅰ型干扰素的表达。

Ⅰ型干扰素的抗病毒效应体现在多个方面：首先，它能够诱导大量抗病毒蛋白的表达，从而干扰病毒的复制；其次，Ⅰ型干扰素能够导致被感染细胞发生凋亡，从而消灭"病毒生产车间"；再次，Ⅰ型干扰素还能够促进树突状细胞的成熟和活化，从而促进适应性免疫应答的激活。

适应性免疫应答主要包括体液免疫应答和细胞免疫应答。体液免疫中有多种特异性抗体，大致可划分成中和抗体和补体结合抗体等非中和抗体两类。中和抗体一般由病毒的外壳或包膜上某些与致病力有关的特殊结构（如流感病毒的血凝素）刺激机体而形成。其作用不是直接杀死病毒，而是与病毒结合后阻止病毒对易感细胞的吸附、进入细胞，或进入细胞后易被胞内溶酶体中的多种酶类所破坏。在补体参与下，可明显促进中和抗体对流感病毒、风疹病毒等有包膜病毒的中和作用。对一些因病毒感染而细胞膜抗原性发生改变的细胞，中和抗体可通过调理作用而促进靶细胞溶解。体液抗体的主要作用是防止病毒的局部入侵（黏膜分泌型IgA）和中断已入侵的病毒通过血液循环散播（IgG、IgM）。后一功能对一些需经血流到达靶器官才致病的病毒（脊髓灰质炎病毒、乙脑病毒、麻疹病毒等）有重要防御作用。至于直接通过细胞间桥传播至邻近细胞的单纯疱疹病毒、水泡–带状疱疹病毒等，则体液免疫作用甚微。

细胞内病毒的消灭主要依靠细胞免疫，因抗体不能进入受感染的细胞内。受感染的细胞膜表面抗原常发生改变，可成为NK细胞和活化T细胞识别和攻击的靶细胞，靶细胞被杀伤，释放出病毒。这样，一方面病毒失去增殖场所，另一方面游离的病毒受到中和抗体的作用。活化的淋巴细胞、单核巨噬细胞等免疫细胞产生的白细胞介素、干扰素、肿瘤坏死因子等多种细胞因子进一步增强吞噬细胞、NK细胞、CTL的活力，促进病毒的消灭。在对靶细胞的杀伤中，NK细胞和CTL起主要作用。而多种细胞因子具有复杂功能，其中干扰素的抗病毒作用尤为重要。同时，带病毒抗原靶细胞的破坏，亦造成对机体有害的免疫损伤，并往往引起自身免疫。

简言之，体液免疫主要作用于游离的病毒，而细胞免疫主要作用于病毒感染的靶细胞。但机体内发生的体液免疫与细胞免疫并无截然的界限，二者是相辅相成的。

由病毒感染产生的免疫力期限长短不一。若属全身性感染、病程中有一或二次病毒血症，且病毒抗原型别单一，则一次感染后常可对同型感染终身免疫（天花、麻疹、乙脑等病毒感染）。若仅是局部感染，病毒不入血流，或型别众多者，则免疫期短暂，一生中可多次、反复感染（鼻病毒、腺病毒等感染）。

3. 获得性免疫缺陷综合征
（1）病原及传播途径

引起获得性免疫缺陷综合征，即艾滋病（AIDS）。即艾滋病的人类免疫缺陷病毒HIV是属反转录病毒科的一种慢病毒（见第7章）。目前确认AIDS的传播主要通过3种途径，即① 性接触，包括同性恋和异性恋；② 血传播，即输入污染的血液或血液制品，包括静脉药瘾者共用污染的注射器与针头，以及移植感染者的组织器官；③ 围产期的垂直传播，即女性患者可在孕期经血循环造成宫内感染或在产程中经母血、阴道分泌物传播。产后亦可经乳汁传播。

（2）发病机制与机体免疫

目前尚不清楚确切的发病机制，一般认为主要致病原因是对 T 细胞的破坏。研究表明 HIV 在 T 细胞内可潜伏数月至数年，复制率较低。但一旦激活并高速复制，每天约可产生 10 亿个病毒粒子。此时 T 细胞可能：① 因过度病毒出芽而造成细胞膜通透性及功能破坏。② 病毒感染引起细胞融合形成多核合胞体细胞。③ 感染细胞内大量非整合病毒核酸与蛋白积聚干扰细胞功能。④ 整合的前病毒易位造成细胞功能紊乱。⑤ 针对感染细胞的免疫应答造成细胞死亡。此外，还可引起细胞凋亡。这些因素均造成 T 细胞进行性耗竭。感染者最初出现类似感冒的症状。随病程进展，患者 CD4$^+$ T 细胞及总 T 细胞数量减少（CD4$^+$ TH 由每微升 1 000 个降至 200 个以下），免疫功能极度下降，出现各种机会性感染及肿瘤；还可能因病毒感染的巨噬细胞穿越血－脑屏障而引起神经系统症状。

大多数 AIDS 患者能产生针对 HIV 的抗体，但因 HIV 整合并潜伏且有多种血清型和高抗原突变率，因此体液免疫不能阻止病毒增殖。同时，缺乏 TH 的辅助及其分泌的 CK 的减少，CTL、NK 活性也随之下降，导致全面的免疫缺陷。

（3）防治措施

目前尚缺乏对 AIDS 有效的治疗手段，临床主要药物包括：① 反转录酶及蛋白酶抑制剂，如 AZT 及联合用药，如鸡尾酒疗法；② 免疫调节剂，如集落刺激因子 CSF、白细胞介素 2（IL2）等，试图提高患者免疫功能；③ 对症治疗以减轻症状。

医学免疫学界对 AIDS 疫苗寄予厚望，世界各地正积极研制亚单位疫苗、重组疫苗、抗独特型疫苗等多种新型疫苗，但因病毒抗原变异及疫苗保护效应难以检验而短期内难见成效。目前主要从预防入手，加强宣传，控制高危人群，切断传播途径，避免艾滋病的灾难性大流行。

二、细菌感染与免疫

1. 细菌感染

细菌的致病性决定于侵袭力和毒性。致病菌进化出一些策略逃避宿主的免疫防御而成功地造成感染。① 不同的细菌株释放不同的细胞外酶，作用于细胞表面，或细胞间质，或基底膜，从而打破表面屏障侵袭宿主组织细胞，并进一步繁殖扩散。释放的酶包括溶血素、透明质酸酶、胶原酶、纤维蛋白酶、凝固酶和各种激酶。如溶血性链球菌产生的链激酶激活血浆纤溶酶原使之转变为纤溶酶，链球菌、葡萄球菌产生的透明质酸酶降解细胞间质中的透明质酸，梭菌属产生的胶原酶分解结缔组织中的胶原纤维，均可促进细菌和毒素扩散。② 抵抗吞噬和补体溶解。具有荚膜及类荚膜物质的细菌，如肺炎球菌、流感杆菌的光滑荚膜干扰吞噬细胞黏附，从而避免被吞噬杀伤，具有更强的致病力。链球菌的 M 蛋白既可因呈负电荷排斥同样带负电荷的吞噬细胞黏附，又可因与补体 C3 转化酶的抑制因子 H 因子结合而抑制补体活化。严格的胞内寄生菌如结核杆菌的特殊胞壁结构、李斯特菌的溶素（lysin）使它们被吞噬后不被杀死而仍能于巨噬细胞胞浆内存活。③ 逃避免疫应答。某些细菌通过表面抗原变异，如淋球菌的菌毛、链球菌的 M 蛋白，使宿主抗体不能结合或结合力很低。淋球菌、脑膜炎球菌等可分泌 sIgA 蛋白酶，减低黏膜的免疫保护作用。葡萄球菌蛋白 A 和 G 与 IgG 的 Fc 段结合，干扰抗体的调理作用。

细菌感染有 3 种类型。

（1）局部感染产毒

局部感染产毒，即外毒素。大多数能产生强外毒素的微生物侵袭力差，但链球菌例外。外毒素往往毒性极大，有些外毒素能使远离最初感染部位的细胞发生严重损害。如产气荚膜杆菌产生的卵磷脂酶作用于细胞膜的磷酸胆碱，使细胞溶解。白喉杆菌的白喉毒素与延伸因子（EF2）结合，阻止肽链的延伸。破伤风杆菌的破伤风毒素与神经细胞的神经节苷脂结合而阻碍乙酰胆碱释放，封闭抑制性突触，导致难以控制的全身肌肉痉挛。破伤风毒素的毒性仅次于肉毒毒素，当其含量尚不能引起免疫时即足以致病，而毒素与神经突触的结合是不可逆的，一般治疗无效，因此该病的免疫预防特别重要。肉毒梭菌的肉毒毒素也阻碍乙酰胆碱的释放，导致肌肉弛缓型麻痹，从而抑制吞咽和呼吸，造成窒息。霍乱弧菌肠毒素激活腺苷酸环化酶，进而刺激肠黏膜分泌功能，造成呕吐、腹泻，引起严重脱水。

（2）细胞外感染

细菌进入机体但不进入细胞，而是在细胞外生长增殖，对宿主组织造成损伤，同时在生长过程中产生毒性代谢产物，或在细菌死亡时释放出毒性物质。如革兰氏阴性菌的胞壁脂多糖即内毒素。内毒素没有组织专一性，对许多种组织和细胞都起作用，能引起发热、炎症、出血及坏死等病变，有时引起内毒素性休克及弥漫性微血管凝血。多数细菌感染属于此型，如葡萄球菌、链球菌、铜绿假单胞菌等，由皮肤创口侵入，造成局部化脓性感染、淋巴管炎、脓疡及蜂窝组织炎等。进入血流可引起败血症和全身感染。强毒的链球菌、葡萄球菌，或弱毒细菌在人抵抗力降低时，可在完整的呼吸道黏膜上造成感染，引起咽峡炎、扁桃体炎、支气管炎及支气管肺炎等。伤寒、副伤寒也是细胞外感染。

（3）细胞内感染

分枝杆菌、巴斯德杆菌、布氏杆菌、李斯特菌及百日咳杆菌等细菌被吞噬细胞吞噬后不能被消灭，反而在细胞内繁殖并由巨噬细胞携带散播，在机体产生免疫应答时也损伤自身细胞而造成迟发型超敏反应。

2. 抗细菌感染的免疫机制

凡局部感染产毒的细菌如白喉杆菌、破伤风杆菌、炭疽杆菌等是以其产生的外毒素为主要致病因素。机体对此类细菌感染的保护性免疫以体液免疫为主。表现为相应的抗毒素（主要是IgG）与毒素结合，阻断该毒素分子与敏感细胞表面受体的黏附，或者封闭毒素的生物活性部位，从而使毒素失去毒性。

对细胞外感染的大多数细菌，机体的免疫应答表现为以嗜中性粒细胞和巨噬细胞的吞噬杀伤为主，体液免疫与细胞免疫共同发挥作用，有多种免疫细胞以及补体、细胞因子和其他体液因子参与的免疫炎症反应。吞噬降解是机体清除病原菌的主要方式，同时，黏膜sIgA阻抑黏附，抗菌抗体（IgG、IgM）与细菌结合，激活补体而溶菌；亦可通过调理作用和ADCC作用促进吞噬细胞的吞噬与NK细胞的杀伤；还可通过形成IgG–细菌–C3b复合物黏附于红细胞或血小板（免疫黏附）而将其清除。

细胞内感染的细菌如结核杆菌等，由于避开了体液免疫的作用又对吞噬杀伤有一定的抗性，病原体往往持续存在。机体对此的应答主要是细胞免疫。被病菌激活的CD4$^+$ T细胞合成分泌多种细胞因子，聚集并激活巨噬细胞，大大增强其杀菌能力；增强NK细胞的活性，直接杀伤细菌或细菌感染的细胞。这些效应细胞与因子一起杀伤靶细胞（细菌），限制和抗御感染。同时也伴有自身组织损伤引起迟发型超敏反应，形成溃疡、坏死等病理改变。

三、联合抗感染免疫

机体对大多数致病微生物的应答是复杂的，涉及多种免疫机制的联合。天然免疫与获得性免疫，体液免疫与细胞免疫均是机体免疫功能的有机组成部分，相互协同，相互促进，并无界限，只不过根据感染的类型，感染的阶段不同而表现为以某型免疫为主。以病毒感染为例。病毒进入机体之前首先受到生理屏障的阻挡，若病毒突破屏障侵入体内则造成感染。灭活和清除游离于细胞外的病毒主要依靠中和抗体。吞噬细胞可以吞噬消灭病毒，抗体和补体对此有调理促进作用。若病毒逃避了体液免疫和吞噬进入敏感细胞，干扰素非特异地抑制病毒增殖，限制病毒扩散，并保护邻近正常细胞。若病毒进一步于细胞内转录翻译，产生新病毒抗原出现于感染细胞表面，则感染细胞成为特异性 CTL 及 NK 细胞的靶细胞。同时，补体介导的靶细胞溶解，抗体介导的 ADCC 作用及 TD 介导的 DTH 均可杀伤病毒感染细胞，活化的巨噬细胞亦参与此杀伤及清理碎片的过程。

第五节　免疫病理

一般而言，免疫是机体的一种保护性反应。但在某些情况下，也可能对机体产生有害的结果，如超敏反应和自身免疫病。

一、超敏反应

当由于各种原因引起免疫应答反应过强或反应异常，造成机体损伤或功能障碍时，称为超敏反应（hypersensitivity）。超敏反应通常分为 4 类（表 14-5）。

表 14-5　4 类超敏反应

类型	Ⅰ型（速发型）	Ⅱ型（细胞毒型）	Ⅲ型（免疫复合物型）	Ⅳ型（迟发型）
参加成分	IgE（IgG4）	IgG 或 IgM	IgG，IgM，IgA	致敏 T 淋巴细胞
特异性免疫反应 作用方式	① IgFc 与肥大、嗜碱细胞表面受体结合 ② IgFab 段与特异抗原结合，触发肥大、嗜碱细胞脱颗粒，释放活性介质	抗体与细胞膜表面抗原或吸附于细胞表面的抗原结合	抗体与游离抗原结合形成免疫复合物，沉积于组织间隙或血管壁基底膜	与游离抗原或携带特异抗原的靶细胞再次接触
中间环节	组胺、白三烯、血小板活化因子、嗜酸性粒细胞趋化因子等作用于靶细胞	补体、中性粒细胞、巨噬细胞、K 细胞	激活补体吸引中性粒细胞，释放溶酶体酶及血小板凝固因子，血小板凝聚	直接杀伤、释放淋巴因子吸引、活化巨噬细胞及其他淋巴细胞
生物学效应	① 血管通透性增加 ② 小血管及毛细血管扩张 ③ 平滑肌收缩 ④ 嗜酸性粒细胞浸润	① 补体引起的靶细胞溶解 ② 吞噬、杀伤性细胞对靶细胞的吞噬、杀伤	① 中性粒细胞浸润 ② 出血 ③ 组织坏死	① 巨噬细胞与淋巴细胞浸润 ② 组织坏死
典型病例	① 过敏性休克，如青霉素过敏 ② 过敏性胃肠炎 ③ 呼吸道过敏，如过敏性鼻炎、哮喘	① 输血反应 ② 药物引起的过敏性血细胞减少症	① 肾小球肾炎 ② 过敏性肺泡炎	① 传染性变态反应 ② 接触性皮炎，如药物、油漆、某些化妆品引起的湿疹样反应

二、自身免疫病

免疫系统的基本特征之一是在淋巴细胞发育过程中经过克隆选择而获得自身耐受。但当某些情况下此种自身耐受被打破，机体免疫系统对自身成分产生免疫应答，称为自身免疫（autoimmunity）。当自身免疫达到一定强度而造成病理性损害时，则称为自身免疫病。引起自身免疫病的因素多样而复杂，此处将简要述及感染相关的自身免疫机制及其疾病。

1. 隐蔽抗原释放

体内某些组织如脑、晶状体、睾丸及精子等在解剖结构上与免疫系统隔离，称为隐蔽抗原。针对此类抗原的淋巴细胞因在发育过程中从未曾与其相遇过而未被清除。当感染外伤等因素使隐蔽抗原释放，则将激活相对应的免疫细胞而造成对自身组织的免疫应答。如腮腺炎病毒感染侵及睾丸引起睾丸炎，导致男性不育症。

2. 交叉抗原（分子模拟）

某些微生物感染发病不是由于其毒力，而是由于病原体与机体组织具有共同抗原决定簇，称为交叉抗原。机体遭遇这些微生物产生的抗体和致敏淋巴细胞也可与相关自身组织反应，即所谓交叉免疫而导致自身免疫病。如链球菌的 M 蛋白与哺乳动物的原肌球蛋白、肌球蛋白和角蛋白都是丝状卷曲螺旋蛋白，彼此有 40% 的同源性，而链球菌感染导致的风湿热患者体内可查出血清抗肌肉组织特别是心肌组织的自身抗体。热休克蛋白 HSP 是广泛存在并高度保守的一个蛋白家族，从细菌到人的 HSP 有普遍的分子模拟现象，目前认为是重要的自身免疫病诱因。

3. 改变的自身抗原

微生物感染及多种理化因素可以引起宿主自身组织成分的抗原性改变，招致免疫系统将其作为异物而攻击。如肺炎支原体感染可改变红细胞表面的 I 血型抗原而产生抗红细胞抗体。病毒基因组于宿主细胞的表达常会导致宿主细胞成分改变或产生新抗原，与自身免疫病密切相关。如乙肝病毒感染使肝细胞表面出现特异性肝蛋白（liver specific protein，LSP）而诱发机体自身免疫反应，损伤肝细胞。

4. 多克隆 B 细胞激活

I 型 TI 抗原具有有丝分裂原性质，它们不是通过特异性抗原受体而是通过有丝分裂原受体活化 B 细胞，因此这种激活是多克隆的，其中可能包含自身反应性细胞。如在 EB 病毒和一些寄生虫感染后会出现多克隆激活，其中多为抗平滑肌、抗核蛋白、抗血细胞等自身抗体，与抗感染无关。

此外，自身免疫病有一定的遗传倾向，也受神经内分泌的影响。

三、移植免疫

用健康组织器官代替机体失去功能的对应器官以维持机体正常生理功能，称为器官移植，是重要的临床医疗手段。但在无关个体间进行组织器官移植时，由于移植物与受体组织的抗原性不同会引起免疫应答而损伤移植物或受体本身。当受者将移植器官当做异物产生免疫应答进行杀伤清除，称为宿主抗移植物反应（host versus graft reaction，HVGR）。当用含有免疫活性细胞的组织（骨髓、胸腺、胚肝等）植入有免疫缺陷的受者时，移植物不遭排斥但对宿主细胞产生免疫损伤，称为移植物抗宿主反应（graft versus host reaction，GVHR）。

1. 组织相容性抗原

引起移植免疫应答的抗原称为移植抗原（transplantation antigen，TAg），又称组织相容性抗原

（histocompatibility antigen，HAg）。组织相容性抗原不是一种而是多种，其中有些抗原性很强，能引起快速激烈的免疫排斥反应，称为主要组织相容性抗原（major histocompatibility antigen，MHA），为其编码的是一组极其多态的基因，称为主要组织相容性复合体。MHC 编码的分子称为 MHC 抗原或 MHC 分子，属于 Ig 超家族。依其分子结构、功能及组织分布分为两类（图 14-10）*。MHC Ⅰ类抗原是非共价连接的异源二聚体分子。重链（α 链）约 44×10^3，由 MHC 编码，另一条是恒定的 β_2 微球蛋白，其基因不在 MHC 内。MHC Ⅰ类抗原广泛分布于一切有核细胞，其 α_1 和 α_2 区共同组成抗原结合部位，与结合抗原肽段一起供 CTL 细胞识别，启动和限制免疫细胞的杀伤。MHC Ⅱ类抗原是由 MHC 基因编码的两条大小相近的糖肽经二硫键连接的异源二聚体分子，分别称为 α 链（$33 \times 10^3 \sim 35 \times 10^3$）和 β 链（$20 \times 10^3 \sim 30 \times 10^3$），主要分布于专业抗原提呈细胞表面。MHC Ⅱ类分子两条肽链的可变区 V_α 和 V_β 共同组成抗原结合部位，与结合抗原肽段一起供 CD4+ T 细胞识别，启动 T 依赖性体液免疫和细胞免疫应答。

已研究过的各类动物有各自的 MHC 命名，人类的 MHC 抗原称为 HLA（人类白细胞抗原），其基因称为 HLA 基因复合体。

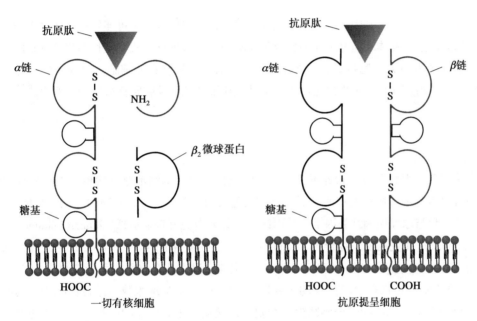

图 14-10 MHC Ⅰ类及Ⅱ类分子

2. 移植排斥的机制

由于 HLA 的高度多态性，据估计人类的 HLA 基因型达到 10^8，因此在无关人群中要找到 HLA 抗原性相同的两个个体是十分困难的。

当受者接受 HLA 抗原性不一致的移植物后，异种抗原激活机体免疫系统，引起 T 细胞介导的杀伤和免疫炎症，单核巨噬细胞、粒细胞和 NK 细胞也参与对移植物的排斥损伤，移植器官逐渐坏死。此一过程以细胞免疫为主，一般在移植后 1~2 周开始发生，后期也可产生抗体，激活补体，而介导体液免疫加剧此排斥反应。

3. 提高移植器官存活期的基本措施

在器官移植中，理想的移植物应当与受体的移植抗原完全一致，但实际上很难做到。为提高移植物的存

---

* 另有 MHC Ⅲ类区，编码 MHC Ⅲ类分子，主要存在于血液中，不在本章讨论范围。

活期可采取以下基本措施：

① 尽量选择合适的供体，即与受者 ABO 血型一致，HLA 的差异越少越好，而且在受者体内没有针对移植物的预存抗体。

② 通过全身或局部放射线照射、给予免疫抑制剂或生物制品等方式抑制宿主免疫系统功能，避免或减轻排斥反应的发生。

四、免疫缺陷

机体免疫系统发育异常或功能障碍，造成免疫功能不全或缺失，称为免疫缺陷（immunodificiency，ID）。免疫缺陷依照其病原分为原发性和继发性两大类。临床表现为反复严重感染，且易并发恶性肿瘤。对患者除抗感染、补充免疫球蛋白或适当的酶等常规治疗手段外，骨髓移植、基因治疗等新技术也正在应用与完善中。

1. 原发性免疫缺陷

原发性免疫缺陷多系遗传基因缺陷所致，免疫系统的任一组成部分都可能发生。包括 B 细胞缺陷、T 细胞缺陷、吞噬细胞缺陷和补体缺陷等。其中联合免疫缺陷指同时具有体液免疫和细胞免疫缺陷，以骨髓造血干细胞分化障碍所致者最为典型和严重。婴儿出生后即缺乏 T 细胞和 B 细胞，表现为严重感染，所有免疫功能试验异常，如不治疗往往在 1 岁内死亡。可用骨髓移植或胚肝及胸腺移植治疗，但亦存在致命的移植物抗宿主反应。

2. 继发性免疫缺陷

病原微生物感染、恶性肿瘤、营养不良、代谢病及接受免疫抑制治疗等均可引起继发性免疫缺陷。继发性免疫缺陷可以表现为细胞免疫功能低下，或体液免疫功能低下，或二者兼而有之。临床症状复杂多样，依原发疾病而异，且与原发疾病互为因果，难以区分。如人类免疫缺陷病毒（human immunodeficiency virus，HIV）感染引起的获得性免疫缺陷综合征（acquired immune dificiency syndrome，AIDS）。HIV 感染后有多方面的复杂作用，其致病机制目前尚未完全了解，已知主要有以下几个方面：由于 CD4 是 HIV 的高亲和力受体，对 CD4$^+$ 免疫细胞的损伤是 HIV 感染的主要后果，宿主 CD4$^+$ T 细胞数目进行性减少，功能缺陷，对抗原刺激的增殖反应低下，细胞因子分泌减少，细胞毒性减弱。单核巨噬细胞趋化及杀伤能力减弱，分泌细胞因子的能力异常，并成为体内 HIV 贮存和散播的场所。缺失了 T 细胞的辅助，B 细胞应答也受到影响，机体免疫系统功能全面下降。另一方面，由于 CD4 是 MHC Ⅱ类分子的生理配体，亦即 HIV 的包膜糖蛋白 gp120 与 MHC Ⅱ类分子有交叉抗原（此点已由序列分析得到证实）引起机体的自身免疫，造成对自身成分的免疫损伤。此外，HIV 的基因有高突变率造成抗原性变异，同时还编码超抗原，都使机体难于产生适当免疫。AIDS 患者由于免疫功能严重衰退，将发生各种机会性感染和肿瘤。目前尚未发现治愈 AIDS 的药物，抗 HIV 疫苗正在实验过程中。

五、肿瘤免疫

早期认为，免疫系统的功能之一是清除自身突变的细胞，称为免疫监视。而一旦突变细胞逃脱此监视机制，则将发展为肿瘤。目前人们认识到肿瘤的发生机制十分复杂，不是由单一因素引起的，免疫监视假说远远不能给予全部解释。但抗肿瘤免疫的理论与实践仍然是关于癌症研究的最活跃领域之一。

1. 肿瘤抗原

理论上，肿瘤细胞应该具有正常细胞所不具备的抗原。根据其特异性程度不同，可分为肿瘤特异性抗原和肿瘤相关抗原。肿瘤特异性抗原（tumor specific antigen，TSA）是指仅存在于某类肿瘤细胞而不存在于正常细胞或其他肿瘤细胞的抗原。肿瘤相关抗原（tumor associated antigen，TAA）是指肿瘤细胞表面含量明显高于正常细胞的抗原，它们只有相对特异性。目前了解较多的此类抗原有胚胎性抗原、与病毒相关的抗原等。胚胎性抗原是胚胎期的正常成分，出生后消失或微量存在。某些情况下此类基因发生了脱阻遏现象，重新表达高水平的胚胎抗原而成为肿瘤的标志。如甲胎蛋白（α-fetoprotein，AFP）。某些肿瘤以病毒为诱因，如 EB 病毒与 B 淋巴细胞瘤和鼻咽癌有关。此类病毒诱发的相关肿瘤往往有强抗原性，它们是病毒特异性的，同一病毒于不同物种、不同组织诱发的不同类型肿瘤其抗原特异性相同。

2. 机体的抗肿瘤免疫应答

当肿瘤细胞表面出现与正常组织不同的肿瘤抗原时，机体免疫系统将其作为"异己"加以攻击，体液免疫和细胞免疫均参与此过程。

细胞免疫在抗肿瘤应答中占据主要地位。NK 细胞能够不需要特异激活早期杀伤肿瘤细胞，是抗肿瘤的第一道防线。巨噬细胞既能提呈特异性肿瘤抗原激活 T 细胞，又可直接杀伤肿瘤细胞，也是肿瘤免疫的重要效应细胞，Tc 可以特异杀伤携肿瘤抗原的靶细胞，T 细胞和单核巨噬细胞分泌的大量细胞因子也参与此抗肿瘤免疫应答过程。

3. 肿瘤的免疫逃避机制

肿瘤细胞可能有多种方式逃避宿主的免疫攻击而长期存活。如：① 免疫选择；② 肿瘤细胞可通过多种途径诱导宿主免疫耐受；③ 某些情况下，机体对肿瘤细胞产生的免疫应答不但无效反而有害，如某些抗体与肿瘤抗原结合后干扰了特异性的细胞杀伤，可溶性肿瘤抗原封闭了效应细胞的特异性抗原受体等。此外，肿瘤细胞还可能分泌抑制性因子抑制机体免疫功能。

4. 肿瘤的免疫治疗

目前已有多种方法试用于肿瘤治疗，主要有：

（1）肿瘤疫苗

肿瘤疫苗与常规疫苗含义不同，是应用于肿瘤患者的。将灭活肿瘤细胞或含肿瘤抗原的无细胞提取物制成疫苗，刺激机体免疫系统增强机体对肿瘤的免疫应答，对预防肿瘤转移复发有较好的应用效果。

（2）过继免疫治疗

过继免疫治疗（adoptive immunotherapy）是指输入具有免疫活性的效应细胞，使其在患者体内发挥抗肿瘤功能。研究发现，一些原来不表现杀伤功能的淋巴细胞与一种细胞因子白细胞介素 2（IL2）共同培养时，可诱导出杀细胞活性，称为淋巴因子活化的杀伤细胞（lymphokine activated killercell，LAK）。因此发展出将患者淋巴细胞于体外激活为 LAK 后，与 IL2 一起输回自体的肿瘤免疫疗法，对某些肿瘤取得较好效果，已在国内外引起普遍关注。

（3）免疫导向疗法

传统的肿瘤化疗因所用药物均具细胞毒性而又缺乏特异性，产生较大副作用。用抗肿瘤抗原的特异抗体与药物或放射性同位素或生物毒素结合，使其造成对肿瘤细胞的特异杀伤，称为免疫导向疗法。

第六节　免疫学的实际应用

一、抗体的制备及应用

1. 血清抗体

制备抗体的传统方法是用纯制的抗原多次接种于适当的成年健康动物，刺激其产生免疫应答，血清中含有大量特异性抗体，又称抗血清或免疫血清。可以直接取用，也可将血清抗体提纯为精制免疫球蛋白。此方法技术和原理简单，故至今仍被广泛采用。但天然抗原含有多种互不相同的抗原决定簇，因此血清抗体是具不同特异性的多克隆抗体混合物。

2. 单克隆抗体

单克隆抗体是由单个 B 细胞增殖所产生的抗体，其遗传背景完全一致，因此抗体分子的氨基酸序列、类型、抗原特异性等生物学性状均相同。其制备原理是将肿瘤细胞的体外无限增殖能力与 B 细胞的分泌抗体能力相结合，基本程序如图 14-11，并说明如下：

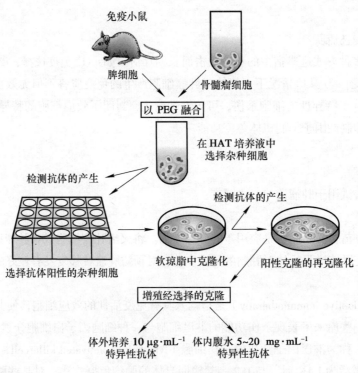

图 14-11　制备单克隆抗体的程序

（1）制备抗体产生细胞

通常可用精制抗原接种动物（常用纯系小鼠）后，取脾分离 B 细胞。现在体外免疫法也已被普遍采用。

（2）选取适用的肿瘤细胞及饲养细胞

通常选用与抗体产生细胞同种且有某种生化缺陷的骨髓瘤细胞，以增加融合细胞的稳定性且便于筛选，此外，以本身不分泌任何免疫球蛋白重链或轻链为佳。可供选择的小鼠骨髓瘤细胞系很多，从大鼠、兔和人也获得几种适用的骨髓瘤细胞系。经典的小鼠细胞系是次黄嘌呤磷酸核糖转移酶（HPRT）阴性株。细胞在体外培养条件下的生长依赖适当的细胞密度，因而在培养融合细胞和细胞克隆化时，还需加入其他饲养细胞（feeder cell）。常用的饲养细胞为小鼠腹腔巨噬细胞。

（3）细胞融合

细胞融合是杂交瘤技术的中心环节，早期使用仙台病毒，但由于病毒难于保存，现通常用聚乙二醇（PEG）作为融合剂。PEG可以破坏细胞间相互排斥的表面张力，从而使相邻细胞融合。此外，用高频电场使细胞电极化从而融合的电融合技术也得到广泛应用，据称融合率 >50%。为从融合混合物中得到所需要的杂交瘤细胞，必须对其进行选择。当使用 HPRT⁻ 骨髓瘤细胞时，通常使用次黄嘌呤／氨基蝶呤／胸腺嘧啶（HAT）培养基。其原理是：培养基中的氨基蝶呤（A）阻断了嘌呤和嘧啶合成的主要途径，具有 HPRT 的正常细胞可以利用培养基中的次黄嘌呤（H）制造出嘌呤类，利用培养基中的胸腺嘧啶（T）制造出嘧啶类，从而合成 DNA，正常存活；反之 HPRT 阴性细胞则因不能合成 DNA 而死亡。所以，在加入 HAT 培养基的融合混合物中，亲代骨髓瘤细胞因阻断代谢而死亡；正常 B 细胞在组织培养基中不能长期生存，自然死亡；只有杂交瘤细胞，既具有骨髓瘤细胞在体外培养中长期增殖的能力，又具有亲代细胞的 HPRT 酶，可以在 HAT 选择培养基中成功地生存。

（4）筛选及细胞克隆化

为将融合得到的具有不同抗原特异性的杂交瘤细胞逐个分离，目前可用的方法有：有限稀释法、显微操作法，半固态凝胶介质中培养并挑选克隆以及荧光激活细胞分选仪（fluorescence activated cell sorter，FACS）（图 14–12）等。其中以有限稀释法最为常用，荧光激活细胞分选仪快速简便，但仪器昂贵难于普及。通常使用 ELISA 法对所得到的细胞进行分泌抗体性质的测定，并将选出的阳性细胞株克隆化。尽管采用感兴趣的抗原进行免疫以获取特异性 B 细胞，通常能产生特异抗体的脾细胞不到 5%。必须进一步根据实验设计的目的检查每个杂交瘤系的抗体特异性、亲和力、产量、型别以及固定补体的能力、亲细胞性等其他生物学特性，然后选高分泌特异性细胞株扩大培养或冻存。

（5）扩增与保存

一旦获得所需要的杂交瘤细胞系，即可根据制备目的予以大量生产。大量生产的方法有两类，即组织培养法和活体法。组织培养法生产的单克隆抗体纯度较好，但成本高而产量低，一般应用无血清培养基，以利于单克隆抗体的浓缩和纯化。活体法可用杂交瘤细胞接种同系小鼠腹腔长成腹水瘤，然后从腹水中收获抗体，抗体浓度及产量甚高但污染

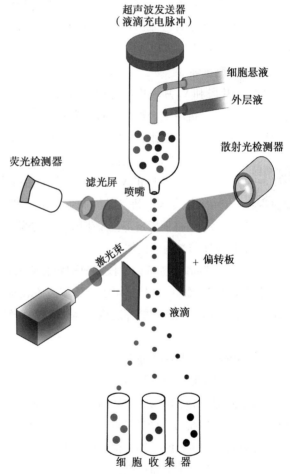

图 14-12 荧光激活细胞分选仪（FACS）原理示意图

荧光染色后的细胞悬液由喷嘴呈液柱喷出。在40 000周/s的超声作用下，液柱断裂成一连串的均匀液滴，平均每6滴有1滴含单个细胞。细胞经激光束照射产生荧光和散射光，分别由荧光检测器和散射光检测器检出。该信号经过处理和放大，以脉冲形式使正在形成的液滴带电，并由偏转板使带不同电荷的液滴在电场中分流。可以用两个荧光检测器分别检测带有不同波长荧光物质的不同细胞，并予以分流收集

机会较多，此外也有接种牛羊子宫的报道。所得到的单克隆抗体用与多克隆抗体同样的技术纯化。杂交瘤细胞可以在 –196℃ 的液氮中长期冻存，随时取用。

单克隆抗体由于其有别于传统血清抗体的独特优点而得到广泛应用，但同时由于易产生交叉反应等特性也使其应用受到一定限制。而且，单克隆抗体的研制技术繁琐、费时费力，还有在长期培养中丢失抗体基因的可能。因此，人们继续探求更为理想的抗体生产技术。

3. 基因工程抗体

单克隆抗体技术与现代分子生物学基因工程技术相结合，可以制造出自然界不存在的更符合人类要求的新型抗体。

（1）嵌合抗体

目前所能得到的单克隆抗体（Mab）多来自小鼠，当应用于临床治疗时，会因人体产生抗鼠蛋白的抗体而影响使用。为解决鼠源 Mab 的问题，将小鼠 Ig 的 V 区基因与人 Ig 的 C 区基因拼接后于人工表达体系中表达。此类抗体具有小鼠 V 区带来的抗原结合特异性而具有人类 Ig 的 C 区，称为嵌合抗体。进一步地，可以使用小鼠 Ig 的 Fab 片段基因代入人 Ig 基因，甚至仅将其高变区基因代入人 Ig 基因，后者表达所获产物与人 Ig 非常接近，称为人源化抗体。

（2）单链抗体

将 V_H 片段和 V_L 片段中间连以 14～15 个氨基酸的短肽（多肽接头），经正确折叠后 V_H 与 V_L 共同组成抗原结合部位，称为单链抗体。单链抗体相对分子质量小，抗原性弱，易于穿透组织和清除，制作方便。但目前得到的单链抗体其亲和力低于完整抗体。

（3）重组抗体

将 Ig 的 V 区基因与非 Ig 基因拼接得到的重组抗体，既有 V 区的抗原结合特异性，又有其非 Ig 拼接基因的生物学活性。如拼接毒素基因，即能获得免疫毒素；如拼接酶基因，则将于指定部位发生所希望的酶反应。由于重组抗体的多方面潜能，将有巨大应用前景。

（4）抗体库与噬菌体抗体

将 Ig 的重链和轻链基因片段随机配对克隆入适当的人工载体，称抗体基因库，简称抗体库。当用某些噬菌体基因作为载体时，抗体可表达于噬菌体表面，大大简化了筛选富集手续，称噬菌体抗体，是抗体库技术的一个新突破。抗体库的筛选范围远大于单克隆抗体且彻底解决人源抗体问题，被称为第三代抗体。

4. 免疫球蛋白制剂的应用

（1）临床诊断、预防和治疗

人体血清中 Ig 的含量可因患病而明显增减，如急、慢性感染，自身免疫性疾病、免疫缺陷病及免疫球蛋白增高症。以抗 Ig 为主要试剂，通过测定血清中 Ig 总量或某一类 Ig 含量的变化，用于免疫学疾病的诊断。针对病原微生物的抗体可检出感染机体内的病原抗原。反之，亦可通过检测机体血清中对某特定抗原的特异性抗体的存在来诊断疾病。

胎盘球蛋白和血清丙种球蛋白含多种抗体，可以提高机体免疫力，用于预防传染病。某些抗病毒血清如抗狂犬病毒血清可用于应急预防。丙种球蛋白和抗体制剂也可用于治疗某些传染病和免疫缺陷病。单抗和基因工程抗体在器官移植、抗肿瘤、免疫调节和疫苗研制等许多领域都有广阔的应用前景。

（2）生物医学的基础理论研究

免疫学反应的快速、特异与敏感，使免疫球蛋白制剂在蛋白质与核酸的定性定量检测、结构与功能研究、机体内及细胞内生物活性分子的追踪研究等各个研究领域中都成为不可缺少的工具。免疫球蛋白本身也是研究分子进化及基因表达调控的良好模型。单克隆抗体和基因工程抗体在基础研究和临床应用中由于其独特的优点而显示出巨大的潜力，近年来发展很快。

二、免疫学技术

基于免疫学反应的免疫学技术，由于其高度精确、灵敏、特异而在医学、生物学等领域得到广泛应用。在临床医学主要用于疾病诊断，又称为免疫诊断学。

1. 血清学技术

抗原抗体可于体外特异性结合，出现凝集、沉淀等可观察现象，反应迅速、简便易行。既可用已知抗原检出抗体，又可用已知抗体检出抗原，既可定量又可定性，亦可定位。因早期实验采用血清抗体，习惯称为血清学技术。抗原抗体由分子间作用力按一定比例结合，其反应是可逆的，受电解质、温度及 pH 影响。

（1）凝集反应

颗粒性抗原（细菌、血细胞等）与相应抗体在适量电解质环境中相互作用，经过一定时间出现肉眼可见凝集现象，称凝集反应，可于玻片或试管中进行。若将可溶性抗原事先偶联到无关颗粒（如乳胶粒）上转化为颗粒性抗原再进行凝集反应，则称为间接凝集反应，可提高反应的灵敏度。如 ABO 血型鉴定，即是用已知抗血型抗体对待鉴定红细胞表面的血型抗原进行的定性玻片凝集反应。用已知病原体测患者体内有无相应抗体（定性），以肉眼可见凝集的血清最高稀释度倍数作为血清效价（定量），则可辅助传染病的诊断。如用于诊断伤寒的试管定量凝集试验称为肥达氏试验。

（2）沉淀反应

当可溶性抗原（蛋白质、多糖、类脂、血清及各种微生物培养液等）与相应抗体在电解质存在的适当条件下相遇，经过一定时间出现肉眼可见的沉淀现象，称沉淀反应。当反应于试管内进行时，称环状沉淀实验。可溶性抗原与抗体在含电解质的凝胶介质（通常用半固体琼脂，起支持作用）内自由扩散，当相对应的抗原抗体相遇时，若比例适当可出现白色沉淀线，称琼脂扩散试验。若使抗原抗体的移动在电场中进行，可以缩短反应时间，提高灵敏度，是琼脂扩散与电泳技术的结合，称免疫电泳。可用于测定血清成分（如 Ig，补体 C3）的含量，鉴定提取物的纯度等。

2. 免疫标记技术

某些小分子物质结合到抗原或抗体上，不影响抗原抗体反应但使之更容易观察从而提高检测的灵敏度，称为免疫标记技术。与抗原或抗体结合的小分子物质称为标记物。近年免疫标记技术发展很快，各类物质被试用作标记物，其中以荧光素、放射性同位素和酶标记最为成熟，合称三大标记技术。

（1）免疫荧光技术

免疫荧光技术（immunofluorescence technique）是一种将免疫反应的特异性与荧光标记分子的可见性结合起来的方法，因常用荧光物质标记抗体，又称荧光抗体法。在一定条件下，用化学方法将荧光物质（荧光素）与抗体结合，但不影响抗体与抗原结合的活性，与相应抗原结合后，在荧光显微镜下观察抗原的存在与部位，可定位，亦可用荧光计定量。常用荧光素有异硫氰酸荧光黄（fluorescein isothiocyante，FITC）、罗丹明（lissamine rhodamine B，RB200）等。由于本法可在亚细胞水平上直接观察鉴定抗原，除用于疾病的快速诊断外，也广泛用于各类生物学研究（图 14-13）。

（2）放射免疫测定

放射免疫测定（radioimmunoassay，RIA）是一种以放射性同位素作为标记物，将同位素分析的灵敏性和

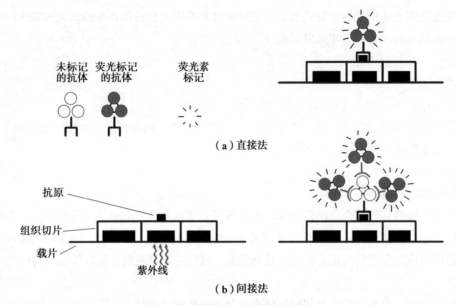

图 14-13 荧光抗体法原理示意图
（b）中所用荧光标记抗体为未标记抗体的抗体，即抗抗体

抗原抗体反应的特异性这两大特点结合起来的测定技术。又分为放射免疫分析法和放射免疫测定自显影法。放射免疫技术灵敏度极高，能测得毫微克至微微克（$10^{-9} \sim 10^{-12}$g）的含量，广泛用于激素、核酸、病毒抗原及肿瘤抗原等微量物质测定。但需特殊仪器及防护措施，并受同位素半衰期的限制。

（3）免疫酶技术

免疫酶技术（immunoenzyme technique）的原理是以酶为标记物，利用酶与抗原或抗体结合后，既不改变抗原或抗体的免疫学反应特异性，也不影响酶本身的活性，在特异抗原抗体反应后，在相应而合适的酶底物作用下，产生可见的不溶性有色产物而进行测定的方法。常用的为辣根过氧化物酶（horseradish peroxidase，HRP），其次有碱性磷酸酶等。免疫酶技术可用于组织切片、细胞培养标本等组织细胞抗原的定性定位。也可用于可溶性抗原或抗体的测定，称酶联免疫吸附测定（enzyme linked immunosorbent assay，ELISA）。ELISA 方法是将可溶性抗体或抗原吸附到聚苯乙烯等固相载体上，再进行免疫酶反应，用分光光度计比色以定性或定量，是目前应用最广泛的生物学技术之一（图 14-14）。

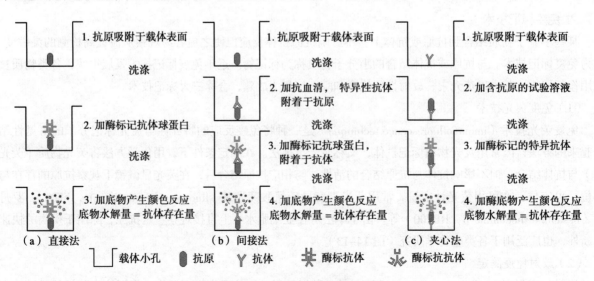

图 14-14 ELISA 的基本原理及程序

（4）生物素 – 亲和素系统

生物素是一种维生素 H，亲和素是一种存在于卵清中的碱性糖蛋白，一个亲和素分子可与 4 个生物素分子稳定结合。亲和素与生物素都可与蛋白质（包括抗原、抗体、酶等）、荧光素等分子结合而不影响后者的生物活性，是理想的标记物。一个抗体分子可偶联数十个生物素或亲和素分子，而亲和素或生物素分子又可与酶或荧光素结合，从而组成一个生物放大系统，即生物素 – 亲和素系统（biotin avidin system，BAS），显著提高检测的灵敏度。常用的有亲和素 – 生物素标记法（labeled avidin-biotin，LAB）、亲和素 – 生物素桥法（bridged avidin–biotin，BAB）和亲和素 – 生物素 – 过氧化物酶复合物法（avidin–biotin–peroxidase complex，ABC）（图 14–15）。

此外，还有发光免疫技术、金免疫技术等许多新的发展。

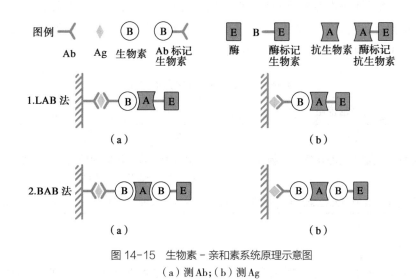

图 14-15　生物素 – 亲和素系统原理示意图
（a）测 Ab；（b）测 Ag

3. 免疫电子显微镜技术

免疫电子显微镜技术（immune electron microscopy）是将血清学标记技术与电子显微镜相结合，在免疫反应高度特异、敏感、快速、简便的基础上，用电子显微镜进行超微结构水平研究的一项技术。其基本原理是用电子致密物质标记抗体。然后与含有相应抗原的生物标本反应，在电镜下观察到电子致密物质，从而准确地显示抗原所在位置，是一种在超微结构水平上的抗原定位方法。

4. 免疫印迹

免疫印迹（immunoblot 或 westernblot）是在用于 DNA 分析的 DNA 印迹（southern blot）技术基础上发展起来的蛋白质检测技术。其原理是将 SDS–PAGE 电泳的高分辨率与免疫反应的高度特异性相结合。待测样品经 SDS–PAGE 电泳分离后，转移到固相介质如醋酸纤维膜上，然后用标记抗体揭示特异抗原的存在。本方法广泛用于蛋白质样品分析研究。

三、免疫预防

人为地给机体输入抗原以调动机体的免疫系统，或直接输入免疫细胞及分子，使获得某种特殊抵抗力，用以预防或治疗某些疾病者，称为人工免疫（artificial immunization）。人工免疫用于预防传染病时，即为免疫预防。

1. 人工自动免疫

人工自动免疫（artifical active immunization）是给机体输入抗原物质，使免疫系统因抗原刺激而发生类似感染时所发生的应答过程，从而产生特异免疫力，又称预防接种。用于预防接种的抗原制剂称为疫苗（vaccine）。

（1）全微生物疫苗

全微生物疫苗又分为活疫苗（live vaccine）和死疫苗（dead vaccine）。活疫苗用人工变异或从自然界筛选的高度减毒或基本无毒的病原微生物制成，只需接种一次即可产生较牢固的免疫，常用的有卡介苗、脊髓灰质炎疫苗和麻疹疫苗等。死疫苗是将病原微生物用理化方法灭活制成。病原微生物已失去致病力但仍保有一定的免疫原性，可以引起机体的保护性免疫。常用的有伤寒、流脑、百日咳及狂犬疫苗等。细菌外毒素经甲醛固定失去毒力但保持免疫原性，称为类毒素（toxoid），如破伤风类毒素、白喉类毒素等。类毒素还可与死疫苗联合使用。表14-6为活疫苗与死疫苗的比较。

表14-6　活疫苗与死疫苗的比较

	活疫苗	死疫苗
稳定性	不稳定，不易于保存运输	较稳定，易于保存运输
安全性	有在机体内恢复毒力的潜在危险；制剂中有可能污染有害因子	制备中能杀灭污染的任何其他生物活性因子；可能改变抗原决定簇引起有害的免疫应答
方便性	只需一次接种，类似自然感染过程，效果较巩固	需多次接种，免疫效果持续时间短，常需加入佐剂

（2）亚单位疫苗

为使预防接种更安全有效，仅采用病原微生物具免疫原性的部分制备疫苗，称为亚单位疫苗。亚单位成分可以是用化学方法从病原微生物提取的，称化学疫苗，也可以是用基因工程方法制备的，称基因工程疫苗。如已成功推广应用的乙肝病毒基因工程疫苗。

（3）抗独特型疫苗

抗体分子作为糖蛋白，自身也是良好的抗原。定位于抗体分子可变区中高变区的抗原决定簇称为独特型决定簇，是一个抗体分子的遗传特征。当抗体分子（Ab1）作为抗原时可产生抗Ab1，称为抗抗体或Ab2，若此Ab2是针对Ab1的独特型决定簇，则称为抗独特型抗体。抗独特型抗体可能在构象上模拟原始抗原（与Ab1相对应的抗原），因此可作为原始抗原的替代物，刺激机体产生抗原始抗原的免疫应答，而又避免了原始抗原所可能有的致病性。

（4）核酸疫苗

用病原体一段具有保护效应的核酸片段导入体内，通过在体内的表达激发机体产生抗感染免疫，称为核酸疫苗，比传统疫苗安全，比亚单位疫苗操作简单，造价低廉，将是今后疫苗研制的重点之一。

2. 人工被动免疫

输入免疫血清（含特异性抗体）或致敏淋巴细胞及其制剂或细胞因子，使机体获得一定免疫力，以达到防治某些疾病的目的，称为人工被动免疫（artifical passive immunization），其中输入免疫细胞或细胞制剂，又称过继转移。输入特异性抗体可立即发挥其免疫作用，但维持时间较短，主要用于治疗某些外毒素引起的疾病，或作为与某些传染病患者接触后的应急预防措施。如精制破伤风抗毒素、抗狂犬病血清等。淋巴细胞的过继转移由于遇到移植排斥的困难，其实际应用受到限制。目前多试用细胞因子制剂。

小结

　　免疫应答是机体的一种保护性反应，其作用是识别和排除抗原性异物并对自身成分耐受，以维护机体的生理平衡和稳定。但是，不当程度的免疫反应也可能产生对机体有害的病理性损伤（表14-7）。

表 14-7　免疫系统的功能

功能	正常效应	异常效应	
		应答过度或不适	应答不足
免疫防御	排除抗原性异物如病原体或移植物	超敏反应	免疫缺陷
自我稳定	清除衰老或死亡的细胞	自身免疫病	
免疫监视	清除突变细胞		肿瘤

　　微生物在某些情况下会感染机体造成传染病。动物及人依赖于免疫系统识别病原上的外来抗原，然后产生适当应答将其排除。特异识别是由抗原提呈细胞和淋巴细胞承担的，其后的免疫效应则由包括淋巴细胞、吞噬细胞在内的多种免疫细胞和包括抗体、补体及细胞因子在内的多种免疫分子共同完成。此种基于淋巴细胞特异识别的免疫应答即特异性免疫，有获得性、特异性和记忆性。主要包括 B 细胞介导的体液免疫和 T 细胞介导的细胞免疫。相对地，机体的一般性防御功能称为非特异性免疫，但二者总是协同发生的（表14-8）。

表 14-8　机体免疫应答的种类

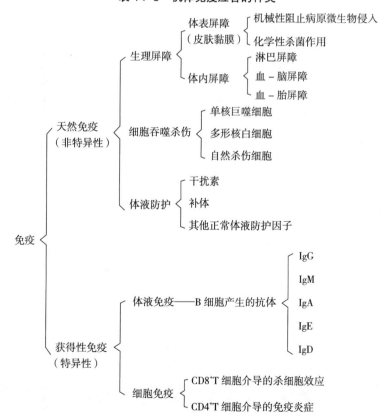

目前，免疫球蛋白制剂与免疫学技术已在生命科学领域广泛应用，免疫学防治已成为临床医学的重要手段。牛痘疫苗的推广成功地在全世界消灭天花，是免疫学对人类的伟大贡献。

网上更多……

👤 复习题　　👥 思考题　　📝 现实案例简要答案

（王延轶　王静怡）

第15章
微生物生物技术

学习提示

Chapter Outline

现实案例：微生物能源的过去、现在和将来

沼气是最早已应用的微生物能源，有一百多年的历史了，用微生物发酵产乙醇作为燃料也有几十年了。用微生物产沼气或乙醇，没有广泛和持久地采用于能源，主要是其价值、性能和利用范围等，与石油、天然气、核能和太阳能等比较，总体水平不具有优势，仅在某些环境和特定条件下，具有竞争力，例如：我国农村大力推广的种植业、养殖业、能源、环保"四位一体"模式产沼气，污水净化产沼气，用非粮食作物发酵产乙醇。因此，现在进一步提高微生物产沼气和乙醇的效率，仍是重要的研究课题。而微生物产氢、微生物燃料电池、微生物太阳能电池、微生物产生电流等作为新兴的微生物能源，也都是当今研究的热门。例如：英国东英吉利大学（University of East Anglia）和美国太平洋东北国家实验室（Pacific Northwest National Laboratory）的研究人员证实，奥奈达湖希瓦氏菌（*Shewanella oneidensis*）表面的蛋白质只要碰触矿物就能产生电流，这使得他们在生物电池的开发上取得重大突破。可以预料，微生物能源作为与环境友好的再生能源，将会大有作为，在新能源领域占有重要的地位，能更加广泛而持续地采用。

请对下列问题给予回答和分析：

1. 微生物产沼气主要存在哪些问题？从微生物学研究方面进行，应该怎么进一步提高其效率？

2. 为什么说"微生物能源作为与环境友好的再生能源"将会大有作为？

生物技术（biotechnology）是国际上高技术发展最快的领域之一，生命科学、生物技术及相关领域的论文总数，过去10年已占全球自然科学论文的50%以上；近10年来，《Science》评选的年度10项科技进展中，生命科学和生物技术领域占50%以上。生物技术是根据自然科学和工程学的原理，利用微生物、动物、植物的有机体或其产物，将物料转化为社会服务的技术。生物技术中凡利用微生物有机体及其产物的，则是属于微生物生物技术（microbial biotechnology）。微生物生物技术的发展可以分为传统、近代和现代三个阶段（表15–1）。

表 15–1　微生物生物技术的发展三阶段及其状况

三阶段的技术类别	发展的时期	代表性技术	主要应用实例	应用程度和规模
传统微生物生物技术	历史悠久	酿造技术	酒、醋、酱油、面包、乳酪、种痘、堆肥等	广泛，数吨至数百万吨
近代微生物生物技术	20世纪40年代后	大规模液体发酵技术	味精、赖氨酸、维生素、啤酒、酒精、抗生素、酶制剂、丙酮等	广泛，数吨至数百万吨
现代微生物生物技术	20世纪70年代后	基因重组技术	转基因产品，包括转基因动、植物、酵母和细菌的食品和药品，单克隆抗体、疫苗等	广泛，正值创业阶段，一般规模不大，生产量小

生物技术已发展成为一极其重要的科学技术体系，微生物生物技术是生物技术的重要组成部分，也是当今微生物学科的一新分支学科。人们大规模培养微生物生产商业性产品，或者以微生物为主体生产产品的工业，以往称之为微生物工业，现今可称为微生物生物技术产业，或简称为微生物产业，它是生物产业的重要组成。微生物生物技术所涉及的范围不仅在产业方面应用，而是更为广泛。微生物生物技术作为微生物学科的一个新的分支，更能体现学科发展的趋势和前沿。

微生物种类繁多，容易变异，因而微生物产业中菌种的选择和培育是生产之母；微生物代谢类型多，适应性强，所以微生物产业中的代谢调控是生产的关键；保持微生物产业产品的优质、高产和低耗，规模生产的设备和产物的各项处理是生产的重要组成。微生物产业化规模的生产，不同于实验室的试验，也不同于实验工厂的中间试验，它涉及的学科更多，除微生物学、生物化学、分子生物学、化工外，还涉及机械、工程、计算机、经营管理等。而且微生物产业产品众多，生产工艺各异，应用范围广泛，因此本章主要就微生物产业中有关微生物学方面的问题择要叙述。

第一节　微生物产业的菌种和发酵特征

微生物产业中，"发酵"已成了习惯用语，指不管微生物代谢有或没有外源最终电子受体的情况下发生的氧化作用。进行工业发酵的容器称为发酵罐（fermenter），也可叫做生物反应器（bioreactor）。在微生物发酵过程中，有机物既是电子最终受体，又是被氧化的基质。通常这些氧化基质都是氧化不彻底，因此发酵的结果积累某些有机物，即产生多种多样的发酵产物。某些发酵产物能在工、农、医、药、环保等领域应用，具有经济和社会效益，这些产物经发酵后的处理，通称后处理（downstream processing），如：分离、纯化或再加工等，成为商业性的发酵产品。微生物的工业发酵，就是利用各种微生物的不同发酵特性，发酵生产众多有价值的发酵产品。微生物的工业发酵方式多种多样，但发酵过程是很类似的，其基本步骤如图15–1所示，有的发酵过程步骤更繁多，有的则可省去某些步骤。

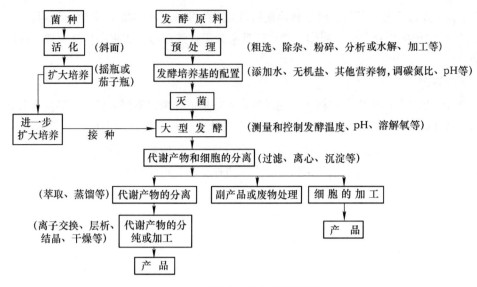

图 15-1 微生物工业发酵的基本过程

一、生产菌种的要求和来源

1. 生产菌种的要求

微生物产业发酵所用的微生物称为菌种。不是所有的微生物都可作为菌种，即使是同属于一个种（species）的不同株（strain）的微生物，也不是所有的菌株都能用来进行发酵生产。例如：发酵生产碱性蛋白酶（洗涤剂的重要用酶）的生产菌种地衣芽孢杆菌（*Bacillus licheniformis*），就不是该种菌中所有菌株都能用来作为菌种，而是经过精心选育，达到生产菌种的要求的菌株才可作为菌种。对菌种一般有以下要求：

第一，菌种能在较短的发酵过程中高产有价值的发酵产品。菌种发酵产生所需的最终产品量，按所用发酵培养基的单位体积或质量所产生的数量计算，应该是高的，越高越好。高、低的标准是与当时同一产品发酵所得的水平相比，或用其商业价值或社会效益来衡量。

第二，菌种的发酵培养基应价廉，来源充足，被转化为产品的效率高。许多发酵工业都是用农副产品，如：玉米粉、小麦粉、麸皮、甘薯、豆饼、棉子饼、稻米、秸秆、酒糟等，配制成发酵培养基，不仅能满足菌种发酵所要求的营养成分，转化率高，而且发酵原料易获得，价格低廉。

第三，菌种对人、动物、植物和环境不应该造成危害，还应注意潜在的、慢性的、长期的危害，要充分评估其风险，严格防护。基因工程构建的菌种应用，尤其要遵守国内外规定的生物安全法规。

第四，菌种发酵后，所产不需要的代谢产物少，而且产品相对容易地与不需要的物质分离，下游技术能用于规模化生产。下游技术（downstream of biotechnology）一般是泛指从菌种的大规模培养、监测一直到产品的分离、纯化、质量分析等一系列单元操作技术，其中的产品分离、纯化技术即后处理，是菌种实现产业化的关键。

第五，菌种的遗传特性稳定，利于保存，而且易于进行基因操作。这不仅可以保障发酵工业高产、稳产，而且为菌种的进一步改良，增加产品的质和量，降低成本，应用基因工程技术创造了很好的条件。

2. 生产菌种的来源

发酵工业要获得具有上述基本要求的菌种，主要来源：

（1）自然环境

微生物产业所用菌种的根本来源是自然环境，包括从土壤、水、动物、植物、矿物、空气等样品中，筛选分离到生产所需的发酵产品的菌株，经培育改良后可能成为菌种。从样品中筛选生产菌种的主要过程，如图 15-2 所示。一些传统微生物产品的制作，菌种就是来源于自然环境，或根据传统习惯，凭经验保藏、选育和使用菌种。

（2）收集菌株筛选

如果已知所需发酵产品的产生菌的种名，则尽量多地收集该种菌的不同菌株。可向世界各地微生物或培养物保藏单位（表 15-2）、各种微生物实验室免费索取或购置这种菌的不同菌株，然后将菌株按照图 15-2 的主要过程，从试管稀释开始进行筛选。有的菌株可能不显示产生所需产品的指示特征，或发酵试验中产量很低，这些菌株很快被淘汰，只有经系列试验符合生产菌种要求的菌株才可作为生产菌种。

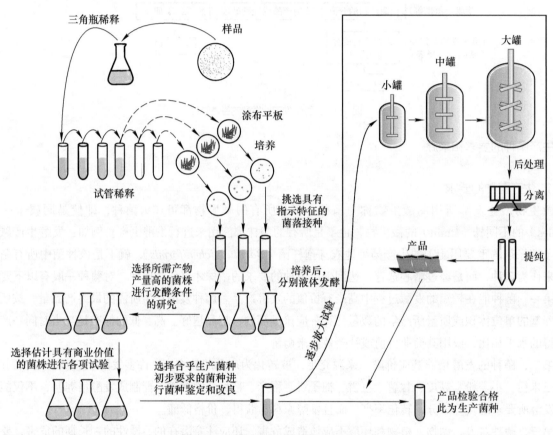

图 15-2　筛选生产菌种主要过程的示意图

（3）购置生产菌种

一般都是购置专利菌种，或向生产单位购置产量高的菌种。生物技术方面的发明申请专利，如果它的实现涉及微生物或其他生物培养物，仅依靠专利申请说明书是不能实现发明的，为此，大多数国家的专利法规定，涉及生物培养物的发明专利，此生物培养物又为公众所不知道的，申请人除了提供专利说明书之外，还要向专利局指定的保藏机构提供用于所申请的专利程序的生物培养物，给予保藏。许多专利法，包括我国专利法在内，对专利发明中的微生物菌种本身也实行保护，同样要送到指定的保藏机构保藏。国际上承认的具有法律效力的权威保藏单位，目前为 28 个，其中包括武汉大学的中国典型培养物保藏中心（简称 CCTCC）和中国科学院微生物研究所的中国普通微生物菌种保藏中心（简称 CGMCC）（表 15-2）。需要生产菌种可向专利发明人购置，由保藏该发明专利菌种的机构提供。如果向生产单位购置，由生产单位直接提供或由其委托的菌种保藏单位供给。购置的菌种如果符合生产菌种的要求可直接用于发酵生产。但应该注意的是，绝大多数卖主，都不愿意将最好的菌种出售或放在保藏单位保藏。如果所购菌种不符合生产菌种的要求，仍需进行未达要求的相关试验研究，直到达到各项要求，才可用于商业性生产。无论是购置的菌种，还是来源于自然环境，或是收集菌株筛选的菌种，都需要不断地采用各种遗传操作技术改良，以适应生产的发展，而且，要应用多种保存方法，以防菌种丢失或性状退化。

表 15-2　国际承认的培养物保藏单位

保藏单位（简称）	所在国家	保藏范围
澳大利亚国家分析试验室（AGAL）	澳大利亚	微生物菌种
比利时微生物保藏中心（BCCM）	比利时	大部分微生物菌种
保加利亚菌种保藏库（NBIMCC）	保加利亚	微生物菌种
中国典型培养物保藏中心（CCTCC）	中国	几乎所有的培养物
中国普通微生物菌种保藏中心（CGMCC）	中国	普通菌种
捷克微生物保藏所（CCM）	捷克	普通微生物菌种
法国微生物保藏中心（CNCM）	法国	几乎所有的培养物
德国微生物保藏中心（DSM）	德国	普通微生物菌种
匈牙利国家农业和工业微生物保藏中心（NCAIM）	匈牙利	工业菌种
日本国家生命科学和人类技术研究所（NIBH）	日本	几乎所有的培养物
荷兰真菌保藏所（CBS）	荷兰	真菌类
韩国细胞系研究联盟（KCLRF）	韩国	动植物细胞系
韩国微生物保藏中心（KCCM）	韩国	微生物菌种
韩国典型培养物保藏中心（KCTC）	韩国	培养物
俄罗斯微生物保藏中心（VKM）	俄罗斯	工业微生物
俄罗斯科学院微生物理化所（IBFMVKM）	俄罗斯	所有培养物
俄罗斯国家工业微生物保藏中心（VKPM）	俄罗斯	工业菌种
斯洛伐克酵母保存所（CCY）	斯洛伐克	酵母菌
西班牙普通微生物保藏中心（CECT）	西班牙	普通微生物菌种
英国藻类和原生动物保藏中心（CCAP）	英国	藻类、原生动物
欧洲动物细胞保藏中心（ECACC）	英国	动物细胞系等
国际真菌学研究所（IMI）	英国	真菌、细菌等
英国国家食品细胞保藏中心（NCFB）	英国	工业细菌
英国国家典型培养物保藏中心（NCTC）	英国	普通微生物
英国国家酵母菌保藏中心（NCYC）	英国	酵母菌
英国国家工业和海洋细菌保藏中心（NCIMB）	英国	工业及海洋细菌
美国北方农业研究所培养物保藏中心（NRRL）	美国	以微生物菌种为主
美国典型培养物保藏中心（ATCC）	美国	几乎所有的培养物

二、大规模发酵的特征

大规模发酵既不同于实验室的摇瓶或小发酵罐的发酵，也不同于实验工厂的实验发酵罐的发酵，其特征一般认为是：规模大，即所用的设备庞大，占用场地大，人力、物力投入的规模大；消耗的原料、能源多；菌种符合生产菌种的要求，其生长代谢特性与大规模发酵相适应；需进行成本核算等。大型发酵罐，特别是用于好氧微生物液体发酵的大型发酵罐，它的结构、功能和应用的特点较突出地反映出大规模发酵的特征，是其最具代表性的体现。

1. 用于好氧菌的大型发酵罐的结构和应用

发酵罐的容积大小变化很大，小至 1~10 L（图 15-3），大到 500 000 ~ 1 500 000 L（图 15-4），发酵罐的大小取决于生产需要和怎样进行操作，例如：分批进行操作的生产就比连续或半连续操作的生产需要较大的发酵罐。大型发酵罐一般指容积在几十吨以上，用普通钢材或不锈钢材构造，它是顶端和底部被密封的大圆柱体，在其内外装配着各种各样的管道、阀门和仪表。图 15-5 是具代表性的一种搅拌式大型发酵罐模式图。发酵培养基的灭菌和培养温度的控制是通过罐体夹层和罐体内的盘旋管，用蒸汽或冷却水的流通达到；发酵

图 15-3　小型自动发酵罐

图 15-4　在露天的大型啤酒发酵罐群

罐内高密度的微生物群体需要大量氧的供应，大型发酵罐采用喷雾装置和搅拌器充分地通气。无菌空气通过喷雾装置成为极小气泡，使氧从气泡中分散地进入发酵液能容易地扩散，搅拌叶轮的搅拌，不仅能使气泡与发酵液混合，而且使微生物细胞均匀地与发酵液内的营养物接触，保持悬浮状态，并且在发酵罐内壁一般都垂直地安装有挡板，当搅拌器搅拌时，流体通过挡板则被打成较小的块，更有利于微生物均匀地获得氧和营养。电机驱动搅拌器的轴使搅拌叶轮旋转，轴是从发酵罐外面穿入内部的，为了保证发酵不被污染，需要安装无菌轴封。

发酵罐的发酵过程必须精心监视而加以控制，因而发酵罐有观察孔，溶解氧监测器，温度监测仪，搅拌速度控制器，pH 检测和控制器，酸、碱添加泵，泡沫破碎叶片，菌体或产物的传感器以及营养物的添加管道等设备和仪器，监测发酵时氧浓度、温度、搅拌速度、pH、

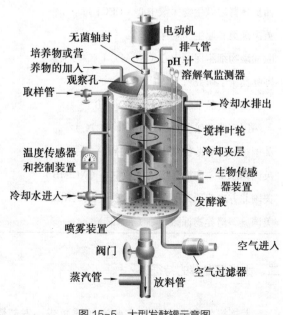

图 15-5　大型发酵罐示意图

泡沫状态、营养物的消耗情况、菌生长状况和产品形成等，并及时控制，以期达到最佳发酵条件，获得优质、高产、低成本的产品。计算机对于发酵罐生产的监视和控制起着重要的作用。根据生产过程中获得各种资料的数据制作成的计算机软件，能够被用于生产的在线范围内，准确、及时地监测和控制整个发酵过程，使发酵生产顺利而正确地进行。计算机也用于制作发酵生产的数学模型，它能够检验微生物生长和产物快速产生及相互作用的各种数据的效果，变更数据，可以显示它们是怎样影响生产的，对发酵工业生产具指导作用。这方面的应用和研究，在实验室和实验工厂中较多，在发酵生产中则较缺乏。大型好氧发酵罐还必须配备与它相适应的各种设备或系统，如菌种扩大培养系统、无菌空气供应系统、动力系统、培养基配制罐、储液罐、后处理设备等。

2. 厌氧菌大型发酵罐和其他生物反应器

发酵一般有厌氧发酵和好氧发酵，厌氧菌大型发酵罐与好氧菌发酵罐相比则较为简单，因为省去了无菌空气供应的装置和系统，发酵罐用钢材或钢筋混凝土或木料构成。图15-6（a）是生产乙醇的厌氧菌大型发酵罐示意图。大型发酵罐除好氧类型的搅拌式和上述的厌氧菌发酵罐外，还有借气体上升力搅拌的气升式发酵罐［图15-6（b）］、氧利用率高的卧式发酵罐［图15-6（c）］、用于啤酒连续发酵的发酵罐［图15-6（d）］等各种各样的发酵罐。每一种类型的发酵罐都是根据发酵的特点、生产的需要、操作方式和所具备的条件等设计的，各有所长，有的供氧特别充分，有的耗能低，有的节省设备材料，有的发酵周期缩短……其目的是使发酵罐更加适应大规模发酵生产的特征，使发酵更加稳定高效地运转。

随着现代生物技术的兴起，尤其是基因工程和细胞工程的飞速进展，重组微生物、动、植物离体细胞需要进行大量的纯培养，以便大量生产商业化产品，其生产容器也都统称为生物反应器。这类生物反应器的设计和制作需特别注意：① 安装有严格防止重组微生物或细胞外泄的部件，如特制的密封轴、取样系统和排气管道等。② 避免或减少机械搅拌的剪切力和气泡的表面张力对重组菌或细胞的损伤。③ 严格防止化学环境的急剧变化对重组培养物的伤害，如 pH 调节、补料加入的设备和物质都要相适应地变更。

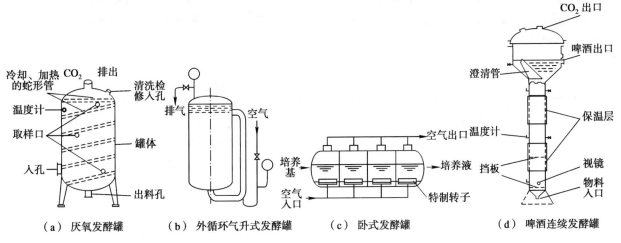

图 15-6 各种类型发酵罐的模式图

3. 发酵过程的优化及后处理

生产中的发酵过程控制和后处理，显著不同于实验室和试验工厂，也是规模化发酵生产的重要特征。这种特征是由于菌种在大型生物反应器中生长、繁殖和代谢的环境改变很大而形成的。小试验时，培养瓶的快速振荡一般能满足好氧菌所需的氧，而大型发酵罐中，在一个大气压下，30℃时氧在水中的溶解度仅为 1.16 mmol/L，而一般微生物发酵要求达到 70 ~ 400 mmol/（L·h），因此必须保持以无菌空气的形式向罐内通气。如何使通入的空气、培养基中的营养与大量细胞均匀混合，微生物能获得充分的氧气和养分，防止有毒代谢产物的局部积累，又使新加入的酸、碱、养料和消泡剂迅速扩散等等？小规模发酵较容易做到，大规模生产则要通过各种各样的搅拌装置或系统进行调控。微生物生长的最适培养基与其代谢产物合成的最适培养基，通常是有差别的，因此种子培养基与发酵培养基应该是不同的，不能将实验室的小试验中的培养基简单地搬到大生产中使用。

现代发酵工业常在大型发酵罐发酵期间补加糖、氮或其他底物等，以受控制的速度补加入罐内，并已形成了补料分批（fed batch）发酵技术。该技术可以有效地减少发酵过程中培养基黏度升高引起的传质效率降低、降解物的阻遏和底物的反馈抑制，很好地控制代谢方向，延长产物合成期和增加代谢物积累。例如：面包酵母对游离葡萄糖非常敏感，高浓度底物（葡萄糖超过 50 mg/L）抑制酵母的呼吸，导致乙醇和有机酸生成，严重影响酵母得率，低浓度底物则可使酵母细胞产量明显增加，因而连续补加低浓度糖就可控制发酵方向，高产出大量面包酵母。又如：赖氨酸生产用谷氨酸棒杆菌，正常情况下该菌产生赖氨酸和苏氨酸，但两种氨基酸都积累，反馈抑制进一步产生这两种氨基酸。为了使该菌高产赖氨酸，一是筛选、培育丧失了苏氨酸合成酶的突变株，二是在培养基中添加适宜量的苏氨酸，既不启动反馈抑制，又能大量产生赖氨酸。再如：在青霉素的生产中，让培养基的主要营养物只够维持青霉菌在前 40 h 的生长，而在 40 h 后靠低速连续补加葡萄糖和氮源等，使菌 "半饥饿"，延长青霉素合成期，可以达到 120～160 h 小时，大大提高了青霉素的产量。所需营养物限量的培养基的补加，常用来控制营养缺陷型突变菌种，使代谢产物积累达到最大，氨基酸发酵生产中采用这种补料分批技术最普遍，实现了准确的代谢调控，过量生产出各种氨基酸。如谷氨酸与赖氨酸生产是同一种菌，当仅仅提供最低限量的维生素生物素时，该种菌诱导分泌谷氨酸，因维生素缺乏使原生质膜弱化，而谷氨酸则渗入到培养基中。微生物在大型发酵罐中发酵，产物不断释放到培养基中，影响发酵液的 pH，代谢热的产生和罐体外环境温度的变化等，都需要很好控制，而且比小试验中控制的难度大。

明了大规模发酵的特征，很好地控制它，使发酵过程优化，其目的是保障微生物发酵按预定的最佳动力学过程进行，获得的产品达到预期的目标，因而是微生物生产中，发酵的不可缺少的重要组成部分。许多现代生物技术获得的成果未能产业化，稳定的控制和顺利的后处理往往成了瓶颈问题。发酵过程的主要控制项目和方法如表 15–3 所示。

表 15–3　发酵过程的主要控制项目和方法

主要控制项目	主要控制方法
温度	冷源或热源的流量
pH	加入酸或碱或其他物质
无菌空气流量	调节空气进口或出口阀门
搅拌的转速	变换驱动电机转速
溶解氧	调节通气量、搅拌速度或罐压
泡沫控制	加入消泡剂、调节通气量、罐压
补料	加入添补的物质
罐压	改变尾气阀门的开度
菌体浓度及状态	调节通气量、补料
产物	调节各项控制达预定的最佳发酵条件

为了达到发酵过程的控制，首先要对反应器内各项控制指标进行测量，测量仪器的核心部件是传感器及放大变换装置，要求准确无误。测量的数据的收集、分析、处理和控制的具体操作，可以人工判断、操作，也可由计算机系统、仪器、仪表和自动化设备完成。

后处理指的是大规模发酵后直到产品形成的整个工艺过程。它决定着产品的质量和安全性，也决定着产品的收率和成本。据统计整个发酵产品的后处理费用已占产品成本的 60% 左右，虽然有的产品较低，有的则更高，但其重要性已引起越来越多的科学技术工作者的重视，后处理的研究开发已逐步形成一个新的科技领域和产业。通常后处理的主要步骤、技术设备和产品的浓度及质量如表 15-4 所示。

表 15-4　通常后处理的主要步骤、技术设备和产品的浓度及质量

主要步骤	主要的技术设备	产品浓度 / (g·L^{-1})	产品纯度 /%
收获发酵液	收集罐、储放罐	0.1 ~ 80	0.1 ~ 8
过滤	各种过滤装置、离心机	0.1 ~ 90	0.1 ~ 10
初步分离	沉淀、溶解、膜分离	5 ~ 200	1 ~ 20
产品提纯	层析、电泳	50 ~ 500	50 ~ 90
干燥、结晶	各种干燥设备、冷冻干燥		90 ~ 100

4. 发酵的逐级放大

由实验室小型设备到试验工厂小规模设备的试验发酵，再转为大规模设备的工业发酵生产，此过程称为发酵的逐级放大。通俗地将逐级放大称为小试（小型试验）、中试（中间试验）和大试（大规模生产性试验）三个阶段。各阶段不是设备的简单放大，必须付出辛勤的劳动和大量的工作，调节温度、pH、溶解氧、细胞生长、产物形成等发酵参数，使其适宜于放大的设备，每个阶段都有预期的目标和要求，对于研究开发新发酵产品都是不可缺少和同等重要的，而且密切相关，相辅相成，循环往复，不断逐级放大，提高发酵产品的生产效率，精益求精。

（1）小试

一般指采用实验室的小型设备，包括三角玻璃瓶、1 ~ 50 L 发酵罐、实验室其他常规设备等进行的试验。该阶段要求对培养基的成分和配比、pH、培养温度、通气量的大小等发酵条件进行大量试验，获得众多数据资料，得出小试中的发酵最佳条件。从而结合小试阶段对产物初步的功能性、安全性、结构分析等实验结果，达到小试的目标：初步评估出所发酵的产物是否具有效益和生产的可能性。

（2）中试

一般指采用试验工厂或车间的小规模设备，例如：100 ~ 5 000 L 发酵罐，与其相适应的分离、过滤、提取、精制等设备，根据小试阶段获得的最佳发酵条件进行放大试验。该阶段要求对小试中的最佳发酵条件进行验证、改进，使最佳发酵条件更接近大规模生产，并初步核算生产成本，为大规模生产提供各种参数，还要提供足够量的产物，进行正式的功能性、安全性、质量分析鉴定等试验，取得有关的具法律效力的新产品等文件，从而达到中试的目标：基本确定发酵产物能否进行工业性大规模生产，初步确定生产该产品的必要性和可行性。

（3）大试

大试也可称为试验性生产，或工程性试验研究，是指用大规模设备，包括大型发酵罐，分离、过滤、提取、纯化等大型设备，根据中试阶段获得的最佳发酵条件的参数进行试验性生产。该阶段要求对中试中的最佳发酵条件进行验证、改进，生产出质量合格、具经济价值的商业性产品，并核算成本、制定生产规程等，

取得具法律效力的生产许可证等有关证书，从而达到大试的目标：确定发酵产物能否进行大规模生产，以及生产该产品的必要性和可行性。

　　发酵的逐级放大，几乎是微生物产业的新产品或改良产品或工艺改造的必由之路，但现代生物技术的产品有的产量是以千克、克单位，甚至更小的单位计算，而具有很高的商业价值并能满足市场需要，这类产品从研究开发到生产，虽然也要经过逐级放大，经历的过程和试验的项目甚至更长和更多，但小试、中试和大试各阶段所采用的设备、仪器的差异不是很大，有的在实验室内就能完成放大的全过程，进行商业性生产，取得高额利润。值得强调的是，一个新产品的开发成功是非常艰难的，例如微生物新药，从小试到大试，成为产品上市，大约需要 10 年时间，国外耗资约几亿美元。而且在逐步放大期间，因工艺或临床试验等原因被淘汰的还占多数。

> • 微生物产业发酵要得到产品需要经过哪些主要步骤？
> • 生产菌种与科研菌种的要求有哪些不同？
> • 现代大规模发酵中主要监控哪些参数？

第二节　微生物产业的发酵方式

　　微生物发酵是一个错综复杂的过程，尤其是大规模工业发酵，要达到预定目标，更是需要采用和研究开发各式各样的发酵技术，发酵的方式就是最重要的发酵技术之一。通常按发酵中某一方面的情况，人为地分类为如下几种方式：

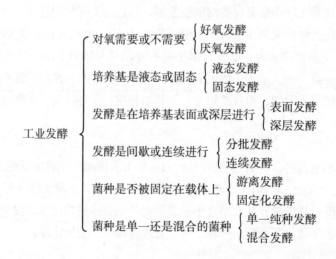

　　实际上微生物生产中，都是各种发酵方式结合进行的，选择哪些方式结合起来进行发酵，取决于菌种特性、原料特点、产物特色、设备状况、技术可行性、成本核算等。现代大规模发酵多数是好氧、液体、深层、分批、游离、单一纯种发酵方式结合进行的，上一节中所述发酵特征和大多数生物反应器都是这一发酵方式的体现，图 15-1 所示的发酵基本过程也能代表此结合方式的发酵工艺全过程，其优越性是：① 好氧单一纯种微生物产生单一产品，是现代发酵的主流，而此发酵方式的结合是目前相适应最多和最好的发酵方式，对大多数发酵是最佳的选择；② 液体悬浮状态是很多微生物的最适宜的生长环境，菌体、营养物、产物、热量容易扩散和均质，使产品较易达到高产、优质，发酵中液体输送方便，检测、控制和操作也容易实现自动化；③ 深层、游离状态扩大了菌种与发酵基质的接触面，增加了发酵反应的效率，加快了反应周期；④ 分批发酵对生物反应器中的发酵是间歇式操作，其主要特征是所有工艺变量都随时间而变，工艺变量主要是菌体、营养物、pH、热量、产物的变更，变化的规律性强，比较容易控制逐级放大和扩大生产规模；

⑤ 分批单一纯种的发酵，不易污染，菌种较容易复壮和改良。这些优势不是绝对的，也不是对所有微生物都适用，对某一种菌种来说，也可能变更其中一种或几种发酵方式，发酵会更好，结果更佳，效益更好，因此，其他发酵方式都应积极研究、开发和应用。

一、连续发酵

连续发酵（continuous fermentation）是相对于分批发酵（batch fermentation）而言的，也是连续培养（见第6章）技术在发酵上的应用，就是连续培养放大后用于大规模生产微生物的产品。连续发酵的方式和生物反应器类型也是各式各样，主要是具有菌体再循环或不循环的单罐（级）连续发酵［图15-7（a）］和具有菌体再循环或不循环的多罐（级）连续发酵［图15-7（b）］。

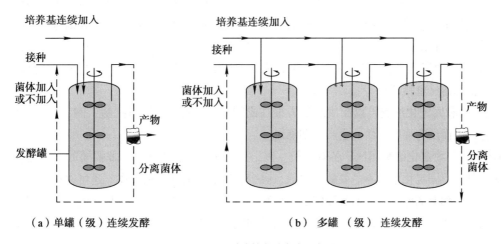

图 15-7　两种连续发酵方式示意图

连续发酵的主要优势是简化了菌种的扩大培养，不需要发酵罐的多次灭菌、清洗、出料，缩短了发酵周期，提高了设备利用率，降低了人力、物力的消耗，增加了生产效率，使产品更具商业性竞争力。例如：面包酵母连续发酵生产与用分批发酵生产相比，其生产效率较高，而成本较低。

连续发酵已被用来大规模生产乙醇、丙酮、丁醇、乳酸、食用酵母、饲料酵母、单细胞蛋白，浮游生物的生物量和石油脱蜡及污水处理，并取得了较好效果。但对大部分微生物来说，进行连续培养研究其生理、生化和遗传特性是不困难的，连续培养技术发挥了重要作用，获得了很多研究成果，但用连续发酵进行大规模生产还是困难的。主要原因是连续发酵运转时间长，菌种多退化，容易污染，培养基的利用率一般低于分批发酵。而且工艺中的变量较分批发酵复杂，较难控制和扩大。尤其是在次生代谢产物，如抗生素大规模生产中，难以实现连续发酵，因生成次生代谢产物所需的最佳条件，往往与其产生菌种生长所需的最佳条件不一致，有的还与微生物细胞分化有关，现代发酵中又多使用高浓度营养组分，这些都是连续发酵亟待解决的难题。连续发酵推广应用中所遇到的困难和问题，随着对该技术的深入研究、改进，尤其是与各项高、新技术密切结合，相信将日趋完善，并有着广阔的应用前景，将能获得更大的效益。

二、固定化酶和固定化细胞发酵

微生物类似多种酶的包裹，发酵是合理控制和利用微生物酶的过程，因此，可以将酶从微生物细胞中提取出，将其与底物作用制造产品，也可以将提取出的酶用固体支持物（称为载体）固定，使其成为不溶于水或不易散失和可多次使用的生物催化剂，利用它与底物作用制造产品。同样可以将微生物细胞用载体固定，使反应物与其作用，制造产品或做其他用途。未固定的酶或细胞用于工业生产，可以称为游离酶或细胞，固定的酶称为固定化酶（immobilized enzyme），固定的微生物细胞称为固定化细胞（immobilized cell）。固定化酶（细胞）用于发酵可称为固定化酶（细胞）发酵，或简称固定化发酵。

1. 固定化的优势

① 固定化酶和固定化细胞可以重复使用。游离酶（细胞）与底物作用是一次性的，非连续性的发酵罐发酵也是一次性的，而固定化酶和固定化细胞与反应物作用可多次进行，有的可达几十、几百次，甚至可连续几年，尤其是固定化细胞，可以看做是固定化细胞的连续发酵，极大地提高了生产效率，如用固定化梭状芽孢杆菌厌氧条件下连续发酵生产正丁醇和异丙醇，已获得产率较分批发酵高4倍。

② 固定化酶和固定化细胞产品的分离、提纯等后处理比较容易。游离酶与产品混在一起难分离，发酵后的产品与大量的菌体和非需要的产物混在一起分离、纯化难度也较大，固定化酶和细胞的产品相对地比较少地含有非需要产物和菌体。

③ 固定化酶和固定化细胞一般都做成了球形颗粒或薄片状，使产品的生产工艺操作简化，易于机械化和自动化，设备和器材也较简易。

④ 固定化酶和固定化细胞可以制成酶活力很高或细胞密度很大，而且抗酸、碱、温度变化的性能高，酶活力较稳定，因而反应速度加快，生产周期缩短。

⑤ 固定化酶与固定化细胞相比，各有所长。固定化酶相对产物更单一，非需要的产物更少些，生产操作条件更易控制，而固定化细胞不需要酶的提取，减少了酶活力的损失和操作，还可以利用细胞中的多酶体系，完成需要多种酶参加的反应，而且固定的微生物细胞可以是死的，也可以是活的，后者还可增殖，更有利于重复使用和加快反应速度。许多固定化微生物活细胞，用来处理某些污水的工艺，一直运转几年，固定化细胞仍可使用。

2. 固定化的几种类型

用不同的载体和不同的操作方法将酶或微生物细胞固定，根据固定化的主要机制，一般分成5类。

① 吸附固定化：按照正、负电荷相吸的原理，酶或细胞吸附在载体的表面而被固定［图15-8（a）］。例如，用瓷碎片、玻璃球、尼龙网、棉花、木屑、毛发等作载体，经一定操作处理后，酶或细胞可吸附固定在其表面。

② 包埋固定化：大分子的有机或无机聚合物，将酶或细胞包裹、载留在凝胶中而被固定［图15-8(b)］。例如：可用琼脂、明胶、海藻酸钙、κ-角叉菜聚糖、聚丙烯酰胺等作载体，经一定的操作处理后，将酶或细胞包埋在里面。

③ 共价固定化：酶或细胞与载体通过共价键作用而被固定［图15-8（c）］。例如：酶或细胞溶液与含羧酸载体（R-COOH）或氨基载体（R-NH$_2$），在缩合剂碳化二亚胺作用下，经搅拌等处理，而制成固定化酶或细胞。

④ 交联固定化：酶分子或细胞上的化合物基团之间在双功能基团交联剂作用下，与载体上的化合基团相互交联呈网状结构而被固定［图15-8（d）］，最常用的交联剂是戊二醛。

⑤ 微囊固定化：用一层亲水性的半透膜将酶或细胞固定在珠状的微囊里［图15-8（e）］。例如：用海藻酸钠溶液与酶或细胞混合，滴入CaCl$_2$溶液中形成凝胶微珠，然后用聚赖氨酸溶液处理微珠表面，再用柠檬酸去除海藻酸钙微珠的钙离子，使微珠内海藻酸成液态，酶或细胞悬浮其中，而微珠表面由于受到聚赖氨酸的处理，钙不被去掉，从而不再溶解，形成一层微囊膜，酶或细胞包在微囊中而被固定。

有的固定化的机制既有吸附原理，也有包埋作用或化合键的形成，即固定化酶或细胞是根据多种原理而制成的。

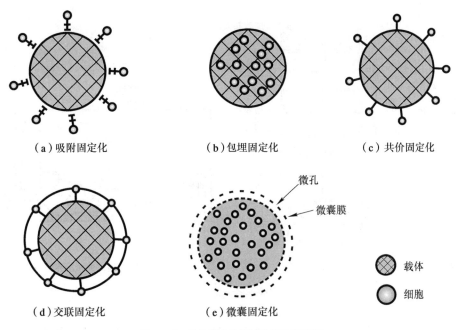

（a）吸附固定化　　　　　　（b）包埋固定化　　　　　　（c）共价固定化

微孔
微囊膜

载体
细胞

（d）交联固定化　　　　　　（e）微囊固定化

图 15-8　细胞固定化类型的原理示意图

3. 固定化的应用和存在的问题

固定化技术在微生物产业方面的应用，经已往 30 多年的研究开发，其优势越来越强，采用面越来越广。固定化酶由于研究开发较早，而且较易控制，比固定化细胞的应用目前更为广泛和深入。固定化发酵应用领域有饮料、医药、化工、能源、环保等，而且还在不断拓宽应用范围，但该技术存在的一些问题，较严重地影响它的发展。存在的问题主要有：① 需要好氧反应的固定化，固定化细胞的壁和膜所造成底物或产物的进、出的障碍和载体造成的通气困难，往往严重影响反应速率，造成产量低下。② 有的容易出现细胞自溶或污染，或固定化颗粒机械强度差，或酶、细胞从载体脱落，或酶、细胞的活性很快被抑制，使反复利用次数少，产品质量和数量不稳定。③ 固定化酶和固定化细胞反应动力学及其有关机制、专用设备研究缺乏，也阻碍了该技术的应用。存在的问题，随着深入的研究开发，特别是分子生物学技术手段的加强、新材料的采用、先进化工工程的借鉴、计算机的利用，会逐步解决，微生物产业将产生巨大的变革。我国固定化细胞发酵生产乙醇和啤酒都已取得了很好的经济效益。

三、固态发酵

固态发酵（solid state fermentation）又称固体发酵，是指微生物在没有或几乎没有游离水的固态湿培养基上的发酵过程。固态湿培养基一般含水量在 50% 左右，而无游离水流出，此培养基通常是"手握成团，落地能散"，所以此发酵也可称为半固体发酵。培养基呈液态的微生物发酵过程称为液态发酵。我国农村的堆肥、青饲料发酵和做酒曲，就是固态发酵。固态发酵工艺历史悠久，在现代微生物产业中仍在使用，例如：低品位矿石的金属浸出、某些微生物杀虫剂和细菌肥料常采用固态发酵生产。

厌氧菌的固态发酵生产较简易，一般采用窖池堆积，压紧密封进行。好氧菌的固态发酵生产可以将接种后的培养基摊开铺在容器表面，静置发酵，也可通气和 / 或翻动，使能迅速获得氧和散去发酵产生的热，因通气、翻动、设备条件、发酵菌种和产物等的不同，固态发酵的反应器和培养室也是多种多样，如图15-9所示。

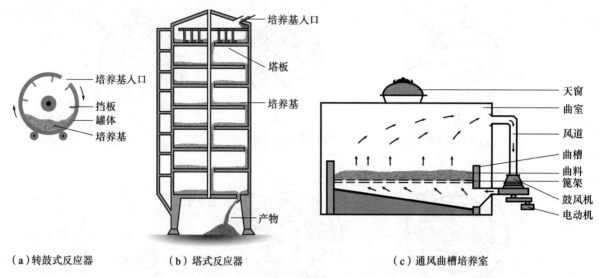

图 15-9　几种固态发酵反应器和培养室

固态发酵的特征，体现在它与液态发酵的相对优、缺点方面（表 15-5）。微生物产业的生产是选择固态发酵工艺还是液态发酵工艺取决于所用菌种、原料、设备、所需产品、技术等，比较两种工艺中哪种可行性和经济效益高，则采用那一种。现代微生物产业大多数都是采用液态发酵，这是因为液态发酵适用面广，能精确地调控，总的效率高，并易于机械化和自动化。

表 15-5　固态发酵与液态发酵相比的优、缺点

优　点	缺　点
1. 培养基含水量少，废水废渣少，环境污染少，容易处理	1. 菌种限于耐低水活性（a_w）的微生物，菌种选择性小
2. 能源消耗量低，供能设备简易	2. 发酵速度慢，周期较长
3. 培养基原料多为天然基质或废渣，广泛易得，价格低廉	3. 天然原料成分复杂，有时变化，则影响发酵产物的质和量
4. 设备和技术较简易，较低的投资	4. 工艺参数难测准，较难控制
5. 产物浓度高，后处理较方便	5. 产品少，工艺操作消耗劳力多，强度大

随着机械化、自动化、化工工程、技术和设备的发展，尤其是电子技术、计算机产业的飞速进展，先进的技术和设备在固态发酵中的应用，使固态发酵的劣势逐步化解，而优势更显突出，使古老的工艺焕发青春，在微生物产业中的作用和地位逐步提高，使某些发酵产品的生产采用固态发酵比液态发酵更好。

四、混合培养物发酵

混合培养物发酵（mixed culture fermentation），又简称混合发酵，它是指多种微生物混合在一起共用一种培养基进行发酵，也称为混合培养。用纯的单一菌种的发酵可称为纯种发酵，或纯培养。混合发酵也是由来已久，许多传统的微生物产业就是混合发酵，如：酒曲的制作，某些葡萄酒、白酒的酿制，湿法冶金，污水处理，沼气池的发酵等都是混合发酵。这些混合发酵中菌种的种类和数量大都是未知的，人们主要是通过培

养基组成和发酵条件来控制，达到生产目的。随着对微生物群落结构的相互作用认识的发展，对混合发酵技术研究和开发的深入，采用已鉴定的两种以上分离纯化的微生物作为菌种，共用同种培养基进行发酵，也有人将此称为限定混合培养物发酵（defined mixed culture fermentatien）。

混合培养物发酵有三个突出优势：

① 充分利用培养基、设备、人员和时间，可以在共同的发酵容器中经过同一工艺过程，提高所需产品的质和量，或获得二种或多种产品。即可做到三少一多：生产人员少，原材料和能源消耗少，设备和器材少，而生产的产品的效益高或种类多。例如：产黄纤维单胞菌（*Collulomonas flavigena*）和恶臭假单胞菌（*Pseudomonas putida*）利用纸浆纤维作唯一碳源混合发酵，生产 5′- 单核酸和单细胞蛋白。发酵中，产黄纤维单胞菌生长产酸使 pH 降至 6 以下时，则自身停止生长，而恶臭假单胞菌利用产黄纤维单胞菌发酵中产生的可溶性糖生长，能把 pH 维持在 6.5 ~ 7.0，这样两种菌互惠，使得它们能继续生长，纤维素迅速分解，而获得高产的两种产品。我国发明的维生素 C 二步发酵法，其特点为第二步发酵由氧化葡糖酸杆菌（*Gluconabacterium oxydonas*）和巨大芽孢杆菌等伴生菌混合发酵完全。该发酵技术已在多国申请了专利，并成功地成为我国向国外转让的第一个生物高新技术，国内厂家也采用了此技术，取得了很好的经济效益。

② 混合发酵能够获得一些独特的产品，而纯种发酵是很难做到的。例如国内外享有盛誉的茅台酒，就是众多的微生物混合发酵的产品，用气相色谱和质谱分析，它含有各种醇类、酯类、有机酸、缩醛等几十种化合物，其风味优异而独特，目前还不可能将茅台酒制作的混合微生物一株株分离，纯培养，分别发酵再将发酵产物配制成茅台酒。现代微生物发酵产品如果要实现混合发酵生产，需要对所有菌株特性深入研究，利用它们的互利关系，使所用混合菌种取长补短，发挥各自的优势，生产出成本低、质量优的产品或多种产品。

③ 混合的多种菌种，增加了发酵中许多基因的功能。通过不同代谢能力的组合，完成单个菌种难以完成的复杂代谢作用，可以代替某些基因重组工程菌株，进行复杂的多种代谢反应，或促进生长代谢，提高生产效率。例如：华根霉（*Rhizopus chinensis*）可发酵生产延胡索酸，当它与大肠杆菌（*E. coli*）混合发酵，延胡索酸就能完全转化成琥珀酸。用膜醭毕赤酵母（*Pichia membranaefaciens*）代替大肠杆菌混合发酵，延胡索酸就被转化为 L- 苹果酸。如果普通变形菌（*Proteus vulgaris*）和少根根霉（*R. arrhizus*）混合发酵，则可将延胡索酸转化为天冬氨酸。

> - 微生物发酵的方式有哪些？根据什么划分的？
> - 连续发酵有哪些优势？为什么目前还没有广泛地被采用？
> - 按照固定化的主要机制，固定化细胞发酵可分成哪几类？
> - 固态发酵与液态发酵相比有何优、缺点？

第三节 微生物产业的主要产品

微生物产业的产品，按出现的年代大概可以归纳为：传统产品、近代产品和现代产品。传统产品是以酿造业的酒、醋、酱、乳酪为代表，近代产品是以 20 世纪 40—50 年代开始的发酵法生产抗生素、氨基酸、有机酸为代表，现代产品是以 20 世纪 80 年代出现的基因工程产品，如胰岛素、α- 干扰素、乙肝疫苗等为代表。当前国内外微生物产业产品，既有传统产品，又有现代产品，但大多数还是近代产品，三者并存，品种繁多。从其应用范围看，各行各业都有，这是由于微生物具有种类多、分布广、适应性强、繁殖快、多变异和生理、生化的多样性等特性，从而容易形成各个行业的微生物产业，生产多种多样的产品（表 15-6）。

表 15-6 中所列举各行业微生物产业的产品，仅是一部分，远不止这些，而且众多的某一种产品具有多

方面的广泛用途，生产该产品的微生物产业即为跨行业或多行业微生物产业。现以几种具有代表性的微生物产业产品为例，简要地阐述有关状况。

表 15-6　各行业的微生物产业及其产品举例

名　　称	产品举例
食品微生物产业	面包酵母、乳酪、味精、酵母提取物、肌苷酸、赖氨酸、甜味素、维生素、食用菌
酿造微生物产业	酿酒酵母、酒、啤酒、食用醋、酱油、柠檬酸
药用微生物产业	青霉素、链霉素、维生素 E、精氨酸、基因工程菌产的活性肽
医用微生物产业	菌苗、疫苗、诊断试剂、葡聚糖、甾体激素、麦角生物碱
环保微生物产业	有益菌剂、絮凝剂、有机废弃物腐熟剂、分解酚菌剂、石油净化剂
能源微生物产业	燃料乙醇、沼气、丁醇、氢气、微生物燃料电池
农业微生物产业	赤霉素、阿维菌素、井冈霉素、*Bt* 杀虫剂、菌肥
林业微生物产业	菌根菌剂、放线菌酮、病毒杀虫剂、食用菌
饲料微生物产业	单细胞蛋白、土霉素、甲硫氨酸、饲料酵母
兽医微生物产业	土霉素、菌苗、疫苗、诊断试剂
冶金微生物产业	富集铜菌剂、富集铀菌剂
化工微生物产业	丙酮、丁醇、醋酸、衣康酸、PHB、丙烯酰胺、异丁烯
轻纺微生物产业	甘油、乳酸、酶制剂
石油微生物产业	黄原胶、嗜石油酵母、聚丙烯酰胺
军用微生物产业	菌苗、疫苗、微生物武器检测和预防的产品

一、微生物生产的食品和饮料

取之不尽的微生物代谢产物及其本身组成物质，是微生物能生产出众多食品和饮料的根本机制，其产品的数量之大、品种之多、产值之高和由来之久都是微生物产业之冠，而且方兴未艾，正在为人类增添食物、开拓资源、促进健康和改善生活作出更大贡献。

1. 生产菌种及其产品

生产食品和饮料采用的微生物，除本章第一节所述菌种的要求和来源外，还有一些是来源于制作原料和发酵环境，即在整个发酵过程中不人为地添加微生物。例如：有的葡萄酒酿制，其发酵的微生物就是从其原料——葡萄果皮上而来，葡萄果皮上的微生物来自于葡萄园的自然环境，因天然环境中，一些微生物，尤其是常用于酿酒的酵母菌类广泛而容易地附着在水果和谷物上，形成天然菌种群。再有一些菌种的来源是传统保藏和接种的技术方法。例如：我国独创的酿酒的酒曲，用米、麦，或麸皮、豆类，或白色黏土等原料，添加辣蓼草或中草药，粉碎、加水等处理，接种祖辈相传下的含有菌种的曲种，在适宜的温、湿度下培养而制成。上述两种来源的菌种大多数都未分类鉴定，有的只知其所属类群。但这些菌种也逐步在改良中，不少传统发酵的未知菌种都已被分离、纯化、鉴定和选育过的优良菌种所替换，有的还采用了基因工程重组菌种。一些食品和饮料生产所用的微生物菌种或类群如表 15-7 所示。

表 15-7　微生物生产的一些食品和饮料

产　品	生产的微生物	主要原料
黄　酒	青霉、毛霉、根霉、酵母	糯米、黍米、粳米
葡萄酒	酵母、纤细杆菌（*Bacterium gracile*）	葡萄
白　酒	根霉、曲霉、毛霉、酵母、乳酸菌、醋酸菌	高粱、米、玉米、薯、豆
啤　酒	酿酒酵母	大麦、酒花
豆腐乳	毛霉、曲霉、根霉	大豆、冷榨豆粕
酱　油	曲霉、酵母、乳酸菌	小麦、蚕豆、薯、米
干　酪	酪链球菌（*Streptococcus lactis*）、曲霉	干酪素
酸　奶	乳酸杆菌	牛奶、羊奶
食　醋	醋酸杆菌、曲霉、酵母	米、麦、薯等
泡　菜	乳酸菌、明串珠菌（*Leuconostoc* sp.）	蔬菜、瓜果
面包发酵	酿酒酵母	小麦粉
味　精	谷氨酸棒杆菌	糖蜜、淀粉、葡萄糖、玉米浆
肌苷酸	短杆菌（*Brevibacterium* sp.）、谷氨酸棒杆菌	淀粉、豆饼、酵母粉、无机盐
β-胡萝卜素	三孢布拉氏霉（*Blakeslea trispora*）	淀粉、豆粉、无机盐
食用真菌	双孢蘑菇（*Agaricus bisporus*）	畜粪、秸秆、菜籽饼
	香菇（*Lentinus edodes*）	木材、木屑、甘蔗渣
	木耳（*Auricularia auricula*）	木材、棉子壳、木屑
	银耳（*Tremella fuciformis*）	木材、棉子壳、木屑
	平菇（*Pleurotus ostreatus*）	棉子壳、稻草、玉米芯

2. 几种产品及其生产工艺

酒是指含有乙醇成分的饮料，品种繁多，一般将其分为啤酒、蒸馏酒、黄酒、果酒和配制酒5大类。啤酒又可分为黄啤酒、黑啤酒等，至于品牌则多得无法统计，但其主要工艺和机制是相同的。工艺的主要过程如图 15-10 所示。蒸馏酒包括白酒、威士忌、白兰地、朗姆酒、伏特加、金酒、烧酎等。我国白酒又可分为以泸州老窖为代表的浓香型、以茅台酒为代表的酱香型、以汾酒为代表的清香型、以桂林三花酒为代表的米香型等香型。制蒸馏酒的常用原料是谷物淀粉或含糖丰富的果实，如：高粱、玉米、稻米、小麦、薯干、豌豆、马铃薯、苹果、樱桃、甘蔗、糖蜜等。制作中涉及的主要微生物，一类是主要起糖化作用的如曲霉、根霉、毛霉、犁头霉等，一类是主要起产乙醇发酵作用的酵母，乳酸菌、醋酸菌，芽孢杆菌也参与一些酒的制作过程。蒸馏酒的生产有的用混合菌，有的接种纯菌种，有的用固态发酵，有的用液态发酵，其基本过程都是：

$$蒸煮过的原料 \xrightarrow[糖化作用]{曲霉等} 葡萄糖 \xrightarrow[发酵作用]{酵母等} 含乙醇等的发酵物 \xrightarrow{蒸馏} 各种蒸馏酒$$

黄酒、果酒制作原料、工艺、后处理各有差别，产品风格各具特色，但其主要工艺和制酒的原理大同小异，而酒的获得不是蒸馏，而是压榨。配制酒是用各种酒或食用乙醇为酒基，以鲜果或药材或鲜花等配料制成的。

面包的生产，无论是面包厂、饼干厂，还是家庭都主要是用酿酒酵母作菌种，1%～2%酵母加入小麦粉，加水搅和成面团，在适宜温度下，经发酵产生大量的酵母及其产物，营养物质倍增，而且同时产生的 CO_2 烘烤受热膨胀，从而制成松软、细腻、香甜可口的面包。食品和饮料所用的酵母可称为食用酵母，其用量大，应用面广泛。维生素 B_1 缺乏及消化不良服用酵母，这类用于医药的酵母可称为药用酵母。用于饲料的酵母可称为饲料酵母。燃料乙醇、麦角固醇和有的酶生产时也用到酵母，这类酵母可称为工业酵母。生产酵母的主要过程如图 15–11 所示。

食用菌一般是指可食用的有大型子实体的高等真菌，分类上主要属于担子菌亚门（Basidiomycotina），其次为子囊菌亚门（Ascomycotina）。国际上已记载的食用、药用大型真菌有 2 000 多种，我国已知的食用菌有 720 多种，药用菌（含食药兼用菌）约 390 种。全世界仅有 20 种左右食、药用菌进行了商业性生产，95% 以上的种仍处于野生状态，因而大型真菌的研究、开发和利用大有可为。食用菌的蛋白质丰富，多糖含量高，营养含量较平衡，而且味道鲜美，有的还具有保健功效，因此食用菌是一种深受欢迎的食疗补品。近十多年来，我国的食用菌生产以前所未有的规模快速发展，创建了许多因地、因时、因种、因原料和条件的生产技术，取得了很好的经济和社会效益。食用菌的生产绝大多数都是固体栽培，培养基原料有木材、木屑、棉子壳、玉米芯、稻草、畜粪、麸皮、麦秆等农副产品和废渣料。培养室也各种各样，有基本上实现了机械化或自动化的菇房，有简易塑料菇房，有车箱式菇房，还有半地下或地下菇房。要使生产出的食用菌高产、优质、成本低，控制温度、pH、湿度、空气、光照等培养条件以及在生产管理方面，同样地要像液体大规模发酵罐一样严格要求。

调味品味精即 L– 谷氨酸的钠盐，由于其强烈的鲜味，广泛用于食品行业和家庭烹调。20 世纪 50 年代以前，L– 谷氨酸是用盐酸从小麦的面筋中提取，工艺落后，得率低，而且环境污染严重。现在 L– 谷氨酸几乎完全用微生物生产，优良菌种多属于棒状杆菌属（Corynebacterium）、微杆菌属（Microbacterium）、节杆菌属（Arthrobacter）和短杆菌属微生物中的一些种。主要以糖质原料，如淀粉水解液、甜菜废糖蜜等发酵生产，采用液体深层分批单一纯种发酵方式，控制培养基中生物素浓度，影响微生物细胞膜组成，增强细胞的渗透性，提高谷氨酸向胞外渗透，产出大量的谷氨酸。

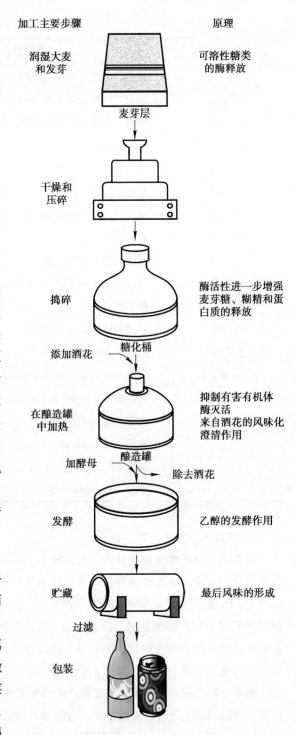

加工主要步骤	原理
润湿大麦和发芽	可溶性糖类的酶释放
干燥和压碎	
捣碎	酶活性进一步增强麦芽糖、糊精和蛋白质的释放
添加酒花	
在酿造罐中加热	抑制有害有机体酶灭活 来自酒花的风味化 澄清作用
加酵母 除去酒花	
发酵	乙醇的发酵作用
贮藏	最后风味的形成
过滤	
包装	

图 15–10 啤酒生产的主要步骤及其原理示意图

3. 微生物生产食品和饮料的特点

微生物生产食品和饮料，纯种发酵、混合发酵、固定化发酵、非固定化发酵、好氧发酵、厌氧发酵、固态发酵和液态发酵等工艺都有采用，有的还采用其中的多项，因而该领域的特点首先是工艺多种多样，所用菌种涉及广泛，有的还是自然菌群，下游技术和设备繁多，有的工艺复杂，有的较简易。第二，产品的安全性最重要，贯穿于整个生产过程，并一直到食用。菌种、原材料、发酵环境和条件、产物、后处理、包装、

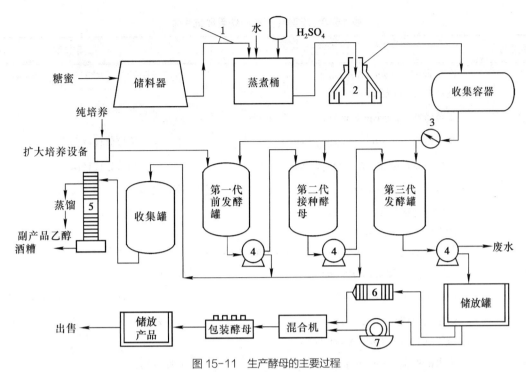

图 15-11 生产酵母的主要过程

1. 糖蜜秤；2. 澄清离心机；3. 糖蜜表；4. 分离器；5. 蒸馏塔；6. 压滤机；7. 真空过滤器

运输、保存期等，都要严防对人和环境有害的物质掺入，或有害微生物的污染，产品一定要符合法律规定的卫生标准和安全标准。第三，传统的工艺多，各国、各地区差异性大，就是同一产品，有的因生产地点、时间、批号的不同也有差别。

二、微生物生产的医药产品

不断增长的预防、诊断、治疗、手术、急救、康复等医药方面的需求，促进了微生物生物技术医药产品的飞速发展。抗生素是最重要的治疗感染病的微生物医药产品，高药效和丰厚的经济价值使抗生素产业经久不衰。抗生素不仅能治疗微生物感染人、畜、植物的疾病，而且还能抗肿瘤、防治害虫和杂草，除少数抗生素用化学合成外，绝大多抗生素都是用微生物发酵生产的，该类微生物医药对人类医疗保健事业的贡献无与伦比。其他微生物药物是指除抗生素外，也是由微生物在其生命活动过程中产生的具有生理活性的次生代谢产物及其衍生物，并且在医药方面具有实用价值。这类微生物药物包括酶抑制剂、免疫调节剂、受体拮抗剂、抗氧化剂、类激素、生物表面活性剂和抗辐射药物等，有人将其称为"生物药物素（biopharmaceutin）"，它的研究开发是近10多年的事，目前方兴未艾。根据免疫学原理，大规模地采用微生物或其部分组成成分，进行大规模生产疫苗、类毒素、免疫血清和诊断用的抗原、抗体制品等产品，习惯地称之为生物制品（biologic product），也是微生物产业的医药产品。微生物技术与仿生医学、再生医学和组织工程的融合，能促进高生物相容性医用材料的研制和产业化。例如：针对血管、关节等置换、修复的需要，可以研制和生产出涂药支架、人工瓣膜、骨修复材料、人工关节、人工皮肤等新型微生物医药产品。

1. 抗生素

临床医学上使用的抗生素主要用放线菌和丝状真菌作为菌种生产。大规模微生物发酵生产的重要抗生素列在表 15-8 中。

表 15-8　发酵生产的一些重要抗生素

抗生素名称	生产菌种	作用范围
青霉素	产黄青霉（*Penicillium chrysogenum*） 点青霉（*P.notatum*）	革兰氏阳性菌（G⁺）和部分阴性菌（G⁻）
灰黄霉素	灰黄青霉（*P.griseofulvum*）	病原真菌
链霉素	灰色链霉菌（*Streptomyces griseus*）	G⁻，G⁺，结核分枝杆菌
卡那霉素	卡那霉素链霉菌（*S.kanamyceticus*）	G⁺，G⁻，结核分枝杆菌
多氧霉素	可可链霉菌（*S.cacaoi*）	病原真菌
利福霉素	地中海链霉菌（*S.mediterranei*） 诺卡氏菌（*Nocardia*） 利福霉素小单胞菌（*Micromonospora rifamycetican*）	结核分枝杆菌，G⁺ 病毒
头孢菌素 C	头孢霉菌（*Cephalosporium sp.*）	G⁺，G⁻
土霉素	龟裂链霉菌（*S.rimosus*）	G⁺，G⁻，立克次氏体，部分病毒及原虫
制霉菌素	诺尔斯氏链霉菌（*S.noursei*） 金色放线菌（*Actinomyces aureus*）	白假丝酵母菌，酵母菌
井冈霉素	吸水链霉菌（*S.hygroscopicus*）	病原真菌
放线菌素 D	产黑链霉菌（*S.melanochromogenes*）	肿瘤细胞
博莱霉素	轮丝链霉菌（*S.verticillatus*）	肿瘤细胞
四抗菌素	金色链霉菌（*S.aureus*）	螨类
莫能菌素	肉桂地链霉菌（*S.cinnamonensis*）	叶蝉，豆象
阿维菌素	除虫链霉菌（*S.avermitilis*）	螨类，家畜的寄生虫

　　各种抗生素的作用对象有一定的范围，这种作用范围叫做抗菌谱，有的抗生素抑制多种类群微生物或作用对象面较广，可称为广谱抗生素，有的只能抑制某一类微生物，或作用对象较专一，可称为窄谱抗生素。抗生素使用中的量是以效价单位来计量的，其测定方法有很多种，各抗生素也不相同。大规模生产抗生素的工艺，是现代液体、深层、好氧发酵工艺的典型代表，如青霉素的生产工艺流程（图 15-12）。

　　人们从微生物中已筛选到几千种天然抗生素，但发现新的抗生素的难度越来越大，而且微生物对临床应用的抗生素的耐药性逐增，一些抗生素的副作用也不断暴露出来。1959 年英国 Chain 利用大肠杆菌酰胺酶裂解青霉素 G，制成了 6- 氨基青霉烷酸（6-APA），Beecham 公司从 6-APA 合成了苯乙青霉素，以后又合成了甲氧苯青霉素、苯唑青霉素和氨苄青霉素等，开创了半合成抗生素的时代。接着，其他天然抗生素化学结构的改造工作也取得了很好的成果。例如：从抗菌谱较窄、活性较低的第一代头孢菌素开始，主要是经半合成的工作，现已获得了抗菌谱广、活性高、副作用低、疗效强的已上市应用的第三代头孢菌素四十多个品种。半合成抗生素的兴起，不仅克服了天然抗生素的某些缺陷，而且也是抗生素产业经久不衰的重要支柱。1985 年英国 Hopwood 等用基因重组获得新杂合抗生素——美达紫红素 A 和双氢榴紫红素。此后，用基因工程技术得到了不少新的杂合抗生素，如：α- 去甲基红霉素 A ~ D、6- 脱氧红霉素 A、异戊酰螺旋霉素等，开拓了基因工程构建新抗生素的广阔领域。还用基因工程技术改进已有的产抗生素的菌种和工艺，例如：把带有头孢菌素 C 生物合成途径中编码关键酶基因的杂合质粒，转化到头孢菌素 C 的生产菌种中，使头孢菌素 C 生产能力比原菌株提高了 15%；把与氧传递和调节有关的透明颤菌（*Vitreoscilla sp.*）血红蛋白基因，克隆到天蓝色链霉菌（*S. coelicolor*）中，用该工程菌株发酵，在通气不足时，放线紫红素的产量提高了 4 倍，此为抗生素工业，乃至整个好氧微生物发酵工业降低能耗开辟了新的途径。

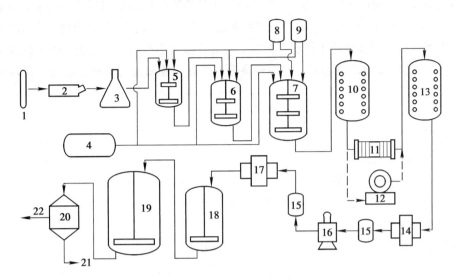

图 15-12 青霉素生产工艺流程图

1、2、3、5 和 6. 菌种的活化和逐步放大培养；4. 基质储备罐；7. 发酵罐；8. 消沫剂；9. 前体；10. 冷却罐；11. 板块冷却器；12. 真空转动滤器；13. 培养物滤液储放罐；14. 第一次抽提；15. 中间容器；16. 第二次抽提；17. 第三次抽提；18. 脱水器；19. 沉淀罐；20. 抽滤器；21. 溶剂回收；22. 青霉素的干燥及进一步提纯

2. 非抗生素的生理活性物质

1969 年，日本的梅泽滨夫等首先报道了采用筛选抗生素相类似的程序，以人体生命活动中的特异酶为靶子，从链霉菌代谢产物中找到了低相对分子质量的特异性酶抑制剂，并预见这类非抗生素的生理活性物质的临床医学用途。从此开始了对这类物质有计划的筛选工作，而且发展非常迅速，除酶抑制剂外，免疫调节剂、受体颉颃剂、抗氧化剂和植物生长调节剂等，从微生物中纷纷筛选到，正逐渐形成了一个新的研究领域——微生物药物学。非抗生素的生理活性物质所涉及的生理活性和应用领域很广泛（表 15-9）。

表 15-9 有关生理活性物质所涉及的生理活性和应用领域

生理活性物质的生理活性	应用领域
抑制蛋白激酶 C，颉颃性激素，抑制血管生成，抑制拓扑异构酶，抑制基质酶，抑制癌基因，抑制黑色素合成等	癌
颉颃内皮素，颉颃 Ca^{2+}，抑制血小板凝集，抑制磷酸二酯酶等	循环系统
抑制胆固醇鲨烯合成，抑制胆固醇酰基转移酶，抑制羟甲基戊二酰辅酶 A 还原酶等	脂质代谢
抑制花生四烯醇等	炎症、过敏反应
免疫抑制等	免疫应答
抑制 HIV 蛋白酶等	艾滋病
抑制磷酸二酯酶，颉颃神经激肽等	脑、中枢神经

现已报道了 1 000 多种来自微生物的抗感染、抗肿瘤以外的生理活性物质，其中 30 多种已得到应用。这类微生物药物中较突出的是 3- 羟基 -3- 甲基 - 戊二酰辅酶 A（HMG-CoA）还原酶抑制剂，已大规模生产的有普伐他丁（pravastatin）、洛伐他丁（lovastatin）和辛伐他丁（simvastatin），由于是胆固醇生物合成过程

中限速酶（HMG-CoA 还原酶）的抑制剂，HMG-CoA 还原酶受到抑制后，血液中的胆固醇浓度则降低，具有显著的降血脂作用，而且副作用小。另一个突出的例子是免疫抑制剂环孢菌素 A（cyclosporinA，CyA），从半知菌 *Tolypocladium inflatum* 的培养液中分离纯化而得到，它是由 11 个氨基酸组成的环肽，相对分子质量 1 202，CyA 针对抗器官移植的 T 细胞，阻断其活力，但它不作用于 B 细胞，即不抑制机体抗感染的能力，极大地提高了器官移植的成功率，是一种高效、低毒、较理想的抗排异药物，在临床应用上效果很好。

3. 生物制品

生物制品种类繁多，一般可分为预防、治疗和诊断制品三大类。预防制品主要是疫苗，它包括由细菌、螺旋体、支原体等制成的菌苗，由病毒、立克次氏体和衣原体制成的疫苗和细菌外毒素经脱毒处理后制成的类毒素。预防的疫苗产品，第十四章"免疫预防"一节已有较详细叙述。疫苗虽有各种各样，但生产工艺大同小异，通常可分为 4 步：

第一，严格而慎重地采用生产菌种或病毒，或细胞，统称为培养物，也叫做减毒株或毒株。此培养物是从自然界筛选或人工制备的，包括基因工程构建的。它应该具备良好的免疫原性、可靠的安全性、遗传稳定性、清楚完整的历史及有关资料。如麻疹、脊灰、乙脑、伤寒、鼠疫、乙肝、甲肝等疫苗生产所采用的培养物。第二，选择安全而无毒害，适于培养物生长繁殖的培养基（或生物），将培养物大量培养。严密地控制好培养条件，严防培养物污染，或泄漏培养物污染环境。第三，收集培养物，分离、纯化所需要的免疫有效成分，死疫苗则要灭活，有的免疫有效成分可添加适当佐剂，制备各种剂型，分装、冻干。第四，成品检验，主要检验杂菌、安全、效力、物理性状、活菌计数或病毒含量、残余水分和真空度等。强调的是疫苗的质量检验，应从用于生产的培养物、原材料和半成品的检查，直至最终的成品检验，贯穿于生产的始终，生产的产品应完全符合法律规定的标准。

治疗制品多数是利用细菌、病毒和生物毒素免疫动物制备的抗血清或抗毒素，而发达国家动物血清或抗毒素已被淘汰，取而代之的是人特异丙种球蛋白。单克隆抗体在应用上也正在由用于诊断而逐步走向治疗。而今还正在尝试用疫苗作为一种治疗药物，即治疗性疫苗，例如研究表明，DNA 疫苗有可能被用来治疗癌症等疑难病症。

诊断制品目前常用的大多数仍属于抗原或抗体。免疫诊断学与分子生物学、细胞生物学、微量化学、微电子技术、信息技术等结合，发展了多种多样的电泳技术、载体凝集技术、标记技术以及自动化检测仪器和设备等。促使微生物诊断由免疫学水平提高到分子水平，单克隆抗体诊断制品系列化、普及化，DNA 探针、PCR 技术、DNA 芯片和分子克隆印迹技术逐步地推广应用。诊断制品正在发生着根本性的变革，更新换代势在必行。治疗制品、诊断制品的抗体、抗原物质或菌体（细胞），它们的生产都与疫苗生产大同小异，不同的制品有其特殊技术或处理，剂型和使用方法也不相同。

生物制品在控制传染病斗争中发挥了巨大作用，但目前仍有相当多的传染病严重威胁人类健康和生命，还有原已基本控制的传染病，现又卷土重来，因此，预防、治疗和诊断的生物制品的研究任重道远。生物制品的发展趋势，除安全、效力强、特异、敏感、快速、简便、副反应小和自动化等要求很高外，还要发展多价疫苗、多功能生物制品，减少免疫针次和费用。生物制品剂型和使用方法也应多样化，如喷雾型、缓释型，使用方法中的微凹板（microwell plate）、卡片式（card）、条状式（strip）和测杆（dipstick）等应研究开发。更要推进微生物学、免疫学与分子生物学结合，抓住大量采用基因工程技术的新机遇，大力发展基因工程、细胞工程和蛋白质工程的生物制品，不仅用微生物、细胞生产生物制品，还要用转基因动、植物和人工合成生产新一代生物制品，而且这已是必然趋势。

网上学习 15-1
"押送"病原菌赴"刑场"

三、微生物制造的生物基化工、轻纺产品

为了促进绿色、低碳和可持续发展，利用微生物生物技术制造生物基化工、轻纺产品，使用微生物生物技术替代石油化工原料和传统化学工艺，这是全球的发展趋势，也是微生物制造快速发展的大好时机。微生物能产生人们所需的许多产物，能够进一步大规模制造出生物基化工、轻纺产品，例如：氨基酸、有机酸、维生素、烯烃和非粮生物醇等产品。微生物生物技术工艺能广泛地应用，特别是各种酶制剂，例如：用于微生物合成、微生物印染、微生物漂白、微生物造纸、生物脱胶、生物制革、微生物采矿等工艺。虽然这类产品绝大多数都可以从动、植物体中提取，或化学合成，采用传统的工艺生产，但微生物生物技术制造这类产品的优势是：生产条件温和，不需高温、高压，利于安全生产；生产原料来源广、数量大，大多是廉价的农副产品，有的用废渣或废液做原料，受天气等自然条件影响较少，有利于大规模发展生产，并替代大量石油化工原料；生产设备和技术通用性强，适用于生产多种产品；可以大幅减少水资源、能源消耗和废水、废气、废渣排放，有利于环保，更符合绿色、低碳和可持续发展。

1. 氨基酸

氨基酸是构成生物有机体的重要组分，种类繁多，作为调味品及食品添加剂的约占50%，饲料添加剂约占30%，药品、保健品、化妆品及其他用途的约占20%。目前全世界的年总产量已超过300万t，大宗氨基酸产品为生产味精的谷氨酸。利用微生物大规模生产氨基酸，菌种主要是谷氨酸棒杆菌、北京棒杆菌、钝齿棒杆菌、黄色短杆菌等。可以根据菌种和原料的不同，分为直接发酵、加前体和酶转化3种生产方法。直接发酵法是采用廉价的氮和碳源基质，利用已解除了反馈调节的各种突变菌株，或控制野生菌株的胞膜渗透性，通过直接发酵生产氨基酸。加前体法是为了绕过或回避终产物对合成途径中某一关键酶的反馈调节作用，在微生物的培养中加入前体（即氨基酸生物合成代谢的中间体）发酵生产氨基酸。酶转化法是采用微生物的酶（提取出或不提取出）催化某种底物，省去了发酵过程中的一些酶合成的阻遏和终产物的反馈抑制作用，即将底物直接酶促反应生产氨基酸。特别是固定化酶和固定化细胞技术的采用，大大促进了酶转化法在生产氨基酸方面的应用。这三种生产方法都是利用微生物的代谢调控原理，使所需要生产的氨基酸大量积累。这些方法不是截然分开的，有的氨基酸同一生产中采用二种甚至三种方法，也有分别采用二种或三种方法生产的。三种方法都要大规模培养微生物，几乎全部是采用好氧、深层、液体发酵工艺。发酵罐的容量有的达1 000 t，温度一般为28～30℃，pH6～8，溶解O_2、营养浓度、表面活性剂或前体的加入等，都要严格控制达最适条件，才可得到优质高产的氨基酸产品。

微生物制造氨基酸的发展趋势是要提高资源利用率，降低能耗，对环境友好，即循环经济、低碳环保。除组成蛋白质的20多种氨基酸外，据报道，还有非蛋白质氨基酸400多种，氨基酸衍生物1 000多种，其中一些具有特殊用途，已大规模生产，有的也是用微生物生产。

2. 有机酸、醇、维生素、核苷酸、激素、烯烃

微生物生产这类产品也是在与化学合成、天然资源提取的竞争中成长起来的，主要产品见表15-10。生产工艺有好氧发酵，也有厌氧发酵，主要步骤与一般深层、液体的发酵相似，设备的通用性也很大。差别最大的是代谢途径的控制，保持好生产各自产品的菌种的最佳发酵条件，使需要的代谢产物产量高、质量优和成本低。发酵后产品的分离、提取、精制也差别较大，尤其是选用的提取溶剂或交换树脂或化学沉淀剂。

表 15-10　微生物产业的一些轻化工产品

类别	名称	主要生产菌种	主要生产方式	主要用途
有机酸	柠檬酸	曲霉，假丝酵母	表面或深层、液体、好氧	食品、饮料、化工原料
	醋酸	醋酸杆菌	表面或深层、液体、好氧	食品、化工、医药
	乳酸	乳酸杆菌	液体、厌氧	纺织、鞣革、食品、医药
	葡糖酸	曲霉，假单胞菌	深层、液体、好氧	医药、食品、化工
	衣康酸（甲叉丁二酸）	曲霉	深层、液体、好氧	树脂合成、塑料制品
醇类	乙醇	酵母	深层、液体、厌氧	医药、化工原料、饮料
	丁醇	梭状芽孢杆菌	深层、液体、厌氧	化工原料、溶剂
	甘油	酵母	深层、液体、好氧	溶剂、润滑剂、化妆品、炸药
	甘露醇	曲霉	深层、液体、好氧	树脂合成、果糖制造
维生素	核黄素（维生素 B_2）	棉阿舒囊霉（Ashbyagos sypii）	深层、液体、好氧或固态好氧	医药、食品、饲料
	生物素（维生素 H）	棒状杆菌，假单胞菌	深层、液体、好氧	食品、饲料的添加剂
	L-抗坏血酸（维生素 C）	生黑葡糖杆菌（Gluconobacter melanogenus），氧化葡糖杆菌（G. oxydans）	深层、液体、好氧	医药、食品、抗氧化剂
	维生素 B_{12}	芽孢杆菌，谢氏丙酸杆菌（Propionibacterium shermanii）	深层、液体、先厌氧、后好氧	医药、饲料
核苷酸	肌苷	枯草芽孢杆菌突变株	深层、液体、好氧	医药
	肌苷酸	谷氨酸棒杆菌	深层、液体、好氧	食品增鲜剂
	腺苷三磷酸（ATP）	产氨棒杆菌（C. ammoniagenes）	深层、液体、好氧	医药
激素	赤霉素	藤仓赤霉菌（Gibberella fujikuroi）	深层、液体、好氧	植物生长调节剂、促进剂
	睾酮	青霉	固态、好氧	医药
	皮质醇（氢化可的松）	蓝色犁头霉（Absidia coerulea）	微生物酶转化	医药
烯烃	异丁烯			橡胶、尼龙、乳胶、塑料和其他聚合物等
	丁二烯	基因工程菌株	深层、液体	
	异戊二烯			

3. 酶制剂

生物中已发现的酶有 2 500 多种，能大规模生产的酶制剂仅 50 多种，大部分是采用微生物生产的。微生物生产酶制剂产业，虽然比其他发酵产业起步晚，但发展很快。而且随着人们对健康、环保要求的增高，微生物生产的酶制剂将更需发展，这是由于酶作用的特异性强、反应条件温和、安全性大、污染环境少，其应用改变了许多传统工艺，加上微生物产业所具有的优势，因而微生物酶制剂产业大有可为，预测近 10 年将每年增长 6.5%。其主要应用领域为：食品占 45%（其中包括淀粉加工占 11%），洗涤剂 34%，纺织 10%，皮革 3%，造纸 2%，诊断、药用等 6%。微生物生产的主要酶制剂列于表 15–11 中。

表 15–11　微生物工业生产的主要酶制剂

名　　称	重要的产酶微生物	生产方式	用　　途
α– 淀粉酶	米霉、黑曲霉、芽孢杆菌	深层、液体或固态、好氧	淀粉液化、消化剂、果汁澄清、织物退浆
β– 淀粉酶	米曲霉、芽孢杆菌	深层、液体或固态、好氧	淀粉加工、退浆、制麦芽糖
葡萄糖淀粉酶	根霉、曲霉、拟内孢霉	深层、液体或固态、好氧	制备葡萄糖、酿造业
异淀粉酶	产气杆菌、链球菌、假单胞菌	深层、液体、好氧	制备麦芽糖、麦芽三糖
酸性蛋白酶	曲霉、毛霉、芽孢杆菌	深层、液体或固态、好氧	食品加工、软化剂
中性蛋白酶	曲霉、芽孢杆菌、嗜热芽孢菌	深层、液体或固态、好氧	食品加工、二肽甜味素
碱性蛋白酶	曲霉、芽孢杆菌、链霉菌	深层、液体或固态、好氧	洗涤、肉嫩化、脱胶、制革
凝乳酶	毛霉、酵母、芽孢杆菌	深层、液体或固态、兼性好氧	干酶制造
脂肪酶	根霉、曲霉、假丝酵母	深层、液体或固态、好氧	制甘油、低脂肪酸食品
纤维素酶	木霉、曲霉、青霉	深层、液体或固态、好氧	饲料、白酒、蔬菜、纺织
果胶酶	曲霉、青霉、芽孢杆菌	深层、液体或固态、好氧	澄清果汁、过滤、棉麻精炼
葡萄糖氧化酶	青霉、曲霉、醋酸杆菌	深层、液体、好氧	蛋品、食品加工、医学检验
葡萄糖异构酶	假单胞菌、链霉菌、节杆菌	深层、液体、好氧	制备果糖、饮料
腈水合酶	假单胞菌	深层、液体、好氧	生产丙烯酰胺

随着现代生物技术的迅猛发展，一些原仅实验室制备用于研究的酶，现已大规模生产。例如：二肽甜味素（aspaitame），味如白糖，但甜度高出糖 150 倍而不腻不苦，低热量，不需要胰岛素助消化，适宜于肥胖症、糖尿病和心血管病患者食用。1983 年美国获准用于配制软饮料以来，现正盛行于全世界。该产品是由 L– 苯丙氨酸和 L– 天冬氨酸合成的二肽，原用化学催化剂合成，价格昂贵，而后发明用嗜热脂肪芽孢杆菌（*B. stearothermophilus*）所产的蛋白酶作催化剂，逆向合成该甜味素，工艺简便，产品价格大幅下降，因而也促使了大规模生产原仅实验室制备用的嗜热脂肪芽孢杆菌蛋白酶。随着各种 ELISA、分子生物学实验中繁多的酶试剂、酶在临床医学和食品毒素检定的广为应用，小批量生产各种酶也正在兴起，成为小生产、高利润的微生物产业。

目前大量酶制剂的生产菌种多为真菌，而且一般要求的酶产品纯度都不是很高，因而可根据原料、设备、技术等条件选择多种发酵生产方法，大都是用深层、液体、好氧发酵法，或深层、固体、好氧发酵法生产。

四、微生物生产的环保产品

利用微生物生物技术监测、治理与修复水污染、大气污染、有机废弃物和受损生态系统，发展生物环保材料和生物制剂，例如：土壤改良菌剂、污水处理菌剂、污泥减量菌剂、生物膜、微生物絮凝剂、有机废弃物腐熟剂、堆肥接种剂，专用于矿山土壤、重金属、石油污染土壤和水体修复，有毒有害难降解工业废水、废气、废渣处理等的特种酶制剂和菌剂。例如：从微生物或其分泌物提取、纯化而获得的一种安全、高效、且能自然降解的微生物絮凝剂。它克服了无机高分子和合成有机高分子絮凝剂本身的一些缺陷，不仅能快速絮凝各种颗粒物质，而且在废水脱色、高浓度有机物去除等方面有独特效果，如对含有可溶性着色物质的黑墨水、面包酵母生产过程中排出的培养基糖蜜废水、糖蜜发酵生产乙醇过程中精馏后的乙醇发酵母液、造纸碱性黑液、颜料废水等有色废水，采用微生物絮凝剂处理后，上清液变为无色透明。

微生物环保产品的生产工艺，相比其他产品的生产工艺有较大差异，采用多菌种、混合发酵、固态发酵的工艺多，有的工艺是好氧发酵和厌氧发酵交换进行，生产原料多为廉价的农副产物，产品的分离、提取、精制差别更大，一般都是发酵后即成产品，简易处理后，分装成商品出售。采用微生物生物技术监测、治理、修复污染介质和受损生态系统，而且大多是在现场，结合物理方法、化学方法、信息技术等，进行工程设计和施工，在处理过程中逐渐完善，形成一个很复杂的生物群落。例如：生物膜处理污染物。生物膜由细菌、真菌、原生动物、藻类及后生动物形成菌胶团。其中细菌有动胶菌、球衣细菌、白硫细菌、无色杆菌、黄杆菌、假单胞菌、产碱菌等，真菌有镰孢菌、青霉、毛霉、地霉、分支孢霉和各种酵母，藻类和原生动物主要有席藻、小球藻、丝藻和种虫等。细菌、真菌、藻类等吸附、转化、降解，而原生动物又以这些菌为食物，即形成生物膜中的小型食物链。现在有一些国家已用生物膜大规模净化含 H_2S 废气，效果很好。利用微生物生物技术监测、治理与修复水污染、大气污染、有机废弃物和受损生态系统，第 11 章第四节微生物与环境保护已较详细描述。

五、微生物生产的农业、林业产品

1. 微生物农药

农药在农、林业防治病害、除去杂草中起了巨大作用，特别是化学农药，但当前全世界化学农药年产量超过 200 万 t，有 500 多种在农业中使用，造成环境严重污染，生态遭到破坏，害虫抗药性大增，人畜常中毒伤亡。而生物农药的优势是：毒性低，通常能被迅速分解，降低了环境污染问题；选择性强，它们只对目的病虫害起作用，而对人类等生物无害；不易产生抗药性，有的生物农药使用后还能形成流行病扩散，具有持续作用病虫害的效益。微生物农药是生物农药的重要组成，也是各国竞相发展的产业，它是利用微生物本身或其代谢产物防治病、虫、杂草的制剂。已知的昆虫病原体有 1 000 多种，其中细菌 10 多种，真菌 750 多种，其余为病毒、线虫、原生动物等，这些病原体都可作为防治害虫的资源开发利用。已商品化的微生物农药主要包括抗生素、细菌杀虫剂、真菌杀虫剂、病毒杀虫剂、细菌与病毒混合杀虫剂和微生物除草剂等。

（1）细菌杀虫剂

苏云金芽孢杆菌杀虫剂，简称 *Bt* 杀虫剂，它是当今使用最多和最广泛的生物杀虫菌，对鳞翅目、双翅目、膜翅目、鞘翅目、直翅目中的 200 多种昆虫都有毒杀作用，而且各亚种、各菌株所毒杀的昆虫对象不完全相同，有的只对某种昆虫的杀灭具有专一性，毒力也高。它广泛地被用来防治农、林、果木、贮藏室和一些医学害虫。*Bt* 杀虫剂之所以成为国际上目前产量最大，应用面最广，深受欢迎的农药，除其杀虫效果好外，更重要的是对人、畜无伤害，安全；对植物也不产生药害，不影响农作物、树木、瓜果、烟、茶等的色、香、味；也不伤害害虫的天敌和有益的生物，能保持使用环境的生态平衡；对土壤、水源、空气环境不造成污染，有利于社会经济的持续发展。

苏云金芽孢杆菌的杀虫作用主要是靠其芽孢和毒素。苏云金芽孢杆菌在菌体的一端形成芽孢，另一端形成近菱形的蛋白质晶体，即伴孢晶体。不同的苏云金芽孢杆菌菌株的伴孢晶体所含的晶体蛋白种类和数量有很大差异，一般都含有 1～5 种杀虫晶体蛋白，其相对分子质量在 $2.7 \times 10^4 ～ 1.4 \times 10^5$ 之间，这些晶体蛋白本身并不能杀虫，它只是毒素的前体。当昆虫吞食伴孢晶体后，在肠道中的碱性条件下，伴孢晶体被分解出毒素的前体，或称为原毒素（protoxin），再在肠中特异性的碱性蛋白酶作用下，水解出有活性的不同相对分子质量的毒性多肽，被称为苏云金芽孢杆菌的 δ 内毒素。δ 内毒素特异性地结合在肠道的上皮细胞的糖蛋白受体上，在细胞膜上产生一个直径为 1~2 nm 的孔，或形成病灶，造成钠离子和钾离子的"调节泵"失去作用，钾的运输和 ATP 的合成中断，细胞代谢停止，昆虫死亡（图 15-13）。有的苏云金芽孢杆菌还产生另一种称为 β 外毒素的毒素，也被称为苏云金素，它是一种非特异性的小分子腺嘌呤核苷酸衍生物，相对分子质量约为 700。β 外毒素比 δ 内毒素热稳定性好，可忍耐 121℃，15 min，可以溶于水，作用机制和致病症状也不相同，β 外毒素是 RNA 聚合酶的竞争性抑制剂，干扰与昆虫发育有关的激素的合成，导致幼虫发育畸形或不能正常化蛹。苏云金芽孢杆菌的芽孢被昆虫吞食后，在肠道中萌发成营养体，大量增殖，并穿透肠壁进入血液繁殖，使昆虫得败血症而死亡（图 15-13）。

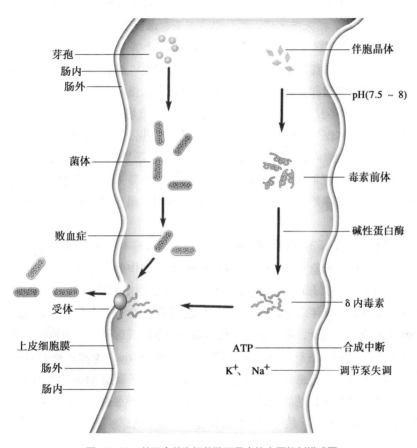

图 15-13　苏云金芽孢杆菌致死昆虫的主要机制模式图

　　苏云金芽孢杆菌杀虫剂的生产，可以用深层、液体（或固态）、好氧发酵，相对于生产抗生素、氨基酸、维生素等的发酵工艺要简易、粗放得多。后处理也较容易，液体发酵一般是将发酵液喷雾干燥，或将发酵液制成液体制剂。固体发酵更为简便，大都是发酵后，即进行干燥、粉碎、检验、包装。农村还可推广家庭室内地面固体发酵法生产 Bt 杀虫剂，其要点是：将麦麸 70%、黄豆饼粉 20%、谷壳 9%、碳酸钙 1%，加水，干料：水 =1：（0.8~1.2），用熟石灰水调 pH9 左右，培养基的含水量以手捏成团，触之能散为宜。培养基所用原料可因地制宜，还可以用米糠、棉子饼粉、花生饼粉、玉米粉、蚕蛹粉、草炭粉、肥土等制备培养基。用蒸煮法灭菌培养基后，接种 Bt 菌种，将其松散地摊放在垫有一层塑料薄膜的室内地面上，培养基厚 1 cm 左右，上面也罩以塑料薄膜，使发酵温度自动控制在 25~32℃为宜，48 h 左右，可获得含活芽孢数约 10^{10}/g 的 Bt 杀虫剂，即可用于棉田、蔬菜、瓜果、森林等防治害虫。

　　Bt 杀虫剂不足之处是：① 杀虫效果受环境影响大。如 15℃以下不宜使用；阳光中的紫外线能使伴胞晶体的杀虫蛋白失效，24 h 破坏蛋白质中 60% 的色氨酸。② 各种 Bt 菌株仅对其敏感的昆虫有效，杀虫谱窄，一株菌种生产的杀虫剂一般不能防治多种虫害。③ 昆虫对 *Bt* 杀虫剂逐渐产生可遗传性的抗性。④ 必须经过吞食过程进入昆虫体内才能杀死昆虫，很难杀死钻入植物体内和根部的害虫，而且只在昆虫发育的某一阶段才有好的使用效果。

这些不足之处，可以用各种各样的方式补救，例如：在制剂中添加防紫外线破坏的保护剂，加入蔗糖提高昆虫嗜食性，添加几丁质酶加强昆虫肠壁破坏，加入 K^+、Ca^{2+} 等阳离子加速伴孢晶体降解，增加杀虫剂的效力；生产菌种不断筛选和更换；与少量化学农药混合使用，增强对昆虫的敏感性。但最重要的是用现代生物学技术对苏云金芽孢杆菌进行基因改造，使重组 *Bt* 菌株具有杀灭多种害虫的 δ 内毒素或 β 外毒素基因，或具有某些保护、增效物质产生的基因，并高效表达，生产出受环境影响小、杀虫谱广、防昆虫抗性的强效 *Bt* 杀虫剂。目前国内外这方面的研究很火热，而且也有了工程菌株生产的 *Bt* 杀虫剂。将苏云金芽孢杆菌基因克隆到荧光假单胞菌的染色体 DNA 上，这种菌在玉米根周围土壤中繁殖，杀死土壤中伤害作物根系的昆虫很有效。美国 Mycogen 公司将这种重组的荧光假单胞菌发酵增殖，然后用加热或浸碘的方法灭活菌体，但这种革兰氏阴性菌灭活后其细胞膜和壁可形成微囊，将有活性的毒蛋白包裹在其中，提高了抗紫外线等环境对其损伤的能力，其有效杀虫时间比普通的重组菌杀虫剂延长了 2 周以上。Mycogen 公司现已获准上市销售杀蔬菜害虫、马铃薯甲虫和玉米螟的 3 种这类工程菌杀虫剂。将苏云金芽孢杆菌的毒素基因转入其他微生物或植物，这不仅仅是解决 *Bt* 杀虫剂需要昆虫吞食等方面的不足，还是农药和防治害虫战略方面的重大变革。转基因抗虫植物，约占批准的转基因作物的 1/4。我国也批准了十多项转基因抗虫植物进入大田释放。转基因植物中起抗虫作用的绝大多数都是苏云金芽孢杆菌的毒素基因，而且在作物中表达好，使作物抗虫效果较显著。

其他细菌杀虫剂还有金龟子芽孢杆菌（*Bacillus popilliae*，即日本甲虫芽孢杆菌）杀虫剂，该菌是金龟子幼虫（蛴螬）的专性病原菌。金龟子芽孢杆菌被蛴螬吞食后，在中肠内萌发，生成营养体，穿过肠壁进入体腔，迅速繁殖，破坏各种组织，并可感染其他蛴螬，使金电子幼虫大量死亡。该种杀虫剂能使 50 余种金龟子幼虫致病，而且药效能保持 9 年之久，是一种成功地用于防治金龟子虫害的长效微生物农药。金龟子芽孢杆菌只能在蛴螬体内形成大量孢子，在一般人工培养基上很少形成孢子，因而该杀虫剂的生产，目前仍主要是靠感染活蛴螬大量产生芽孢来进行。球形芽孢杆菌（*B. sphaericus*）某些菌株对蚊幼虫有毒杀作用，主要是由其伴胞晶体中的毒素蛋白使昆虫致死，毒素蛋白是由相对分子质量 51×10^3 和 42×10^3 两种蛋白组成，此毒素为二元毒素，只有这两种蛋白共同参与才具有杀蚊活性。球形芽孢杆菌杀蚊剂的生产工艺与苏云金芽孢杆菌杀虫剂的相似，已有批量产品，是一种灭蚊除病害、有益于健康的微生物卫生防疫制剂，很值得推广。

（2）真菌杀虫剂

典型的代表是白僵菌杀虫剂。白僵菌（*Beauveria bassiana*）是一种广谱性寄生真菌，广泛地使昆虫致病，由该菌引起的病占昆虫真菌病约 21%，能侵染鳞翅目、鞘翅目、直翅目、膜翅目、同翅目的众多昆虫及螨类。白僵菌接触虫体感染，适宜条件下其分生孢子萌发，分泌几丁质酶，溶解昆虫表皮，侵入体内增殖，并分泌毒素（白僵菌素）和草酸钙结晶，破坏宿主的组织，使代谢机能紊乱，最后虫体上生出白色的棉絮状菌丝和分生孢子梗及孢子堆，整个虫体的水分被菌吸收变成白色僵尸，菌也因此而得名。生产白僵菌杀虫剂的原料、工艺都与 *Bt* 杀虫剂的生产大同小异，也可用深层、液体、好氧培养或固态培养。该杀虫剂在防治松毛虫、玉米螟、大豆食心虫、高粱条螟、甘薯象鼻虫、马铃薯甲虫、果树红蜘蛛、枣黏虫、茶叶毒蛾、稻叶蝉、稻飞虱等农林害虫方面，效果显著。绿僵菌（*Metarrhizium anisopliae*）制成的杀虫剂也是一种广谱真菌杀虫剂，它侵染昆虫的途径、致病机制和生产方式都与白僵菌杀虫剂相似，但要求的培养温度、湿度较严格。该菌剂防治斜纹夜蛾、棉铃虫、地老虎、金龟子等害虫，效果好。

（3）病毒杀虫剂

它是基于许多病毒能使害虫致病死亡，并且对人、畜和作物安全，杀虫作用具有流行性和可持续性而制作的。国际上已试制 20 多种病毒杀虫剂，但大规模工业生产成为商品病毒杀虫剂的只有几种，如：美洲棉铃虫 NPV（核型多角体病毒）杀虫剂、舞毒蛾 NPV 杀虫剂、黄杉毒蛾 NPV 杀虫剂、松柏锯角叶蜂 NPV 杀虫剂、赤松毛虫 CPV（质型多角体病毒）杀虫剂等，可喜的是，我国有一定生产规模的而且应用效果较好的病毒杀虫剂有：中国棉铃虫 NPV 杀虫剂、油桐尺蠖 NPV 杀虫剂、斜纹夜蛾 NPV 杀虫剂、松毛虫 NPV 杀虫剂和菜粉蝶 GV（颗粒体病毒）杀虫剂。在我国用这些病毒杀虫剂防治害虫面积已达几百万亩，用于防治棉花、蔬菜、茶、果树和森林的害虫都取得了显著效果，使用后均能形成流行病扩散。病毒杀虫剂的生产工艺主要有：选留虫种、成虫交配产卵、幼虫饲养、病毒感染增殖、病死虫收集、制剂加工、产品检测和分装。病毒杀虫剂发展较缓慢的重要原因之一，就是病毒的增殖目前还是在活虫体中进行，昆虫的饲养、饲料的配制、工艺过程的自动化等较难控制和实现，人工合成饲料、组织细胞培养生产技术当前还在试验研究阶段。病毒杀虫剂另一些方面的不足是：杀虫范围窄，一种杀虫剂仅针对一种或少数几种害虫；杀虫缓慢，需几天或十多天才见效；多受环境温度、阳光、气候的影响，毒力较低等。解决这些影响病毒杀虫剂发展的问题，方法也是多种多样的，但最重要的还是利用 DNA 重组技术改造和构建用于杀虫剂的病毒。当前，各国都在竞相研究开发基因工程病毒杀虫剂，有的对病毒基因进行修饰或加工，以增强病毒的活性，提高其稳定性，有的引入外源毒蛋白基因，拓宽其杀虫谱，有的引入能扰乱昆虫正常生活周期的基因，提高其杀虫效力。而且已获得不少可喜成果，正在向生产新一代的具最佳杀虫效果的基因工程病毒杀虫剂迈进。

（4）其他微生物农药

抗生素是人用的重要医药，也是农用的重要农药，如表 15-8 所列。它不仅能防治各种农、林的微生物疾病，也能防治虫害和除去杂草，如：由链霉菌产生的茴香霉素（anisomycin）能强烈抑制稗草和马唐，且水田和旱地都可安全使用。利用杂草的病原体制成微生物除草剂也是大有可为的，我国"鲁保一号"是利用专性寄生于菟丝子的黑盘孢目盘长孢属（Gloeosporium）的真菌制成，防治主要的农田杂草菟丝子的效果达到 70%～95%。澳大利亚利用粉苞苣柄锈菌（Puccinia choudrillina）防治灯心草粉苞苣，美国用盘长孢状刺盘孢（Colletotrichum gloeosporioides）除去一种大田杂草。

2. 微生物肥料和饲料

微生物肥料是根据微生物在自然界物质循环中分解和合成作用所产生的促进植物生长和减少植物危害的作用，精心选育菌种生产的微生物接种剂（microbial inoculants），通常称为微生物肥料（microbial fertilizers）。目前大规模生产的一些微生物肥料如表 15-12 所示。还有将固氮、解磷、转化矿物、抗病害的微生物混合培养制成的复合微生物肥料。使用微生物肥料，可以缓解长期大量施用化肥带来的破坏土壤结构、污染环境等严重问题，而且生产工艺似微生物农药，安全、简便、成本低、原料可因地制宜、来源容易。但当前微生物肥料还是一种辅助性肥料，不能完全代替有机肥料和化学肥料，它还有许多方面值得进一步研究和开发，特别是要应用现代生物技术拓宽和深入研究。例如：采用分子生物学技术研究某些假单胞菌产生铁载体（siderophores）的机制，构建高产铁载体的有益工程菌株，制成微生物肥料施入大田，菌株分泌出的铁载体与植物根系附近的铁大量结合，植物和工程菌可以吸收此结合物，而病原微生物则不能，导致"铁饥饿"而被抑制。固氮、结瘤分子机制的深入探索，自生、共生固氮菌株基因的改造，多种促进植物生长因子重组菌株的构建等，都是在为创造出高效、安全、廉价的微生物肥料，扩大固氮生物范围，乃至化学模拟生物固氮，创造出新的人工合成肥料，而不懈拼搏，勤奋耕耘。

微生物饲料包括青贮饲料、发酵饲料、单细胞蛋白（single cell protein, SCP）、氨基酸添加剂等。青贮饲料是将新鲜的牧草、作物秸秆等青饲料粉碎，填入并密封于青贮窖内，由于附着在青饲料上的乳酸菌等微生物的作用，青饲料发酵后生成乳酸、醋酸、琥珀酸等有机酸和醇类，部分蛋白质分解成氨基酸及氨化物，繁殖的菌体使营养物质增加，发酵中产生的热可以杀死或抑制病原菌的生长，从而制成营养丰富、易消化、多汁、耐贮藏的青贮饲料。发酵饲料则是将植物秸秆类粗饲料粉，接种产纤维素酶活高的霉菌，或加入含多种分解纤维素的微生物菌群，或接种能分泌很强的木质素酶和纤维素酶的担子菌，经发酵后，获得营养成分倍增的微生物发酵饲料。

表 15-12　一些微生物肥料实例

肥料类别	菌种	主要作用	主要用途
固氮菌肥料	固氮菌属（Azotobacter）、固氮梭菌属（Closteridium）、鱼腥藻属（Anabaena）等的菌种	固氮	谷物、棉花、蔬菜的氮肥，增加土壤中氮素含量
根瘤菌肥料	根瘤菌属（Rhizobium）、弗兰克氏菌属（Frankia）等的菌种	固氮	豆科和木本非豆科植物共生固氮，增加土壤中氮素含量
磷细菌肥料	解磷的巨大芽孢杆菌（B.megaterium）、氧化硫硫杆菌（Thiobacillus thiooxidans）	将土壤中不溶磷转化为可溶磷	各种农作物磷肥
钾细菌制剂	胶冻样芽孢杆菌（B.mucilaginosus）	分解长石和云母等硅酸盐类矿物产生有效钾	各类农作物钾肥
"5406"抗生菌肥	细黄链霉菌（S.microflavus）	产生抗生素抗病驱虫，分泌刺激素，促进植物生长，转化矿物质	促进各种作物生长，抗病驱虫
菌根菌制剂	各种外生菌根真菌	植物根部形成菌根，增强植物吸收养分和水分	育苗造林，引种，防治病害，牧草繁育
植物促生根际菌肥（plant growth promoting rhizobacteria, PGPR）	各类有益于植物的根际微生物的混合菌种	分泌促进植物生长的物质，抗病驱虫，增加土壤的养分	各种农作物的抗病害，增肥效，促生长

单细胞蛋白是指大规模生产，作为饲料或食品的富含蛋白质的微生物细胞。细菌、丝状真菌、酵母、藻类中的许多种都可用来生产SCP，但主要还是用酵母生产饲料SCP。生产SCP的原料多种多样，如：纤维资源秸秆、木屑，糖类资源薯干、糖蜜，矿物资源石油、甲烷、甲醇等。更值得关注的是SCP产业能将纸浆废液、味精厂的发酵废渣、废糖蜜、甘蔗渣、食品厂的废液作为原料，生产出SCP饲料，使废物得到利用，又有利于环保。SCP工业发展中的主要障碍是生产成本较高和产品质量难控制，尤其是产品的安全性需严格检测。

氨基酸饲料添加剂是饲料中添加的某些种类的氨基酸，例如：L-赖氨酸、D-甲硫氨酸、L-亮氨酸等。该饲料将会促进禽或畜加快生长，或肉质改善，或产卵率增加。这类饲料添加剂用的氨基酸，其生产工艺与药用、食用氨基酸的生产无多大差异，有的是生产同一种氨基酸可用于医药、食品、化妆品和饲料，只是在含量和某些质量标准上有所不同，医药用的氨基酸含量要求最高，质量要求最严，价格也最贵。

- 为什么各行各业都有许多微生物产品？
- 微生物生产食品和饮料的特点是什么？
- 微生物产生的非抗生素的生理活性物质主要有哪些？
- Bt 杀虫剂致死昆虫的主要机制是什么？如何在农户房内简易地生产 Bt 杀虫剂？
- 试述饲料 SCP 的优势与不足。

第四节 微生物生物技术的广泛应用

微生物生物技术不但包括微生物产业，而且所涉及的面更广，应用的领域非常多，例如：在环境保护方面的应用（见第 11 章第四节），在微生物能源、微生物冶金、微生物传感器等领域的应用。

一、微生物能源

现代的或狭义的微生物能源的概念，是指以有机物为原料，利用微生物生物技术产生的能量，或利用微生物技术采集、转化太阳能。例如：应用微生物生物技术生产燃料乙醇、沼气、氢；制备微生物燃料电池和微生物太阳能电池等，都是微生物能源。这是一个既古老而又新兴的微生物学应用领域。微生物能源是一种可再生能源，它的开发利用，不仅可增加能源供应，改善能源结构，保障能源安全，更重要的是：可促进世界经济由碳氢化合物经济向碳水化合物经济的转型，保护环境，实现经济和社会的可持续发展，具有重大的战略性意义。我国已制定了"中华人民共和国可再生能源法"，将非常有利于微生物能源的发展。

1. 微生物产沼气

微生物将有机物转化成主要成分为 CH_4 和 CO_2 的混合气体，称之为沼气（marsh gas）。沼气的研究和利用，国外已有几百年的历史，国内则是从 20 世纪初期开始的。目前，有 30 多个国家致力于发展此微生物能源，尤其是德国，近年来政府通过补助建沼气发酵池、立法鼓励沼电上网、沼气并入燃气管网等有效的激励措施，使微生物产沼气得到了快速发展，仅大、中型的农场沼气工程就有 1 000 多个，产沼气发酵罐一般在 $300 \sim 500 \ m^3$，普遍采用沼气发电、余热升温、中温发酵、免储气柜、自动控制、加氧脱硫、沼液施肥的先进模式，具有产气快、产量大、操作自动化、物尽其用、投资成本低等优势。我国微生物产沼气事业的发展历经几起几落，但整体水平、技术和应用方面都达到了国际先进水平，例如：户用沼气池已有数百万个；大、中型沼气工程近 1 000 个；"沼气生态园"是具我国特色的创建，值得大力推广。

微生物产沼气的原理及其发酵工艺，虽然已大致清楚和定型（见第 11 章第四节），但仍有许多问题亟待解决，主要是发酵沼气产率低，所产能源成本高，沼气发酵的代谢产物开发利用不够等，因此，除需要政府积极地帮助和扶植外，重点应加强沼气发酵中的微生物学研究，例如：如何增强微生物降解纤维素、半纤维素、木质素等原料的能力，为混合发酵产 CH_4 提供更多的底物；深入研究混合菌种的组成、功能和如何控制，为提高物质和能量转化效率制定工艺；大力开发利用发酵代谢产物中的生理活性物质，使沼气发酵下仅能提供再生能源，还可以生产出高价值的众多产品。

网上学习 15–2
微生物推进经济和社会的可持续发展

2. 微生物生产燃料乙醇

微生物发酵生产乙醇，不同的微生物发酵途径各不相同，也就是产乙醇的机制是不一样的（见第 5 章第二节），例如：酵母菌是利用 EMP 途径分解葡萄糖为丙酮酸，再将丙酮酸还原成为乙醇；而发酵单胞菌则是利用 ED 途径产乙醇。全世界生产的乙醇，约 20% 用于工业溶剂和原料，15% 用于食用或其他用途，而65% 作为燃料，称为燃料乙醇，并且越来越受到重视，很多国家已制定了燃料乙醇政策，促进了此事业的发展。最突出的是巴西，早在 1970 年石油危机时，政府率先推出"乙醇汽油计划"，乙醇混入汽油最高量可达 24%，以乙醇汽油为动力的汽车数量和乙醇产量都是全球第一。美国政府为了解决对于进口石油的依赖，减少空气污染，提高农民收入，实行"清洁空气法案"和燃料乙醇的免税额度，成为世界第二大产乙醇国。对于我国，石油储量仅占世界的 2%，而消费量是世界第二。2011 年，我国原油产量只有 2 亿 t 左右，超过 56.5% 的原油依赖从国外进口，这一数字攀升至 2012 年达到了 58%。因而燃料乙醇的生产，更应该得到重视，目前，我国燃料乙醇产量达到 170 万 t 左右，生物乙醇汽油消费量约占全国汽油消费量的 20%，但多以玉米、小麦及大米等粮食作物为原料。受粮食原料供应等因素的制约，国家生物质能源产业政策，将重点扶植非粮燃料乙醇产业的发展。

微生物利用各种原料发酵产乙醇的主要过程如下：

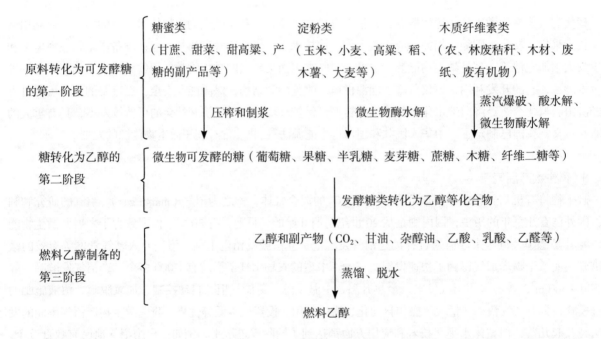

目前发酵生产乙醇，几乎都是用酵母发酵进行，其主要原因是：酵母能产生高浓度乙醇和少量副产物；酵母具适当的凝聚和沉淀特性，有利于细胞再循环；能耐受较高浓度的盐溶液；而且酵母生产乙醇已有百余年历史，其理论基础深厚，技术成熟，高度工业化、自动化，不容易改变其菌种和工艺。而酵母所能发酵的底物范围较窄，如不能利用由淀粉水解产生的大部分寡糖，要完全利用淀粉，必须添加葡萄糖淀粉酶；酵母也不能利用纤维素、半纤维素、纤维二糖和大多数戊糖。这导致酵母生产乙醇不能直接地利用来源广、价格低的各种底物，成为降低乙醇生产成本的最大障碍。研究更好地利用更多的底物产乙醇是发展乙醇工业的重点。严格厌氧、适宜生长温度 55～60℃、革兰氏阳性的梭菌属（*Clostridium*）细菌，如：热纤维梭菌（*C. thermocellum*）、热解糖梭菌（*C. thermosaccharolyticum*）等，有可能将发酵生产乙醇的第一阶段和第二阶段变成一步发酵，简化工艺，并能以来源广、价格低的许多原料直接发酵，降低生产成本。这是由于梭菌与酵母及运动发酵单胞菌相比，其优势在于它能产生纤维素酶，而且活力高，有效地降解纤维素和半纤维素，并将这些降解产物发酵产乙醇，而且也能发酵各种糖类，包括利用糖蜜、淀粉、果胶等产乙醇。近期该菌没有被大规模用于生产乙醇，因为发酵的副产品中含有大量有机酸和一些硫化氢，有的高达 1/3，而且用梭菌生产乙醇的耐受性比酵母及运动发酵单胞菌都要低。

运动发酵单胞菌（*Zymomonas mobilis*）也用于发酵产乙醇，它利用葡萄糖产乙醇的速度比酵母快 3～4 倍，乙醇产量可以达到理论值的 97%。菌种可在 38～40℃温度生长，忍耐高渗透压，在含 40% 葡萄糖溶液中能生长，对乙醇耐受力强，发酵产乙醇浓度可达13%。尽管运动发酵单胞菌有这些优良特性，但并没有取代酵母用于大规模乙醇生产，主要原因是该菌只能利用葡萄糖、果糖和蔗糖；利用果糖和蔗糖发酵产生含有10%或更多的乙醇以外的产物，如二羟基丙酮、甘露糖醇和甘油；该菌生长pH较高，生产中易受杂菌污染。微生物发酵生产乙醇要消耗大量能源和增加大量污水，而且成本较高，因此，微生物产乙醇还有许多亟待解决的难题。

3. 微生物产氢

氢可作为一种理想的清洁能源，燃烧产物是水，热值高，但目前制氢的主要原料是：天然气、重油、煤等不可再生资源，制氢还需在高温、高压下完成，而电解水产氢，则要消耗大量的电。因此，研究开发微生物在常温、常压下利用可再生资源产氢，或同时处理有机废弃物，或海水淡化制氢，都是国际上研究新能源的热点。现已发现的能够产生氢气的微生物很多，按产氢微生物种类和产氢代谢途径概括有关情况如表15-13。

表 15-13　微生物产氢的概况

微生物类群	代表种	电子供体	需要光	产氢酶	抑制物	主要问题
藻类	莱因衣藻（*Chlamydomonas reinhardtii*）	水	是	氢酶	O_2, CO	光反应器成本高
蓝细菌	柱孢鱼腥蓝细菌（*Anabaena cylindrica*）	水	是	固氮酶	O_2, N_2, NH_4^+	光反应器成本高
严格厌氧菌	丁酸梭菌（*Clostridium butyricum*）	有机物	否	氢酶	O_2, CO	原料利用率低
厌氧光营养菌	深红红螺菌（*Rhodos pirillum rubrum*）	有机物	是	固氮酶	O_2, N_2, NH_4^+	光反应器成本高
混合菌种	多种细菌	有机物	否		O_2	稳定性差

微生物产氢还处于研制阶段，重点研究产氢机制并开发利用，尚未产业化，主要原因是产氢效率低，与用电水解或热解石油、燃气等传统的化学产氢法相比，差距较大。进一步挖掘微生物产氢资源，创新产氢工艺，拓宽可再生的废物做原料等，将是研究开发的重点，例如：研究一氧化碳营养菌间接利用木质类废弃物产氢，当前就备受国际上的关注。

4. 微生物燃料电池

燃料电池就是把燃烧等化学反应产生的化学能转变为电能的装置。如果电池中发生的反应因微生物生命活动所致，而产生的电能装置，便是微生物燃料电池（microbial fuel cells），又可称为微生物电池。根据微生物与电池中电极的反应形式，一般分为直接作用和间接作用构成的微生物电池。直接作用是指微生物同化底物时的初期和中间产物常富含电子，通过介体作用使它们脱离与呼吸链的偶联，转而直接与电极发生生物电化学联系（bioelectrochemical connection），构成微生物电池，原理如图15-14；间接作用是指微生物同化底物时的终产物或二次代谢物为电活性物质，如氢、甲酸等，这类物质继而与电极作用，产生能斯特效应（Nernst effect），构成微生物电池。目前微生物电池虽未达到实用化，但人们十分关注它可能利用的领域和重要的价值：① 由生物转换成效率高、价廉、长

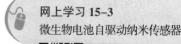
网上学习 15-3
微生物电池自驱动纳米传感器

效的电能系统；② 利用废液、废物作燃料，用微生物电池净化环境，而且产生电能；③ 以人的体液为燃料，做成体内埋伏型的驱动电源——微生物电池成为新型的体内起搏器；④ 研制微生物电池自驱动高灵敏纳米光传感器；⑤ 从转换能量的微生物电池可以发展到应用转换信息的微生物电池，即作为介体微生物传感器（mediated microbiosensor）。

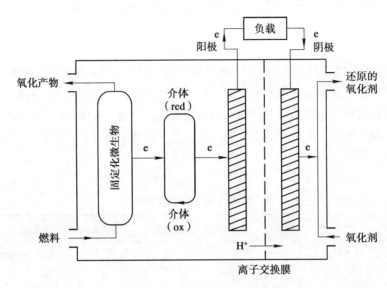

图 15-14　微生物电池的原理示意图

二、微生物冶金

　　现已有近20个国家正在进行细菌堆浸回收贫矿石、尾矿石或地下难采矿石中铜的生产，全世界铜的总产量中约有15%是用细菌浸出法生产的，而美国生产的铜有25%是用细菌浸出法生产的。全世界也有10多个正在生产或建设中的细菌浸出法生产金的工厂，加纳的Obusi的细菌浸金工厂每小时处理金矿石能力可达30 t，年产黄金15 t。美国在浸取铜矿时并用细菌回收其中的铀，加拿大梅尔利坎铀矿用细菌法生产的铀年产达60 t。除铜、金和铀的细菌浸出已形成生物湿法冶金（biohydrometallurgy）工业外，微生物浸出钴、镍、锰、锌、银、铂和钛等19种战略金属和珍贵金属也获得了可喜的研究成果，有的正在开发形成批量生产。微生物冶金的逐步兴起与其投资小、成本较低、环境污染小、提高金属的回收率和适用于贫矿、尾矿等优势密切相关。

　　生物湿法冶金产业用的菌种主要有氧化亚铁硫杆菌（*Thiobacillus ferrooxidans*）、氧化硫硫杆菌、铁氧化钩端螺菌（*Leptospirillum ferrooxidans*）和嗜酸热硫化叶菌（*Sulfololus acidocaldonius*）等。这类自氧微生物能氧化各种硫化矿获得能量，并产生硫酸和酸性硫酸高铁［$Fe_2(SO_4)_3$］（见第13章第一节中"化能无机营养细菌"的相关内容），这两种化合物是很好的矿石浸出溶剂，作用于黄铜矿（$CuFeS_2$）、赤铜矿（CuO_2）、辉铜矿（Cu_2S）、铜蓝（CuS）等多种金属矿，把矿中的铜以硫酸铜的形式溶解出来，再用铁置换出铜，生成的硫酸亚铁又可被细菌作为营养物氧化成酸性硫酸高铁，再次作为矿石浸出溶剂。如此循环往复，可溶的目的金属能从溶液中获取，例如铜，不溶的目的金属能从矿渣中得到，例如金。这就是微生物冶金的基本原理。

　　微生物浸矿的方法大体可分为：槽浸、堆浸和原位浸出。槽浸即搅拌反应槽浸出法，一般适用于高品位、贵金属的浸出，是将细菌酸性硫酸高铁浸出剂与矿石在反应槽中混合，机械搅拌通气或气升搅拌，然后从浸出液中回收金属。堆浸法是在倾斜的地面上，用水泥沥青等砌成不渗漏的基础盘床，把含量低的矿石堆积在其上，从上部不断喷洒细菌酸性硫酸高铁浸出剂，然后从流出的浸出液中回收金属。原位浸出法是利用自然或人工形成的矿区地面裂缝，将细菌酸性硫酸高铁浸出剂注入矿床中，然后从矿床中抽出浸出液回收金属。3 种方法都要注意温度、酸度、通气和营养物质对菌种的影响，以促使细菌能最佳地发挥浸矿作用。

微生物冶金还用于：研究开发菌体直接吸附金等贵重和稀有金属，如曲霉从胶状溶液中吸附金的能力是活性炭的 11 ~ 13 倍，有的藻类每克干细胞可吸附 400 mg 的金；采用微生物对煤脱硫，有的菌对煤中无机硫的脱除率可达 96%；非金属矿的微生物脱除金属，例如用来生产陶瓷的主要原料高岭土，用黑曲霉脱除其中的铁，此高岭土制成的新陶瓷材料，在电子、军事工业中有广泛的特殊用途。

三、石油工业中的微生物生物技术

微生物生物技术用于勘探石油、提高采油率、转化石油生产多种产品和改善成品油的质量等方面，都已取得了显著效益，而且越来越引起人们的重视。

石油和天然气深藏于地下，其中天然气又沿着地层缝隙向地表扩散。有的微生物在土中能以气态烃为唯一碳源和能源，其生长繁殖的数量与烃含量有相关性，因此可以利用这类微生物作为石油和天然气储藏在地下的指示菌。用各种方法检测土样、水样、岩心等样品中的这类微生物的数量，分析实验结果，预测石油和天然气的储藏分布地点和数量，此被称为微生物石油勘探。包括我国在内的许多国家采用微生物石油勘探的结果表明，它对于钻井结果的准确率为 55% 左右，是一种省钱、省力、简便易行的石油勘探法。以气态烃为唯一碳源和能源的微生物主要是甲烷、乙烷氧化菌，它们通常为甲基单胞菌属（*Methylomonas*）、甲基细菌属（*Methylobacter*）和分枝杆菌属（*Mycobacterium*）的菌种。这类细菌的分布受季节、气候、pH、土层状况、生态环境等的严重影响，因而根据样品检测出的微生物种类及其数量的结果，用来分析、预测油气状况则较复杂，可变因子较多，影响微生物石油勘探的准确性。

将生物聚合物或生物表面活性剂等微生物产物注入油层，提高采油率，目前已大规模用于石油工业。最具代表性的是注入黄原胶，一种典型的水溶性胶体多糖，它是由甘露糖、葡萄糖和葡糖酸（比例为 2∶2∶1）构成的杂多糖（图 3-22）。此多糖一般由黄单胞菌属（*Xanthomonas*）菌种以玉米淀粉等农副产品的糖类为原料，深层、液体、好氧发酵生产。黄原胶具有增黏、稳定和互溶等优良特性，用它稠化水，即作为注水增稠剂，注入油层驱油，可改善油水的流度比，扩大扫油面积，使石油的最终采收率提高 9% ~ 29%。黄原胶也可作为钻井黏滑剂，很有利于石油开采，也被石油工业广泛应用。黄原胶的优良特性除作为增稠、增黏剂外，还可作为乳化、成型、悬浮剂，广泛用于食品、医药、化工、轻工、中药等 20 多个行业的 100 多种产品中，它也是微生物生产胞外多糖的典型产品，生产量最多，用途最广，为发酵工业后起之秀。微生物提高采油率另一种办法是把油层作为巨大的生物反应器，将有益于石油采取的微生物注入油层，或通过加入营养物活化油层内原有的菌类，促进这些微生物的代谢活动，提高石油采取率。还有采用杀灭注水采油中的有害微生物，加入有益微生物或增稠剂、表面活性剂等综合工艺，对于提高采油率也很有效。如我国科技人员，用微生物发酵生产出鼠李糖脂一类的生物表面活性剂，用于 3 次采油工业试验，石油的平均采收比提高了 20% 以上，成本较使用单一表面活性剂降低 30%。

用石油或天然气生产单细胞蛋白，既能获得高质量的饲料，又能将石油中的石蜡脱除，改善成品的品质。例如：脱蜡球拟酵母（*Torulopsis depavaffina*）发酵 300 ~ 400℃ 馏分油，70 h 后，每千克油可获得干酵母 5.4 g，并将油的凝固点从 +4.5℃ 下降到 −60℃。利用假丝酵母（*Candida*）、假单胞菌属（*Pseudomonas*）和不动杆菌属（*Acinetobacter*）中的各种菌株，以石油或其各类分馏物为原料，能够生产琥珀酸、反丁烯二酸、柠檬酸、水杨酸、不饱和脂肪酸、多氧菌素和碱性蛋白酶等众多产品。还可以用这类菌降解海洋、江湖水体石油的污染。采用遗传工程技术，可以将某些微生物的有用特性的基因，构建在某一菌种中，使其在石油工业中发挥更大的作用。例如，世界上第一次获得遗传工程重组菌株发明专利权的就是同时能降解不同石油成分的"超级细菌"，它是铜绿假单胞菌（*P. aeruginosa*）和恶臭假单胞菌（*P. putida*）共含有的5种质粒转移在同一细胞内，构建而成的遗传工程菌株。该菌株能清除不同组分的石油污染，是石油污染环境的"超级清道夫"。

四、微生物传感器和 DNA 芯片

1. 微生物传感器

传感器一般是指感受某物质规定的测定量，并按一定规律转换成可用信号（主要是电信号）的器件或装置。其组成主要有3大部分：敏感元件、转换器件和电子线路、相应的机械设备及附件。按其主要敏感元件或材料的反应性质可分为物理、化学、生物3种类型的传感器。生物传感器根据其主要敏感材料的特性或来源不同，可细分为酶传感器、免疫传感器、细胞器传感器、动、植物组织传感器、微生物传感器（microbiosensors）等。微生物传感器的敏感元件是固定化微生物细胞，它的转换器件是各种电化学电极或场效应晶体管（field effect transistor，FET），其他机械、电路部分与另外的传感器大都相同。微生物传感器的基本原理是：固定化的微生物数量和活性保持恒定的条件时，它所消耗的溶解氧量或所产生的电极活性物质的量反映了被检测物质的量。借助于气敏电极（如溶解氧电极、氨电极、CO_2 电极），或离子选择性电极（pH 电极），或其他物理、化学检测器件测量消耗氧或电极活性物质的量，则能获得被检测物质的量（图15-15）。

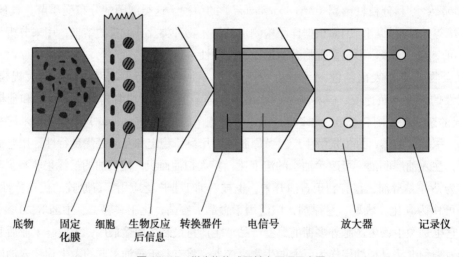

底物　固定化膜　细胞　生物反应后信息　转换器件　电信号　放大器　记录仪

图 15-15　微生物传感器基本原理示意图

1977年 Rechnity 用粪便链球菌制成测精氨酸的传感器以来，而现在已有各种各样的微生物传感器用于临床诊断、食品检测、发酵监控和产物分析、环境质量监测等。例如，糖尿病、尿毒症、内分泌亢进等疾病的诊断常需要测定血糖。用骨胶将荧光假单胞菌固定化成膜，与氧电极组装在一起，检测样品时，固定化膜内的菌利用样品中葡萄糖消耗氧，消耗的氧量被氧电极测定，转换为电信号，从而可转换得出所检测样品中的血糖含量。用荧光假单胞菌传感器同样能测定污水中的 BOD，其原理是污水中存在可生物氧化的有机物，固定化膜内的菌由内源呼吸转而进行外源呼吸，由于耗氧因而使固定化膜周围的氧分压下降，从而改变氧电极输出电流的强度，电流强度随 BOD 大小而变化，在一定范围内呈线性关系，所以可以快速、简易地在15 min 内测定 BOD，而标准稀释法测定则需要5 d。又如，大肠杆菌在厌氧条件下正常呼吸被抑制，其谷氨酸脱羧酶使谷氨酸脱羧，而产生 CO_2，将该菌固定化成膜，并与 CO_2 气敏电极组装在一起，用来测定谷氨酸

含量。此传感器为味精发酵工业的自动化监控、食品工业中的自动化质检开拓了新途径。

微生物的多样性、特异性是发展检测各种物质和多种功能的众多传感器的理论基础，而且相对于其他生物传感器，微生物传感器制作较容易，活性较稳定，使用寿命长。而相对于物理、化学传感器，所有生物传感器，易受环境条件的影响，不够稳定，敏感元件使用寿命短，要经常更换固定化生物膜。生物传感器发展中的问题，随着微电子、分子生物学、计算机和材料等科学技术的发展，多种学科技术的相互交叉应用的推进，将会顺利解决，而且将会有更多、更好的各种用途的微生物传感器出现。

2. 微生物 DNA 芯片

计算机、信息设备和许多家电的心脏——微电子芯片（microelectronics chips）的发明是在 1971 年，美国英特尔公司将 2 300 只晶体管缩到一块集成电路板上，从而首创了微型计算机芯片。20 多年后，同在硅谷，距英特尔公司总部仅数英里的艾菲迈却克斯（Affymetrix）公司，效仿类似的生产模式，研制和开发了具有划时代意义的 DNA 芯片，又称基因芯片（gene chips）、DNA 阵列（DNA arrays）或寡核苷酸微芯片（aligonucleotide microchip）等。DNA 芯片的机制是根据核酸杂交原理检测待测的 DNA 序列。它与一般核酸杂交技术不同之处是已知序列的寡核苷酸（DNA 探针）高度集成化，即高密度的 DNA 探针阵列以预先设计的排列方式固化在玻璃或硅片或尼龙膜上。大量 DNA 探针的固化是采用在位组合合成化学和微电子芯片的光刻技术或其他方法制作，目前已达到的密度是 100 万个探针 / 芯片，每个探针间隔是 10 ~ 20 μm，有可能将人类的全部基因集约化地固化在 1 cm^2 的芯片上。DNA 芯片检测样品时，将处理过的样品滴加在芯片上进行杂交，用激光共聚焦显微镜检测 DNA 探针或样品分子上的荧光素放出的荧光信号，经计算机软件处理可获得待检测 DNA 的序列及其变化情况。DNA 芯片与计算机芯片非常相似的地方是高度集成化，也借助了微电子芯片的制作技术，不同之处是：目前，DNA 芯片不作为分子的电子器件，不起计算机芯片上集成的半导体晶体管的作用，不能作为 DNA 计算机用，主要的功能是生命信息的储存和处理。例如：Affymetrix 公司已经上市的 P53 Gene Chip 和 HIV Gene Chip，分别用于检测 P53 肿瘤抑制基因的单个核苷酸多形性（已知 60% 的癌症患者的 P53 有变异）以及检测 HIV-1 蛋白酶及反转录酶基因的突变。

微生物 DNA 芯片（microbial DNA chip）是指用主要来源于微生物的寡核苷酸制成的芯片。微生物的多样性取决于其基因的多样性，因而可以制成种类繁多的 DNA 芯片，储存空前规模的生命信息。其快速、高效，同时也可获取大量的生命信息。例如：临床常见疾病许多病原微生物诊断的 DNA 芯片，已显现出它在高度准确、敏感、快速和自动化等方面，对于鉴定大量样品具有很大优势。据报道，我国一种用于检测病毒基因的芯片已研制成功，可用来检测乙型肝炎病毒和 EB 病毒的基因；我国还研制成功了采油微生物基因芯片，能够检测 127 个属细菌，应用于不同油藏条件下内源微生物群落结构普查，对于微生物驱油技术研究具有重要意义。预计微生物 DNA 芯片在微生物的基因鉴定、基因表达、基因组研究、新基因的发现等方面将得到广泛应用，可能成为今后微生物学研究及其在各个领域应用中，具划时代意义的新技术方法，将会发挥重大作用。而且微生物作为人类、动植物基因组研究的模式生物，微生物 DNA 芯片的研制和应用，将对各类基因组、功能基因组学（functional genomics）、蛋白质组的研究起到更大的作用，这是由于微生物基因的功能比动、植物等高等生物的更易检测，基因也容易获取，基因组较小，取材和操作都较简便。微生物 DNA 芯片，乃至所有生物 DNA 芯片领域，虽然已有产品出售，但目前技术上还有一些问题，检测设备也昂贵。但发展速度较快，其中的问题正逐步解决，前景是乐观的。20 世纪微电子芯片进入了千家万户，改变了人类的经济、文化和生活，相信在 21 世纪，DNA 芯片对人类各方面的影响比之微电子芯片可能有过之而无不及。微生物 DNA 芯片是 DNA 芯片的重要组成，将为开辟生命信息研究和应用的新纪元，为推动社会的发展和进步起到重大作用。

五、微生物塑料、功能材料和生物计算机

1. 微生物塑料

以石油为原料制造的塑料，对人类社会、经济发展有着重要贡献的同时，由于其化学性能十分稳定，在自然条件下不易降解，又导致了"白色污染"这一全球性的严重问题。有些微生物能够产生在自然环境中容易完全降解的与塑料类似的聚酯，如：聚 –β– 羟丁酸，即甲基侧链聚羟基丁酯（PHB）和聚羟基烷酯（PHA）及乙基侧链聚羟基戊酯（PHV），可以用来生产完全生物降解塑料，这类塑料可称为微生物塑料。例如：洋葱伯克霍尔德氏菌（*Burkholderia cepacia*，即洋葱假单胞菌），利用木糖和少量氮，能发酵生产大量的PHB，该菌积累的PHB可达其细胞干重的60%；另一种杆菌，可以利用甲醇和戊醇为原料，发酵生成PHB和PHV的共聚物；乳酸菌以马铃薯、谷物等的淀粉为原料，生产大量L-乳酸，再制成称为"交酯"的聚乳酸塑料。微生物塑料不仅完全可以生物降解，而且降解产物还能改良土壤结构及作为肥料。微生物塑料具有高相对分子质量、高结晶度、高弹性及高熔点的特性，还能抗紫外线，不含有毒物质，生物相容性好，不引起炎症，透明，易着色等，所以这种塑料用途更广，更适合于在医药领域应用。目前存在的最大问题是生产成本高，成品价格贵，虽有生产，但只能在特别需要的地方应用。随着人们环保观念的增强，优良菌种的选育、工艺技术的改进，微生物塑料生产将会成为一种重要的产业。

2. 微生物功能材料

在自然界各种各样的环境中，生物经长期进化，适者生存，从而也导致生物大分子蛋白质、核酸、多糖、脂质等具有广泛而各式各样的功能，例如：能量转换、信息处理、分子识别、抗辐射、抗氧化、自我装配和自我修复等功能。人们利用这些大分子或对其修饰、改造或改装，能制成各种生物功能材料。目前正在研究开发这类功能材料，有可能制成能量转换元件、信息处理、储存器件、分子识别元件和放大器件等。微生物具有多样性的优势，其大分子已作为首选研制生物功能材料的对象，形成了微生物功能材料研究热点。其中最具代表性的是对盐生盐杆菌（*Halobacterium halobium*）产生的紫膜蛋白质——细菌视紫红质（bacteriorhodopsin, bR）的研究。bR在光照射循环时，会按一定的顺序发生结构变化（图13-10），结构变化过程中的不同状态，就能起到光开关的作用，可以分别表示信息"0"或"1"，用来记录数字信息。例如用激光照射bR时，它结构变化显示二进制的"0"，再次照射，它结构变化成为二进制的"1"。bR作为电子器件材料与现代微电子技术的根本材料硅半导体相比，具有显著的优点：① 密集度高：bR分子比硅芯片上的电子元件小得多，其密集度可以达到现有半导体超大规模集成电路的10万倍。② 开关速度快：bR分子结构改变状态的时间以微秒计，因而它的开关速度比目前的半导体元件开关速度高出1 000倍以上。③ 稳定又可靠：bR分子能够自我装配和自我修复，排除集成电路可能出现的故障，分子结构改变的状态可以保持几年不变，不像半导体元件，一断电便会丢失数据。④ 耗能量少：bR分子是生化反应开关，阻扰低，能耗小，较好地解决了散热问题。紫膜的bR分子作为功能材料显示的优势，目前主要是通过对bR结构功能的基础研究而确定的，要使bR真正成为功能材料用于电子器件，尤其是作为生物计算机的组装元件，还有许多工作要做。微生物产生的半醌类有机化合物，也具有bR同样的功能。细菌和真菌产生的黑色素（melamin）具有能量转换和抗辐射的功能，这类物质都可用于功能材料的研究开发。

3. 生物计算机

用生物大分子作元件制造的计算机称为生物计算机，或称为分子计算机。bR分子作为计算机元件是当前研究得最多、最深入的。而DNA作为元件的DNA计算机，则是一种全新概念的计算机，因科学家们提出

的研制原理与现在应用的电子计算机原理有很大差别,与 bR 等有机大分子制造计算机的原理也不同。DNA 计算机的原理是:DNA 分子中的大量密码相当于存储的数据,某些酶对 DNA 分子作用,瞬间就能完成其生化反应,从一种基因代码变成另一种基因代码。反应前的基因代码可以作为输入的数据,反应后的基因代码则作为运算结果,如果这种反应控制得当,就能制成 DNA 计算机。有人预计 DNA 计算机运算速度快得惊人,其几天的运算量,可相当于现在计算机问世以来世界上所有计算机的总运算量。其存储容量也非常巨大,$1\ m^3$ 的 DNA 溶液可存储 1 万亿亿个二进位的数据,超过目前所有计算机的存储容量。但其耗能量仅为一台普通电子计算机的十亿分之一。微生物大量的 DNA 遗传信息,无疑是 DNA 计算机组成的重要代码,微生物基因组的深入研究,将在 DNA 计算机的研制中起到重要作用。DNA 计算机的理论根据是可行的,但要将理论变成现实,制成人们多年来梦寐以求的生物计算机,既非常复杂又非常困难,还有许多难以预料的技术难题,都需要一个漫长的过程,更要数学、物理、化学、生物、计算科学、信息科学和微电子技术等学科交叉,技术人员通力合作,才能梦想成真。

网上学习 15–4
微生物编制密码

六、海洋和宇航中微生物生物技术的应用

1. 海洋中微生物生物技术的应用

据估计地球上有 3 000 多万种物种,目前已知的仅有 150 多万种。而海洋占地球面积的 71%,总水量的 97%,又是人类生命的摇篮,它拥有地球上物种的 80% 以上,陆地和淡水中所占物种少得多,但是,目前人类对生物资源的研究、开发和利用,恰恰相反,绝大多数都是以陆地和淡水中的物种为对象,微生物领域更是如此,因而提倡"下海",大力开展海洋微生物的研究,利用微生物生物技术开拓海洋微生物资源,使其能有效地被应用。

① 积极探索海洋微生物独特性质的机制,索取其特有的产物及衍生物:许多海洋微生物常处于高压、高盐、高温或低温、低营养及无光照等极端环境。如:嗜盐菌、嗜碱菌、嗜热菌、嗜冷菌及嗜压菌等,研究其特性的机制,可开发利用其各种特异的生物活性物质。例如:科学家正在研究生活在深海火山口热水环境中的激烈热球菌(*Pyrococcus furiosus*),探索该菌最适生长温度在水的沸点左右的机制,开发其生物活性物质的用途,其中有的已成为海水净化、橡胶处理和法医鉴定的产品。

② 加强研究海洋微生物基因组中的特殊基因组或基因:由于繁多类型的海洋微生物所处许多独特的生态环境,造就了适应特殊环境的各种基因组、有着各种各样功能的基因。加强这方面的研究,不仅能为发展功能基因组学作出贡献,也将可以在生产中应用,获得重大效益。例如:我国科学家进行了 4 种螺旋藻别蓝蛋白基因的研究,基因重组的大肠杆菌产生的别藻蓝蛋白对小鼠 S180 肉瘤有显著的抑制作用。有的科学家已从海洋耐高温的微生物中克隆到耐高温的基因,这将可能为需要耐高温的生物产品的研制,提供理论基础和条件,具有潜在的巨大实用价值。

③ 充分利用海洋微生物资源,拓宽微生物生物技术的应用领域:杜氏藻(*Dunaliella*)可产生具有医药保健、食用等广泛用途的 β– 胡萝卜素,我国、澳大利亚、美国等国家都在利用盐场、海水竞相开发生产,而杜氏藻细胞干重中除含 9% β– 胡萝卜素,更含有 29% 蛋白质,30% 甘油,18% 脂质,11% 糖类。这些物质如果充分利用,杜氏藻的价值则更高,很可惜,目前仅有少数厂商能综合利用其中的一二种。海洋微生物中的一种假单胞菌产生 L– 多巴黑色素(L–dopa melamin),这是一种具有抗氧化、抗辐射、清除自由基、选择性地体外抗病毒活性的生物多聚体化合物,采用生物技术开发利用,有着广泛的用途和重要的价值,人们还利用这种黑色素促进海洋养殖业中的牡蛎幼虫和扇贝幼虫的附着功能,产生了显著的经济效益。

2. 宇宙航行中微生物生物技术的应用

随着宇航业的发展和人们对宇宙事业兴趣的增加，宇宙生物学越来越受到重视，尤其是宇航医学。事实上，美国、俄国一直在大力研究，其他一些发达国家也在加紧研究。宇宙生物学包括宇宙中研究微生物的许多内容，如：怎样识别其他星球上的微生物，宇宙飞行中的微生物的存活、生理、发育、变异和遗传，宇宙飞行器的灭菌，宇航员的检疫等理论、技术方法和开发应用的内容。宇宙飞行中微生物生物技术仅是其中研究的热点之一。为了解决宇航员呼吸的空气的再生和有机垃圾的循环利用，采用敏捷食酸菌（*Acidovorax facilis*，即敏捷氢单胞菌、敏捷假单胞菌），它具有特殊性能，能氧化飞行器中太阳能电解水所得的分子氢，利用空气中的氧作为电子受体，用获得的能量还原宇航员呼出的 CO_2，并产生含57% 干重的蛋白质和5% 脂肪的细胞物质，可供宇航员利用。还采用飞行器中产生的废水和有机垃圾培养小球藻（*Chlorella*），它也从宇航员呼出气中吸收 CO_2，并产生 O_2 和可利用的细胞物质。宇宙飞行器的容量有限，人类要在太空长期飞行或停留，需要一个很好的再生循环生态系统，微生物生物技术能在其中发挥重大作用。

太空微生物育种，是利用卫星等宇宙飞行器的特殊环境，例如：它与地球环境很不一样的微重力、高真空等因素，引起微生物的变异，筛选所希望得到的变异性状，使其遗传，最终获得高产、优质、低耗的生产菌种。如我国利用返回式卫星搭载试验，通过空间环境对双歧杆菌处理，经筛选，已获得双歧杆菌变异株。它具有生长速度快、耐氧性强、抗辐射、对温度、过氧化氢和乙醇的增量耐性较强、生物量也明显提高等优良性能。

> - 我国农村为什么当前大力推广"沼气生态园"建设？
> - 试述微生物利用各种原料生产乙醇的主要过程。
> - 试举例说明微生物生物技术的应用在信息产业方面值得研究开发。
> - 为什么要提倡对海洋微生物进行研究？应从哪些方面开展？

第五节　微生物生物技术的安全性风险评价和管理

微生物生物技术的广泛应用，促进了经济发展和社会进步，而且显示出它将会更加大有作为，产生更多、更好的效益。但值得强调的是，微生物生物技术同其他生物技术的应用一样，存在着风险，尤其是生物安全性的风险，值得高度重视。否则，微生物生物技术的应用，不仅不能带来效益，而且会造成危害。因此，必须对该技术的安全性，进行严格的风险评价和管理，要求对微生物生物技术利用的全过程，包括研究、开发、生产、装卸、贮存、运输和应用等，评价其对于健康、环境、生态、进化的直接影响或潜在影响，并采取有效措施进行管理，确保其安全。评价这些影响涉及的主要问题是：

① 技术中所利用的微生物的菌体本身，尤其是基因工程构建的微生物，对健康、环境等的影响，重点是否有危害。例如，研制一种新的微生物杀虫剂，它杀灭某种害虫很有效，但必须检测这种微生物对益虫、人、畜、作物、环境、生态等是否有危害，做出安全评价，如果安全，并能有效地管理其安全性，则可进一步开发、生产、应用。在评价中还要注意微生物的剂量和释放频率。苏联有一城市，用酵母生产饲料单细胞蛋白，其生产量非常大，而且工艺陈旧，使大量酵母悬浮在城市的空气中，导致许多居民患有一种怪病，从而迫使该城市的饲料单细胞蛋白工厂不得不停产。

② 所利用微生物的产物，对健康、环境等的影响如何？除评价所需要的目标产物外，还要特别关注其副产物的影响，对人的直接毒害和引起的过敏反应。据报道，日本一公司，成功地构建了一株高产色氨酸的基因工程菌，曾用于生产出符合当时食用标准的色氨酸，但所售出的该产品导致了20多人中毒死亡，经多方检验，是因为产品中含有工程菌株所产的毒性很高的副产物，其量极微，一般很难测出。因此，更换菌种、菌株生产的产品，一定要重新进行严格的安全检测，获得质量检查部门的审查批准，才可成为商品。

③ 微生物生物技术中所利用的外源基因，其释放可能带来的新的基因组合、外源基因的扩散或转移的影响怎样？例如：许多基因工程微生物的构建，常用抗抗生素的基因作标记，如果这种微生物用于生产药物或作为杀虫剂，这种标记基因通过气流、水流、土壤、昆虫、鸟类、人们的携带，可能扩散，或者自然转移，进入其他生物体，致使这种生物具有抗抗生素的特性，则产生了新的抗药性的微生物、植物、动物和人群，其影响深远，危害性则更难预测。外源基因进入人体，是否会影响调节细胞生长的重要基因？是否会激活原癌基因？这不仅后果很难预料，也是深入研究生物安全风险评价的重要课题。转基因食品对人体是否有害，世界各国普遍存在争议。

④ 对生态系统，特别是生物多样性的影响，涉及微生物本身、产物、基因等众多因素，它们对生态系统结构的改变，则可能改变生态系统的功能，影响生态环境的物质、能量代谢和生物多样性，也可能影响生物的进化。例如：*Bt* 毒性基因的转移或其毒性蛋白在土壤中的积累，有可能危害生物的多样性；又如，用基因工程菌株降解三氯乙烯和四氯乙烯，由于降解不完全，产生了更毒的乙烯氯化物，这将严重地破坏生态系统，影响自然进化的历程。

微生物生物技术安全性所涉及的问题很多，除涉及上述一些问题外，还涉及社会伦理、动物保护、生物恐怖、国家安全、国际贸易等问题，这些也是人们对生物安全普遍关心的问题。当前，微生物生物技术安全性对涉及的所有问题，都进行风险评价和管理还不可能实现，这是因为许多问题正在研究之中，除科学技术水平的原因外，还有公众认识、宗教、行政管理等原因。风险评价和管理，只有随着科学技术的进步、经济和社会的发展，逐步完善。

目前，生物安全性的风险评价和管理，经 20 多年的努力，国际上已制订了许多实施方法和措施，其中一些被许多国家接受，达成了协议，并已实行。例如："卡塔赫纳生物安全议定书"（Cartagena Protocol on Biosafety，BSP）是一项关于转基因产品国际贸易和环境保护的国际协定，并已于 2003 年 9 月 11 日正式生效。目前包括我国在内，缔约方已有 125 个国家签署。该协定书的实施，不仅保证了进口国的知情权，有利于各缔约国对转基因生物进行风险预防，有助于促进国家转基因生物安全立法，促进对转基因生物越境转移的管理和标识制度的完善，促进生物安全公众参与制度的形成，有益于加强国家生物安全管理能力的建设，也使微生物生物技术的安全性风险评价和管理切实可行，而且开始了国际化。

为了加强生物安全管理，包括微生物生物技术的安全管理，各国根据国情，分别进行了许多的立法和相关工作。我国也进行了大量工作，例如发布了：《基因工程安全管理办法》，1993 年；《农业生物基因工程安全管理实施办法》，1996 年；《烟草基因工程安全管理实施办法》，1998 年；《新生物制品审批办法》，1999年；《农业转基因生物安全管理条例》，2001 年；《农业转基因生物安全评价管理办法》，2002 年。《转基因食品卫生管理办法》，2002 年；《微生物和生物医学实验室生物安全通用准则》，2003 年；《病原微生物实验室生物安全管理条例》，2004 年；《病原微生物实验室生物安全环境管理办法》，2006 年。《中华人民共和国农产品质量安全法》自 2006 年 11 月 1 日起施行，规定属于农业转基因生物的农产品，应当按照农业转基因生物安全管理的有关规定进行标识。国家有关部门起草了"一般转基因生物环境释放风险评估和风险管理的技术导则"，建立了"转基因生物环境释放的数据库"、"中国生物安全信息交换网站"。同时也开展了包括微生物生物技术的安全性风险评价和管理在内的生物安全方面的研究。这众多的工作，非常有利于生物安全性风险评价和管理的实施，也将促进微生物生物技术的迅猛发展。

- 微生物生物技术应对哪些方面的直接影响或潜在影响进行安全性风险评价？
- 我国在生物安全管理方面，发布了哪些主要的管理法规？

小结

1. 微生物生物技术是根据自然科学和工程学的原理，利用微生物的有机体或其产物，将物料转化为社会服务的技术。微生物生物技术是生物技术的重要组成部分，也是当今微生物学科的一新分支学科。人们大规模培养微生物生产商业性产品，或者以微生物为主体生产产品的产业，称之为微生物产业，以往称为微生物工业。微生物生物技术不仅包括微生物产业，而且所涉及的面更广，更能体现学科发展的趋势和前沿。微生物产业中所用菌种有具体而严格的要求，菌种有多种途径来源，但自然环境是其根本来源。

2. 大规模发酵有其显著特征，充分体现在好氧菌发酵的大型发酵罐的结构、功能和应用中，发酵过程的优化和后处理，也是规模化发酵的重要特征。发酵的逐级放大是发酵产业的必由之路。

3. 大规模发酵的方式多种多样，各具特色和优、缺点，可根据发酵所具备的不同条件和要求而择优选择。

4. 微生物产业的产品繁多，所用菌种、生产工艺和其功能都有其特点，在食品、轻工、医药、农林、环保、能源、军事等方面应用广泛，已继动、植物产业之后，形成了生物第三大产业——微生物产业。

5. 微生物生物技术在能源、冶金、信息、塑料、功能性材料和生物计算机等领域的应用，发展迅速，大有可为。特别是DNA芯片，包括微生物DNA芯片的研制和应用，将开辟生命科学研究和利用的新纪元，将为推动社会经济的发展起到重大作用。

6. 海洋和宇航中微生物生物技术的利用是挖掘和优化微生物资源宝库的重大举措，潜力巨大，将拓宽微生物学的研究领域，创建新的微生物生物技术产业。

7. 微生物生物技术的安全性风险评价和管理是微生物生物技术应用的重要环节，必须重视，国内外已制订了一些有关生物安全性的风险评价和管理的法规，应切实地遵守实施。

网上更多……

👤 复习题　　　👥 思考题　　📝 现实案例简要答案

（彭　方　彭珍荣）

主要参考书目

1. 武汉大学、复旦大学、山东大学等校微生物学教研组. 微生物学. 北京：人民教育出版社，1961.

2. 武汉大学、复旦大学、山东大学等校微生物学教研室. 微生物学. 北京：人民教育出版社，1965.

3. 武汉大学、复旦大学、山东大学等校微生物学教研室. 微生物学. 北京：人民教育出版社，1979.

4. 武汉大学，复旦大学、山东大学等校微生物学教研室. 微生物学. 2 版. 北京：高等教育出版社，1987.

5. 沈萍. 微生物学. 北京：高等教育出版社，2000.

6. 沈萍，陈向东. 微生物学. 2 版. 北京：高等教育出版社，2006.

7. 沈萍，陈向东. 微生物学. 彩版. 北京：高等教育出版社，2009.

8. 周德庆. 微生物学教程. 3 版. 北京：高等教育出版社，2011.

9. 李颖，关国华. 微生物生理学. 北京：科学出版社，2013.

10. 黄秀梨，辛明秀. 微生物学. 3 版. 北京：高等教育出版社，2009.

11. 翟中和，王喜忠，丁明孝. 细胞生物学. 北京：高等教育出版社，2000.

12. 赵寿元，乔守怡. 现代遗传学. 北京：高等教育出版社，2001.

13. 邢来君，李明春. 普通真菌学. 2 版. 北京：高等教育出版社，2010.

14. 沈萍，范秀容，李广武. 微生物学实验. 3 版. 北京：高等教育出版社，1999.

15. 沈萍，陈向东. 微生物学实验. 4 版. 北京：高等教育出版社，2007.

16. 高东. 微生物遗传学. 济南：山东大学出版社，1996.

17. 沈萍. 微生物遗传学. 武汉：武汉大学出版社，1995.

18. 曹军卫，沈萍. 嗜极微生物. 武汉：武汉大学出版社，2004.

19. 肖敏，沈萍. 微生物学学习指导与习题解析. 2 版. 北京：高等教育出版社，2011.

20. 李阜棣，胡正嘉. 微生物学. 6 版. 北京：中国农业出版社，2010.

21. 杨苏声，周俊初. 微生物生物学. 北京：科学出版社，2004.

22. 谢天恩，胡志红. 普通病毒学. 北京：科学出版社，2001.

23. 杨复华. 病毒学. 长沙：湖南科学技术出版社，1992.

24. 卫扬保. 微生物生理学. 北京：高等教育出版社，1989.

25. 卢振祖. 细菌分类学. 武汉：武汉大学出版社，1994.

26. 周群英，王士芬. 环境工程微生物学. 4 版. 北京：高等教育出版社，2015.

27. 陈启民，耿运琪. 分子生物学. 北京：高等教育出版社，2010.

28. 徐丽华. 微生物资源学. 2 版，北京：科学出版社，2010.

29. 袁振宏，等. 能源微生物学，北京：化学工业出版社，2012.

30. 陶天申，杨瑞馥，东秀珠. 原核生物系统学. 北京：化学工业出版社，2007.

31. 东秀诛，蔡妙英. 常见细菌系统鉴定手册. 北京：科学出版社，2001.

32. 喻子牛. 中国微生物基因组研究. 北京：科学出版社，2012.

33. 宋凯. 合成生物学导论. 北京：科学出版社，2010 年.

34. 孙明．基因工程．北京：高等教育出版社，2006.

35. 喻子牛．苏云金杆菌．北京：科学出版社，1990.

36. 曲音波．微生物技术开发原理．北京：化学工业出版社，2005.

37. 焦瑞身．微生物工程．北京：化学工业出版社，2003.

38. 王静宜．免疫学基础．武汉：武汉大学出版社，1993.

39. 彭珍荣．现代微生物学．武汉：武汉大学出版社，1995.

40. 杨柳燕．环境微生物技术．北京：科学出版社，2003.

41. 沈德中．污染环境的生物修复．北京：化学工业出版社，2002.

42. 池振明．现代微生物生态学．6 版．北京：科学出版社，2010.

43. 伦世仪，诸葛健，王骏．发酵工程学科的进展．北京：中国轻工业出版社，2002.

44. 科学技术部．"十二五"生物技术发展规划．2011.

45. 国家发展计划委员会高技术产业发展司，中国生物工程学会．中国生物技术产业发展报告（2002）．北京：化学工业出版社，2003.

46. 国家发展计划委员会高技术产业发展司，中国生物工程学会．中国生物技术产业发展报告（2003）．北京：化学工业出版社，2004.

47. 周孟津，张榕林，蔺金印．沼气实用技术．北京：化学工业出版社，2004.

48. 张先恩．生物传感技术原理与应用．长春：吉林科学技术出版社，1991.

49. 徐浩．工业微生物学基础及应用．北京：科学出版社，1991.

50. 高培基，曲音波，钱新民，等．微生物生长与发酵工程．济南：山东大学出版社，1990.

51. Robert F W. 分子生物学．郑用琏，等，译．北京：科学出版，2013.

52. Baker S, et al. 微生物学．3 版．李明春，杨文博，译．北京：科学出版社，2010.

54. Prescott L M, et al. 微生物学，5 版．沈萍，彭珍荣，主译．北京：高等教育出版社，2003.

55. Roitt I M, et al. 免疫学基础．10 版．丁桂凤，主译．北京：高等教育出版社，2005.

56. Micklos D A, et al. DNA 科学导论．陈永青，谢建平，等，译．北京：科学出版社，2005.

57. Glazer A N. 微生物生物技术．陈守文，喻子牛，等，译．北京：科学出版社，2002.

58. Alan J C, Principles of molecular virology. 5th ed. Mishawaka: Academic Press, 2011.

59. Black J G. Microbiology: principles and explorations. 7th ed. New York: John Wiley & Sons Ltd, 2008.

60. Boone D R, et al. Bergey's manual of systematic bacteriology. 2nd ed. vol 1. New York: Springer-Verlag, 2001.

61. Brenner D J, et al. Bergey's manual of systematic bacteriology. 2nd ed. vol 2. New York : Springer Science, Business Media, 2005.

62. Cooper J I. Viruses and the environment, 2nd ed. London: Chapman and Hall, 1995.

63. Frans J, et al. Handbook of molecular microbial ecology Ⅱ, metagenomics in different habitats. New Jersey: Wiley-Blackwell press, 2011.

64. Fraser C M, et al. Microbial genomes. New York: Humana Press, 2010.

65. Gavin L, Gillian D. Microbial biofilms: current research and applications. Auckland: Caister Academic Press, 2012.

66. Gautam S P. Microbial diversity: opportunities and challenges. New Delhi: Shree Publishers & Distributors, 2005.

67. Knipe D M. et al, Fields virology. 6th ed. New York: Lippincott Williams and Wilkins, 2013.

68. Madan M B, Bacterial gene regulation and transcriptional networks, Cambridge: Caister Academic Press, 2013.

69. Michael T. Madigan, et al. Brock's biology of microorganism. 12th ed. New Jersey: Benjamin-Cummings Publishing Company, 2009.

70. McArthur J V. Microbialecology: an evolutionary approach. Amsterdam, Boston: Elsevier, 2006.

71. Nicklin J, et al. Microbiology. New York: Taylor & Francis Group, 2006.

72. Pilar M F. Horizontal gene transfer in microorganisms. Norfolk: Caister Academic Press, 2012.

73. Rainey F A, Oren A. Extremophiles. Amsterdam, Boston: Elsevier, Academic Press, 2006.

74. Anitori R P. Extremophiles: microbiology and biotechnology, Beaverton: Caister Academic Press, 2012.

75. Talaro K P. Foundations in microbiology. 6th ed. Boston: McGraw-Hill Higher Education, 2008.

76. Tortora G J. Microbiology: an introduction. 11th ed. New York: Pearson Benjamin Cummings, 2011.

77. Willey J, Sherwood L M, Woolverton C. Prescott's microbiology. 8th ed. Singapore: McGraw-Hill Higher Education, 2011.

78. Whilte D. The physiology and biochemistry of prokaryotes. New York: Oxford University Press, 2007.

读者意见反馈

为收集对教材的意见建议，进一步完善教材编写并做好服务工作，读者可将对本教材的意见建议通过如下渠道反馈至我社。

咨询电话　400-810-0598
反馈邮箱　gjdzfwb@pub.hep.cn
通信地址　北京市朝阳区惠新东街4号富盛大厦1座
　　　　　高等教育出版社总编辑办公室
邮政编码　100029

防伪查询说明

用户购书后刮开封底防伪涂层，使用手机微信等软件扫描二维码，会跳转至防伪查询网页，获得所购图书详细信息。

防伪客服电话　　(010)58582300